Office 2024
Microsoft 365 対応

一冊に凝縮

The Best Guide to Microsoft Outlook for Beginners and Learners.

Outlook 2024 やさしい教科書

わかりやすさに自信があります！

橋本 和則

SB Creative

本書の掲載内容

本書は、2025年2月28日の情報に基づき、Outlook 2024の操作方法について解説しています。また、本書ではWindows対応のパッケージ版Outlook 2024の画面を用いて解説しています。ご利用のOutlookのバージョン・設定・種類などによって、項目の位置・アイコンの柄・操作などに若干の差異がある場合があります。あらかじめご了承ください。

本書に関するお問い合わせ

この度は小社書籍をご購入いただき誠にありがとうございます。小社では本書の内容に関するご質問を受け付けております。本書を読み進めていただきます中でご不明な箇所がございましたらお問い合わせください。なお、ご質問の前に小社Webサイトで「正誤表」をご確認ください。最新の正誤情報を下記のWebページに掲載しております。

本書サポートページ https://isbn2.sbcr.jp/30171/

上記ページに記載の「正誤情報」のリンクをクリックしてください。
なお、正誤情報がない場合、リンクをクリックすることはできません。

ご質問送付先

ご質問については下記のいずれかの方法をご利用ください。

Webページより

上記のサポートページ内にある「お問い合わせ」をクリックしていただき、ページ内の「書籍の内容について」をクリックするとメールフォームが開きます。要綱に従ってご質問をご記入の上、送信してください。

郵送

郵送の場合は下記までお願いいたします。

〒105-0001
東京都港区虎ノ門2-2-1
SBクリエイティブ　読者サポート係

はじめに

Outlook 2024は、過去のOutlookの正常進化版であり、完全な互換性を保ちながらも、よりスムーズな操作性と利便性を提供するアプリです。本書で解説するOutlook 2024には、Microsoft 365のOutlookも含まれており、ビジネスシーンに欠かせない「メール」「連絡先」「予定表」を一元管理できます。

「メール」機能では、複数のメールアドレスを効率的に管理することができ、フォルダー分けや色分けによる分類、タスク管理に役立つフラグ設定など、多彩な機能が備わっています。また、複数の署名を使い分けることができるほか、「仕分けルール」を適用することで、条件に応じたメールの自動振り分けや分類、指定日時送信、不在時の自動応答なども簡単に行えます。

「連絡先」機能では、名前や住所、メールアドレスなどの情報を一元管理し、登録された連絡先を活用してメール作成や会議通知をスムーズに行うことができます。

「予定表」機能では、日々の予定やイベント、定期的なスケジュールの作成、会議出席依頼の送信など、柔軟なスケジュール管理が可能です。

さらに、Copilotを活用することで、Outlook上でAIを利用し、作業を効率化することができます。これにより、より高度なアシストを受けながら、業務をスムーズに進めることができます。

本書では、これらのOutlook 2024の主機能をできるだけわかりやすく、丁寧に解説しています。MemoやHint、ショートカットキーなどの活用により、「こんなこともできるんだ」「こんな簡単な操作で素早くできるのか」といった新たな発見があることでしょう。

本書が、Outlook 2024における「メール」「連絡先」「予定表」の新しい発見や、スムーズな操作の一助となれば幸いです。

2025年3月

橋本和則

本書の使い方

- 本書では、Outlook 2024をこれから使う人を対象に、メール送受信の基本から、メールの作成・管理を効率的に行う方法、予定表や連絡先といった業務の管理に便利な機能の使いこなしまで、画面をふんだんに使用して、とにかく丁寧に解説しています。
- Outlook 2024が備える多彩な機能を網羅的に幅広く、わかりやすい操作手順で紹介しています。ページをパラパラとめくって、自分の業務に必要な機能を見つけてください。
- 本編以外にも、MemoやHintなどの関連情報やショートカットキー一覧、用語集など、さまざまな情報を多数掲載しています。お手元に置いて、必要なときに参照してください。

紙面の構成

解説

各項目の操作の内容を解説しています。操作手順の画面とあわせてお読みください。

Memo

セクションで解説している機能・操作に関連する知識を掲載しています。

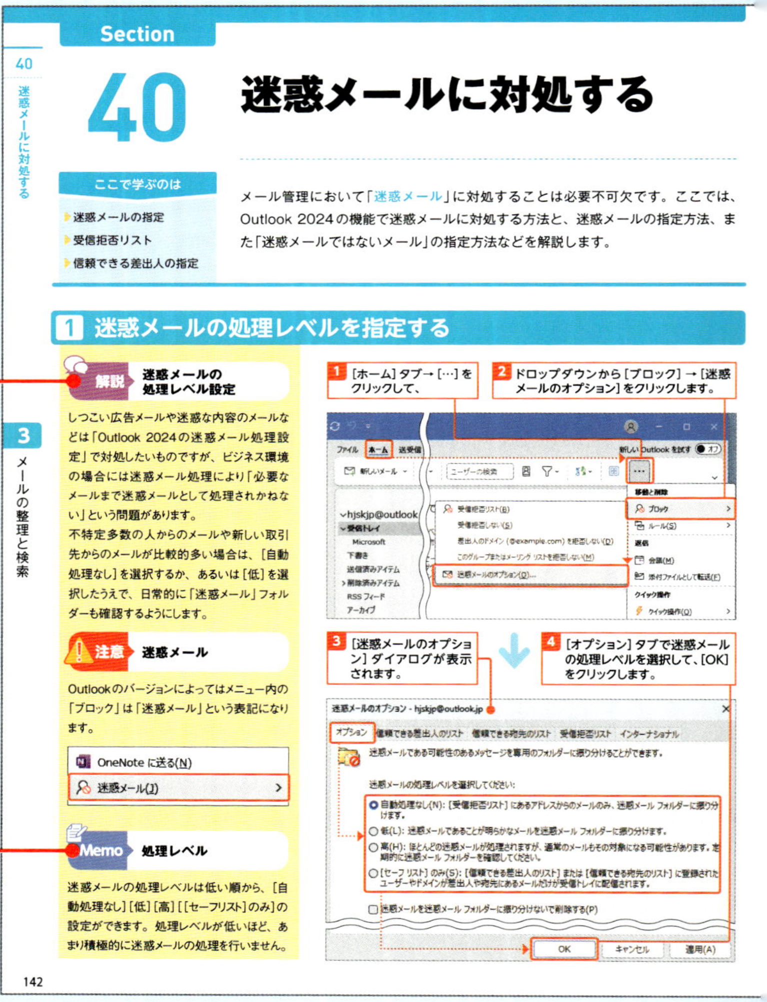

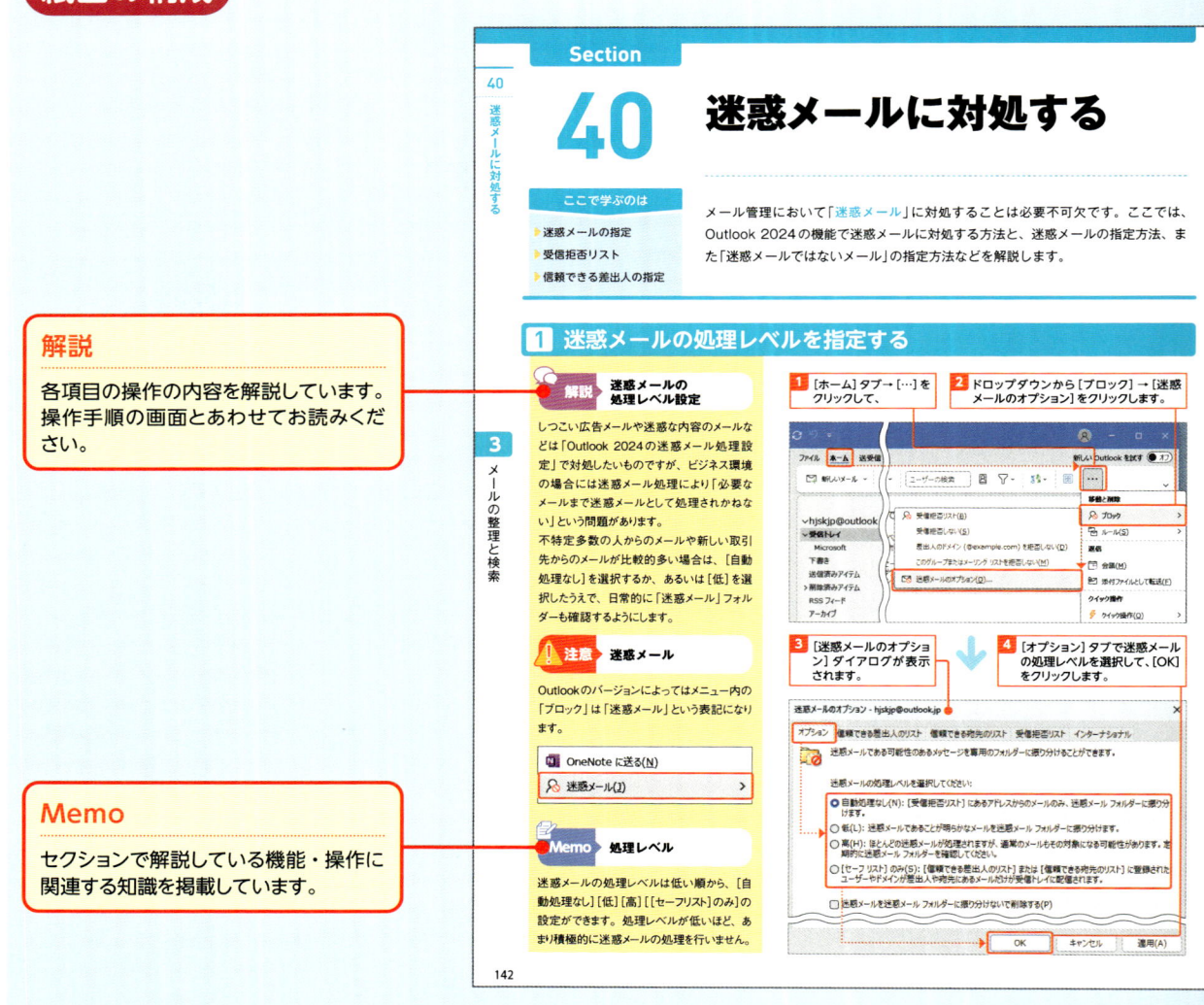

効率よく学習を進める方法

1 まずは全体をながめる	第1章でOutlook 2024全体の基本をマスターできます。また、第2章～第5章で「メール」、第6章で「連絡先」、第7章で「予定表」の使い方をマスターできます。まずは全体をざっと眺めて、Outlook 2024がどのような機能を備えているかを確認しましょう。
2 実際にやってみる	気になった項目は、紙面を見ながら操作手順を実行してみましょう。本書ではOutlookでできることや、仕事の効率化につながるテクニックを多数掲載しています。実際に試して、自分に合ったワザを取り入れてください。
3 リファレンスとして活用	一通り学習し終わった後も、本書を手元に置いてリファレンスとしてご活用ください。MemoやHintなどの関連情報もステップアップにお役立てください。

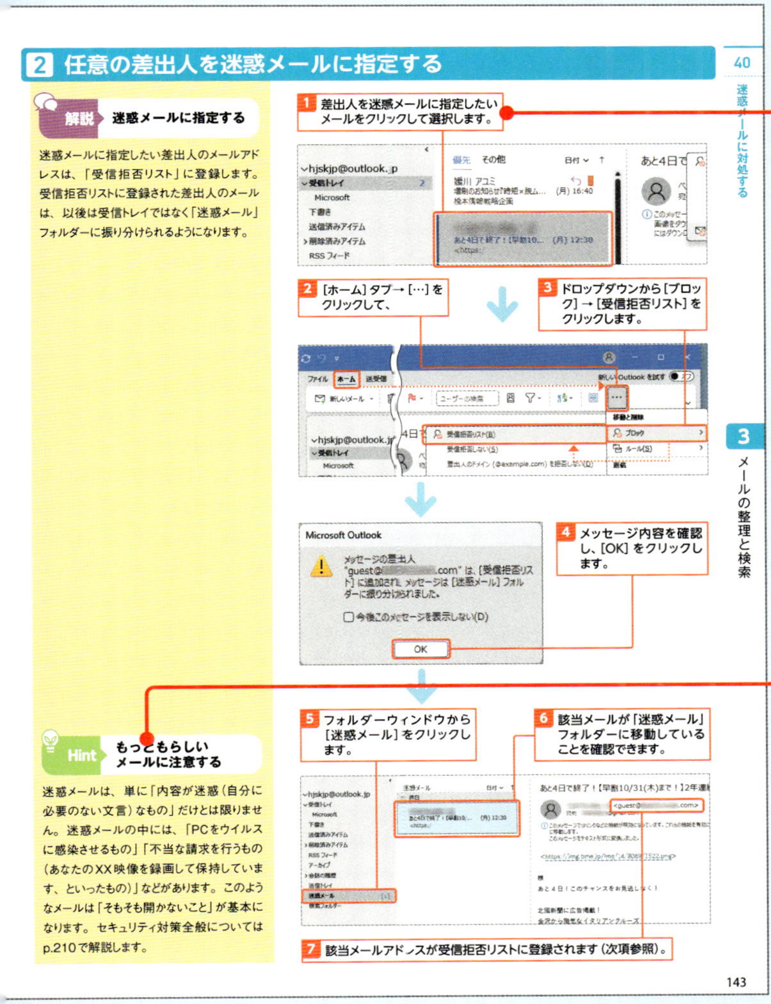

2 任意の差出人を迷惑メールに指定する

40 迷惑メールに対処する

3 メールの整理と検索

解説 迷惑メールに指定する

迷惑メールに指定したい差出人のメールアドレスは、「受信拒否リスト」に登録します。受信拒否リストに登録された差出人のメールは、以後は受信トレイではなく「迷惑メール」フォルダーに振り分けられるようになります。

1 差出人を迷惑メールに指定したいメールをクリックして選択します。

2 [ホーム] タブ→ [⋯] をクリックして、

3 ドロップダウンから [ブロック] → [受信拒否リスト] をクリックします。

4 メッセージ内容を確認し、[OK] をクリックします。

5 フォルダーウィンドウから [迷惑メール] をクリックします。

6 該当メールが「迷惑メール」フォルダーに移動していることを確認できます。

7 該当メールアドレスが受信拒否リストに登録されます (次項参照)。

Hint もっともらしいメールに注意する

迷惑メールは、単に「内容が迷惑 (自分に必要のない文言) なもの」だけとは限りません。迷惑メールの中には、「PCをウイルスに感染させるもの」「不当な請求を行うもの (あなたのXX映像を録画して保持しています、といったもの)」などがあります。このようなメールは「そもそも開かないこと」が基本になります。セキュリティ対策全般についてはp.210で解説します。

143

操作手順

具体的な操作内容の説明です。番号順に操作してください。

※ Microsoft 365に含まれるOutlookでも、本書に書かれている操作やテクニックを適用できますが、Microsoft 365は常に最新機能が提供されるという仕様上、一部の操作は表示画面や指定する場所が異なる場合があります。

Hint

セクションで解説している機能・操作を、より使いこなすヒントを掲載しています。

本書では他にも以下の情報を用意しています。

- Key word　用語の解説
- 使えるプロ技！　基本を超えた知識や活用ワザ
- 時短のコツ　作業の効率化に役立つワザ
- 注意　操作を実行する際の注意点

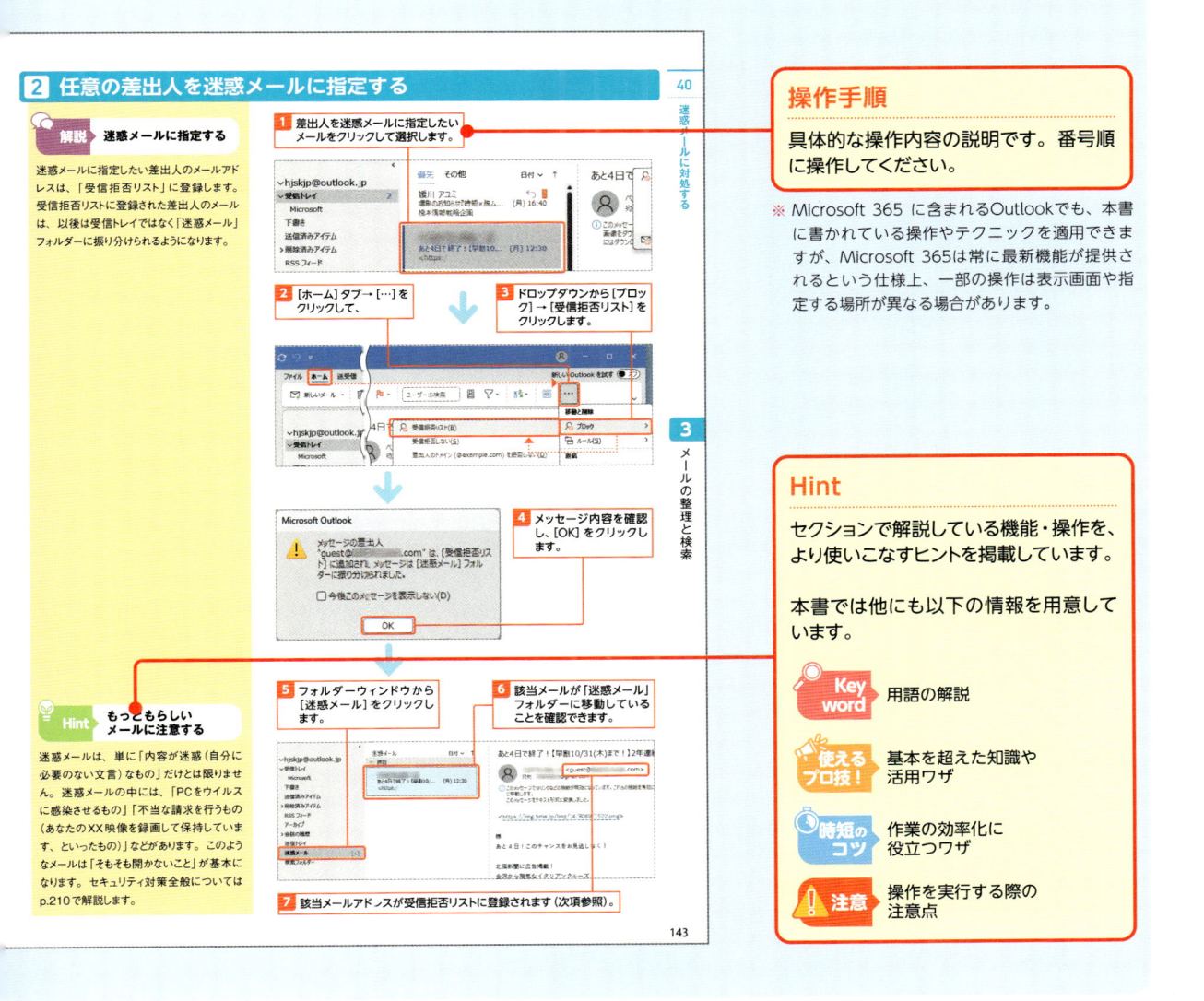

マウス／タッチパッドの操作

クリック

画面上のものやメニューを選択したり、ボタンをクリックしたりするときに使います。

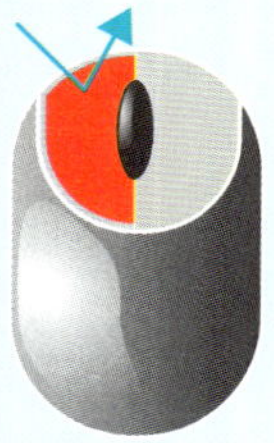

左ボタンを 1 回押します。

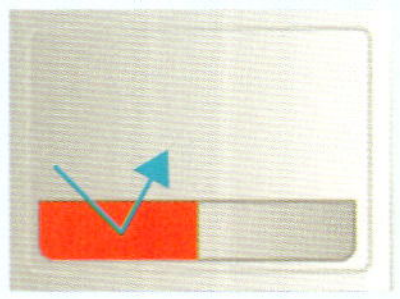

左ボタンを 1 回押します。

右クリック

操作可能なメニューを表示するときに使います。

右ボタンを 1 回押します。

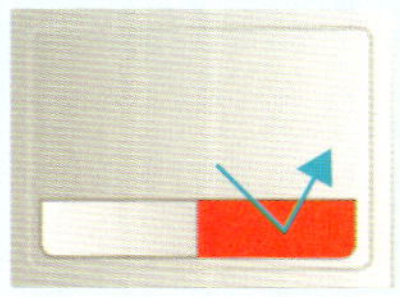

右ボタンを 1 回押します。

ダブルクリック

ファイルやフォルダーを開いたり、アプリを起動したりするときに使います。

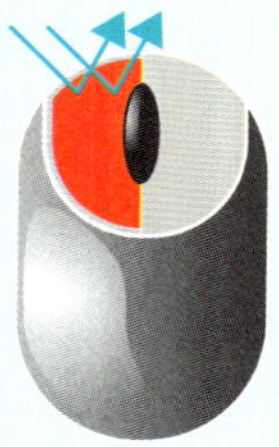

左ボタンを素早く 2 回押します。

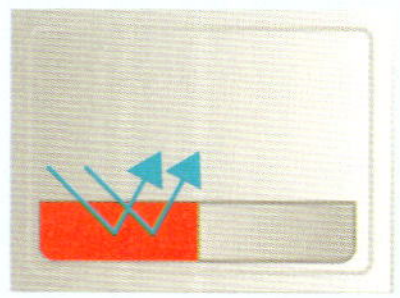

左ボタンを素早く 2 回押します。

ドラッグ

画面上のものを移動するときに使います。

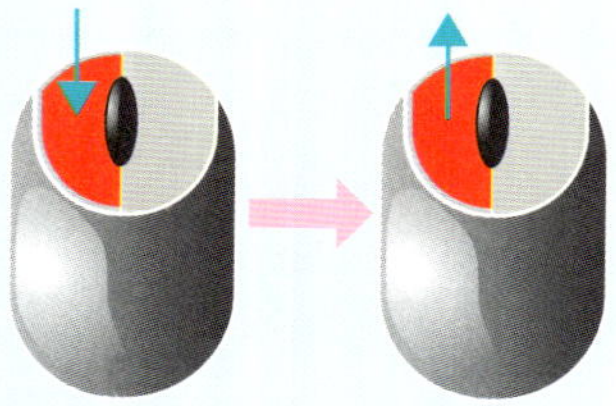

左ボタンを押したままマウスを移動し、移動先で左ボタンを離します。

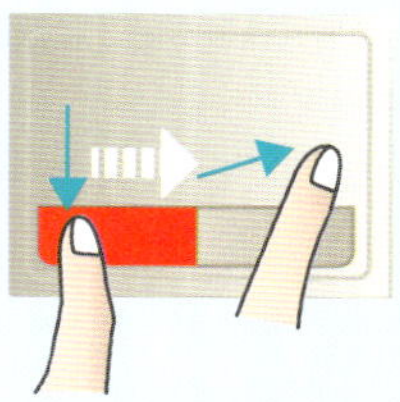

左ボタンを押したままタッチパッドを指でなぞり、移動先で左ボタンを離します。

よく使うキー

Esc（エスケープ）キー
操作を取り消すときに使います。
半角 / 全角キー
日本語入力モードと半角英数モードを切り替えます。
BackSpace（バックスペース）キー
カーソルの左側の文字を削除します。
Delete（デリート）キー
カーソルの右側の文字を削除します。
テンキー
電卓のように数字や演算記号が集まったキーです。
Shift（シフト）キー
他のキーと組み合わせて使います。
スペースキー
空白の入力や漢字への変換に使います。
Enter（エンター）キー
文字の確定や改行入力で使います。
矢印キー
カーソルを上下左右に移動します。
Ctrl（コントロール）キー
他のキーと組み合わせて使います。

ショートカットキー

複数のキーを組み合わせて押すことで、特定の操作をすばやく実行することができます。本書中では ○○ + △△ キーのように表記しています。

▶ Ctrl + A キーという表記の場合

2つのキーを同時に押します。

▶ Ctrl + Shift + Esc キーという表記の場合

3つのキーを同時に押します。

CONTENTS

第5章 Outlookを最適化してさらに使いこなす 181

第 1 章

Outlook 2024の基本操作を知る

この章では、Outlook 2024の画面構成や起動や終了、リボン操作やアカウント登録などの基本操作について解説します。

Section
01 Outlook 2024でできること

ここで学ぶのは
- メール
- 連絡先
- 予定表

Outlook 2024は「メール」を管理できるアプリであり、ほかにも「連絡先」「予定表」などを管理することができる優れたアプリです。
ここでは、Outlook 2024の各機能の概要とできることを確認しましょう。

1 Outlook 2024の「メール」

Outlook 2024の「メール」では、送受信したメールを管理できることはもちろん、設定に従ってメールを自動的にフォルダーに振り分けることや、「フラグ」でメール作業を管理すること、「分類」で色分けしてわかりやすく管理することなどができます。
また、メールの本文作成においては、よく使う文言を登録することで定型文をすばやく挿入したり、複数の署名から場面に応じたフッターの挿入、任意のファイルの添付、本文に画像や表を挿入することなどができます。このほか、「指定日時送信」や不在時の「自動返信」など、さまざまな機能があります。
「メール」の詳しい機能や操作などの活用については第2章〜第5章を参照してください。

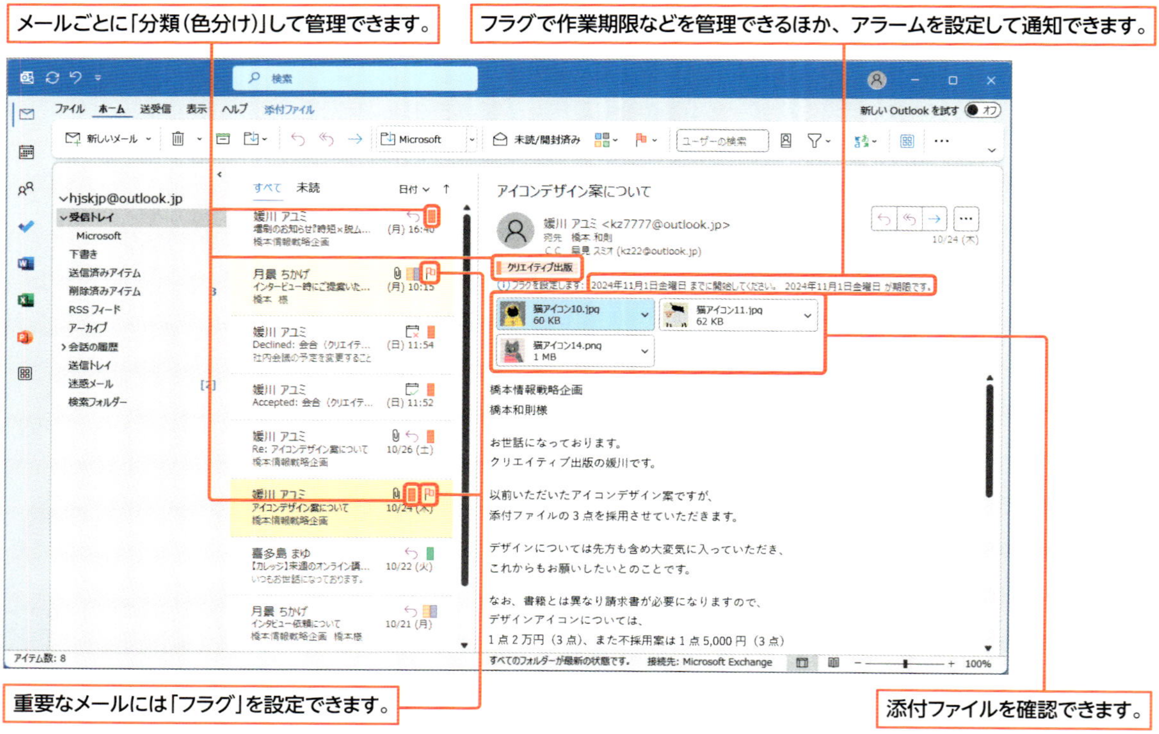
メールごとに「分類(色分け)」して管理できます。
フラグで作業期限などを管理できるほか、アラームを設定して通知できます。
重要なメールには「フラグ」を設定できます。
添付ファイルを確認できます。

2 Outlook 2024の「連絡先」

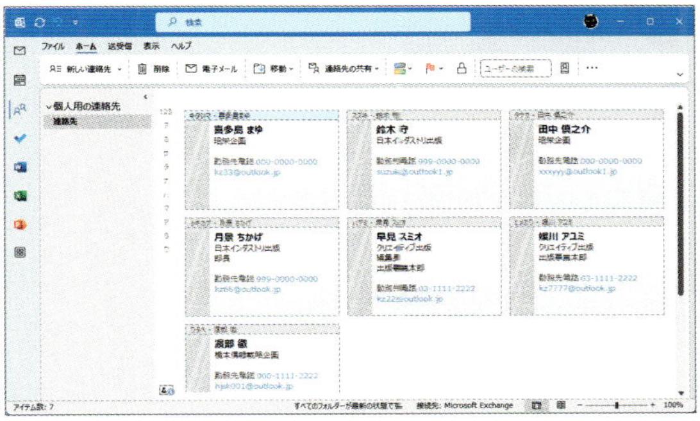

連絡先をまとめて管理できるほか、グループを作成してメールの一括送信や会議通知を行うことができます。

Outlook 2024の「連絡先」では、任意の連絡先情報を管理できます。連絡先情報として姓名・メールアドレス・電話番号・勤務先・勤務先住所などの基本情報のほか、自宅住所やセカンドメールアドレスなども管理できます。

連絡先の情報は「メール」に活用できることはもちろん、連絡先グループを作成してメンバー全員に同じメールを送信することや、一括で会議出席依頼を送ることなどもできます。

「連絡先」の詳しい機能や操作などの活用については第6章を参照してください。

3 Outlook 2024の「予定表」

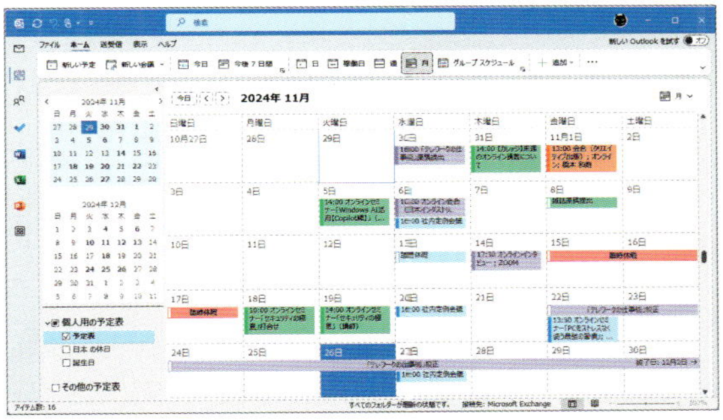

予定を管理して、必要に応じて分類やアラームなどを設定できます。

Outlook 2024の「予定表」では、任意の予定（イベント）を管理できます。任意の日時に予定を作成できるほか、時間帯で予定を表示して確認すること、また会議出席依頼を送信して、参加不参加を管理することなどができます。

また、定期的な予定の作成も可能で、例えば「毎月月末の25日に○○をスケジュールとして設定する」といったこともできます。

「予定表」の詳しい機能や操作などの活用については第7章を参照してください。

Memo Webでも管理できるOutlook

Webブラウザーから「https://outlook.live.com/」にアクセスして該当Microsoftアカウントでサインインすれば、ブラウザーでWeb版Outlookを起動して、「メール」「連絡先」「予定表」を管理することもできます。なお、Outlook 2024と大まかな操作は一緒ですが、詳細な操作や設定手順は異なる部分があります。

Microsoft Edgeで該当サイトにアクセスしてOutlookの「メール」「連絡先」「予定表」を管理することもできます。

Section 02

Outlook 2024を起動／終了する

ここで学ぶのは

- 起動
- タスクバーにピン留め
- 終了

Outlook 2024を起動してみましょう。Outlook 2024をすでに利用していてアカウントを登録している場合には、メールの送受信などの操作を行うことができます。また、初めて起動する場合にはアカウントの登録を行い、Outlook 2024でメールなどを扱えるようにセットアップする必要があります（p.36参照）。

1 Outlook 2024を起動する

解説 Outlook 2024の起動

Outlook 2024を起動する方法には、［スタート］メニューから［Outlook（classic）］を選択して起動する方法と、タスクバーにOutlook 2024をピン留めしておいてタスクバーアイコンから起動する方法があります。

注意 本書が解説するOutlook

Outlookにはclassicと新しいOutlookが存在します。本書はOffice 2024やMicrosoft 365で提供されるOutlook（classic）について解説しています。

なお、Outlookの表記名は更新により変更されることがあるため、アイコンで見分けるのが確実です。

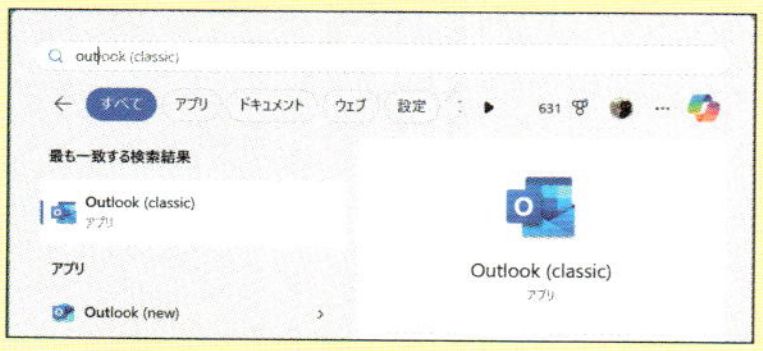

ショートカットキー

- ［スタート］メニューの表示
  Windowsキー

1 ［スタート］ボタンをクリックします。

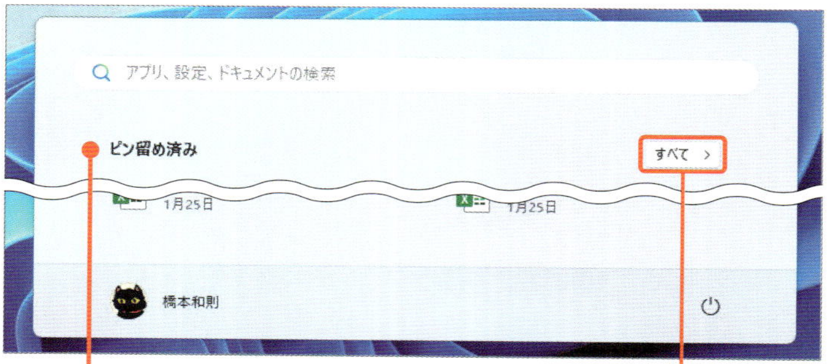

2 ［スタート］メニューが表示されます。

3 ［すべて］（すべてのアプリ）をクリックします。

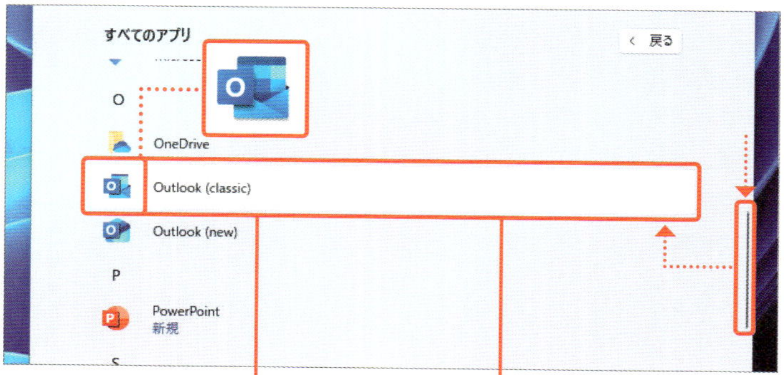

単に「Outlook」という表記になっている場合もあります。

4 ［O］欄までスクロールして、［Outlook（classic）］をクリックします。

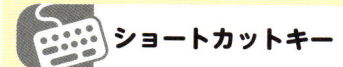

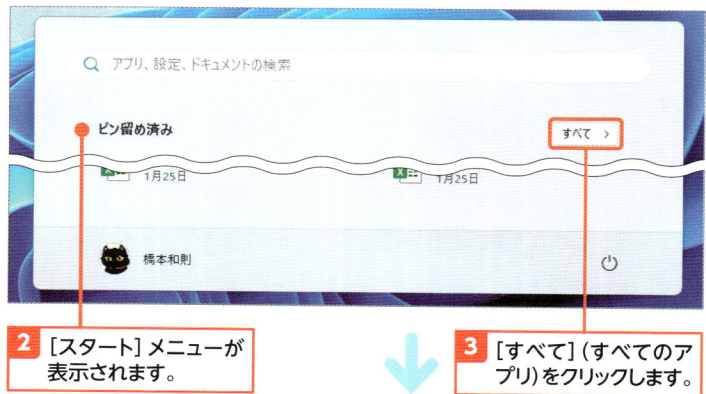

4 Outlook 2024が起動します。

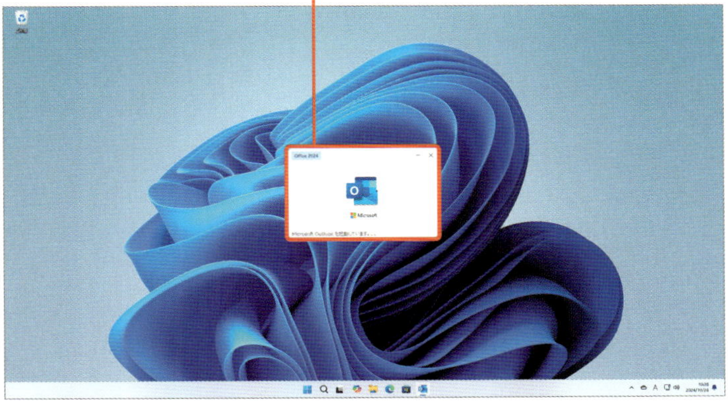

5 自動的に「メール」画面が表示されます。

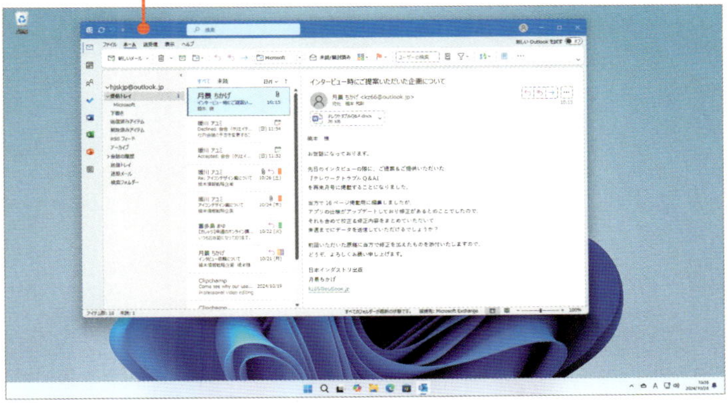

時短のコツ　Outlook 2024をすばやく起動する

Windowsでは［スタート］メニューで「検索」機能を使用できます。⊞キーを押して、Outlookの頭文字である「O」を入力すると、検索結果に［Outlook（classic）］が表示されるので、この検索結果をクリックすれば、Outlook 2024をすばやく起動できます。

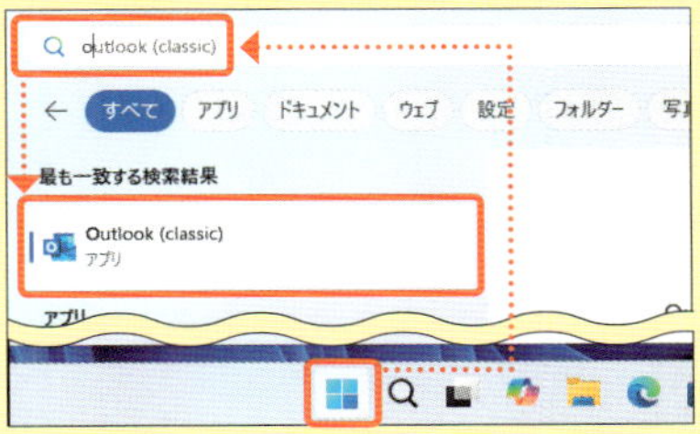

Memo　メールアドレス入力画面が表示されたら

Outlook 2024でメール送受信などの管理を行うには、アカウントの登録が必要になります。アカウントの登録手順はp.36を参照してください。

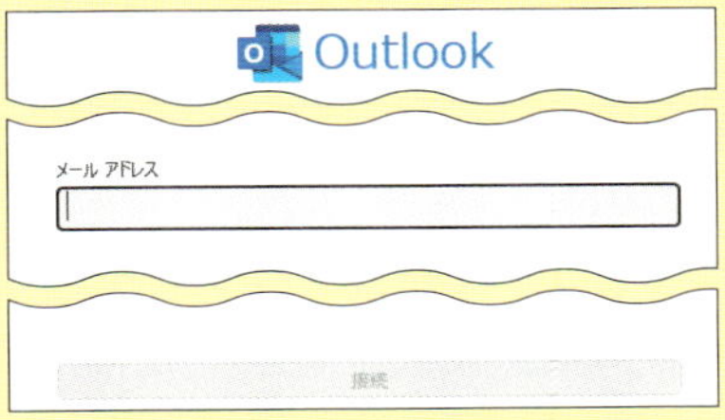

2 Outlook 2024を［スタート］メニューにピン留めする

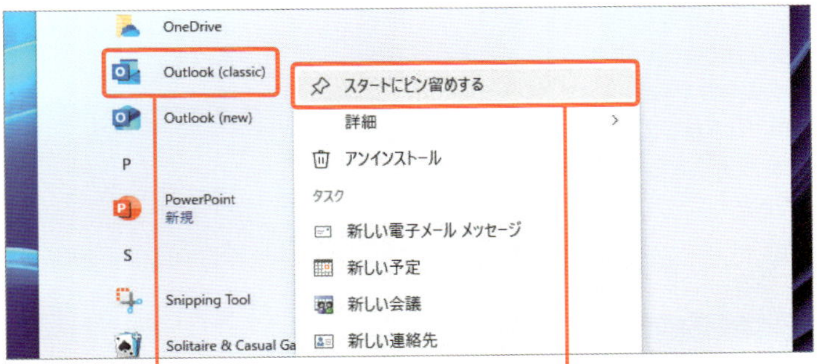

1 ［スタート］メニューの［Outlook（classic）］アイコンを右クリックして、

2 ショートカットメニューから［スタートにピン留めする］をクリックします。

Memo　Outlookの違い

Outlook（classic）と新しいOutlookの違いについてはp.40を参照してください。

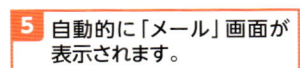

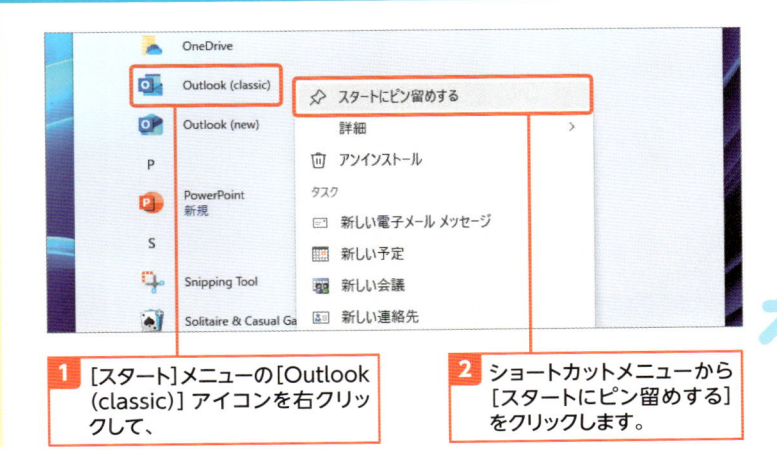

Hint ［スタート］メニューにピン留めした項目の移動

［スタート］メニューにピン留めしたアイコンの位置は変更できます。ドラッグ＆ドロップで任意の位置に変更可能なほか、右クリックしてショートカットメニューから［先頭に移動］をクリックすれば①、［スタート］メニューの先頭に移動することができます②。

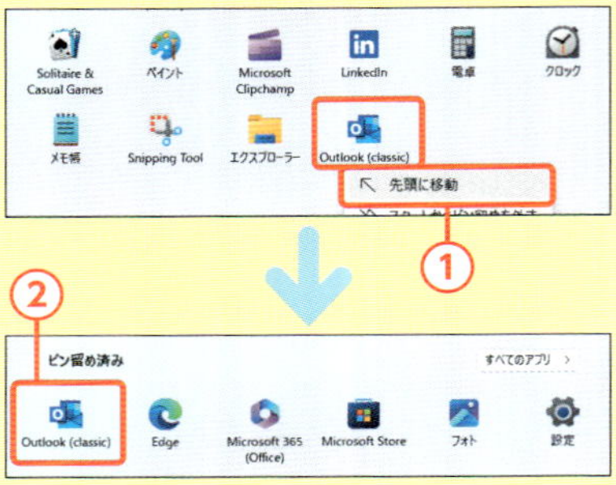

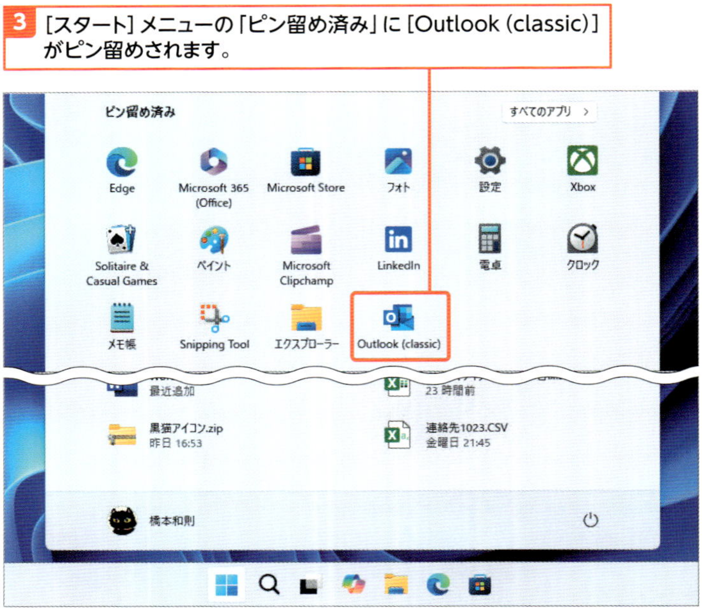

3 Outlook 2024をタスクバーから簡単に起動できるようにする

解説 タスクバーアイコンから起動する

Outlook 2024をタスクバーにピン留めすると、以後はタスクバーアイコンをクリックするだけでOutlook 2024を起動できるようになります。タスクバーにピン留めする方法はいくつかありますが、ここではOutlook 2024を起動した状態から操作します。

時短のコツ Outlook 2024をすばやく起動する

タスクバーの［Outlook］アイコンは、未起動状態からショートカットキーの⊞＋「表示順序の数字」キーですぐに起動できます。下図では3番目に［Outlook］アイコンがあるため、⊞＋3キーでOutlook 2024を起動できます。

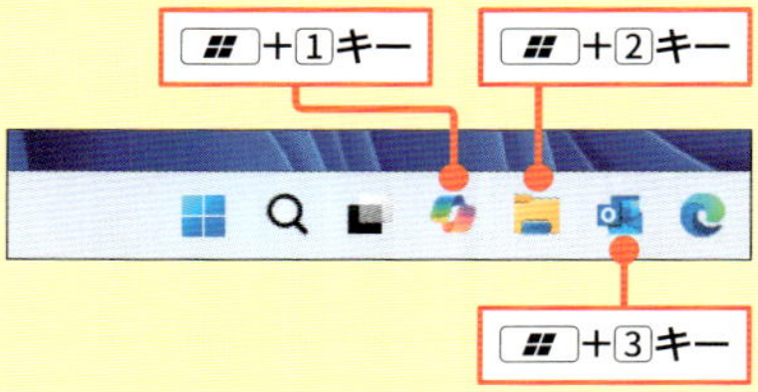

Outlook 2024をあらかじめ起動しておきます。

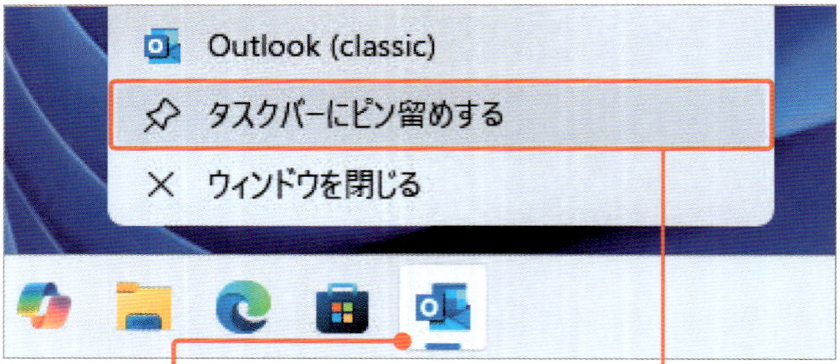

1 タスクバーの［Outlook］アイコンを右クリックして、

2 ジャンプリストから［タスクバーにピン留めする］をクリックします。

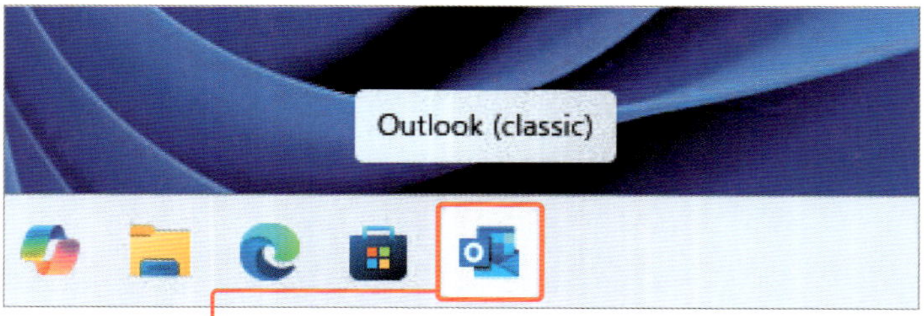

3 以後、タスクバーの［Outlook］アイコンをクリックするだけでOutlook 2024を起動できます。

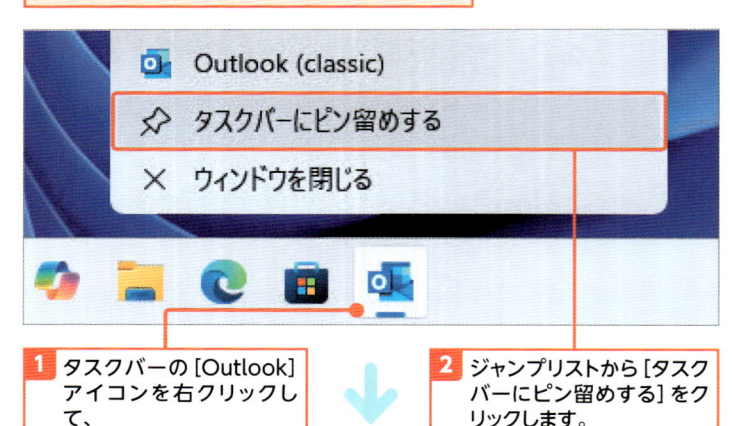

4 タスクバーアイコンをドラッグして、好きな場所に移動しておきましょう。

4 Outlook 2024を終了する

解説 Outlook 2024の終了

Outlook 2024を終了する方法は、画面右上の［閉じる］をクリックして終了するウィンドウ操作による方法と、タスクバーアイコンのジャンプリストから終了する方法があります。

Memo タスクバーアイコンから終了する

タスクバーの［Outlook］アイコンを右クリックして、ジャンプリストから［すべてのウィンドウを閉じる］をクリックしても、Outlook 2024を終了できます。

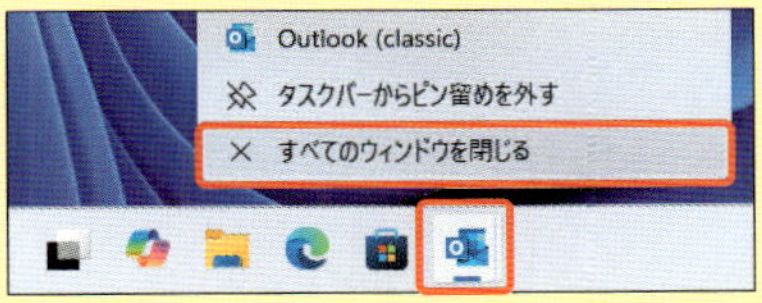

ショートカットキー

- Outlook 2024の終了（アクティブ状態から）
  Alt ＋ F4

1 Outlook 2024画面のタイトルバーの右端にある［閉じる］をクリックします。

2 Outlook 2024が終了します。

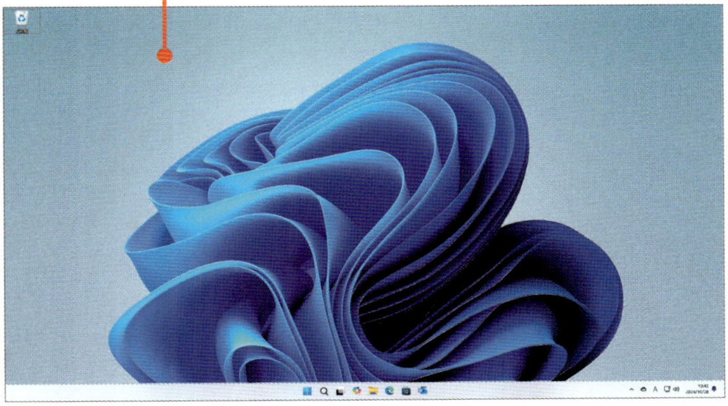

Hint タスクバーアイコンでわかるOutlook 2024の状態

タスクバーアイコンではOutlook 2024の状態を把握できます。「未起動状態」では下線が表示されず、「起動状態」では下線が表示されます。また「アクティブ状態（現在の操作対象がOutlook 2024）」の場合にはアンダーラインが長くなりアイコンが立体化します。

- 未起動状態

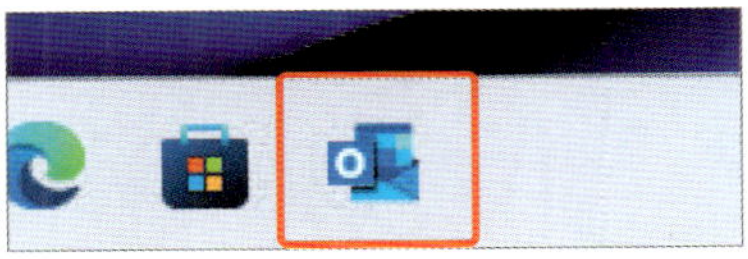

- 起動状態

- アクティブ状態

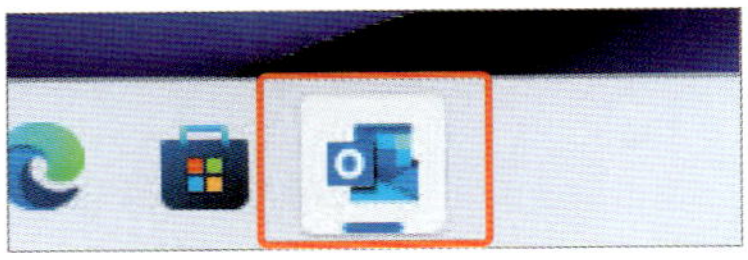

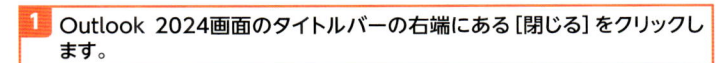

Section

03 Outlook 2024の画面構成

ここで学ぶのは

- 画面構成
- ウィンドウ
- ナビゲーションバー

Outlook 2024の基本の画面構成を確認しましょう。各部位名称は本書の解説の中でも紹介するので、ここですべてを覚える必要はありません。なお、Outlookのバージョンやアプリ構成などによっては、表示の詳細は異なることがあります。

1 Outlook 2024の画面構成（共通部分）

Outlook 2024の画面構成は以下のようになります。なお、「メール」「連絡先」「予定表」によって詳細な表示は異なりますが、ここでは共通の画面構成部位について解説します。

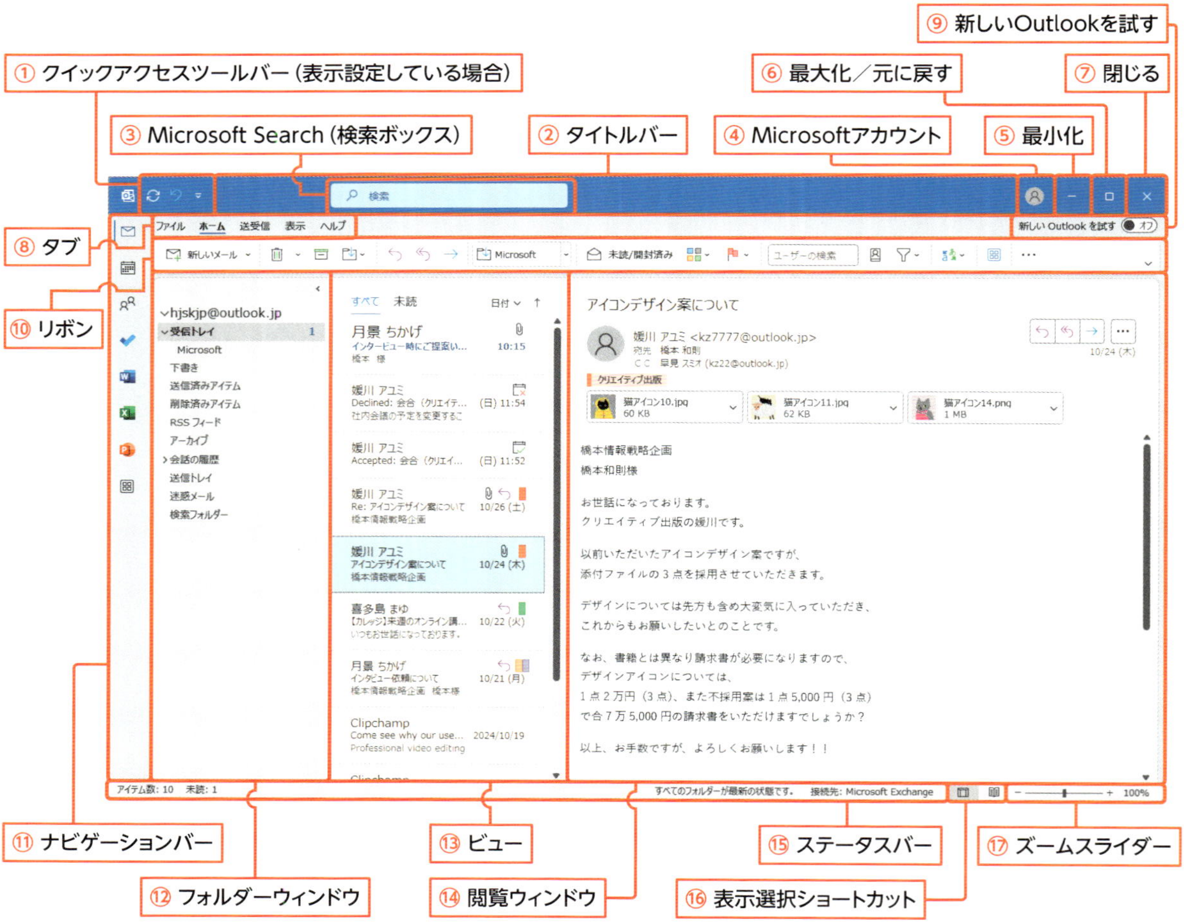
⑨ 新しいOutlookを試す
① クイックアクセスツールバー（表示設定している場合）
⑥ 最大化／元に戻す
⑦ 閉じる
③ Microsoft Search（検索ボックス）
② タイトルバー
④ Microsoftアカウント
⑤ 最小化
⑧ タブ
⑩ リボン
⑪ ナビゲーションバー
⑫ フォルダーウィンドウ
⑬ ビュー
⑭ 閲覧ウィンドウ
⑮ ステータスバー
⑯ 表示選択ショートカット
⑰ ズームスライダー

名称	機能
① クイックアクセスツールバー	よく使うコマンドのボタンを登録しておく場所。任意にリボンコマンドを追加することもできる
② タイトルバー	クリックやドラッグすることでウィンドウ関連操作を行うことができる
③ Microsoft Search	主に現在の表示を対象とした検索を行うことができる
④ Microsoftアカウント	クリックすることでMicrosoftアカウントを確認できる
⑤ 最小化	ウィンドウをタスクバーに収納して、デスクトップ上で非表示にする。Outlook 2024のタスクバーアイコンをクリックすれば、元の表示を復元できる
⑥ 最大化／元に戻す	ウィンドウの大きさをデスクトップいっぱいに最大化する。なお、最大化してから再び同じ位置をクリックすると元のウィンドウサイズに戻る
⑦ 閉じる	Outlook 2024を終了できる
⑧ タブ	リボンを切り替えることができる。なお、タブの表示は操作場面などの状況によって変わる
⑨ 新しいOutlookを試す	新しいOutlookに切り替える（本書はオフの状態での解説）
⑩ リボン	Outlook 2024のさまざまな操作を行うためのボタンがまとめて配置されている
⑪ ナビゲーションバー	「メール」「連絡先」「予定表」などに切り替えることができる
⑫ フォルダーウィンドウ	操作対象を表示して切り替えることができる
⑬ ビュー	「メール」「連絡先」「予定（イベント）」の一覧を表示できる
⑭ 閲覧ウィンドウ	ビューで選択した内容の詳細を確認できる
⑮ ステータスバー	アイテム数・未読数・送受信状態・接続先などの情報を確認できる
⑯ 表示選択ショートカット	Outlook 2024の表示を変更できる
⑰ ズームスライダー	閲覧ウィンドウの中の表示拡大率を変更できる

2 ナビゲーションバーで表示を切り替える

任意に画面表示を切り替えたい場合は、ナビゲーションバーから［メール］［連絡先］［予定表］をクリックします。任意の画面表示に切り替えることができます。

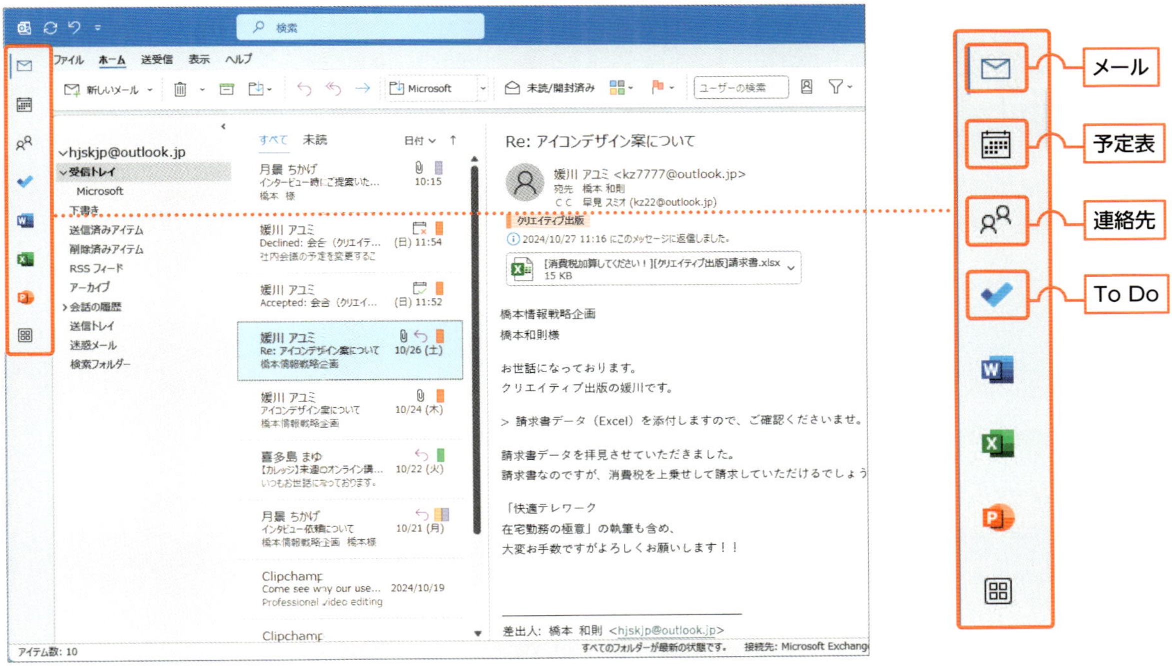

Section 04

リボンを利用してOutlook 2024を操作する

ここで学ぶのは

- タブの切り替え
- リボンの折りたたみ
- リボン表示の固定

各種操作や機能の呼び出しを行うには、「リボン」に配置されているリボンコマンドを活用します。リボンは折りたたんで操作画面を広くとることや、ピン留めして固定表示できるため、自分にとって使いやすい表示スタイルを選択することが可能です。

1 Outlook 2024 のリボン

Outlook 2024では[ホーム][送受信][表示][ヘルプ]などのタブがあります。各タブにはリボンコマンドがまとめられており、このまとめられた部分を「リボン」と呼びます。
ここでは、「メール」の場合を例に、各タブのリボンコマンドを見てみましょう。なお、あらかじめ表示されていないコマンドやウィンドウの横幅によって折りたたまれてしまったコマンドは、一番右の[…]をクリックしてアクセスします。

◉ [ホーム] タブ(メール)

新しいメールの作成や返信、メールの削除、メールタグとして「分類」「フラグ」を付けるなど、メールに対する基本的な操作が行える。

◉ [送受信] タブ(メール)

メールの送受信や送受信の進捗度表示などが行える。

◉ [表示] タブ(メール)

ビュー表示の変更や、スレッド表示の有無、優先受信トレイの表示の有無や、並べ替えの任意設定などが行える。

◉ [ヘルプ] タブ(メール)

わからないことをヘルプとして検索することや、トレーニングが行える。

2 リボンを切り替える

リボンは「タブ」をクリックして切り替えます。操作の内容によっては自動的にリボンが表示されて切り替わることもあります。例えば「検索」を実行した際には、自動的に［検索］タブに切り替わります。

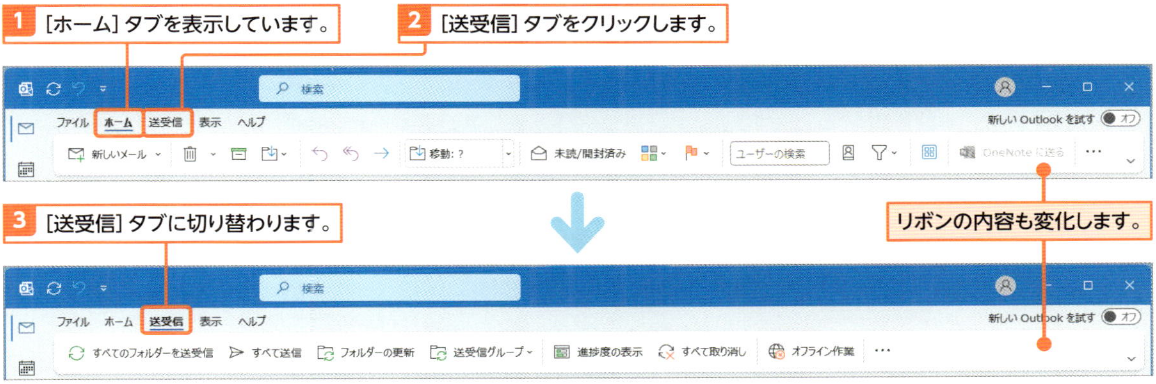
1 ［ホーム］タブを表示しています。
2 ［送受信］タブをクリックします。
3 ［送受信］タブに切り替わります。
リボンの内容も変化します。

Hint リボンのタブは状況により追加される

Outlook 2024の操作によってはあらかじめ表示されていないリボンの「タブ」が追加で表示されることがあります。例えば、「Microsoft Search（検索ボックス）」をクリックすると、いつもは表示されていない［検索］タブが追加され、詳細な検索を行うことができます（p.112参照）。

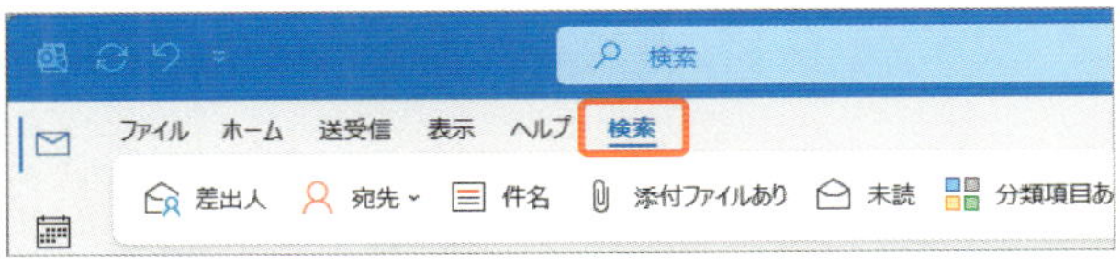
ファイル
ホーム
送受信
表示
ヘルプ
検索
差出人
宛先
件名
添付ファイルあり
未読

3 リボンを折りたたみ表示にする

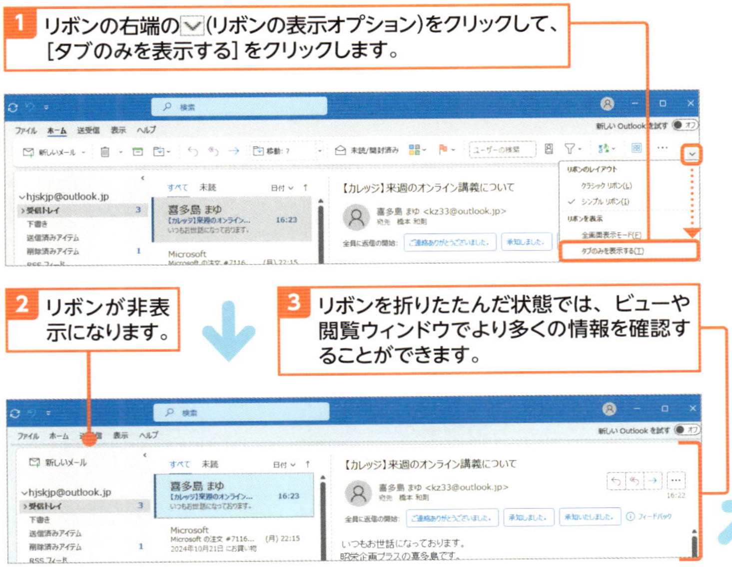
1 リボンの右端の（リボンの表示オプション）をクリックして、［タブのみを表示する］をクリックします。
2 リボンが非表示になります。
3 リボンを折りたたんだ状態では、ビューや閲覧ウィンドウでより多くの情報を確認することができます。

Hint リボンコマンドの詳細がわからない場合

Outlook 2024では一部のリボンコマンド名がリボン内に表示されていませんが、マウスポインターを該当のリボンコマンドの上に合わせると(クリックする必要はありません)、コマンド名と詳細を知ることができます。

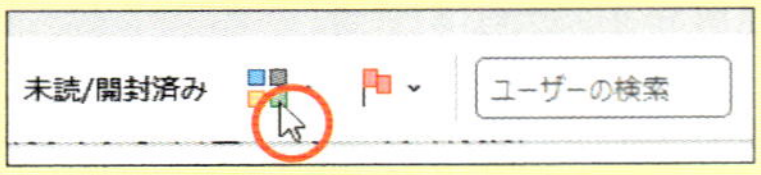

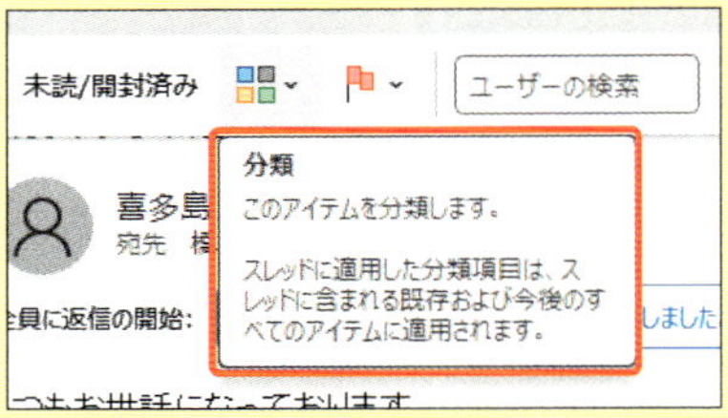

4 任意のタブをクリックします。

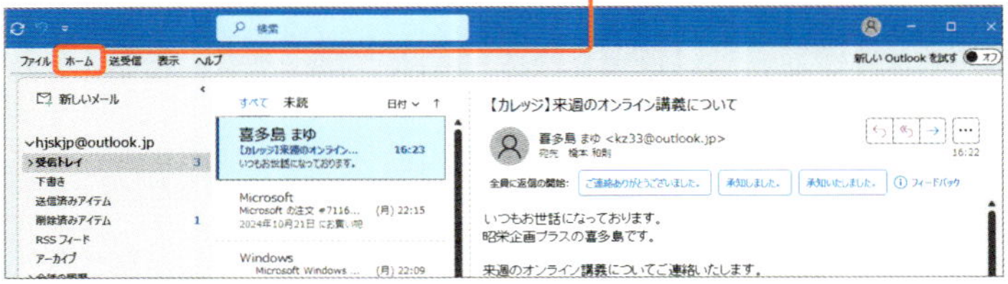

5 リボンが表示されます。リボンはビューや閲覧ウィンドウを覆う形で表示されます。

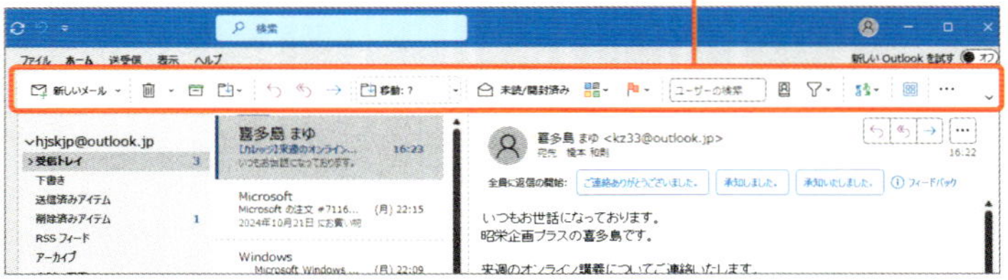

6 リボンコマンドを実行した後に自動的にリボンが折りたたまれます。

4 リボン表示を固定する

時短のコツ リボンの折りたたみ/固定の切り替え

リボンの折りたたみ/固定の切り替えをすばやく行いたい場合は、ショートカットキー Ctrl + F1 キーを入力します。入力するごとにリボンの折りたたみ/固定を切り替えることができます。

リボンを折りたたんだうえで、任意のタブをクリックして、リボンコマンドを表示しておきます。

1 ⌄(リボンの表示オプション)をクリックして、[常にリボンを表示する]をクリックします。

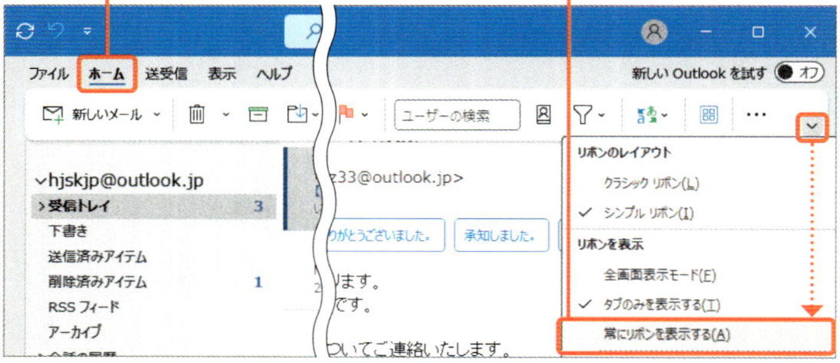

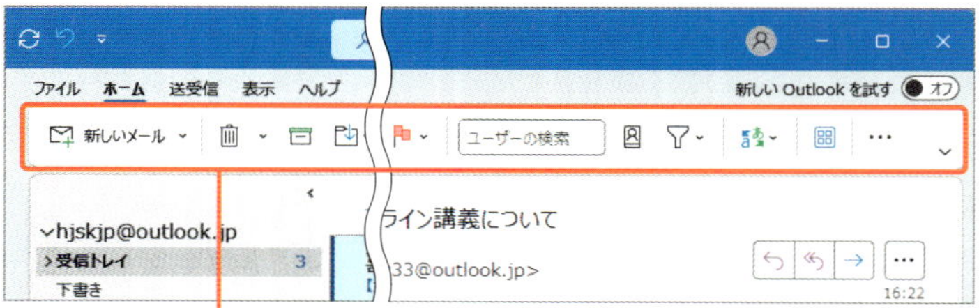

2 リボンを表示したままにすることができます。

3 リボンコマンドを実行しても、リボンは自動的に折りたたまれなくなります。

ショートカットキー

● リボンの折りたたみ/固定
Ctrl + F1

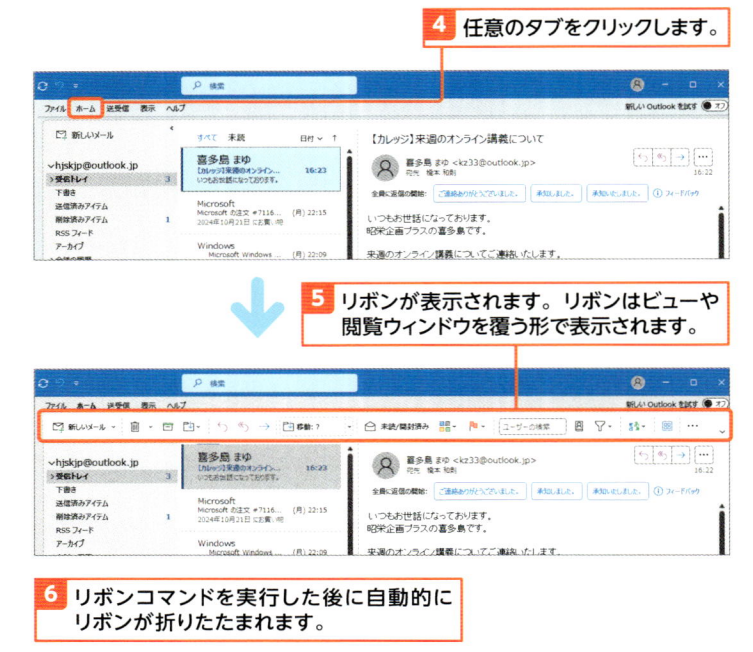

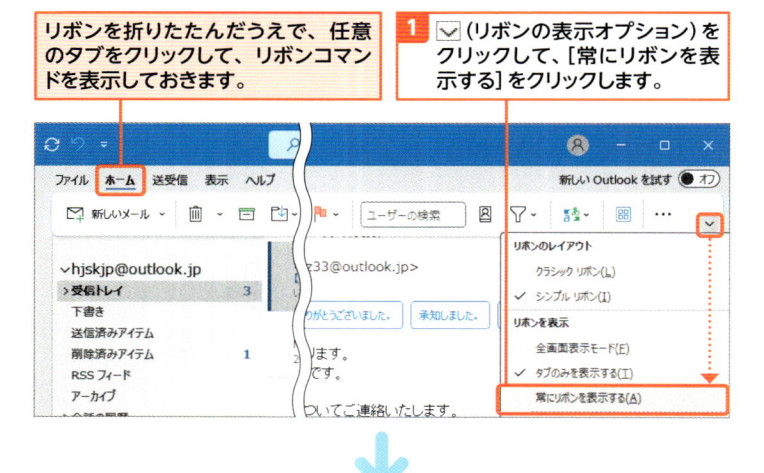

5 クラシックリボンを利用する

Hint シンプルリボンに戻す

Outlook 2024の既定はシンプルリボンになります。クラシックリボンからシンプルリボンに戻したい場合には、リボンを右クリックして、ショートカットメニューから［シンプルリボンを使用］をクリックします。

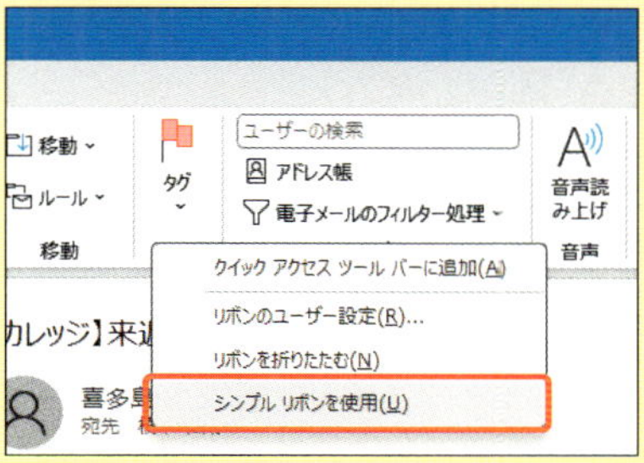

1 リボンを右クリックして、ショートカットメニューから［クラシックリボンを使用］をクリックします。

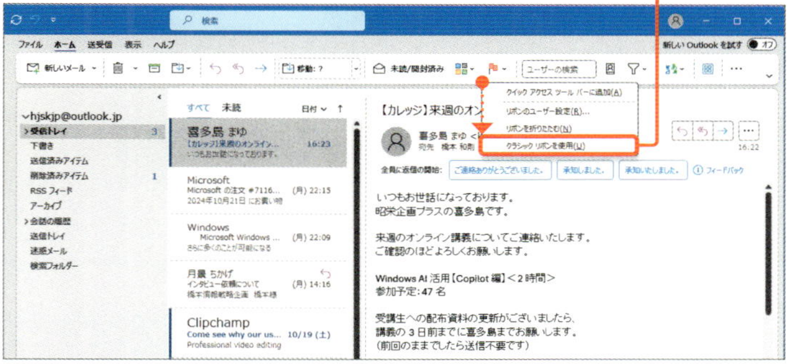

2 クラシックリボン表示にすることができます。

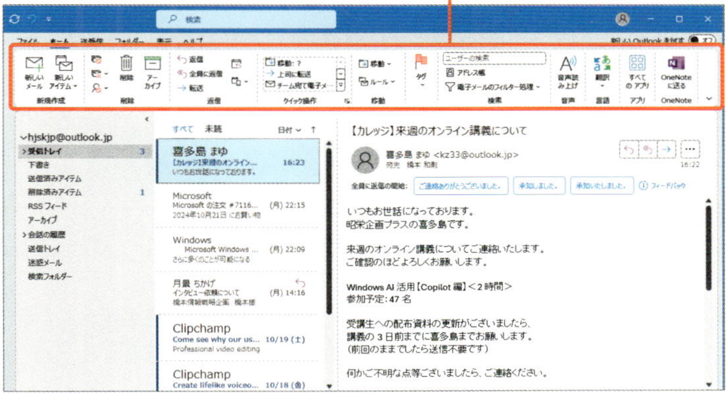

Hint Outlook 2024 の表示サイズによってリボンコマンドの表示は変わる

リボンコマンドは、Outlook 2024の表示サイズやWindowsのデスクトップのサイズ・拡大率によって表示が変わります。Outlook 2024の横幅が狭い（ウィンドウサイズが小さい）場合、優先順位の低いリボンコマンドはまとめられるため、一番右の［…］をクリックしてからアクセスする必要があります。

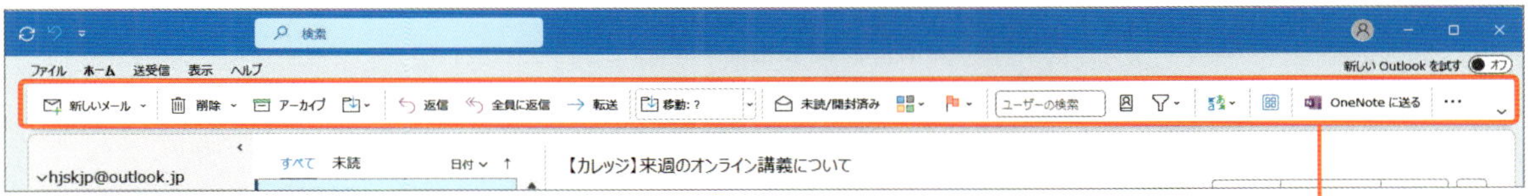

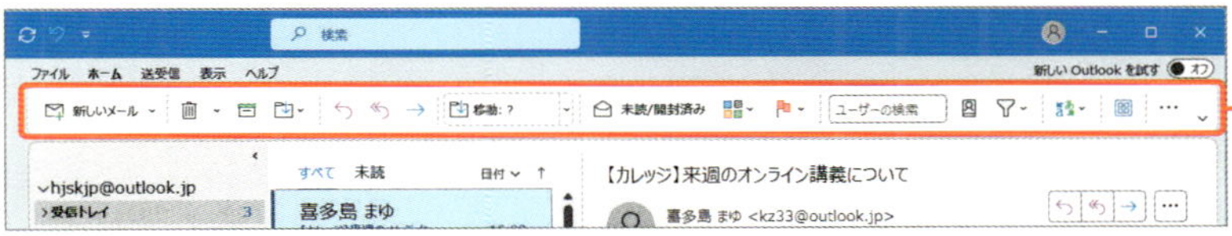

Outlook 2024画面の横幅が狭いと、リボンコマンドの一部はまとめられます。

Section 05

Outlook 2024に アカウントを登録する

ここで学ぶのは

- アカウントの登録
- アカウントの詳細設定
- 異なる種類のアカウント

Outlook 2024でメールを扱うには、「**アカウントの登録**」が必要になります。登録できるアカウントの種類には、Microsoft系アカウントのほか、IMAPアカウントなどもあります。なお、すでにメールの送受信を行っている方は、ここで解説する登録手順は必要ありません。

1 Outlook 2024 の初期設定でアカウントを登録する

Memo アカウントの種類によって機能が異なる

Outlook 2024のすべての機能を利用するには、Microsoft Exchangeアカウント／Microsoft 365のアカウント／Outlook.comアカウントなどの、Microsoft系アカウントである必要があります。インターネットサービスプロバイダー・レンタルサーバーなどで取得できるメールのアカウント（IMAPアカウントなど）も管理することができますが、一部の機能や操作に制限があります（次ページの下のMemoを参照）。

Hint 複数のアカウントを登録したい場合

Outlook 2024では複数のアカウントを登録して、各アカウントのメールを一括で管理することもできます。複数のアカウントを登録して管理したい場合は、p.182を参照してください。

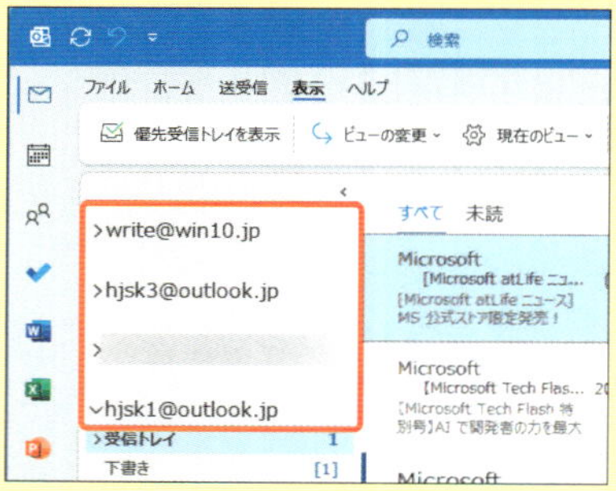

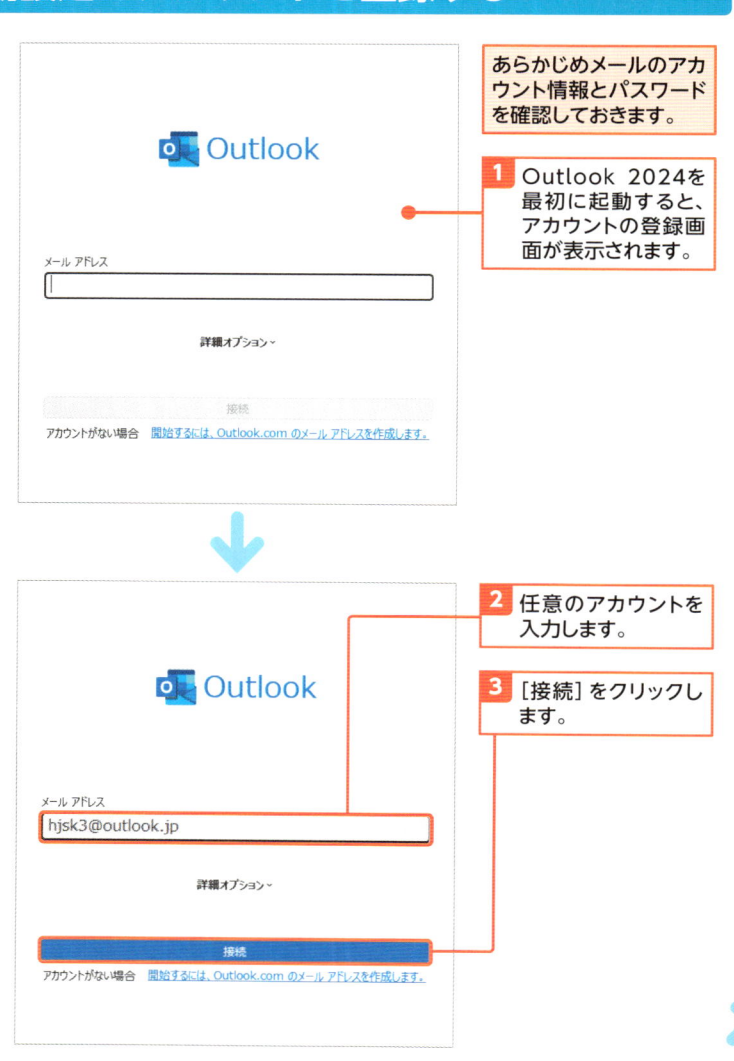

あらかじめメールのアカウント情報とパスワードを確認しておきます。

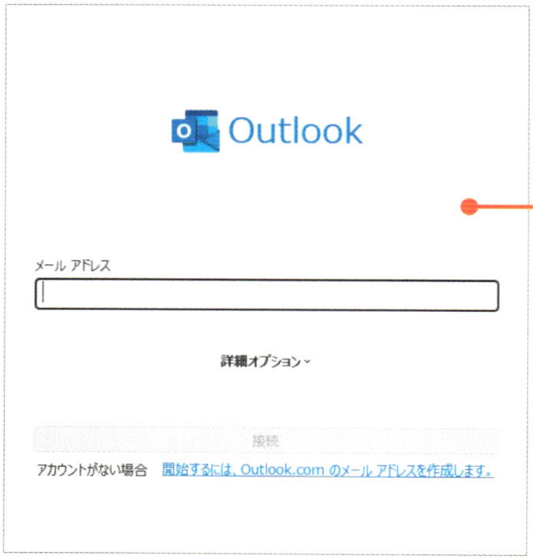

1 Outlook 2024を最初に起動すると、アカウントの登録画面が表示されます。

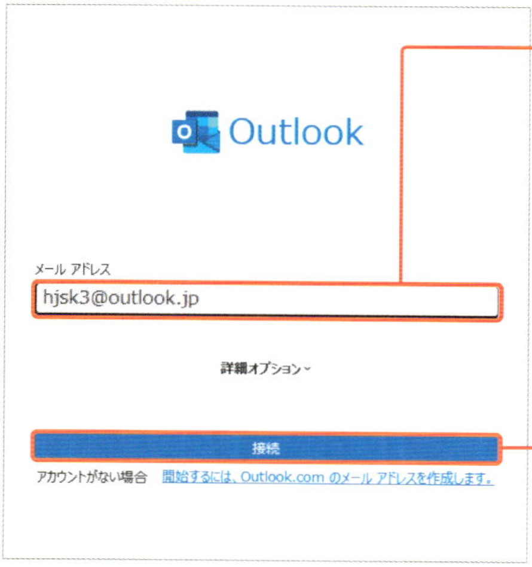

2 任意のアカウントを入力します。

3 ［接続］をクリックします。

Memo 利用できるまでの時間

登録したばかりのアカウントはメールなどの情報の同期処理（サーバーからローカルへのコピー）が行われるため、メールを確認・操作できるまで少し時間がかかります。

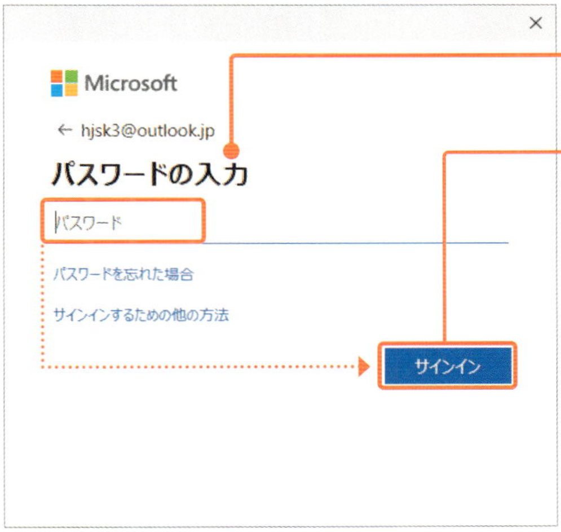

4 ［パスワードの入力］が表示されます。

5 アカウントのパスワードを入力して、［サインイン］をクリックします。

6 Outlook 2024にアカウントが登録され、「メール」などが利用できるようになります。

2 アカウント登録で詳細設定が表示されたら

アカウント登録で詳細設定が表示されたら、手持ちのアカウントの種類に従って、Microsoft Exchange アカウントの場合は［Exchange］、Microsoft 365のアカウントの場合は［Microsoft 365］、Outlook.comアカウントの場合は［Outlook.com］をクリックして登録を進めます。また、Microsoft系アカウント以外のプロバイダーメール（インターネットサービスプロバイダーであるOCN、So-net、BIGLOBE、plala、Yahoo! BB、@nifty、hi-hoなどから供給されているメール）や、レンタルサーバーなどで管理されるメールの登録や管理については、右表のページを参照してください。

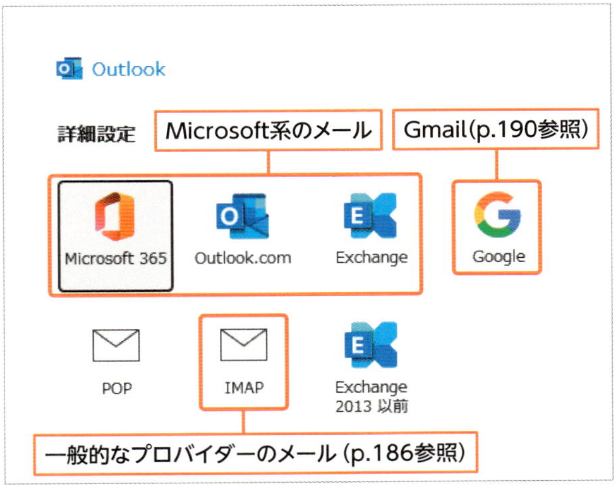

プロバイダーメール（IMAPアカウント）の登録	p.186参照
Gmail（Googleアカウント）の登録	p.190参照

Memo Microsoft 系アカウント以外の制限

プロバイダーメール（インターネットサービスプロバイダーから供給されるメール）やレンタルサーバーなどで管理されるメール（IMAP アカウント）は、アカウントの種類がMicrosoft系アカウント（Microsoft Exchange アカウント／Microsoft 365のアカウント／Outlook.com アカウントなど）である場合と異なり、「連絡先」「予定表」をアカウントに同期して管理することができません（PC 内に情報が保存されます）。また、Outlook 2024 全般の操作や設定にも制限があります。

なお、「連絡先」「予定表」などの情報をクラウドと同期して柔軟に管理したい場合には、IMAP アカウントによるメール管理とともに、無料で取得できるMicrosoft 系アカウントである「Outlook.com アカウント（https://www.outlook.com/）」と併用するのがひとつの手段になります（p.194 参照）。

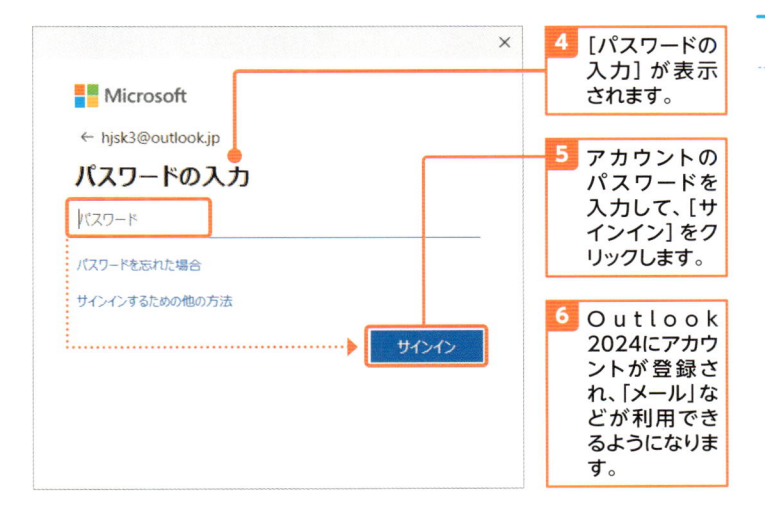

Section 06 わからないことを調べる

ここで学ぶのは

- ヘルプの表示
- 操作アシストの表示

わからないことがある場合には、「ヘルプ」を活用します。ヘルプでは基本的な操作の一覧から知りたいことを探せます。
また、リボンコマンドが見つからない場合などは、Microsoft Search（検索ボックス）に目的の操作をキーワード入力するだけで、操作を実行できます。

1 ヘルプから検索する

1 ［ヘルプ］タブ→［ヘルプ］をクリックします。

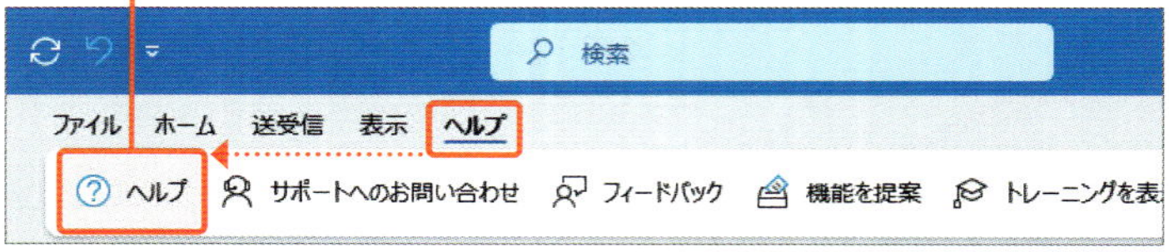

2 「ヘルプ」が表示されます。

3 検索ボックスにわからないことを入力して、Enterキーを押します。

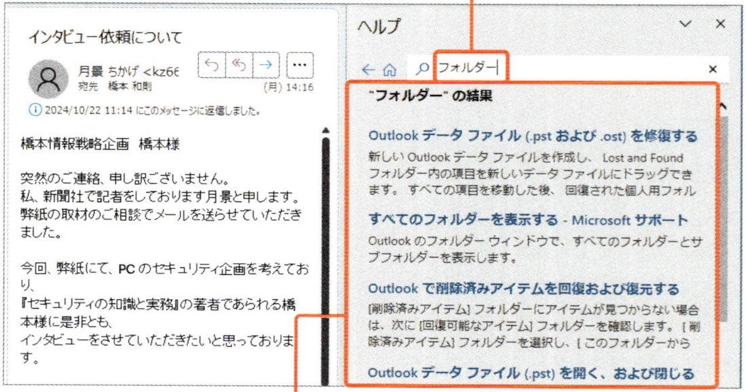

4 関連したヘルプ項目が表示されるので、読みたい解説をクリックします。

Hint ヘルプを別ウィンドウに独立させる

ヘルプをウィンドウ表示として独立させたい場合には、ヘルプ欄にある［∨］をクリックして［移動］をクリックし、ヘルプをOutlook 2024の外にドロップします。

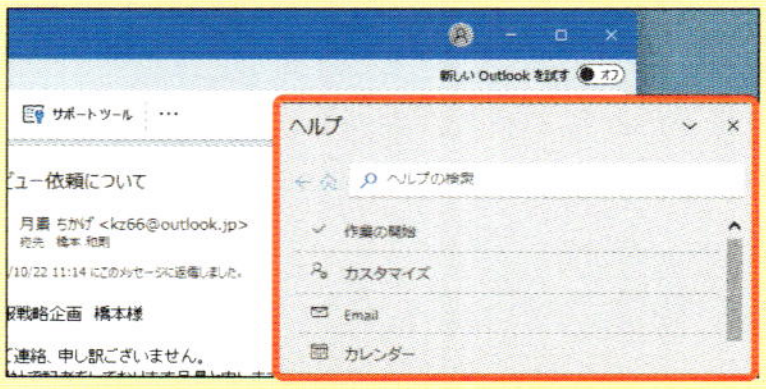

Memo 基本操作も知ることができる

ヘルプでは右図のように検索する以外に、一覧から目的の項目をクリックすることにより、操作の基本を知ることもできます。

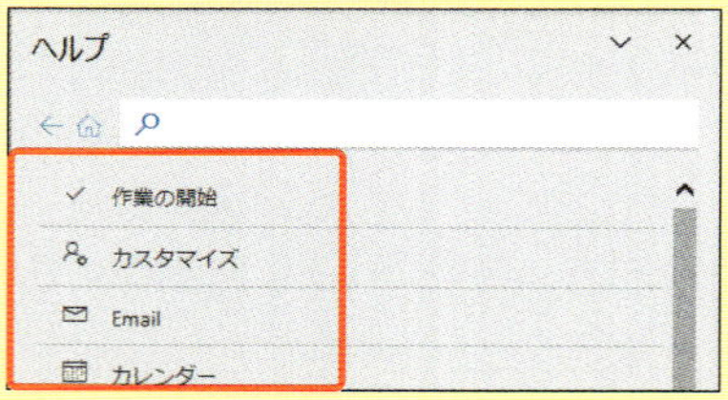

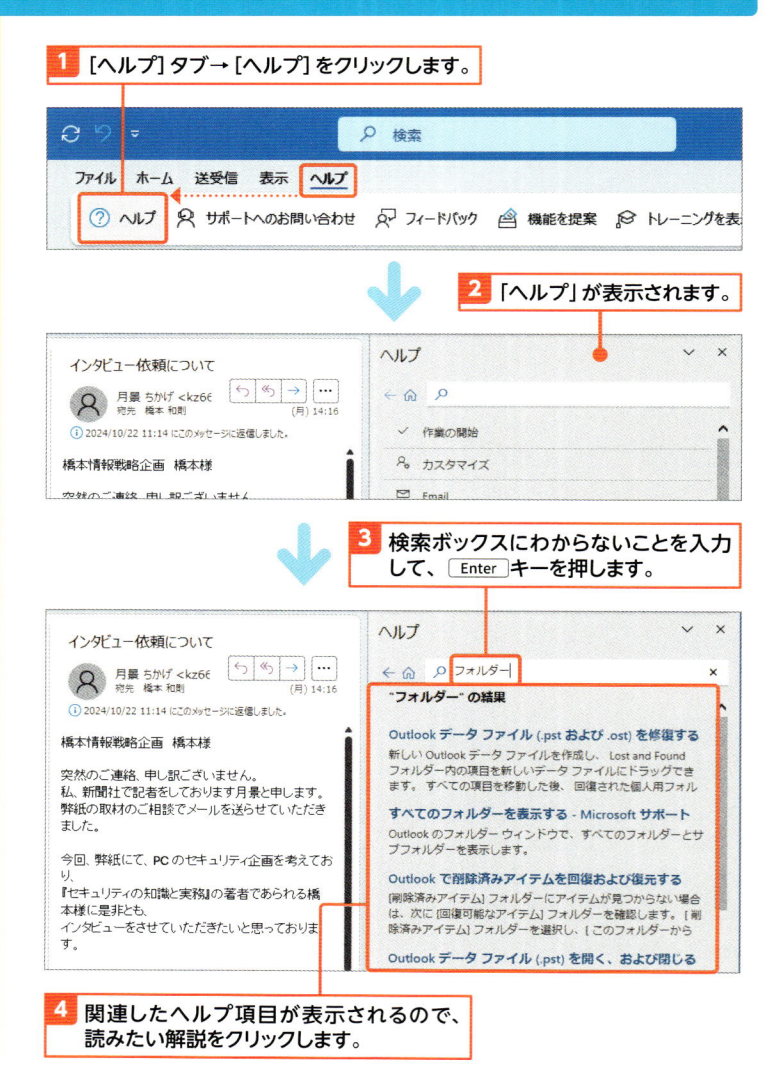

2 Microsoft Search で操作アシストする

ショートカットキー

- Microsoft Searchに移動する
  Ctrl + E
  Alt → Q
  F3

Hint Outlook 2024は各種検索も兼ねる

Microsoft Searchでは操作アシストとして任意の操作を実行することもできれば、「メール」「連絡先」「予定表」などの各種検索を行うことも可能です。

Hint Microsoft Searchによるメールなどの検索

Microsoft Searchでは操作アシストを行えるほか、キーワード検索を行うこともできます。例えば、メール画面でMicrosoft Searchに任意のキーワードを入力すれば、目的のメールを探し出すことができます（p.112参照）。また、Microsoft Searchから高度な検索にアクセスすれば、本文・件名・差出人などを指定してメールを探し出すことも可能です（p.116参照）。

1 Microsoft Searchをクリックします。

2 目的の操作をキーワードとして入力します。

3 候補表示が行われるため、目的の操作をクリックします。

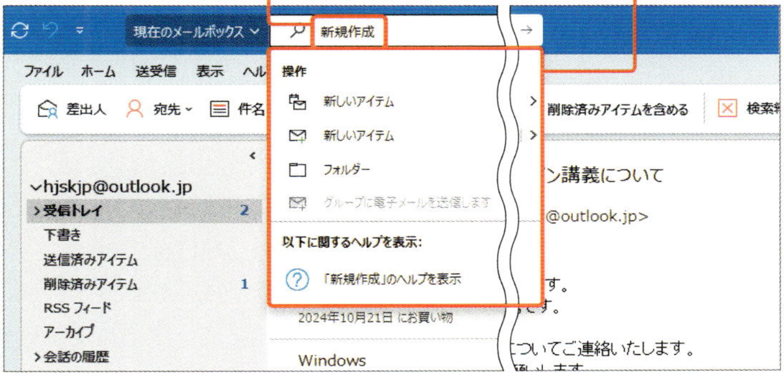

4 任意の操作を選択します。

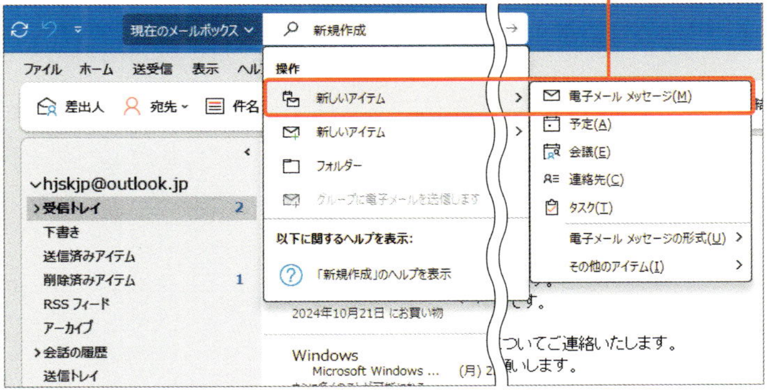

5 目的の操作を実行することができます。

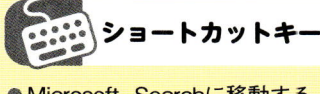

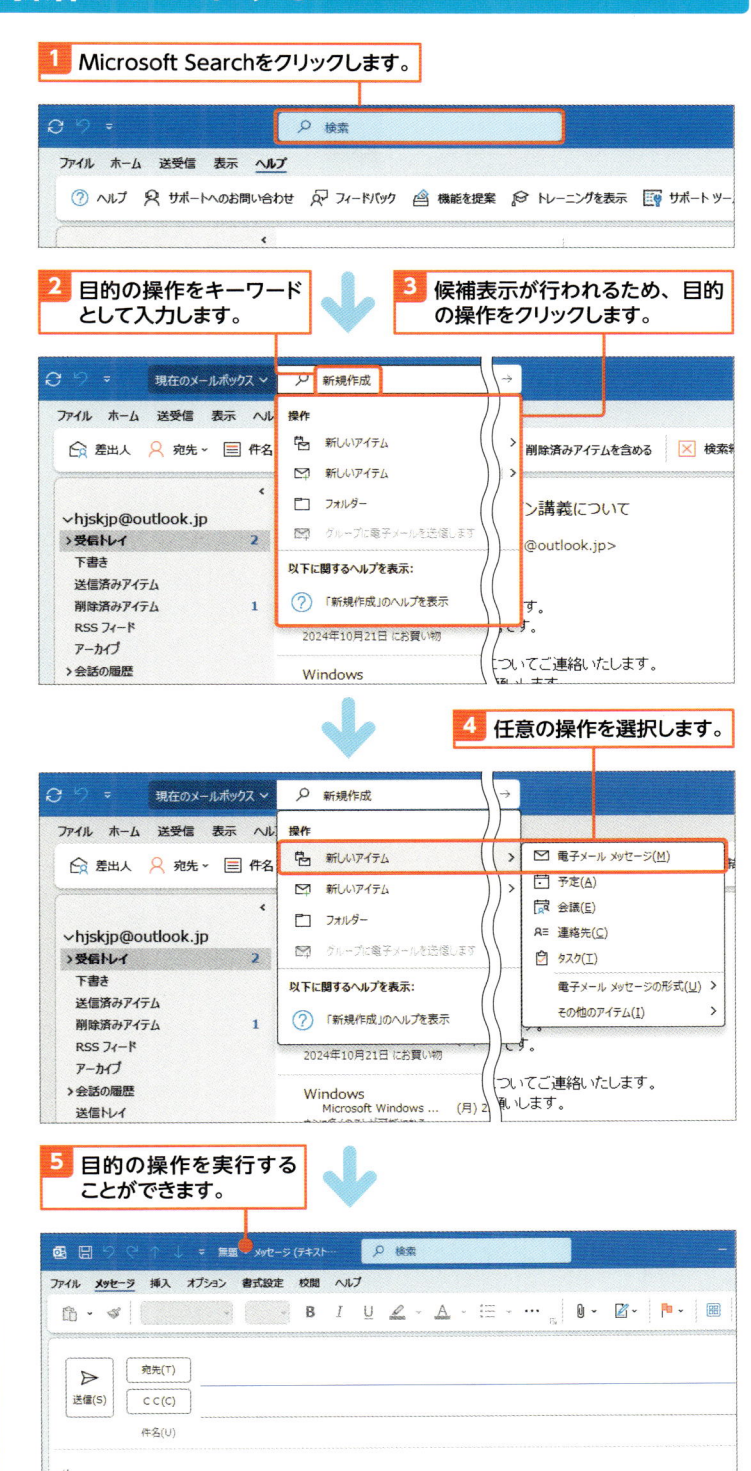

Section 07

Outlookの種類とOffice 2024とMicrosoft 365の違い

ここで学ぶのは
- Outlook の種類
- サブスクリプション
- 機能比較

Outlookには本書が解説する「Outlook 2024」や「Microsoft 365のOutlook」の他に「新しいOutlook」が存在し、それぞれライセンス形態、サポート期限、機能の追加などに違いがあります。
ここでは、各Outlookの特徴について解説します。

1 Outlook 2024

Outlook 2024は、店頭購入やオンライン購入、あるいはPCバンドル製品であるOffice Home & Business 2024に搭載されるOutlookであり、永続ライセンスを提供するソフトウェアです。個人ユーザーや小規模ビジネスにとって魅力的な製品であり、永続ライセンスであるためサブスクリプション契約などは必要なく使い続けることができます（サポート期限は2029年10月9日まで）。アップデートによる機能の追加は行われないため、同じ操作環境でサポート期限まで利用できます。

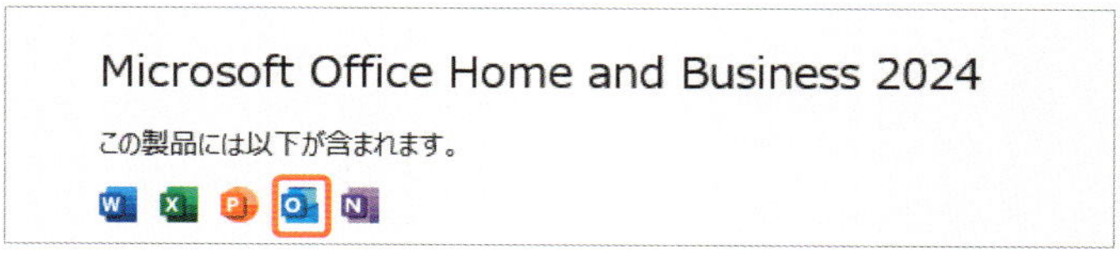
Microsoft Office Home and Business 2024
この製品には以下が含まれます。

注意 Office Home 2024 ユーザー

Office Home 2024にはOutlook 2024がバンドルされません。Outlook 2024を利用するには、別途「Outlook 2024」を単体購入する必要があります。

注意 単体販売の Outlook 2024

単体パッケージのOutlook 2024は店頭やオンラインなどで単体購入が可能です。ただし、旧Officeとは共存できないため、単体利用、あるいはOffice Home 2024と組み合わせて利用することが前提になります。

Memo Outlook の種類と比較

特徴	Outlook 2024	Microsoft 365のOutlook	新しいOutlook
購入方法	店頭購入・オンライン購入・PCバンドル製品	Microsoft 365サブスクリプション	Windowsに標準でバンドル（無料）
ライセンス形態	永続ライセンス	サブスクリプション（月額／年額）	なし（広告を外すには月額または年額のライセンス）
サポート期限	2029年10月9日	なし	なし
機能の追加	提供されない	最新機能の追加＆提供	最新機能の追加＆提供
Outlook内でのCopilot利用	利用できない	別途サブスクリプション契約で利用可能（一部例外あり）	別途サブスクリプション契約で利用可能
本書の対応	○	○	×

※上記はすべてOutlook（デスクトップアプリ）での比較であり、Web版Outlookを除きます。また海外製品や旧製品などの例外は除きます。

2 Microsoft 365 の Outlook

Memo バージョンの確認

［ファイル］タブをクリックしてBackstageビューを開きます。Backstageビューから、［Office アカウント］をクリックします。

Memo サブスクリプションとは

サブスクリプションとは、ユーザーが定期的に一定の金額を支払って、サービスや製品を継続的に利用できるモデルのことです。Microsoft 365は月額／年額払いのサブスクリプションであり、Office 2024のように買い切り型ではありません。

Microsoft 365に含まれるOutlookであり、本書執筆時点ではOutlook 2024相当のOutlookになります。Microsoft 365はサブスクリプション契約であるため月額／年額での支払いが必要になる半面、アップデートにより機能の追加が行われアプリとして進化していくのが特徴です。また、アプリ内でCopilotを利用できることも特徴になります（要サブスクリプション契約、ただし一部例外あり、p.176のHintを参照）。

3 新しい Outlook

Hint 新しい Outlook を試す

Outlook 2024やMicrosoft 365のOutlookは「Outlook（classic）」とも呼ばれ、「新しいOutlookを試す」をオンにして移行できますが、本書はオフが前提の説明です。

Memo Outlook の種類はアプリアイコンで見分ける

環境によって［スタート］メニューに2つのOutlookが登録されますが、本書が解説するのは下画面の左側のアイコンのOutlookになります。

新しい Outlookは「Outlook for Windows」とも呼ばれ、Windowsに標準で添付されるメール／予定表／連絡先などを管理できるアプリです。モダンでシンプルなデザインが特徴で、標準アプリであるため無料で利用できるほか（ただし広告表示あり）、アップデートにより機能の追加も行われます。なお、新しいOutlookはOutlook 2024より新しいアプリになりますが、従来から存在する一部の機能をサポートしていません。

Section
08 Outlook 2024の機能をすばやく実行する

ここで学ぶのは
- クイックアクセスツールバー
- コマンドの登録
- ショートカットメニュー

Outlook 2024はリボンコマンド以外にも、クイックアクセスツールバーや右クリックからのショートカットメニューなどで、すばやく操作することができます。ここでは、すばやく操作するための機能について解説します。

1 クイックアクセスツールバーでコマンドを実行する

Hint クイックアクセスツールバーが表示されていない場合には

Outlook 2024の操作画面で［ファイル］タブをクリックしてBackstageビューを開きます。Backstageビューから［オプション］をクリックして［Outlookのオプション］ダイアログを表示します。
［クイックアクセスツールバー］から、「クイックアクセスツールバーを表示する」をチェックして、［OK］をクリックします。

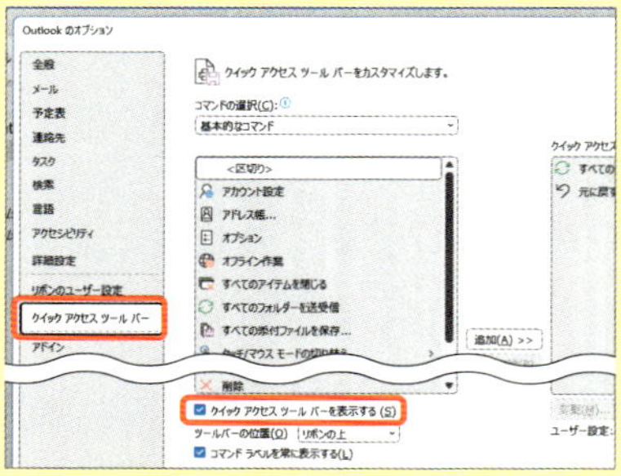

1 クイックアクセスツールバーのコマンドをクリックします。

2 コマンドの操作が実行できます。

ここでは［新しいメール］コマンドを実行しています。

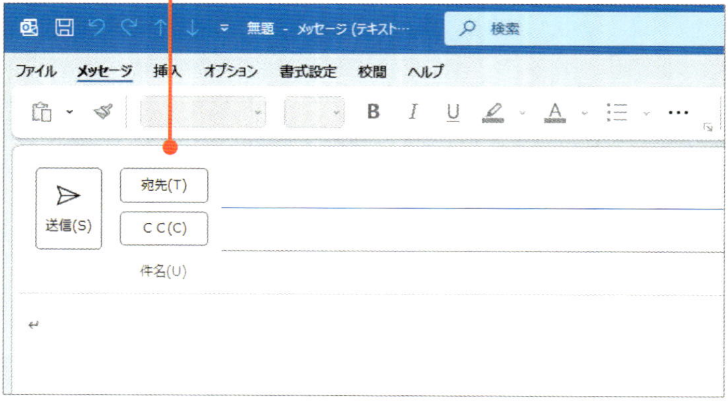

2 リボンのコマンドをクイックアクセスツールバーに登録する

Memo 登録は最小限にする

便利なクイックアクセスツールバーですが、いくつものコマンドを登録してしまうとわかりにくく、使いづらくなります。あくまでも、自分が日常的によく利用するコマンドのみを登録するようにします。

1 よく使うリボンコマンドを右クリックして、

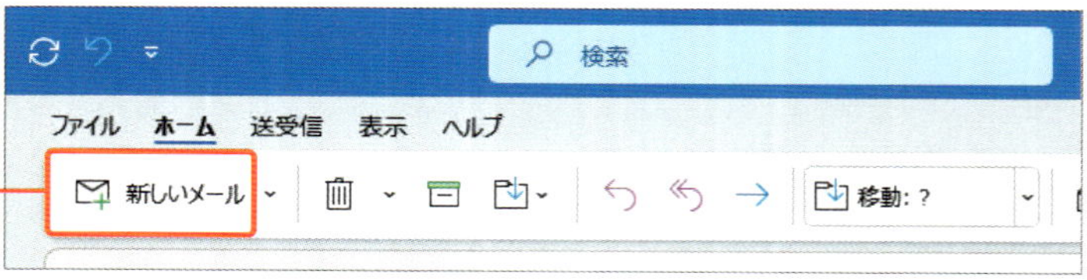

Key word **クイックアクセスツールバー**

クイックアクセスツールバーは、リボンが折りたたまれていたり、目的とは異なるリボンを表示している場合でも、すばやくワンクリックでコマンドを実行できるという特徴があります。

2 ショートカットメニューから［クイックアクセスツールバーに追加］をクリックします。

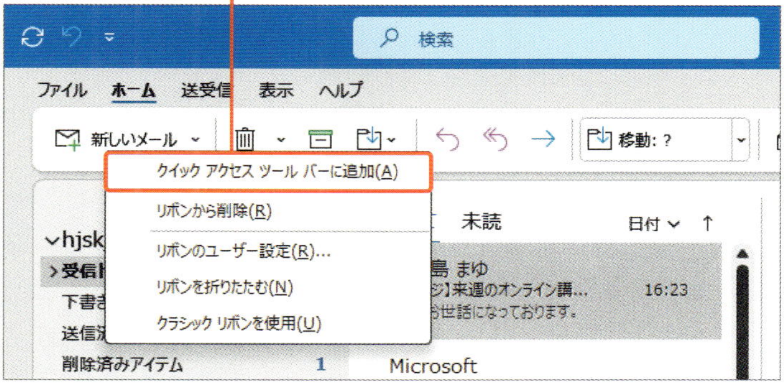

3 該当のリボンコマンドが、クイックアクセスツールバーのコマンドとして追加されます。

4 クイックアクセスツールバーのコマンドは常に表示されており、いつでもクリックするだけで実行できます。

3 クイックアクセスツールバーの配置を変更する

Hint **タイトルバーに表示する**

リボンの下にあるクイックアクセスツールバーをタイトルバーに戻したい場合には、クイックアクセスツールバー右クリックして、ショートカットメニューから［クイックアクセスツールバーをリボンの上に表示］をクリックします。

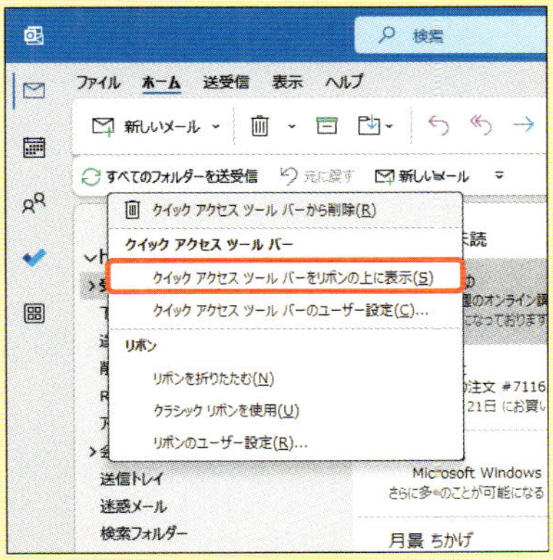

1 ［クイックアクセスツールバーのユーザー設定］をクリックして、

2 ［リボンの下に表示］をクリックします。

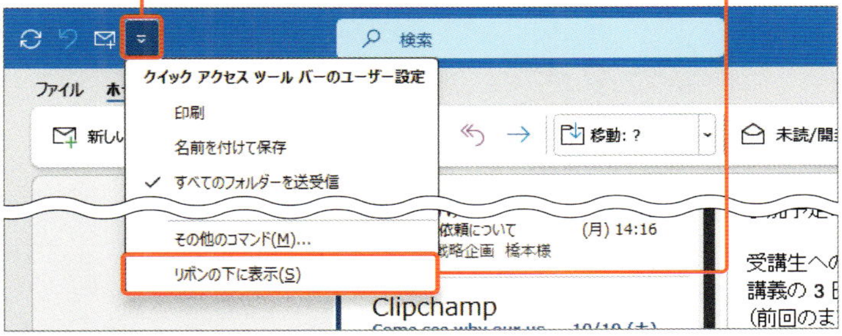

3 クイックアクセスツールバーをリボンの下に表示することができます。

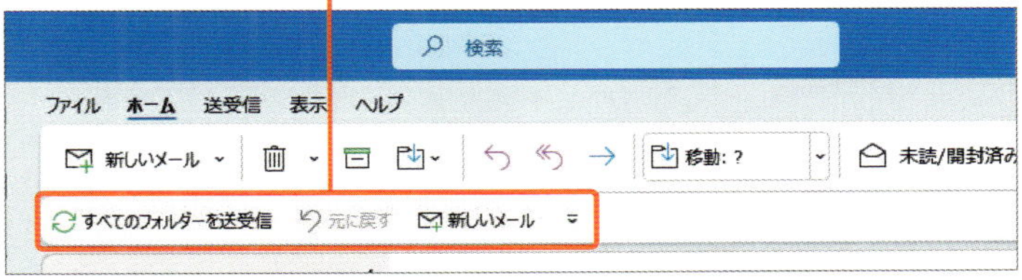

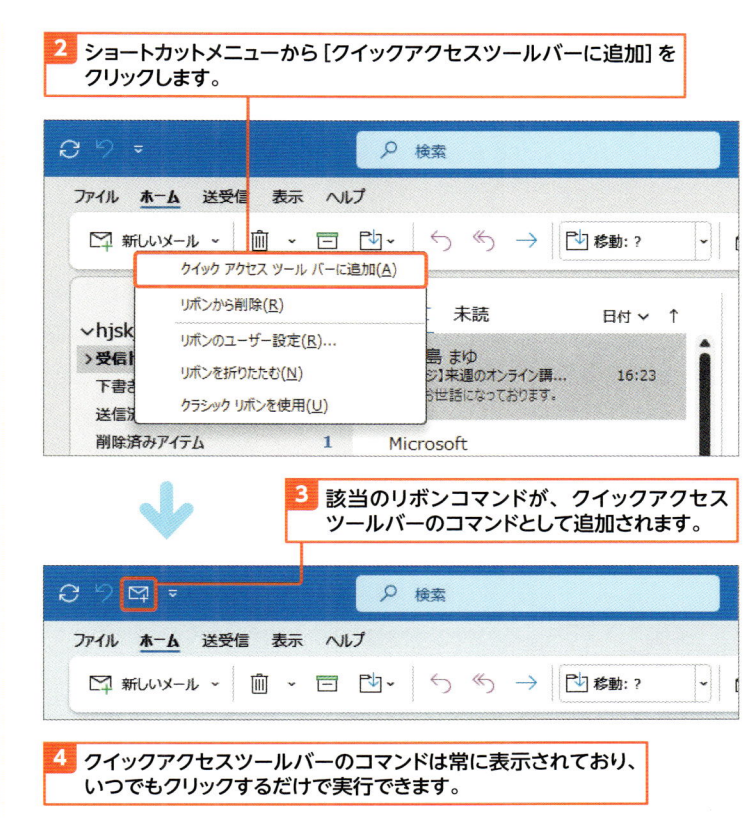

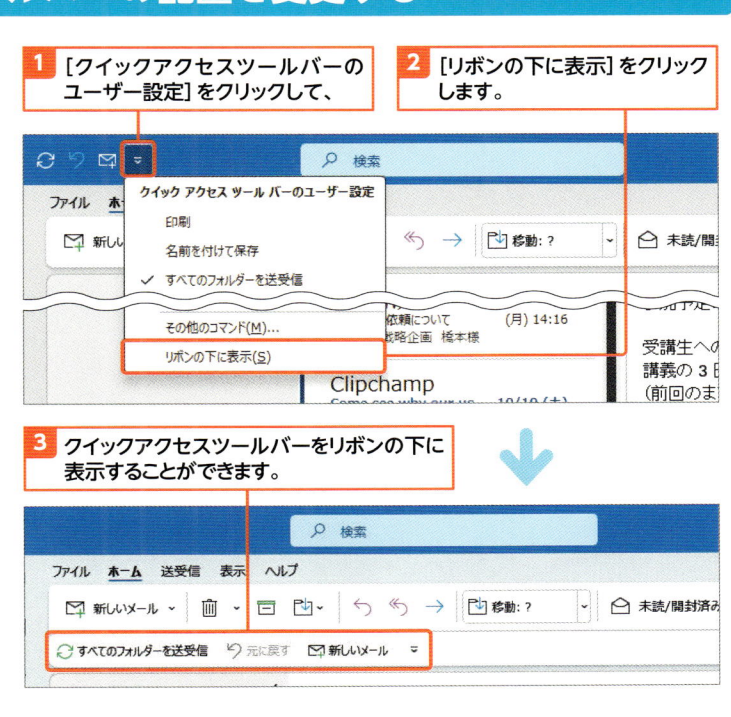

4 クイックアクセスツールバーのカスタマイズ

Hint 登録したコマンドがわからなくなったら

クイックアクセスツールバーに登録したコマンドがわからなくなったら、コマンド上にマウスポインターを合わせれば、コマンド内容を確認することができます。

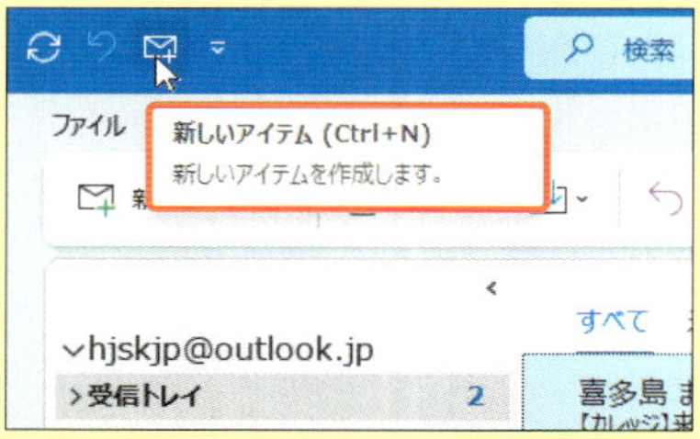

Hint メッセージウィンドウは独立した管理

Outlookのクイックアクセスツールバーは Outlook 2024の操作画面（メイン画面）とは別に、メッセージウィンドウのコマンドを独立して管理することができます。

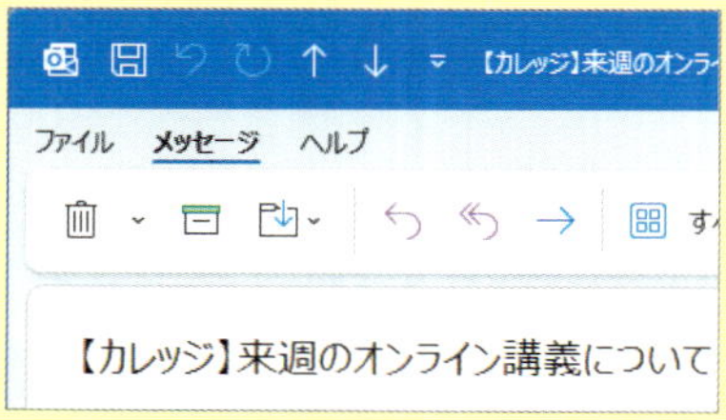

1 ［クイックアクセスツールバーのユーザー設定］をクリックして、

2 ［その他のコマンド］をクリックします。

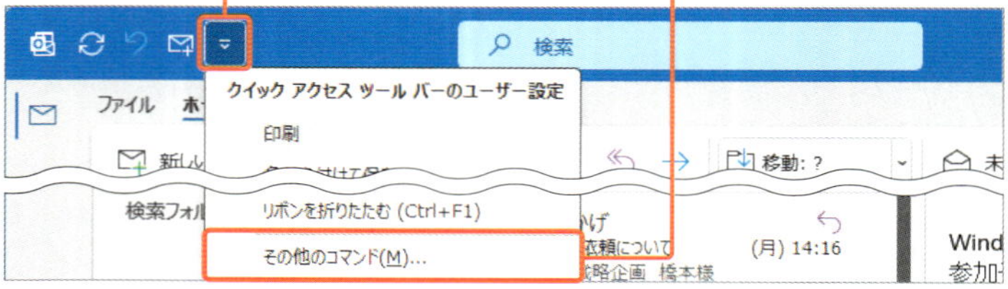

3 クイックアクセスツールバーのカスタマイズを行うことができます。

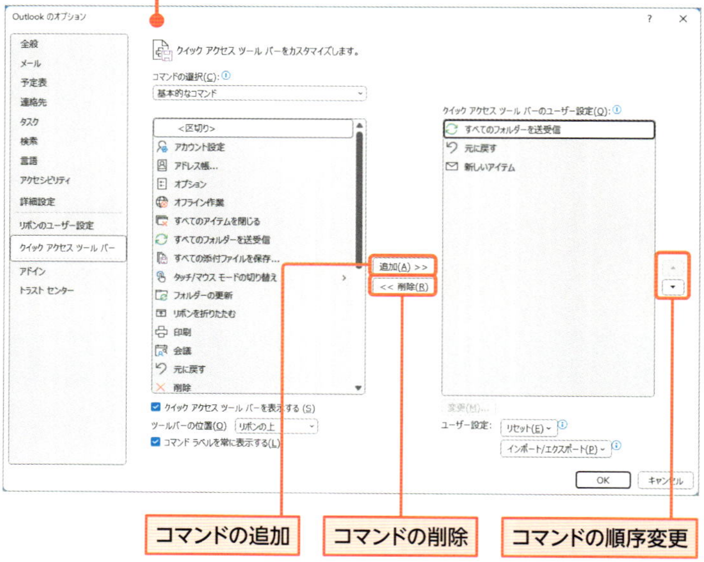

時短のコツ ショートカットメニューの利用

クイックアクセスツールバーのほかに、ショートカットメニューを利用してもすばやく操作することができます。ショートカットメニューとは、選択したアイテムを右クリックすることで表示される操作メニューです。
ちなみに対象のアイテムを複数選択することも可能です（Ctrl キーを押しながらクリック）。複数選択したうえで右クリックして、ショートカットメニューから任意の操作をクリックすれば、一括操作を行うことができるためさらに効率的です。

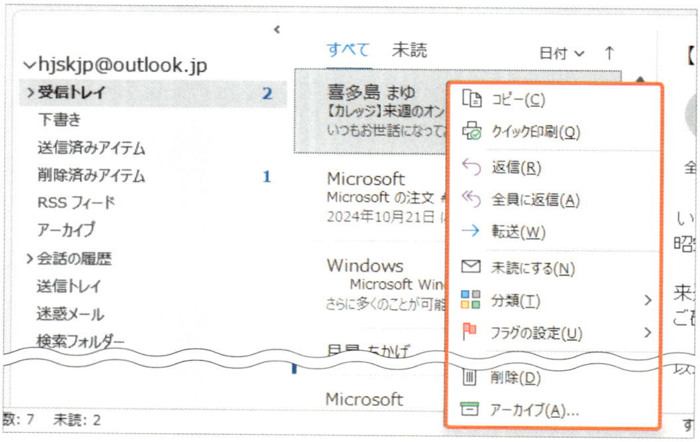

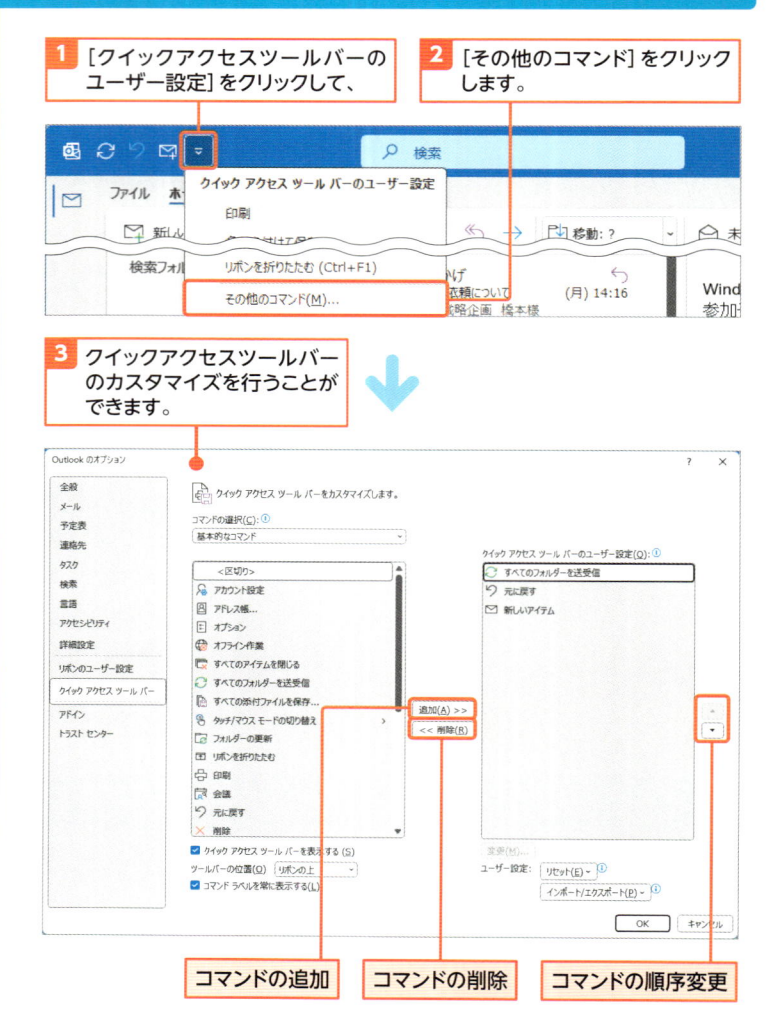

第2章

メールの基本操作をマスターする

この章では、メール操作の基本を解説します。基本操作として、メールの確認・返信のほか、ファイルの添付やメール本文の装飾などがあります。また、便利な機能・操作としては、下書き保存・転送・印刷などがあり、覚えておくと各場面で活用することができます。

Section 09

Outlook 2024の「メール」の画面構成

ここで学ぶのは

- 画面構成
- ウィンドウペイン
- 表示サイズの変更

Outlook 2024の「メール」における画面構成を知りましょう。画面構成と各種部位名は、本書で解説する各種操作や設定を知るうえで必要になります。

1 Outlook 2024の「メール」の画面構成

Outlook 2024の「メール」の画面構成は以下のようになります。「メール」の標準設定では、大まかに「フォルダーウィンドウ」「ビュー」「閲覧ウィンドウ」の3つのウィンドウペイン（区画）が並んでいます。フォルダーを選択すると、その中のメールの一覧がビューに表示されます。また、ビューで選択したメールの内容が閲覧ウィンドウに表示されます。なお、Outlook 2024全般の共通部位名についてはp.30を参照してください。

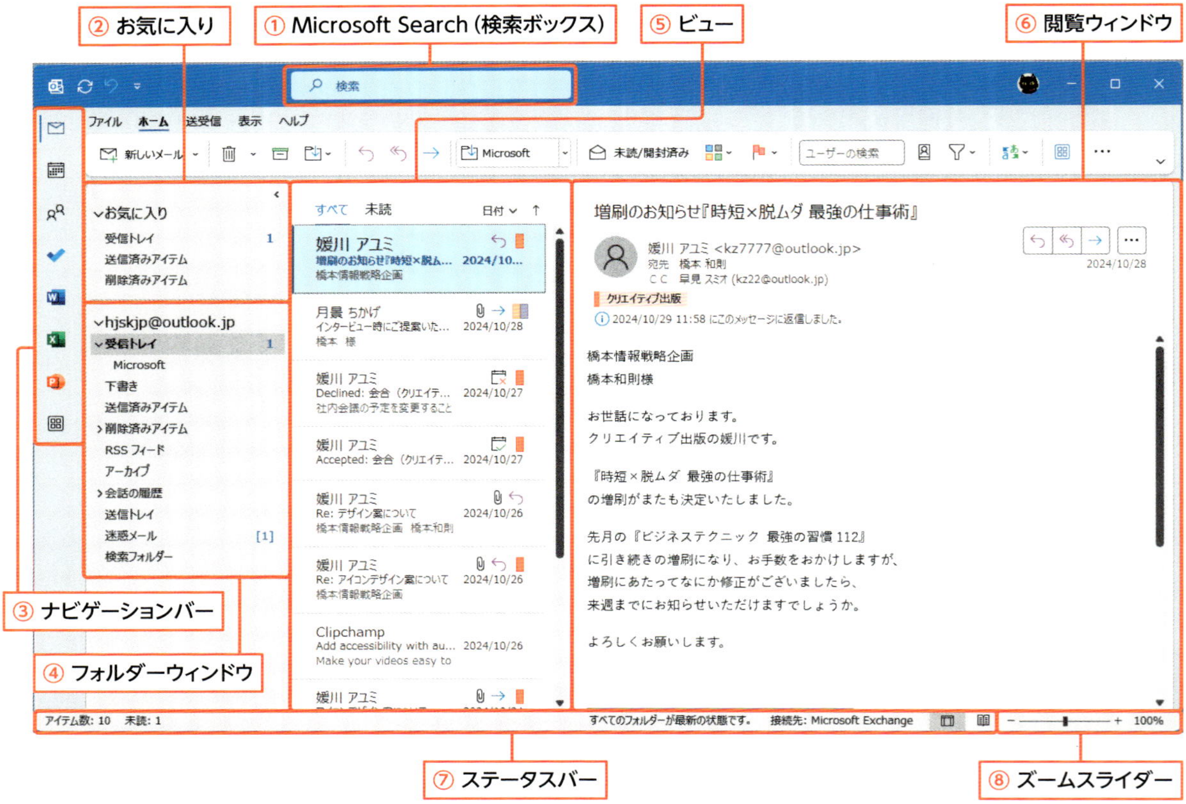

名称	機能
① Microsoft Search	メールを検索することができる
② お気に入り	よく使うフォルダーが表示される。任意に表示／非表示にすることができる (p.48参照)
③ ナビゲーションバー	「メール」「予定表」「連絡先」などに切り替えることができる
④ フォルダーウィンドウ	メールのフォルダー一覧が表示されている。任意のフォルダーをクリックして選択することにより、ビューの表示を切り替えることができる
⑤ ビュー	選択したフォルダー内のメールの一覧が表示される
⑥ 閲覧ウィンドウ	「ビュー」で選択しているメールの内容が表示される
⑦ ステータスバー	メールの総数や未読の数などの各種情報が表示される。表示内容はアカウントの種類によって異なる
⑧ ズームスライダー	閲覧ウィンドウの中の表示拡大率を変更できる

2 ビューや閲覧ウィンドウのサイズを変更する

Hint Outlook 2024 を扱いやすくする

Outlook 2024全般の表示サイズは、Windowsのデスクトップ設定が大きく影響します。表示サイズに関する設定はp.206を参照してください。

● Outlook 2024 全般を大きく表示

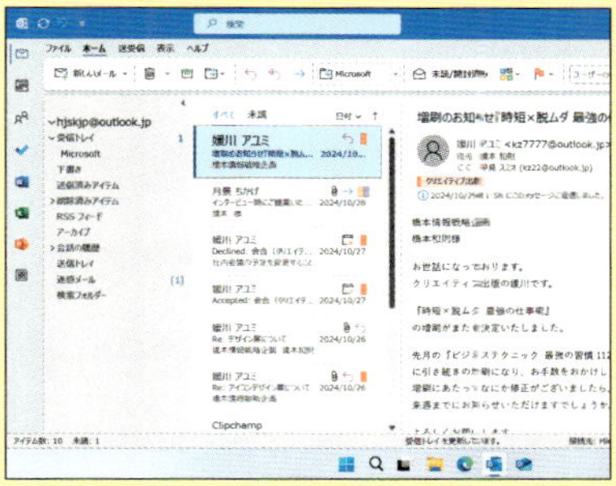

● 小さく表示してデスクトップを広く使う

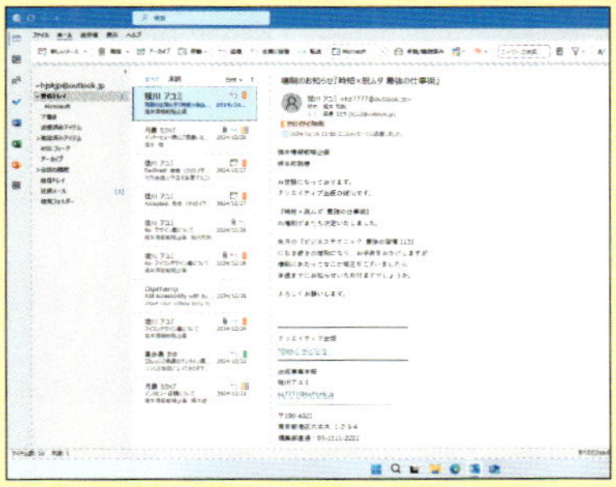

表示サイズと文字サイズの最適化はWindowsの設定も必要です。

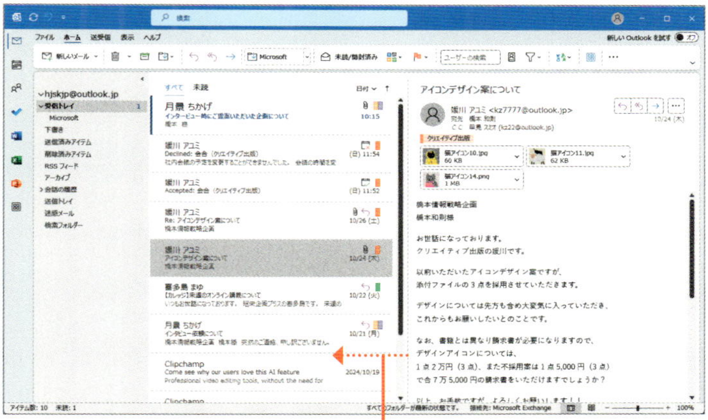

1 ビューと閲覧ウィンドウの境界線をドラッグします。

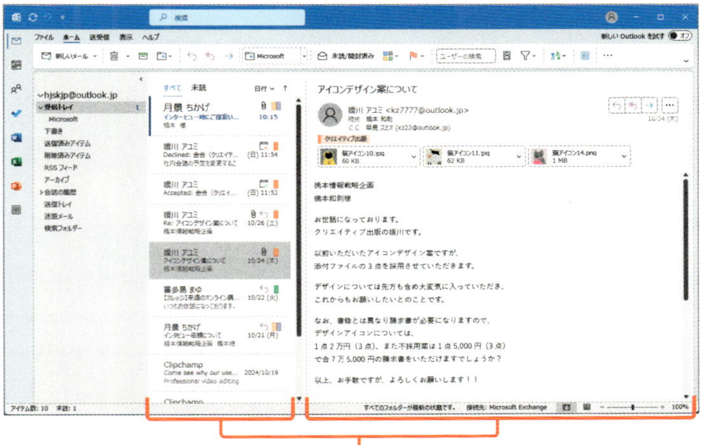

2 ビューと閲覧ウィンドウの大きさを変更できます。

Section 10

フォルダーウィンドウを扱いやすくする

ここで学ぶのは

- 「お気に入り」の非表示
- フォルダーウィンドウの表示
- 最小化時の操作方法

Outlook 2024を操作するうえでは、「フォルダーウィンドウ」から任意のフォルダーにアクセスしやすくすることが重要です。また、ここではフォルダーウィンドウを最小化して閲覧ウィンドウを大きく使いやすく表示する方法についても解説します。

1 「お気に入り」を非表示にする

解説 「お気に入り」の表示は任意

フォルダーウィンドウの上部にある「お気に入り」から、よく使うフォルダーに便利にアクセスできます。ただし、一般的には「受信トレイ」が主なアクセス先であり、また分類やフォルダーをしっかり管理している環境であれば、あえて「お気に入り」からアクセスする理由もなくなります。「お気に入り」に必要性を感じない場合には、非表示にしてしまっても構いません。

あらかじめ「お気に入り」が表示されています。

1 [表示] タブ→ [レイアウト] をクリックして、

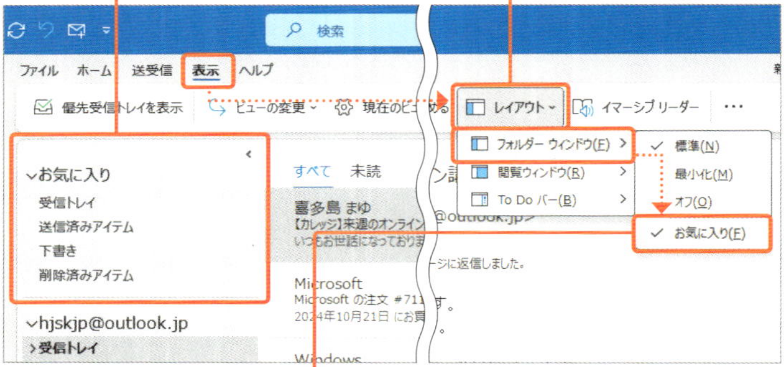

2 ドロップダウンから [フォルダーウィンドウ] → [お気に入り] をクリックして、チェックを外します。

3 フォルダーウィンドウの「お気に入り」が表示されなくなります。

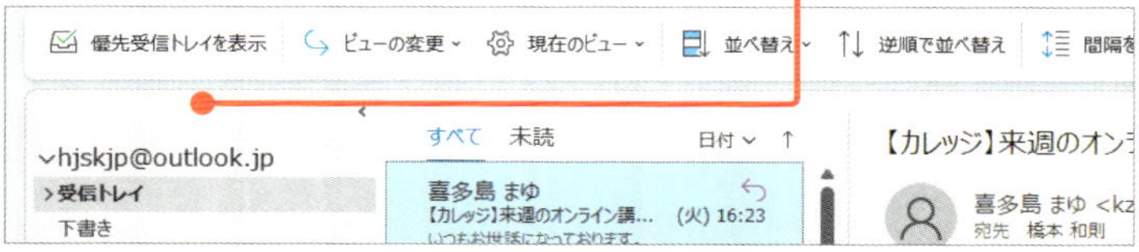

2 フォルダーウィンドウを最小化する

1 [表示] タブ→ [レイアウト] をクリックして、

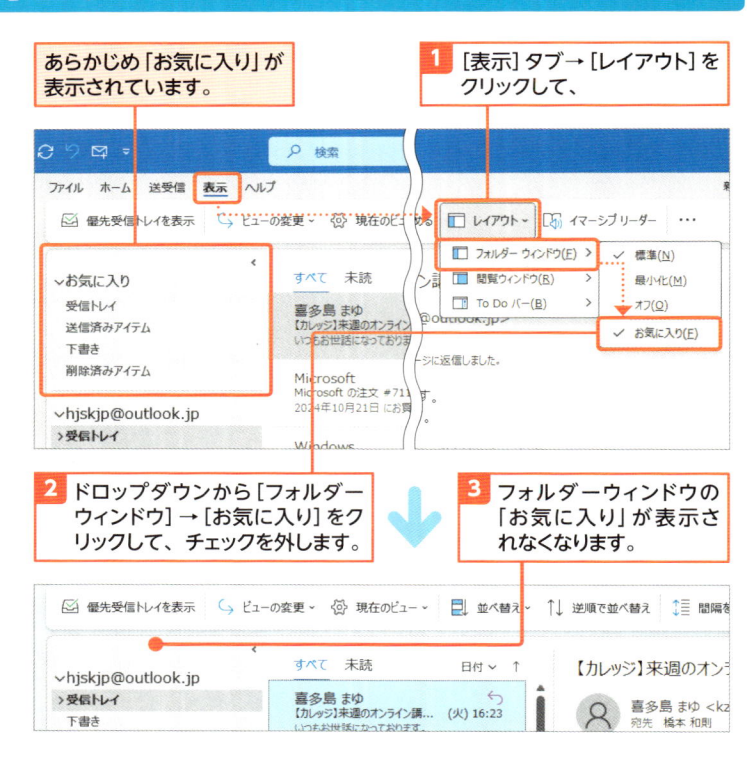

解説 最小化することで画面を広く使える

フォルダーウィンドウを最小化することで、結果的に閲覧ウィンドウの幅を広く表示できます。ディスプレイの解像度やOutlook 2024のウィンドウサイズにもよりますが、Outlook 2024を操作するうえで画面が狭く感じる場合には、フォルダーウィンドウの最小化は有効です。

Hint 最小化するその他の方法

フォルダーウィンドウ右上にある<をクリックして、フォルダーウィンドウを最小化できます。

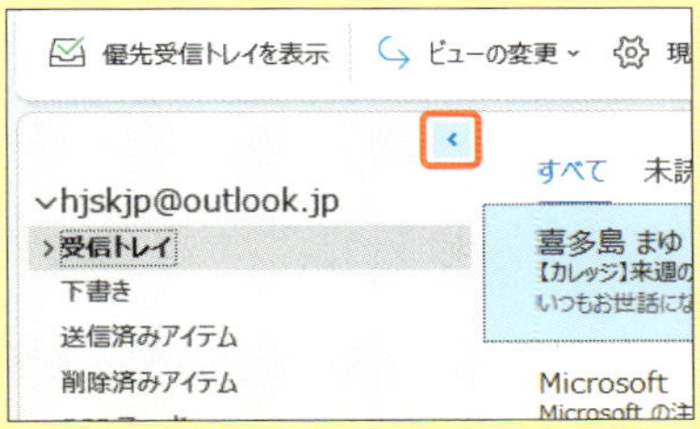

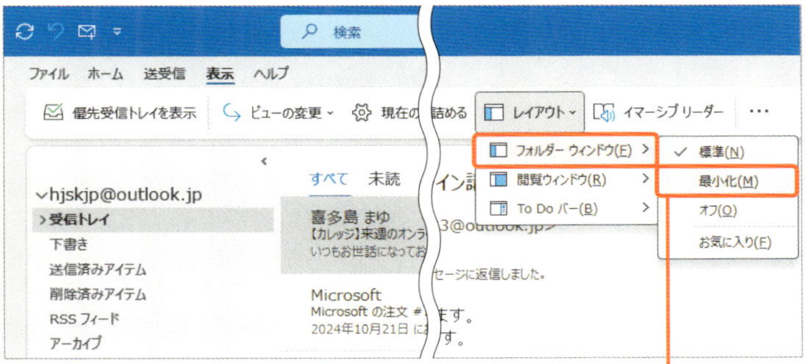

2 ドロップダウンから[フォルダーウィンドウ]→[最小化]をクリックします。

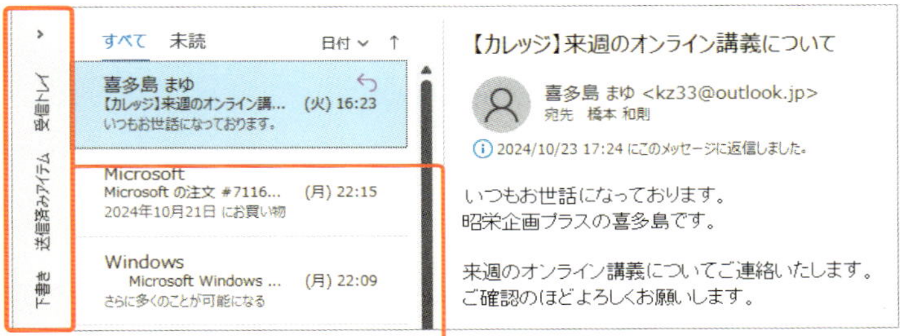

3 フォルダーウィンドウが最小化され、コンパクトな表示になります。

3 フォルダーウィンドウを最小化したときの操作方法

解説 最小化からの展開表示

フォルダーウィンドウを最小化している状態で、>をクリックして展開した場合、フォルダーウィンドウ以外の操作を行うと、再び最小化表示に戻ります。

なお、フォルダーウィンドウの最小化表示を標準に戻したい場合には、[表示]タブ→[レイアウト]をクリックして、ドロップダウンから[フォルダーウィンドウ]→[標準]をクリックするか、展開表示内の をクリックします。

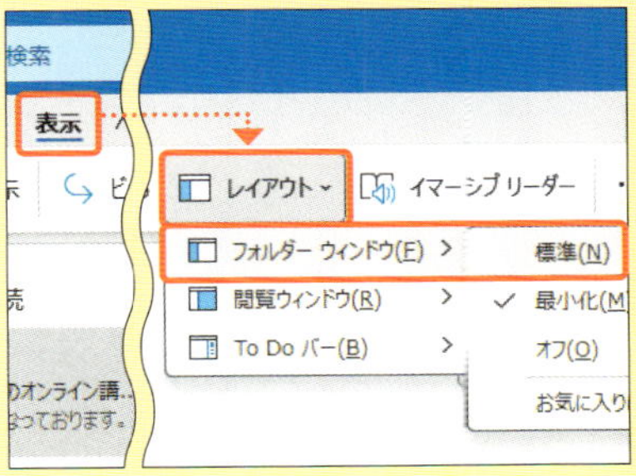

1 フォルダーウィンドウの>をクリックします。

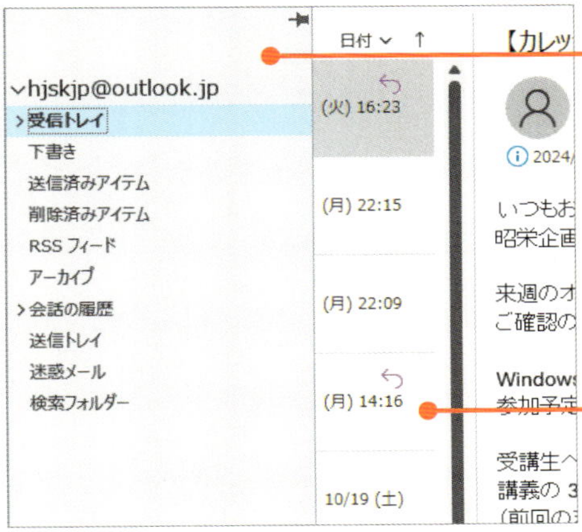

2 フォルダーウィンドウが展開表示され、フォルダーを操作することができます。

フォルダーウィンドウはビューを覆う形で表示されます。

3 フォルダーウィンドウ以外の操作をすると、再び最小化表示に戻ります。

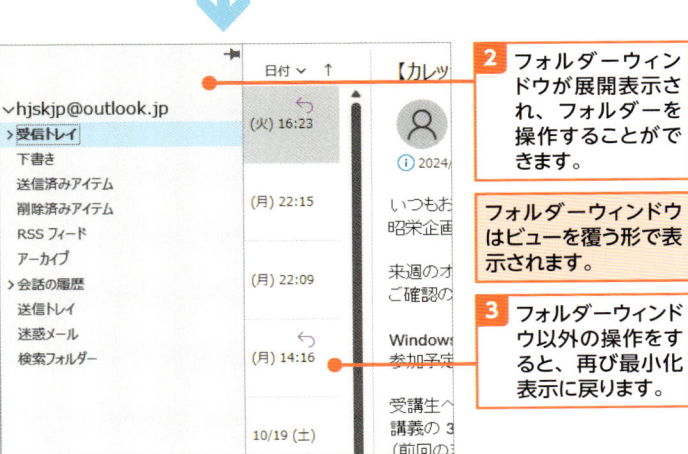

Section

11 メールを作成して送信する

ここで学ぶのは

- メールの作成
- 宛先の入力
- メールの送信

任意の**宛先**（相手のメールアドレス）を指定して、メールを送信する方法を習得しましょう。Outlook 2024は宛先指定においてオートコンプリート機能を備えているため、一度宛先に指定したメールアドレスは以後簡単に入力することができます。

1 新しいメールを作成する

解説 メールを作成する

メールを作成するには、［ホーム］タブの［新しいメール］をクリックします。新たに表示されるメッセージウィンドウで、メールの作成を行うことができます。初めてのメールの作成・送信に不安がある場合は、自分のメールアドレスを使用して練習を行うのもよいでしょう（p.52の下のMemoを参照）。

ショートカットキー

- 新しいメールの作成（新規アイテム）
  Ctrl＋N
- 「メール」以外の画面から新しいメールの作成
  Ctrl＋Shift＋M

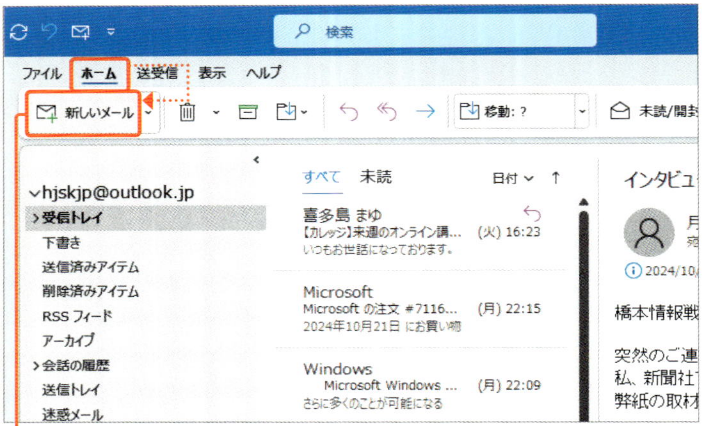

1 ［ホーム］タブ→［新しいメール］をクリックします。

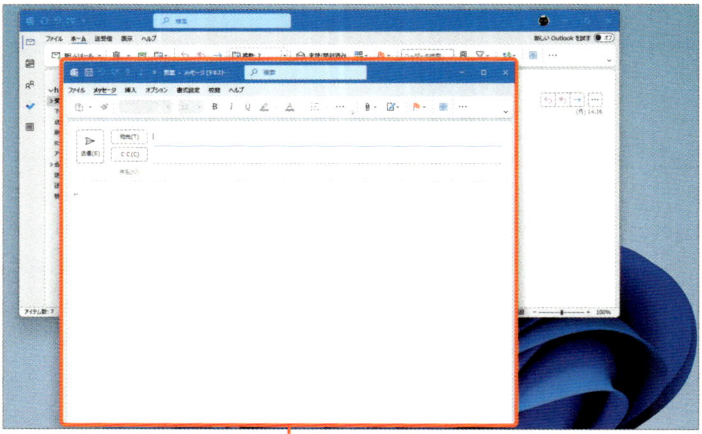

2 新しいメール作成画面がメッセージウィンドウに表示されます。

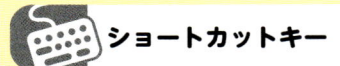

2 宛先を入力する

解説 宛先の入力

メールアドレスは1文字ずつ手入力することもできますが、ここでは記述ミスを防ぐためにOutlook 2024の「オートコンプリート機能」を利用する方法で解説しています。

新しいメール作成画面をメッセージウィンドウで表示しておきます。

1 「宛先」に送信したい相手のメールアドレスの1文字目を入力します。

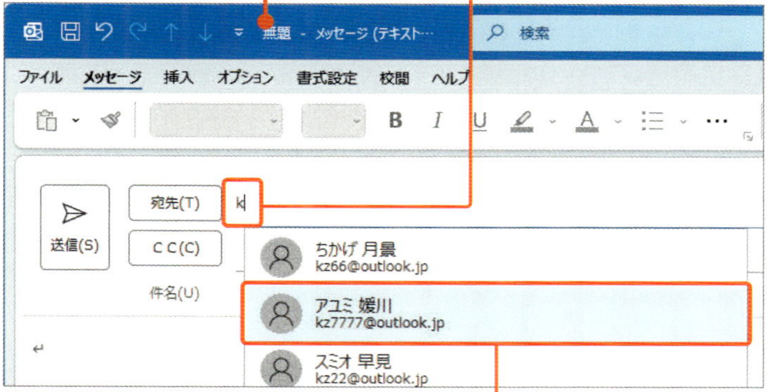

2 メールアドレス・宛先候補が表示されたら、任意に選択します。

3 宛先が入力されます。

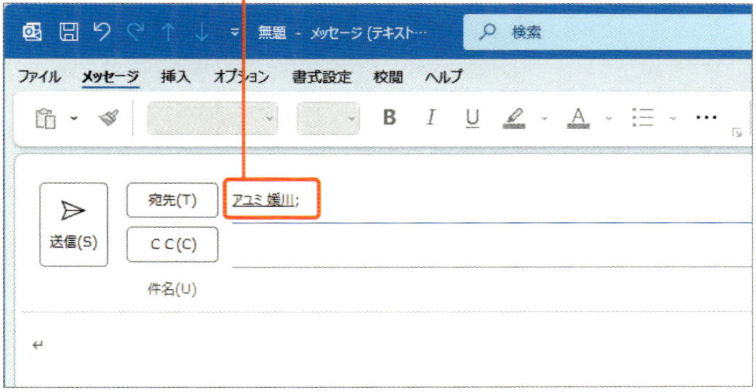

Memo オートコンプリートによる自動入力

Outlook 2024は、以前利用したことがあるメールアドレスや、「連絡先（p.214参照）」に登録されているメールアドレスについては、「宛先」の入力において適合するものを自動的に候補表示するオートコンプリート機能を搭載しています。つまり、利用すればするほど、「宛先」の入力は便利になっていきます。

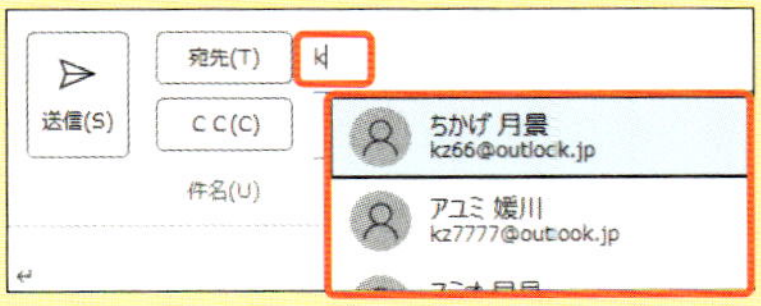

メールアドレスの候補が表示されない場合

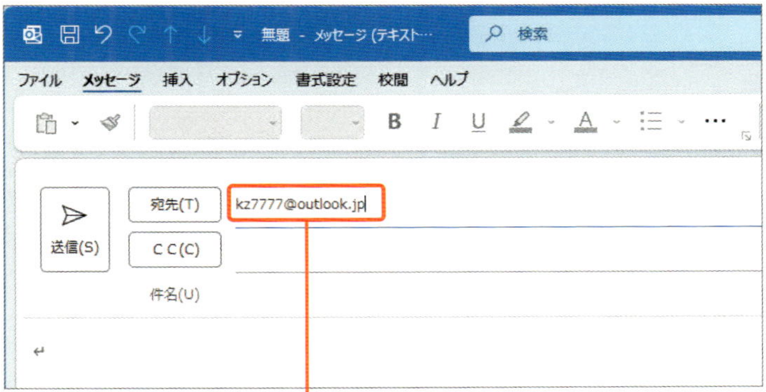

宛先候補がない場合は、メールアドレスを最後まで手入力します。

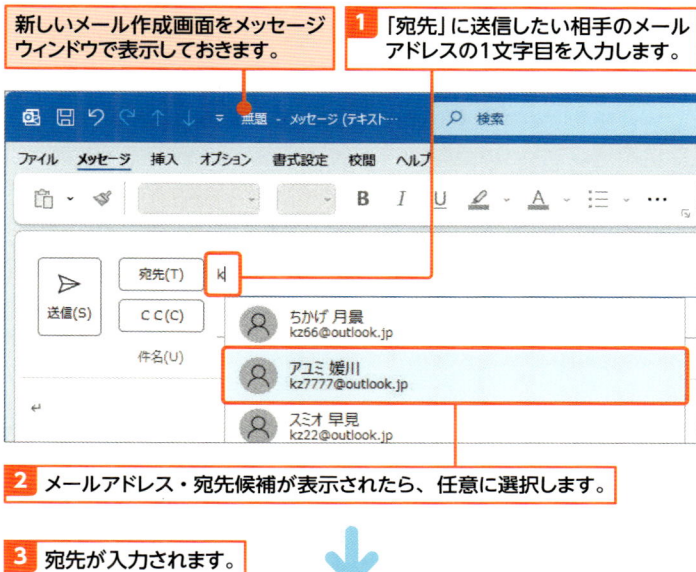

3 メールを送信する

Memo 本文の入力

本文のスムーズな入力方法についてはp.104を参照してください。

ショートカットキー

● メールの送信
Alt + S

Hint メール作成の際に「署名」を自動入力する

ビジネスメールでは、メールに自社名や連絡先などを記述した「署名」をメールの最後に付加するのが基本です。署名の作成方法や挿入方法についてはp.160、p.164で解説します。

送信(S)
宛先(T)
kz33@outlook.jp
ＣＣ(C)
件名(U)
【カレッジ】来週のオンライン講義について
橋本情報戦略企画
https://hjsk.jp/
橋本和則（ハシモトカズノリ）
hjskjp@outlook.jp
〒222-1111
神奈川県相模原市橋本 1-2-3
TEL 000-1111-2222
©橋本和則 著書一覧＆著者略歴
https://amzn.to/2MqrQn2

あらかじめ宛先となるメールアドレスを入力しておきます。

1 メールの「件名」と「本文」を任意に入力します。

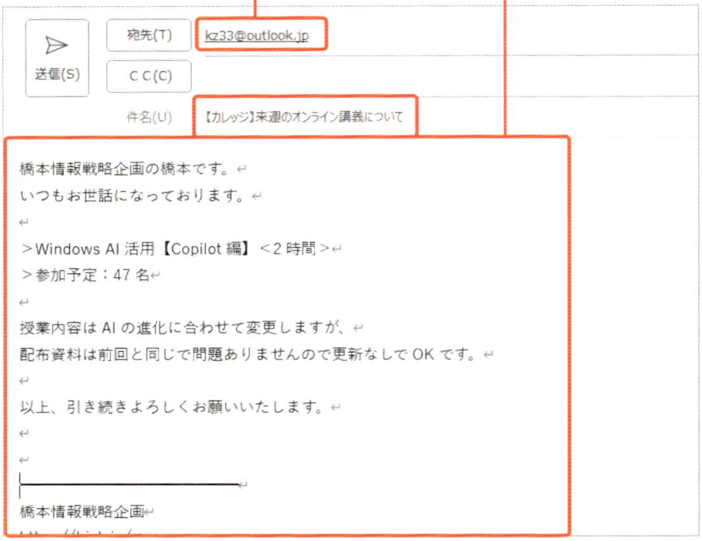
送信(S)
宛先(T)
kz33@outlook.jp
ＣＣ(C)
件名(U)
【カレッジ】来週のオンライン講義について
橋本情報戦略企画の橋本です。
いつもお世話になっております。
＞Windows AI 活用【Copilot 編】＜2 時間＞
＞参加予定：47 名
授業内容は AI の進化に合わせて変更しますが、
配布資料は前回と同じで問題ありませんので更新なしで OK です。
以上、引き続きよろしくお願いいたします。
橋本情報戦略企画

2 ［送信］をクリックします。

3 メールが送信されます。

送信(S)
宛先(T)
kz33@outlook.jp
ＣＣ(C)
件名(U)
【カレッジ】来週のオンライン講義について
橋本情報戦略企画の橋本です。
いつもお世話になっております。
＞Windows AI 活用【Copilot 編】＜2 時間＞
＞参加予定：47 名
授業内容は AI の進化に合わせて変更しますが、
配布資料は前回と同じで問題ありませんので更新なしで OK です。

Memo メール送信を練習したい

新しいメールの送信を練習したい場合には、宛先に「自分のメールアドレス」を指定します。自分で送信したメールを自分で受信することで、メールの送信をテストすることができ、かつ練習もできます。

宛先を「自分のメールアドレス」にします。

送信(S)
宛先(T)
ＣＣ(C)
件名(U)

4 自分が送信したメールを確認する

解説 「送信済みアイテム」に移動する

送信が成功したメールは、フォルダーウィンドウの「送信済みアイテム」に移動します。

Hint 「送信済みアイテム」に表示されない場合

メールが「送信済みアイテム」に表示されていない場合は、インターネットの接続の問題などで正常にメールが送信できていないことが考えられます。そのような場合は「送信トレイ」を表示してメールが残っていないかを確認します（「送信トレイ」には、送信実行後に、通信などの問題で送信処理が保留されているメールが表示されます）。正常に送信されると、「送信トレイ」から「送信済みアイテム」に移動します。

1 フォルダーウィンドウの［送信済みアイテム］をクリックします。

2 送信したメールの一覧が表示されます。

3 ビューから自分が送信したメールをクリックします。

4 送信したメールの内容を確認できます。

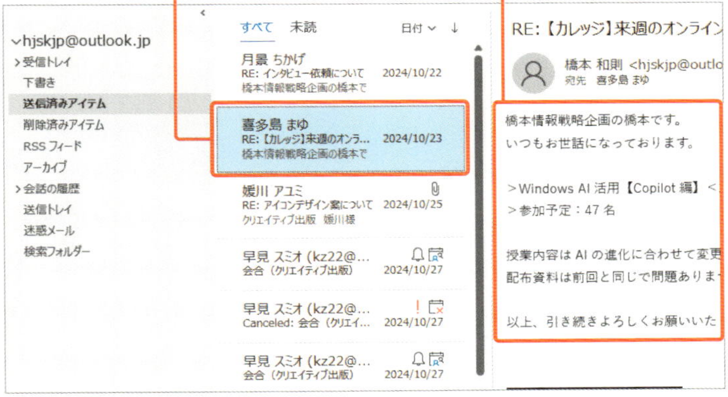

注意 メールアドレスはなるべく手入力しない

「宛先」のメールアドレスはなるべく手入力しないのが基本です。手入力の場合、メールアドレスの記述にミスが起きる可能性があるからです。メールアドレスが1文字でも違えば、相手にメールは届きません。受信メールに返答する場合は「返信（p.64参照）」を活用して、自身で宛先にメールアドレスを入力することなく、確実に相手にメールを送信するようにします。また、よく使うメールアドレスの場合は「連絡先（p.214参照）」に登録し、「宛先」ですぐに指定できるようにしておくと、便利かつ、確実にメールアドレスを指定して間違いなく送信することができます（p.226参照）。

「連絡先」を活用します。

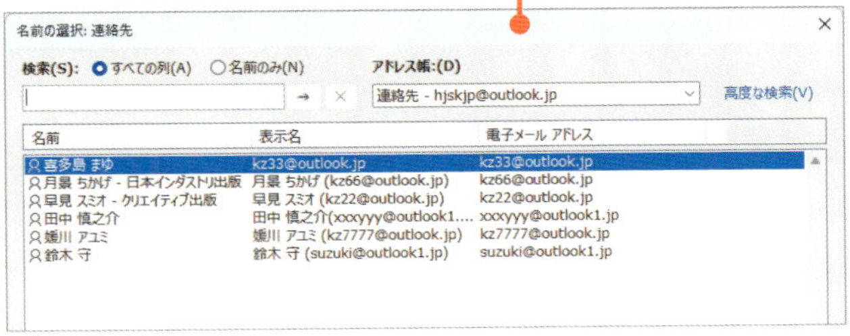

Section 12

メールを受信する

ここで学ぶのは

- メールサーバー
- メールの送受信
- 新着メールの確認

相手から送られてくるメールは「**メールサーバー**」に保存されており、相手からメールを受け取るには「**送受信**」という処理が必要になります。ここでは、メールサーバーの簡単な仕組みを知るとともに、メールを送受信して新着メールを確認する方法を解説します。

1 メールの送受信の仕組み（メールサーバーの役割）

メールのすべての情報は「メールサーバー」で管理されています。相手から送られてきたメールを確認するには、Outlook 2024がメールサーバーに接続して情報を取得する必要があります（Outlook 2024に相手からのメールが直接送られてくるわけではありません）。
また、Outlook 2024で更新した情報もメールサーバーに送信する必要があります。このようなメールサーバーとOutlook 2024間で情報を同期する操作を、「送受信」といいます。

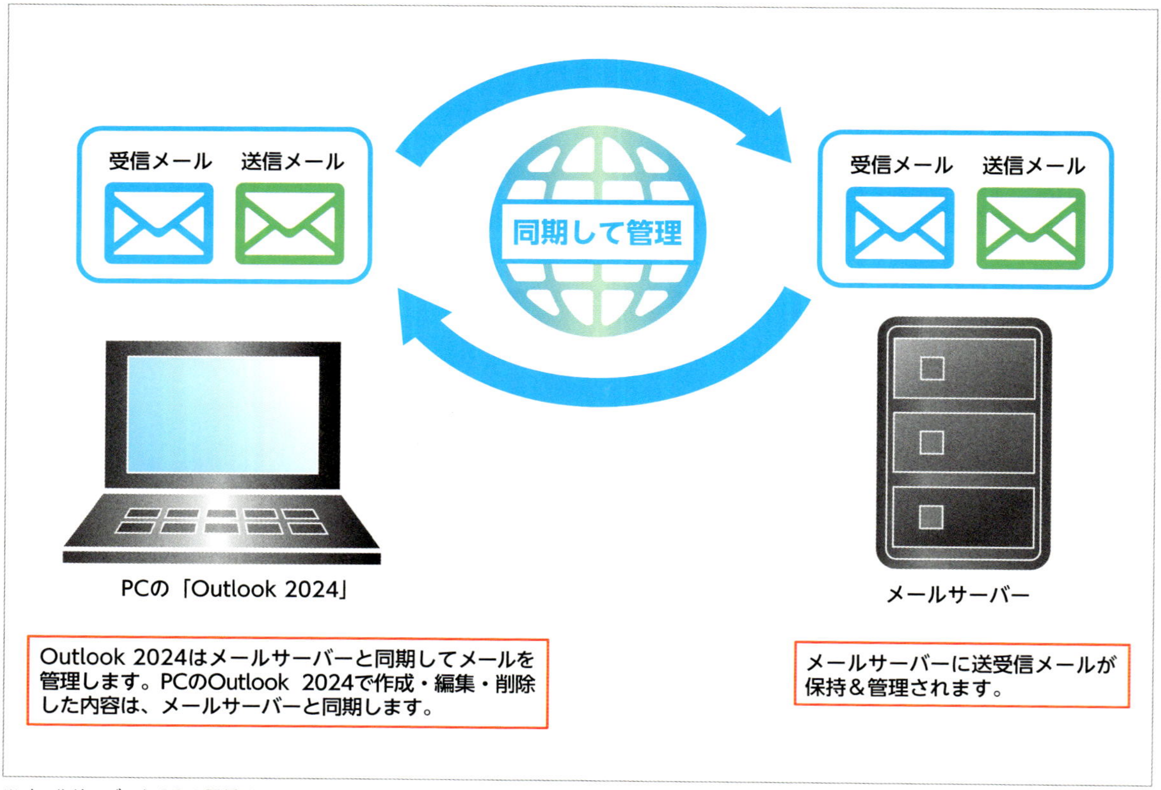
受信メール
送信メール
同期して管理
受信メール
送信メール
PCの「Outlook 2024」
メールサーバー
Outlook 2024はメールサーバーと同期してメールを管理します。PCのOutlook 2024で作成・編集・削除した内容は、メールサーバーと同期します。
メールサーバーに送受信メールが保持＆管理されます。

※メールサーバーとPCの関係は、アカウントの種類によって詳細は異なります。「POPアカウント」はこの限りではありません（p.189参照）。

2 メールサーバーと同期する

解説 送受信は「送信」も行う

送受信においてはオフライン（インターネット未接続状態）で送信待ちになっていたメール（送信トレイに待機しているメール）も送信されます。また、Microsoft Exchangeアカウント／Microsoft 365のアカウント／Outlook.comアカウントなどのMicrosoft系アカウントの場合には、「連絡先」「予定表」などの情報もサーバーと同期して更新します。

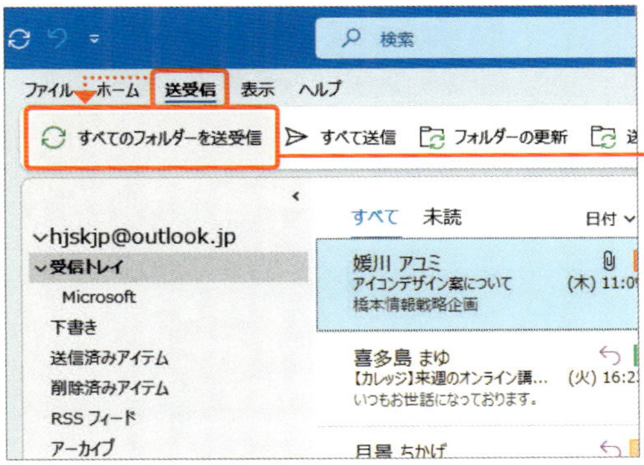

1 ［送受信］タブ→［すべてのフォルダーを送受信］をクリックします。

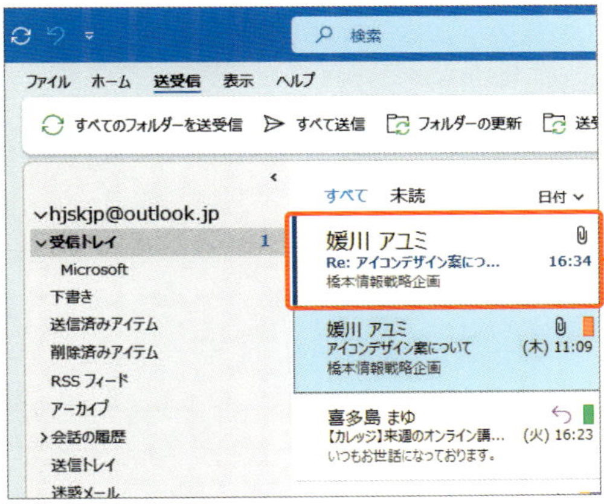

2 送受信処理が行われ、メールサーバーに届いている最新のメールを確認できます。

ショートカットキー

- 送受信の実行
  Alt＋S→S
  F9

3 新着メールを確認する

Hint まだ読んでいないメールは「未読」になる

新着メールや、まだ読んでいないメールは、ビュー内で「未読」の表示になります。なお、Outlook 2024ではビュー内の該当メールを選択して、閲覧ウィンドウに表示するだけで「既読」扱いになってしまいますが、メッセージウィンドウで表示した場合のみ「既読」にしたい場合は、p.197を参照してください。

ショートカットキー

- 「受信トレイ」を表示する
  Ctrl＋Shift＋I

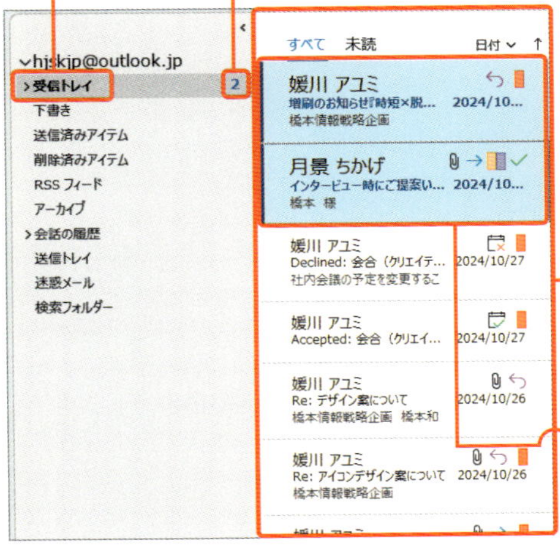

1 フォルダーウィンドウの［受信トレイ］をクリックします。

フォルダー内で未読のものがある場合、フォルダー横にメール数が表示されます。

2 ビュー内で「受信トレイ」にあるメールの一覧を確認できます。

まだ読んでいないメールは「未読」表示になります。

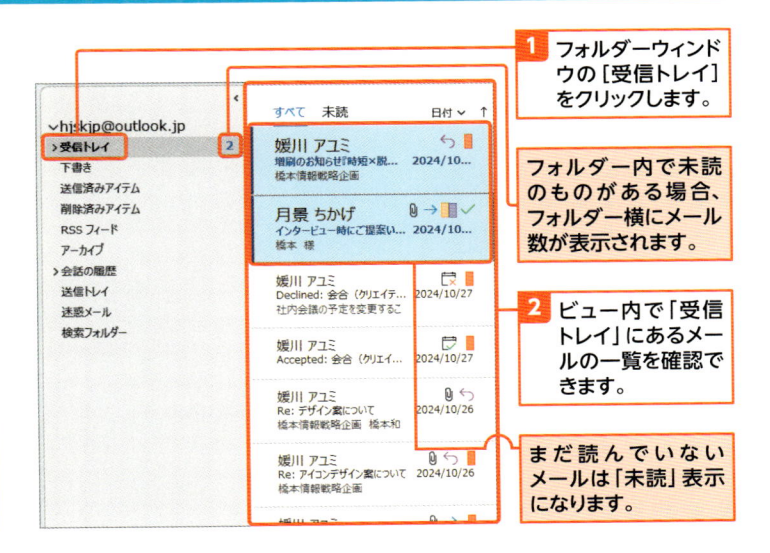

Section
13 メールの内容を閲覧ウィンドウで確認する

ここで学ぶのは

- メール内容の確認
- 表示位置の変更
- 表示サイズの変更

メールの内容を確認する方法を知りましょう。Outlook 2024の「閲覧ウィンドウ」では、メールをすばやく確認できるほか、任意に表示位置を変更したり拡大／縮小したりすることでメールを見やすくすることもできます。

1 メールを閲覧ウィンドウで確認する

Hint 送られてきたはずのメールが見つからない

送られてきたはずのメールが見つからない場合は、フォルダーウィンドウの「迷惑メール」を確認するようにします。特に新しいメールアドレス（今までに送受信したことがないメールアドレス）は、「迷惑メール」として判定されてしまうことがあります（迷惑メールについてはp.142参照）。

ショートカットキー

- 「受信トレイ」を表示する
  Ctrl + Shift + I
- メッセージウィンドウで前のメールを見る
  Ctrl + ,
- メッセージウィンドウで次のメールを見る
  Ctrl + .

注意 標準設定での「既読」処理

標準設定では、「閲覧ウィンドウ」に表示するだけで「既読」になってしまいます。この設定を変更して、「メッセージウィンドウで表示した場合のみ既読」に変更したい場合は、p.197を参照してください。

1 フォルダーウィンドウの［受信トレイ］をクリックします。

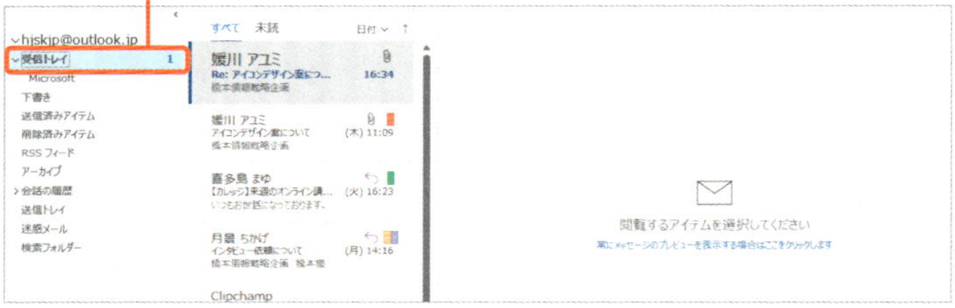

2 ビューから内容を確認したいメールをクリックします。

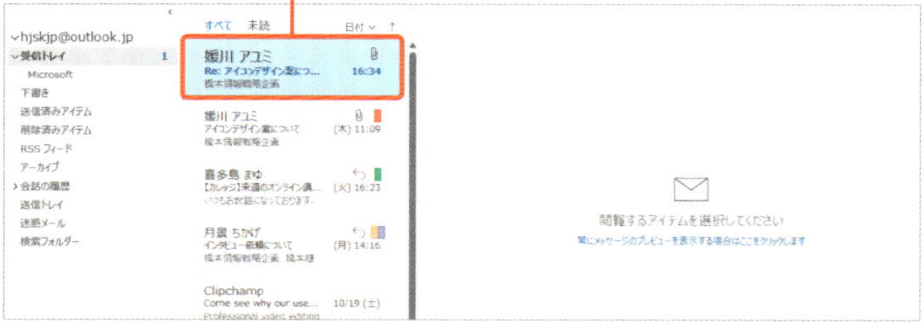

3 閲覧ウィンドウでメールの内容を確認できます。

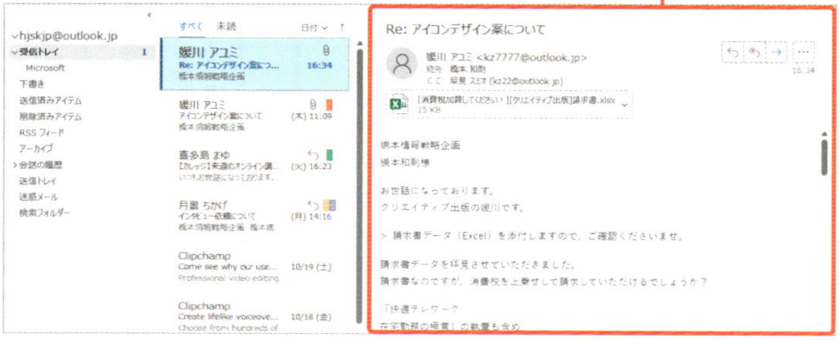

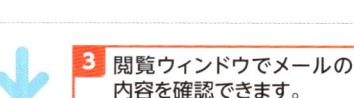

2 メールの内容の表示位置を変更する

Memo マウスホイールでスクロール操作する

メール内容の表示位置をすばやく変更したい場合は、マウスの真ん中に付いている「マウスホイール」を活用します。閲覧ウィンドウ内を１回クリックしてからマウスホイールを回転させれば、メール内容の表示位置を上下に動かすことができます。

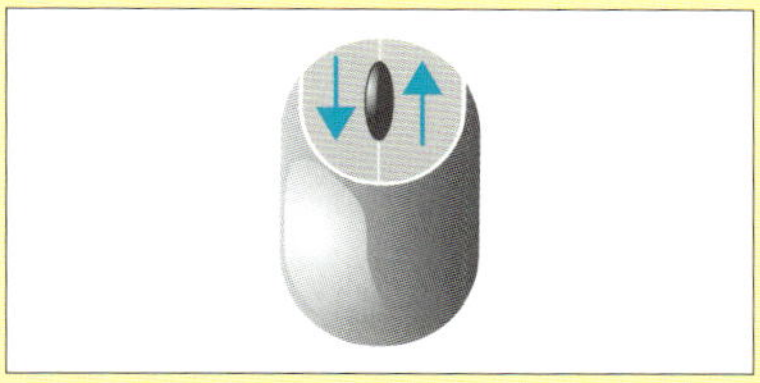

Memo タッチパッドでスクロール操作する

タッチパッドでメール内容の表示位置を変更したい場合は、２本指でタッチパッドを上や下になぞります（一部のPCを除く）。

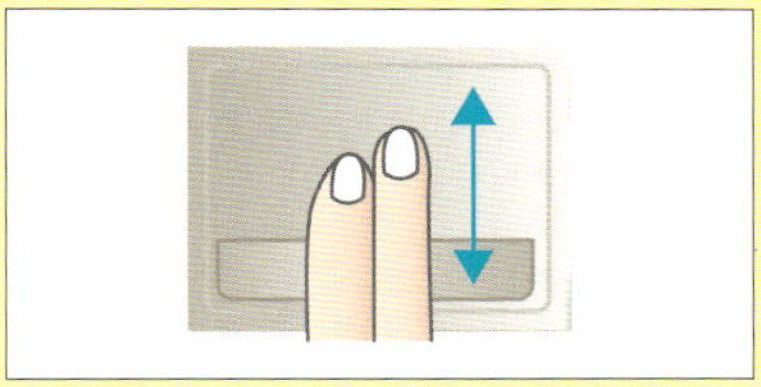

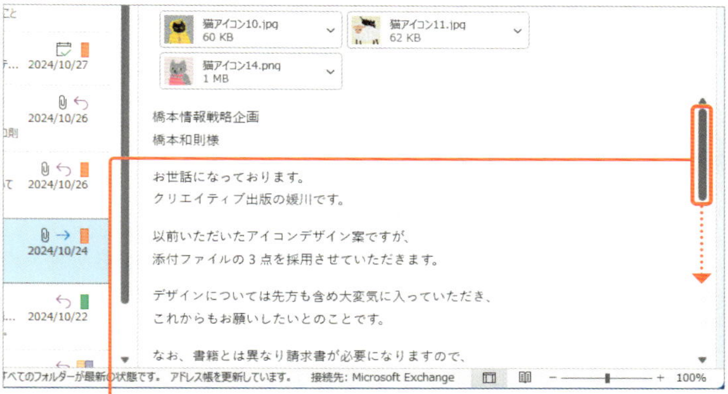

1 閲覧ウィンドウのスクロールバーをドラッグして移動します。

2 メール内容の表示位置を調整できます。

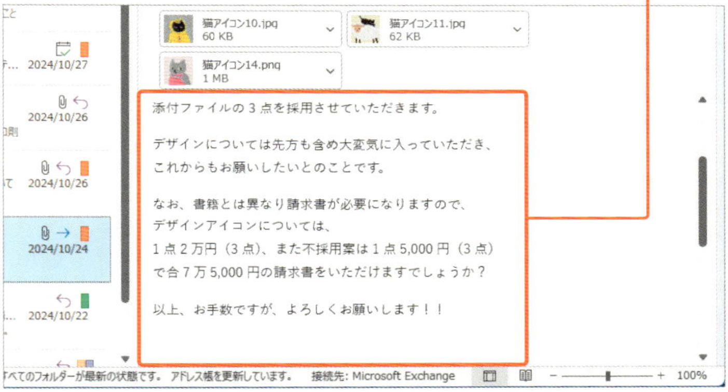

3 閲覧ウィンドウで表示サイズを拡大／縮小する

Memo 操作画面を扱いやすくする

操作画面に窮屈さや狭さを感じる場合は、タイトルバーをダブルクリックして画面を最大化します。また、ビューや閲覧ウィンドウの境界線をドラッグしてサイズ調整を行うことも可能です。

1 ウィンドウ右下のズームスライダーを動かすと、メールの内容を拡大／縮小できます。

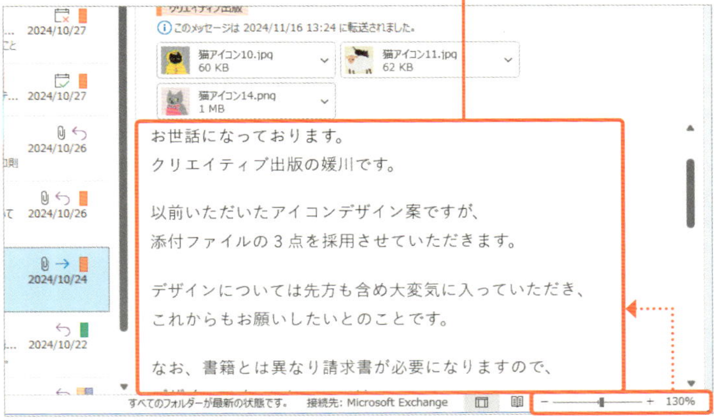

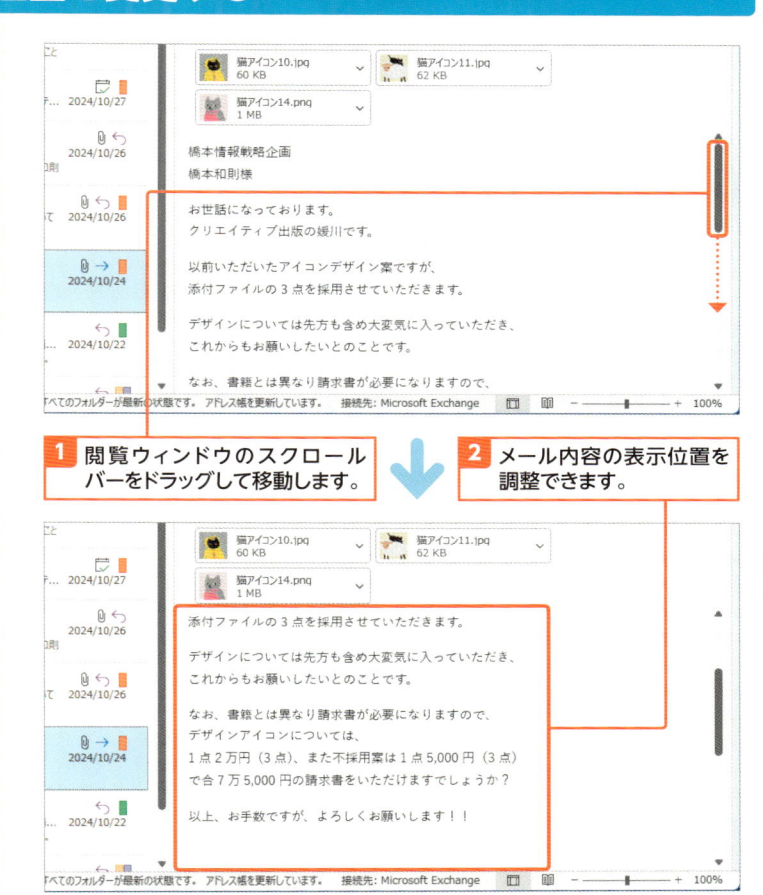

Section 14

スレッド表示と優先受信トレイを知る

ここで学ぶのは

- スレッド表示
- 優先受信トレイ
- メールの確認

Outlook 2024では「**スレッド表示**」という、同種のメールをまとめてひとつのグループとして表示する機能があります。ここでは、このスレッド表示の解説と、アカウントの種類によってはあらかじめ有効になっている「**優先受信トレイ表示**」について解説します。

1 スレッド化されたメールを確認する

Key word スレッド表示

同種のやり取りがひとつのグループとして表示されることを「スレッド表示」といいます。基本的に「件名」を基準として、件名を変えずにお互いに送受信したメールがスレッド化されるので、ビジネス環境であれば「同じ仕事についてやり取りしたメール」がまとめられる形になります。

スレッド化されているメールはビュー内のメール左横に ▶ が表示されます。

1 ▶ をクリックします。

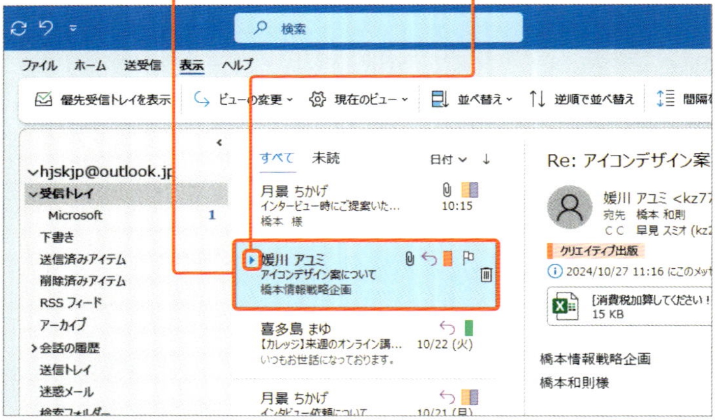

2 スレッド化された内容が展開されて表示されます。

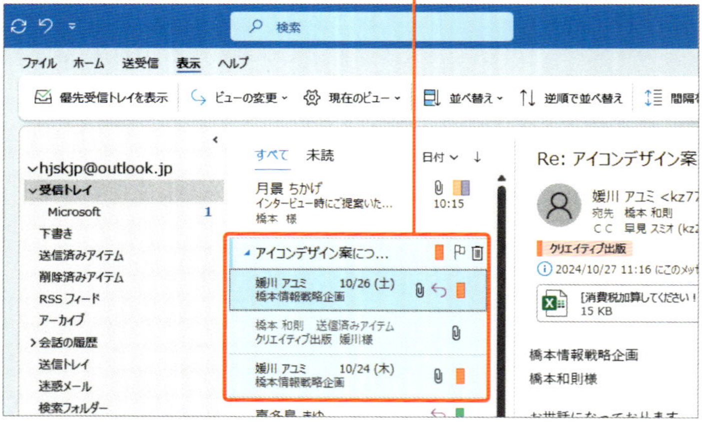

Hint スレッド表示は無効化できる

スレッド表示機能は、慣れていないと使いにくかったり、相手が同一案件のメールの件名を変えてきたり、別の場所から異なるメールアドレスで送信したりした場合などはスレッド化されないため、かえってやり取りが管理しづらくなります。スレッド表示に扱いにくさを感じる場合には、スレッド表示を無効化するとよいでしょう（p.74参照）。

2 優先受信トレイ表示でその他のメールを確認する

Key word **優先受信トレイ表示**

Outlook 2024が重要と判断したメールを自動的に「優先」に振り分ける機能が、優先受信トレイ表示です。アカウントの種類によってはあらかじめ有効になっています。ビューに「優先」が表示されていると「優先受信トレイ表示」が有効になっている状態です。

ビューに「優先」が表示されている場合には「優先受信トレイ表示」が有効になっています。

1 ビュー表示内にある［その他］をクリックします。

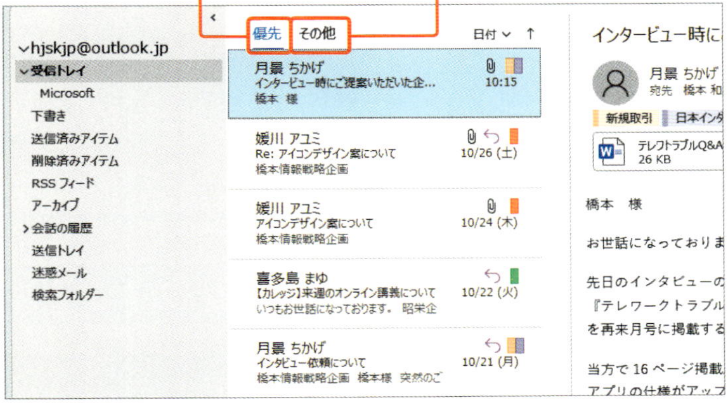

2 「優先受信トレイ」に含まれなかったメールの一覧を表示できます。

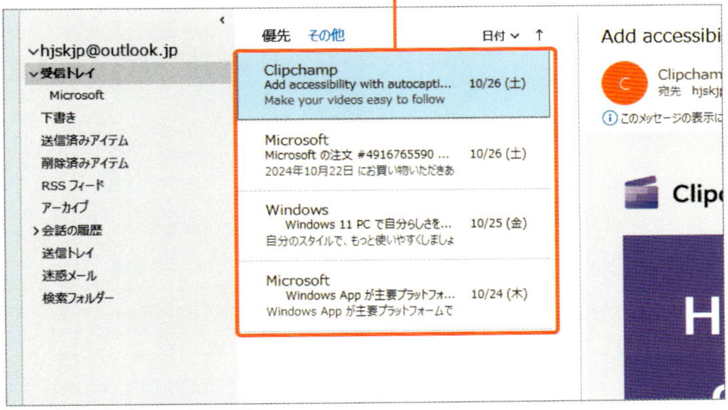

Memo **優先受信トレイ表示は無効化を推奨**

「優先受信トレイ表示」の「優先」と「その他」という分け方は、重要なメールを見逃す原因になりかねません。「優先受信トレイ表示」に必然性を感じない場合には、無効に設定することをおすすめします（p.75参照）。

注意 **スレッド表示では件名に注意！**

メールを返信する際は、「同じ案件や同じテーマ」である限り、「件名」を変更しないようにします。これはスレッド表示を行っている場合、件名を変えてしまうとひとつのスレッド内で扱われないためです。なお、返信メールにおいて件名に自動付加される「RE:」は同じグループとして扱われます。

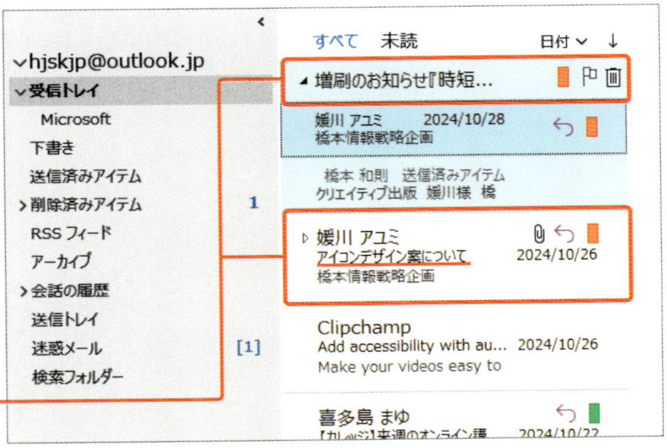

件名が違うと別のスレッドになる

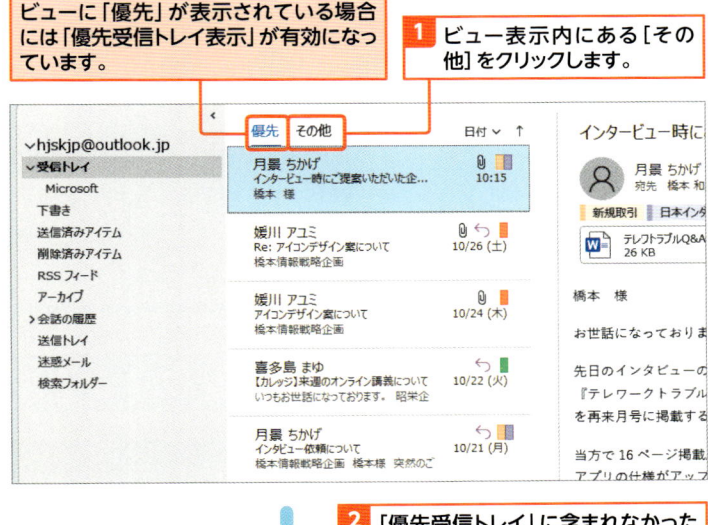

Section 15

メールをメッセージウィンドウで表示して確認する

ここで学ぶのは
- メッセージウィンドウ
- 表示サイズの変更
- ズーム

メール内容は閲覧ウィンドウで確認することも可能ですが、場面によっては**メッセージウィンドウ**でメール内容を表示したほうが読みやすくなります。また環境によっては文字が小さくて読みにくい場合がありますが、そういったときはメールを**拡大表示**するとよいでしょう。

1 メールの内容をメッセージウィンドウで確認する

解説　内容が確認しやすいメッセージウィンドウ

メールの内容（メッセージ）はビューからメールを選択することで「閲覧ウィンドウ」で表示できますが、メールの内容を自由なウィンドウサイズで読みたい場合、あるいは複数のメールを並べて表示したい場合などは、メッセージウィンドウが便利です。また、メールを「返信」「転送」する場合にも、メッセージウィンドウからの操作のほうが見た目がわかりやすいという特徴もあります。

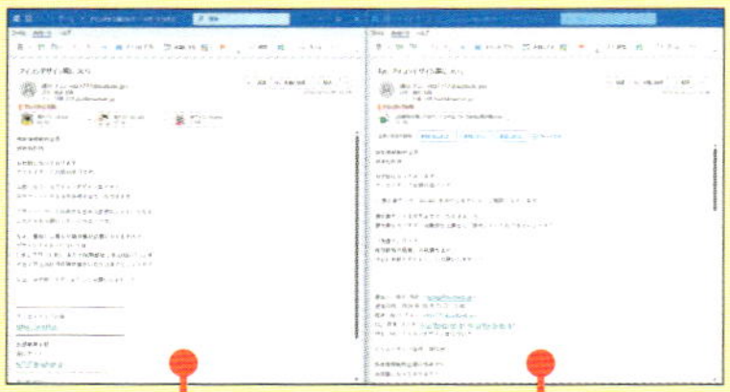

メッセージを並べて確認できます。

注意　表示するだけで「既読」になる

標準設定では、メールを閲覧ウィンドウで表示するだけで（ビュー内でメールをクリックするだけで）「既読」になってしまいます。閲覧ウィンドウでメールを表示しても「既読」にせず、「メッセージウィンドウで表示した場合のみ既読」にしたい場合には、p.197を参照してください。

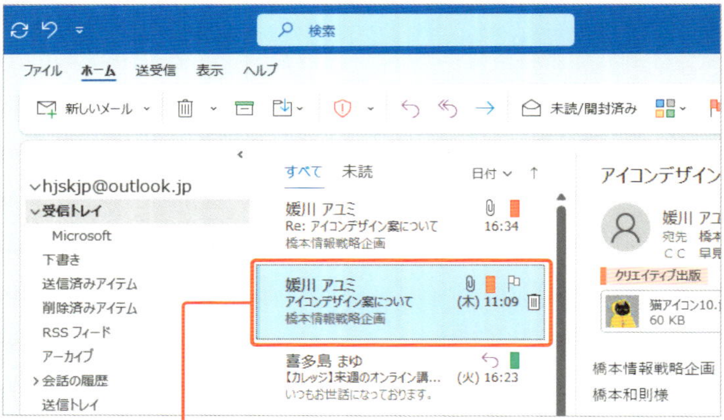

1 ビューから任意のメールをダブルクリックします。

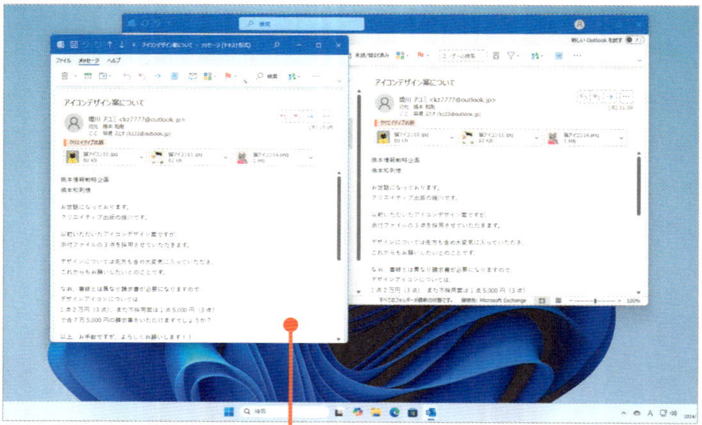

2 メールの内容（メッセージ）をメッセージウィンドウで表示できます。

2 メッセージウィンドウの表示サイズを変更して見やすくする

ショートカットキー

● メッセージウィンドウ内の文字列を検索
F4

Hint 画像が表示されていないメール

画像入りのメールの中には、受信しただけでは画像が表示されていないものがあります。これは、画像が外部リンク先にあるなどプライバシー上問題がある可能性があるためです。任意に画像を表示したい場合は、p.62を参照してください。

時短のコツ ズーム処理をマウスですばやく操作

メールの内容が見にくい場合は、ここで解説しているようにメッセージウィンドウのリボンコマンドや閲覧ウィンドウのズームスライダーで内容を拡大表示できますが、すばやく拡大したい場合にはマウスホイールを活用します。メッセージウィンドウや閲覧ウィンドウのメールを1回クリックして、Ctrl キーを押しながらマウスホイールを回転させることで、拡大／縮小をすばやく行うことができます。

時短のコツ ズーム処理をタッチパッドですばやく操作

タッチパッドでメール内容を拡大したい場合は、メッセージウィンドウや閲覧ウィンドウのメールを1回タップして、タッチパッドに親指と人差し指を置いて指と指の間を広げます。このような操作を「ピンチアウト」といいます。指と指の間を狭めることで縮小、指と指の間を広げることで拡大になります。

1 [メッセージ] タブ→ [ズーム] をクリックします。

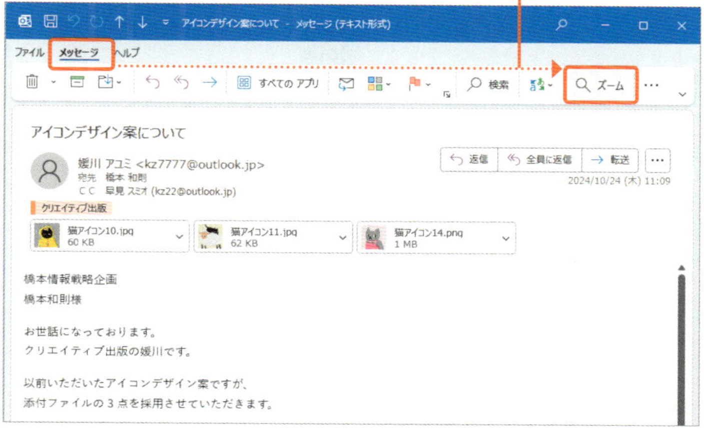

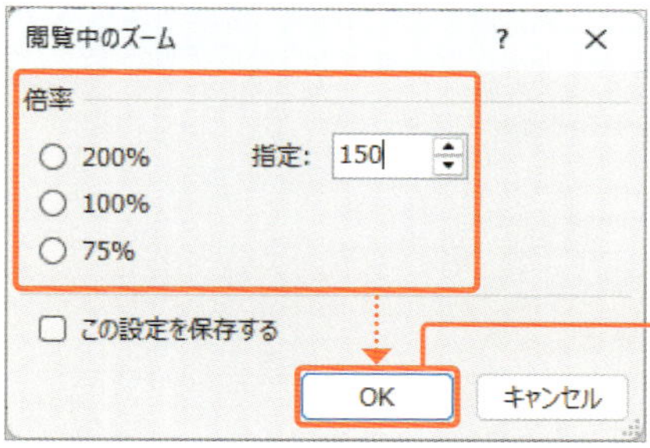

2 任意の倍率を指定して、[OK] をクリックします。

3 メールの内容を拡大表示できます。

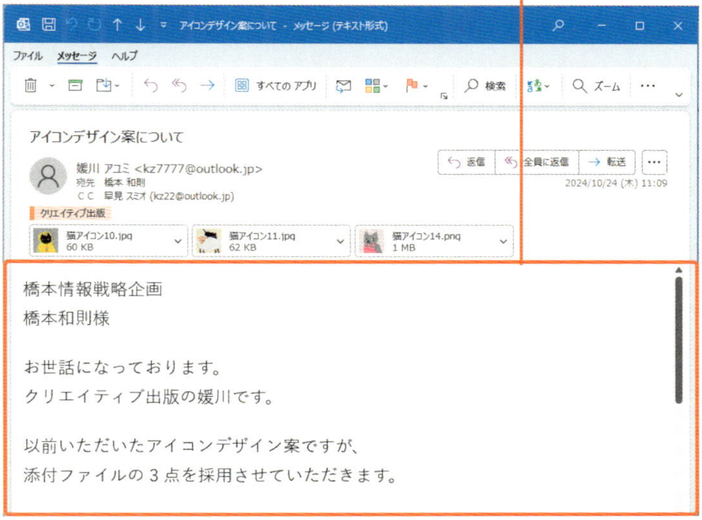

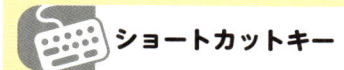

Section

16 メール内に表示されていない画像を表示する

ここで学ぶのは

- メール内の画像表示
- 信頼できる差出人
- ドメイン

一部メールにおいては、あらかじめ画像が表示されていないものがあります。ここでは、メールによって「なぜ画像が表示されないのか」を知るとともに、メールの画像表示方法や、信頼できる差出人からのメールについては自動的に画像を表示する方法などを解説します。

1 受信メールに表示されていない画像を表示する

解説 なぜ最初から画像が表示されていないのか

メールに直接埋め込まれていない外部リンクの画像（インターネットのサーバー上にある画像）を表示する場合、相手のサーバーにリクエストする形で画像をダウンロードする必要があります。
この操作を行った場合、モバイル回線などでは通信量がかさむほか、構造上相手にこちらのIPアドレス（インターネット上の住所にあたるもの）などの情報を渡すことになります。
一般的にインターネットは双方向通信であるため、相手にこちらのIPアドレスを渡すこと自体には問題ありません。しかし、相手に悪意がある場合には、画像を表示することで存在（メールが届き、反応したこと）が確認され、標的型攻撃メールの的になるなど攻撃を受ける可能性があるので、信頼ができるメールのみ外部リンクの画像を表示することが基本になります。

画像が表示されない受信メールを表示しておきます。

1 ［画像をダウンロードするには、ここをクリックします。～］をクリックして、

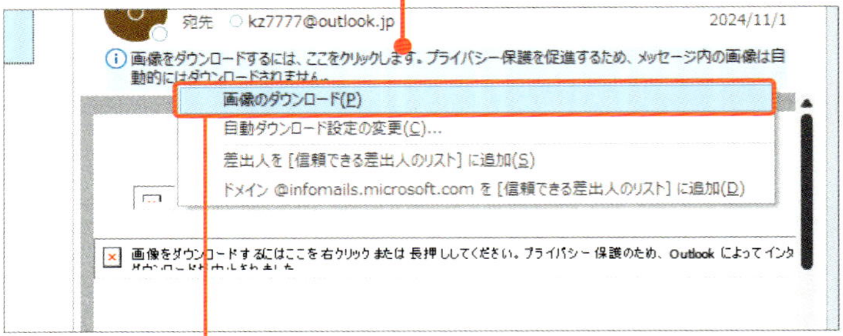

2 メニューから［画像のダウンロード］をクリックします。

3 メール内に画像を表示することができます。

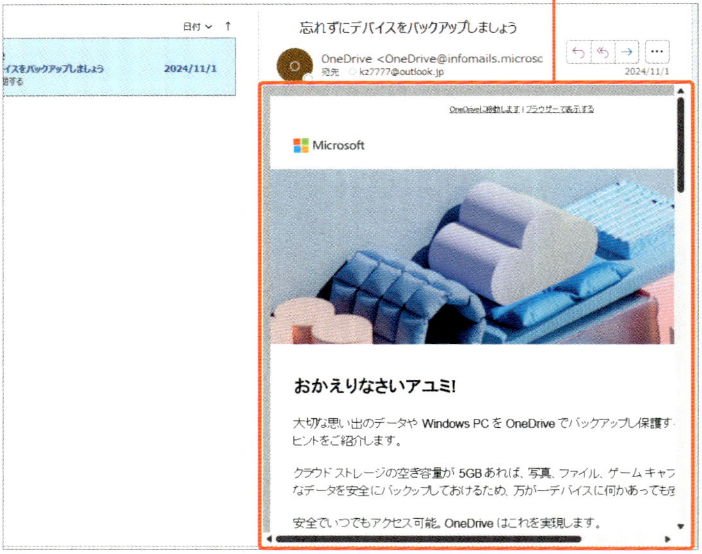

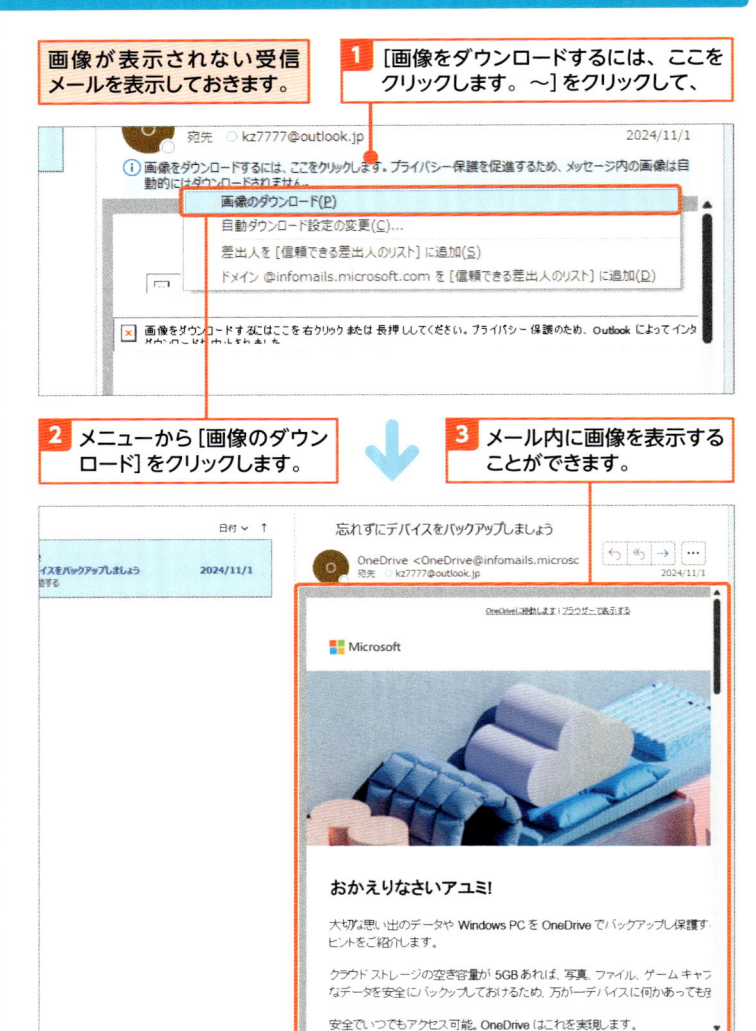

2 信頼できる差出人を指定してメールの画像を表示する

Memo 信頼できるかどうかはドメインで判断する

「ドメイン」とはメールアドレスにおける「@」以下の文字列部分のことです。ある程度の規模がある法人においては、「ドメインを取得して、組織内の社員には該当ドメインを利用したメールアドレス」が配布され、業務に用いられます。右図の手順では差出人を信頼する操作を紹介していますが、信頼できる法人であれば［ドメイン @～ を［信頼できる差出人のリスト］に追加］をクリックして、ドメインを信頼して登録しても構いません。
一方、「@hotmail.com」「@outlook.jp」「@google.com」などの誰でも取得できる汎用的なドメイン（固有の組織を示さないドメイン）は登録してはいけません。

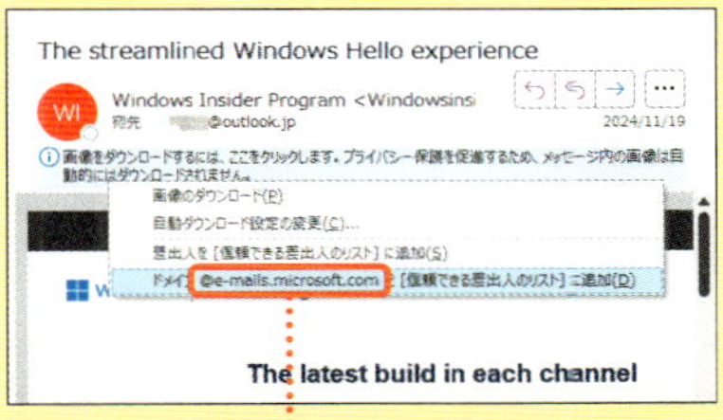

注意 サブドメインに注意

ドメインを取得した者は任意に「サブドメイン」を設定できます。ドメインでは組織を確認することができますが、サブドメインは自由に命名できるため、組織を確認できないことに注意が必要です。
メールアドレスの例であれば
「～@［任意文字列］.microsoft.com」
はマイクロソフトであることを示しますが、
「～@microsoft.［任意文字列］.com」
はマイクロソフトを示さないので注意が必要です。

画像が表示されない「信頼できる受信メール」を表示しておきます。

1 ［画像をダウンロードするには、ここをクリックします。～］をクリックして、

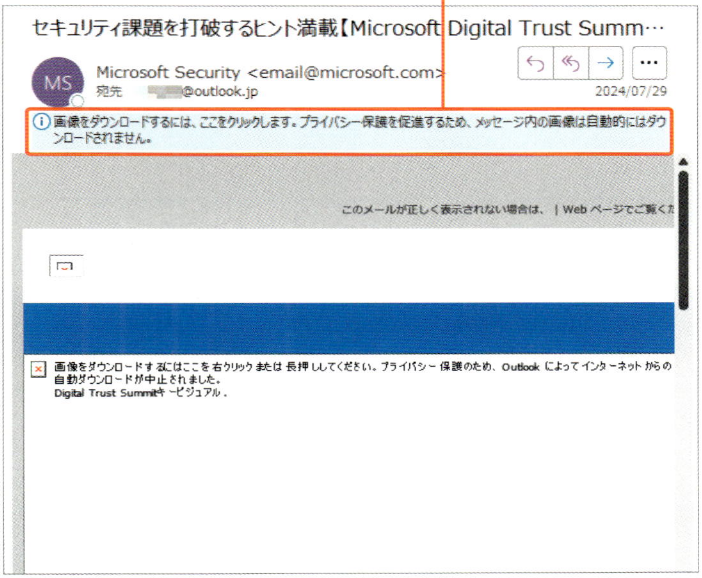

2 メニューから［差出人を［信頼できる差出人のリスト］に追加］をクリックします。

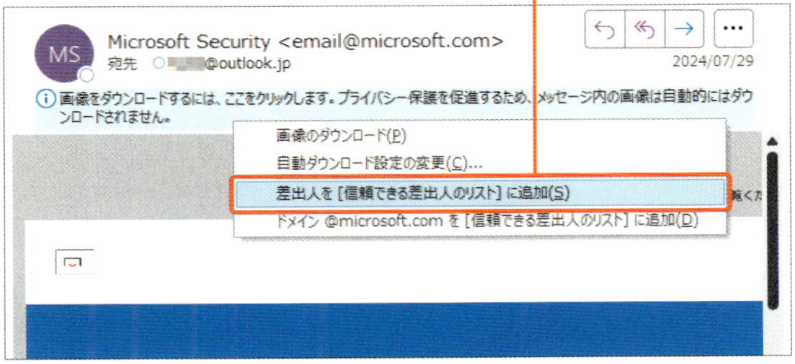

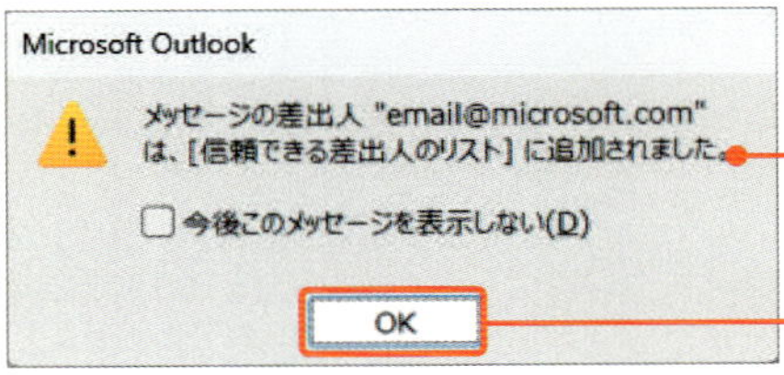

3 メッセージ内容を確認します。

4 ［OK］をクリックします。

Section
17 メールに返信する

ここで学ぶのは
- 返信
- 件名
- RE:

受信メールに対してメールを送り返したい場合には、「**返信**」を活用します。Outlook 2024における「返信」には**メッセージウィンドウ**で行う方法と**閲覧ウィンドウ**で行う方法がありますが、わかりやすいのはメッセージウィンドウでの操作になります。

1 メッセージウィンドウでメールに返信する

解説　間違いなく相手にメールを送信するための「返信」

メールを送信する際、宛先にメールアドレスを手入力すると間違えてしまう可能性があります。その点、「返信」であれば間違いなく相手にメールを送信できるので、宛先を確実に指定するためにも基本的に「返信」を活用するようにします。

ショートカットキー

- 返信
  Ctrl + R

Memo　「件名」は基本的に変更しない

メールのマナーとして、テーマが変更されない限り基本的に「件名」は変更しないようにします。これは、メールを送信してきた相手から見て、件名が「RE:［件名］」となっているものは、自分が送信したメールに返信していることがわかりやすいからです。
また、スレッド表示（p.58参照）を利用している場合は、同じ件名のメールがグループ化されるため、件名を変えないほうがやり取りを管理しやすいという理由もあります。

1 返信するメールをダブルクリックします。

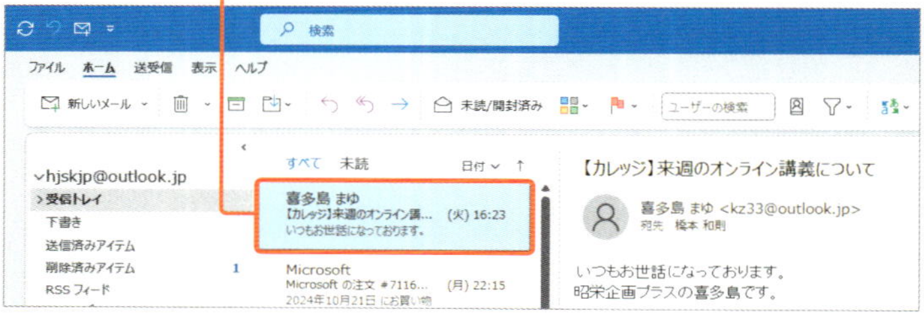

2 メッセージウィンドウでメールが表示されます。

3 ［メッセージ］タブ→［返信］をクリックします。

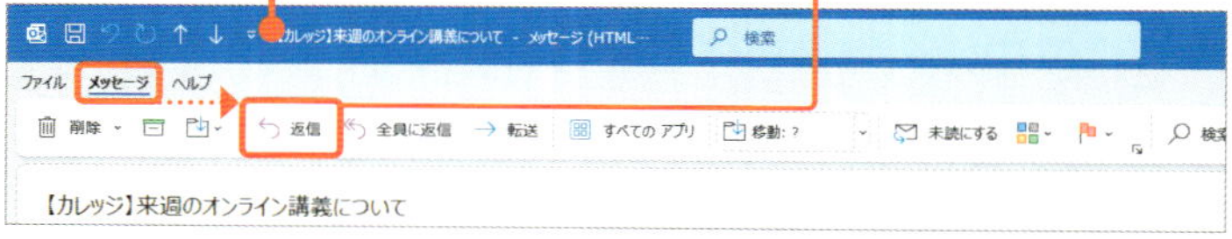

4 新しいウィンドウが開きます。

5 件名に「RE:」が付きます。

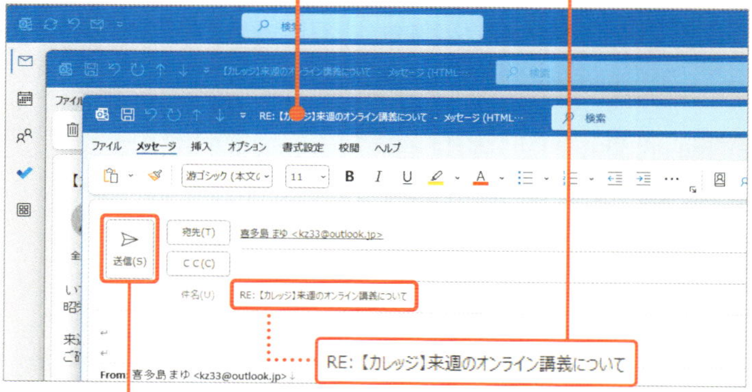
RE:【カレッジ】来週のオンライン講義について

6 任意に本文を記述して［送信］をクリックします。

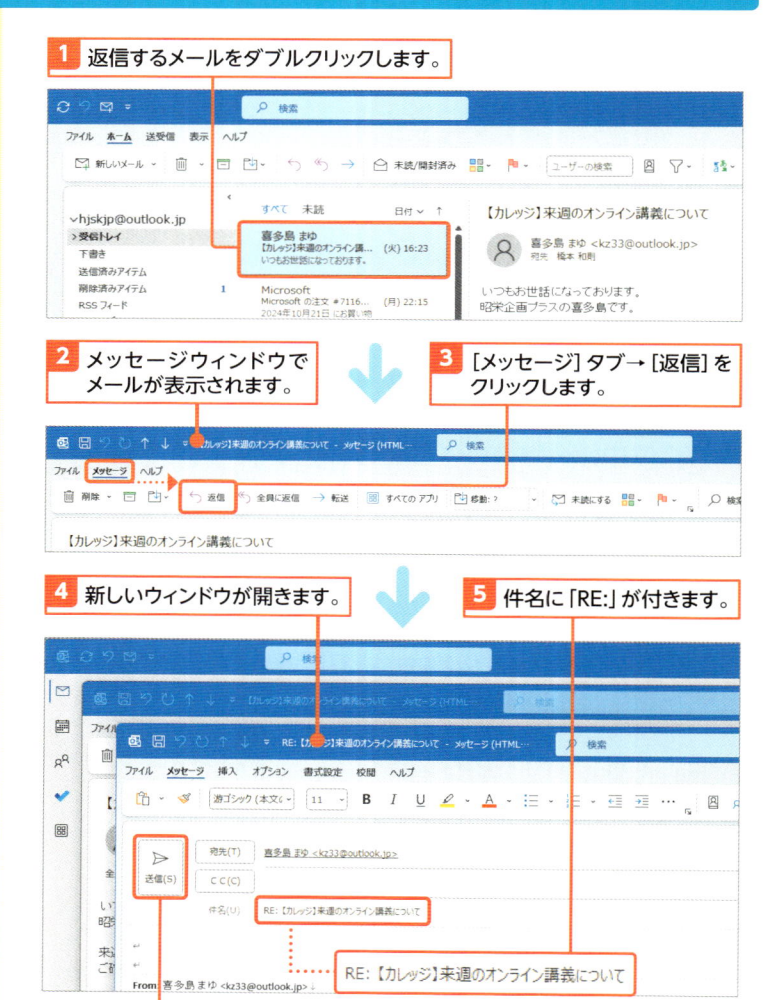

2 閲覧ウィンドウでメールに返信する

解説 閲覧ウィンドウによる返信

閲覧ウィンドウでの返信は１画面で済むのですばやく行えます。一方で、同じ画面内で済んでしまうことによるわかりにくさもあるので、本書ではメッセージウィンドウで行う方法を推奨しています。

Hint 返信の候補

Outlook 2024では返信の候補が表示され、クリックすることで、該当メッセージをメール本文に記述できます。

返信したい対象のメールを閲覧ウィンドウに表示しておきます。

1 閲覧ウィンドウの［返信］をクリックします。

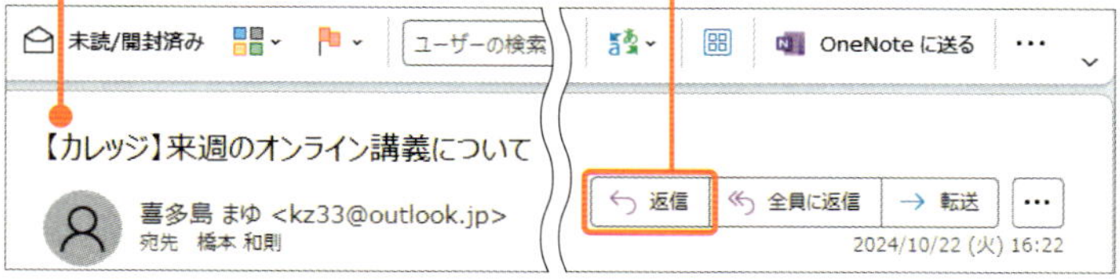

2 件名に「RE:」が付きます。

3 任意に本文を記述して［送信］をクリックします。

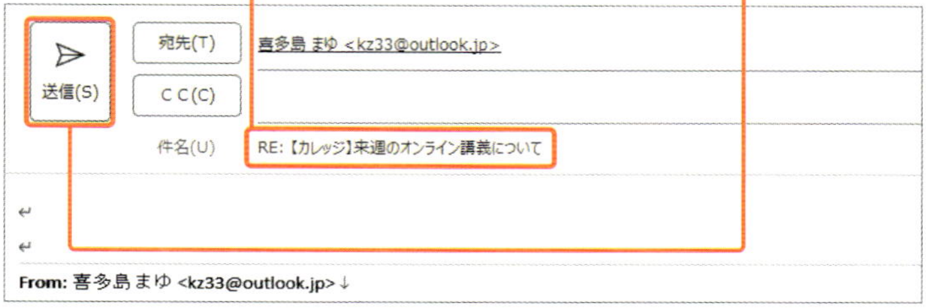

3 閲覧ウィンドウでの記述をメッセージウィンドウにする

解説 メッセージウィンドウのほうがわかりやすい

メールの返信を行う際、閲覧ウィンドウでメールの返信操作をすると、「メールを閲覧するウィンドウの中でメールを記述する」ことになり、若干わかりにくさがあります。
一方、メッセージウィンドウで表示するようにすれば独立したウィンドウになるほか、元メールを参照しながら返信メールを記述できるのでわかりやすくなります。

閲覧ウィンドウで返信メールを記述する状態にしておきます。

1 ［ポップアウト］をクリックします。

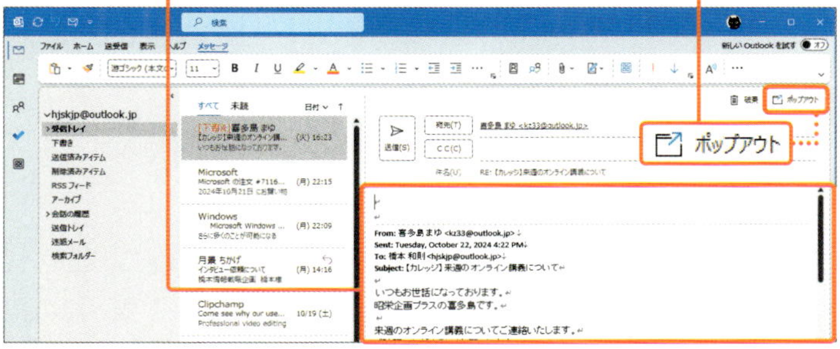

2 返信メールがメッセージウィンドウ表示になります。

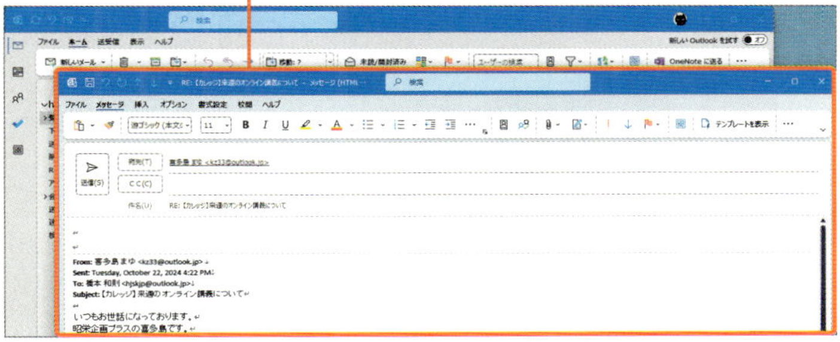

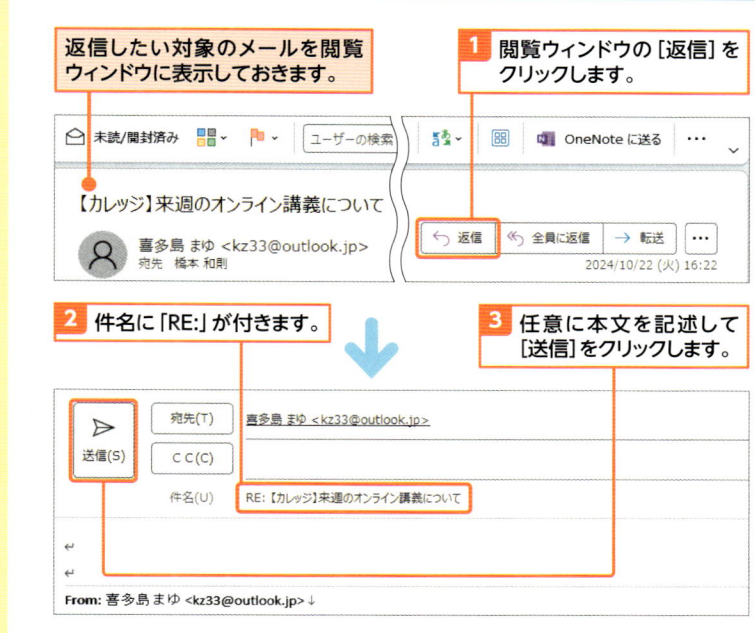

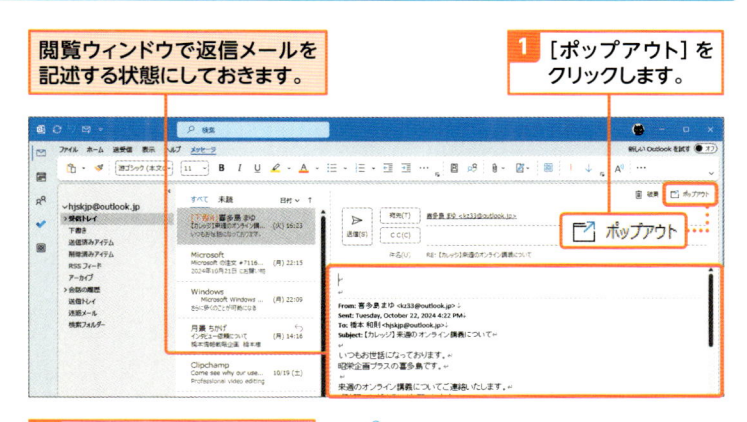

Section 18

メールを下書きとして保存する

ここで学ぶのは

- 下書きに保存
- メール作成の再開
- 下書きの表示

ビジネスではメールを書いている途中に別の仕事が発生して、メール作成を中断せざるをえない状況になることもあります。このような場合は作成中のメールは破棄せずに**下書きに保存**しておけば、後から書き途中のメールを開いて、メール作成の続きを行うことができます。

1 作成中のメールを保存する

解説　メールを「下書き」に保存する

メールを「下書き」に保存する方法は、右図の手順のように［閉じる］をクリックして表示されるメッセージから選択する方法のほか、一定時間間隔で自動保存を行う方法もあります（次ページのMemoを参照）。

Hint　作成中のメールには「宛先」「件名」を入力しておく

作成中のメールは「宛先」「件名」を入力しておくと、フォルダーウィンドウの「下書き」に保存された際に、メールの目的が一目でわかりやすくなります。逆に、メールに「宛先」「件名」がないと、後でフォルダーウィンドウの「下書き」を参照したときに、作成途中のメールの目的がわかりにくくなってしまいます。

メッセージウィンドウで書きかけのメールを表示しておきます。

1 ［閉じる］をクリックします。

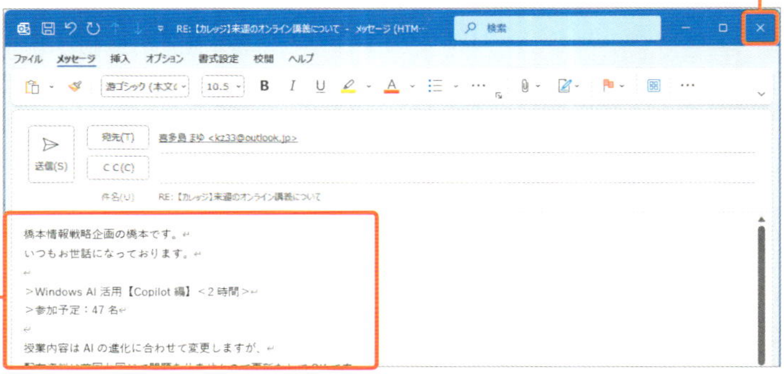

2 「変更を保存しますか?」というメッセージが表示されます。

3 ［はい］をクリックします。

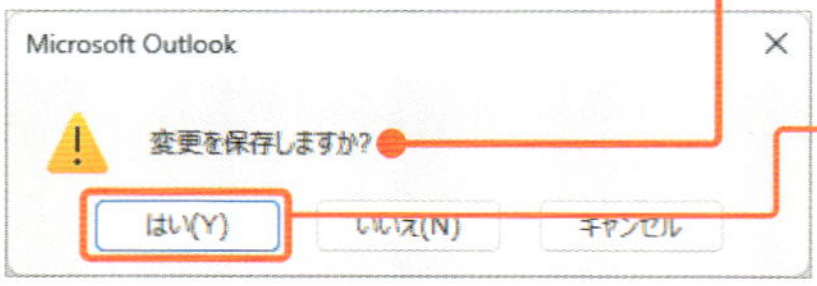

4 書きかけのメールがフォルダーウィンドウの「下書き」に保存されます。

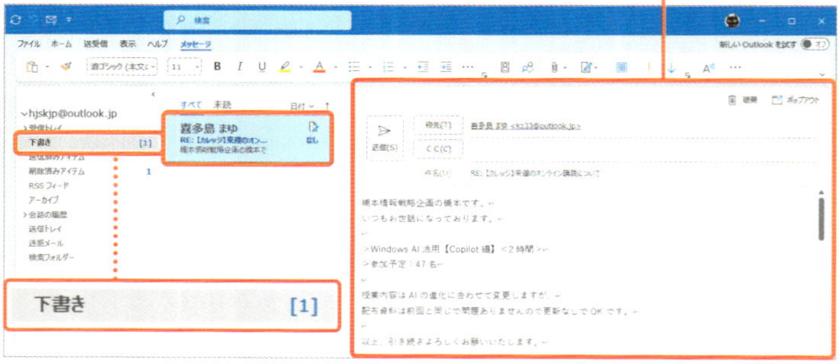

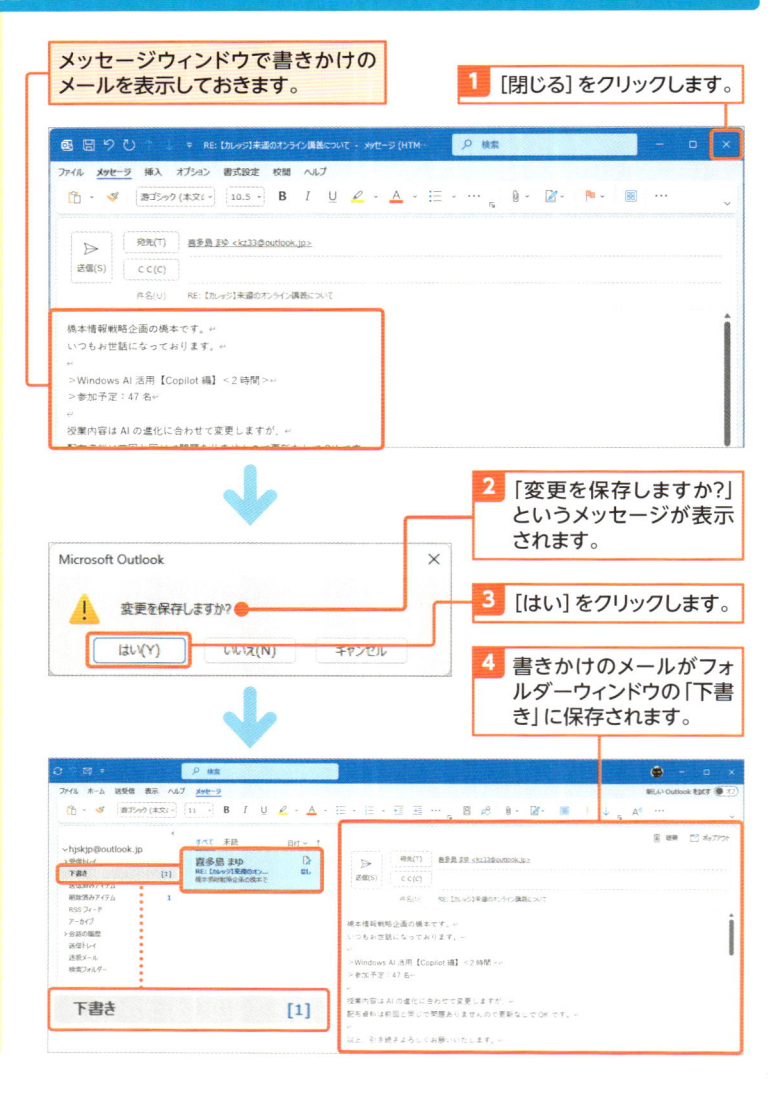

2 メールの作成を再開する

解説 メールの「下書き」も同期される

メールの送受信内容はメールサーバーと同期して管理されますが（POPアカウント以外の場合）、「下書き」もメールサーバーと同期することができます。つまり、複数のデバイスで同じアカウントを利用している場合、デバイスAで下書きした内容をデバイスBで引き継いで内容を書き上げて送信することなども可能です。

1 フォルダーウィンドウの［下書き］をクリックします。

2 ビューで作成途中のメールの一覧を確認できます。

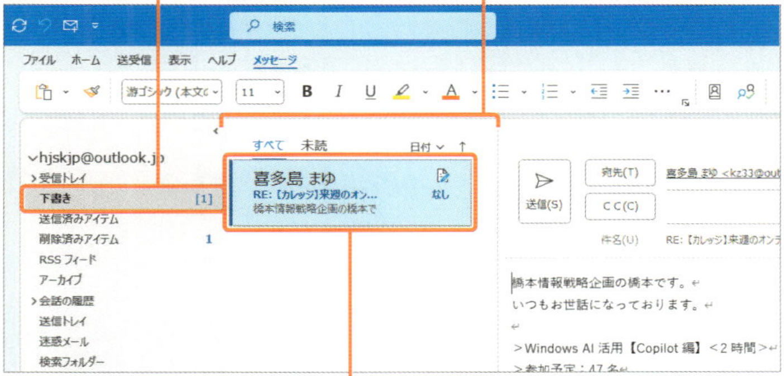

3 記述を再開したい作成途中のメールをダブルクリックします。

4 作成途中のメールがメッセージウィンドウで表示されます。

5 書きかけのメールの作成を再開できます。

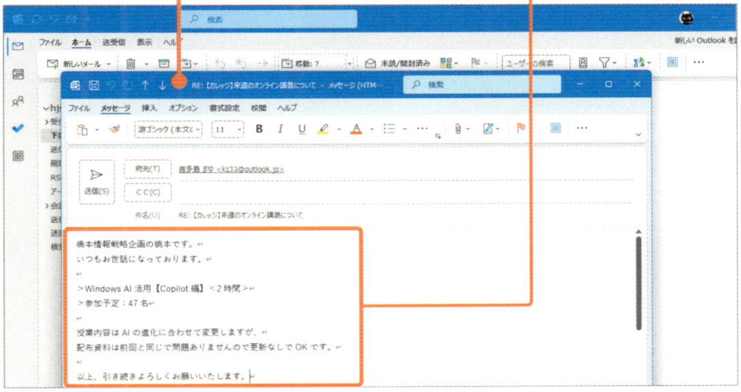

Memo 作成中のメールを自動保存する

作成中のメールを一定時間間隔で自動保存したい場合は、Outlook 2024の操作画面で［ファイル］タブをクリックしてBackstageビューを開きます。Backstageビューの左側のメニュー項目で［オプション］をクリックして［Outlookのオプション］ダイアログを表示します。

［メール］の［メッセージの保存］欄内の［送信していないアイテムを次の時間（分）が経過した後に自動的に保存する］をチェック、任意の自動保存間隔（分）を指定して［OK］をクリックします。

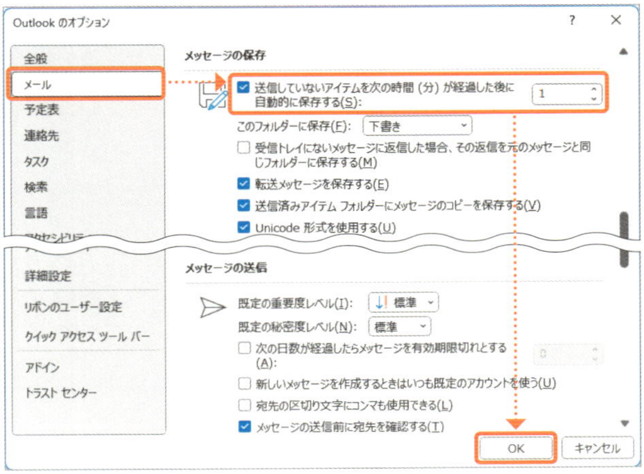

Section 19

複数の相手に同じ内容のメールを送信する

ここで学ぶのは

- 複数人に送信
- CC と BCC
- 全員に返信

複数の人に同一内容のメールを送信したい場合には、宛先で複数のメールアドレスを指定する方法のほか、「CC (Carbon Copy)」や「BCC (Blind Carbon Copy)」を利用する方法があります。これらはマナーとして場面に応じて使い分ける必要があります。

1 複数の人にメールを送る

解説 複数のメールアドレスを指定する

複数のメールアドレスを指定するには、アドレスとアドレスの間に「;」(セミコロン) を入力します。

Hint 「宛先」に指定するメールアドレスのマナー

「宛先」に記述したメールアドレスは、メール送信対象となるすべての相手 (CC やBCC で指定した相手を含む) にメールアドレスを知らせることになります。
このため、同じ内容のメールを複数の人に送信する場面において「宛先」に記述するメールアドレスは、お互い認識している相手同士の間で利用するのが基本になります。例えば、同一組織内や同一グループ内、あるいは送信相手が互いにメールアドレスを知っても問題のない関係などの場合です。

同一内容のメールを送りたい相手のメールアドレスをあらかじめ確認しておきます。

1 「宛先」に1人目のメールアドレスを入力します。

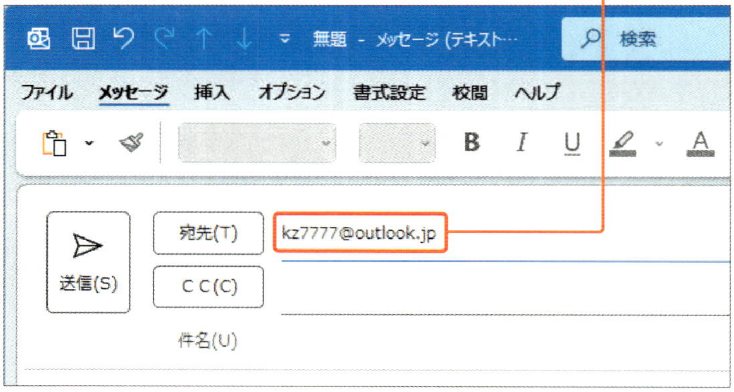

2 「;」(セミコロン) を入力します。

3 続けて2人目のメールアドレスを入力します。

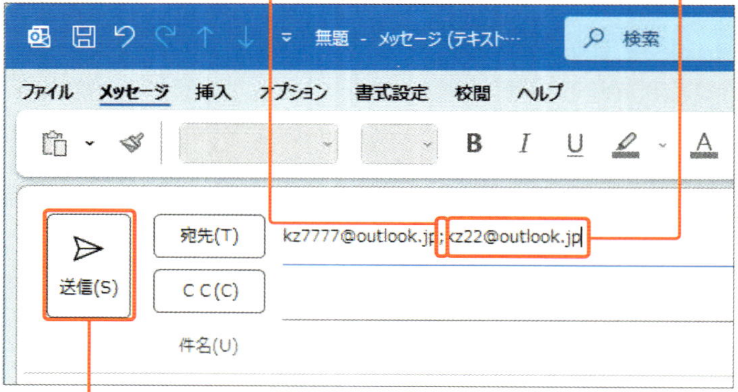

4 件名やメール本文を入力し、[送信] をクリックすると、複数人に同じ内容のメールが送信されます。

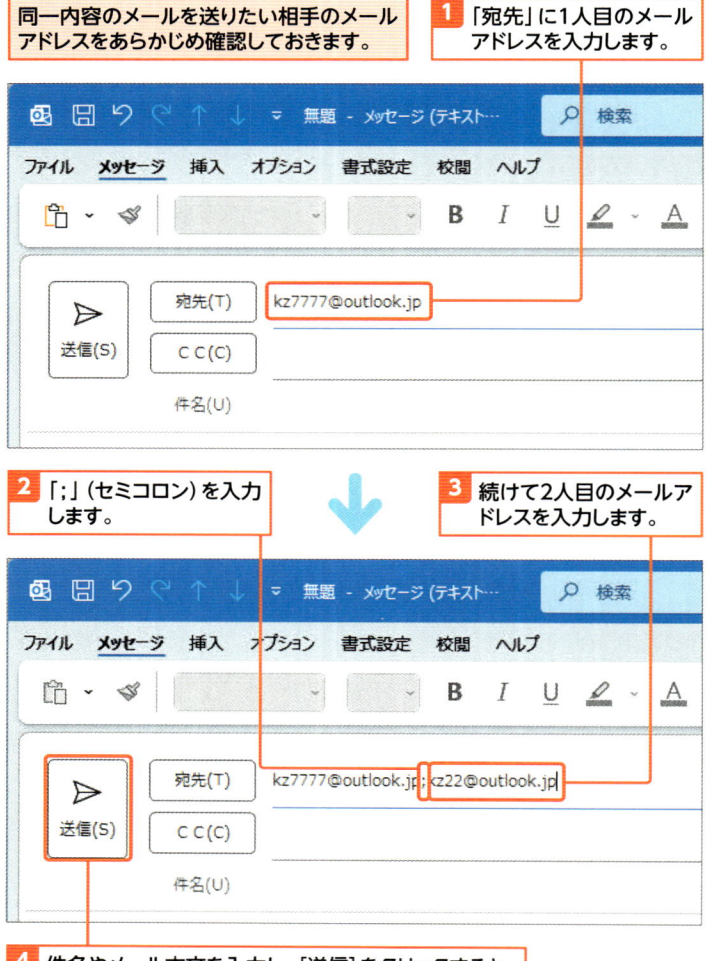

2 「CC」を利用して複数の人にメールを送る

Key word　CC

「CC」は「Carbon Copy」の略で、宛先以外の相手にメールを送信できる機能です。「CC」には複数のメールアドレスを指定できます。

1「宛先」にメールアドレスを入力します。

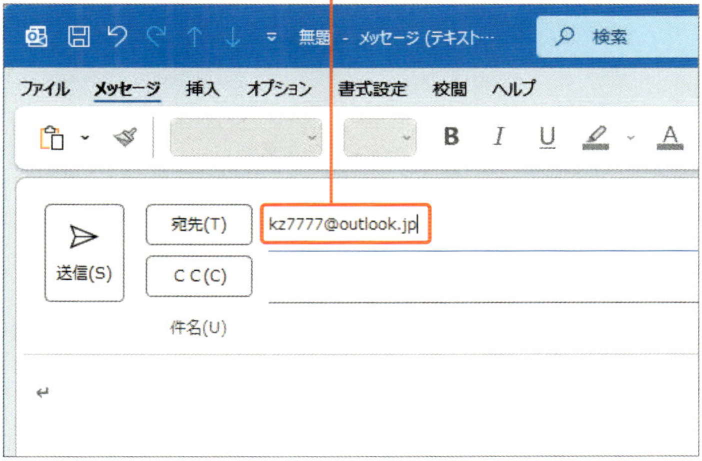

2「CC」にその他のメールアドレスを入力します。

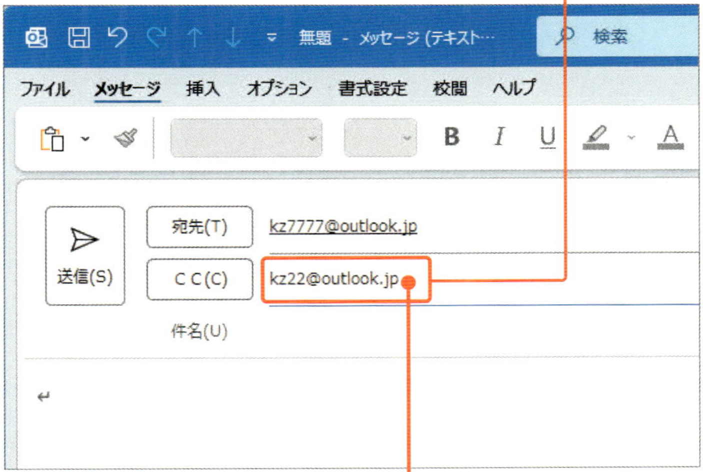

「;」(セミコロン)で区切れば、「CC」に複数のメールアドレスを記述することもできます。

Hint 「宛先」をメインの相手とする

「宛先」に指定するのはメインとなる相手(例えば取引先の担当者)とし、「CC」に記述するのはその内容を同じく伝えておかなければならない相手(情報を共有しておきたい人)とするのが基本になります。

この「宛先」と「CC」の区別に明確なルールはありませんが、基本的に送信メールに返信してほしい相手(テーマのメインとなる相手)を「宛先」に指定します。返信してほしい人を「CC」で指定するのはやや失礼にあたります。

注意 「宛先」「CC」でのメールアドレス指定は場面によってはマナー違反になる

「宛先」や「CC」に記述したメールアドレスは、メール送信対象となる相手全員にメールアドレスを公開する形になります。例えば「Aさん」のメールアドレスを「宛先」、「Bさん」「Cさん」のメールアドレスを「CC」に指定した場合、結果的に「Aさん」「Bさん」「Cさん」のすべてのメールアドレスが、Aさん、Bさん、Cさんそれぞれで確認できてしまうことになります。これは互いに既知の間柄ではない限り「相手の名前とメールアドレスを勝手に第三者に教えてしまう」というマナー違反になり、プライバシー的に問題がないとはいえません。

3 「BCC」を利用して複数の人にメールを送る

Key word　BCC

「BCC」は「Blind Carbon Copy」の略です。「CC」同様に宛先以外の相手にメールを送信できる機能で、複数のメールアドレスを指定することも可能です。
「Blind」とあるように、「宛先」や「CC」で送った相手には、「BCC」で送った人はわかりません。

メールの作成画面をメッセージウィンドウで表示しておきます。

1 ［オプション］タブ→［…］をクリックして、ドロップダウンから［BCC］をクリックします。

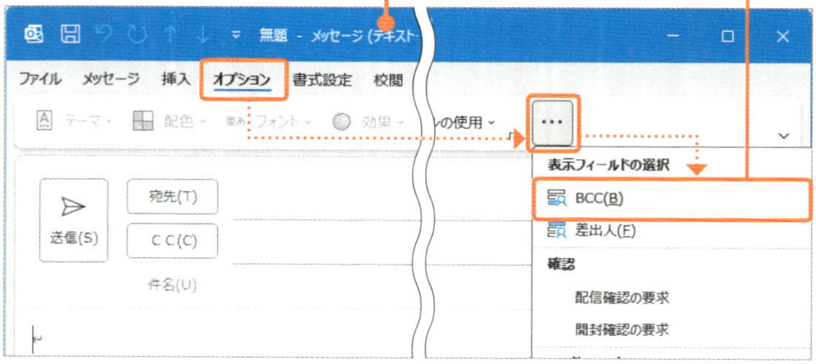

2 「BCC」欄が表示されます。

3 「宛先」にメールアドレスを入力します。

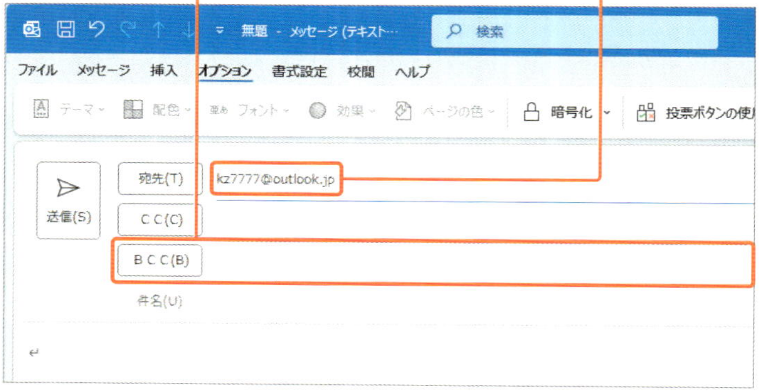

4 「BCC」にメールアドレスを任意に入力します。

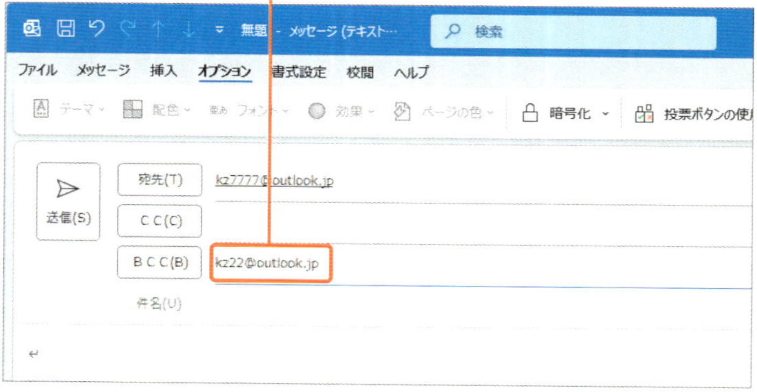

「BCC」に入力したメールアドレスは、「宛先」「CC」に指定した送信相手に知られずに済みます。

Memo　「CC」と「BCC」の違い

「CC」も「BCC」も複数のメールアドレスを指定して宛先以外の相手にメールを送信できますが、「CC」は「記述したメールアドレスは、メール送信対象の全員に知られてしまう」という特性があります。
一方「BCC」は、ほかの送信対象にはメールアドレスが見えない形で、指定したメールアドレスにメール送信することができます。

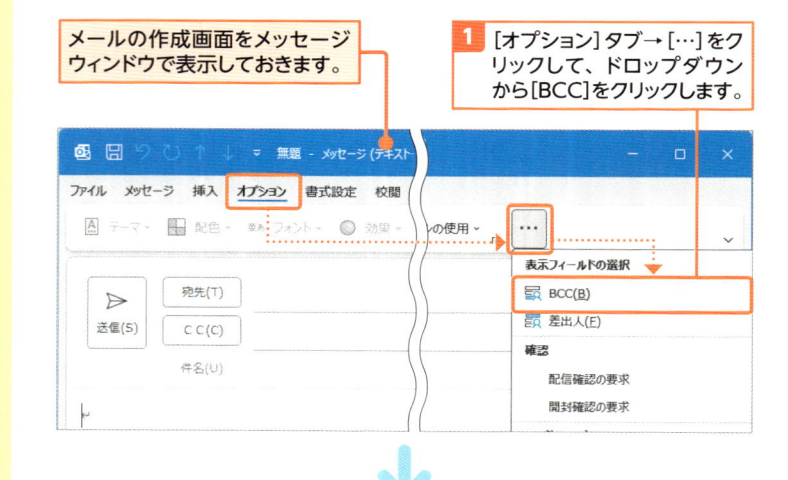

4 全員に返信する

解説 全員に返信する

受信したメールで、送信相手が自分以外の複数人のメールアドレスを指定している場合、あくまでも自分に送信してきた相手のみに返信したい場合は［返信］(p.64参照)、また相手が指定した複数人すべてに返信したい場合には［全員に返信］をクリックします。ここでは、ビジネスメールの基本である「全員に返信する」方法を解説します。

受信メールにおいて相手が複数の人に送ったメールをメッセージウィンドウで表示しておきます。

1 ［メッセージ］タブ→［全員に返信］をクリックします。

2 送信相手が「宛先」「CC」で指定されているメールアドレスが送信対象になり、全員に返信できます。

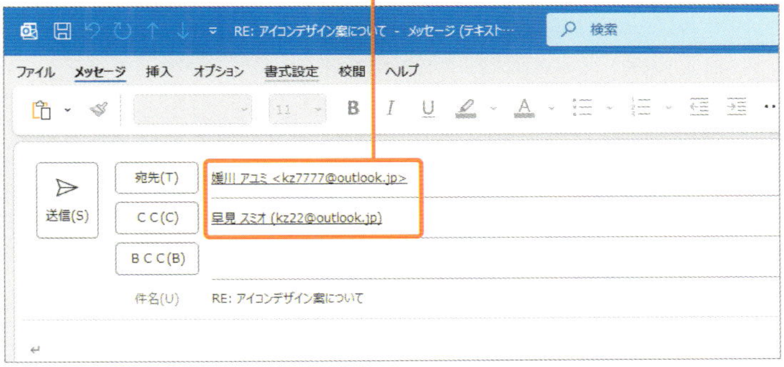

ショートカットキー

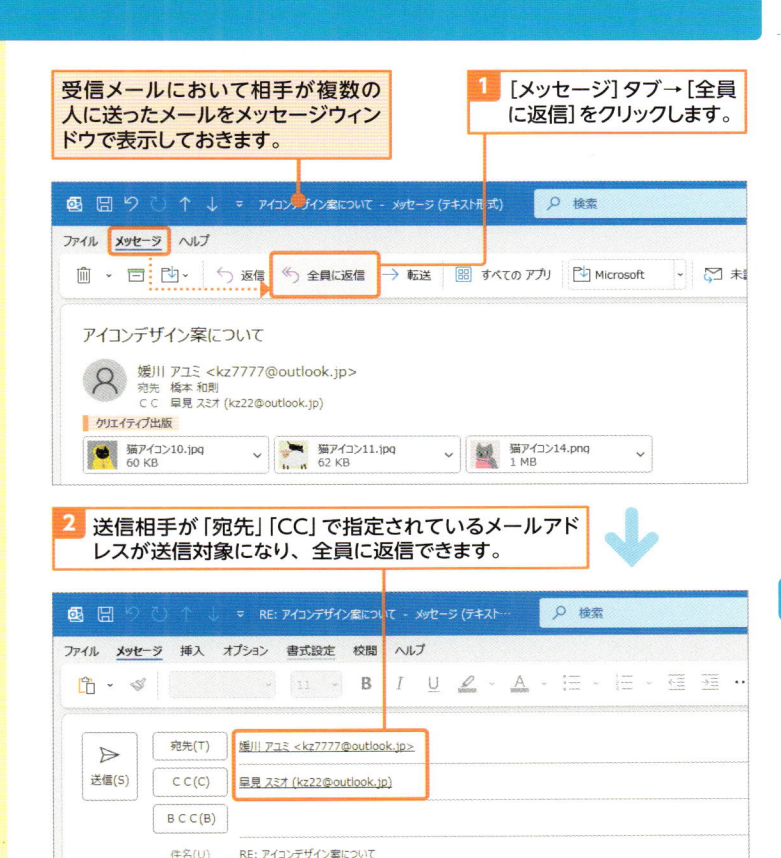

● 全員に返信
Ctrl + Shift + R

Memo ビジネスでは「全員に返信」が基本

一般的なビジネスにおいて、複数人のメールアドレスの指定は「上司や関係者にも共有しておきたい」という意味になるため、ビジネスメールである限り相手に従って「全員に返信(つまり自分がメールに記述した返信内容も共有される)」が基本になります。

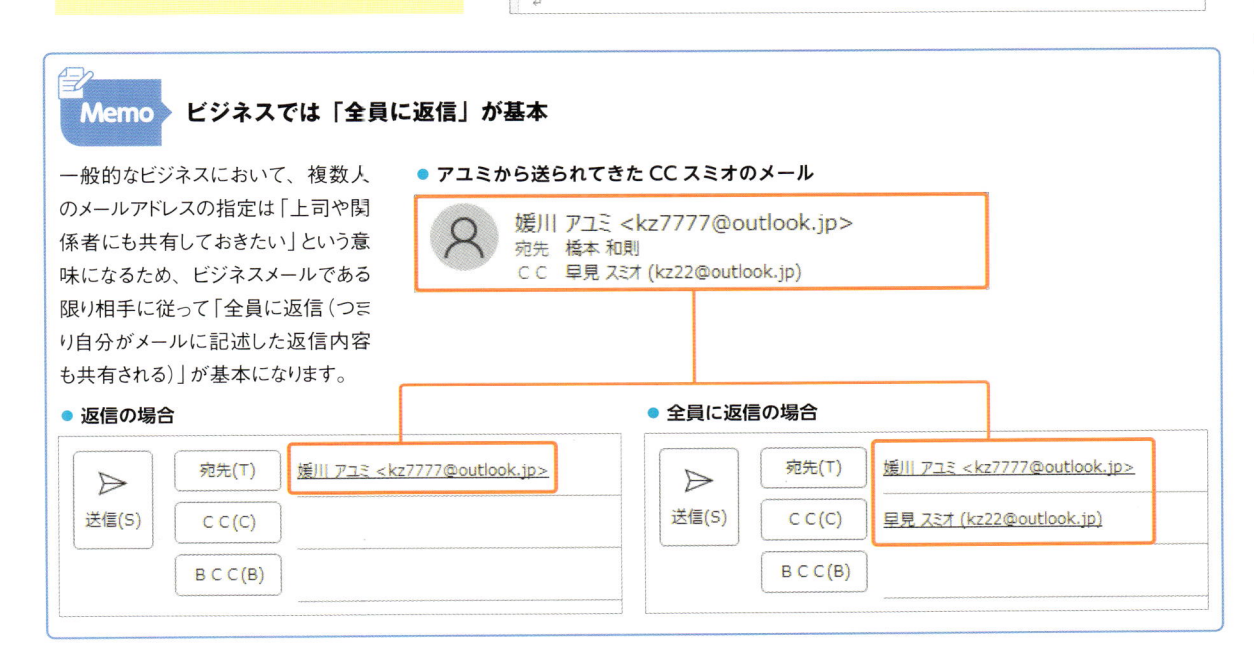

● アユミから送られてきたCCスミオのメール

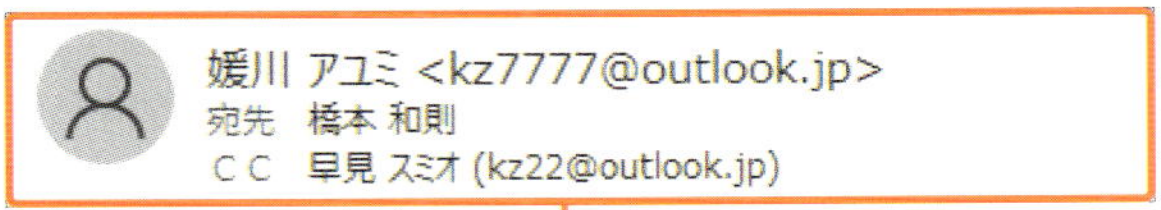

● 返信の場合

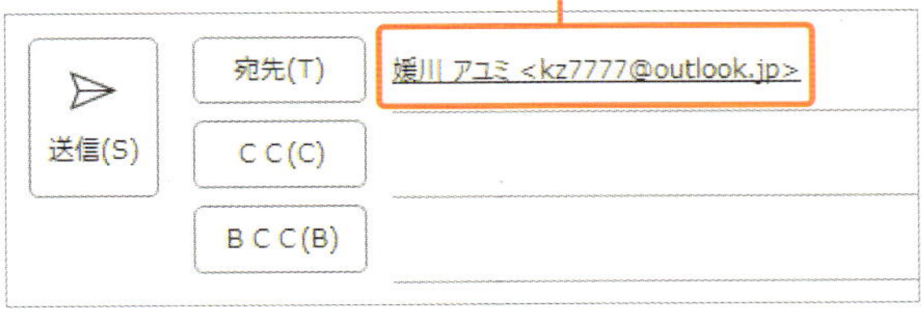

● 全員に返信の場合

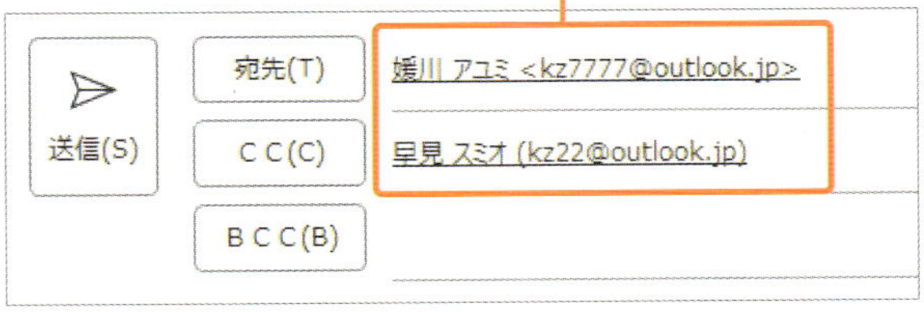

Section 20 ビューや閲覧ウィンドウを使いやすくする

ここで学ぶのは

- 閲覧ウィンドウの位置
- 閲覧ウィンドウのオフ
- ビュー表示の拡張

Outlook 2024を操作するうえで一番利用する部位が「ビュー」と「閲覧ウィンドウ」です。「ビュー」ではメールの差出人、件名、受信日時、添付ファイルの有無などを確認できます。これらの表示は環境に合わせて表示サイズや位置を最適化することにより、より使いやすくすることができます。

1 閲覧ウィンドウの表示位置をビューの下にする

解説 閲覧ウィンドウの表示位置を変更する

メール内容を表示する閲覧ウィンドウの表示位置は、通常、Outlook 2024画面の右側に表示されます。この表示位置を画面の下に変更すれば、ビュー表示が広がり、差出人や件名などを確認しやすくなります。

Hint ドラッグでサイズ変更できる

「閲覧ウィンドウ」を下に表示しても「ビュー」と「閲覧ウィンドウ」の境界線をドラッグすることにより、任意の大きさに変更できます。

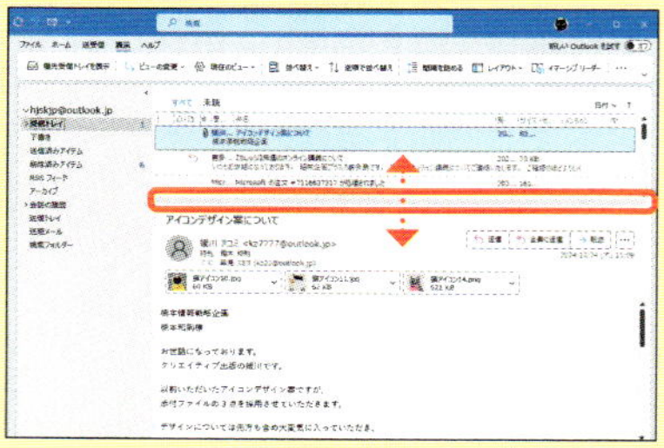

通常、閲覧ウィンドウは右に表示されています。

1 ［表示］タブ→［レイアウト］をクリックして、

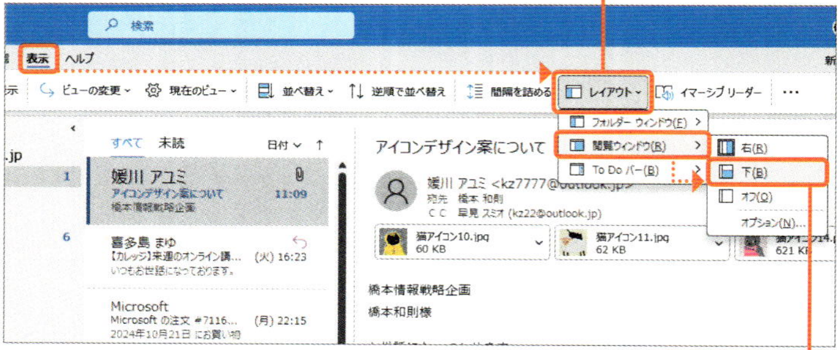

2 ドロップダウンから［閲覧ウィンドウ］→［下］をクリックします。

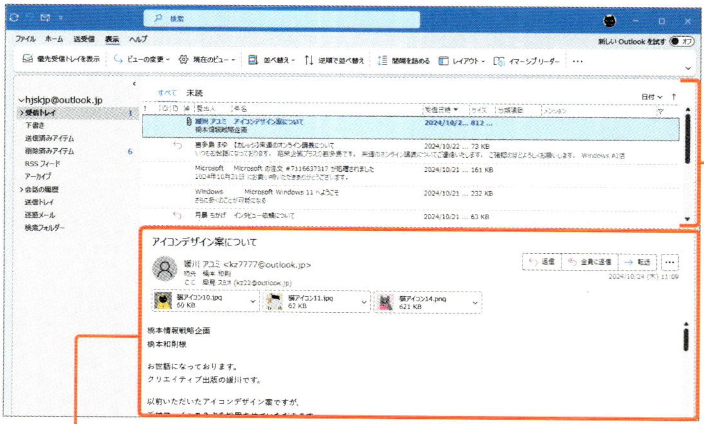

3 閲覧ウィンドウがビューの「下」に表示されるようになります。

ビュー表示が横に広がるため、ビューで件名やメールの内容など、詳細が確認しやすくなります。

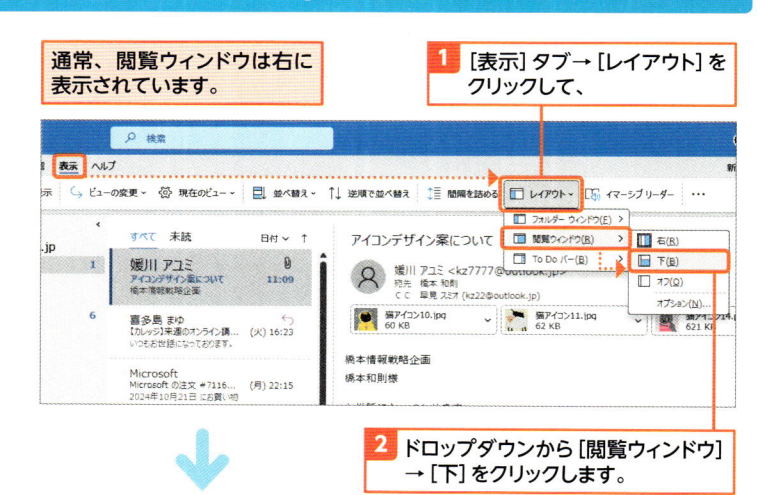

2 閲覧ウィンドウを表示しない

解説 **環境によっては「閲覧ウィンドウなし」も有効**

閲覧ウィンドウ表示がなくても、「ビュー」内のメールをダブルクリックすることにより、メールをメッセージウィンドウで表示できます。常にメッセージウィンドウでメールの内容を確認する作業スタイルであれば、閲覧ウィンドウを「オフ（非表示）」にしても問題はありません。

Hint **Outlook 2024を超コンパクト表示にする**

フォルダーウィンドウを最小化（p.48参照）して、閲覧ウィンドウをオフにすれば、Outlook 2024をかなりコンパクトに扱うことができます。フォルダーウィンドウやメッセージウィンドウも任意に表示できるため、このようなコンパクト表示でも問題なく操作できます。

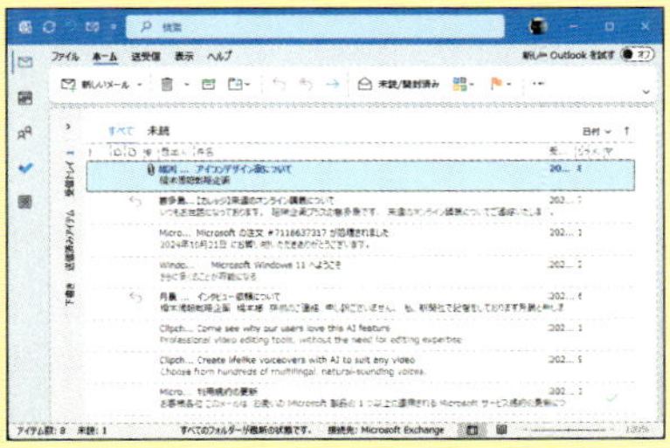

1 [表示] タブ→ [レイアウト] をクリックして、

2 ドロップダウンから [閲覧ウィンドウ] → [オフ] をクリックします。

3 閲覧ウィンドウの表示がなくなります。

ビュー表示が拡張され、件名や受信日時、メール内容の一部などがビュー内で見やすくなります。

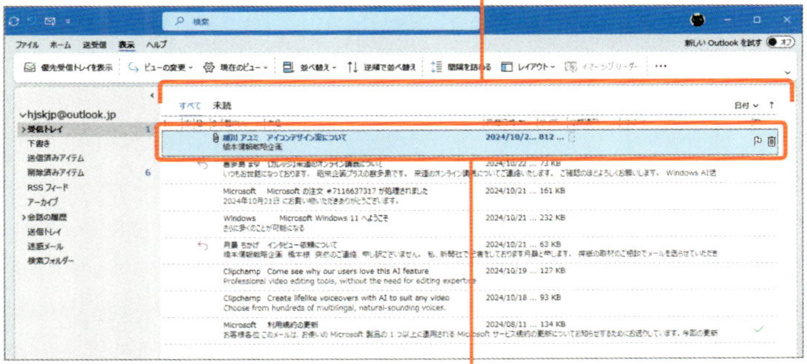

4 メールの内容を確認したい場合には、任意のメールをダブルクリックしてメッセージウィンドウで表示します。

使えるプロ技！ **ビューを詳細にカスタマイズする**

ビューで表示される情報を任意に設定したい場合は、[表示] タブ→ [現在のビュー] をクリックして、ドロップダウンから [ビューの設定] をクリックします。[ビューの詳細設定] ダイアログから [列] をクリックして、列で表示すべき情報を設定します。「必要な情報を優先的に表示する」というイメージを持つと、自身で使いやすいビュー表示を実現できます。

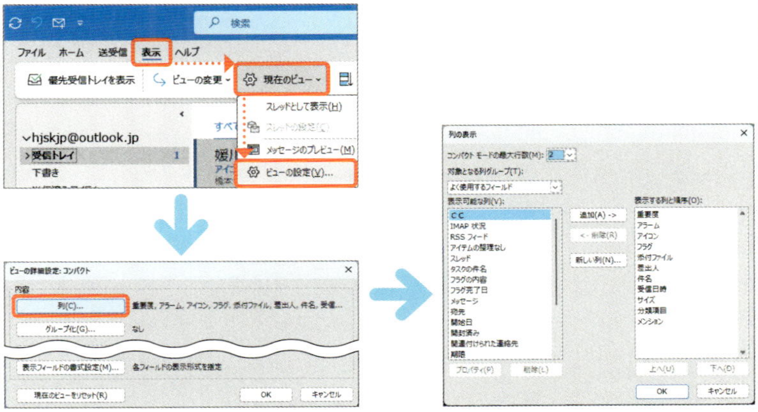

Section

21 スレッド表示と優先受信トレイ表示を無効化する

ここで学ぶのは

- スレッド表示
- スレッド表示の無効化
- 優先受信トレイ表示の無効化

スレッド表示とはメールの送受信において同一件名のやり取りがひとつのグループとして表示される機能ですが、この機能がわかりにくいと感じる場合は、スレッド表示を無効にします。

1 スレッド表示を無効にする

解説 スレッド表示は「無効」を推奨

スレッド表示は同一案件のメールがまとめられて便利という言い方もできれば、メールがまとめられてしまうので逆に見つけにくいという考え方もあります。
また、同一案件であっても相手が新しい件名でメールを返信した場合、結果的にスレッド表示があまり活きない形になってしまいます。
メール管理として「普通にメールを新着順に並べたい」「同一案件のメールをさかのぼって参照する場合には検索や並べ替えを活用する」「メールをフォルダー分けして管理している」などの場合には、スレッド表示を無効にするとよいでしょう。

1 ［表示］タブ→［現在のビュー］をクリックして、

2 ドロップダウンから［スレッドとして表示］のチェックを外します。

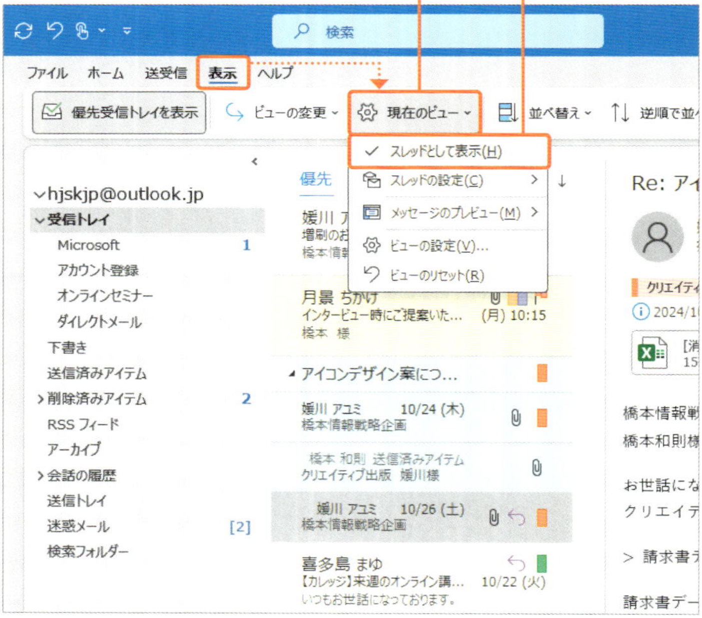

3 メッセージが表示されるので内容を確認します。

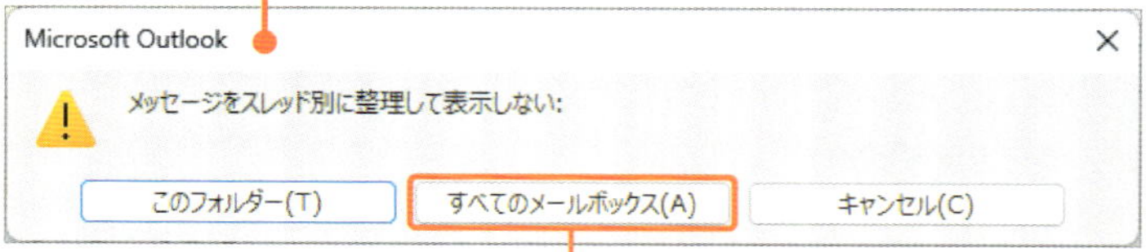

4 ［すべてのメールボックス］をクリックします。

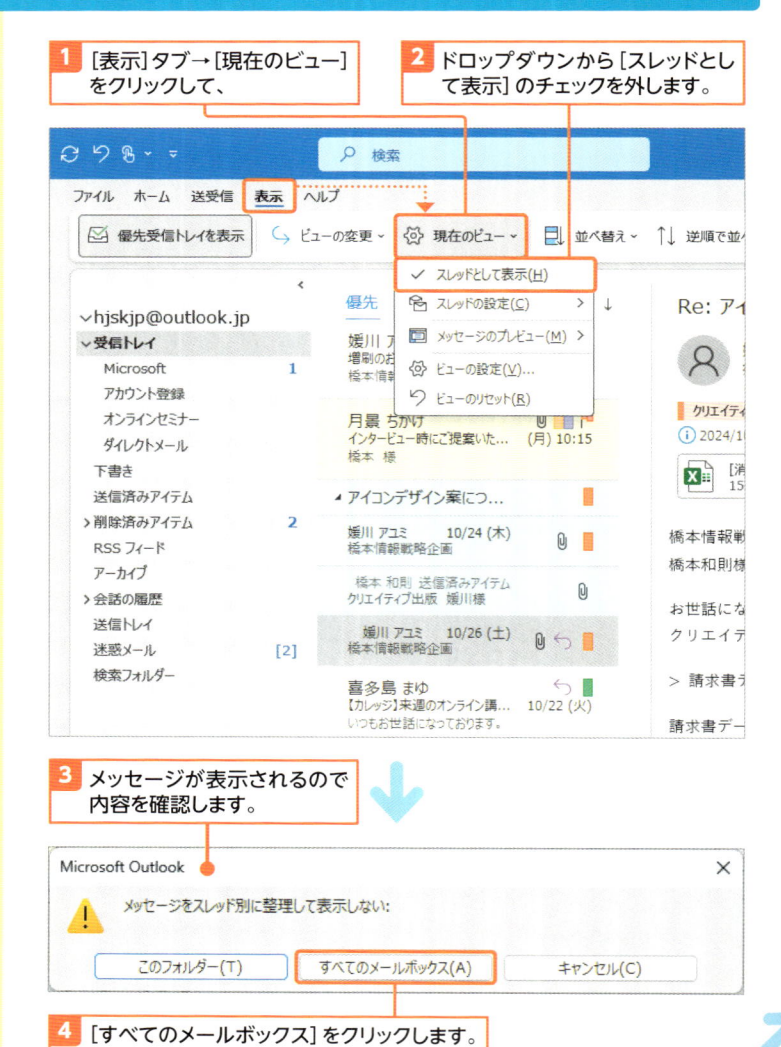

Memo スレッド表示にしたければお互い「件名」を変えない

メールの送受信において「スレッド表示」を活用したければ、基本的に同一案件の「件名」を変更しないようにします。件名を変更してしまうと、スレッド化されなくなるためです。なお、返信時の件名に「RE:」が入るのは構いません。件名の先頭に「RE:」があっても同一スレッドで表示されます。

5 ビュー内のメールのスレッド表示が解除されます。

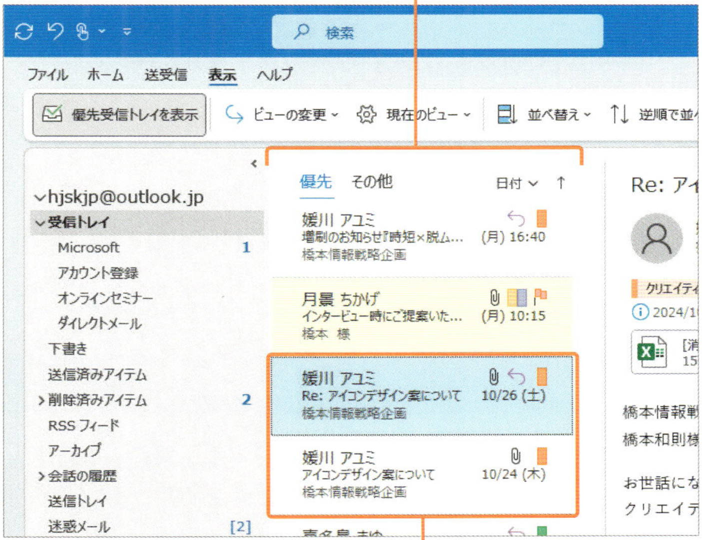

6 同一件名のメールがまとめられなくなり、個々のメールがビュー内に並ぶようになります。

2 優先受信トレイ表示を無効にする

解説 優先受信トレイ表示は「無効」でよい

アカウントの種類によっては（Microsoft Exchangeアカウント／Microsoft 365のアカウント／Outlook.comアカウントなど）、メールが「優先」と「その他」という形で分類されますが、これはアカウント側の勝手な判定によります。そのため、重要なメールも「その他」に分類され見逃してしまうことがあるほか、一般的にもこのような分類を行う意味はあまりないため、「優先受信トレイ表示」は無効にすることをおすすめします。

優先受信トレイが有効な場合、「優先」「その他」でビューが分けられます。

1 ［表示］タブ→［優先受信トレイを表示］をクリックします。

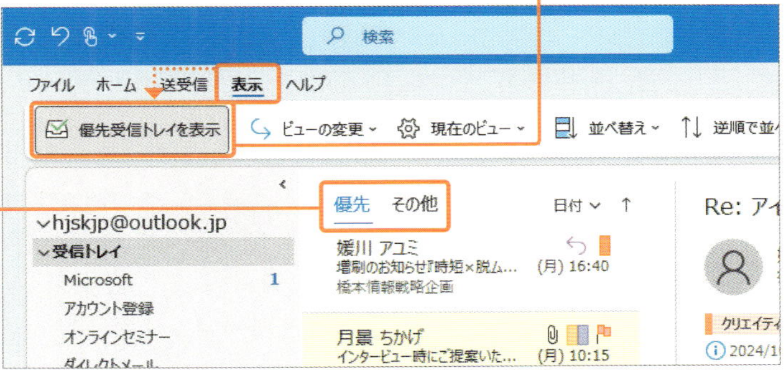

2 優先受信トレイが無効になり、「すべて」「未読」という形で一般的な表示になります。

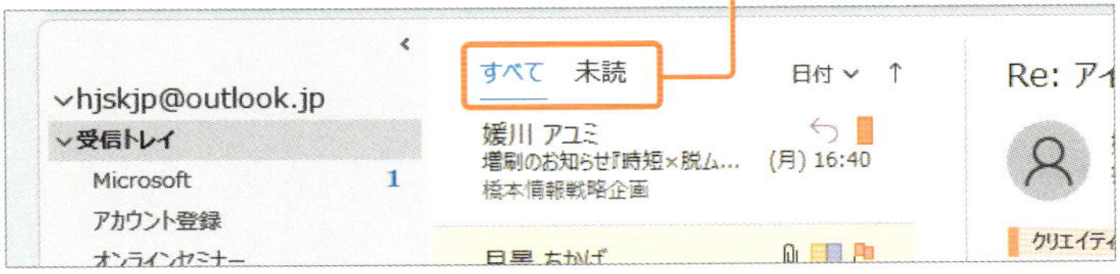

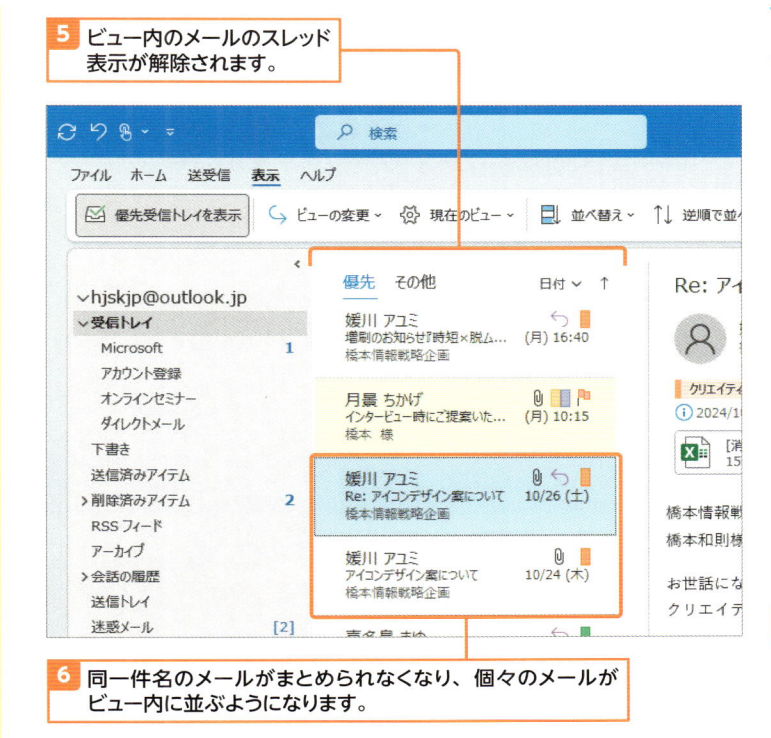

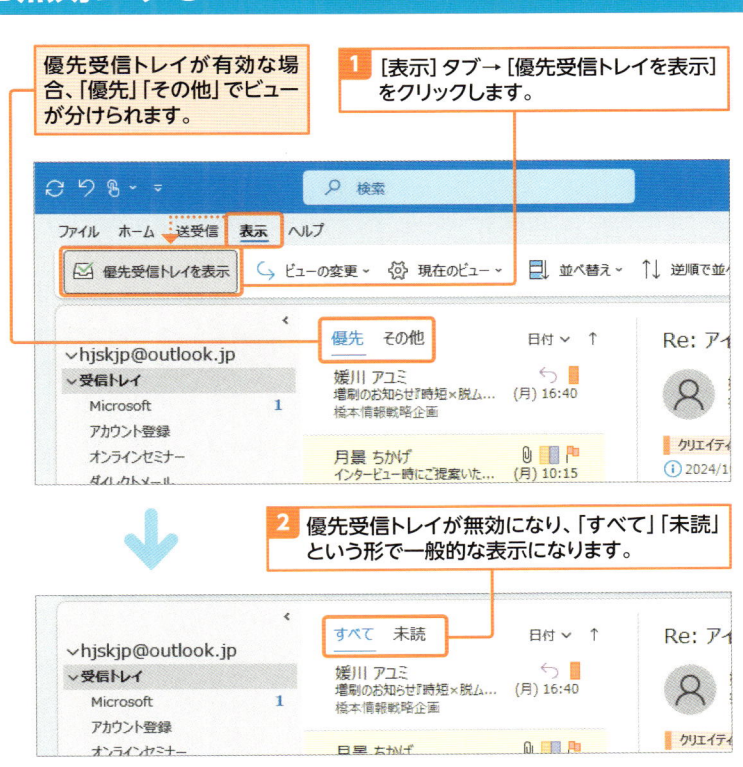

Section
22 メールにファイルを添付する

ここで学ぶのは
- ファイルの添付
- ファイルサイズ
- ファイルの圧縮

メールには任意のファイルを添付して送信できます。ビジネス文書やスプレッドシート、プレゼンシートなどのファイルを添付できますが、メールにファイルを添付する際にはファイルサイズに気を付ける必要があります。

1 メールにファイルを添付する

Keyword 添付ファイル

メールに添付したファイルのことを「添付ファイル」といいます。右図の手順のほか、メッセージウィンドウの「本文」に任意のファイルをドラッグ＆ドロップしてもメールにファイルを添付できます。

Memo 新しいメールの作成

新しいメールを作成するには、［ホーム］タブ→［新しいメール］をクリックします。あるいはCtrl＋Nキーでもすばやく新しいメールを作成できます。

メールの作成画面をメッセージウィンドウで表示しておきます。

1 メッセージウィンドウの［メッセージ］タブ→［ファイルの添付］をクリックします。

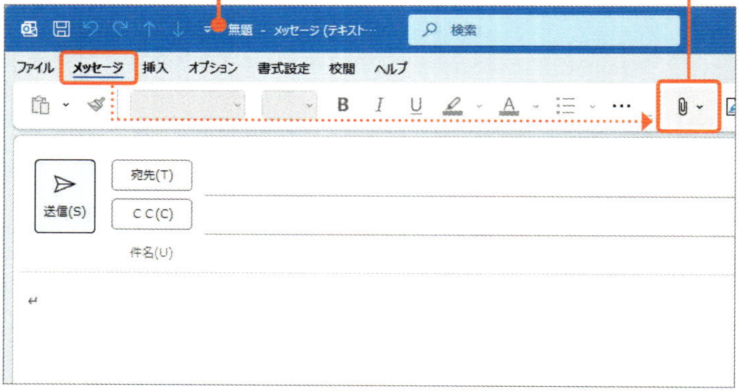

2 ドロップダウンから［このPCを参照］をクリックします。

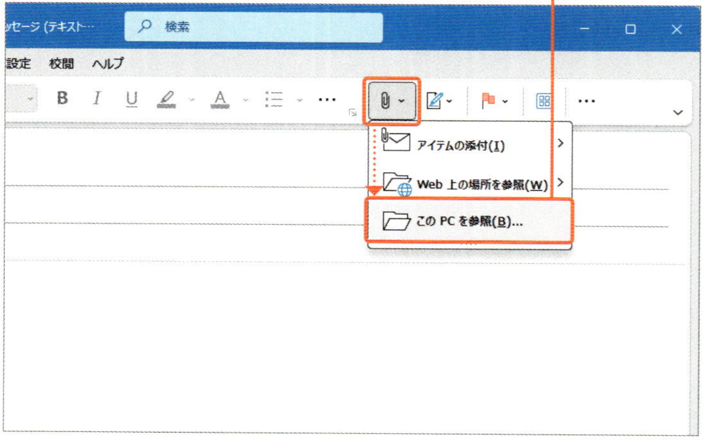

Hint 複数のファイルが添付可能

メールには複数のファイルを添付することも可能です。なお、複数のファイルを添付する際には「ファイルサイズ（すべてのファイルの合計サイズ）」に着目して、あまり大きなサイズのファイルはメールに添付せず、クラウドによるファイル共有など別の手段で送信するようにします。

ショートカットキー

● ファイルの添付
Alt→H→A→F

3 ［ファイルの挿入］ダイアログが表示されます。

4 添付したいファイルをクリックして、［挿入］をクリックします。

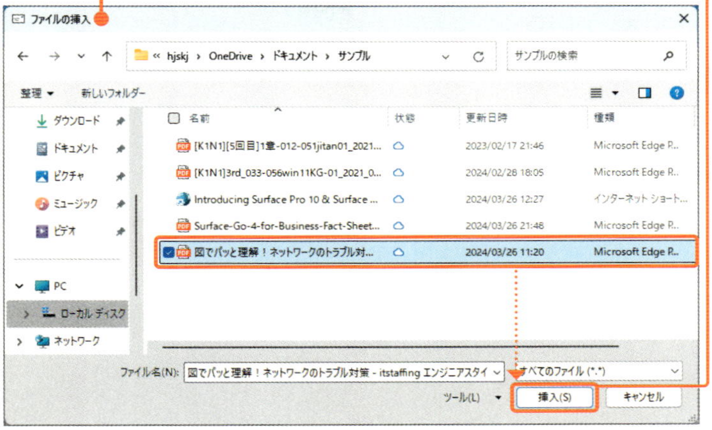

5 メールにファイルが添付されます。

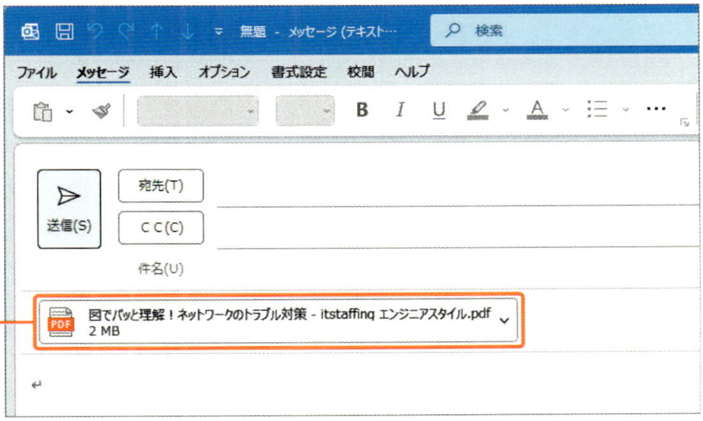

2 メールに添付したファイルを確認する

解説 添付ファイルの確認

送りたいファイルがきちんと選択されているかどうか、メールを送信する前に一度添付ファイルの内容を確認しておくと安心です。

1 添付ファイルの［∨］をクリックして、

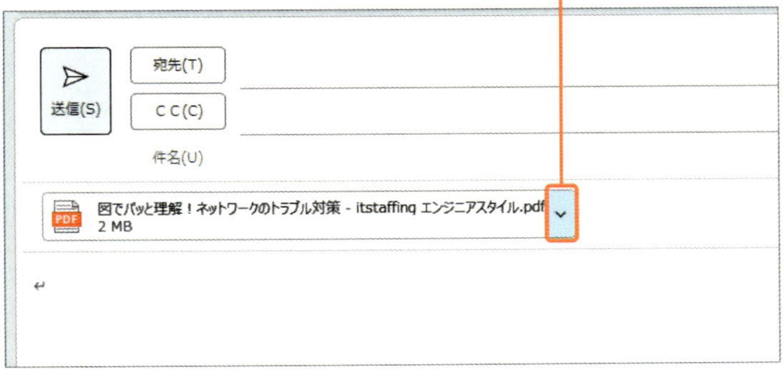

Hint 添付ファイルの最大容量

Outlook 2024の添付ファイルサイズの上限は「20MB」(バージョンによって異なる。上限は将来変更される可能性あり)になりますが、メールのアカウントによっても上限容量は異なります。
相手のメールサーバーの制限などを考慮した場合、一般的には「10MB以内」(ビジネスマナーとしては5MB以内を推奨)を添付ファイルの最大容量と考えるとよいでしょう。

注意 画像ファイルはできるだけ本文に貼らない

HTML形式のメール(p.80参照)であれば、画像ファイルを本文に貼って送信することもできます。例えば、集合場所の地図などをメールの本文内で表示したい場合などでは、メール内に画像を貼ることは有効です。しかし、業務そのものに利用する画像ファイルの場合は、メール本文に画像を貼ってしまうと相手が画像ファイルとして抽出しにくくなるため、「添付ファイル」で送信することが基本になります。

2 ドロップダウンから[開く]をクリックします。

3 対応アプリで添付したファイルの内容を確認できます。

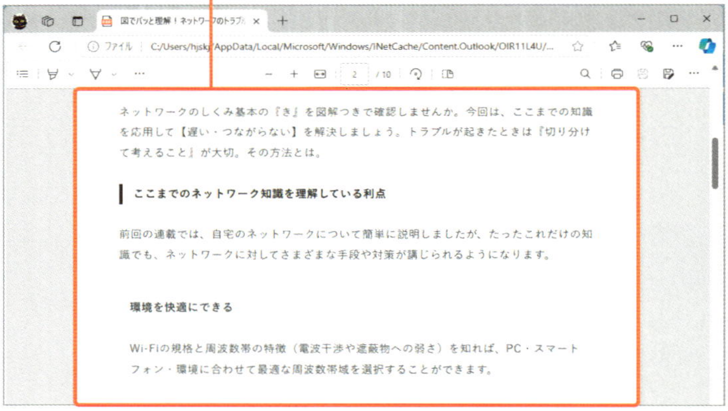

3 メールに添付したファイルを削除する

1 添付ファイルの⌄をクリックして、

Hint ファイルを添付する際のファイルサイズマナー

メールにファイルを添付する際には「ファイルサイズ（ファイルの容量）」に注意します。大きなサイズのファイルを添付することは相手のメールサーバーに負担をかけます（送信したメールや添付ファイルは相手のメールサーバーでも管理されます）。また、相手のメールサーバーによっては、大きなファイルサイズの添付ファイルは自動的に受信拒否されることもある点に注意が必要です。

基本的に5MBを超えるファイルはメールに添付して送信せず、クラウドによるファイル共有など別の手段で送信するようにします。

● **ファイル添付の際の配慮とマナー**

メール内に添付ファイルの説明を記述する
相手が開くことができる一般的なファイル形式にする
ファイル容量に気を付ける（5MB以下を推奨）
データにマクロを付加しない

2 ドロップダウンから［添付ファイルの削除］をクリックします。

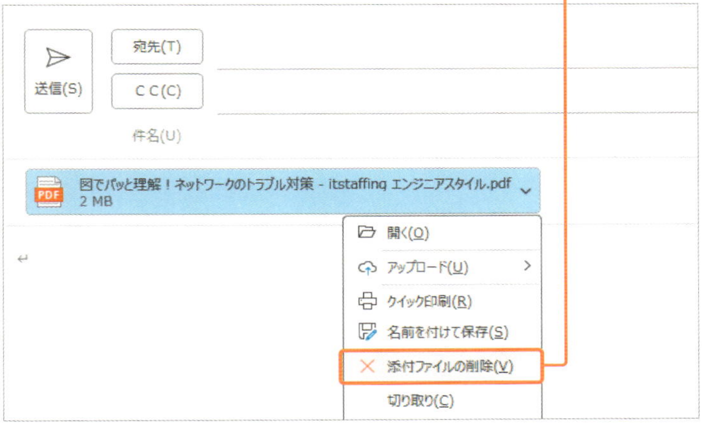

3 添付したファイルをメールから削除できます。

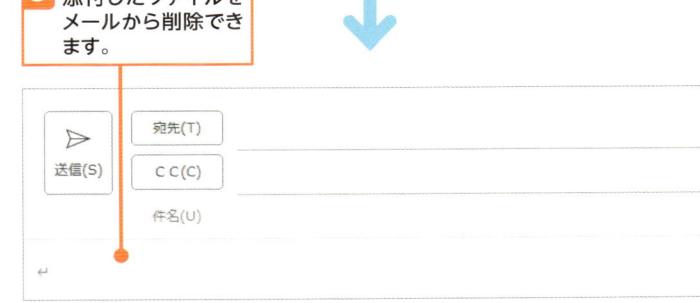

使えるプロ技！ 複数の添付ファイルは「圧縮」する

ビジネスシーンでは、相手に複数の添付ファイルを渡す際には「圧縮」が有効です。

複数のファイルを圧縮してひとつのファイルにすることにより、ファイルサイズを減らすという効果のほか、いくつかのファイルを添付し忘れるというミスを防げます。また、圧縮ファイルにすることにより「ファイル名の文字化け」などを防ぐこともできます。さらに、相手側の管理を考えても、社内で別の相手に渡して作業する際などに、ひとつのファイルにしておいたほうがミスを軽減できます。

なお、圧縮ファイルは複数の形式（ZIP形式、RAR形式、LZH形式など）が存在しますが、相手の開きやすさを考えて、基本的にどのような環境でも簡単に展開できる「ZIP形式（*.zip）」を用いるようにしましょう。

ZIP形式の圧縮ファイル（通称「ZIPファイル」）は、エクスプローラー上で圧縮ファイルに含めたい複数のファイルを選択したうえで右クリックして、［圧縮先］→［ZIPファイル］で作成できます。

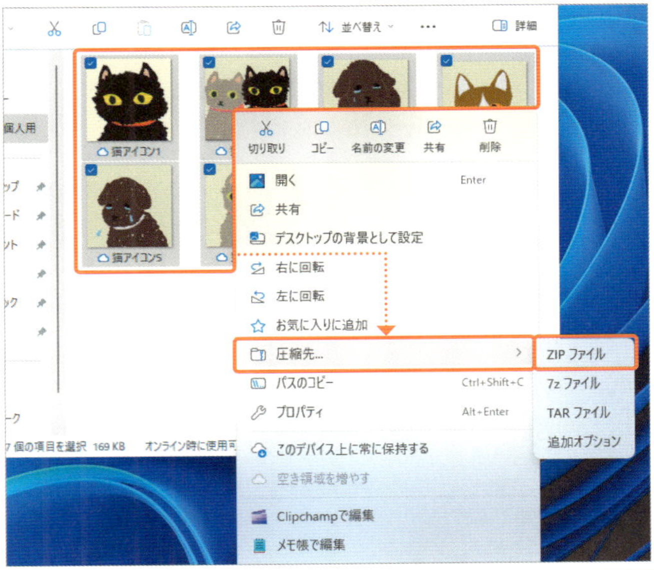

Section

23 メールの形式を知って相手に配慮する

ここで学ぶのは

- HTML 形式
- テキスト形式
- メール形式の指定

メール形式には「**テキスト形式**」「**HTML 形式**」のほか、Outlook シリーズの独自形式である「リッチテキスト形式」があります。それぞれの特性を知ってメールを作成しないと、相手にメール内容が伝わらなかったり、扱いづらかったりするなどの迷惑をかけてしまうため、メール形式は必要に応じて使い分ける必要があります。

1 装飾ができる「HTML 形式」とシンプルな「テキスト形式」

Outlook 2024 では標準で「HTML 形式」が有効になっており、Web ページの表示のように文字の色やサイズを装飾することや、画像や表を埋め込むことが可能です。箇条書き、段落番号、文字強調（ボールドやサイズ変更）などが可能であるため、比較的長めのビジネス文書において要点が伝えやすいなどのメリットがあります。一方、「テキスト形式」は「Plain（プレーン、簡素、あっさりという意味）」ともいわれ、文字に対する装飾は全く行えない形式であり、画像や表なども本文に埋め込むことができません。しかし、余計な装飾がないのでメールのデータサイズが軽く、またどのメーラー（メールアプリ）でも確実に表示できるメリットがあります。なお、「リッチテキスト形式」は Outlook 独自形式であるため、相手が正常に表示できない可能性を考えても利用は控えるようにします。

「HTML 形式」のメール

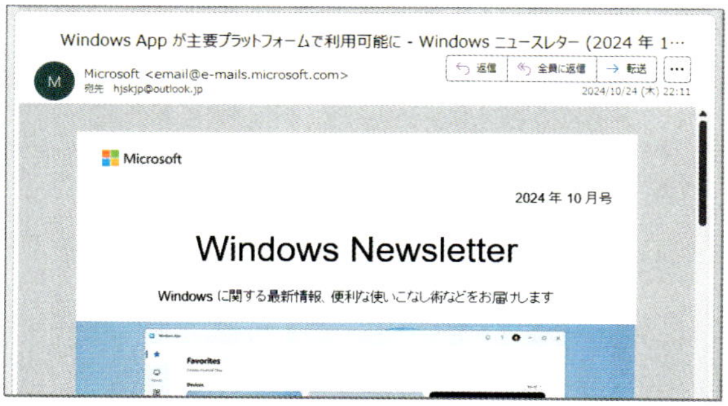

さまざまな装飾や画像や表などを任意に配置することが可能です。

「テキスト形式」のメール

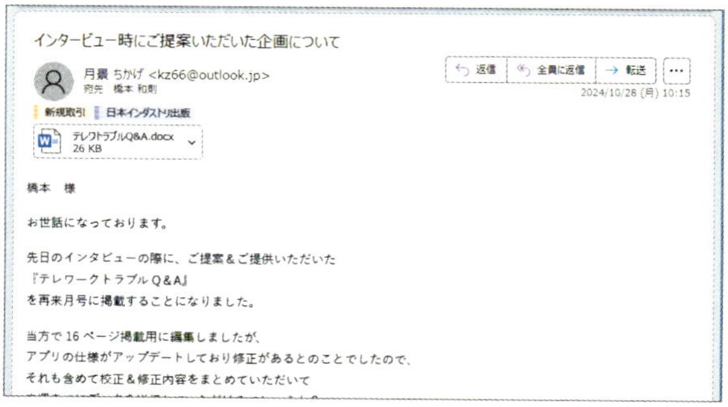

シンプルに「文章のみ」。文字装飾や画像や表を埋め込むことはできません。

Memo 悪意ある仕掛けを埋め込むことも不可能ではない HTML 形式

HTML 形式は Web ページ同様の仕組みを持つため、悪意ある仕掛け（マルウェアプログラムへの誘導など）をメールの本文中に埋め込むことも不可能ではありません。偽装リンクなどで表記とは異なる Web ページに誘導することなども可能です。このような意味でも、HTML 形式は一部のビジネス環境においてはセキュリティリスクがあるメール形式として敬遠されています。

2 メール作成時にメール形式を指定する

Memo あらかじめテキスト形式にするには

送信メールにおいて「テキスト形式」を基本としたい場合は、Outlook 2024の操作画面で［ファイル］タブをクリックしてBackstageビューを開きます。Backstageビューから［オプション］をクリックして［Outlookのオプション］ダイアログを表示します。［メール］の［メッセージの作成］欄内の［次の形式でメッセージを作成する］のドロップダウンから［テキスト形式］をクリックし、［OK］をクリックします。また、受信メールを「テキスト形式」に変換して表示したい場合はp.204で解説する設定を行います。

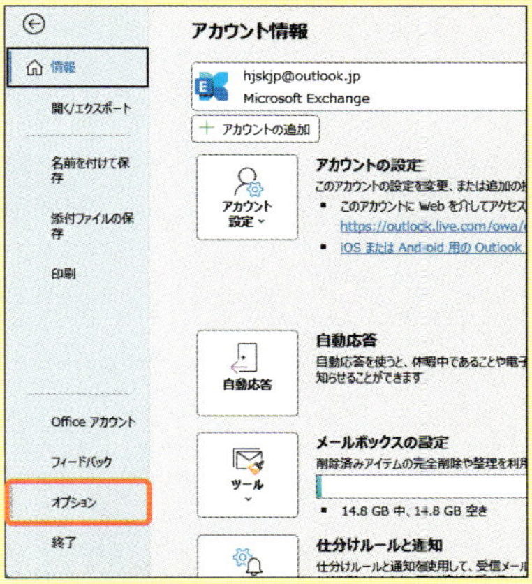

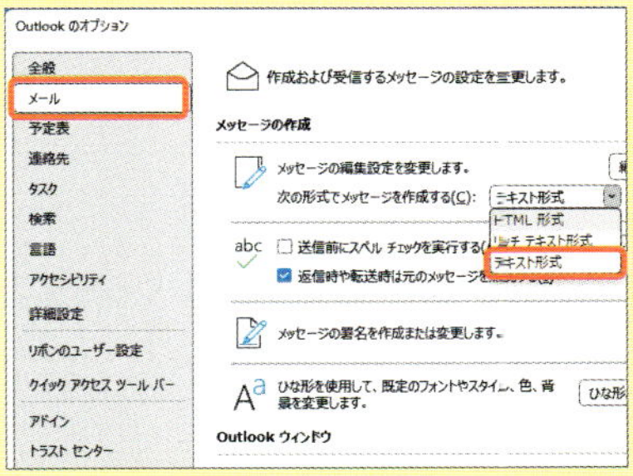

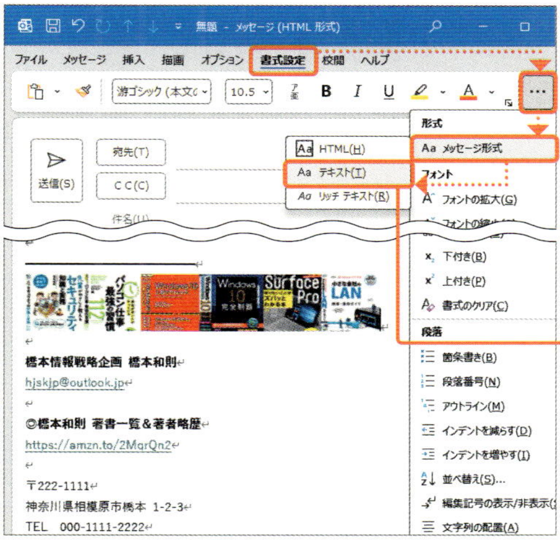

新しいメールの作成画面をメッセージウィンドウで表示しておきます。

ここではHTML形式のメールをテキスト形式に変換する例を示します。

1 ［書式設定］タブ→［…］をクリックして、ドロップダウンから［メッセージ形式］→［テキスト］をクリックします。

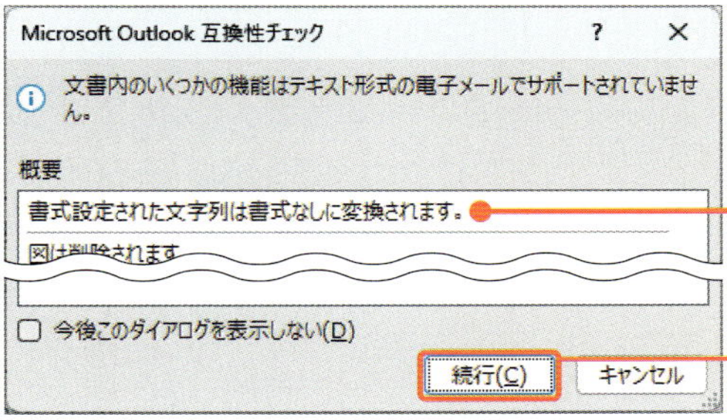

2 HTML形式しかサポートしない要素が含まれる場合、互換性のチェックが表示されるので確認します。

3 ［続行］をクリックします。

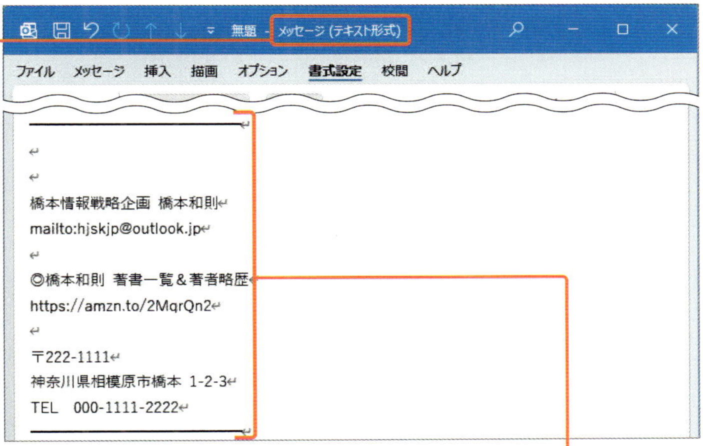

4 メールが「テキスト形式」に変換されます。タイトルバーの「～形式」で、現在のメール形式を確認できます。

5 サポートしない文字書式や挿入されていた画像などは消去されます。

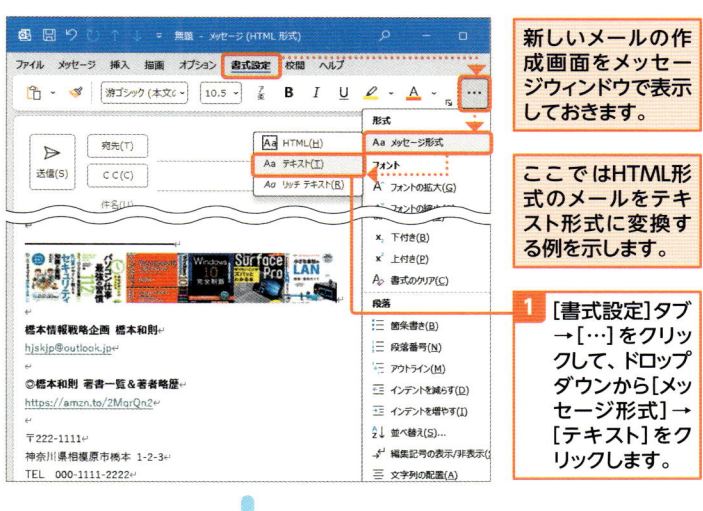

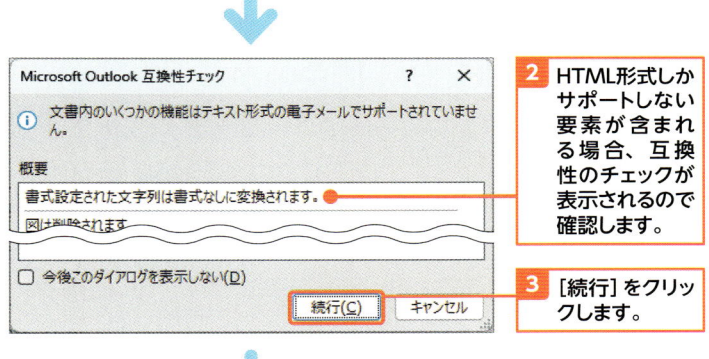

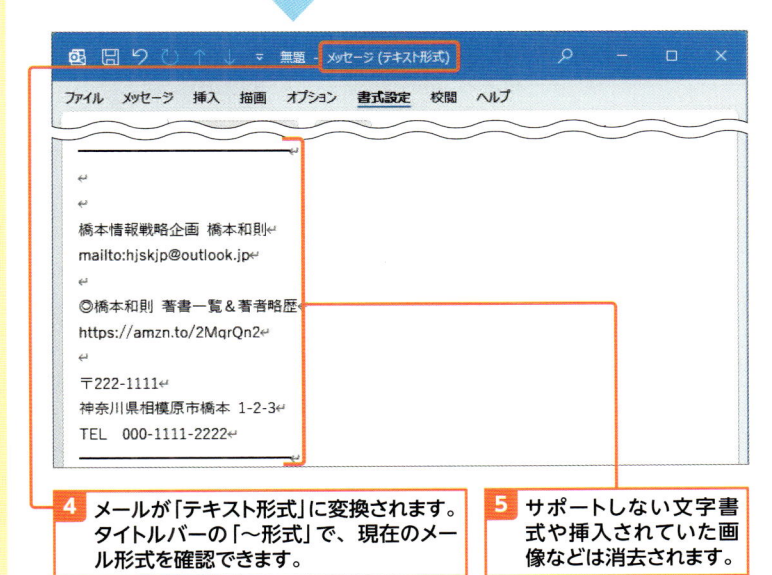

Section 24

メールの本文を装飾する（HTML形式）

ここで学ぶのは

- 文字に色を付ける
- 文字サイズの変更
- その他の文字装飾

作成するメールが「HTML形式」である場合、メールの本文を自由に装飾できます。フォントサイズやフォントの種類を指定できるほか、文字色やマーカー、また太字や斜体（イタリック）などの装飾を施すことが可能です。

1 文字に色を付ける

注意 装飾ができるのはHTML形式のみ

メールの本文に書式（太字／斜体／下線／色／マーカー／フォントサイズなど）を適用できるのは「HTML形式」のみです。「テキスト形式」では適用できません（メールの形式についてはp.80参照）。

Key word フォント

フォントとは、PCで利用できる書体（文字）のことです。Outlook 2024では、自分のPCにインストールされたすべてのフォントが利用できます。ただし、メールを受け取る相手側が自分と同じフォントを持っているとは限らないため、意図したフォントで見てもらうためにはOSおよびOfficeに標準搭載される基本的なフォントを利用するのが無難です。

ショートカットキー

- ［フォント］ダイアログの表示
  Ctrl＋Shift＋P

新しいメールの作成画面をメッセージウィンドウで表示しておきます。

1 マウスをドラッグし文字列を選択します。

2 ［メッセージ］タブ→［フォントの色］の ⌄ をクリックして、

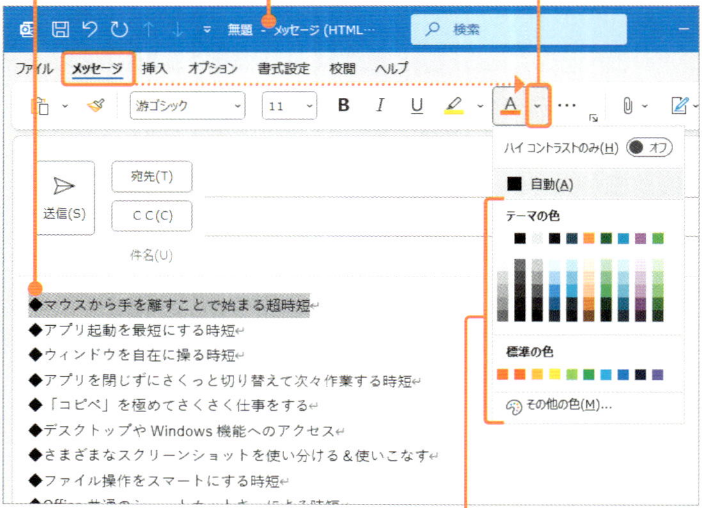

3 ドロップダウンから任意の色をクリックします。

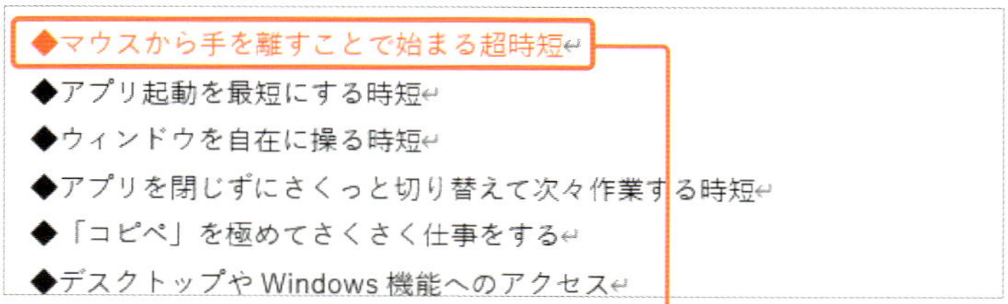

4 指定した文字列を任意の色にすることができます。

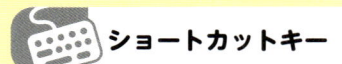

2 文字の大きさを変更する

あらかじめ文字列を選択しておきます。

1 ［メッセージ］タブ→［フォントサイズ］の ⌄ をクリックして、

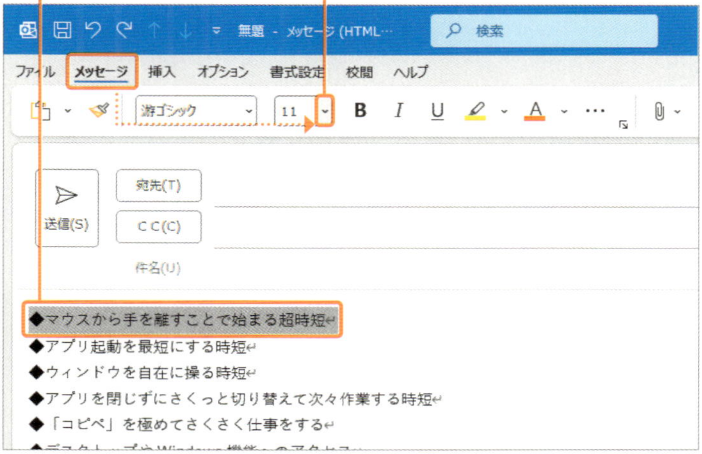
無題 - メッセージ (HTML…
検索
ファイル
メッセージ
挿入
オプション
書式設定
校閲
ヘルプ
游ゴシック
11
送信(S)
宛先(T)
CC(C)
件名(U)
◆マウスから手を離すことで始まる超時短
◆アプリ起動を最短にする時短
◆ウィンドウを自在に操る時短
◆アプリを閉じずにさくっと切り替えて次々作業する時短
◆「コピペ」を極めてさくさく仕事をする

2 ドロップダウンから任意のサイズをクリックします。

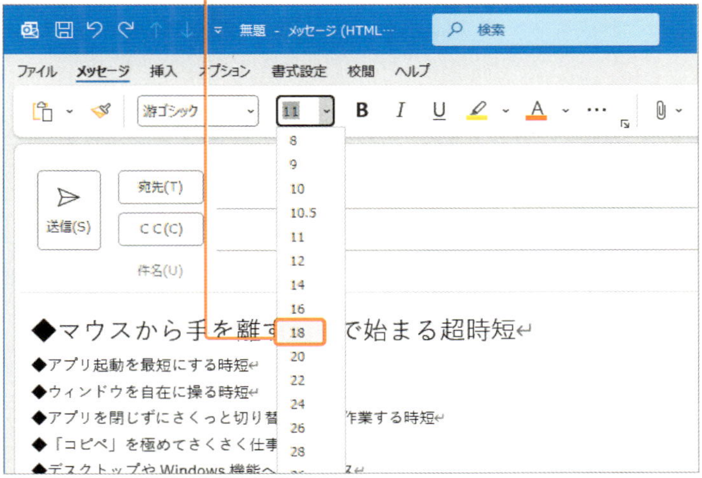
無題 - メッセージ (HTML…
検索
ファイル
メッセージ
挿入
オプション
書式設定
校閲
ヘルプ
游ゴシック
11
8
9
10
10.5
11
12
14
16
18
20
22
24
26
28
送信(S)
宛先(T)
CC(C)
件名(U)

3 指定した文字列の文字サイズを変更できます。

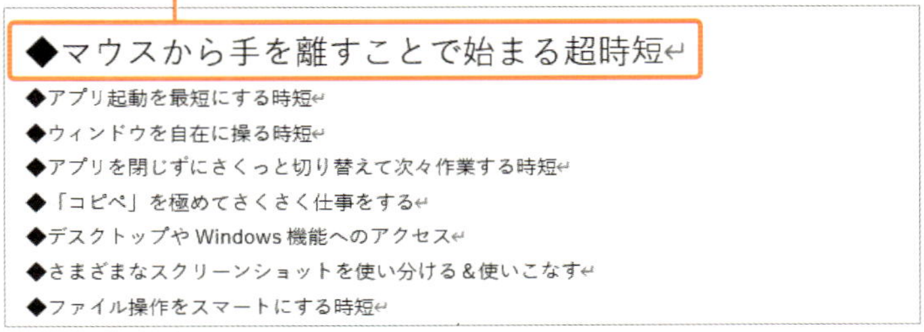
◆マウスから手を離すことで始まる超時短
◆アプリ起動を最短にする時短
◆ウィンドウを自在に操る時短
◆アプリを閉じずにさくっと切り替えて次々作業する時短
◆「コピペ」を極めてさくさく仕事をする
◆デスクトップや Windows 機能へのアクセス
◆さまざまなスクリーンショットを使い分ける＆使いこなす
◆ファイル操作をスマートにする時短

Memo 文字の大きさの単位

文字（フォント）の大きさの単位はpt（ポイント）です。

Hint 文字のサイズを微調整する

［フォントサイズ］のドロップダウンからの選択では、指定してみてから「もう少しだけ大きく／小さく」などの調整が必要になることがあります。その場合は、文字列を選択している状態で Ctrl ＋] キーで「大きく」、Ctrl ＋ [キーで「小さく」できるので、微調整に最適です。

Hint 文字の種類を変える

手順 1 で［フォントの種類］の ⌄ をクリックすると、文字（フォント）の種類を変えることもできます。

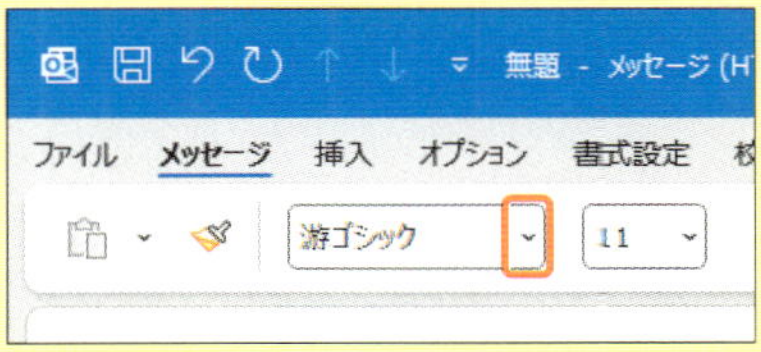
無題 - メッセージ (H
ファイル
メッセージ
挿入
オプション
書式設定
游ゴシック
11

ショートカットキー

- 段落の中央揃え
  Ctrl ＋ E
- 段落の右揃え
  Ctrl ＋ R
- 段落の左揃え
  Ctrl ＋ L

3 文字に蛍光ペンでマーカーする

解説 蛍光ペンで装飾できる

「蛍光ペンの色」を使用すると、文字列に蛍光マーカーで線を引いたような装飾ができます。

Hint 先行指定によるマーカー

文字列を先に選択してから①、［メッセージ］タブ→［蛍光ペンの色］をクリックしても②、文字列をマーカーすることができます。

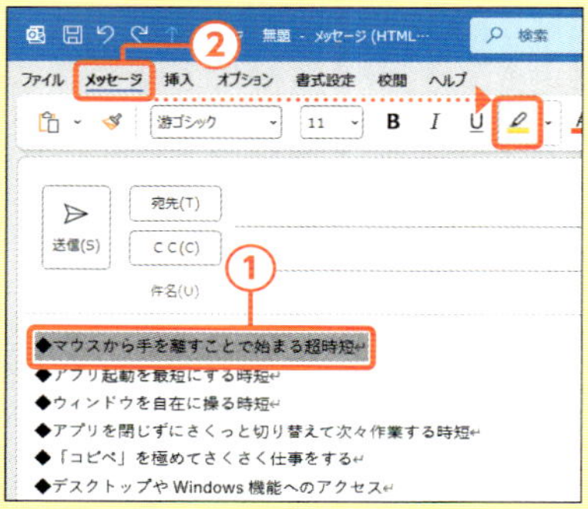

②
①
ファイル メッセージ 挿入 オプション 書式設定 校閲 ヘルプ
◆マウスから手を離すことで始まる超時短

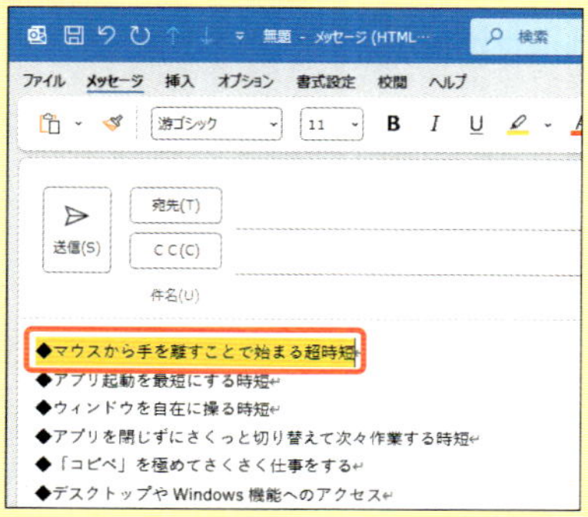

ファイル メッセージ 挿入 オプション 書式設定 校閲 ヘルプ
◆マウスから手を離すことで始まる超時短

Memo 操作の取り消し

任意の操作を行った後に、やはり操作を取り消して元の状態に戻したいという場合には、作業直後にCtrl＋Zキーを入力します。直前の作業を取り消すことができます。

1 ［メッセージ］タブ→［蛍光ペンの色］をクリックします。

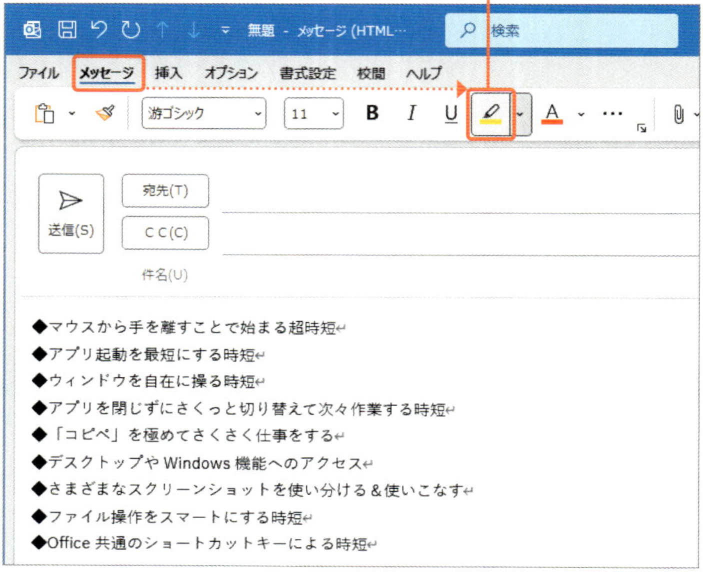

無題 - メッセージ (HTML…
検索
ファイル
メッセージ
挿入
オプション
書式設定
校閲
ヘルプ
游ゴシック
11
送信(S)
宛先(T)
ＣＣ(C)
件名(U)
◆マウスから手を離すことで始まる超時短
◆アプリ起動を最短にする時短
◆ウィンドウを自在に操る時短
◆アプリを閉じずにさくっと切り替えて次々作業する時短
◆「コピペ」を極めてさくさく仕事をする
◆デスクトップや Windows 機能へのアクセス
◆さまざまなスクリーンショットを使い分ける＆使いこなす
◆ファイル操作をスマートにする時短
◆Office 共通のショートカットキーによる時短

2 任意の文字列をマウスでドラッグして選択します。

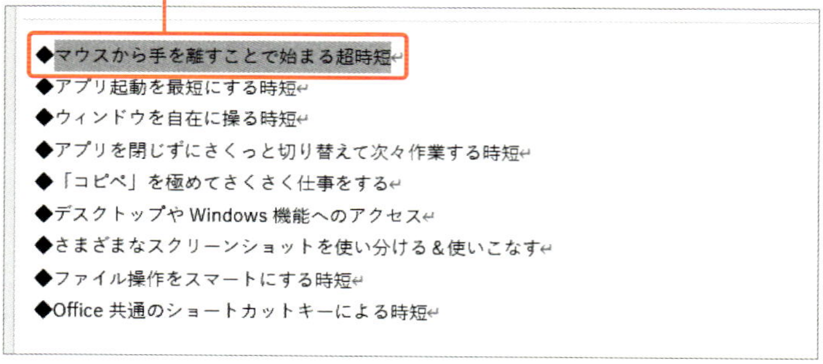

◆マウスから手を離すことで始まる超時短
◆アプリ起動を最短にする時短
◆ウィンドウを自在に操る時短
◆アプリを閉じずにさくっと切り替えて次々作業する時短
◆「コピペ」を極めてさくさく仕事をする
◆デスクトップや Windows 機能へのアクセス
◆さまざまなスクリーンショットを使い分ける＆使いこなす
◆ファイル操作をスマートにする時短
◆Office 共通のショートカットキーによる時短

3 指定した文字列をマーカーで装飾できます。

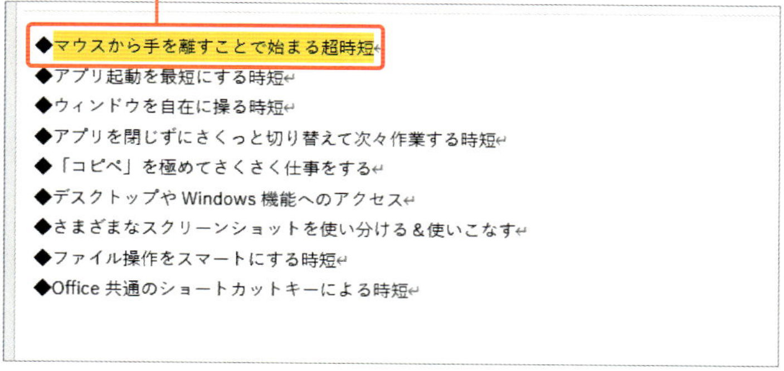

◆マウスから手を離すことで始まる超時短
◆アプリ起動を最短にする時短
◆ウィンドウを自在に操る時短
◆アプリを閉じずにさくっと切り替えて次々作業する時短
◆「コピペ」を極めてさくさく仕事をする
◆デスクトップや Windows 機能へのアクセス
◆さまざまなスクリーンショットを使い分ける＆使いこなす
◆ファイル操作をスマートにする時短
◆Office 共通のショートカットキーによる時短

4 その他の文字装飾を加える（太字／斜体／下線）

Hint キーボード操作での文字列の選択

文字列の選択はマウスでドラッグすることでも実現できますが、確実な文章選択方法に Shift ＋カーソルキーがあります。カーソルキーとは←→↑↓のキーのことです。選択したい文章の始点にカーソルを置いた後、Shift ＋カーソルキーで簡単に文字列を選択できます。

ショートカットキー

- 太字
  Ctrl ＋ B
- 斜体（イタリック）
  Ctrl ＋ I
- 下線（アンダーライン）
  Ctrl ＋ U

あらかじめ文字列を選択しておきます。

1 ［メッセージ］タブ→［太字］をクリックします。

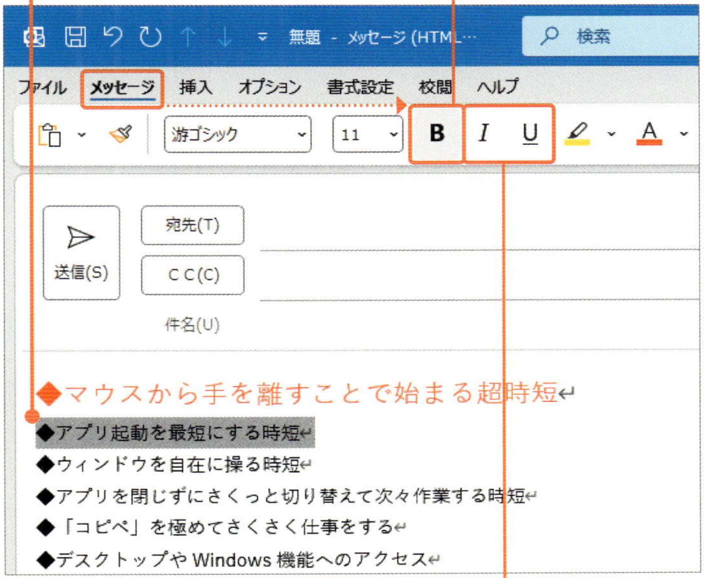

2 同様に任意の文字列を選択して、「斜体（イタリック）」、「下線（アンダーライン）」などをクリックします。

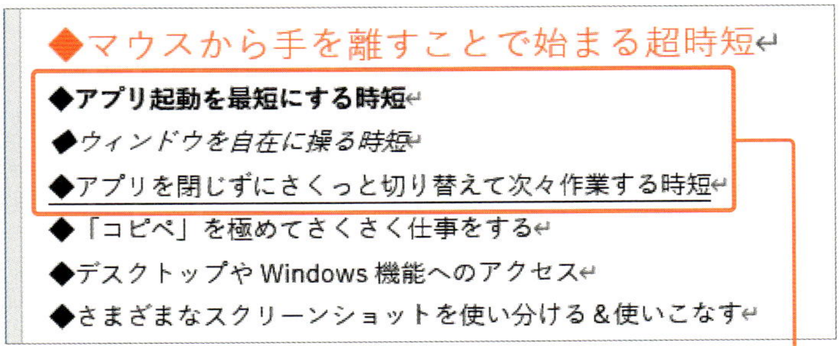

3 文字列に対して指定の装飾を加えることができます。

注意 メールの装飾し過ぎに注意

HTML 形式では文字列に対して自由に装飾が可能です。ただし、さまざまな色やフォントサイズでメールの本文を装飾してしまうと、「品《ひん》がないメール」になり、ビジネスメールとしてはかなり怪しく見えてしまいます。

メールの本文を装飾するコツとしては、「なるべく装飾しない」ことを前提に、どうしても強調したい部分のみに「太字」や「マーカー」を活用する程度にとどめます。またアクセントになる部分（例えば見出しや注意点）に対してのみフォントサイズや色を変更するなど、「相手が読みやすいこと」を踏まえて全体で統一感のある装飾を心掛けるとよいでしょう。

なお、メールの送信相手によっては、そもそも装飾を行うことができない「テキスト形式」で送ることが推奨されます（p.80 参照）。

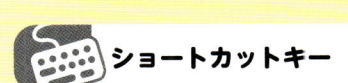

Section

25 メール本文に画像や表を貼り付ける（HTML形式）

ここで学ぶのは
- 画像の挿入
- 表の挿入
- 図の挿入

作成するメールが**HTML形式**である場合、本文に「**画像**」や「**表**」を貼り付けることができます。ここでは、任意の画像を挿入する方法のほか、Excelの表など別のアプリのデータをメール本文に貼り付ける方法を解説します。

1 メール本文に画像を挿入する

注意　画像や表を挿入できるのは HTML 形式のみ

メール本文に画像や表を挿入できるのは「HTML形式」のみです。「HTML形式」では、フォントのサイズ・色などを変更できるほか、画像や表の挿入、箇条書きなどメール本文に装飾が可能です。「テキスト形式」にはこのような装飾機能はありません（メールの形式についてはp.80参照）。

無題 - メッセージ (HTML 形式)
検索
挿入　オプション　書式設定　校閲　ヘルプ

Memo　複数の画像の挿入

［図の挿入］ダイアログでは、任意の画像を Ctrl キーを押しながらクリックして複数選択し、メール本文に挿入することもできます。

図の挿入

1 メールの本文内の画像を貼り付けたい場所にカーソルを置きます。

クリエイティブ出版　媛川様
デザインのサンプルが完成しました。
確認のほど、よろしくお願いいたします。
橋本情報戦略企画

2 ［挿入］タブ→［画像］をクリックして、

3 ドロップダウンから［画像］をクリックします。

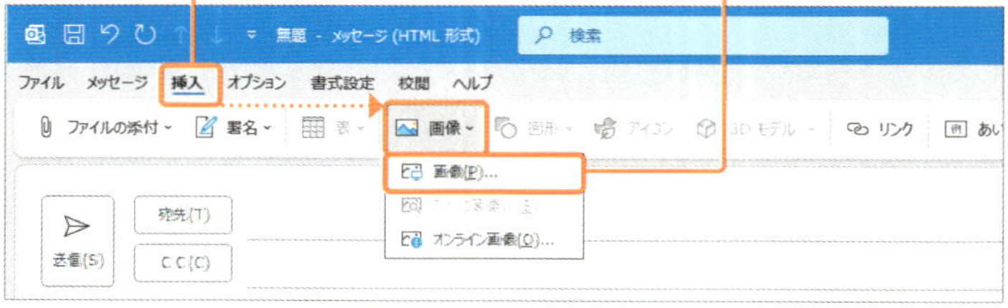
無題 - メッセージ (HTML 形式)
検索
ファイル　メッセージ　挿入　オプション　書式設定　校閲　ヘルプ
ファイルの添付　署名　表　画像　リンク
画像(P)...
オンライン画像(O)...
宛先(T)
CC(C)
送信(S)

図の挿入
新しいフォルダー
挿入(S)
キャンセル

4 ［図の挿入］ダイアログが表示されます。

5 挿入したい画像ファイルをクリックして、［挿入］をクリックします。

注意 **画像のファイルサイズに注意**

メール内に画像を貼り付ける場合は、画像ファイルの総容量に注意します。あまりにも高解像度（画素数の多い）の画像ファイルや多数の画像ファイルをメール内に挿入してしまうと、相手のメールサーバーに負担をかけてしまい、相手のメールサーバーの仕様によっては受信拒否されてしまうこともあります。一般的に、メール内に挿入する（あるいは添付する）画像ファイルは、総容量5MBを超えないように注意し、高解像度の画像ファイルや多数の画像ファイルを相手に送信したい場合には、クラウドによるファイル共有など別の手段を検討する必要があります。

6 メール本文に画像が挿入されます。

7 画像のハンドルをドラッグしてサイズを変更します。

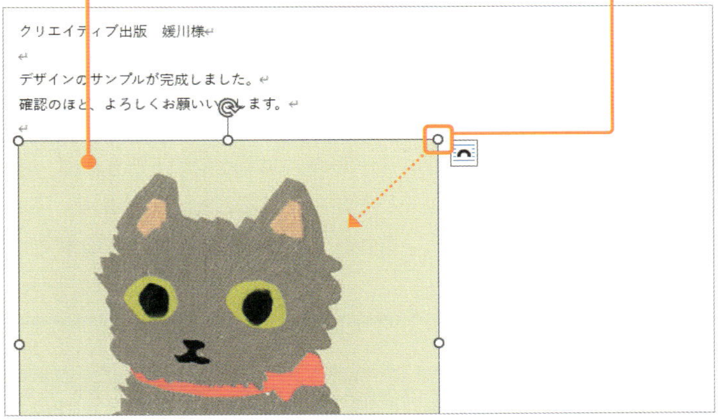

2 メール本文にExcelの表を挿入する

Memo **PowerPointの図なども挿入できる**

メールがHTML形式であれば、Excelで作成したグラフやPowerPointの図などもメール本文に挿入できます。

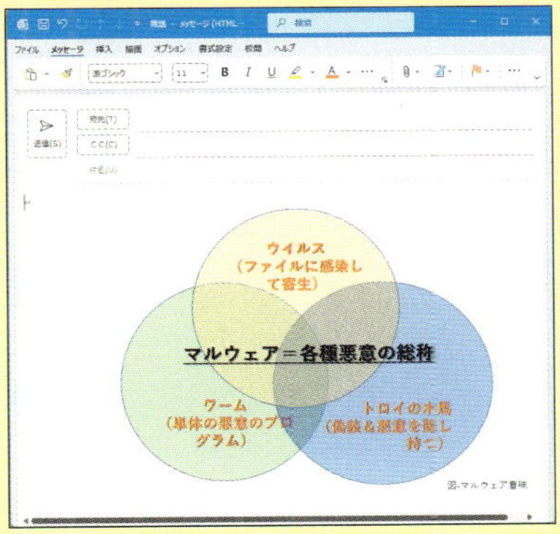

Excelのデータをあらかじめ用意しておきます。

1 Excelでメールに挿入したいセルを選択します。

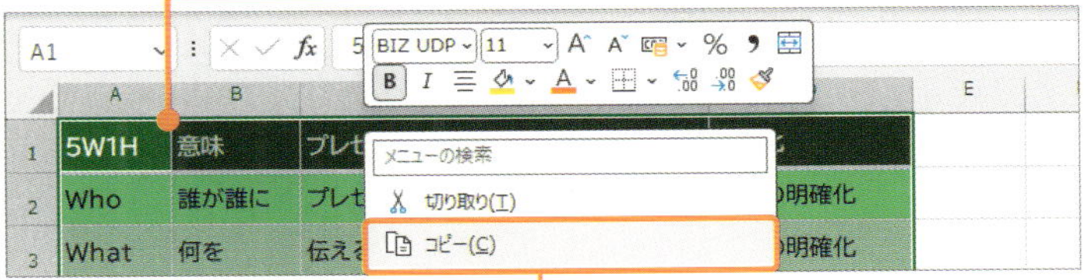

2 右クリックして、ショートカットメニューから［コピー］をクリックします。

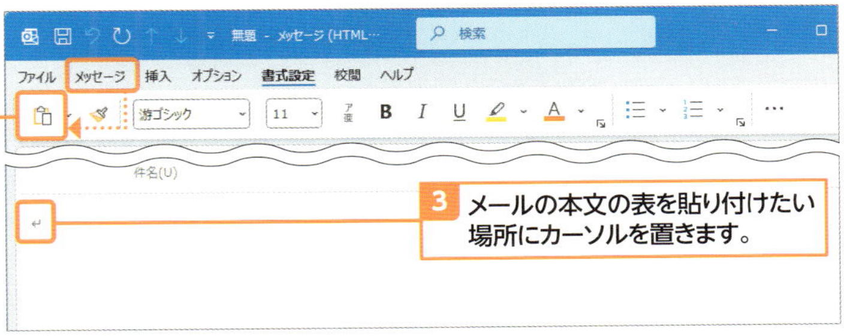

3 メールの本文の表を貼り付けたい場所にカーソルを置きます。

4 ［メッセージ］タブ→［貼り付け］をクリックします。

5 メールにExcelの表データを挿入できます。

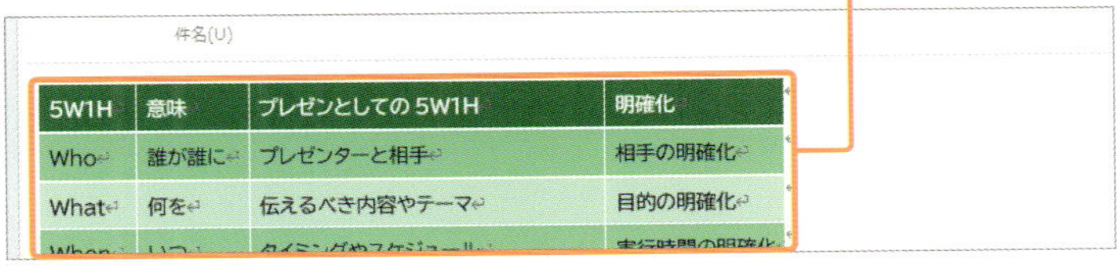

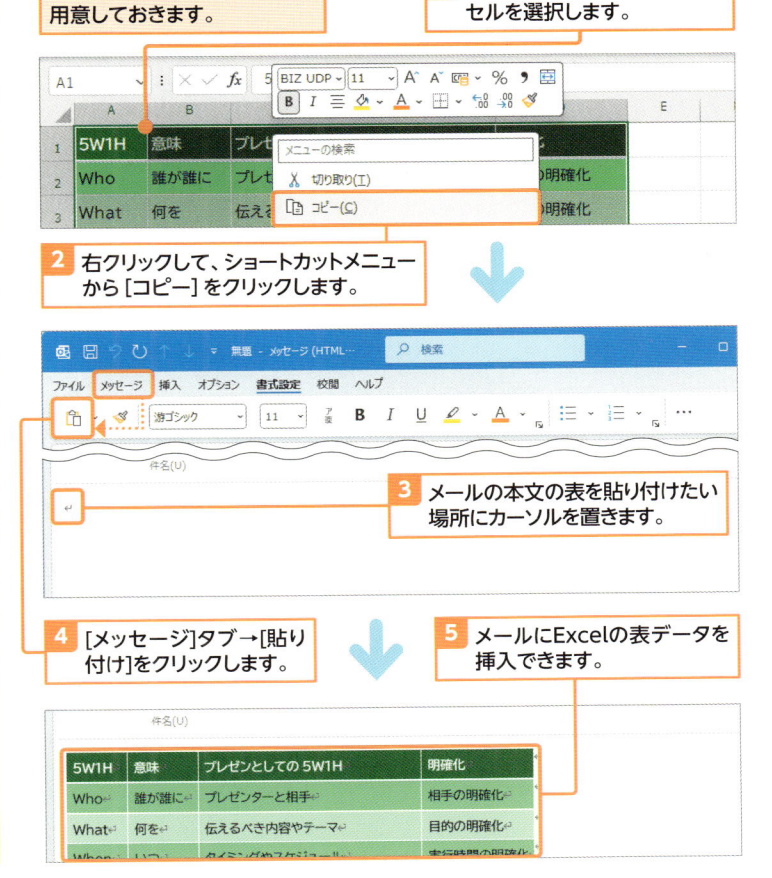

Section 26

メールの本文にURLやWeb情報を挿入する（HTML形式）

ここで学ぶのは

- URL の挿入
- Web 情報の挿入
- テキストのみの引用

メールが「HTML 形式」であれば、本文に URL や画像・書式を含めた Web 情報などを貼り付けることができます。ここでは Web サイトのアドレスや Web ページに書かれている情報を、メールの本文として利用する方法を解説します。

1 Web サイトのアドレスをメール本文に挿入する

Memo URL はコピー＆ペーストで挿入する

メールの本文上に記述する Web サイトのアドレス（URL）は、入力を間違えてしまうこともあるため必ず「コピー＆ペースト」で挿入するのが基本です。

Hint Web サイトの安全性

Web サイトの安全性はアドレスバーの URL の手前に表示される「カギ」マークがひとつの目安になります。「カギ」マークがあるサイトは「証明書を取得して接続がセキュリティ保護されている（SSL 証明書がある）」という意味になります。

なお、悪意のある Web サイトでも、SSL 証明書を取得しているものもあるため、「カギ」マークがあるサイトは悪意がないという意味ではない点に注意が必要です。

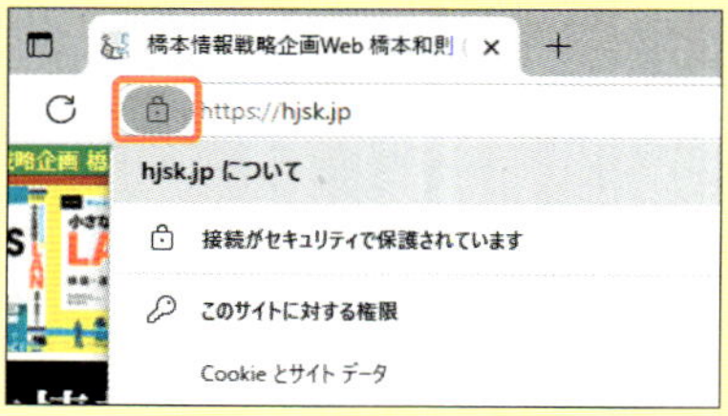
橋本情報戦略企画Web 橋本和則
https://hjsk.jp
hjsk.jp について
接続がセキュリティで保護されています
このサイトに対する権限
Cookie とサイト データ

URLを記述したいWebサイトをあらかじめWebブラウザーで表示しておきます。

1 Webブラウザーの「アドレスバー」をクリックして、Webサイトのアドレス（URL）を選択状態にします。

2 右クリックして、ショートカットメニューから［コピー］をクリックします。

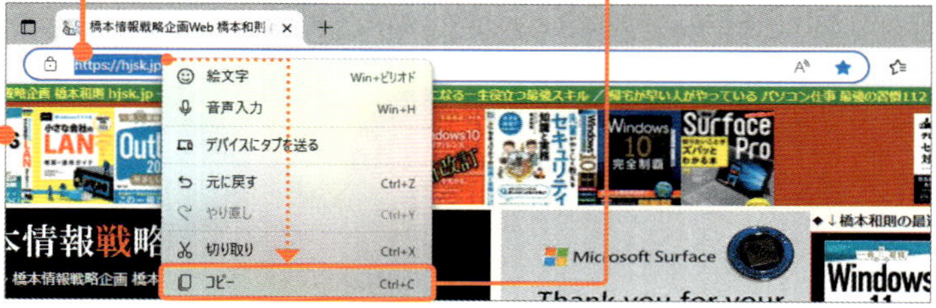
橋本情報戦略企画Web 橋本和則
https://hjsk.jp
絵文字 Win+ピリオド
音声入力 Win+H
デバイスにタブを送る
元に戻す Ctrl+Z
やり直し Ctrl+Y
切り取り Ctrl+X
コピー Ctrl+C
Microsoft Surface

3 メール本文の挿入したい位置にカーソルを移動します。

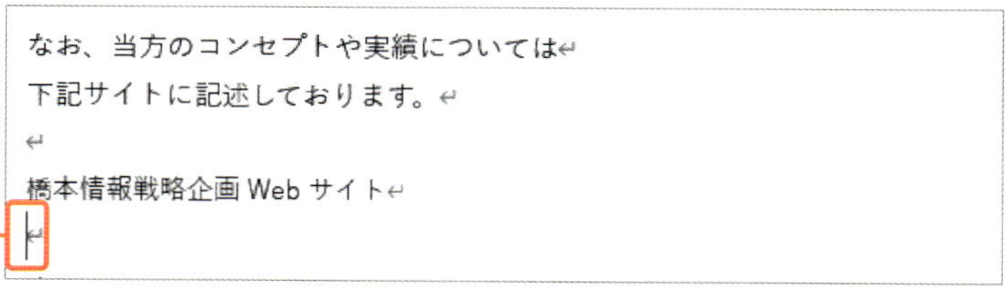
なお、当方のコンセプトや実績については↵
下記サイトに記述しております。↵
↵
橋本情報戦略企画 Web サイト↵
↵

4 ［メッセージ］タブ→［貼り付け］をクリックします。

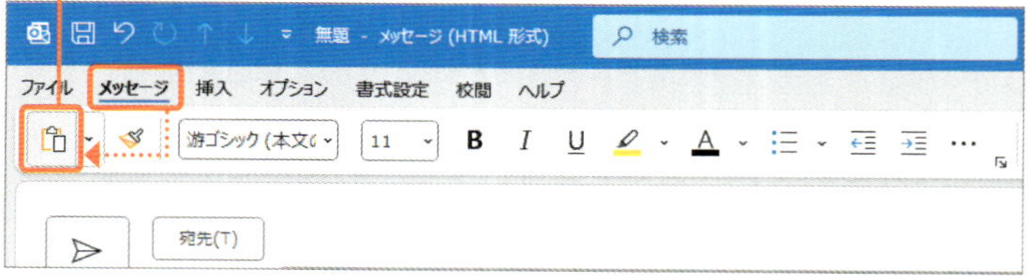
無題 - メッセージ (HTML 形式)
検索
ファイル
メッセージ
挿入
オプション
書式設定
校閲
ヘルプ
游ゴシック (本文の
11
宛先(T)

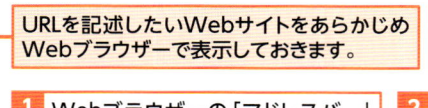

Memo **Webサイトのアドレスの記述マナー**

メールを受信した相手から見た場合、いきなり本文中にWebサイトのアドレスが登場すると戸惑います。見出しを付けるなどして「このURLが何を示しているのか」をあらかじめ記述しておくのがマナーになります。

5 メールの本文にWebサイトのアドレス（URL）を挿入することができます。

URLには受信者がわかりやすい見出しを付けましょう。

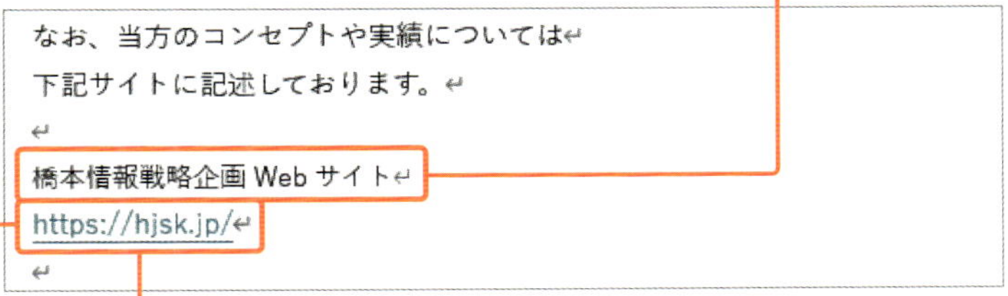

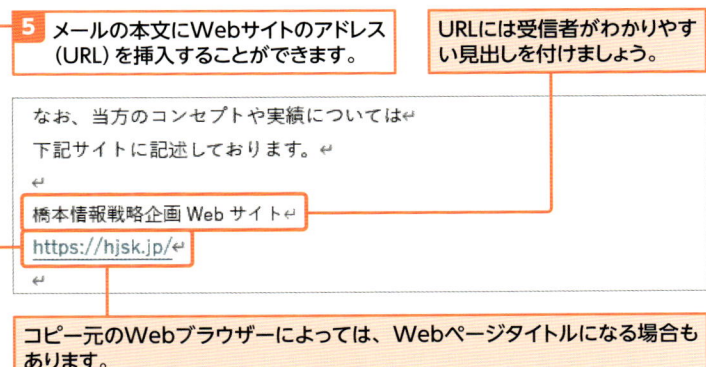

コピー元のWebブラウザーによっては、Webページタイトルになる場合もあります。

2 Webの情報を画像や書式付きで引用してメール本文に挿入する

Hint **WebサイトとWebページの違い**

「Webサイト」とは複数の「Webページ」を包括したものを意味します。一般的にいわれるホームページは「Webサイト」であり、またWebサイト内にあるそれぞれのコンテンツは「Webページ」になります。

あらかじめ引用したいWebページを表示しておきます。

1 Webブラウザー上の任意のWeb情報をドラッグして選択します。

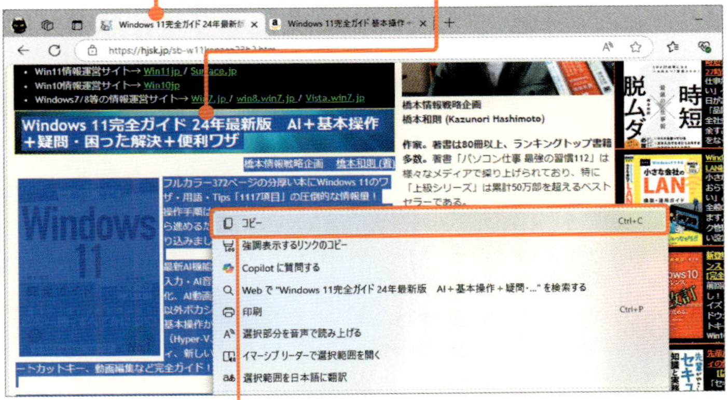

2 右クリックして、ショートカットメニューから［コピー］をクリックします。

3 メール本文の挿入したい位置で、右クリックして、ショートカットメニューの［貼り付けのオプション］から［元の書式を保持］をクリックします。

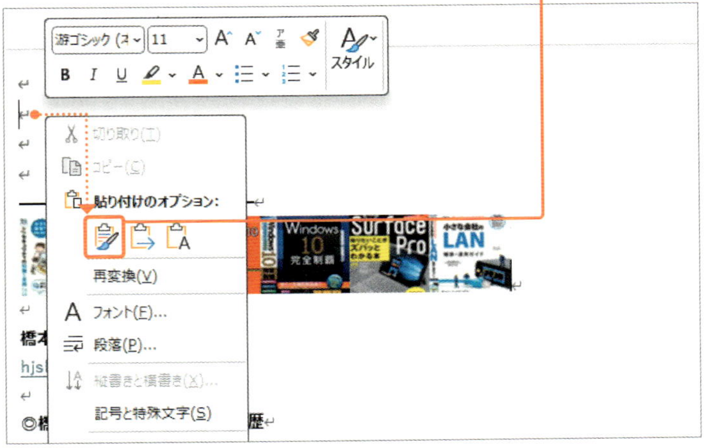

Hint **貼り付けのオプション**

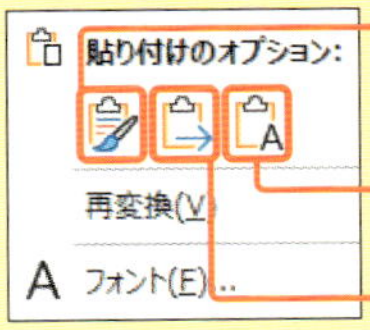

［元の書式を保持］
［テキストのみ保持］
［書式を結合］

注意 **Web情報を挿入できるのはHTML形式のみ**

メールの本文にURLやWeb情報をハイパーテキスト形式で貼り付けられるのは「HTML形式」のみです。

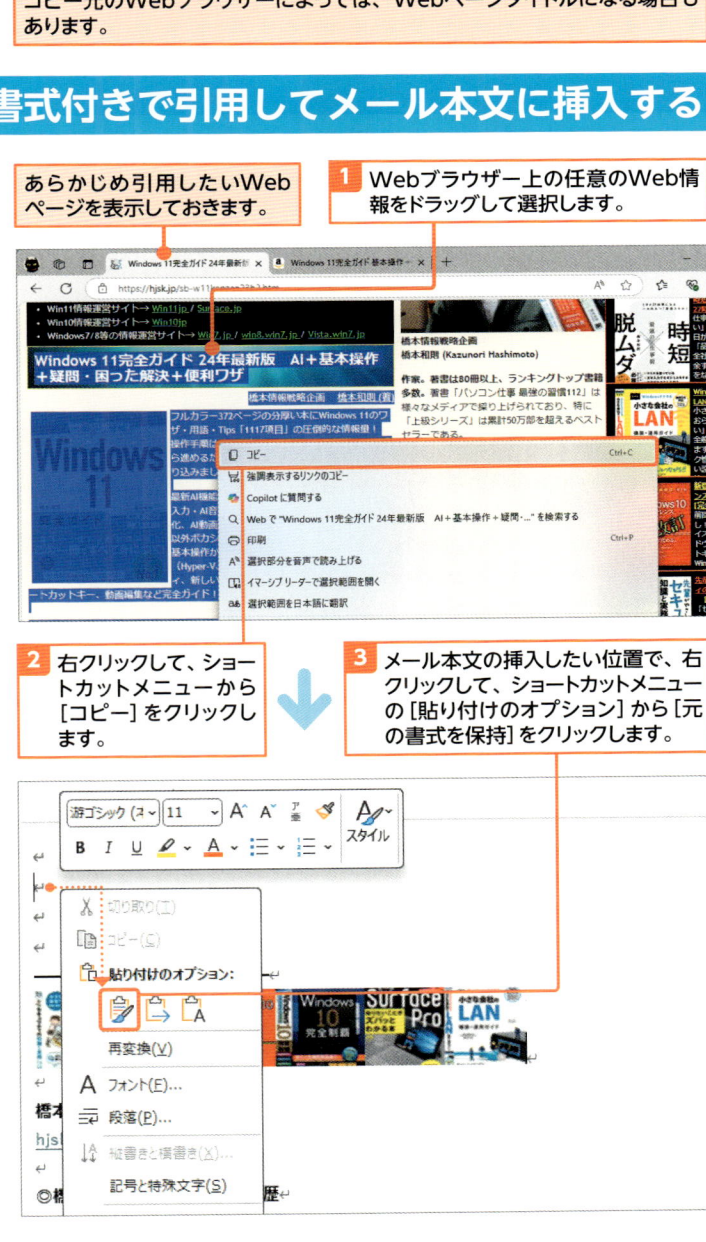

Hint セキュリティ面で敬遠されることも

HTML形式はWebページ同様の仕組みを持つため、悪意ある仕掛け（ウイルスを含むプログラムへの誘導など）をメールの本文中に埋め込むことも不可能ではありません。偽装リンクなどで表記とは異なるWebページに誘導することなども可能です。このような理由もあり一部のビジネス環境においては、URL情報の埋め込まれたHTML形式のメールは、セキュリティリスクがあるとして敬遠されています。

4 Web情報を画像や書式付きでメールに挿入できます。

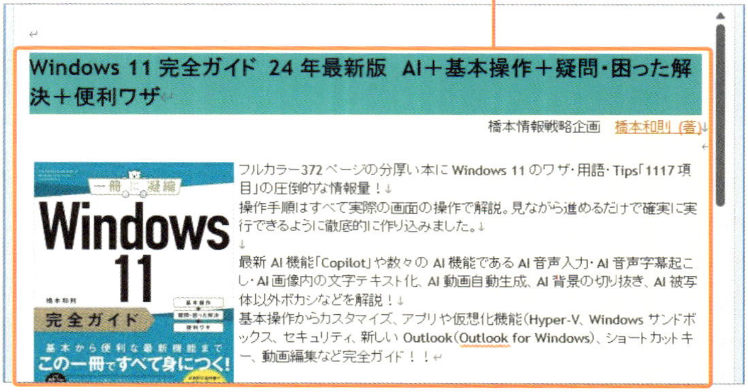

3 Webの情報からテキストのみ引用してメール本文に挿入する

解説 テキストのみを引用する

Webの情報からテキストだけを引用するには、メール本文に張り付けるときに「テキストのみ保持」を選択します。テキストだけを引用するので、「テキスト形式」のメールでも利用できます。

あらかじめ引用したいWebページをWebブラウザーで表示しておきます。

1 Webブラウザー上の任意のWeb情報をドラッグして選択します。

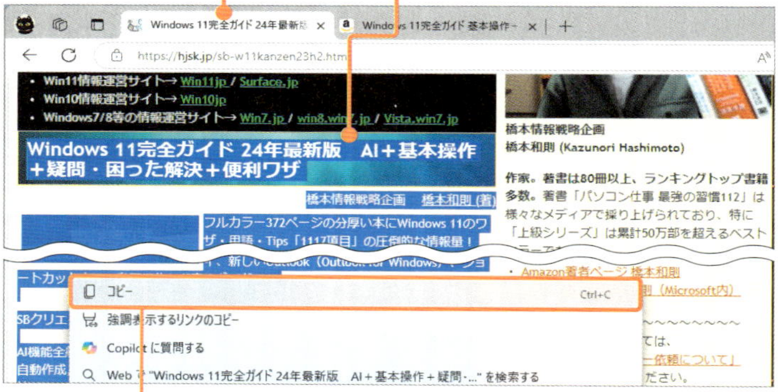

2 右クリックして、ショートカットメニューから［コピー］をクリックします。

3 メール本文の挿入したい位置で、右クリックして、ショートカットメニューの［貼り付けのオプション］から［テキストのみ保持］をクリックします。

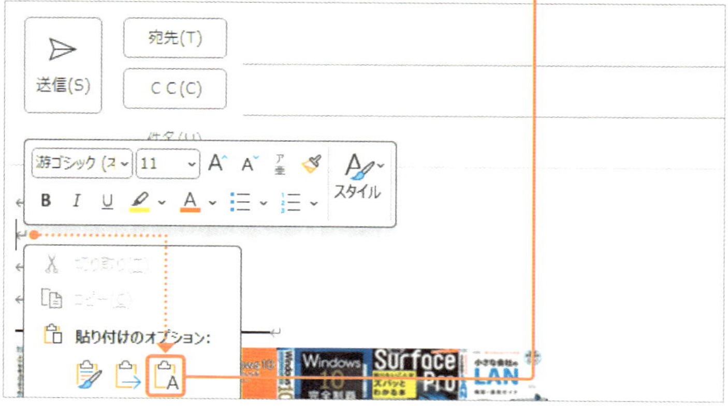

ショートカットキー

- コピー
  Ctrl＋C
- 貼り付け
  Ctrl＋V
- 形式を選択して貼り付け
  Ctrl＋Alt＋V

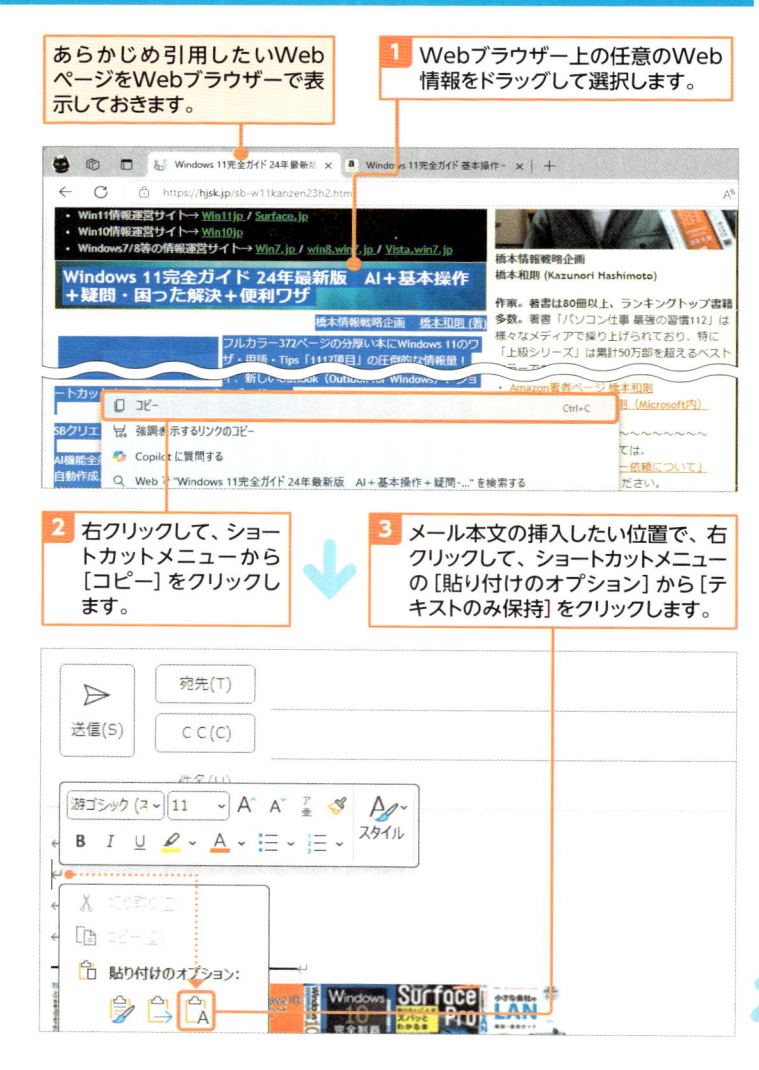

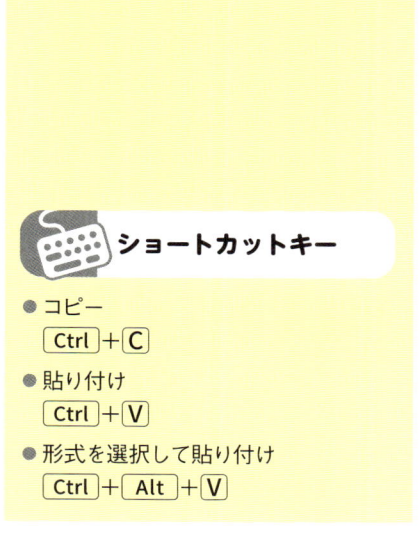

4 Web情報のテキストのみを引用してメールに挿入できます。

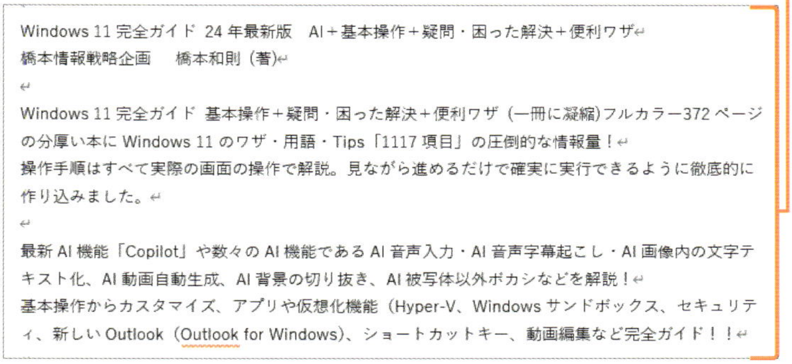
Windows 11 完全ガイド 24 年最新版　AI＋基本操作＋疑問・困った解決＋便利ワザ
橋本情報戦略企画　橋本和則（著）

Windows 11 完全ガイド 基本操作＋疑問・困った解決＋便利ワザ（一冊に凝縮）フルカラー372 ページの分厚い本に Windows 11 のワザ・用語・Tips「1117 項目」の圧倒的な情報量！
操作手順はすべて実際の画面の操作で解説。見ながら進めるだけで確実に実行できるように徹底的に作り込みました。

最新 AI 機能「Copilot」や数々の AI 機能である AI 音声入力・AI 音声字幕起こし・AI 画像内の文字テキスト化、AI 動画自動生成、AI 背景の切り抜き、AI 被写体以外ボカシなどを解説！
基本操作からカスタマイズ、アプリや仮想化機能（Hyper-V、Windows サンドボックス、セキュリティ、新しい Outlook（Outlook for Windows）、ショートカットキー、動画編集など完全ガイド！！

Memo 「書式を結合」して貼り付ける

比較的きれいな形でWeb情報を引用したい場合は、書式を結合しましょう。Webページの任意の情報をコピーした後、メール本文で右クリックします。表示されるショートカットメニューの［貼り付けのオプション］から［書式を結合］をクリックすれば、Webページの書式の太字などの強調スタイルは保持され、メール本文のスタイルと結合されます。

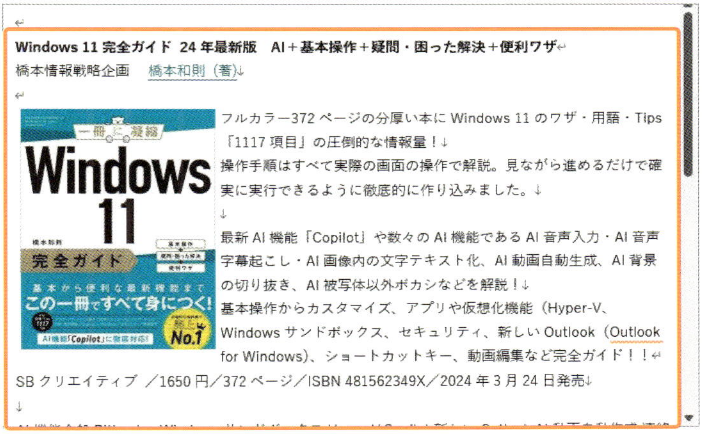
Windows 11 完全ガイド 24 年最新版　AI＋基本操作＋疑問・困った解決＋便利ワザ
橋本情報戦略企画　橋本和則（著）
フルカラー372 ページの分厚い本に Windows 11 のワザ・用語・Tips「1117 項目」の圧倒的な情報量！
操作手順はすべて実際の画面の操作で解説。見ながら進めるだけで確実に実行できるように徹底的に作り込みました。
最新 AI 機能「Copilot」や数々の AI 機能である AI 音声入力・AI 音声字幕起こし・AI 画像内の文字テキスト化、AI 動画自動生成、AI 背景の切り抜き、AI 被写体以外ボカシなどを解説！
基本操作からカスタマイズ、アプリや仮想化機能（Hyper-V、Windows サンドボックス、セキュリティ、新しい Outlook（Outlook for Windows）、ショートカットキー、動画編集など完全ガイド！！
SB クリエイティブ ／1650 円／372 ページ／ISBN 481562349X／2024 年 3 月 24 日発売

Hint 形式を選択して貼り付ける

［メッセージ］タブ→［貼り付け］の をクリックして、ドロップダウンから［形式を選択して貼り付け］を選択すれば、ダイアログで任意の形式を選択して貼り付けることができます。

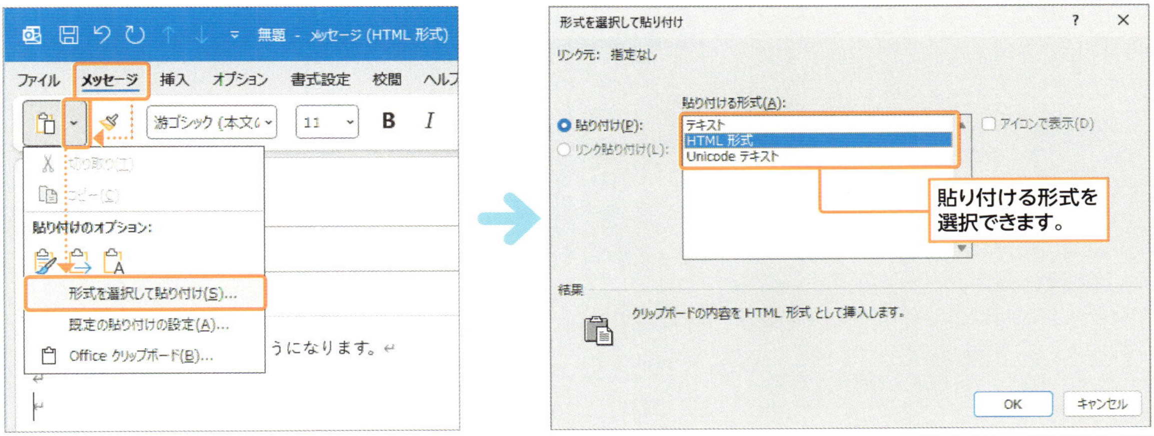
無題 - メッセージ (HTML 形式)
ファイル
メッセージ
挿入
オプション
書式設定
校閲
貼り付けのオプション:
形式を選択して貼り付け(S)...
既定の貼り付けの設定(A)...
Office クリップボード(B)...
形式を選択して貼り付け
リンク元: 指定なし
貼り付ける形式(A):
貼り付け(P):
リンク貼り付け(L):
テキスト
HTML 形式
Unicode テキスト
アイコンで表示(D)
貼り付ける形式を選択できます。
結果
クリップボードの内容を HTML 形式 として挿入します。
OK
キャンセル

Section 27

添付ファイルをさまざまな方法で確認する

ここで学ぶのは

- ファイルのプレビュー
- 添付ファイルの扱い
- 圧縮ファイルの扱い

受信メールに添付されてきたファイル（**添付ファイル**）を確認するには、ファイルを直接開かないで**プレビュー**する方法と、ファイルをアプリで開く方法があります。ここでは添付ファイルを確認する方法や、PCに保存する方法について解説します。

1 ファイルを直接開かずにプレビューする

解説 添付ファイルをプレビューする

「プレビュー」とは、ファイルを開かないで閲覧ウィンドウでファイルの内容を確認できる便利な機能です。しかし、データ形式（ファイルの種類）によっては完全な形で表示されるわけではありません。レイアウトや詳細内容を確認したい場合には、添付ファイルをアプリで開く必要があります。

Memo プレビュー機能の制限

メールに添付されてきたファイルをプレビューするには、添付されてきたファイルのデータ形式に適合した「アプリ（プログラム）」があらかじめWindowsにインストールされている必要があります。一般的なテキストや画像などのデータ形式は、Windowsが標準でサポートしています。

あらかじめファイルが添付されたメールを表示しておきます。

1 閲覧ウィンドウの添付ファイルをクリックします。

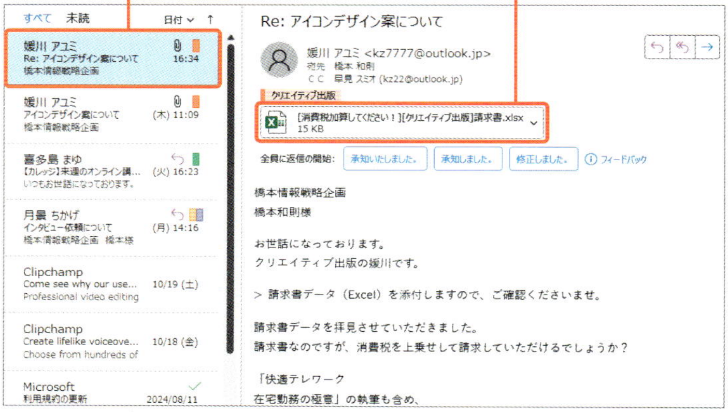

2 閲覧ウィンドウで添付ファイルの内容を確認できます。

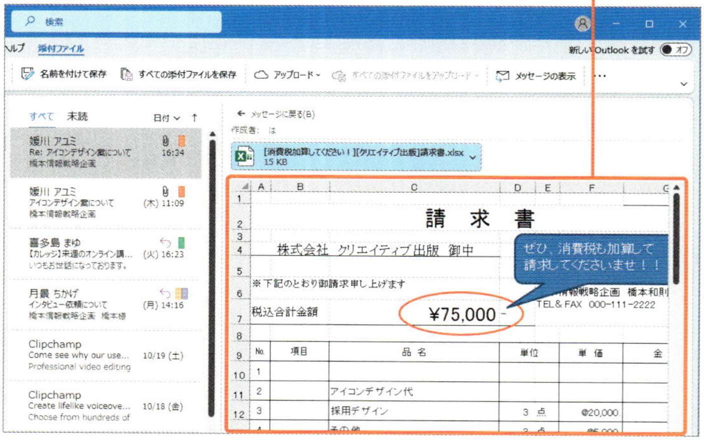

2 添付ファイルをアプリで開く

解説 添付ファイルをアプリで開く

添付ファイルの内容をきちんと確認したい場合は、アプリで開く必要があります。添付ファイルの をクリックして、ドロップダウンから［開く］をクリックする方法のほか、添付ファイルをダブルクリックして開くこともできます。

注意 知らない相手からの添付ファイルは開かない

知らない相手からのメールに添付されてきたファイルを開くと、PCがマルウェア（悪意あるプログラム）に侵されて「情報漏えい」などの被害を受ける可能性があります。また、古いアプリ（サポート期間が終了したアプリ：例えばOffice 2010やOffice 2013など）を利用し続けている場合は、一般的なOfficeファイルを開くだけで脆弱性を突かれてマルウェアに侵される可能性もあります。なお、「マルウェア」とは、トロイの木馬、ウイルス、ワームなどの「PC上で悪事を行う」プログラム全般を指します。
ビジネスシーンにおけるセキュリティリスクを軽減するには、OSやアプリなどPC全体を最新の安全な状態に保ったうえで（p.208参照）、信頼のおける添付ファイルのみを開くようにします。

あらかじめファイルが添付されたメールを表示しておきます。

1 任意の添付ファイルの をクリックして、

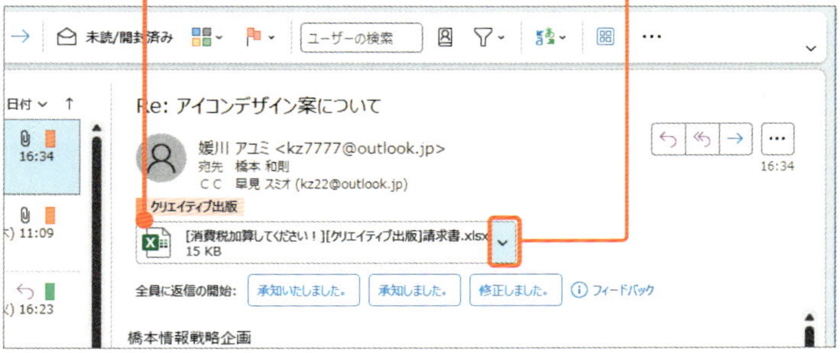

2 ドロップダウンから［開く］をクリックします。

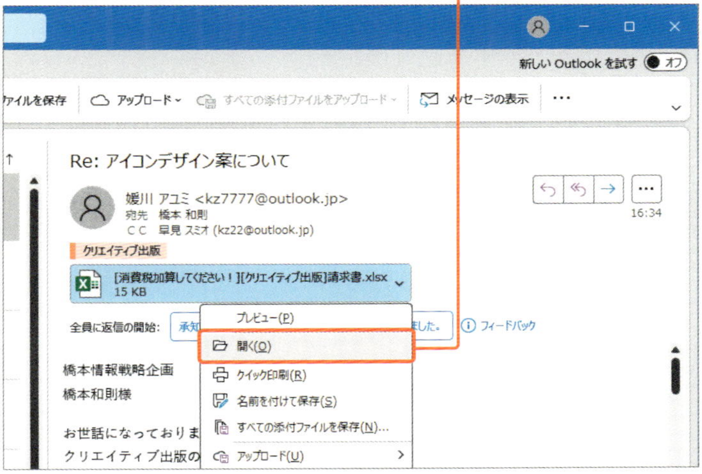

3 添付ファイルが対応アプリで開かれます。

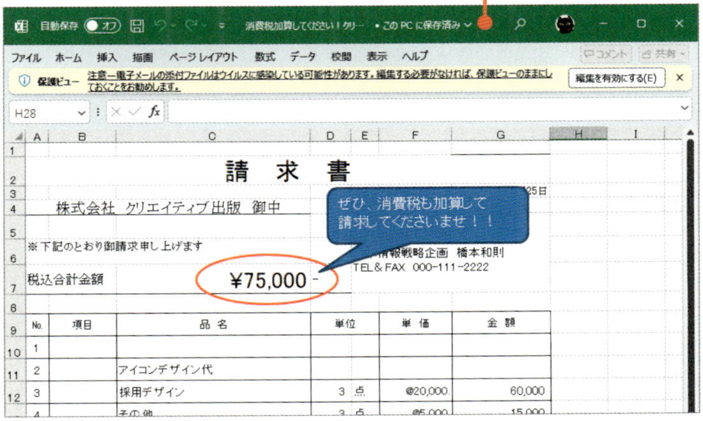

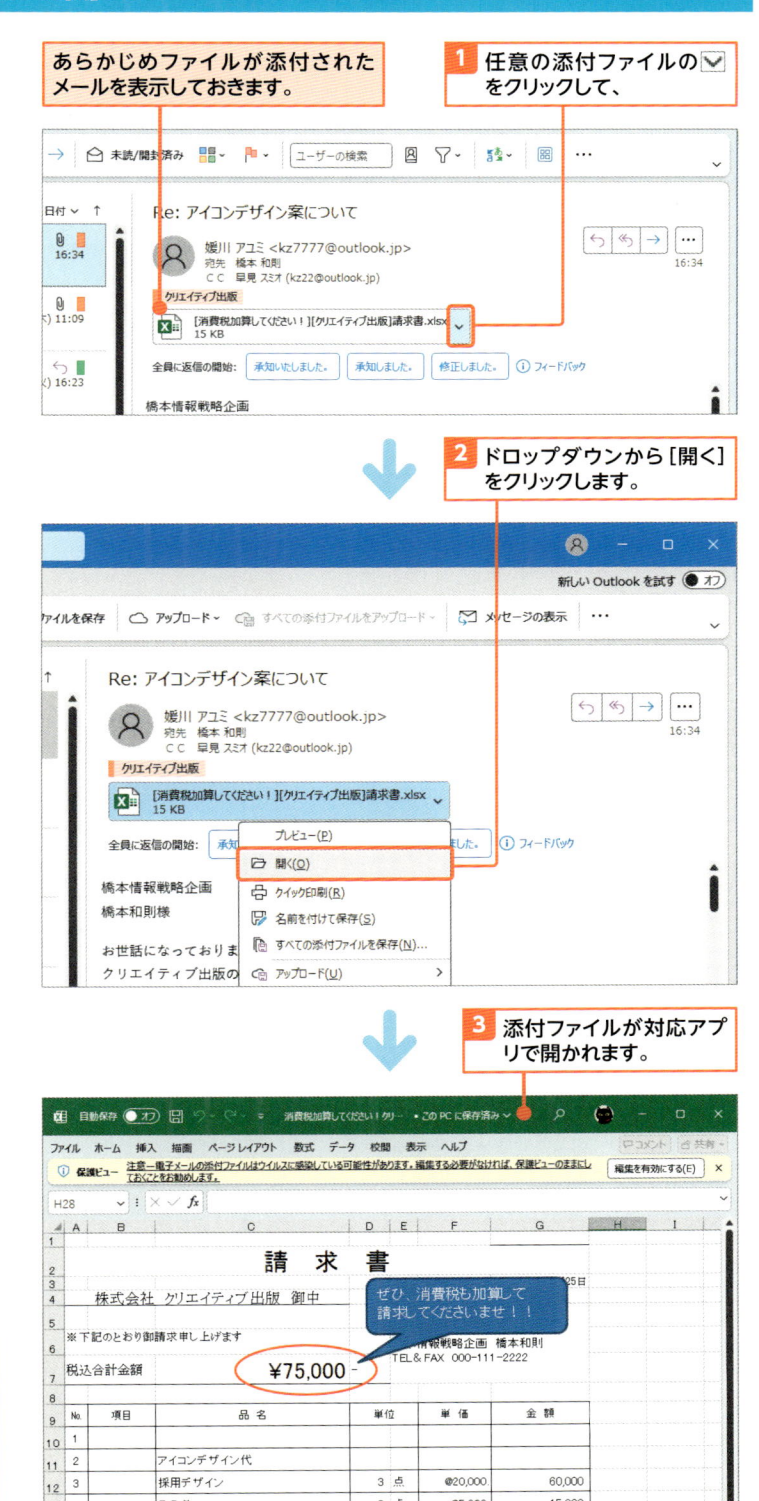

3 添付ファイルを保存する

あらかじめファイルが添付されたメールを表示しておきます。

1 ファイルとして保存したい添付ファイルの[∨]をクリックして、

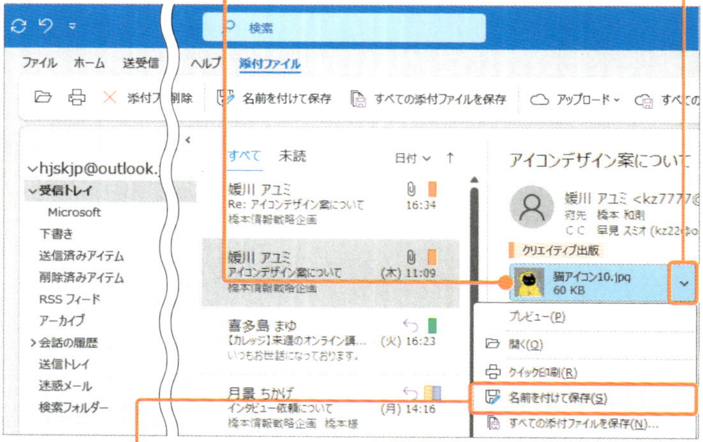

2 ドロップダウンから[名前を付けて保存]をクリックします。

3 [添付ファイルの保存]ダイアログが表示されます。

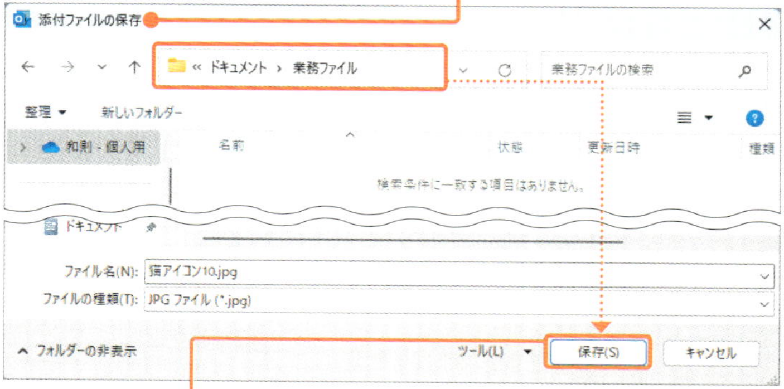

4 ファイルの保存先となる任意のフォルダーを指定して、[保存]をクリックします。

5 指定フォルダーに添付ファイルを保存できます。

Hint 複数の添付ファイルを一度に保存する

複数のファイルが添付されている場合、右図の手順2で[すべての添付ファイルを保存]をクリックすると、一度に複数保存することができます。[すべての添付ファイルを保存]をクリックした後に表示される[添付ファイルの保存]ダイアログで、保存したいファイルを選択し、[OK]をクリックします。

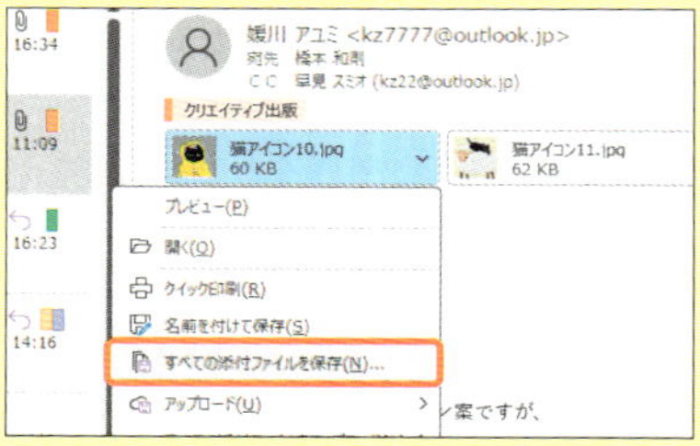

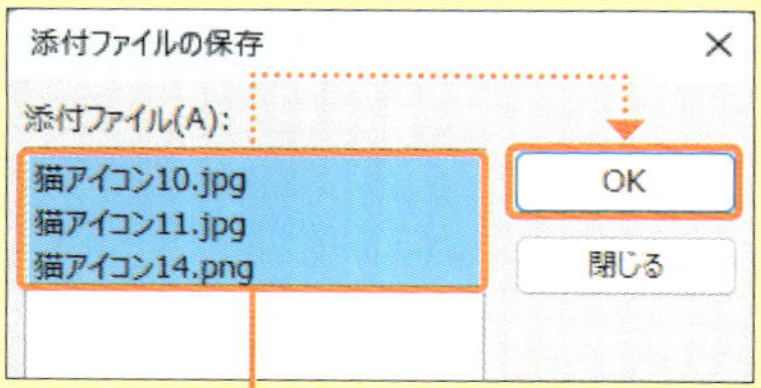

Ctrl キーを押しながらクリックすることで選択状態を切り替えられます。

注意 添付ファイルとセキュリティ

添付ファイルに悪意のある仕掛け(ウイルスなど)が含まれる場合、ファイルを開いてしまうとPCがそれに侵されてしまう可能性があります。

PCとメールのセキュリティについてはp.210でも解説しますが、注意したいのは「添付ファイルを開く／プレビューする」こともセキュリティリスクがある行為だということです。

基本的に信頼のおける相手からのメールや、自分が認識できるデータ形式のファイルのみを開くようにします。

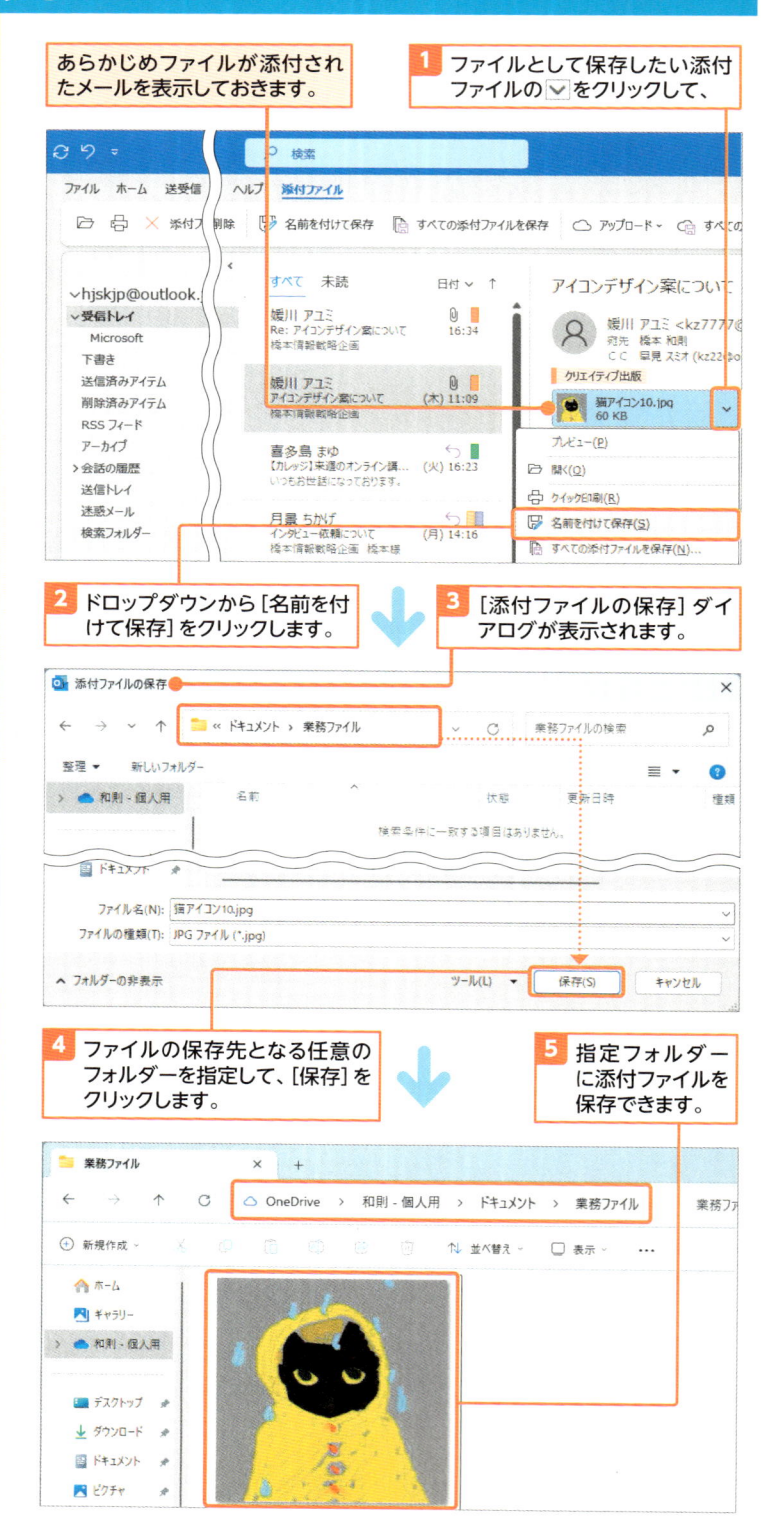

4 添付されてきた ZIP ファイルを参照する

Key word ZIP ファイルとは

ZIP ファイルの「ZIP（ジップ）」とはデータ圧縮フォーマットのひとつであり、PC 上で最も利用されている圧縮形式です。Windows では標準で ZIP 形式の圧縮と展開（解凍）に対応しています。その ZIP 形式で圧縮されたファイルのことを「ZIP ファイル」といいます。拡張子「.zip」が表示されているファイルは ZIP ファイルです。

Memo 圧縮ファイルはプレビューできない

ZIP ファイルをクリックしても、プレビュー表示できません。これは圧縮されているという理由のほか、圧縮ファイル内には複数の種類のファイルが存在することがあるためです。メールに ZIP ファイルが添付されてきた場合には、ZIP ファイルを保存して、「展開」してから、ファイルを確認する必要があります。

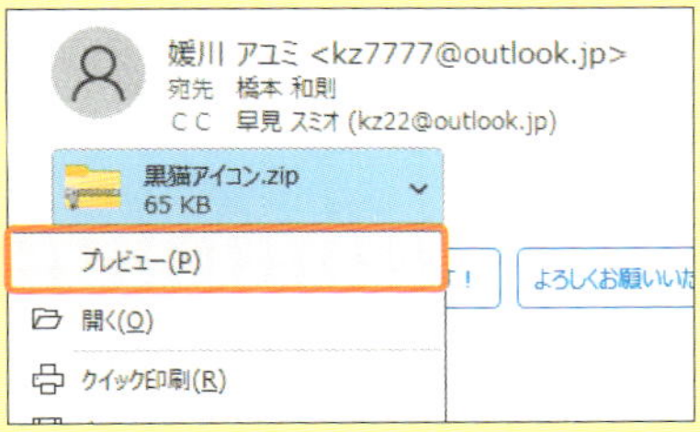

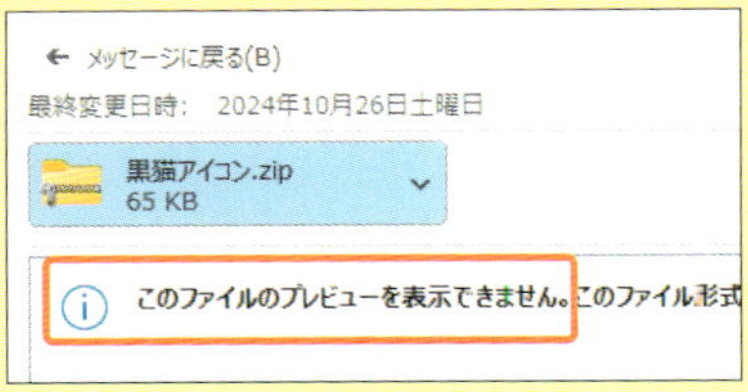

あらかじめZIPファイルが添付されたメールを表示しておきます。

1 添付されてきたZIPファイルの ⌄ をクリックして、

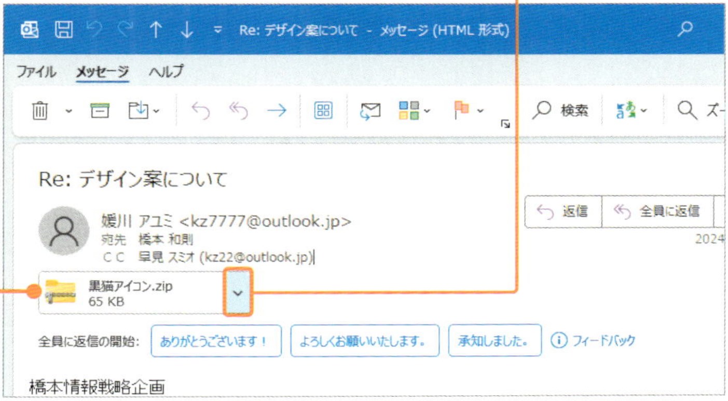

2 ドロップダウンから［名前を付けて保存］をクリックします。

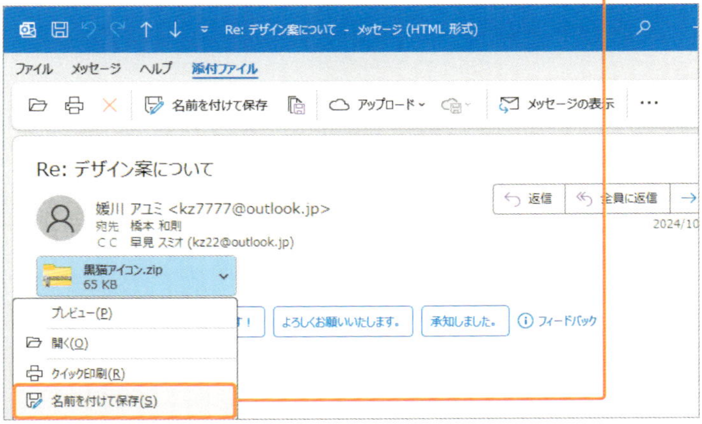

3 ［添付ファイルの保存］ダイアログが表示されます。

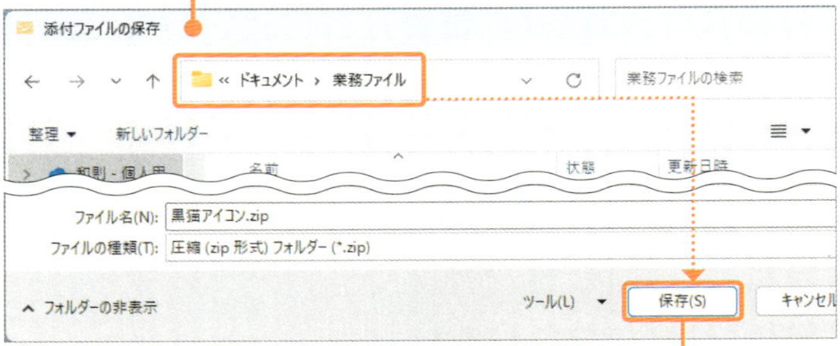

4 ファイルの保存先となる任意のフォルダーを指定して、［保存］をクリックします。

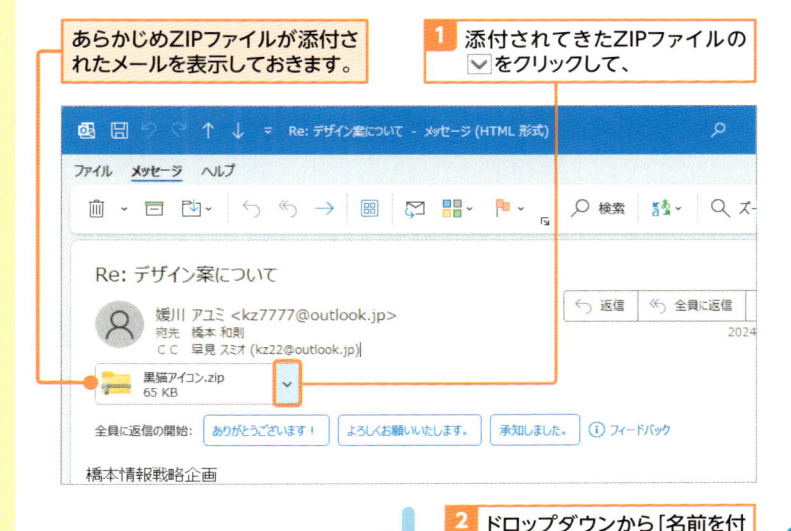

Memo 圧縮ファイルが使われる場面

圧縮ファイルには「ファイルサイズを小さくできる」という特性のほか、「ファイルをまとめてひとつにできる」という特徴があります。つまり、ファイルサイズを小さくしたい場合や、複数のファイルをひとつのファイルにして送信したい場合などにZIPファイルが用いられます。

Hint その他の圧縮形式

圧縮形式は「ZIP（ジップ）」以外にも、「RAR（ラー）」や「LZH（エルゼットエイチ）」など多数存在します。一般的なPCユーザーの利用環境では、事実上のスタンダードが「ZIP圧縮形式」であり、その他の圧縮形式をファイルに添付するのは基本的にマナー違反になります。

5 エクスプローラーで、ZIPファイルを保存したフォルダーを開きます。

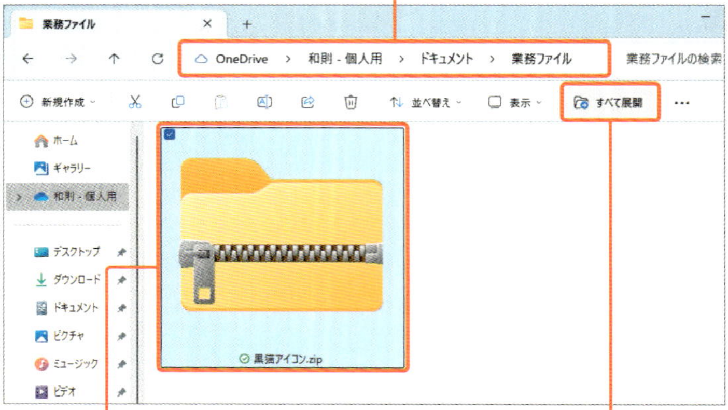

6 ZIPファイルをクリックして選択します。

7 ［すべて展開］をクリックします。

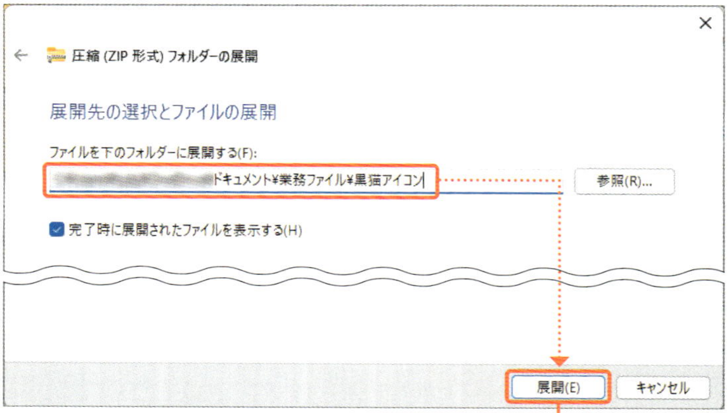

8 展開先となる任意のフォルダーを指定して、［展開］をクリックします。

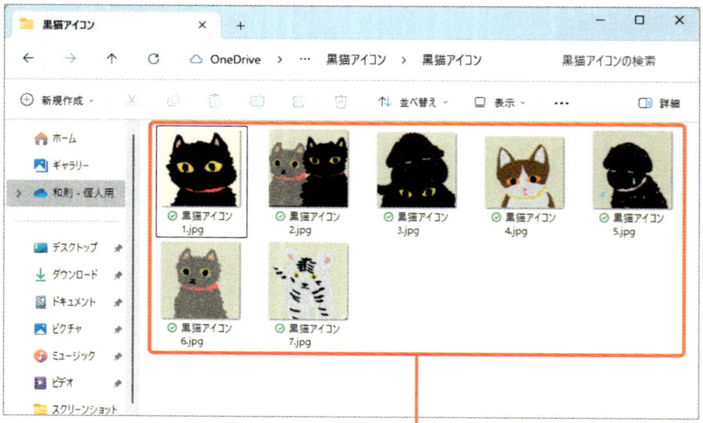

9 ZIPファイルに含まれていた内容が展開され、各ファイルを独立して扱うことができます。

Hint メール表示が文字化けしていたら

文字コードを確認する

受信したメールの本文が「文字化け」を起こしてしまい、正常に表示できない場合があります。このような場合は文字コード（文字列データ）の問題である可能性があるので、まずは文字コードを変更して確認します。

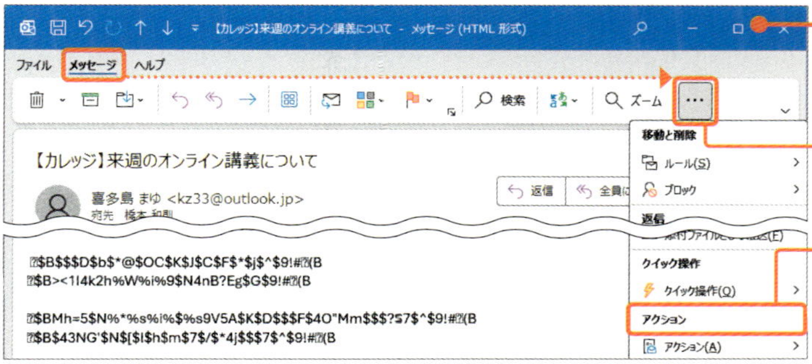

文字化けしているメールをメッセージウィンドウで開きます。

1 ［メッセージ］タブ→［…］をクリックして、

2 ドロップダウンから［アクション］をクリックします。

3 ［その他のアクション］→［エンコード］→［その他］→［日本語（自動選択）］を選択します。

4 メールの文字化けが解消されます。

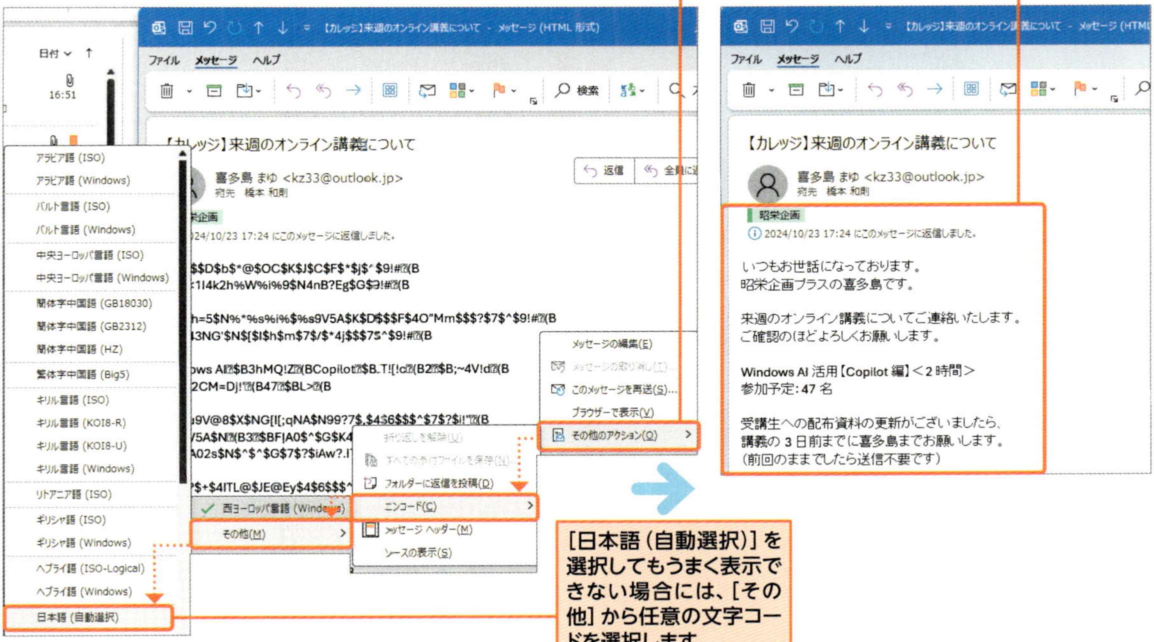

［日本語（自動選択）］を選択してもうまく表示できない場合には、［その他］から任意の文字コードを選択します。

文字化けが解消できない場合は

メールの文字化けにはいくつかのパターンがありますが、一般的な国内メールアプリから送信されてきたメールはまず文字化けを起こさないため、送信相手が国内である限りは相手側の何らかの問題が考えられます。また、サーバーが自動応答するシステムなどを利用して送られてきたメールの場合は、そもそもサーバーの設定ミスなども考えられます。

つまり、文字化けの多くは「こちら側の問題ではない」場合が多いので、取引先や既知の相手であれば、素直に問い合わせることをおすすめします。

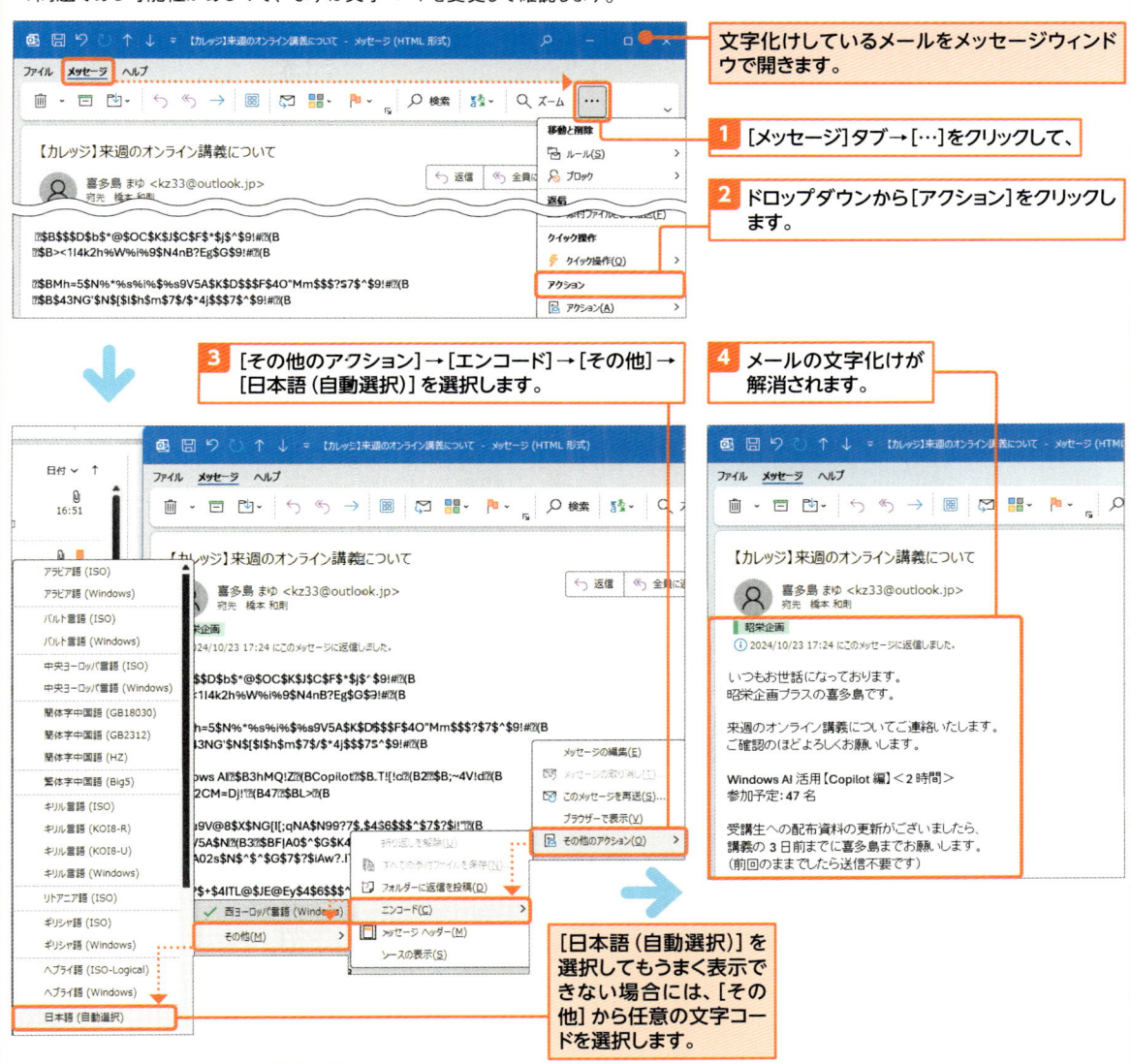

Section

28 メールを転送する

ここで学ぶのは

- メールの転送
- 添付ファイルとして転送
- 添付ファイルの展開

受信したメールの本文を任意の相手にもそのまま伝えたい場合は「転送」を用います。転送方法には「メール本文をメールとして転送する方法」と「メールを添付ファイルとして送信する方法」の2つがあります。

1 メールを転送する

Hint 閲覧ウィンドウの場合

閲覧ウィンドウでメールを転送したい場合は、閲覧ウィンドウ内にある[転送]をクリックしても同様の操作を行えます。

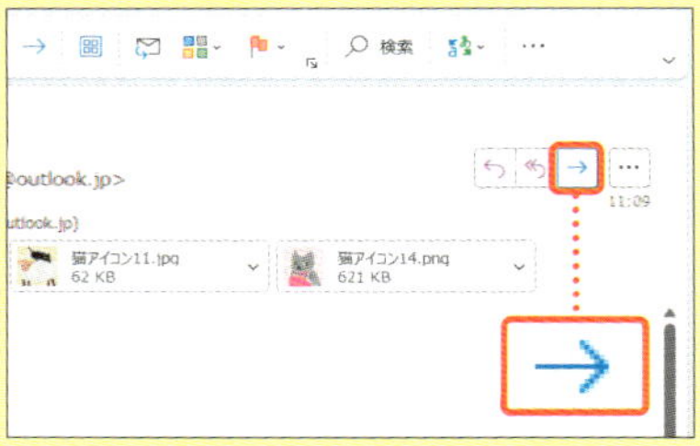

注意 プライバシーに注意

相手が任意の組織に対して送ったメールであれば、組織内で共有しても構いませんが、個人的に受け取ったメールや、公開すべきではない個人情報が含まれるメールの場合には、編集して内容を削除してから転送するようにします。

ショートカットキー

- メールの転送
  Ctrl + F

転送したいメールをメッセージウィンドウで開いておきます。

1 [メッセージ]タブ→[転送]をクリックします。

2 必要に応じて任意のメッセージを入力します。

3 [宛先]に転送先となるメールアドレスを入力します。

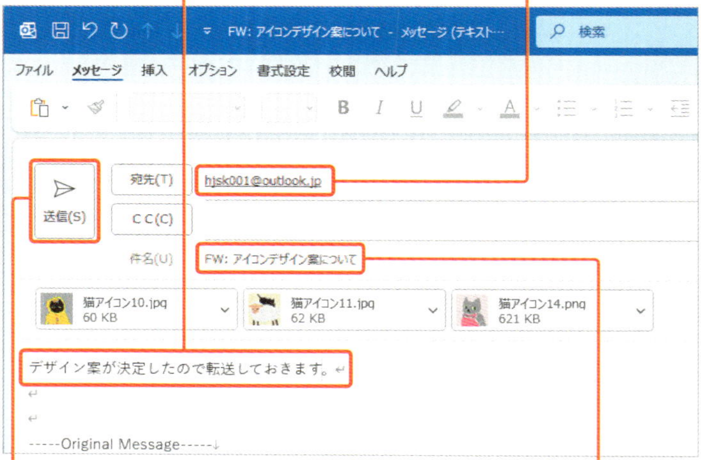

4 [送信]をクリックします。

件名に「FW:」が付きます。

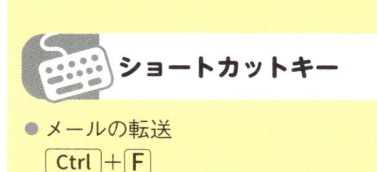

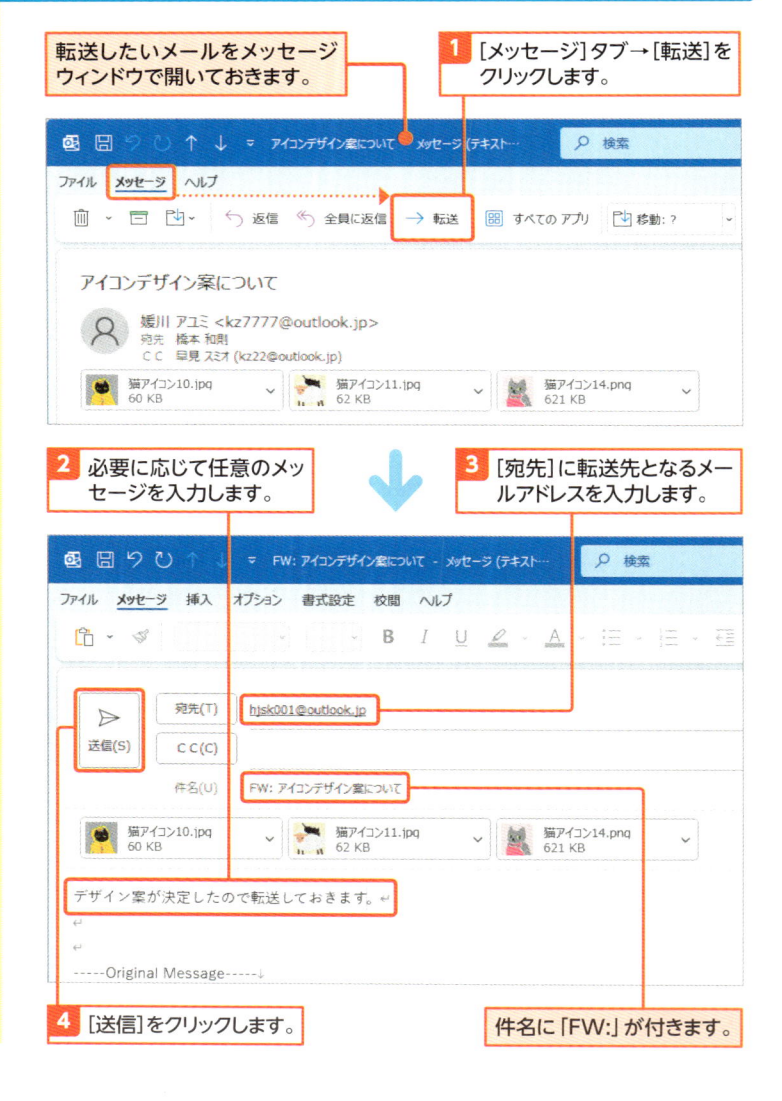

2 メール内容を添付ファイルとして転送する

ショートカットキー

● 添付ファイルとして転送する
Ctrl＋Alt＋F

Hint 転送されたメールを展開する

「添付ファイルとして転送されたメール」を受信した場合は、添付ファイルの∨をクリックして、ドロップダウンから［開く］をクリックすれば、内容を確認できます。

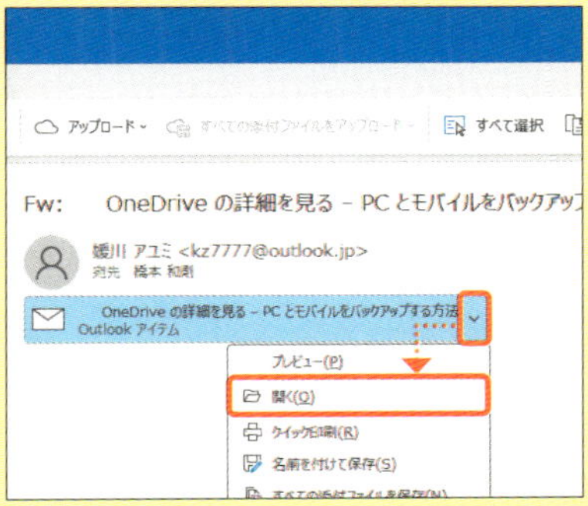

● 添付ファイルを開いた画面

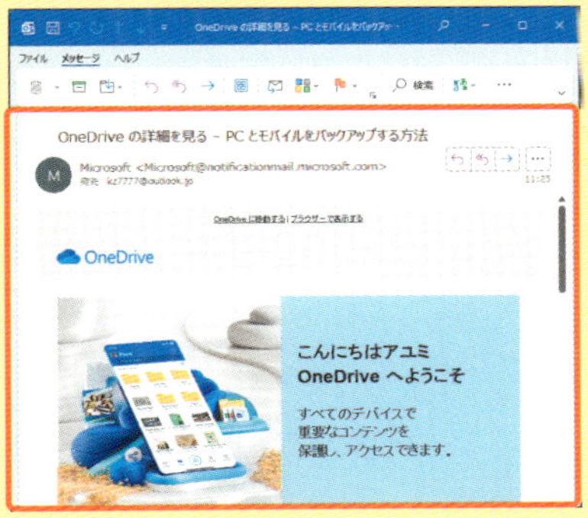

転送したいメールをメッセージウィンドウで開いておきます。

1 ［メッセージ］タブ→［…］をクリックして、

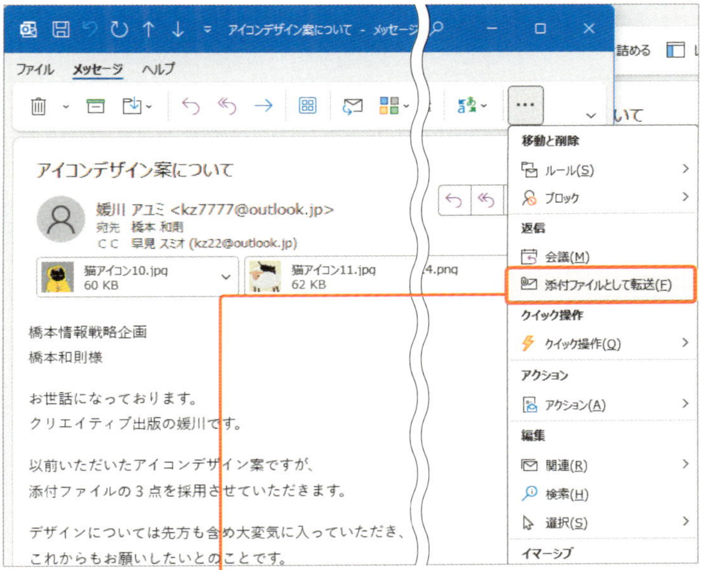

2 ドロップダウンから［添付ファイルとして転送］をクリックします。

3 メールの内容がファイルとして添付されます。

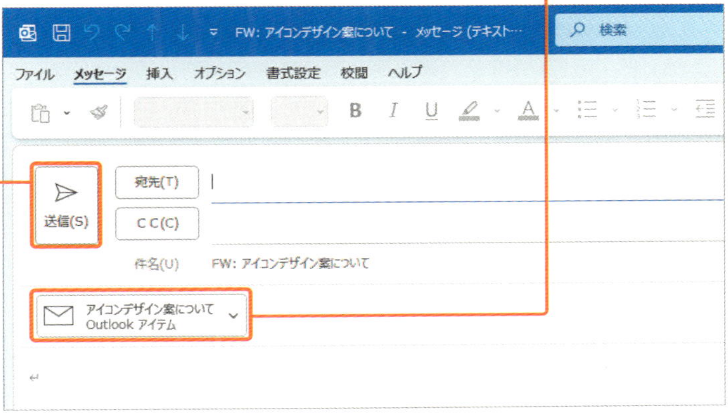

4 任意の宛先や本文を入力して、［送信］をクリックします。

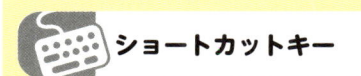

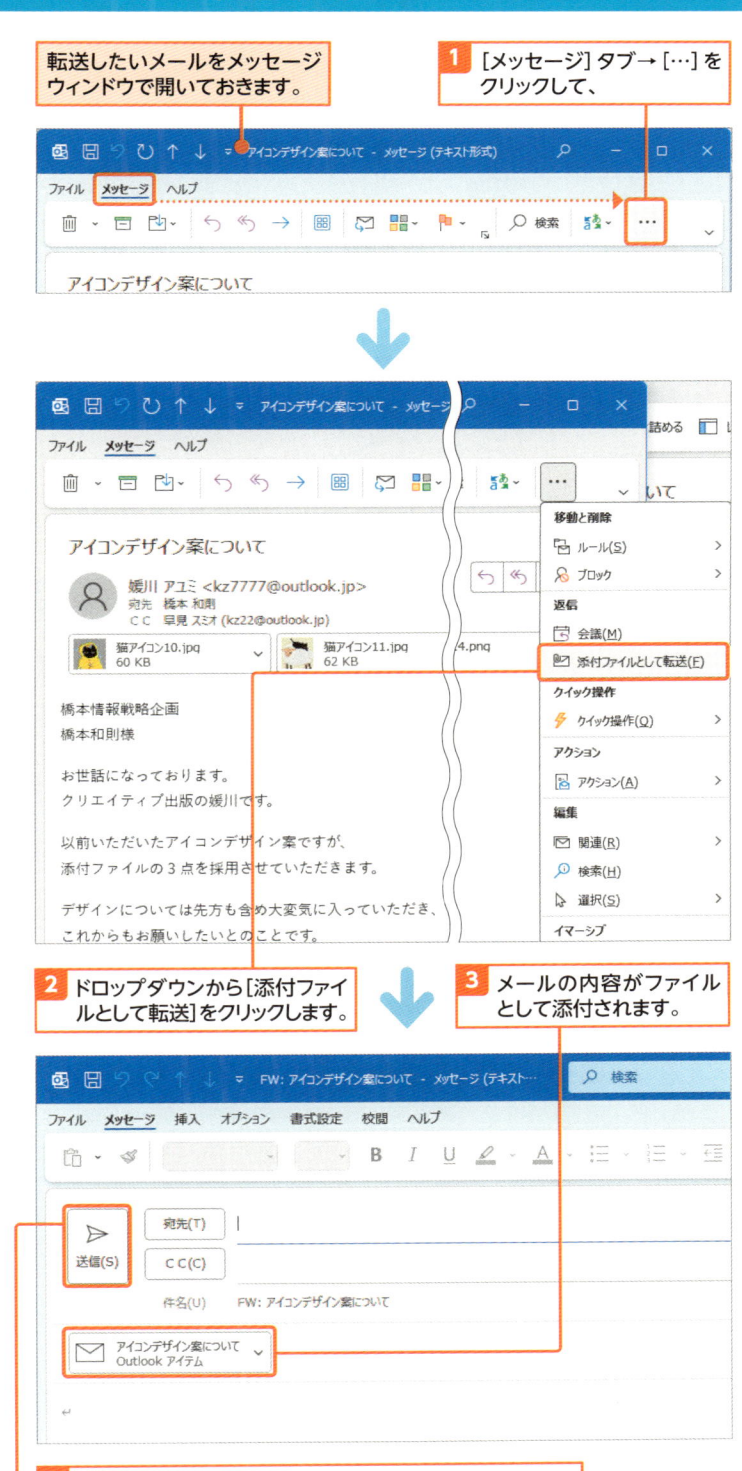

Section

29 メールを印刷する／PDFファイル化する

ここで学ぶのは

- 印刷イメージの確認
- メールの印刷
- PDF ファイル化

メールの内容は紙にプリントアウトして印刷物として保管することもできます。印刷の際には、いくつかの設定を行うと紙の無駄を軽減できるほか、小冊子レイアウト（見開き）で印刷することやPDF ファイルとして出力するなどの応用も可能です。

1 印刷プレビューで印刷イメージを確認する

Memo Backstage ビューを表示する

Backstageビューは、Outlook 2024の操作画面から［ファイル］タブをクリックすることで表示できます。

ショートカットキー

- Backstageビューの表示
  Alt→F
- 印刷（印刷プレビュー）
  Ctrl＋P
  Alt→F→P

Hint 最初にプリンターを指定する

印刷の詳細設定項目はプリンターによって異なります。例えば同じA4用紙にプリントアウトする場合でも、プリンターの機種によって許容される余白や設定の詳細が異なるため、最初に出力先となるプリンターを指定してから、印刷オプションの設定を行うようにします。

印刷したいメールをメッセージウィンドウで表示します。

1 ［ファイル］タブをクリックします。

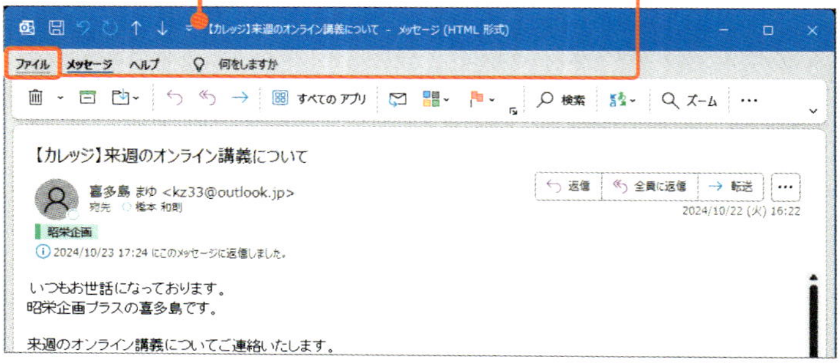

2 Backstageビューから［印刷］をクリックします。

3 印刷プレビューと設定画面が表示されます。

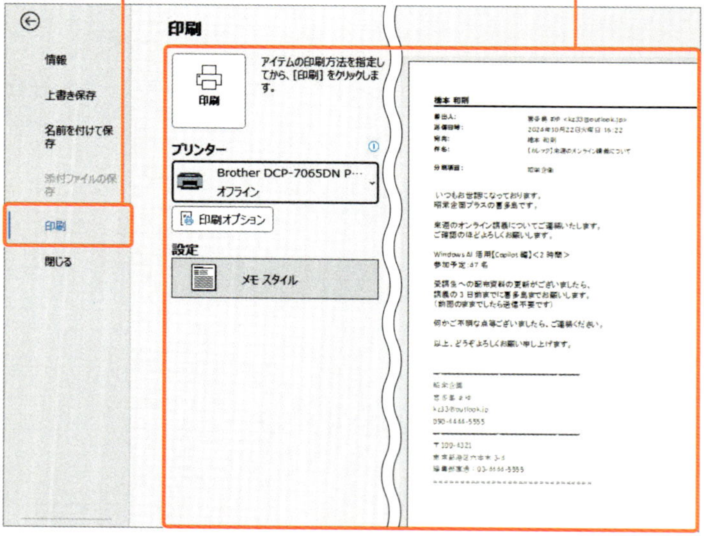

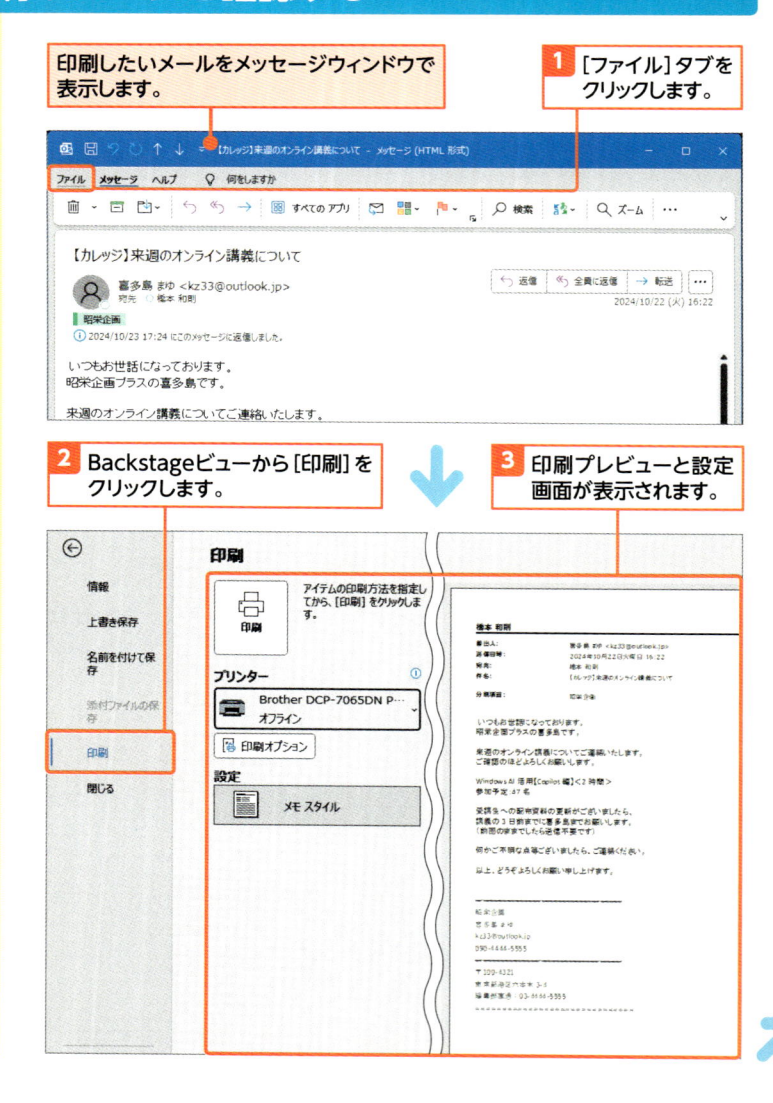

Memo プリンターが見つからない場合は

プリンター全般の管理はWindowsで行います。印刷したいプリンターが見当たらない場合には、プリンターの電源を入れて、Windowsの［設定］→［Bluetoothとデバイス］→［プリンターとスキャナー］をクリックします。［プリンターまたはスキャナーを追加します］内の［デバイスの追加］をクリックして該当のプリンターを追加します。

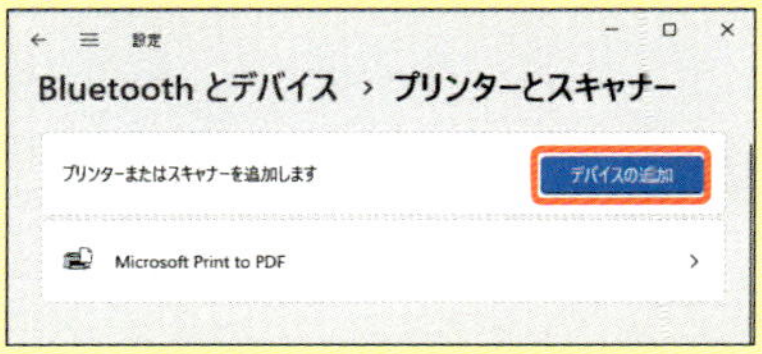

4 プリンター欄の⌄をクリックして、ドロップダウンから出力先となるプリンターを選択します。

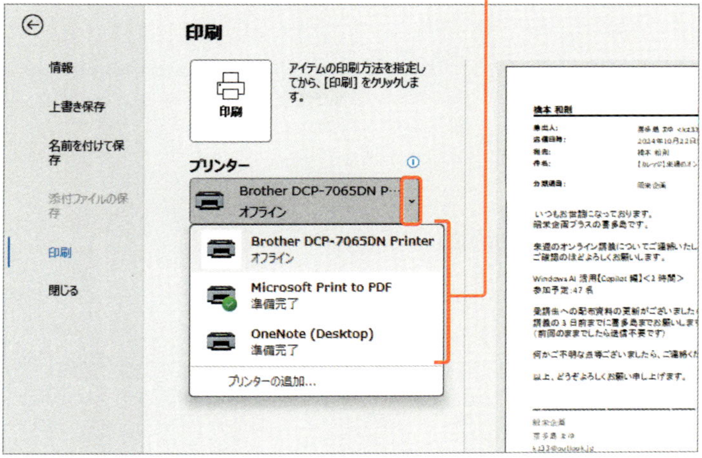

2 用紙の種類や向き・余白を整える

Memo 印刷を止めたい場合は

印刷を実行したものの間違いに気づくなどして、プリンターの印刷を止めたい場合には、Windowsのタスクバーの右端（通知領域）に表示される［プリンター］アイコンをダブルクリックします①。印刷のキュー（印刷待ちデータ）が確認できるので、停止したいドキュメント名を右クリックして、ショートカットメニューから［キャンセル］をクリックします②。

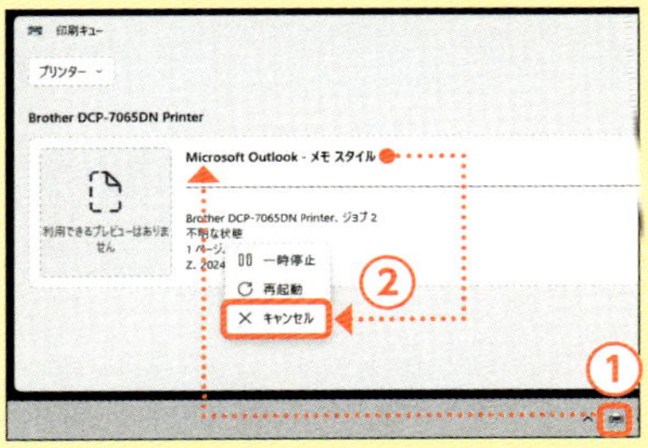

あらかじめ印刷プレビューを表示し、プリンターを選択しておきます。

1 ［印刷オプション］をクリックします。

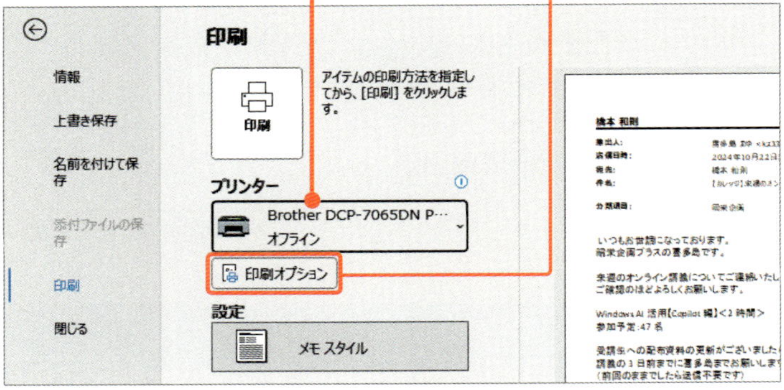

2 ［印刷］ダイアログが表示されます。

3 ［ページ設定］をクリックします。

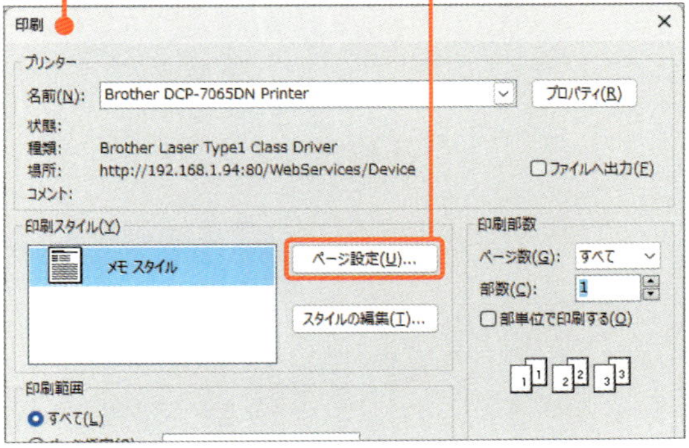

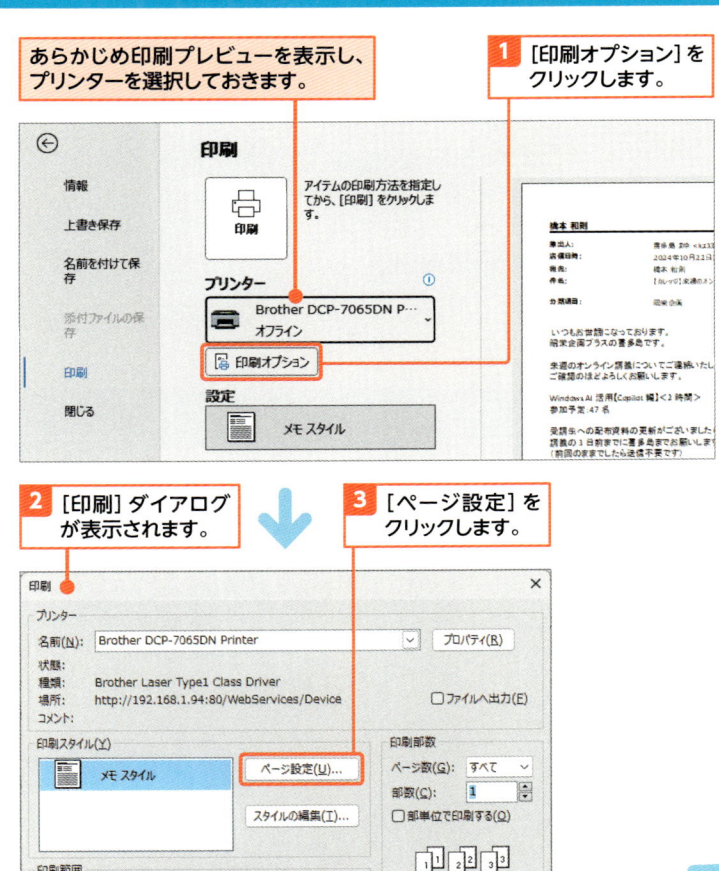

Memo　用紙の「余白」の設定

用紙に対して印刷できる範囲はプリンターの機種によって異なります。利用するプリンターによっては1cm以上の余白が必要になることもあるので、プリンターの機種と余白の関係を確認してから設定する必要があります。

Memo　用紙の向き

印刷内容によっては、用紙を横向きにしたほうが最適な場合があります。おさまりが悪い場合には、用紙の向きを［横］にして、プレビューで確認してみるとよいでしょう。

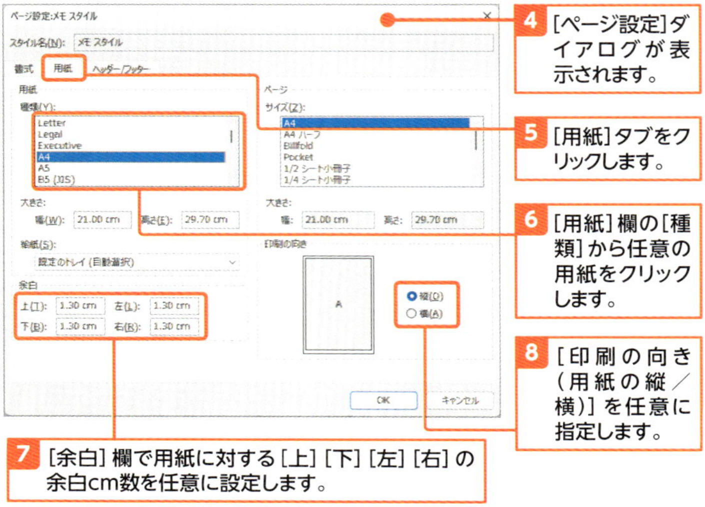

3 メールを紙にプリントアウトする

Hint　長文の印刷

長文を印刷するのであれば、［印刷範囲］の［ページ指定］で「1」を指定し、1ページだけプリントアウトして、実際の印刷状態を確認してから、残りのページをプリントアウトするのもよいでしょう。あるいは「PDFファイル」に出力して確認するのもひとつの方法です。

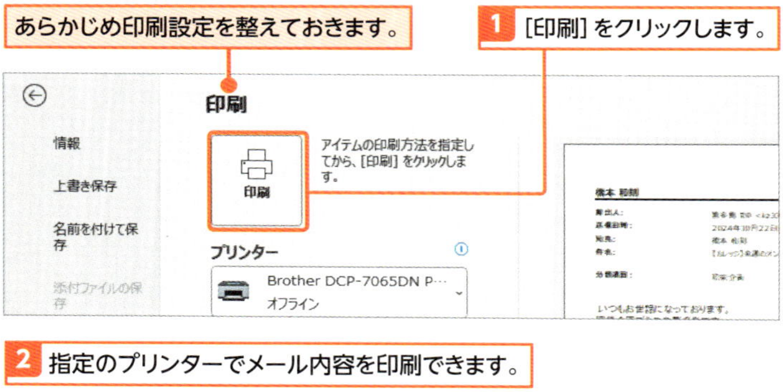

4 メールを PDF 形式で保存する

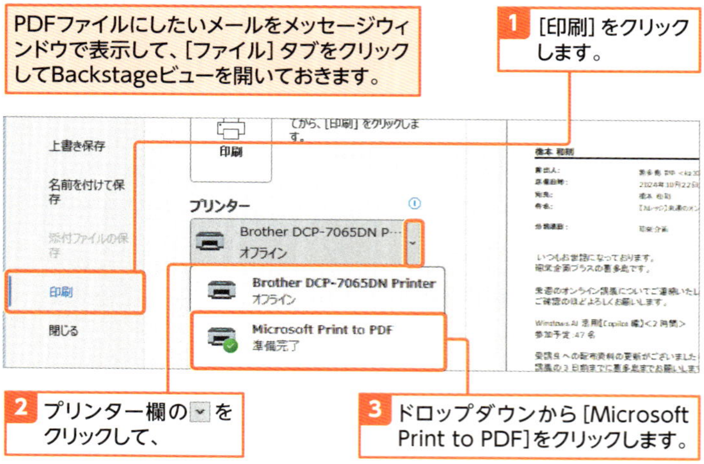

Keyword　PDF ファイル

PDFファイルとは、紙に印刷したイメージをファイルとして保持できる形式のひとつで、PDFとは「Portable Document Format」の略になります。一般的なPCおよびスマートフォンは、PDFファイルを開くことができるため、PDFファイルとして保存しておけば、ほとんどの人がファイルを開いて印刷イメージでメールの内容を確認できます。
プリンターで実際に紙に印刷するのに対して、コスト（インク代や紙代）がかからず、また印刷内容をファイルとして相手に渡すこともできるので、利便性が高いのが特徴です。

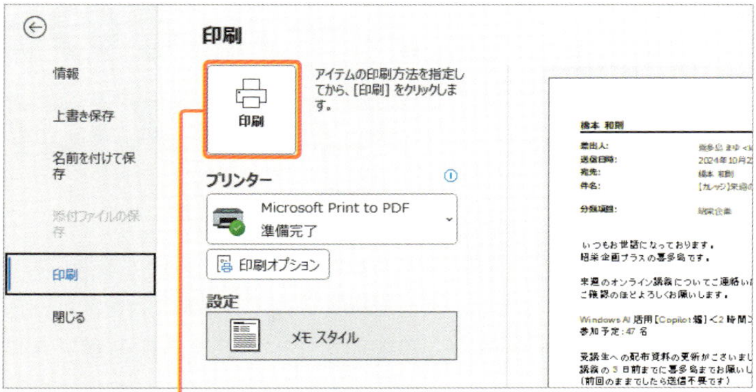

4 [印刷] をクリックします。

5 [印刷結果を名前を付けて保存] ダイアログが表示されます。

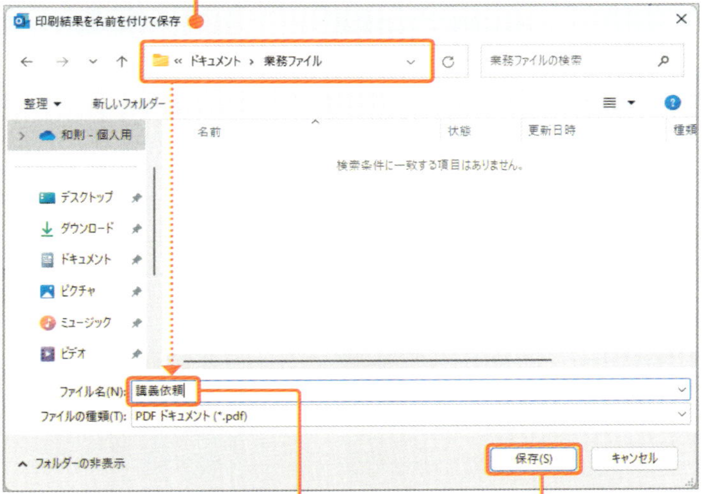

6 ファイルの保存先となる任意のフォルダーを指定して、任意のファイル名を入力します。

7 [保存] をクリックします。

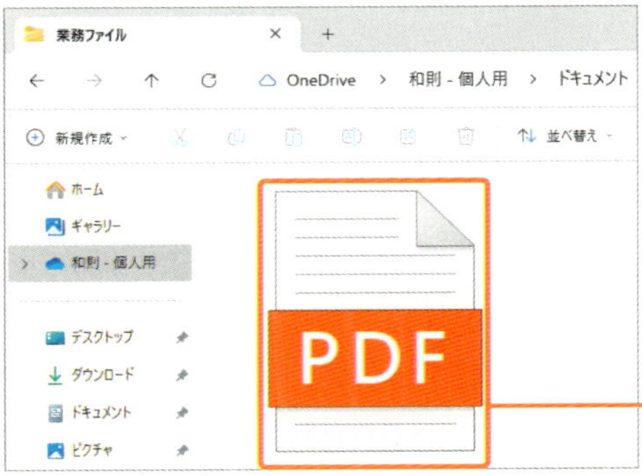

8 メール内容をPDFファイルとして保存できます。

Memo　PDF で保存・確認してから印刷する

印刷テクニックのひとつとして、「PDFファイルにしてから、それをプリントアウトする」という方法があります。この方法であれば、PDFファイルにしているのでレイアウトが確認しやすいほか、PDFファイルの印刷になるため、PDFファイルビューアーの機能で柔軟に印刷することができます。

Section 30

メールでの日本語入力をスムーズに行う

ここで学ぶのは

- 記号や住所の入力
- 英単語の入力
- 文字の再変換

メールの本文作成において重要になるのが「文字入力」です。いくつかのテクニックを駆使すれば、文字入力をスムーズに行うことができるほか、日本語入力変換効率を劇的にアップすることができます。ここでは、Windows標準のMicrosoft IMEによる各種入力変換について解説します。

1 記号を簡単に入力する

Hint 記号は読みで入力することもできる

記号の入力は下表に従って読みをそのまま入力して変換する方法もあります。

● **記号の読み方**

記号	読み方
○	まる
◎	にじゅうまる
×	ばつ
□	しかく
△	さんかく
＝	イコール
・	なかぐろ
☆	ほし
(^ ^)	かおもじ
〒	ゆうびん
§	せくしょん
±	ぷらすまいなす
〓	げた
〃	おなじ
～	から
↑	うえや
→	みぎや
←	ひだりや
↓	したや

1 記号を入力したい場所で [Windows]+[.]キーを入力します。

2 [絵文字]ダイアログが表示されるので、[記号]をクリックします。

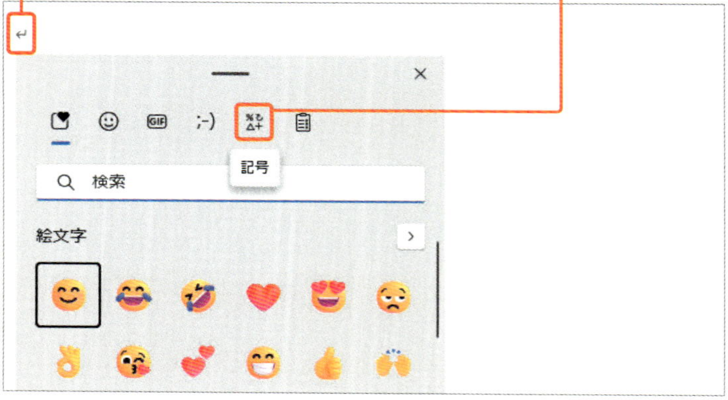

3 記号の種類をクリックします。

4 任意の記号をクリックして入力します。

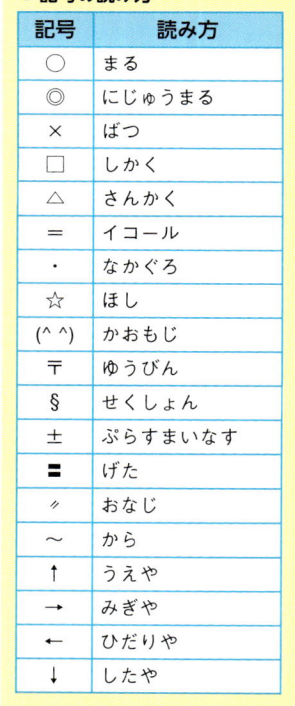

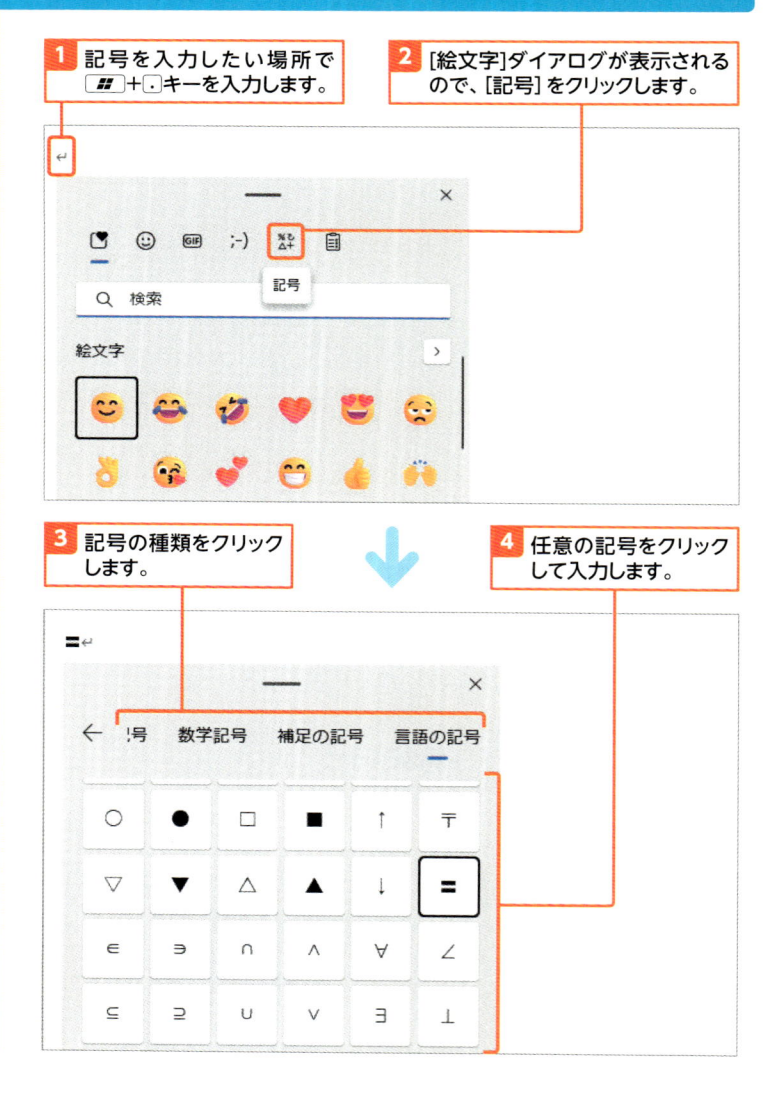

2 住所を簡単に入力する

解説 住所の入力

7桁の郵便番号を入力して Space キーを押すと、変換候補の中に該当する住所が表示されるので、それを選択して簡単に入力できます。

ショートカットキー

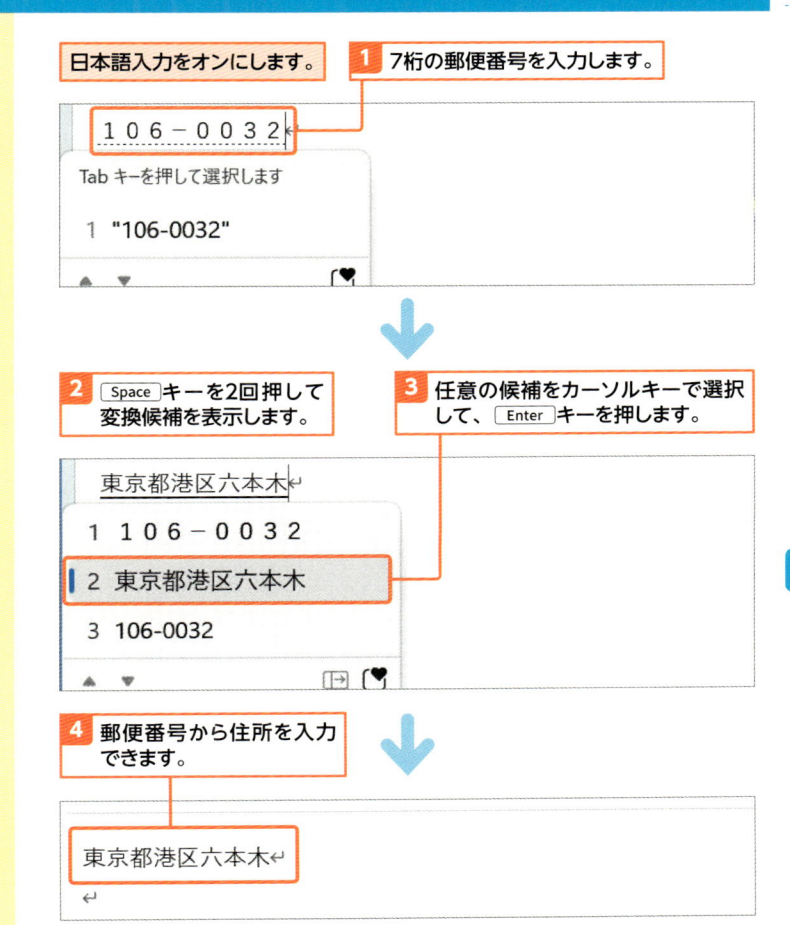

- 日本語入力をオンにする
  半角/全角 ／ Caps Lock
- 日本語入力の変換
  Space

日本語入力をオンにします。

1 7桁の郵便番号を入力します。

106－0032
Tab キーを押して選択します
1 "106-0032"

2 Space キーを2回押して変換候補を表示します。

3 任意の候補をカーソルキーで選択して、Enter キーを押します。

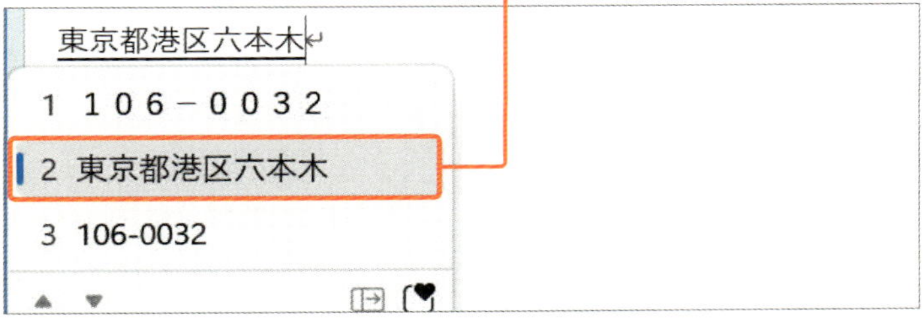
東京都港区六本木
1 106－0032
2 東京都港区六本木
3 106-0032

4 郵便番号から住所を入力できます。

東京都港区六本木

3 英単語のスペルを間違いなく入力する

解説 多くの英単語はカタカナ英語でOK

多くの英単語はカタカナ英語でそのままスペルを入力できます。また、辞書に登録されている英単語は確実なスペルであるため、英字スペルを手入力するよりも間違いのない英単語を入力できます。

日本語入力をオンにします。

1 「いんふら」と入力して、Space キーを2回押します。

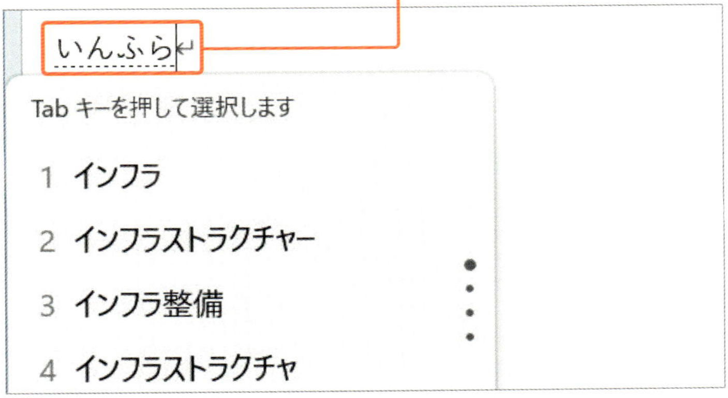
いんふら
Tab キーを押して選択します
1 インフラ
2 インフラストラクチャー
3 インフラ整備
4 インフラストラクチャ

Memo 入力モードを切り替える

日本語入力のオン／オフを切り替えるには 半角/全角 ／ Caps Lock キーを利用します。日本語入力がオンの状態では通常「ひらがな入力」になり、そこから 無変換 キーで「全角カタカナ」などに切り替えることもできますが、タスクバーにある［入力インジケーター］を右クリックすることにより表示されるメニューからも、任意の入力モードに切り替えることができます。

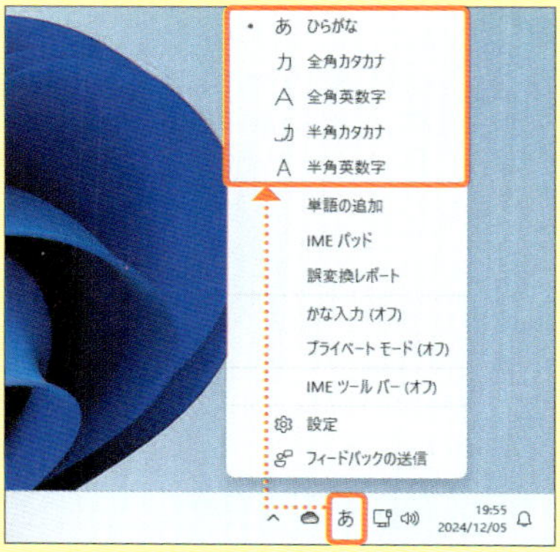

2 変換候補に英語スペルである「Infrastructure」が表示されます。

3 任意の候補をカーソルキーで選択して、 Enter キーを押します。

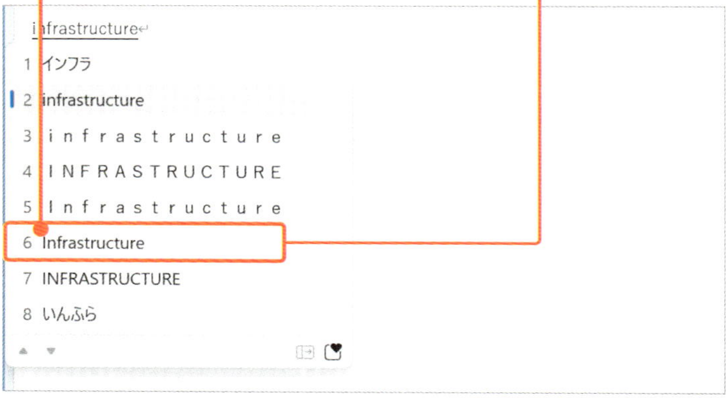

4 英単語を記述ミスすることなく入力できます。

4 文字列を再変換する

Memo 単語の再変換

再変換したい単語の前にカーソルを置き、 変換 キーを押しても再変換できます。ただし、この手順ではMicrosoft IMEが自動的に文節を区切り再変換するため、不適切な文字範囲で再変換されてしまうことがあります。
一方、右図の手順のように、あらかじめ文字列を選択しておけば、任意の範囲を再変換できるほか、文章であれば再変換中に Shift ＋カーソルキーで任意に文節を区切って適切な再変換を行うことが可能です。特に文節を間違えて変換してしまった文字列の再変換に効果的です。

1 Shift ＋カーソルキーで、再変換したい文字列を選択します。

2 変換 キーを押します。

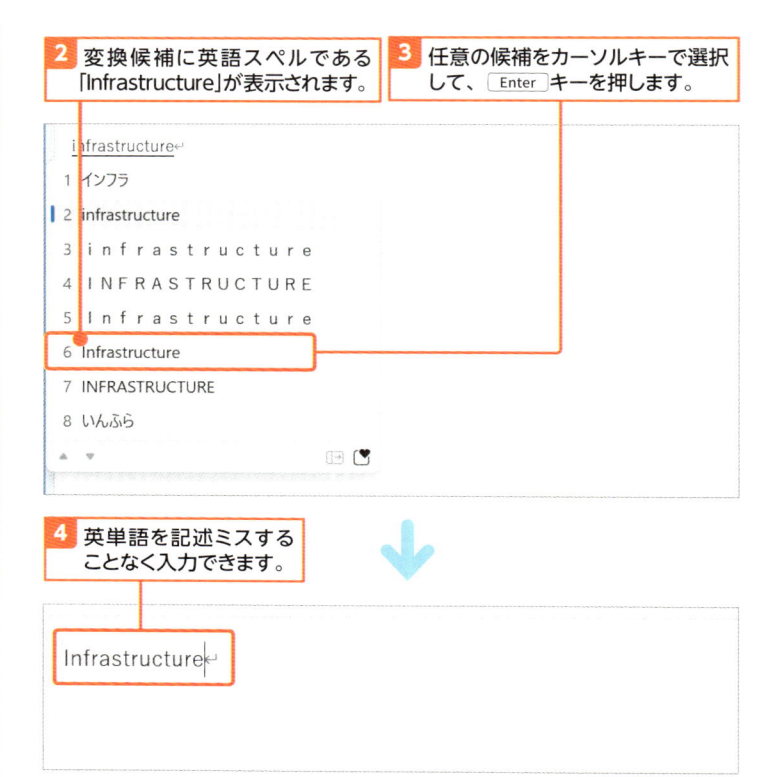

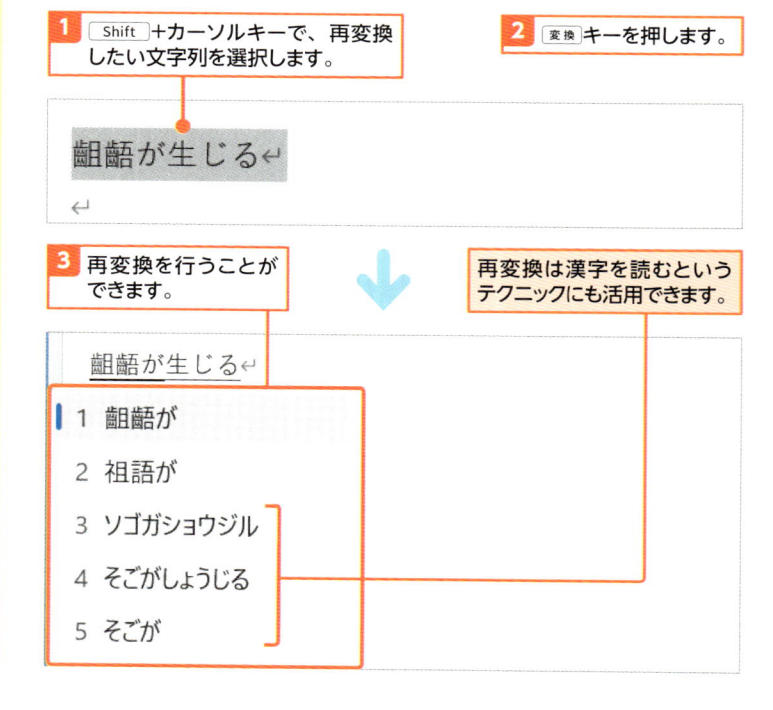

3 再変換を行うことができます。

再変換は漢字を読むというテクニックにも活用できます。

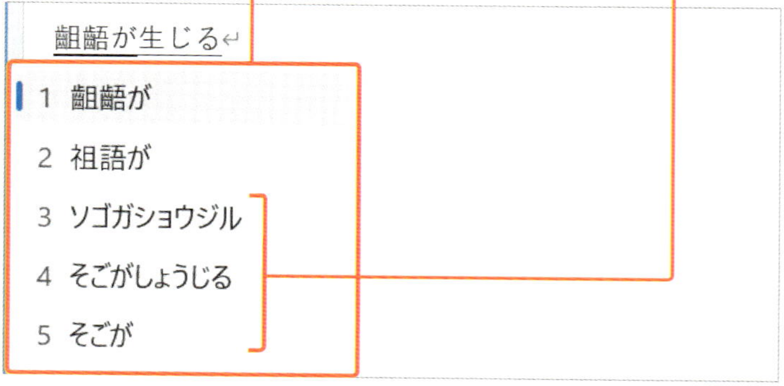

第 3 章

メールの整理と検索

Outlook 2024を利用するにあたって、目的のメールをすばやく見つけて作業しやすくするためのテクニックや管理を知っておくことは重要です。

この章ではメールの検索やフラグの設定、メールの分類、フォルダー仕分け、迷惑メールの設定などについて解説します。

Section

31 メールを探す／整理する／分類する

ここで学ぶのは

- メールの検索
- メールの管理
- メールの分類

メールがたまってくると、重要なメッセージを見逃してしまったり、あるいは過去に取引内容を記述した重要なメールを見つけにくくなってしまったりします。ここでは**検索**・**整理**・**分類**・**アーカイブ**などのメール管理全般について解説します。

1 目的のメールを「検索」して見つける

Outlook 2024ではメールを検索して見つけ出すことができます。検索キーワードを入力して単純にそのキーワードが含まれるメールを一覧化できるほか、任意の条件を指定して検索することも可能です。
また、「高度な検索」では、検索条件を複数指定して目的のメールを探し出すことができます。

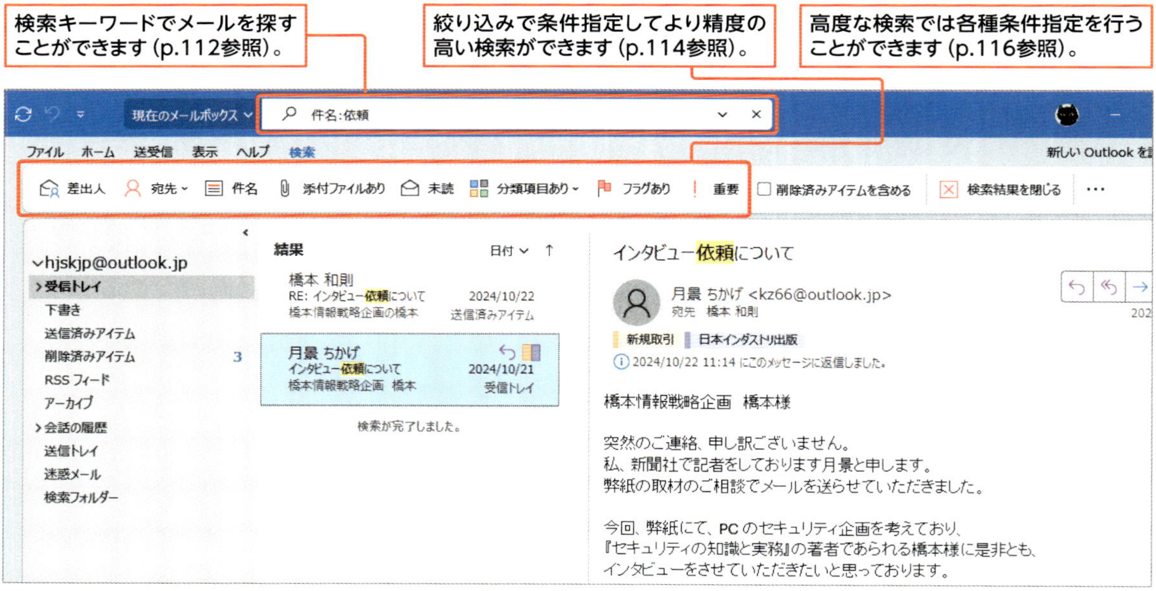

2 作業をするメールは「フラグ」で管理する

「後で返信しなければならないメール」や「タスクとして管理したいメール」などの作業を行わなければならないメールは、「フラグ」で管理します。
フラグを付けたメールは「To Do」の「フラグを設定したメール」でタスクとして管理することができ、期限などを設定できます。また、作業が完了したメールは「作業完了」のフラグを付けることができるので、処理しなければならないメールをわかりやすく管理できます。

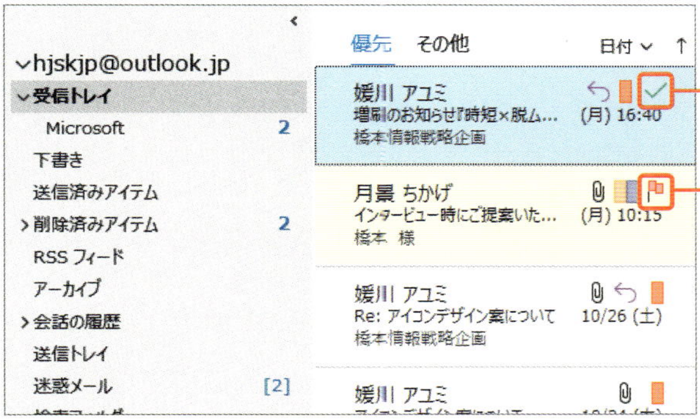

作業が終了したメールには✓を付けて作業完了をわかりやすく確認できます。

作業をしなければならないメールには「フラグ」を付けて管理します。

フラグを付けたメールは「To Do」の「フラグを設定したメール」として管理できます。

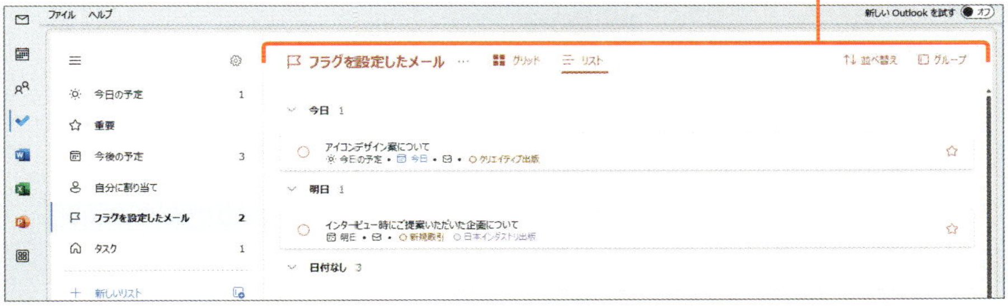

3 メールをフォルダー分けして管理する

取引先ごとや作業内容ごとに「フォルダー」を作成しておくと、各作業のメールをフォルダーごとに仕分けすることができて便利です。任意のフォルダーにメールを移動するには、ドラッグ＆ドロップなどの操作で移動する方法と、「仕分けルール」を設定して自動的にメールを移動させる方法があります。

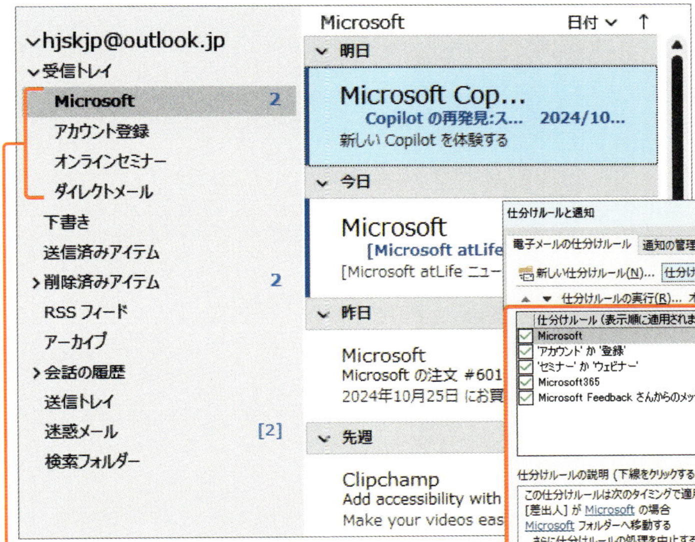

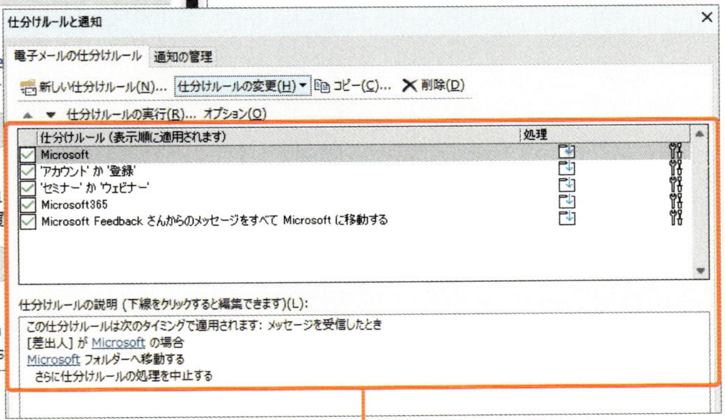

メールを仕分けるためのフォルダーを任意に作成して、メールを取引先ごとや作業内容ごとに管理できます。

「仕分けルール」を設定すれば、メールを自動的に任意のフォルダーに振り分けることができます。

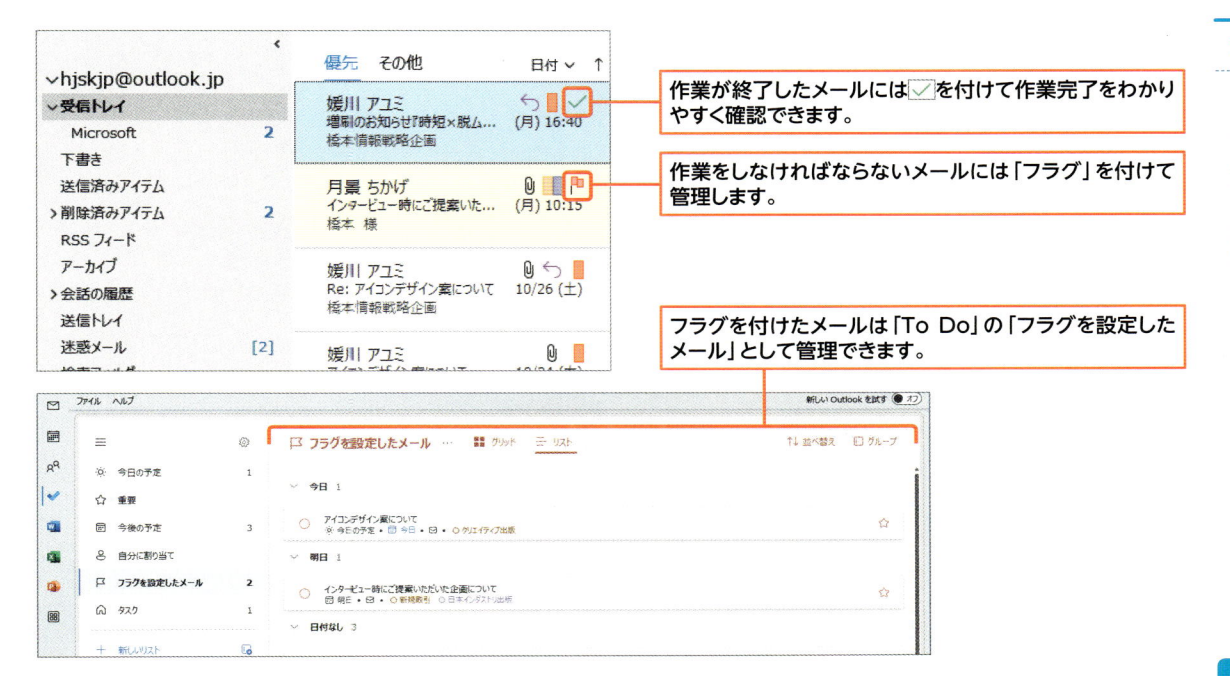

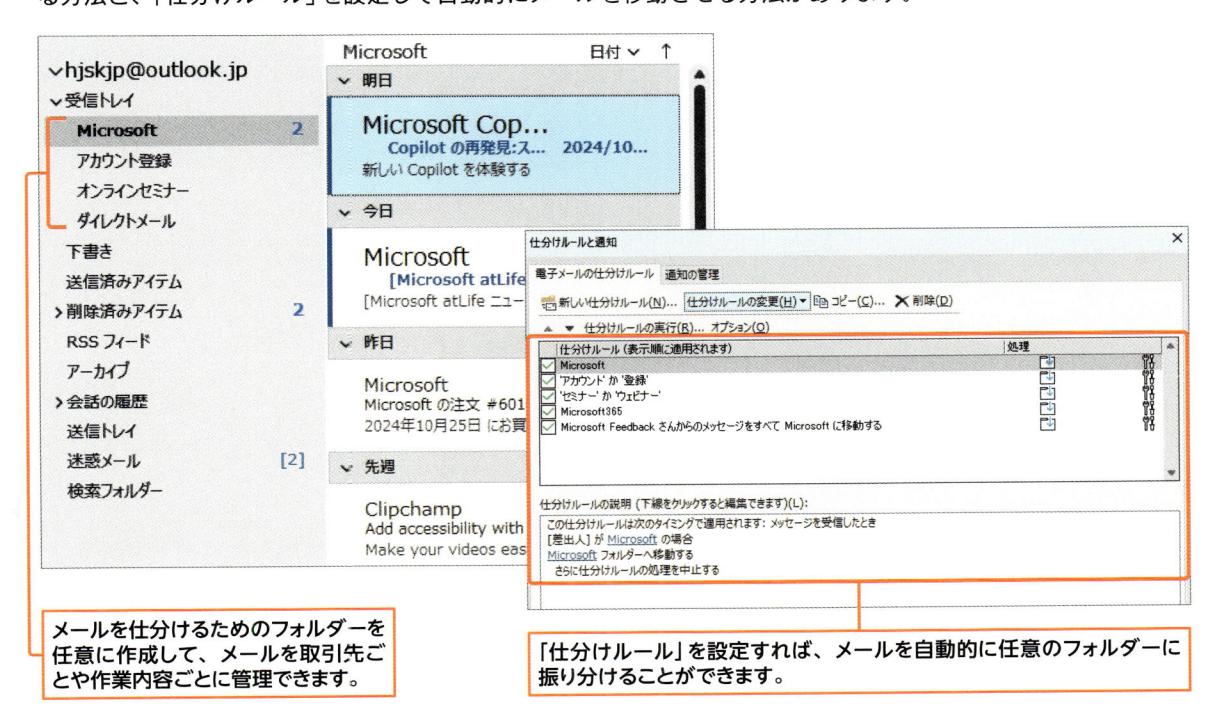

4 メールを分類（色分け）して管理する

Outlook 2024では、メールを分類して色分けすることが可能です。付箋の色分けのようなイメージで、自分の決めたルールでメールを分類できます。また、分類に対しては任意の「分類項目名」を命名できるので、取引先別や業種別などでメールを分類すると、目的のメールを見つけやすくできます。
「分類」はOutlook 2024の共通設定であるため、「予定表」「連絡先」などでも活用できるのもポイントです。

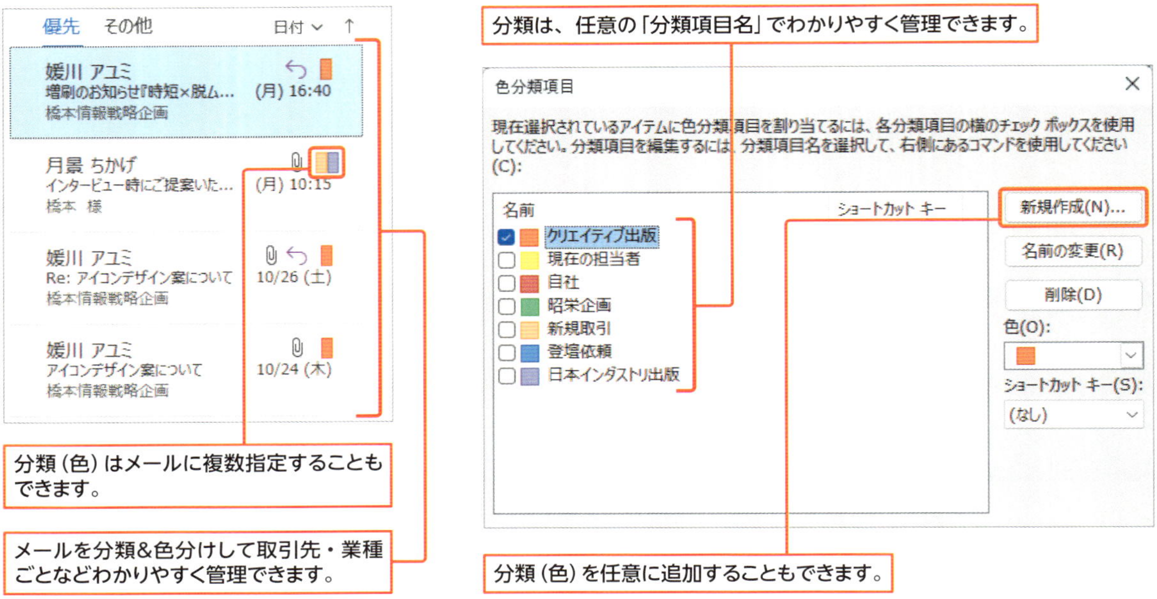

5 不要だがとっておきたいメールはアーカイブする

完全に不要なメールは削除してしまえばよいですが、中には「今は不要だが後々もしかすると利用するかもしれないメール」というものがあります。Outlook 2024メール管理においては、完全に要らないメールは「削除」、不要だが念のためとっておきたいメールは「アーカイブ」にします。

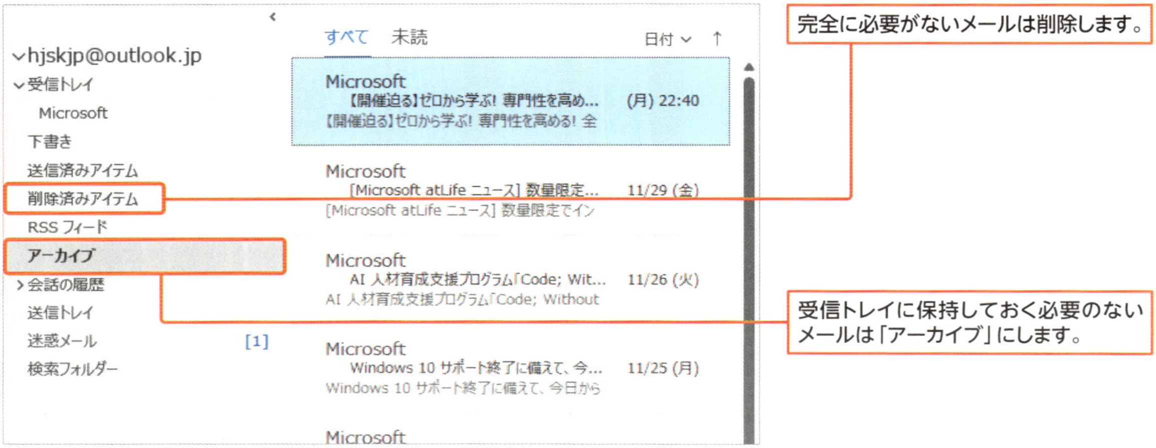

6 迷惑メールの判別を調整する

Outlook 2024では、迷惑メールを自動判別します。迷惑メールは「迷惑メール」フォルダーで管理されますが、重要なメールを見逃さないためにも、定期的に迷惑メールを「誤判定」していないか、また、スパムメールなどを迷惑メールとして判別するように、受信拒否リストや迷惑メールの処理レベルを任意に設定して管理する必要があります。

なお、迷惑メールの判定はメールを供給するプロバイダー（インターネットサービスプロバイダー・レンタルサーバーなど）の側でも行われることがある点に注意が必要です。

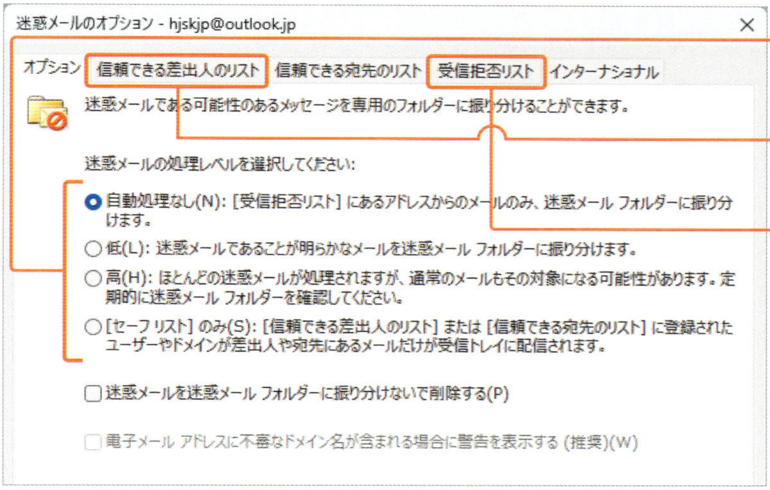

迷惑メールの処理レベルは任意に設定できます。

[信頼できる差出人のリスト] タブで迷惑メール処理されないアドレス・ドメインを指定できます。

[受信拒否リスト] タブで迷惑メールとして判定するアドレス・ドメインを指定できます。

Hint 不要なメールをため込まない＆確実に処理するための鉄則

不要なメールをため込まないためには、「受信トレイになるべくメールを置かない」ことが鉄則になります。

決められた相手からのメールなどは「仕分けルール」で自動的に任意のフォルダーに振り分け、また既読で特に今後必要になることはないもののとっておきたいものは「アーカイブ」、迷惑メールは確実に目に入ることがないように受信拒否リストで管理します。

また、受信トレイ上のメールにおいて業務上の処理（作業）が必要なものには「フラグ」を付けてタスク管理することや、「分類」を利用してメールを分類するなど場面に応じて管理を工夫することで、すっきりとした受信トレイと、業務先と業務内容を確実に把握&区別できるビジネス向けのメール管理環境を実現できます。

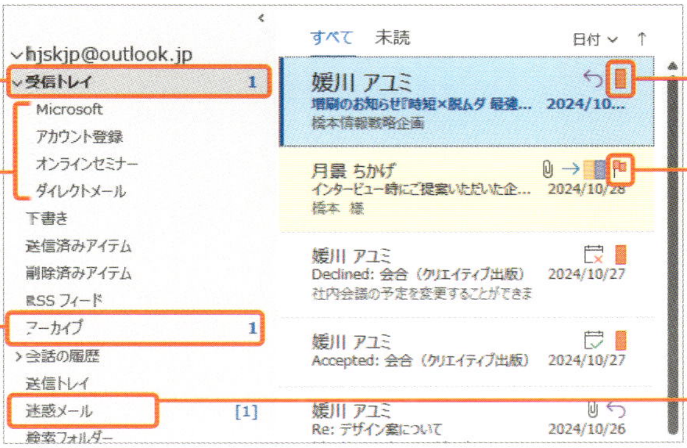

「受信トレイ」になるべくメールを残さないようにします。

「フォルダー」でメールを仕分け管理します。

「アーカイブ」でさしあたり必要のないメールを管理します。

「分類」でメールを取引先別などに色分類します

「フラグ」で処理が必要なメールをタスク管理します。

「迷惑メール」で確実に迷惑メールを処理できるようリスト管理します。

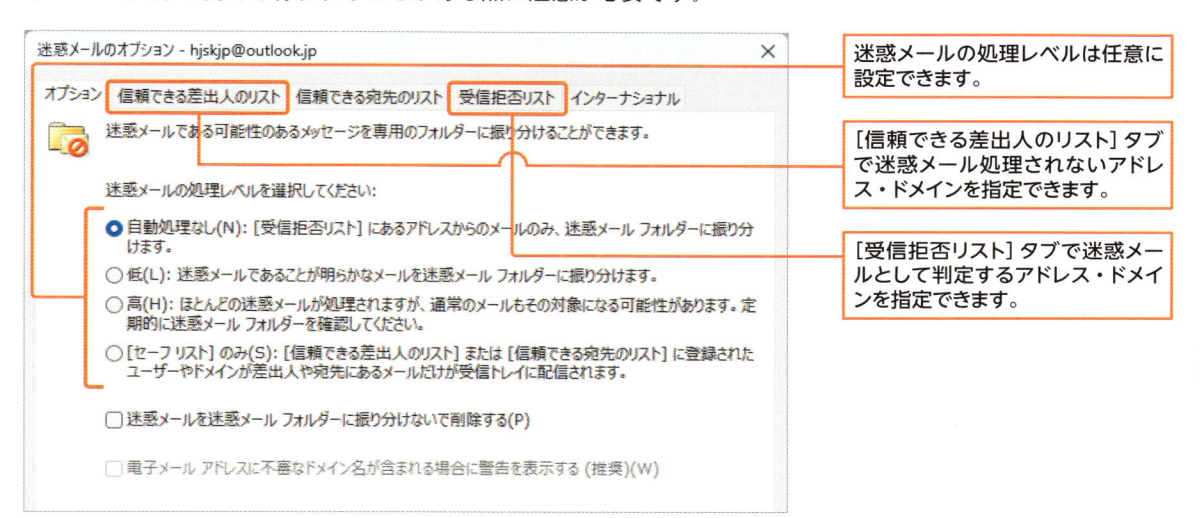

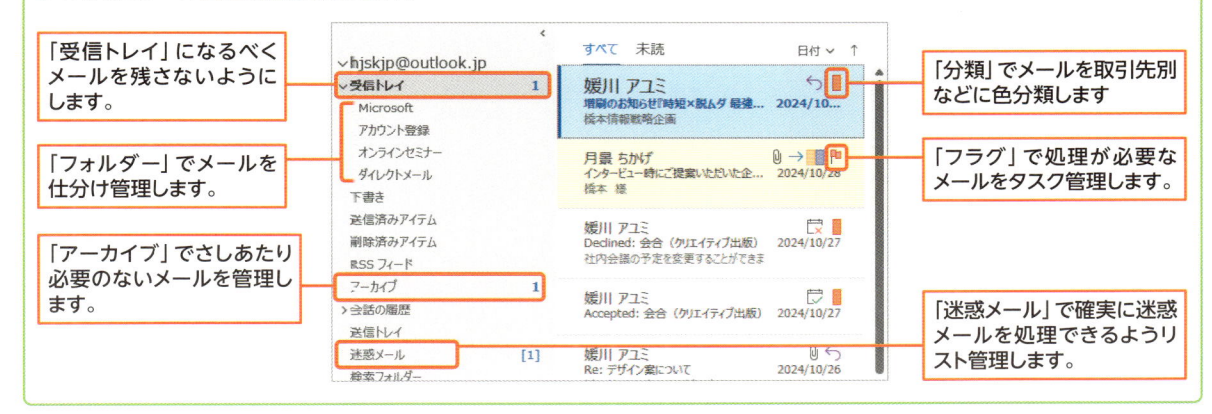

Section 32

検索して目的のメールを探す

ここで学ぶのは
- メールの検索
- 件名の検索
- 差出人の検索

メールの件数が増えてくると、目的のメールが見つけにくくなってしまいますが、そんなときに活用したいのが「検索」です。任意のキーワードでメールを検索すれば、目的のメールを簡単に見つけることや、条件に合致しているメールだけを絞り込んで表示することができます。

1 メールを検索する

解説 検索時には[検索]タブが表示される

「Microsoft Search」にカーソルを置くと、自動的にリボンに[検索]タブが表示され、詳細な検索を行うことができます。検索においてはキーワード入力して検索を行うのが基本ですが、場面によっては[検索]タブの各項目を活用したほうが目的のメールをすばやく探し当てることができます。

ショートカットキー

- Microsoft Searchに移動する
  - Ctrl + E
  - Alt → Q
  - F3

Memo 検索キーワードにはマーカーが付く

検索を実行した際、検索キーワードにはマーカーが付きます。件名内のキーワードのほか、メール本文のキーワードもマーカーが付きます。

1 Microsoft Search(検索ボックス)をクリックし、任意の検索キーワードを入力します。

[検索]タブが表示されます。

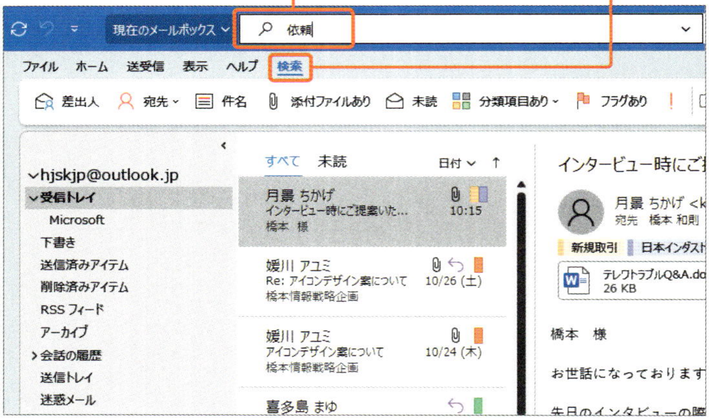

2 「件名」や「本文」に検索キーワードが含まれるメールがビューに一覧表示されます。

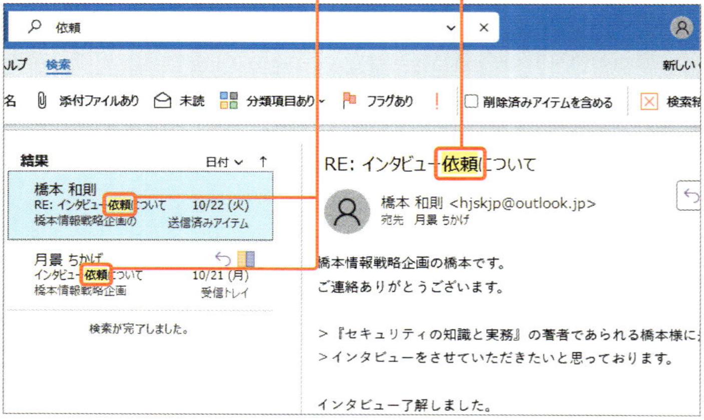

Hint 任意のフォルダーを対象に検索する

本文では「受信トレイ」を指定して検索していますが、フォルダーウィンドウから任意のフォルダーを選択してから「Microsoft Search」に検索キーワードを入力すれば、そのフォルダーを対象に検索できます。

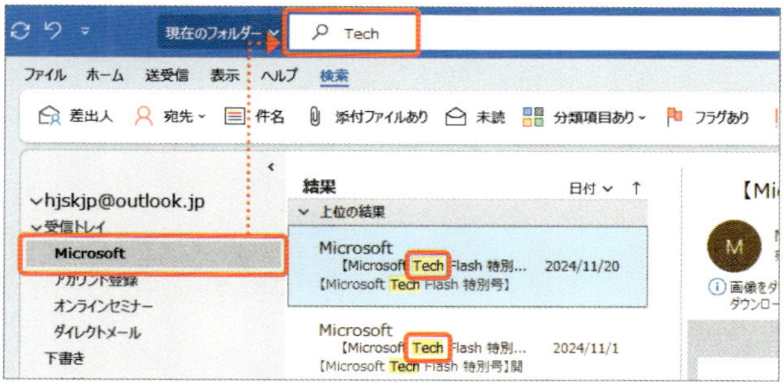

2 検索結果を閉じる

Hint 別の方法で閉じる

検索結果を閉じたい場合は、Microsoft Searchの[×]をクリックする方法のほか、[検索]タブ→[検索結果を閉じる]をクリックする方法があります。

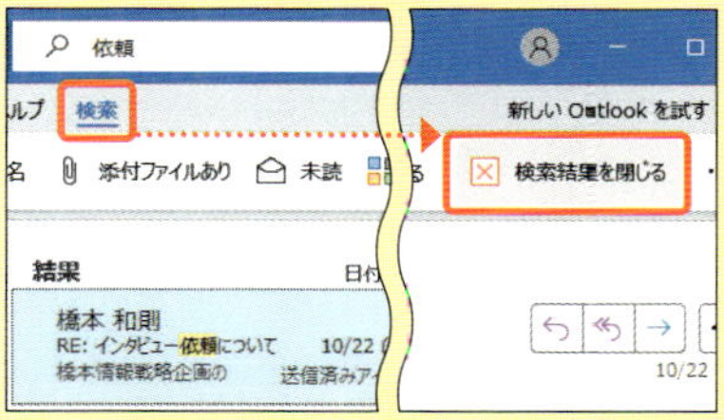

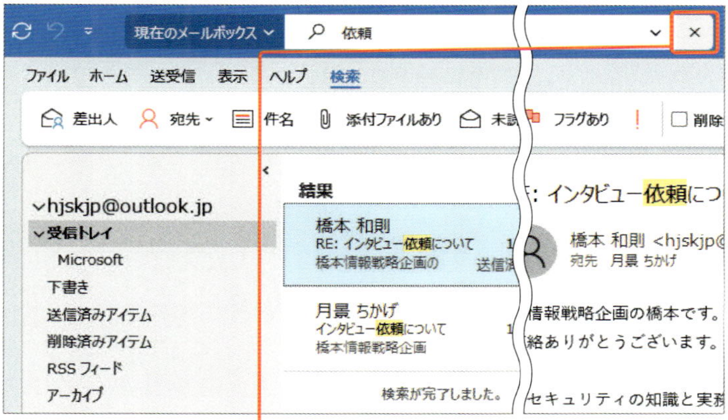

1 Microsoft Searchの[×]をクリックします。

2 検索結果が解除され、通常のビュー表示に戻ります。

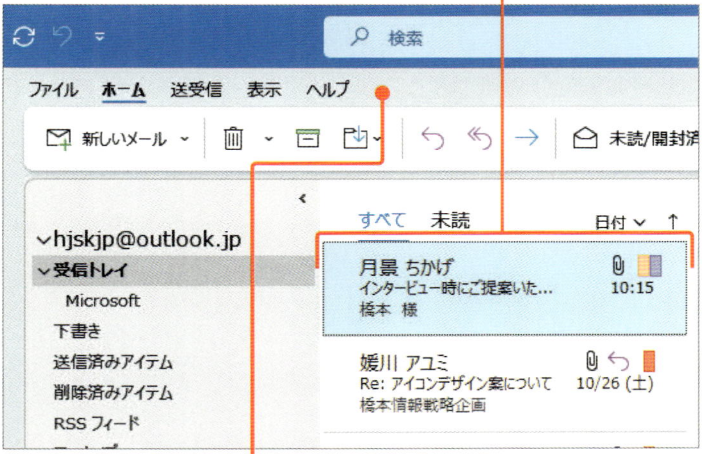

[検索] タブの表示が消えます。

ショートカットキー

● 検索結果を閉じる
Esc

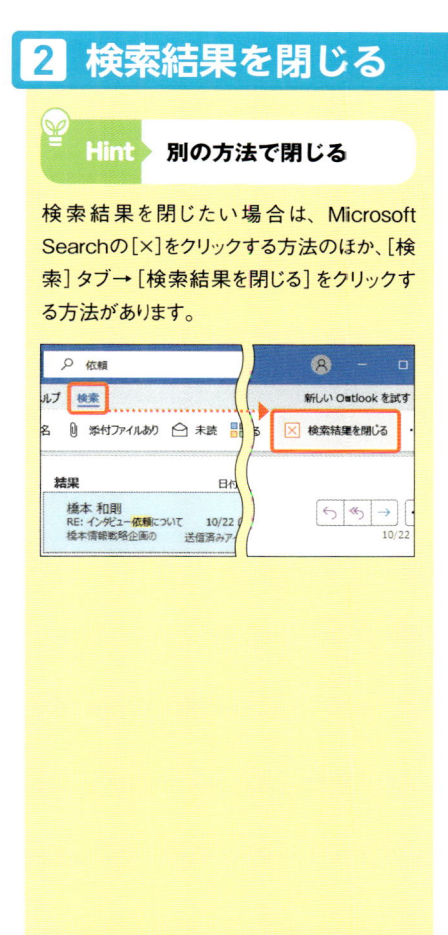

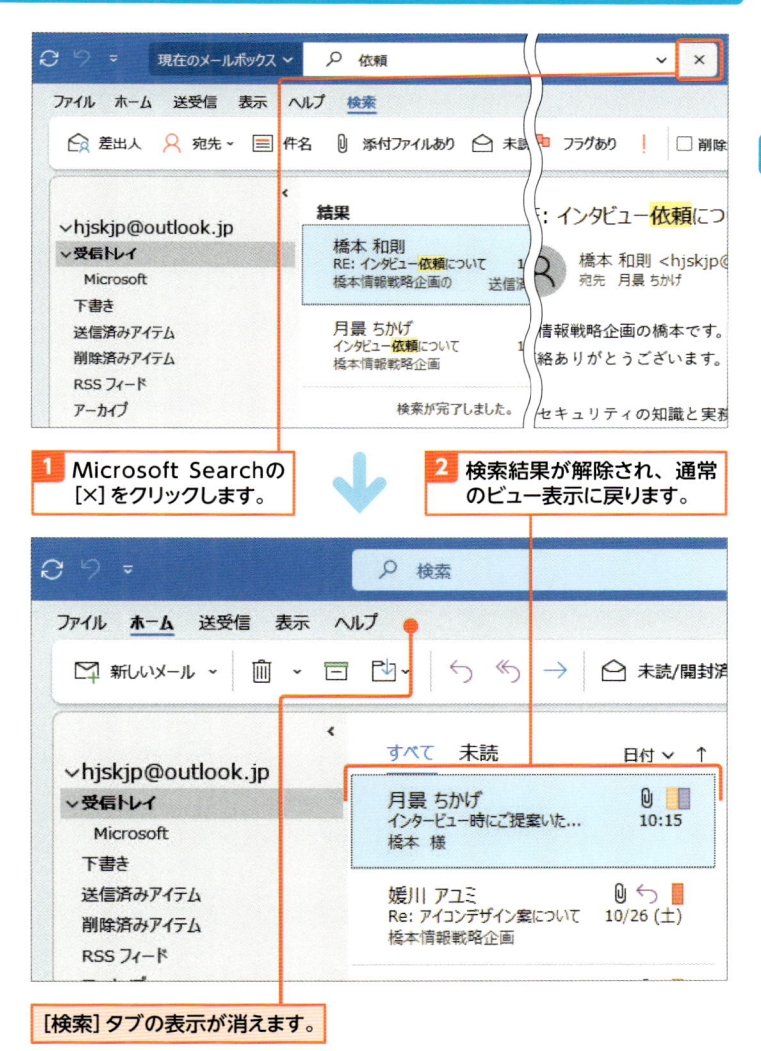

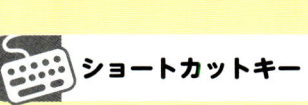

3 件名を対象に検索する

Hint ドロップダウンリストを消す

「Microsoft Search」にカーソルを置くと、自動的にリボンに［検索］タブが表示され、ドロップダウンリストも開きます。この自動的に表示されるドロップダウンリストが邪魔な場合には、Esc キーを押すと表示消去することができ、リボンの操作がしやすくなします。

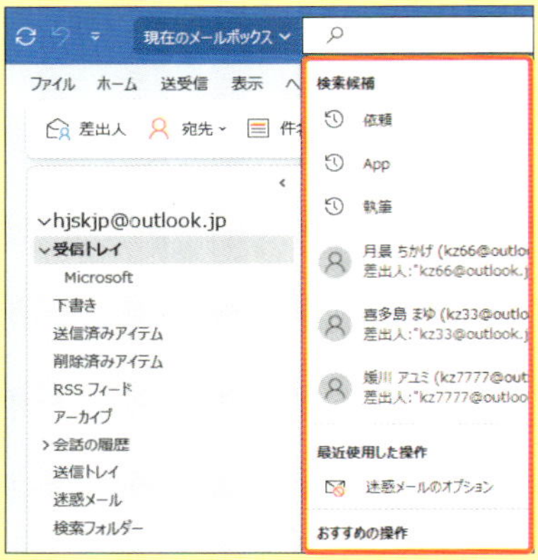

1 Microsoft Searchをクリックします。

2 ［検索］タブが表示されます。

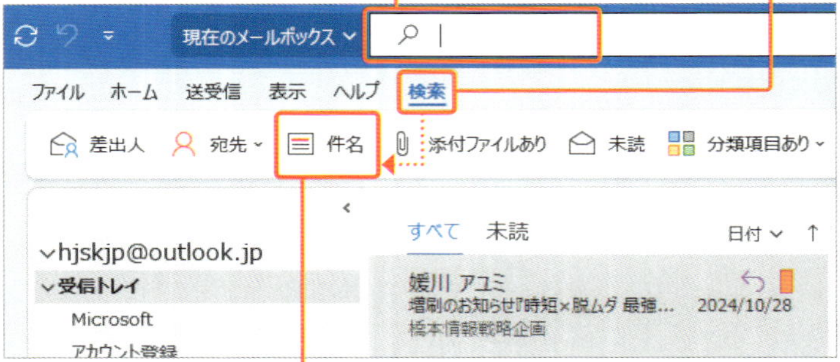

3 ［検索］タブ→［件名］をクリックします。

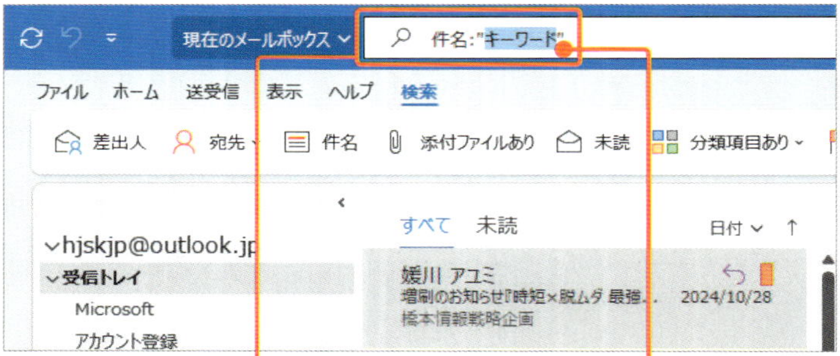

4 「件名:"キーワード"」と表示されます。

5 キーワードの部分に任意の検索キーワードを入力します。

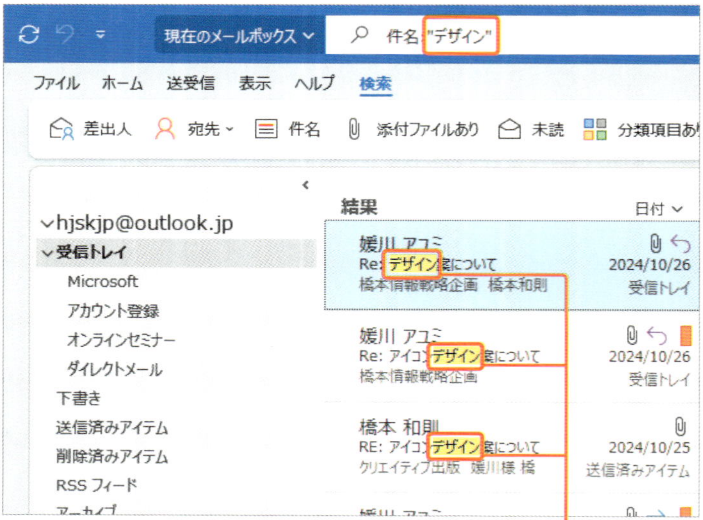

6 「件名」を対象に、任意の検索キーワードでメールを検索できます。

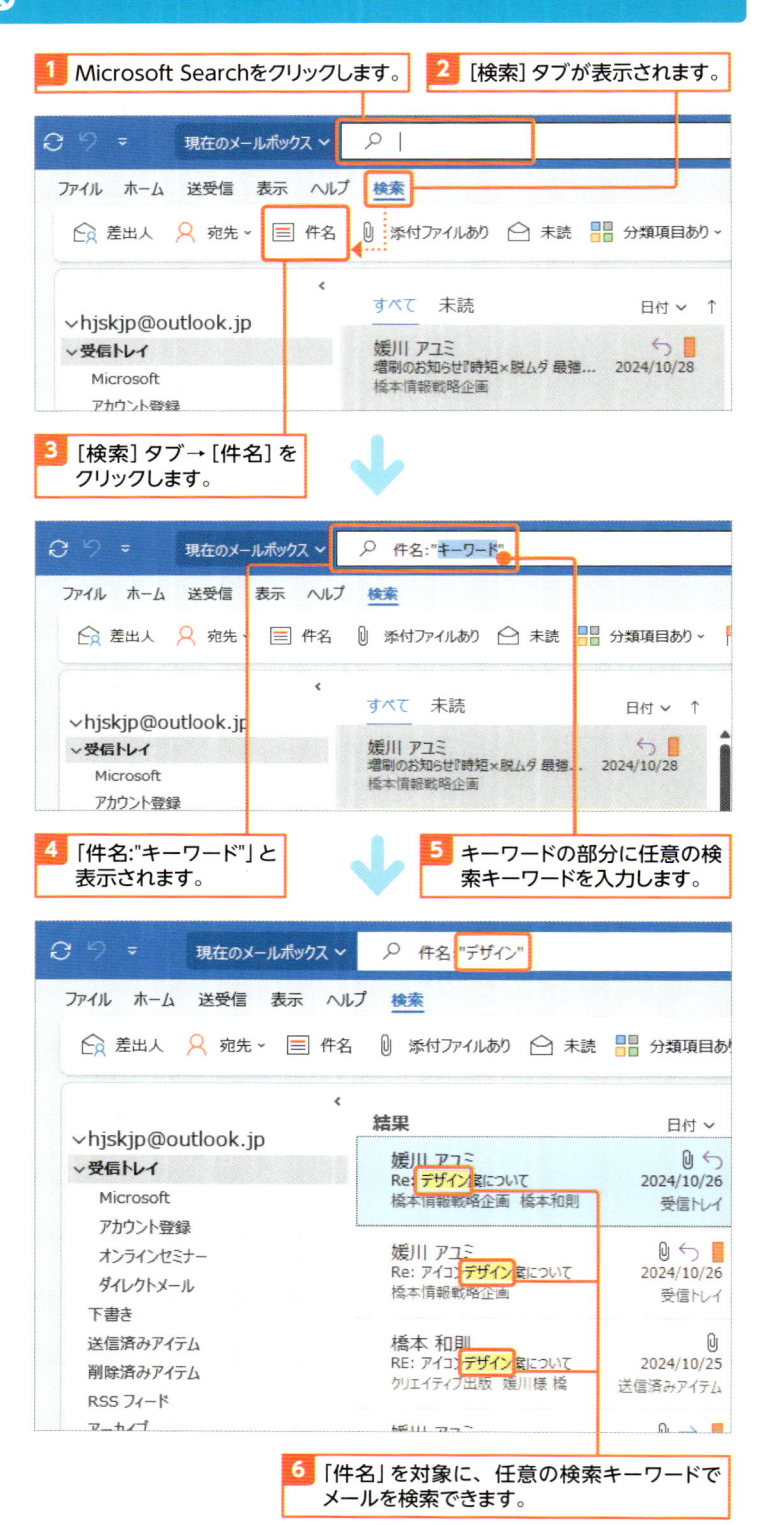

4 差出人を対象に検索する

Hint 添付ファイルがあるメールを一覧表示する

添付ファイルがあるメールを一覧表示にしたい場合は、［検索］タブ→［添付ファイルあり］をクリックします。
添付ファイルがあるメールのみを、ビューで一覧表示にできます。

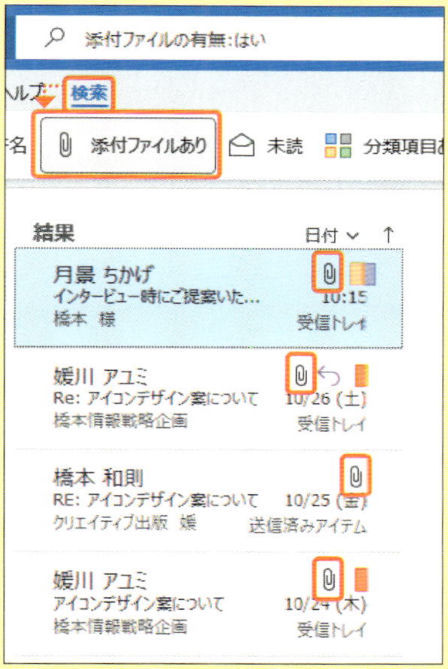

1 Microsoft Searchをクリックします。

2 ［検索］タブが表示されます。

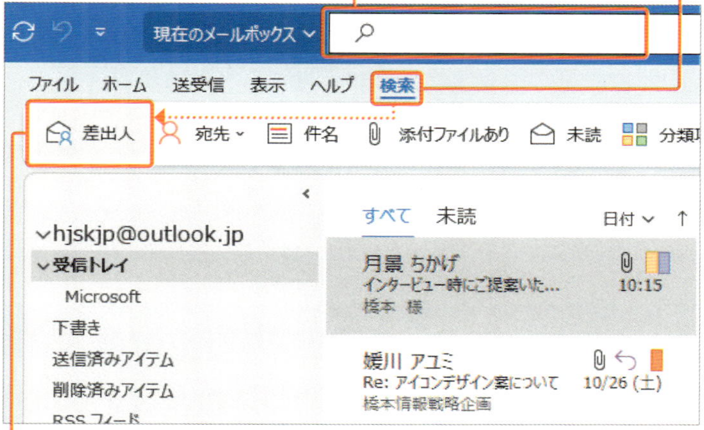

3 ［検索］タブ→［差出人］をクリックします。

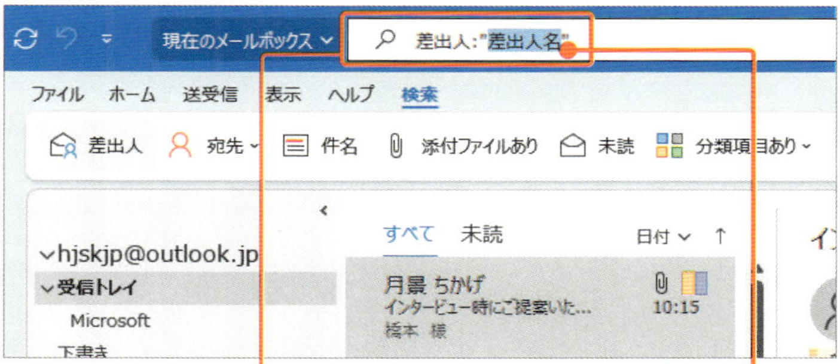

4 「差出人:"差出人名"」と表示されます。

5 差出人名の部分に任意の差出人の名前を入力します。

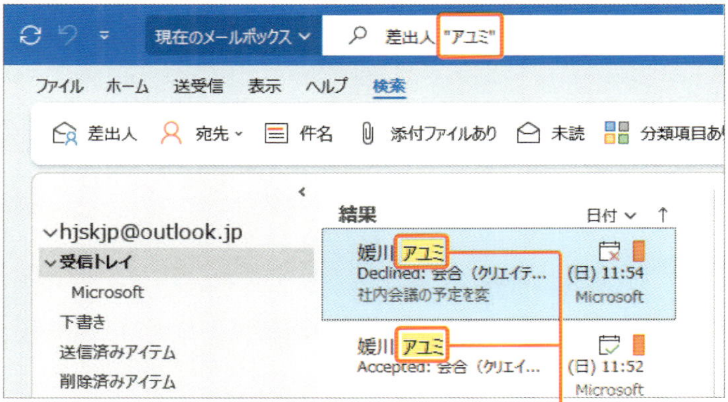

6 「差出人」を対象に、任意の検索キーワードでメールを検索できます。

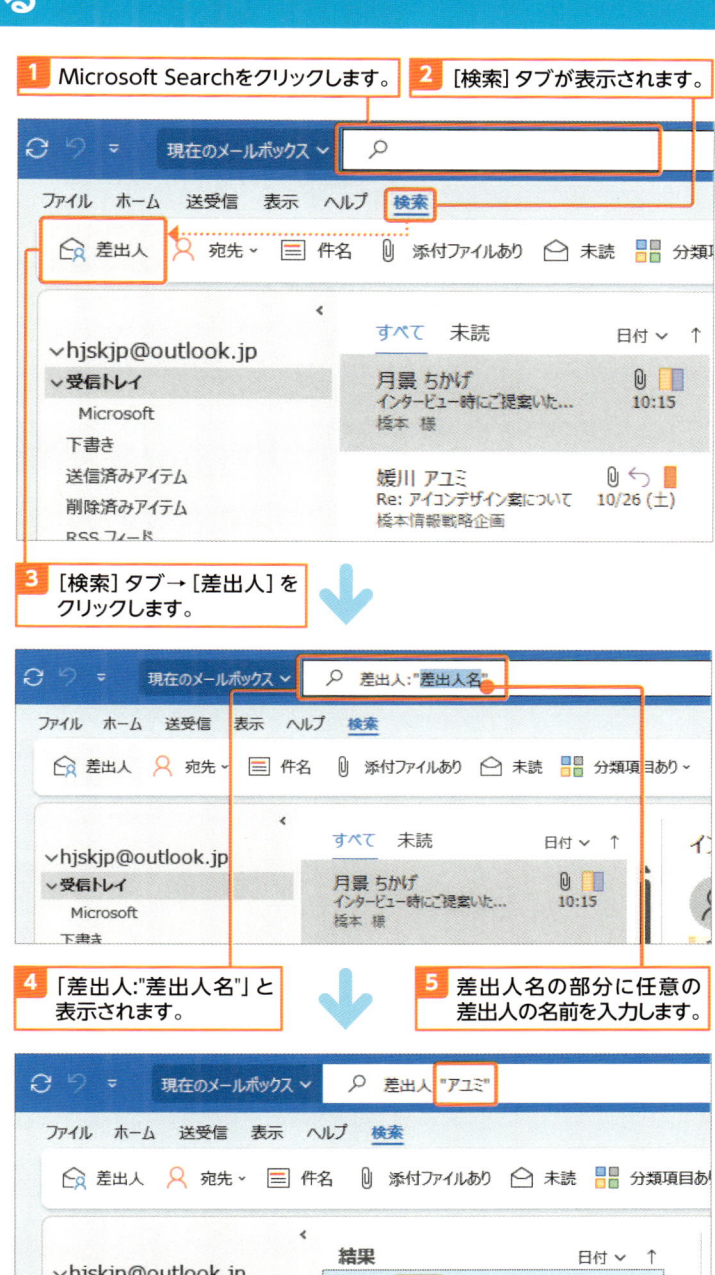

Section

33 高度な検索で目的のメールを探し当てる

ここで学ぶのは

- 複合的な検索
- 検索のフィールド
- 検索の「条件」

目的のメールを見つけたい場合は「検索」で任意のキーワード入力して探すのが基本ですが、ここで解説する「高度な検索」を用いれば、複数のフィールドを選択したうえで複合的に検索条件を指定できるため、より精度の高い検索結果を得ることができます。

1 差出人と件名を複合的に検索する

解説 「高度な検索」の活用

「高度な検索」では、複数の検索条件を複合的に指定した検索を行うことができます。ここでは、差出人と件名を指定した検索の例を解説します。

ショートカットキー

- Microsoft Searchに移動する
  Ctrl + E
  Alt → Q
  F3

1 Microsoft Search (検索ボックス) をクリックします。

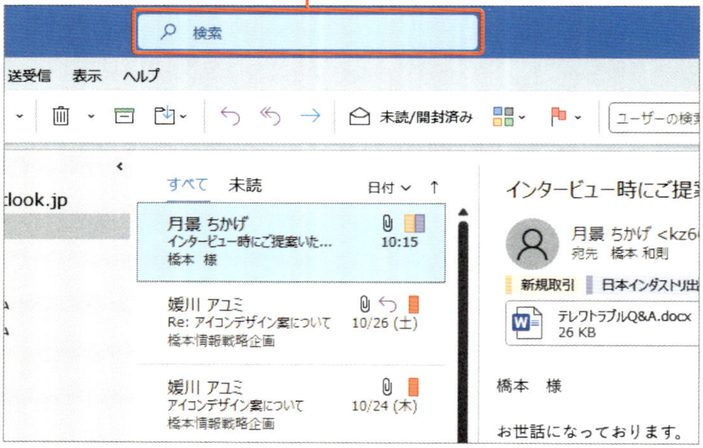

2 Microsoft Search内の ∨ をクリックします。

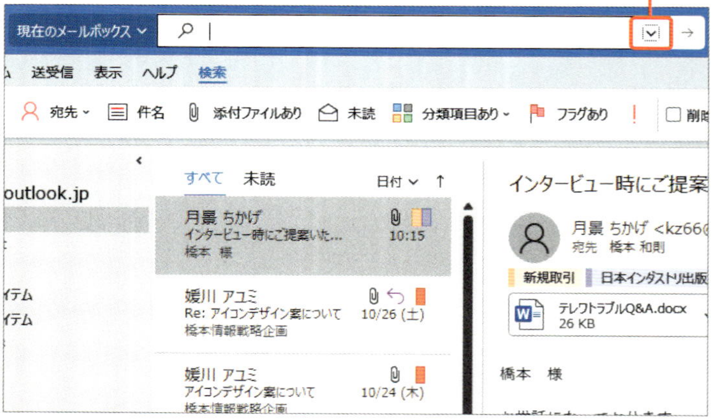

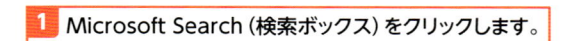

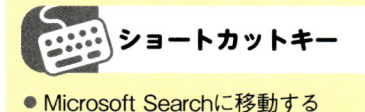

使えるプロ技！ 検索するフォルダーを指定する

あらかじめフォルダーウインドウで任意のフォルダーを選択したうえで、Microsoft Search をクリックして、⌄をクリックすれば、「現在のフォルダー」（あらかじめ指定したフォルダー）を対象に検索を行うことができます。

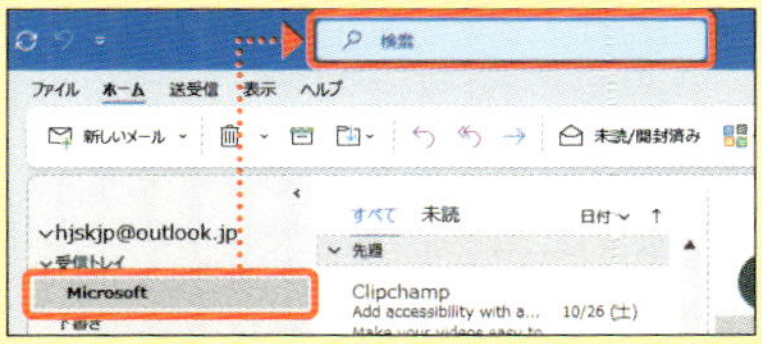

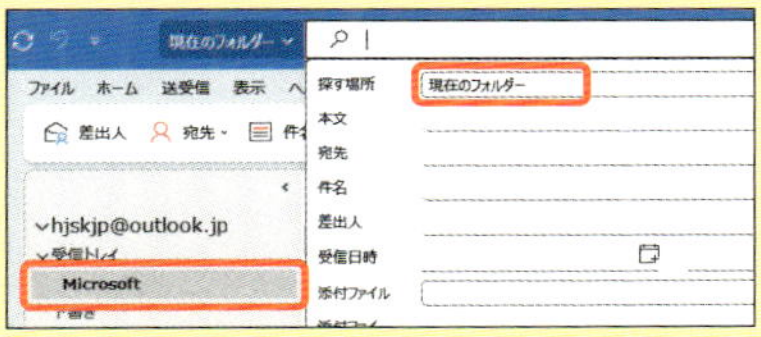

Hint 高度な検索オプション

「高度な検索」から［その他のオプションの追加］をクリックすれば、高度な検索オプションから任意に検索フィールド（検索時のフォームの項目）を追加することができます。

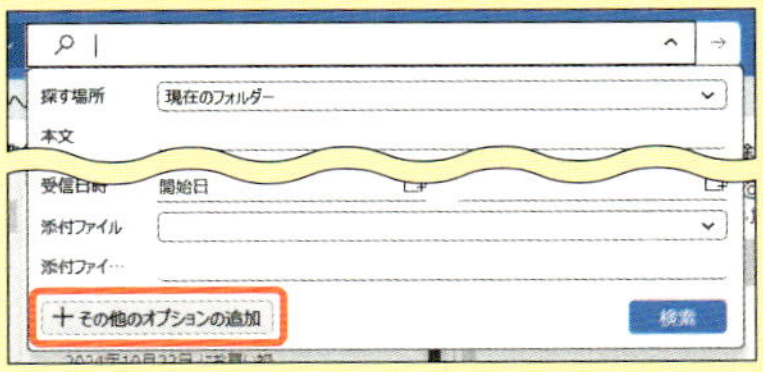

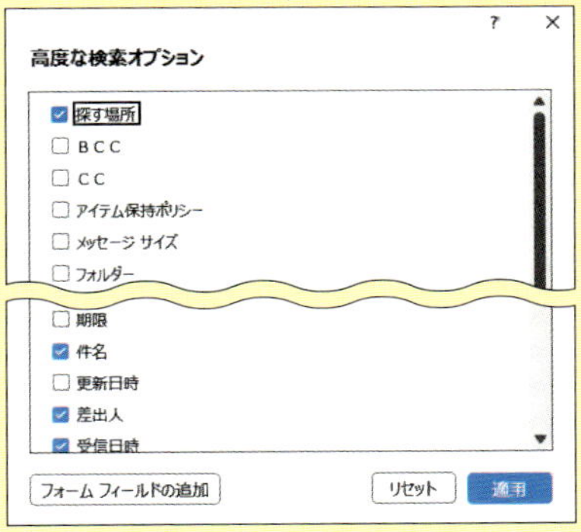

「高度な検索」が表示されます。

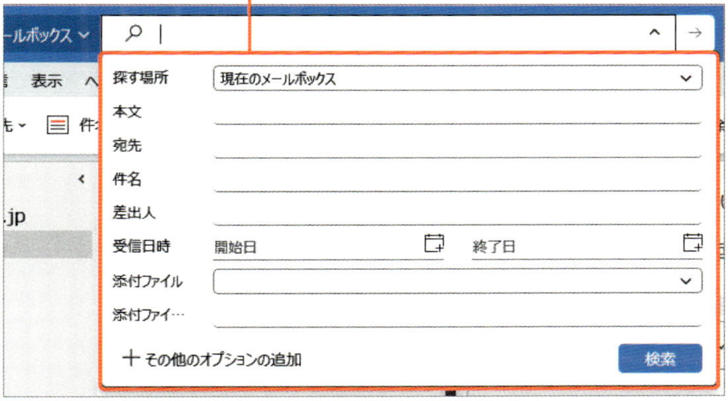

3 ［件名］に任意の件名（ここでは「デザイン」）を入力します。

4 ［差出人］に任意の差出人の名前（ここでは「アユミ」）を入力します。

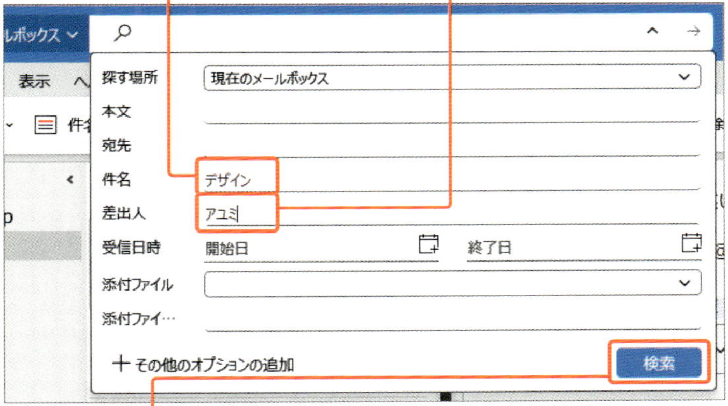

5 ［検索］をクリックします。

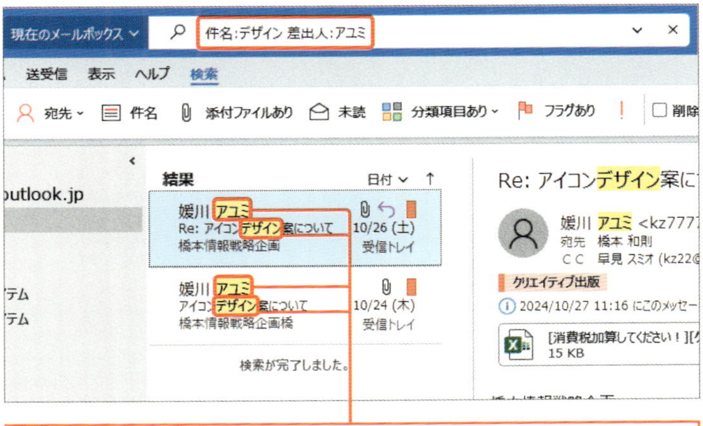

6 差出人に「アユミ」が含まれ、さらに件名として「デザイン」が含まれるメールが検索結果として表示されます。

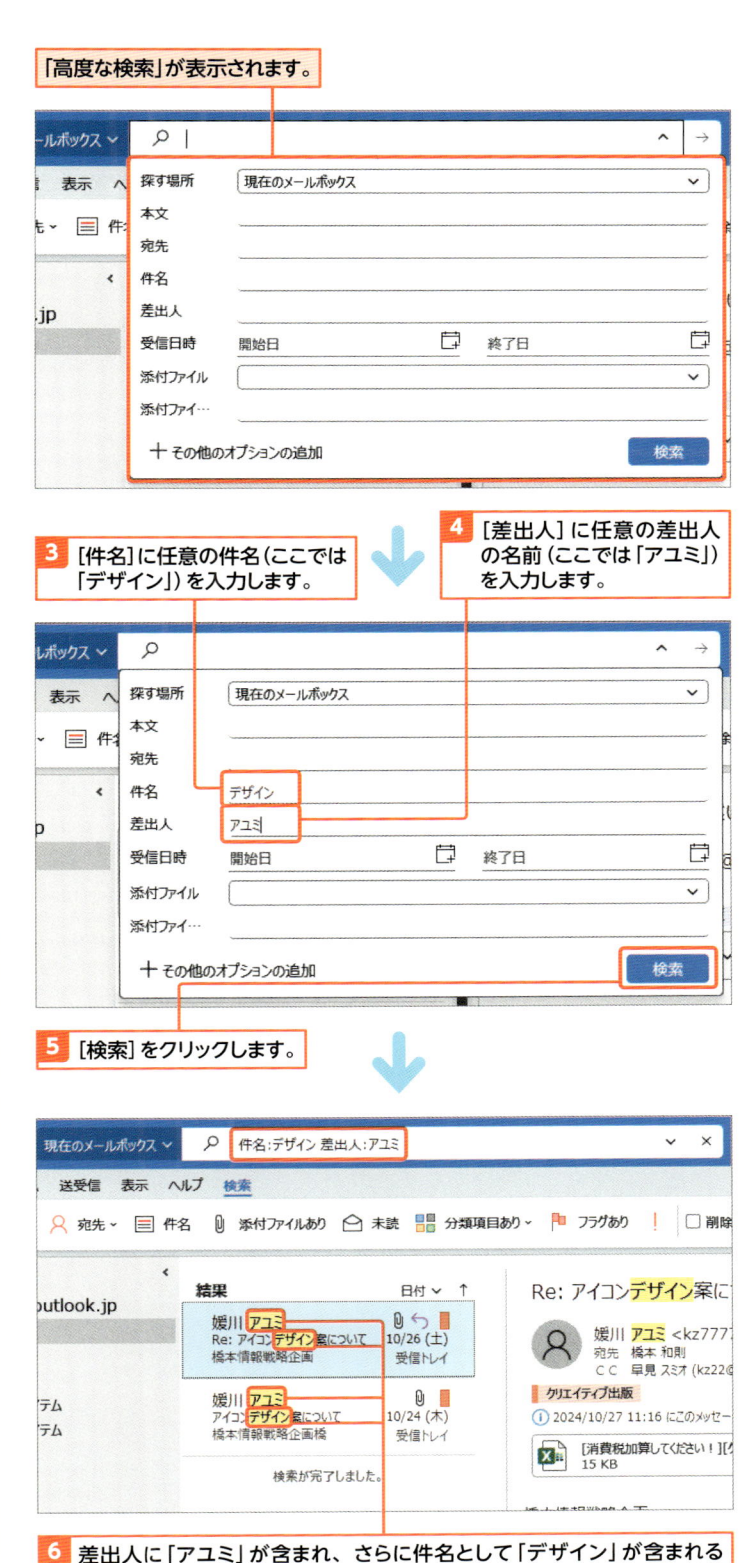

2 詳細な検索を行う

解説 [高度な検索]ダイアログ

[高度な検索]ダイアログの[高度な検索]タブであれば、任意のフィールドを複合的に指定してより詳細な検索を行うことが可能です。

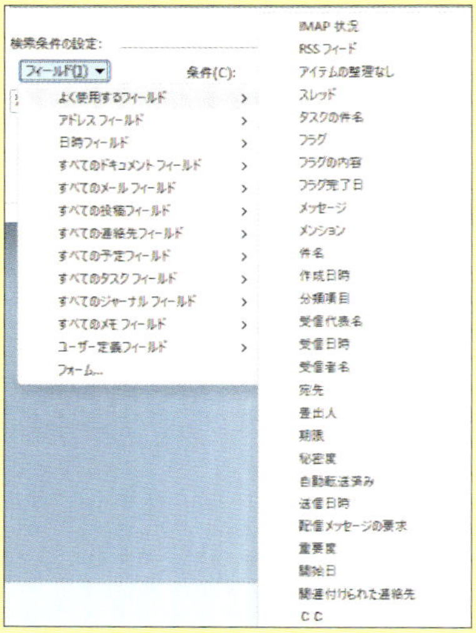

1 Microsoft Searchをクリックして、[検索]タブを表示します。

2 […]をクリックして、ドロップダウンから[検索ツール]→[高度な検索]をクリックします。

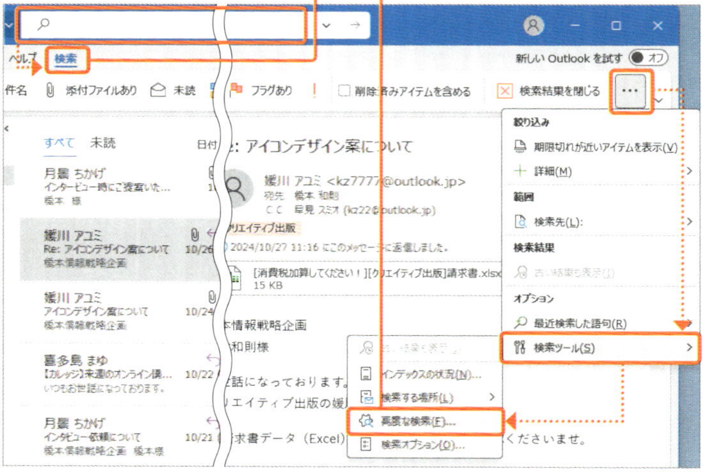

3 [高度な検索]ダイアログが表示されます。

4 [高度な検索]タブをクリックします。

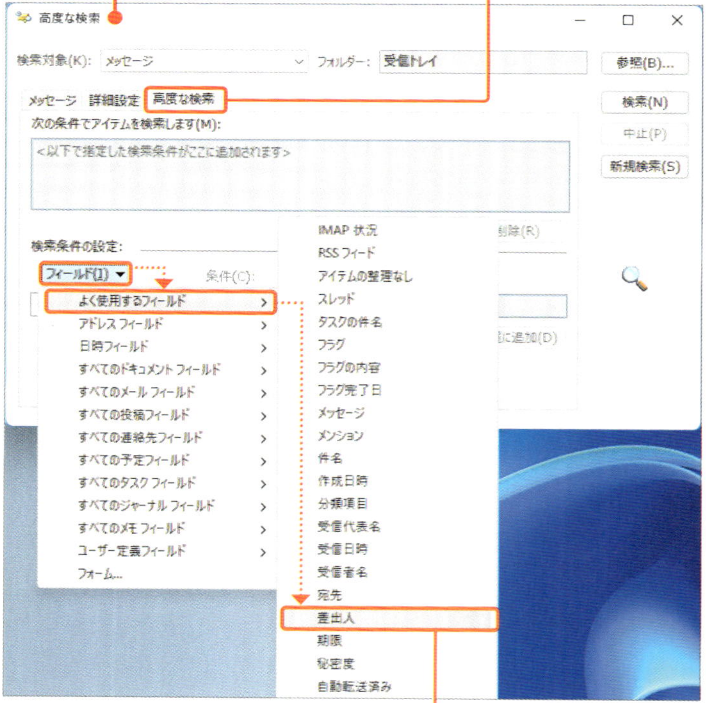

5 [フィールド]をクリックして、ドロップダウンから[よく使用するフィールド]→[差出人]をクリックします。

ショートカットキー

- [高度な検索] ダイアログ
  Ctrl + Shift + F

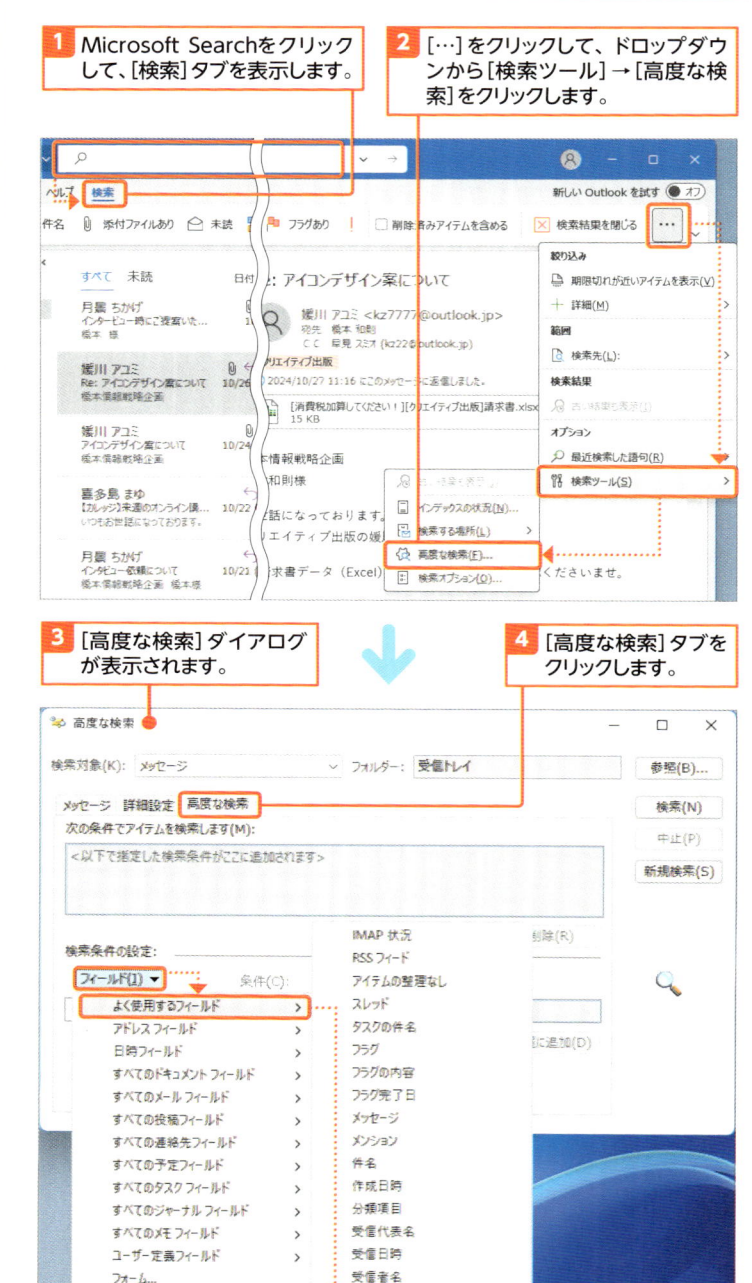

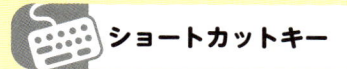

Hint 条件の指定を工夫する

フィールドの指定とともに「条件」を指定すると検索を行いやすくなります。例えば、「ある件名を含む」キーワードに適合するメールにおいて、「ある差出人を含まないメール」を検索したい場合には、[フィールド]から[差出人]を指定したうえで[条件]から[次の文字を含まない]を選択して、[値]に任意の差出人を指定することにより、「任意の件名を含む、任意の差出人以外からのメール」を検索できます。

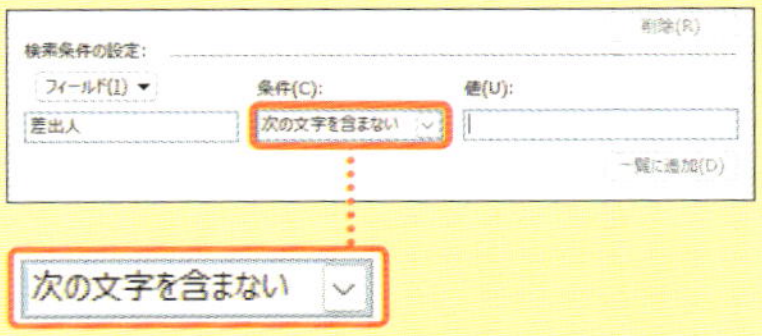

Hint 「詳細設定」による検索

[高度な検索]ダイアログの[高度な検索]タブでは複数のフィールドを指定して複合的な検索が行えますが、「分類項目」「添付ファイル」「フラグ」などの任意に管理した項目を指定して検索したい場合には[詳細設定]タブが便利です。

[分類項目]で任意の分類を指定したうえで、添付ファイルありなどを指定して検索すれば、自身の管理ルールに合わせて目的のメールをすばやく見つけ出すことができます。

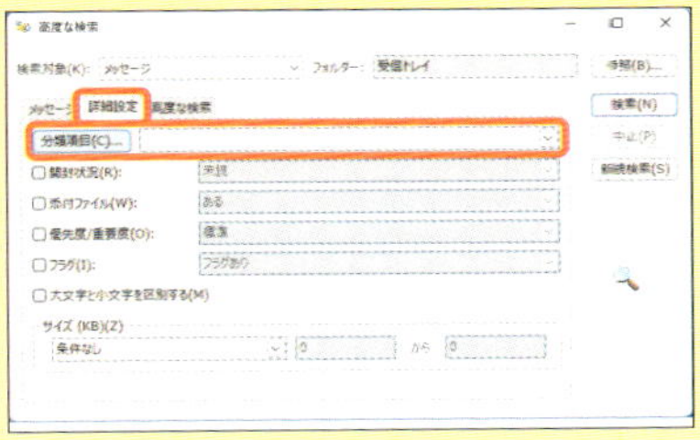

6 [差出人]の値に差出人の名前(ここでは「まゆ」)を入力して、[一覧に追加]をクリックします。

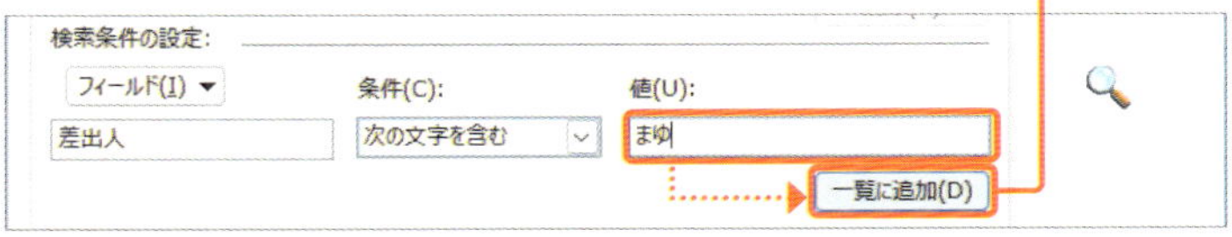

7 [差出人]の検索キーワードとして「まゆ」が登録されます。

8 先と同様の方法で[件名]のフィールドを追加して、任意の値(ここでは「講義」)を入力します。

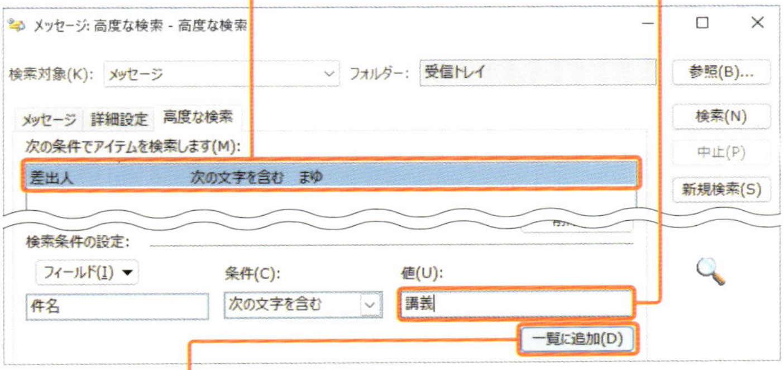

9 [一覧に追加]をクリックします。

10 追加したフィールドが登録されます。

11 [検索]をクリックします。

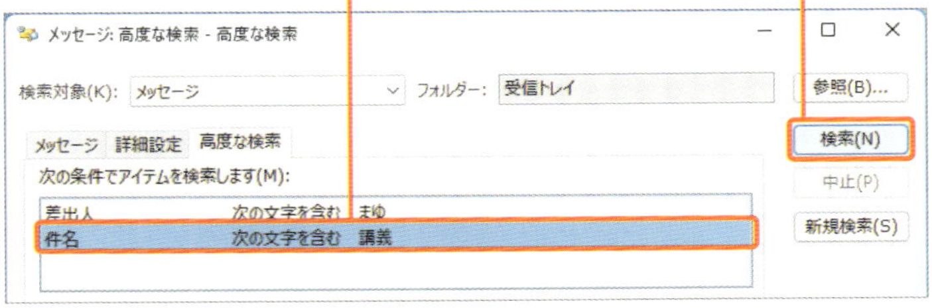

12 複数の検索条件に合致したメールが検索結果として表示されます。

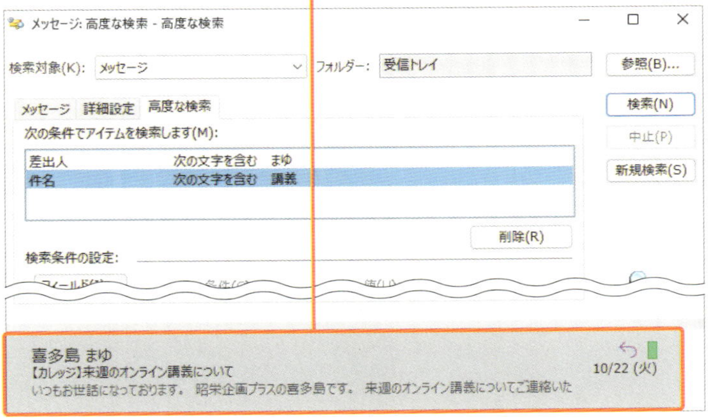

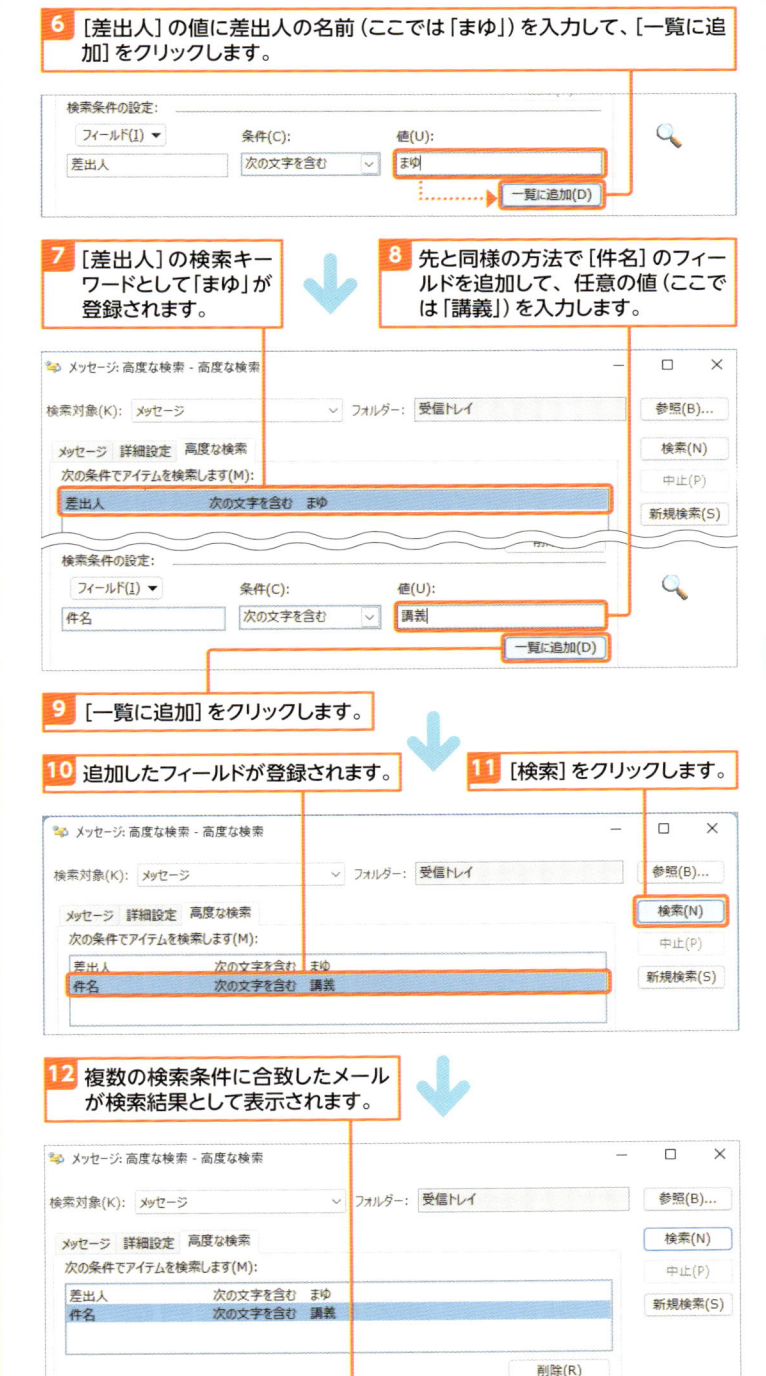

Section
34 フラグを付けてメールをタスク管理する

ここで学ぶのは
- フラグの設定
- フラグの削除
- フラグの管理

メールを受信した際に、「今は時間がないので後で返信する」や「このメール内容は後日必ず処理しなければならない」などの管理には「フラグ」を利用します。フラグによりメールをタスクとして管理することができ、終了後には「完了」をマークすることで作業の進行を管理できます。

1 メールにフラグを設定する

Key word フラグ

フラグは英語で「旗」という意味で、重要な事柄に対しての目印として使用されます。メールの場合、主に「後で作業すべきメールとしてマーク」して、「処理して完了したか」を管理するために利用します。

Memo メールに対するフラグ選択は大体でOK

フラグは「メール内容を処理すべき日」を指定すべきですが、明確な納期がないもの（例えば後でメールを返信するなど）については、あまり細かく考えずに大体の期限の指定で構いません。

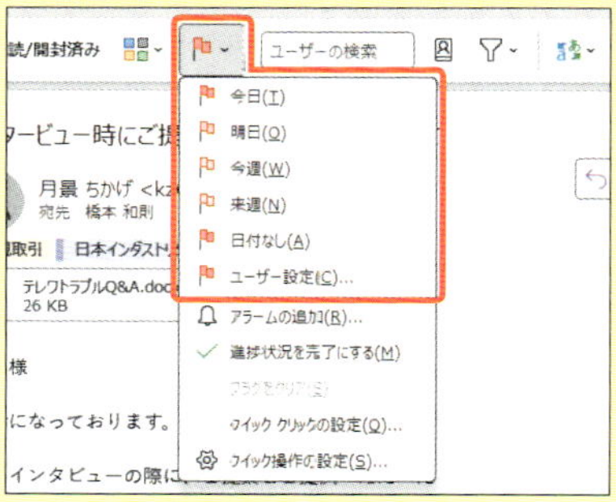

フラグを付けたいメールをあらかじめ選択しておきます。

1 ［ホーム］タブ→［フラグの設定］をクリックして、

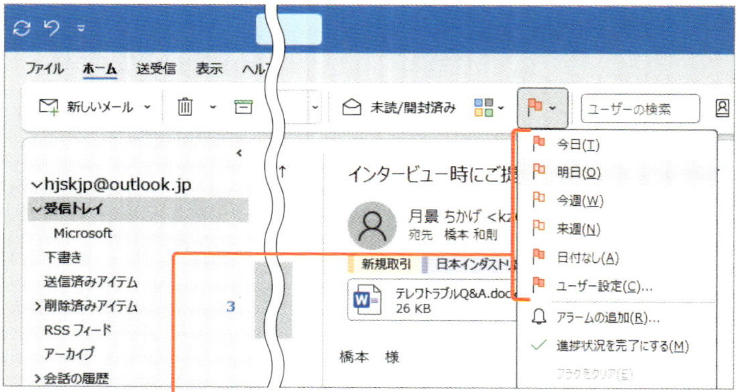

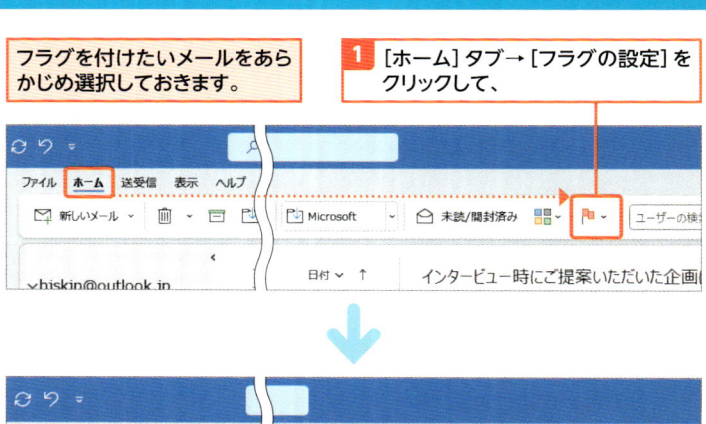

2 ドロップダウンから任意のフラグをクリックします。

3 メールにフラグを設定できます。

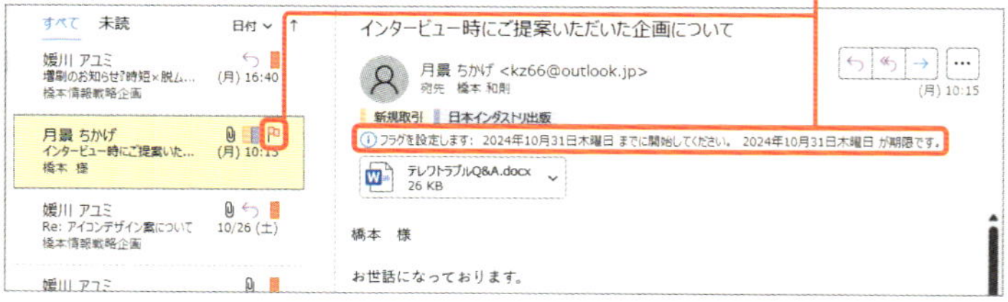

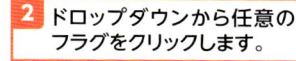

Hint フラグはタスクでも管理できる

フラグを付けたメールは、「To Do」における「フラグを設定したメール」で管理することができます。

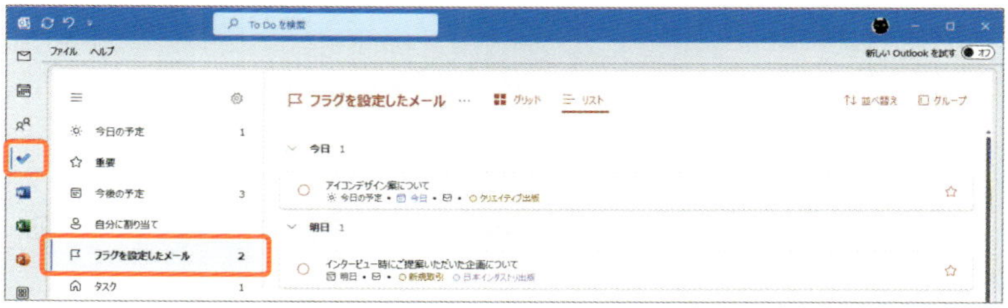

2 フラグを消す

解説 フラグを消す

フラグを消す操作は、一般的にはタスクではなくなった（作業をする必要がなくなった）メールに対して設定します。作業が完了した場合には、クリアするのではなく［進捗状況を完了にする］を選択しましょう。

ショートカットキー

● フラグのクリア
Alt ＋ Insert

Hint 詳細なフラグの設定

「今日」「明日」「今週」といった詳細なフラグの設定は、アカウントの種類がMicrosoft Exchangeアカウント／Microsoft 365のアカウント／Outlook.comアカウントなどのMicrosoft系アカウントの場合のみ可能です。その他のアカウントの種類（IMAPアカウントなど）では操作・設定に制限があります。

● Microsoft系アカウントの場合

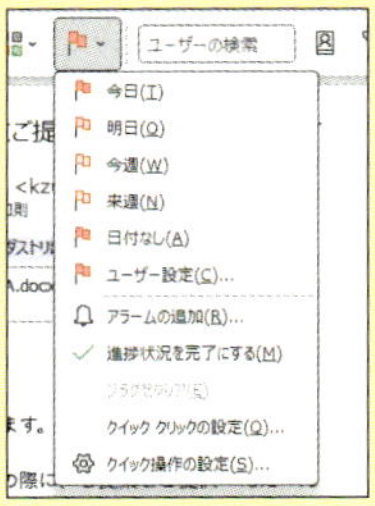

● IMAPアカウントの場合

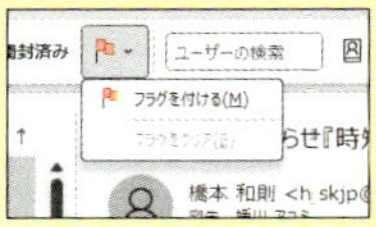

フラグを取り消したいメールを選択しておきます。

1 ［ホーム］タブ→［フラグの設定］をクリックして、

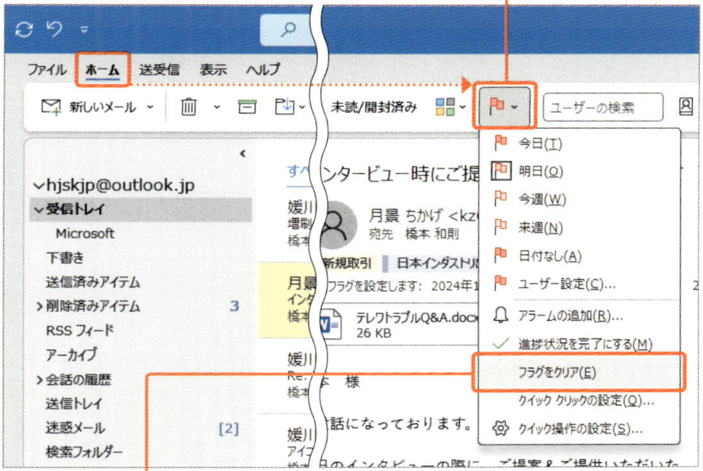

2 ドロップダウンから［フラグをクリア］をクリックします。

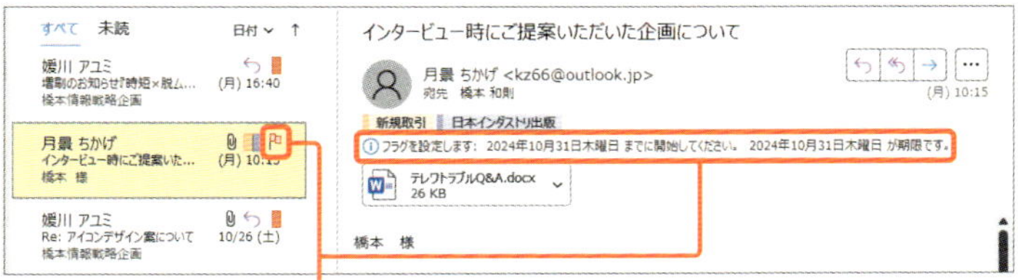

3 メールからフラグを消すことができます。

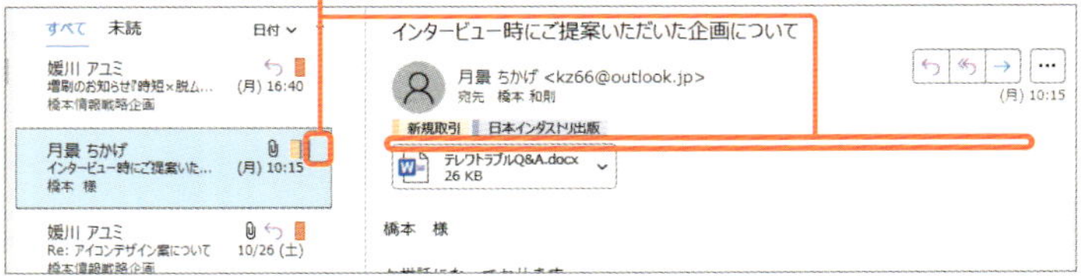

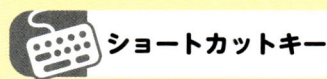

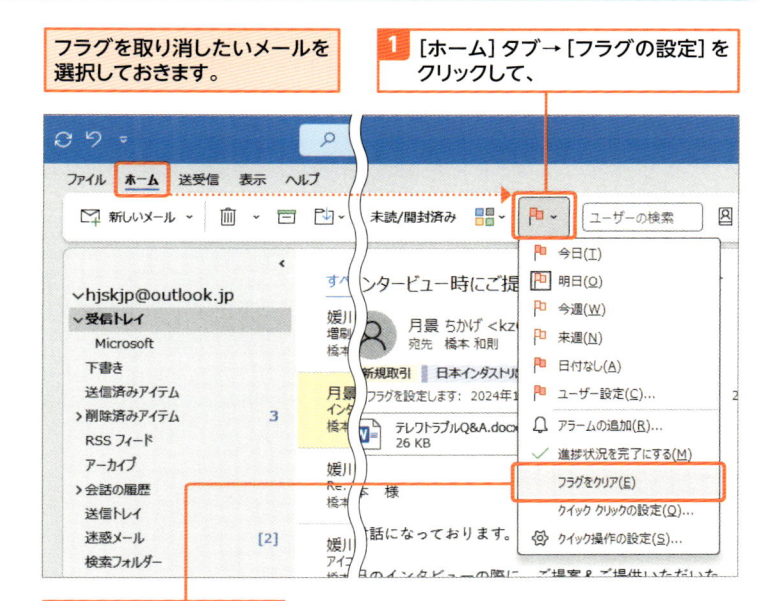

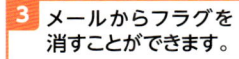

3 フラグの進捗状況を完了にする

解説 フラグを「完了」にする

作業が完了した場合は[進捗状況を完了にする]を選択します。また、タスクではなくなった(作業をする必要がなくなった)場合は、[フラグをクリア]を選択します。

時短のコツ 一度に複数のメールを選択する

ビュー内のメールは Ctrl キーを押しながらクリックすることで複数選択が可能です。また始点をクリックしたうえで、終点を Shift キーを押しながらクリックすれば範囲選択を行うこともできます。複数のメールにフラグを付けたい場合などに便利な操作方法です。

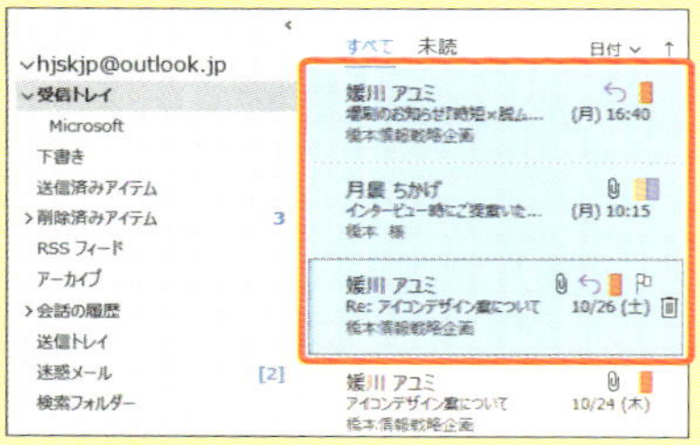

Hint 作業が完了したタスクを確認する

[進捗状況を完了にする]を選択すると、「To Do」の「フラグを設定したメール」では該当タスクに取り消し線が引かれます(「オプション」→「完了済みタスクを表示する」の場合)。これは作業が完了してもう作業する必要がないことを意味します。

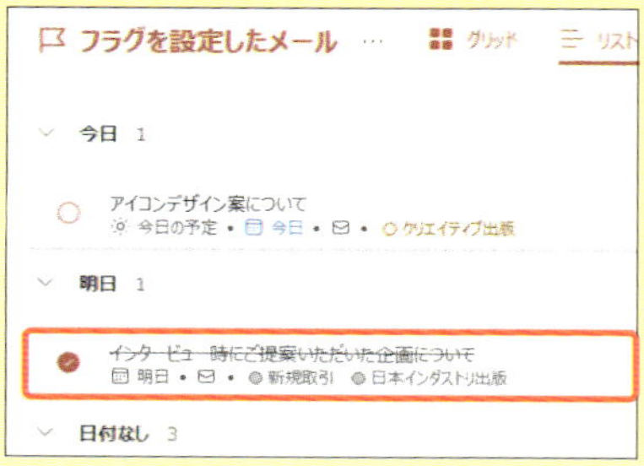

タスクが完了したメールを選択しておきます。

1 [ホーム]タブ→[フラグの設定]をクリックして、

2 ドロップダウンから[進捗状況を完了にする]をクリックします。

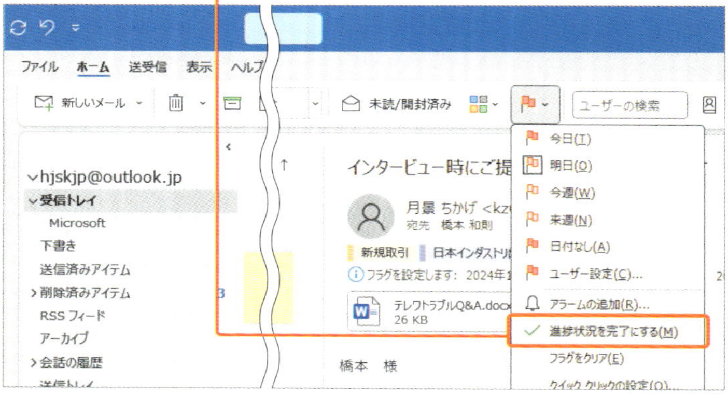

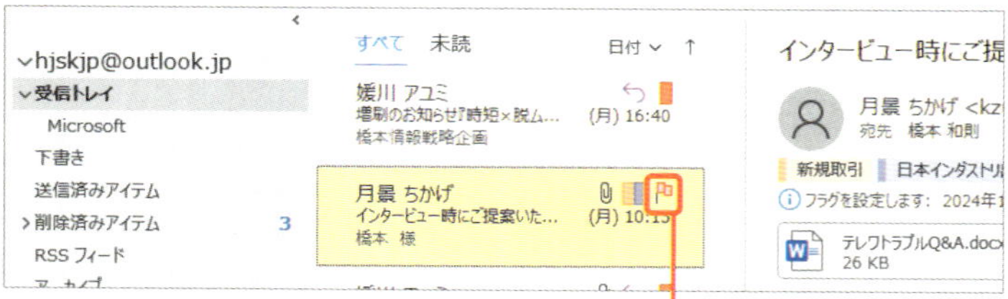

3 メールに「完了」を示すチェックマークが表示されます。

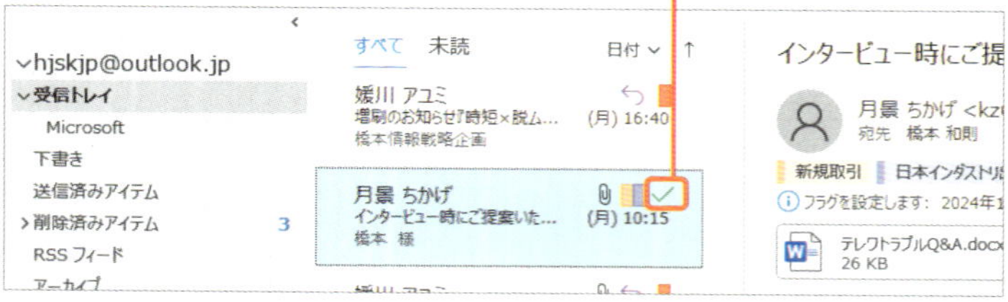

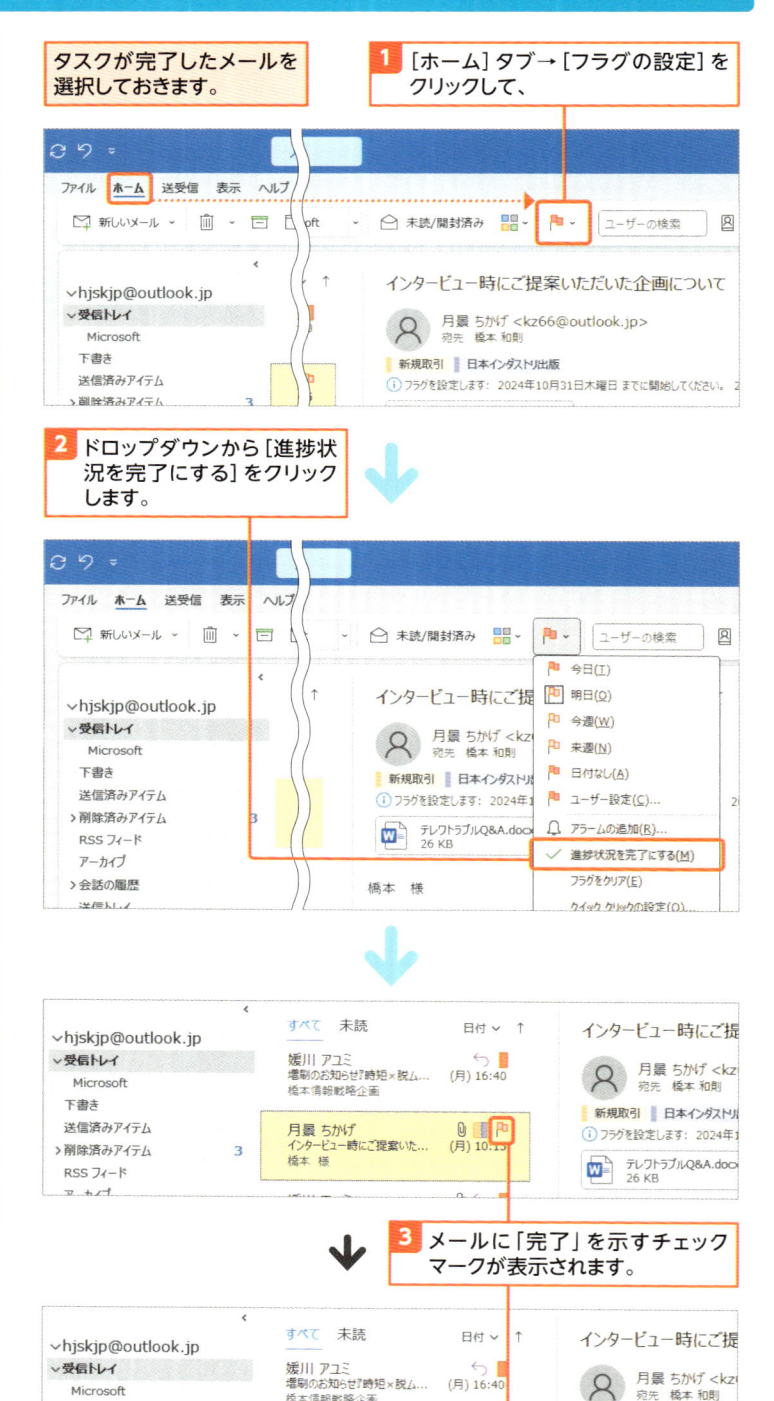

4 IMAP アカウント（非 Microsoft 系アカウント）でフラグを付ける

解説 IMAPアカウントでのフラグ操作

IMAP アカウントの場合、フラグは「付ける」か「クリア」のどちらかの選択になります。p.121 の下の Hint で解説したように詳細なフラグの設定は、アカウントの種類が Microsoft Exchange アカウント／Microsoft 365 のアカウント／Outlook.com アカウントなどの Microsoft 系アカウントの場合のみ指定が可能です。

IMAPアカウントの場合

フラグを付けたいメールをあらかじめ選択しておきます。

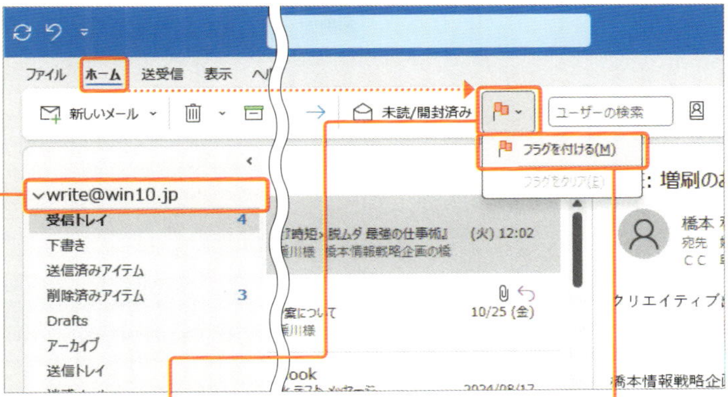

1 [ホーム] タブ→ [フラグの設定] をクリックして、

2 ドロップダウンから [フラグを付ける] をクリックします。

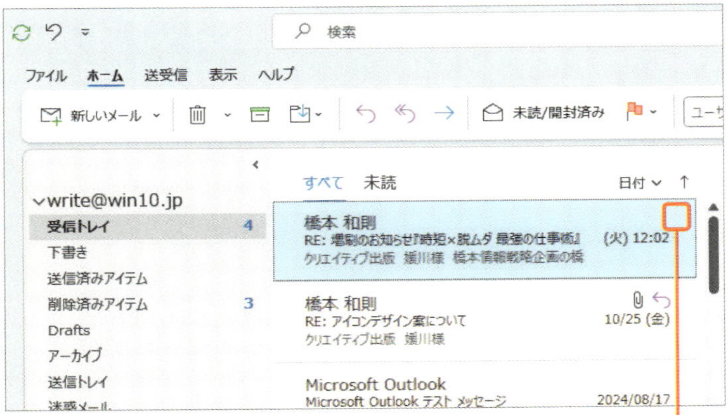

3 メッセージにフラグを設定できます。

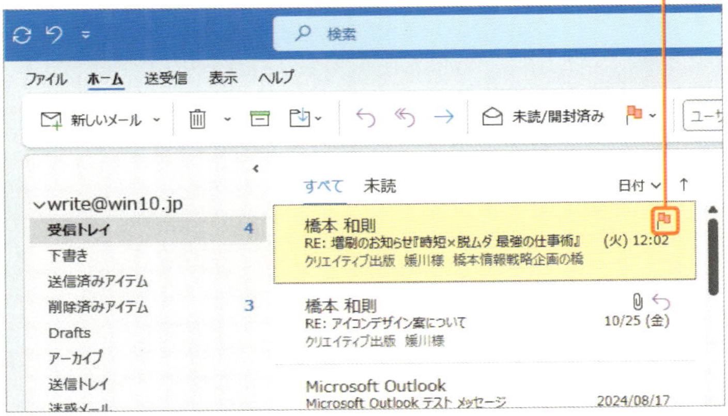

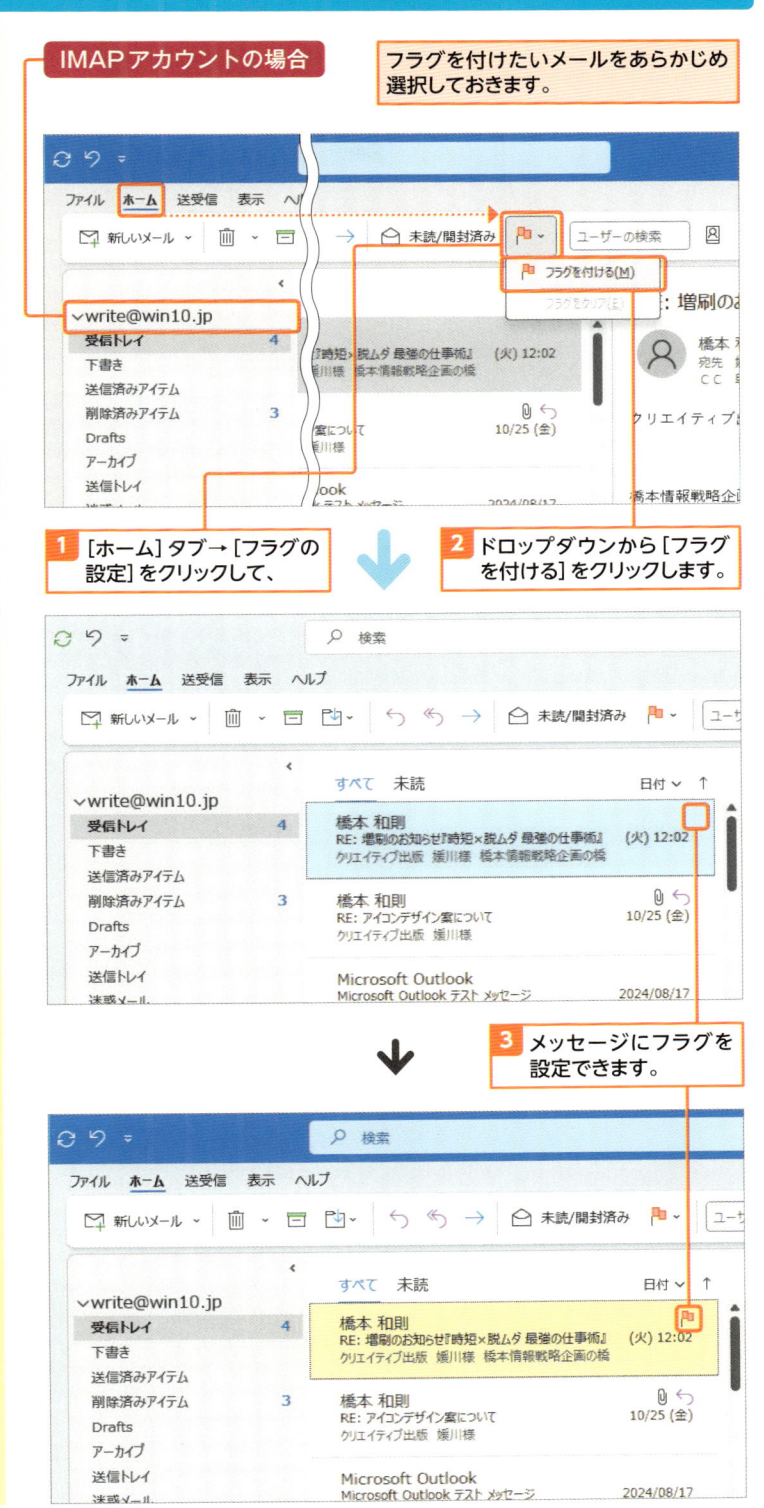

Section

35 メールを分類して色分けする

ここで学ぶのは

- メールの色分け
- 分類名を付ける
- 色で表示する

メール管理では、任意のメールを**分類**して**色分け**することができます。分類（色）には任意の分類項目名を命名でき、書類にカラー付箋を付けるようなイメージでメールを分類できます。

1 メールを分類して色分けする

Memo 複数の分類（色）をメールに設定できる

メールに設定できる「分類（色）」はひとつだけではありません。ひとつのメールに対して、複数の分類（色）を設定することが可能です。

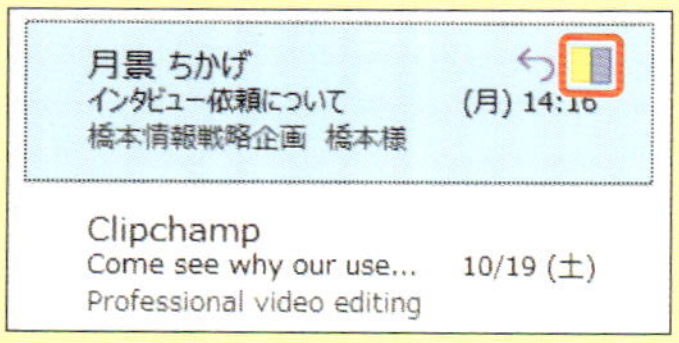

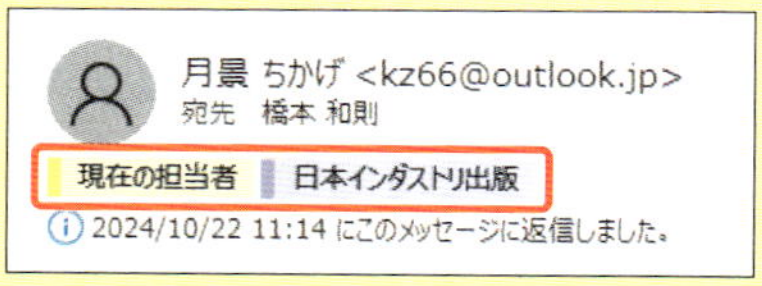

注意 Microsoft系アカウントのみ有効

ここで解説する「分類（色）」は、アカウントの種類がMicrosoft Exchangeアカウント／Microsoft 365のアカウント／Outlook.comアカウントなどのMicrosoft系アカウントの場合のみ操作・設定が可能です。その他のアカウントの種類（IMAPアカウントなど）では操作・設定できません。

あらかじめ分類したい任意のメールを選択しておきます。

1 ［ホーム］タブ→［分類］をクリックして、

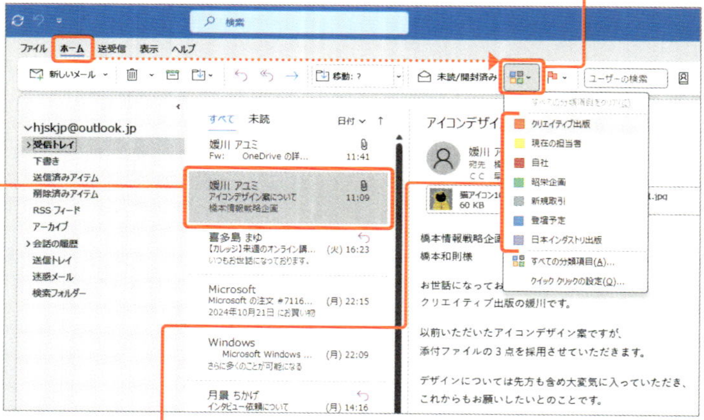

2 ドロップダウンから任意の分類（色）をクリックします。

3 メールに対して任意の分類（色）を指定することができます。

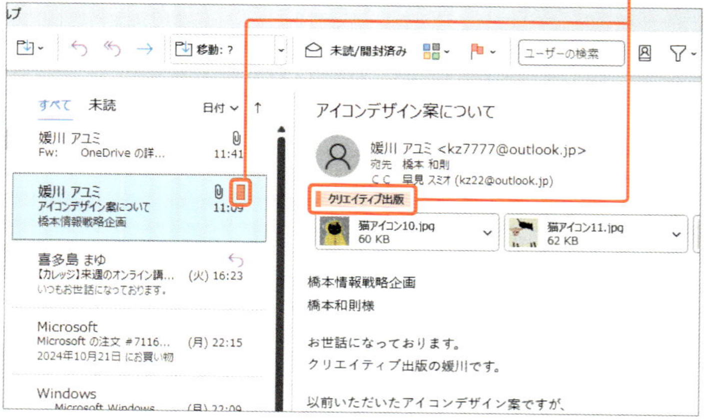

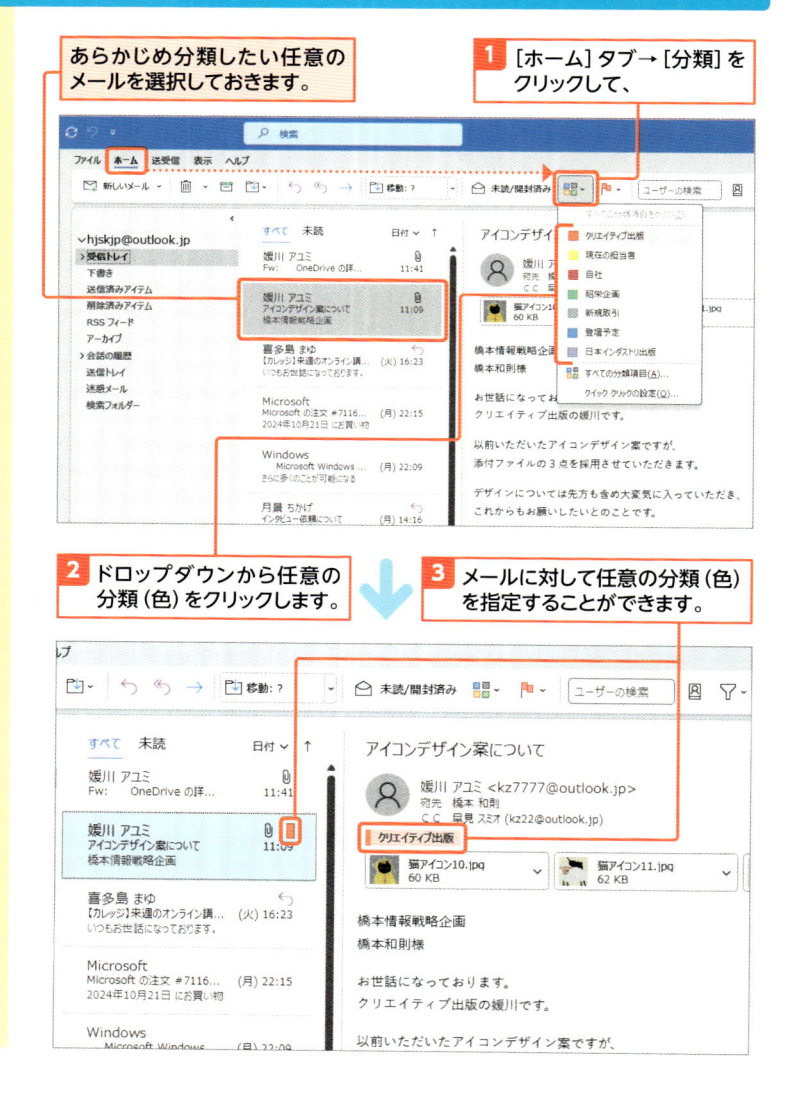

2 メールに設定した分類（色）を消去する

時短のコツ 一度に複数のメールを選択する

ビュー内のメールは、Ctrl キーを押しながらクリックすることで複数選択が可能です。また、始点をクリックしたうえで、終点を Shift キーを押しながらクリックすれば範囲選択を行うこともできます。複数のメールに対して一括で分類を指定したい場合には、便利な操作方法です。

あらかじめ分類（色）を付けたメールを選択しておきます。

1 ［ホーム］タブ→［分類］をクリックして、

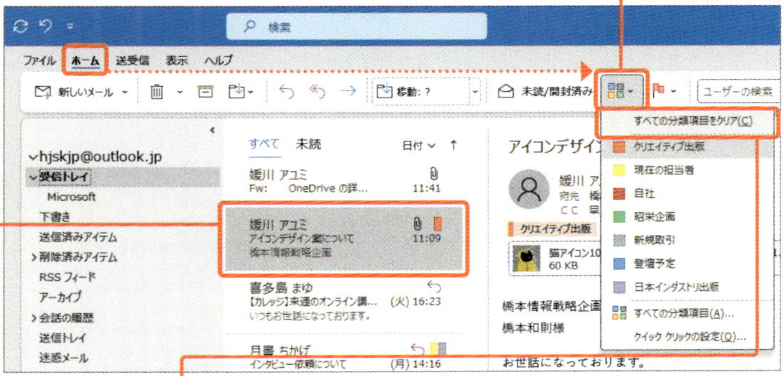

2 ドロップダウンから［すべての分類項目をクリア］をクリックします。

3 メールから分類（色）を消去できます。

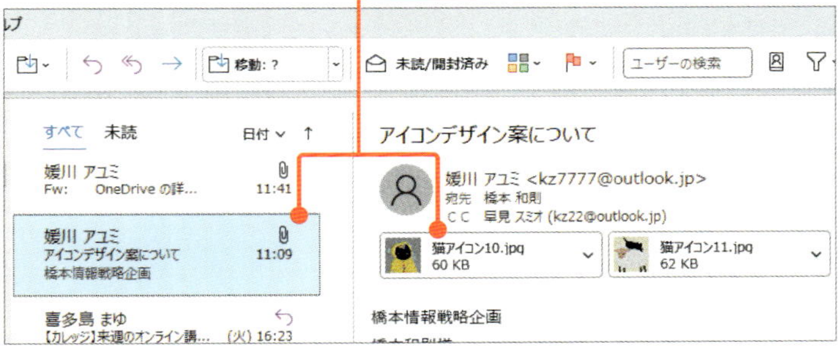

3 「色」に対し分類項目名を付ける

Memo 分け方のコツ

色分けや分類はユーザーが自由に行えますが、例えばビジネスであれば「取引先別」「業種別」「作業内容別」などで分けると便利です。

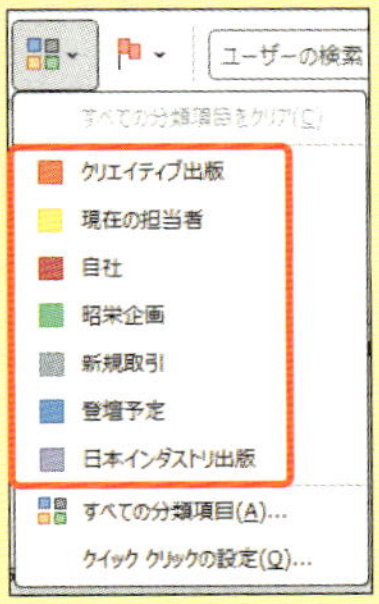

1 ［ホーム］タブ→［分類］をクリックして、

2 ドロップダウンから［すべての分類項目］をクリックします。

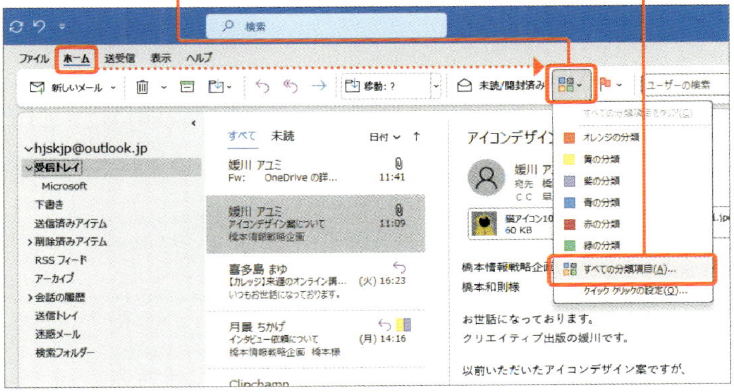

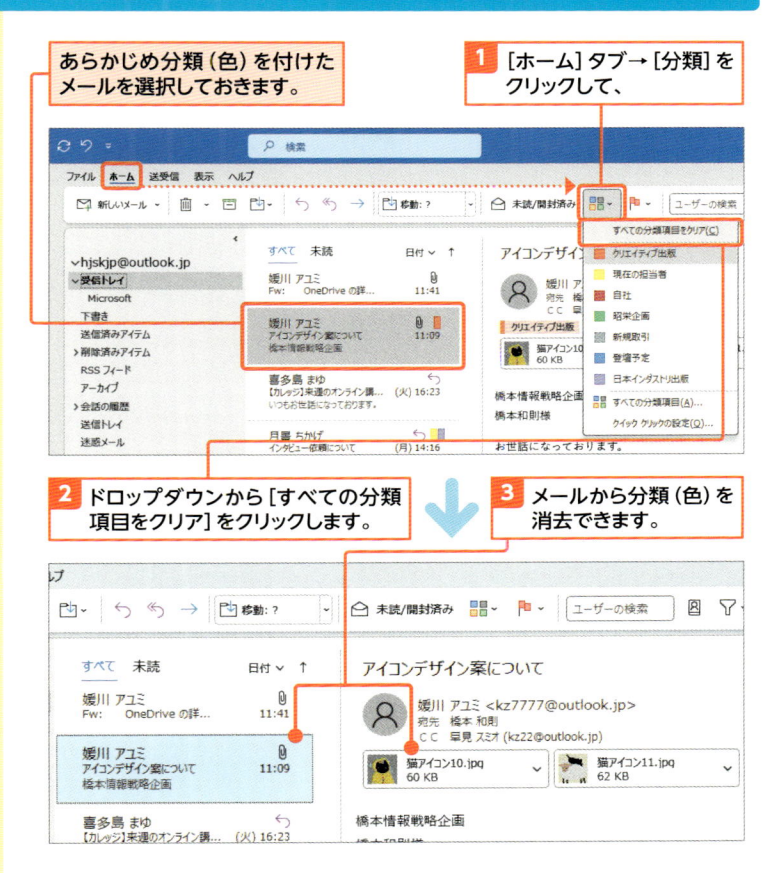

3 ［色分類項目］ダイアログが表示されます。

4 任意の分類（色）をクリックして、［名前の変更］をクリックします。

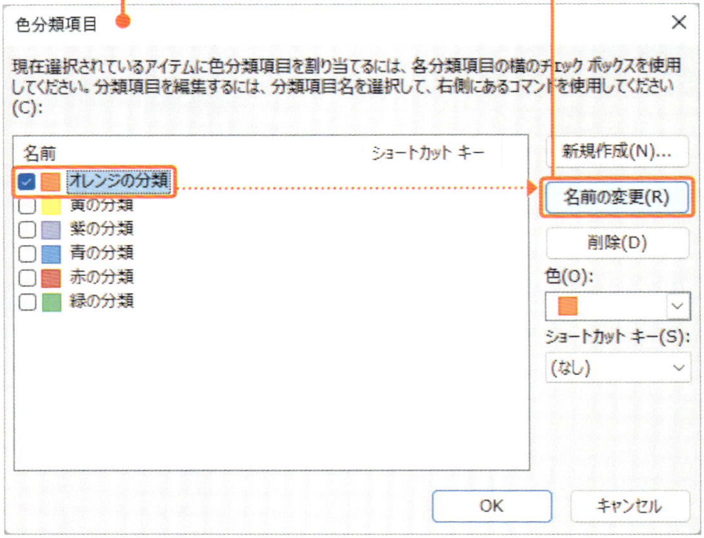

5 分類（色）に対して任意の分類項目名を命名します。

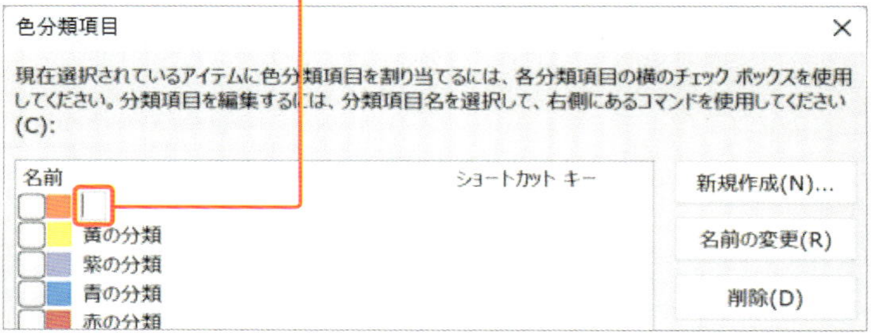

6 分類（色）に対して任意の分類項目名を付けることができます。

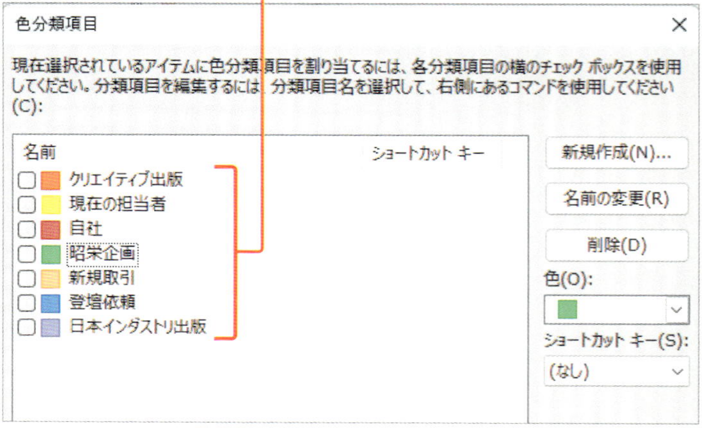

Hint 「色」は追加できる

Outlook 2024ではあらかじめ分類（色）として、「オレンジ」「黄」「紫」「青」「赤」「緑」が用意されていますが、［色分類項目］ダイアログで［新規作成］をクリックすれば、任意の分類項目（色）を追加することもできます。

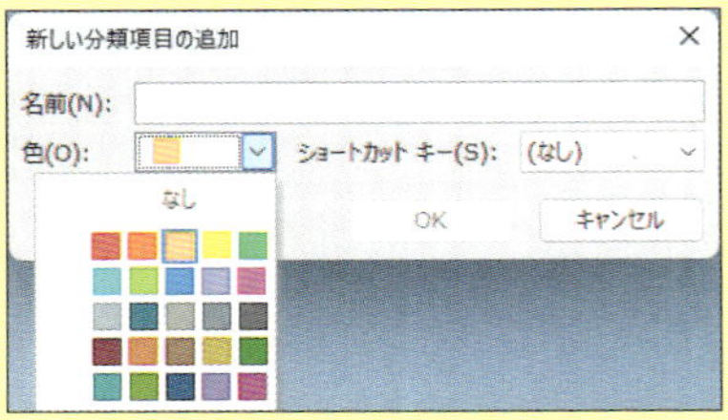

使えるプロ技！ 分類（色）は「連絡先」や「予定表」でも役立つ

メールで利用する「分類（色）」は、「連絡先」や「予定表」などOutlook 2024全体で利用できます。また、設定内容も共通しています。例えば予定表で活用する場合は、予定に同じ色を使うと識別しにくいため、ある程度決まった相手との仕事が多い場合などは、色を「取引先名」で分類してしまうのも手です。

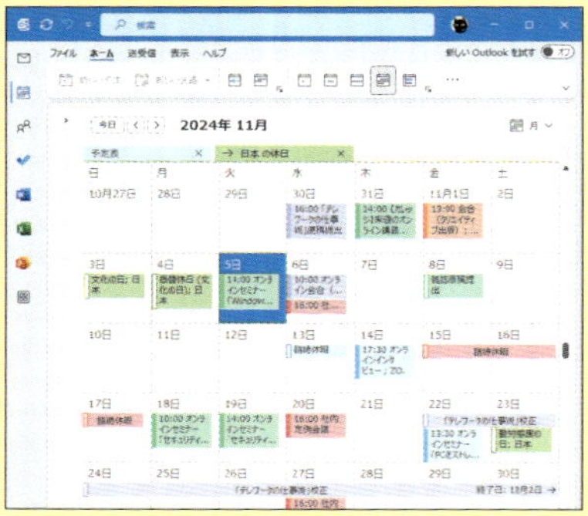

4 「分類（色）」で絞り込み表示を行う

ショートカットキー

- Microsoft Searchに移動する
  - Ctrl + E
  - Alt → Q
  - F3

1 Microsoft Searchをクリックします。

2 ［検索］タブが表示されます。

3 ［検索］タブ→［分類項目あり］をクリックして、

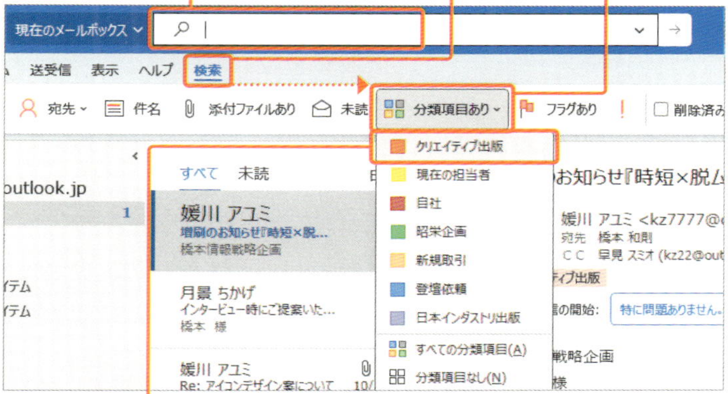

4 ドロップダウンから任意の分類（色）をクリックします。

5 任意の分類（色）を付けたメールだけを一覧表示にすることができます。

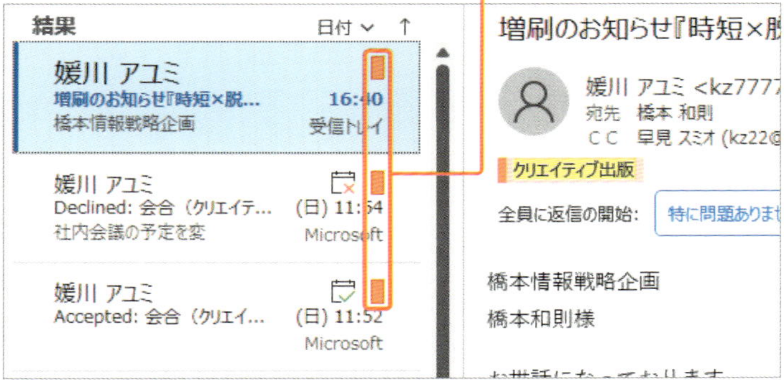

Memo 検索結果を閉じる

検索が終了した後、元の画面（検索以前の画面）に戻りたい場合は、「Microsoft Search」の［×］をクリックするか、［検索］タブ→［検索結果を閉じる］をクリックします。検索結果を閉じることができます。

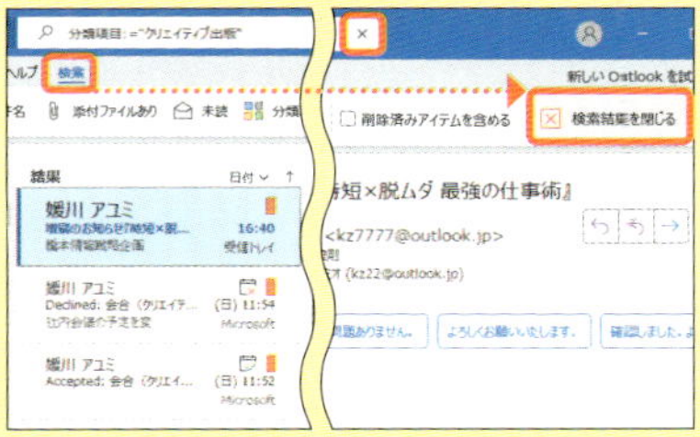

Hint 分類（色）を付けたメールをすべて表示する

ビュー内で分類（色）を付けたメールだけ一覧表示にしたい（分類を付けていないメールを除外して表示したい）という場合は、［検索］タブ→［分類項目あり］をクリックして、ドロップダウンから［すべての分類項目］をクリックします。

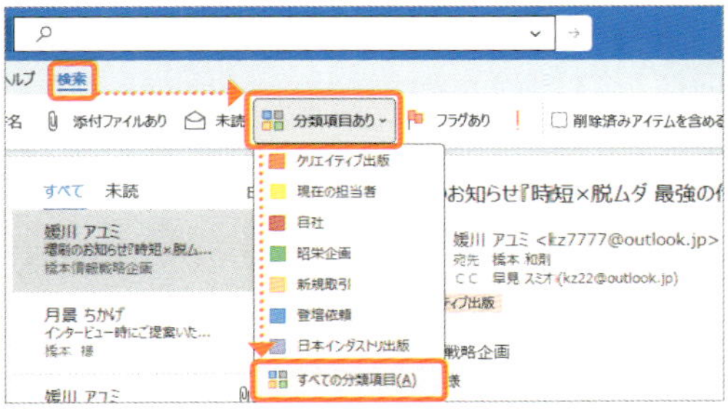

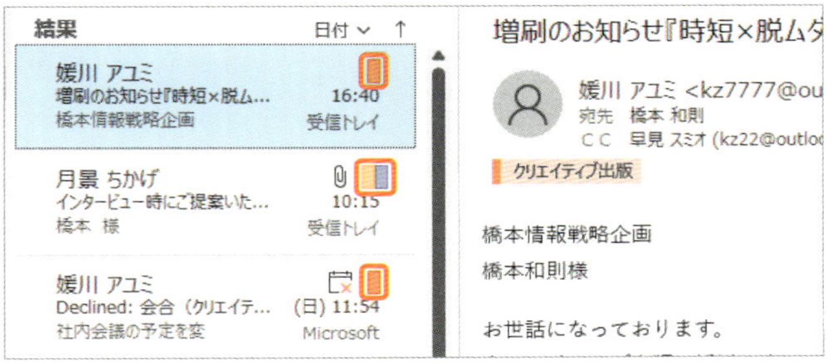

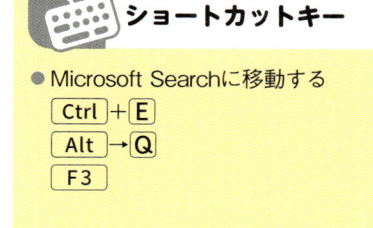

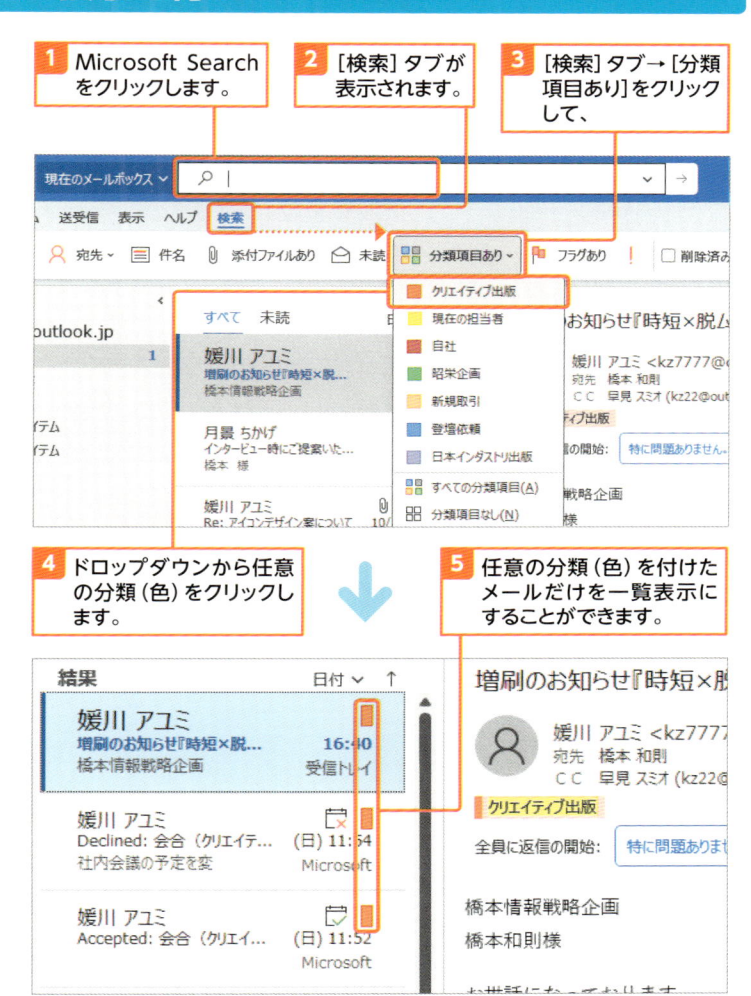

Section 36

メールをわかりやすくフォルダーで管理する

ここで学ぶのは

- フォルダーの作成
- フォルダー名の変更
- フォルダーの移動

Outlook 2024では任意の「フォルダー」を作成してメールを振り分けて保持することができます。メールの種類や相手などでフォルダーを作成しておけば、メールをわかりやすく分類して管理することができます。

1 新しいフォルダーを作成する

Memo ショートカットキーによるフォルダー作成方法

ショートカットキー Ctrl ＋ Shift ＋ E キーであれば、［新しいフォルダーの作成］ダイアログから任意の場所に任意の名前のフォルダーを作成することができます。

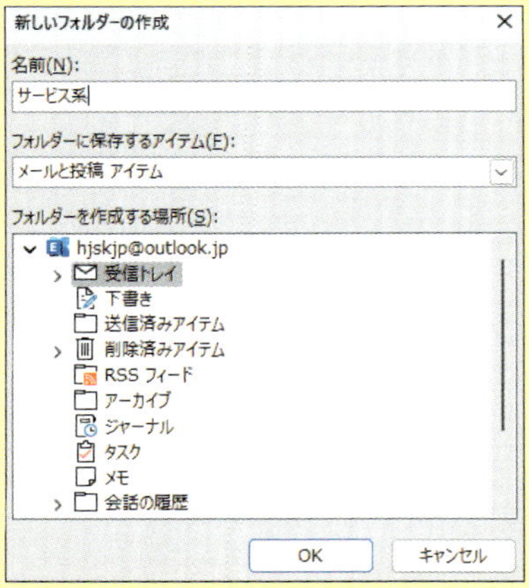

ここでは「受信トレイ」の下にフォルダーを作成します。

1 フォルダーウィンドウから［受信トレイ］を右クリックして、

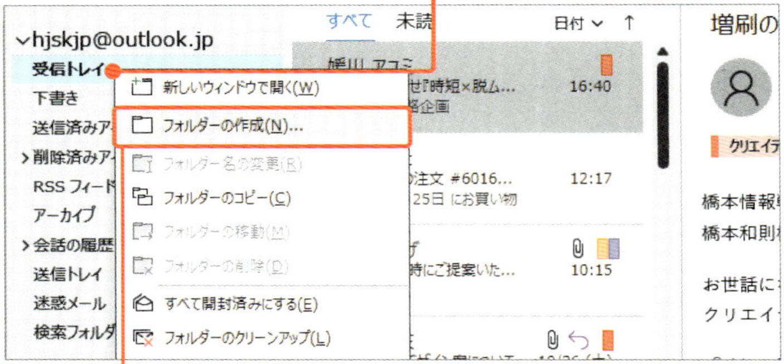

2 ショートカットメニューから［フォルダーの作成］をクリックします。

3 新しいフォルダー名の入力欄が表示されます。

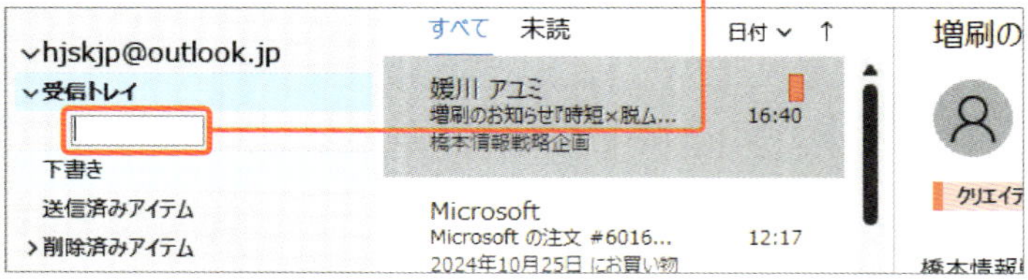

4 任意のフォルダー名を入力します。 Enter キーを押します。

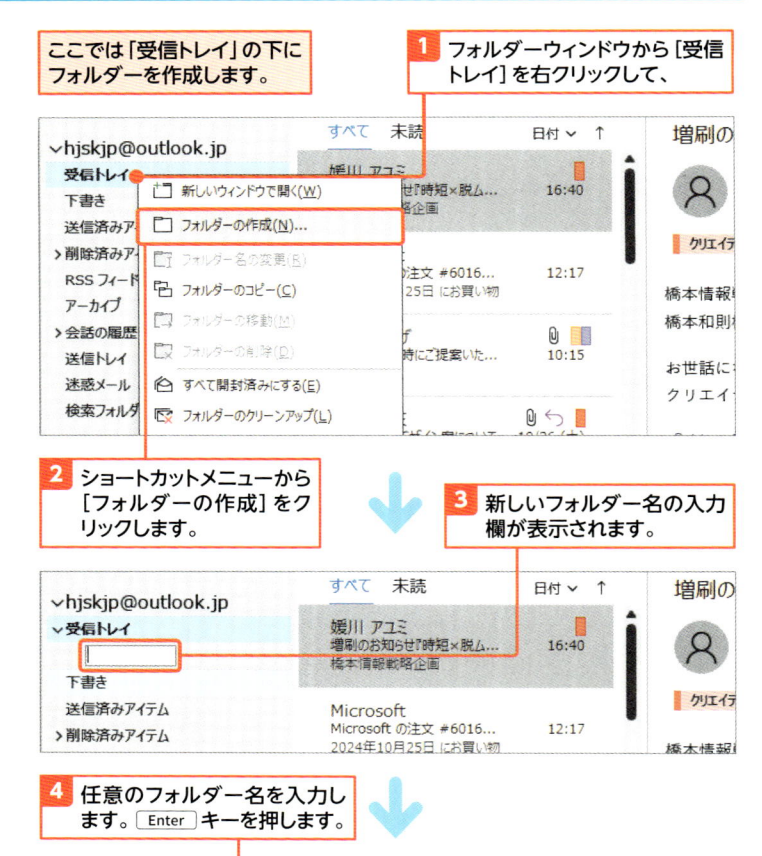

5 指定した場所に任意の名称の「フォルダー」を作成できます。

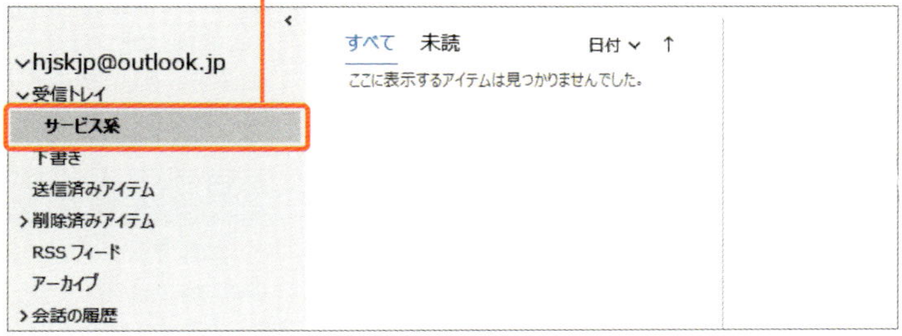

2 フォルダーにメールを移動する

ショートカットキー

- 別のフォルダーへの移動
  Ctrl + Y

Hint フォルダーが表示されなかったら

メールを右クリックして、ショートカットメニューから［移動］をクリックした際に、移動先のフォルダーが表示されない場合は、［その他のフォルダー］をクリックして、［アイテムの移動］ダイアログから目的のフォルダーを指定します。

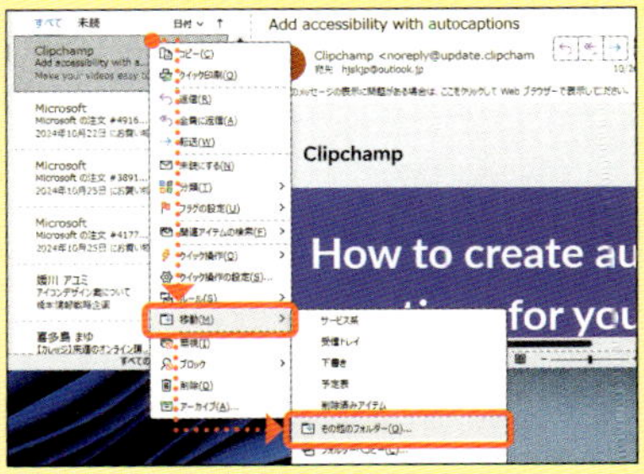

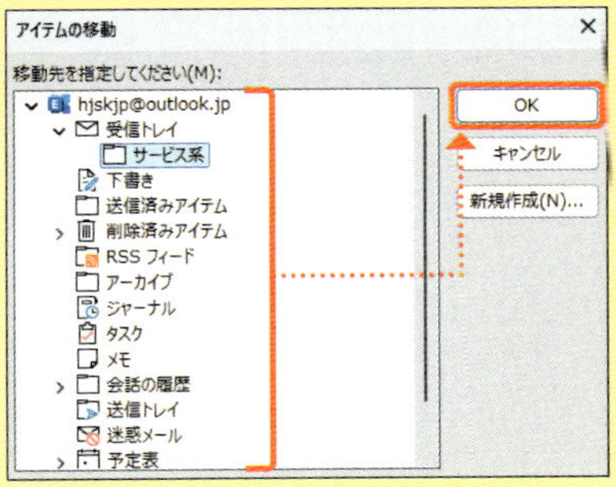

あらかじめ移動したいメールをビュー内で選択しておきます。

1 メールを右クリックして、ショートカットメニューから［移動］→［（任意のフォルダー）］とクリックします。

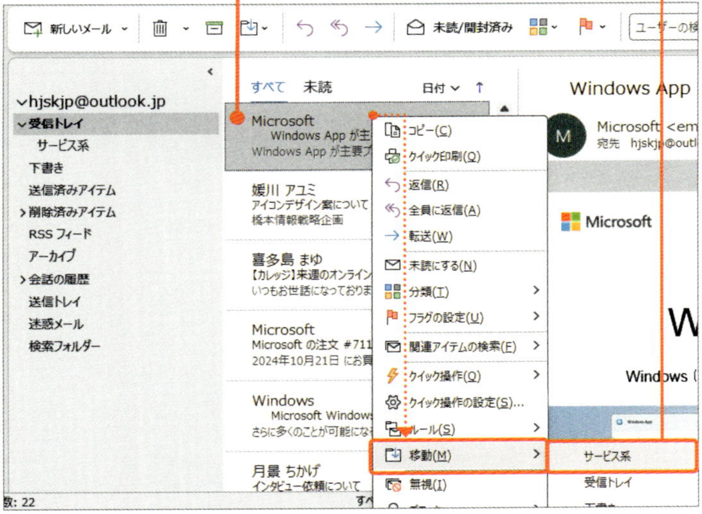

2 該当フォルダーに、メールを移動することができます。

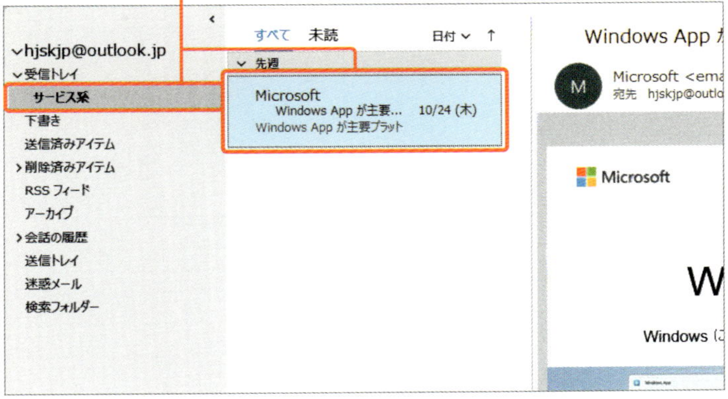

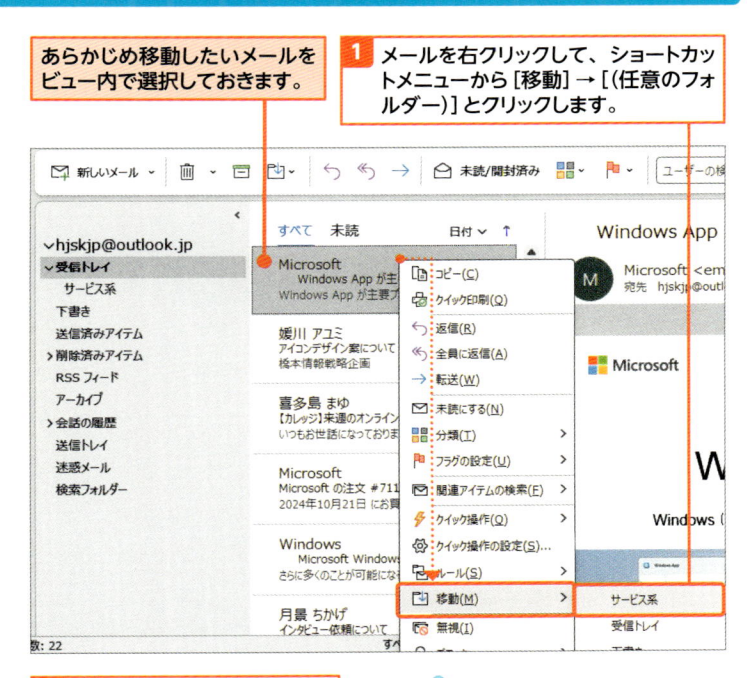

3 フォルダー名を変更する

ショートカットキー

● フォルダー名の変更
F2

Hint フォルダーへの移動

メールのフォルダーへの移動はドラッグ&ドロップでも行うことができます。ただし、ドラッグ&ドロップでは思いがけない場所にメールを移動してしまうこともあるため、操作には注意が必要です。もし間違った操作を行ってしまった場合は、Ctrl + Z キーで元に戻すことができます。

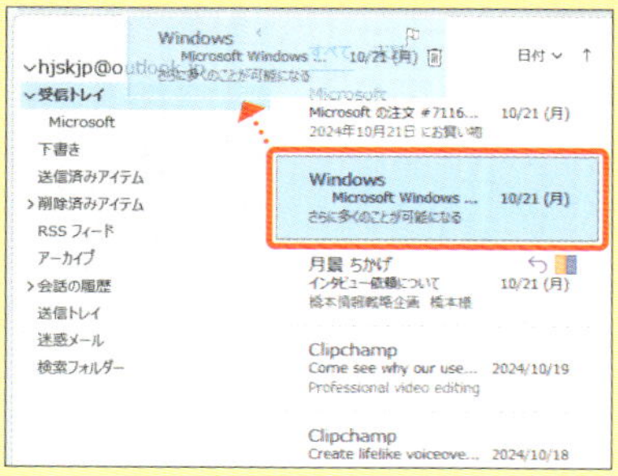

1 フォルダーウィンドウから名称を変更したいフォルダーを右クリックして、

2 ショートカットメニューから［フォルダー名の変更］をクリックします。

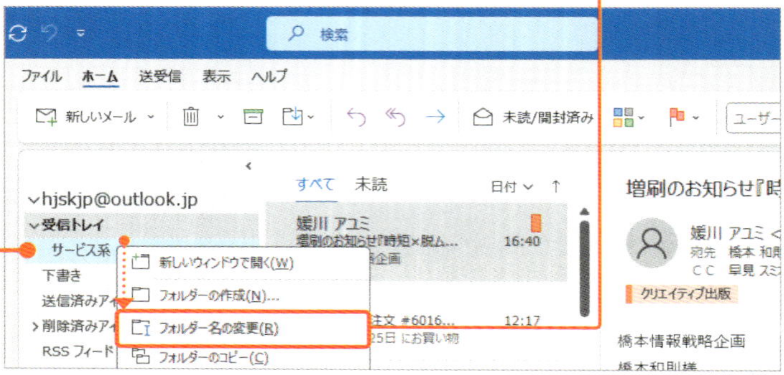

3 指定フォルダーが入力状態になるので、任意のフォルダー名を入力して、Enter キーを押します。

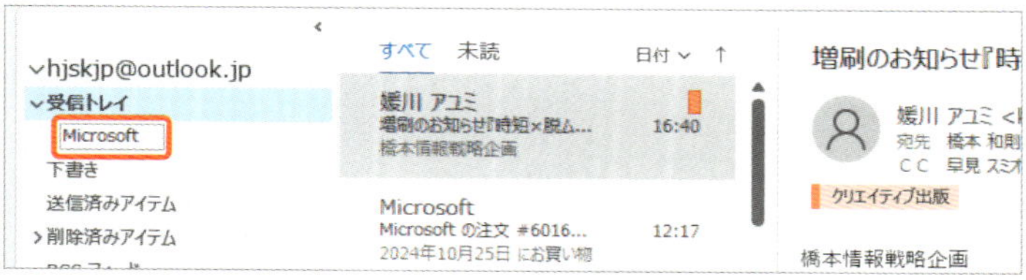

4 フォルダー名を変更できます。

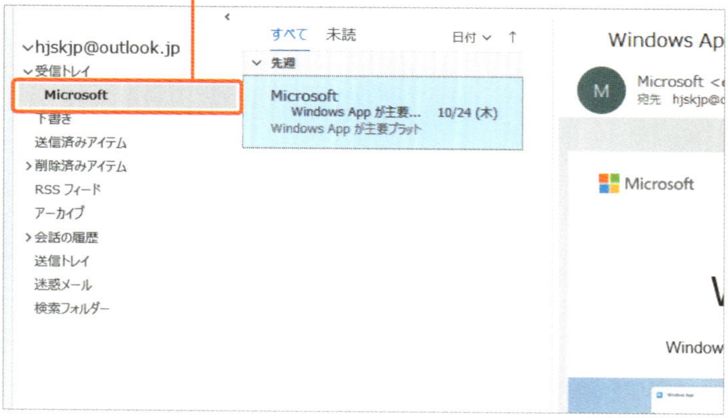

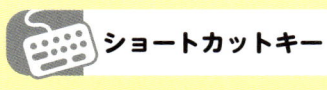

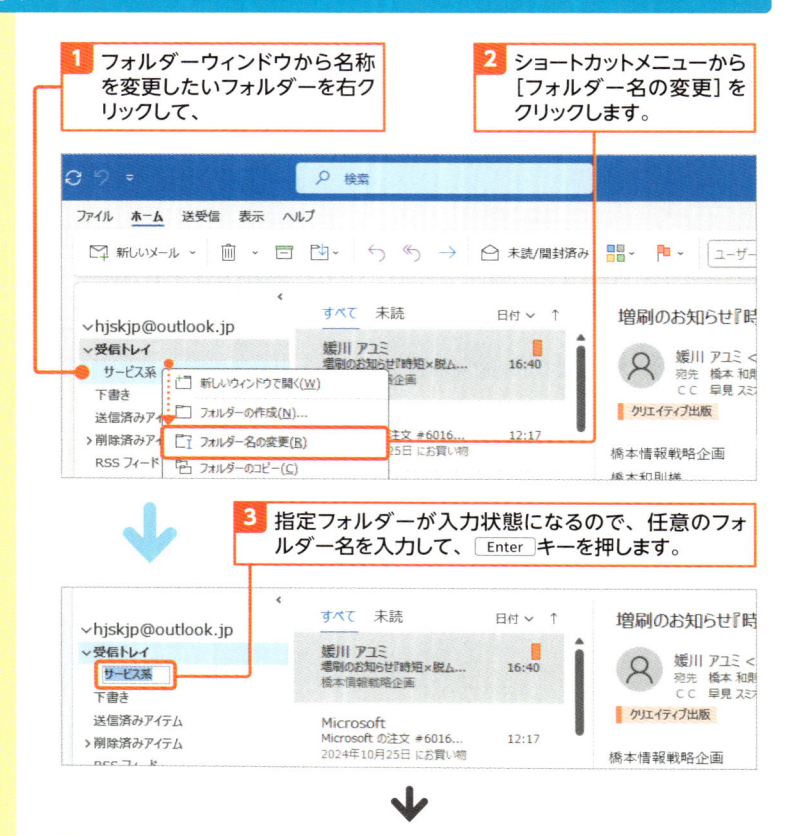

4 フォルダーを移動する

Memo フォルダー配置はルールを定める

フォルダーの作成や配置はメール管理や使い方次第ですが、「受信メール」「送信メール」などがごちゃ混ぜになってわかりにくくならないためにも、受信メールを整理するためのフォルダーは「受信トレイ」の配下に配置しておくことをおすすめします。

注意 フォルダーの作り過ぎは厳禁

「フォルダーでメールを仕分けて管理できる」となると、いくつものフォルダーを作成して、きちんとジャンルや取引先ごとにフォルダーを分けて管理したくなるものです。しかし、フォルダーを作りすぎると結局「フォルダーを見つける操作」が発生して、逆に作業効率が悪くなります。
Outlook 2024は「検索」のほか、「フラグ」「分類（色）」などの機能もありますので、最小限のフォルダーだけを作成して、メールを振り分けて管理するとよいでしょう。

1 フォルダーウィンドウから移動したいフォルダーを右クリックして、

2 ショートカットメニューから［フォルダーの移動］をクリックします。

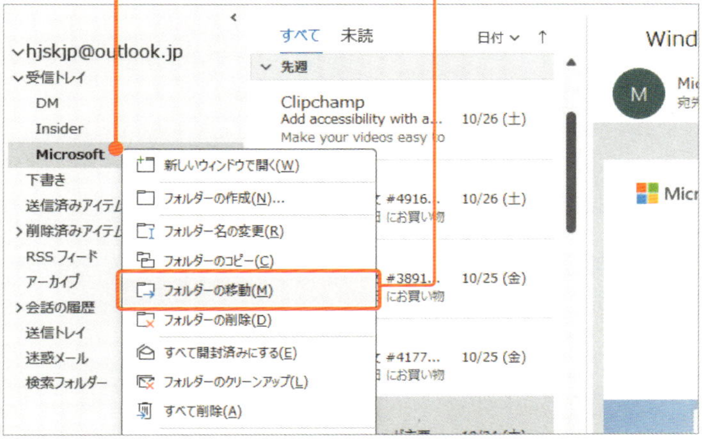

3 ［フォルダーの移動］ダイアログが表示されます。

4 移動先のフォルダーをクリックして選択し、［OK］をクリックします。

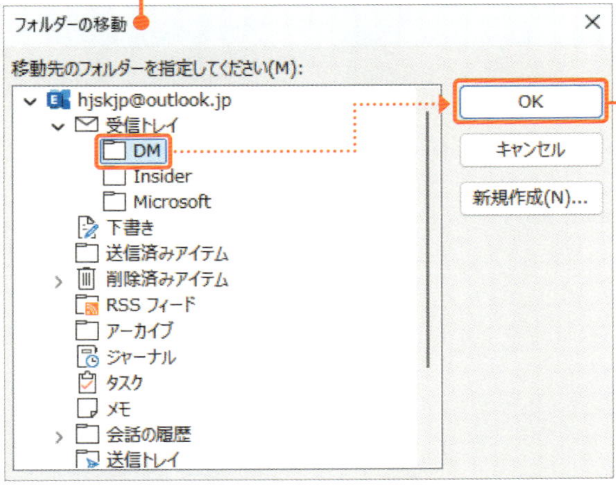

5 フォルダーを指定の位置に移動できます。

Section **37**

特定の差出人のメールを自動的にフォルダーに移動させる

ここで学ぶのは

- 差出人ごとの振り分け
- 仕分けルールの確認
- 仕分けルールの削除

メールをフォルダー分けするとわかりやすい管理が実現できますが、いちいち任意のメールを選択して、任意のフォルダーに移動するのは面倒です。「仕分けルール」を活用すれば、特定の差出人から届いたメールを自動的に指定フォルダーに振り分けることができます。

1 差出人ごとにメールを自動的に振り分ける

解説　ルールに従ってメールを自動的に振り分ける

仕分けルールを作成すると、任意に設定した定義に従って、自動的に指定フォルダーに該当メールが移動します。
ビジネス向けの管理方法としては、仕事において重要なもの、例えば「仕事先別」で仕分けルールを作成して振り分けるという考え方もあれば、逆に仕事に関連するものは受信トレイに残して、それ以外の「仕事には直接関係ないもの（配送連絡や広告、サービスからの連絡など）」を仕分けルールに従って任意のフォルダーに振り分けるという考え方もあります。

1 自動的にフォルダーに移動したいメール（該当する差出人のメール）をクリックして選択します。

2 ［ホーム］タブ→［…］をクリックして、

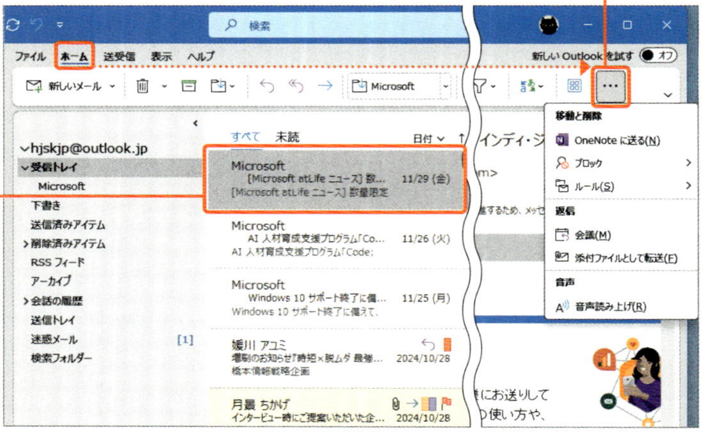

3 ドロップダウンから［ルール］→［次の差出人からのメッセージを常に移動する：～］をクリックします。

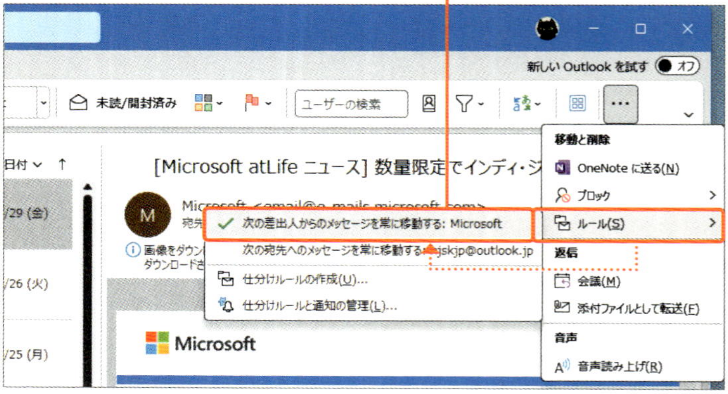

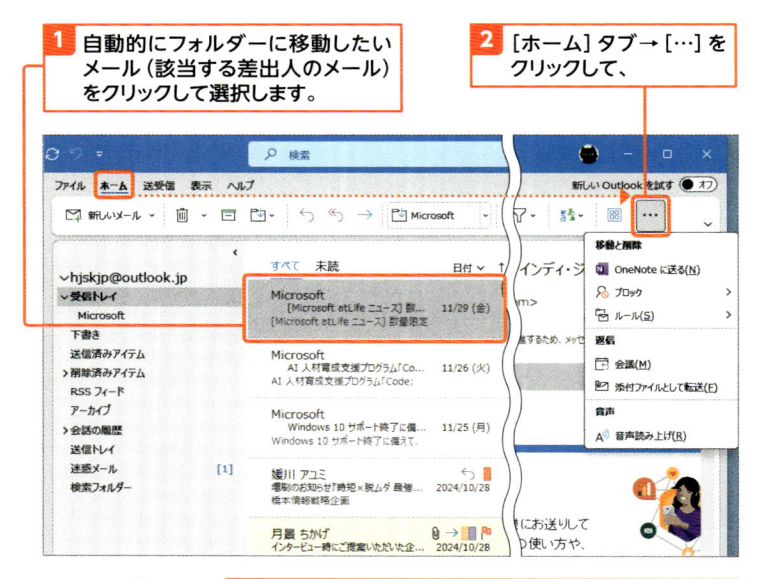

Hint 移動先フォルダーの作成

仕分けルールにおいて移動先となるフォルダーを新規作成したい場合には、[仕分けルールと通知]ダイアログから[新規作成]をクリックして、[新しいフォルダーの作成]ダイアログで任意にフォルダーを作成します。

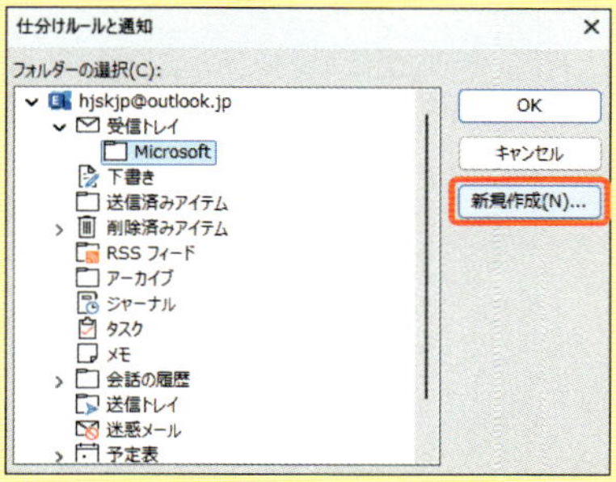

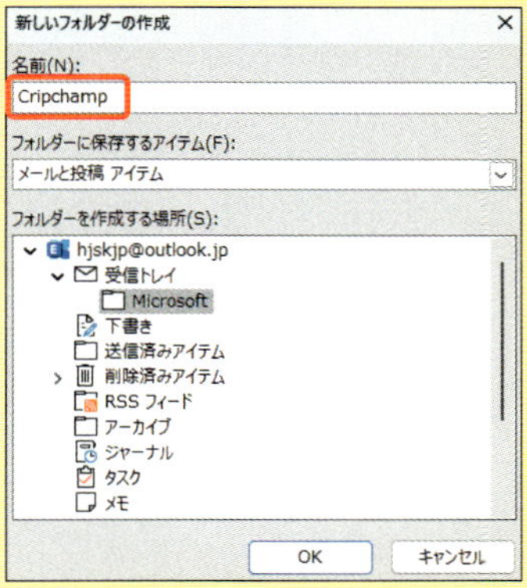

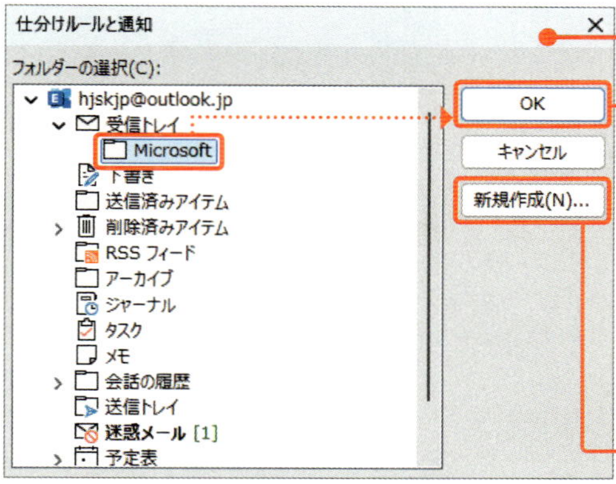

4 [仕分けルールと通知]ダイアログが表示されます。

5 移動先となる任意のフォルダーを選択して、[OK]をクリックします。

移動先フォルダーがない場合には、[新規作成]をクリックして移動先フォルダーを作成します。

6 仕分けルールが適用されてメールの移動処理が行われます。

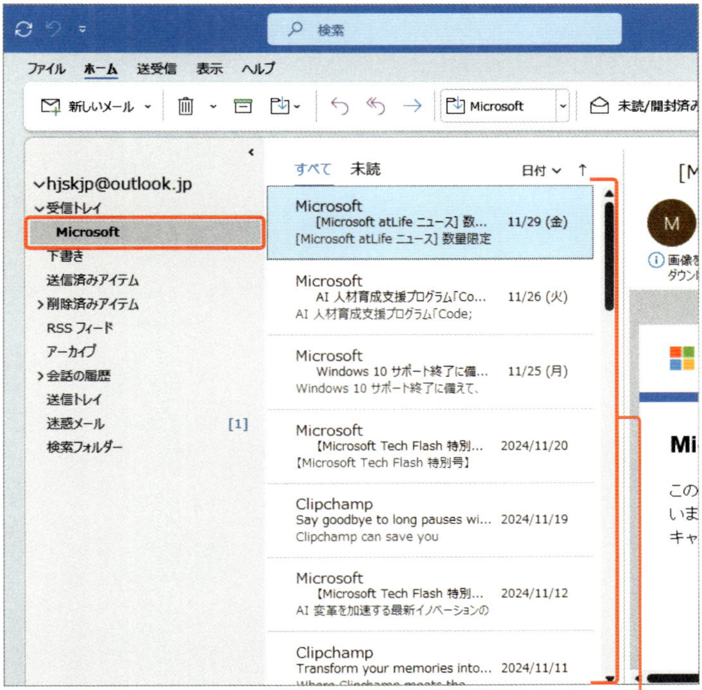

7 指定した差出人のすべてのメールが、指定のフォルダーに移動します。

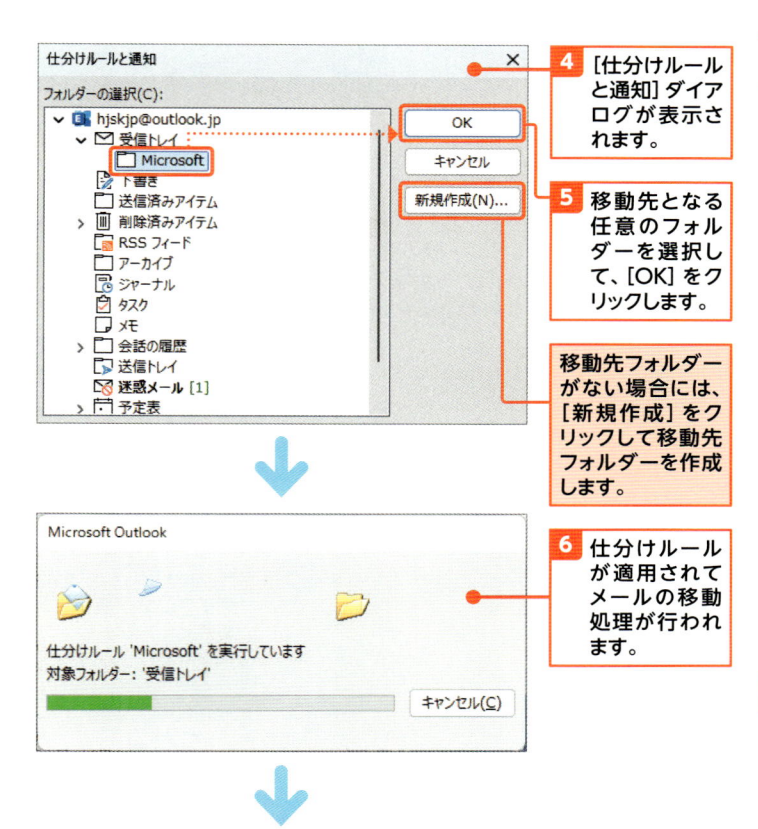

2 設定した仕分けルールを確認する

Memo 仕分けルールは複数設定可能

仕分けルールは「複数設定可能」です。条件Aはフォルダー A、条件Bはフォルダー Bに振り分ける設定もできれば、条件Cと条件Dの両方をフォルダー Zに振り分けるなど任意の設定が可能です。

1 ［ホーム］タブ→［…］をクリックして、

2 ドロップダウンから［ルール］→［仕分けルールと通知の管理］をクリックします。

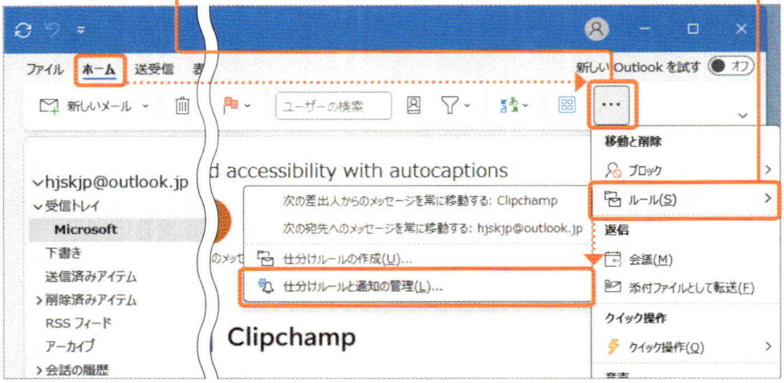

3 ［仕分けルールと通知］ダイアログが表示されます。

4 現在設定されている仕分けルールを確認できます。

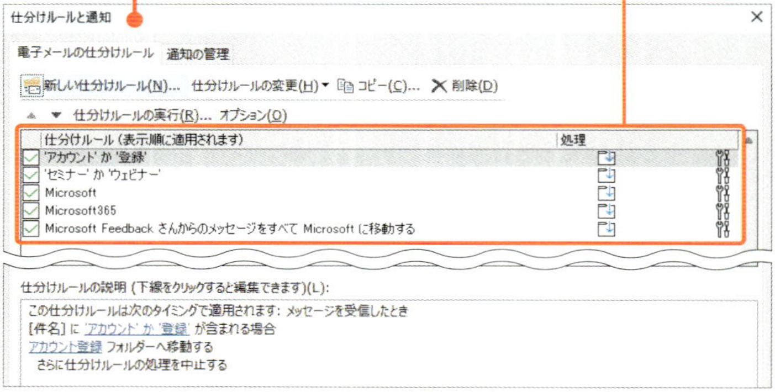

Hint 仕分けルールの順序を変更する

仕分けルールの順序は、条件を処理する順序になるため、各ルールの設定内容によっては重要になります（表示順に設定した処理が適用されます）。

仕分けルールの順序を変更したい場合は、［ホーム］タブ→［…］をクリックして、ドロップダウンから［ルール］→［仕分けルールと通知の管理］をクリックします。［仕分けルールと通知］ダイアログ内の任意の仕分けルールを選択して、▲▼でルールの順序を変更します。

クリックしてルールの順序を変更できます。

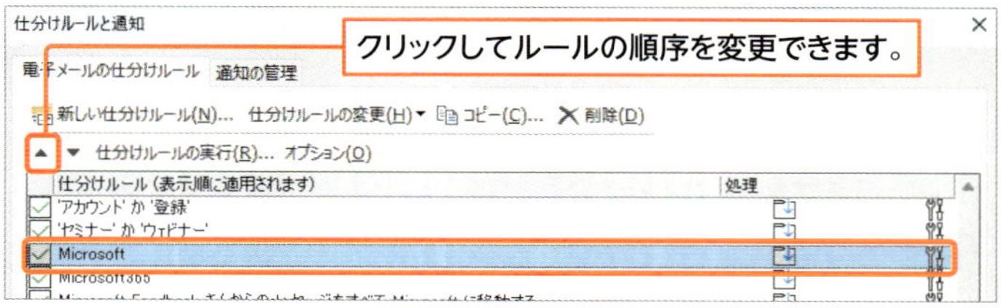

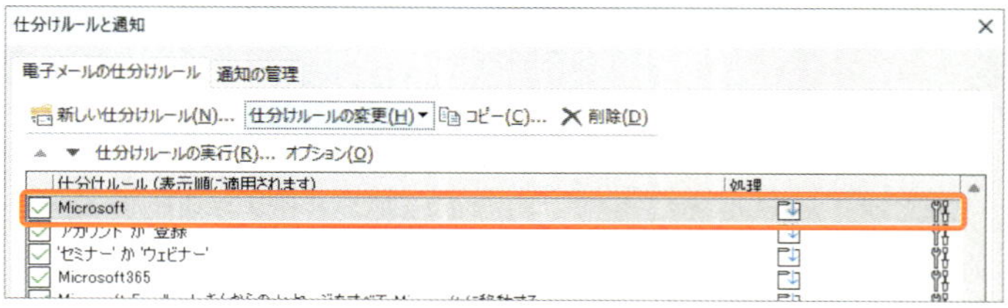

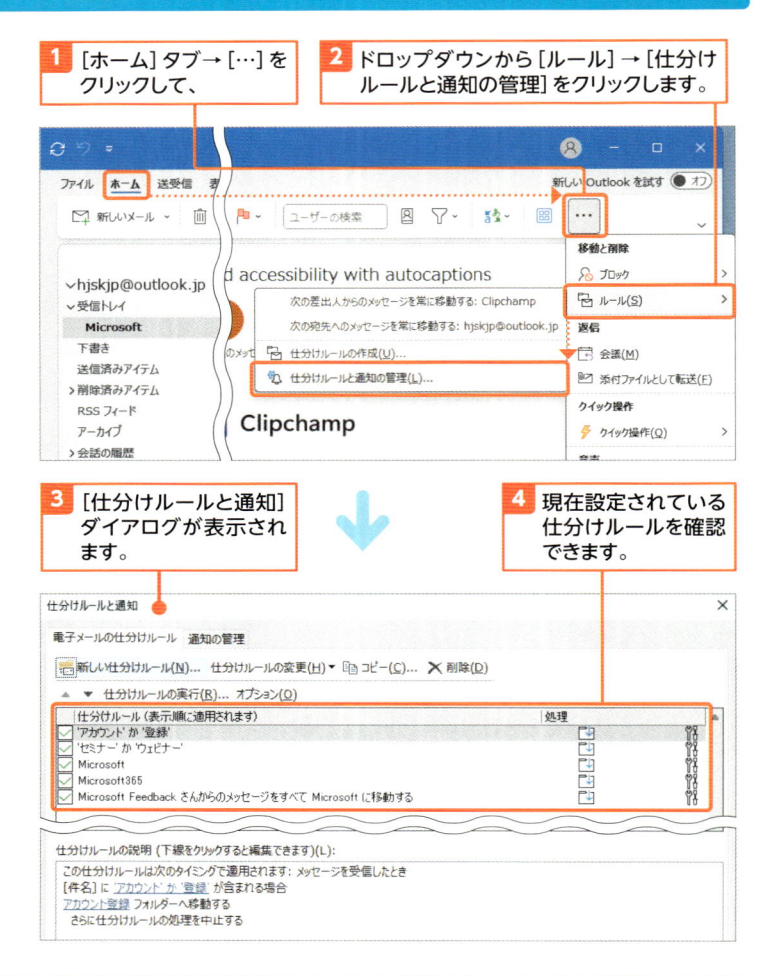

3 設定した仕分けルールを削除する

Memo ルールを削除しても以前の仕分けは有効

仕分けルールを削除しても、仕分けルールによってフォルダーに移動したメールは、フォルダーに移動されたまま保持されます。以前の状態には戻りません。

1 ［ホーム］タブ→［…］をクリックして、

2 ドロップダウンから［ルール］→［仕分けルールと通知の管理］をクリックします。

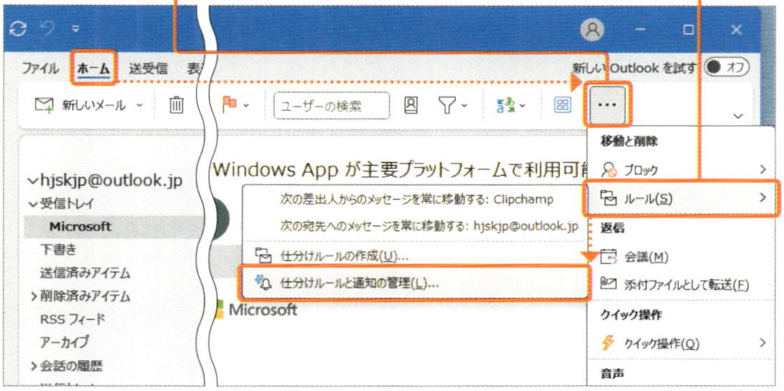

3 ［仕分けルールと通知］ダイアログが表示されます。

4 任意の仕分けルールをクリックして、選択します。

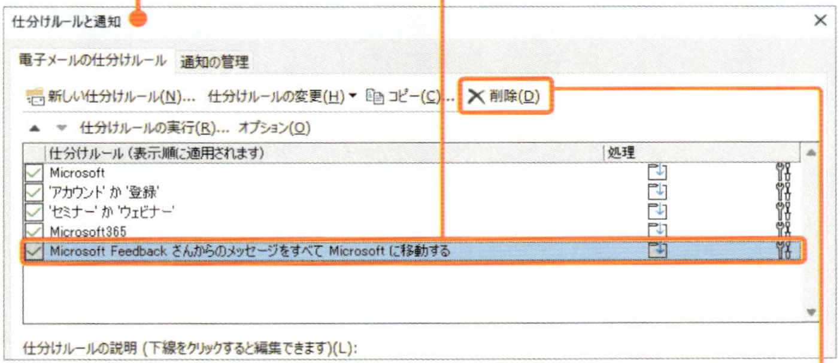

5 ［削除］をクリックします。

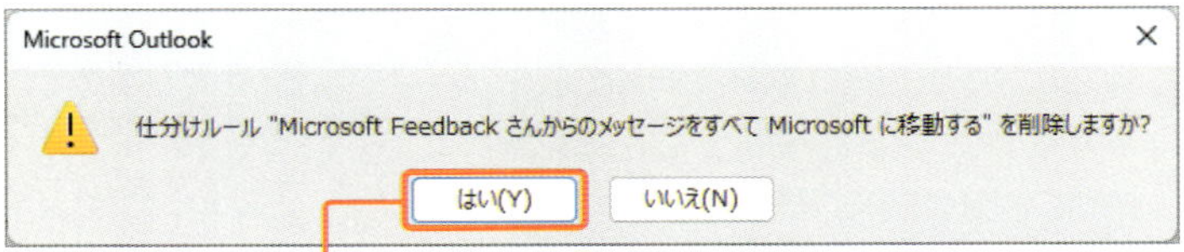

6 メッセージ内容を確認して［はい］をクリックします。

7 選択した仕分けルールが削除されます。

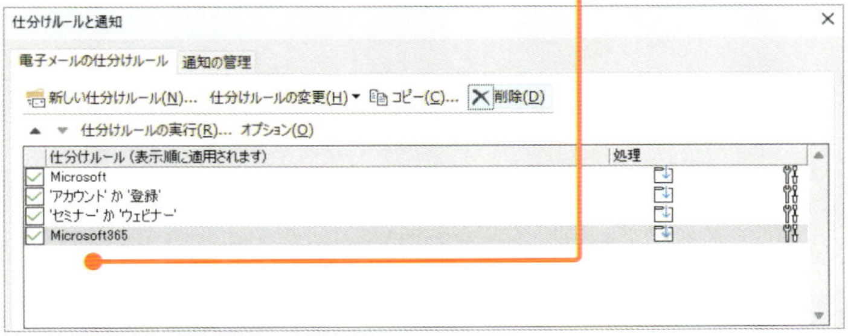

ショートカットキー

● 仕分けルールの削除
Delete

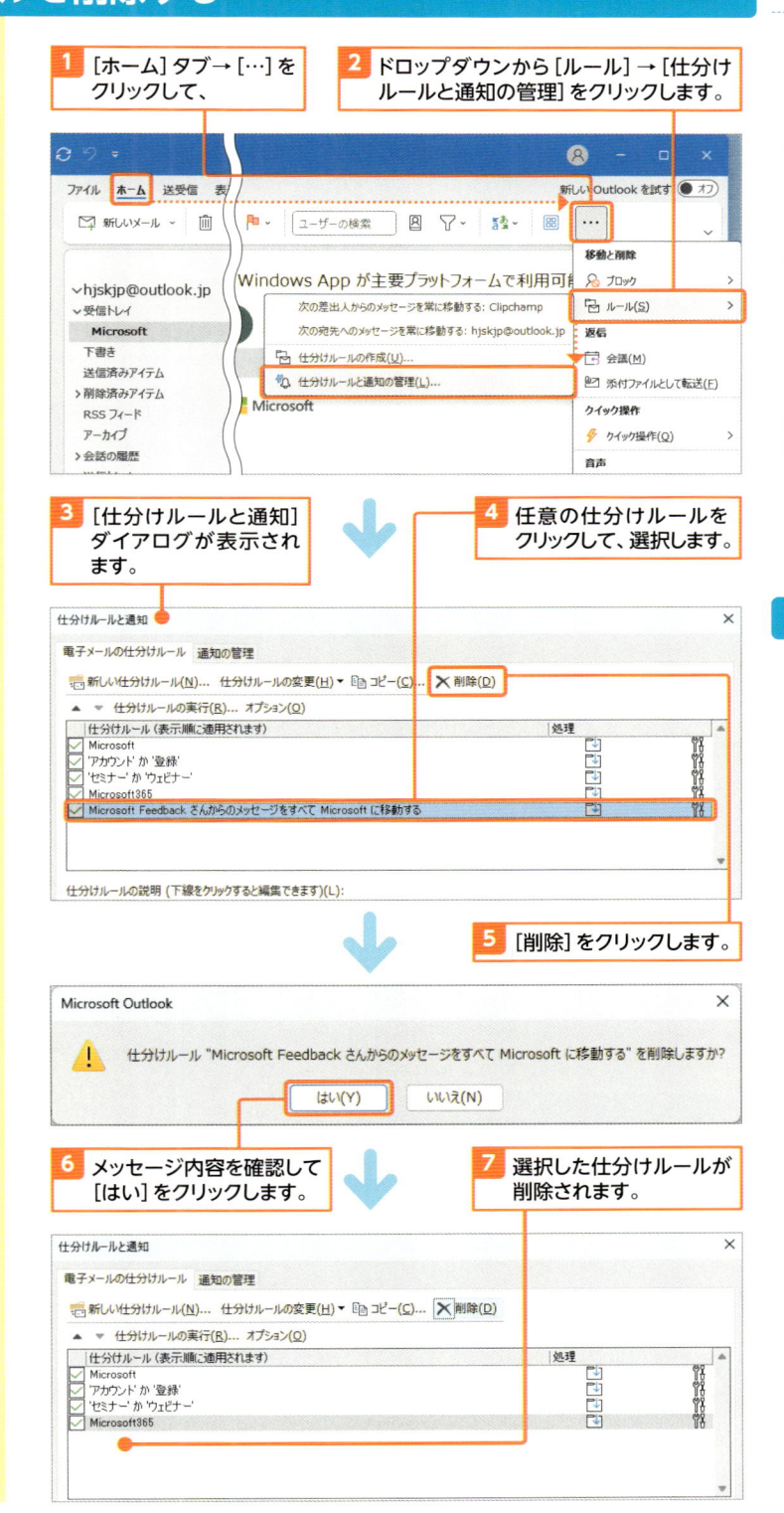

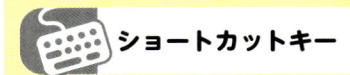

Section

38 既読と未読を管理する

ここで学ぶのは

- 既読にする
- 未読にする
- 未読だけ表示する

メールを確認するうえで、「既読（すでに内容を確認したメール）」と「未読（まだ読んでいないメール）」の管理は重要です。ここでは、メールに対する「既読」と「未読」の設定と管理について解説します。

1 メールを既読にする

解説　Outlook 2024 の「既読」処理

Outlook 2024では、ビューでメールを選択して、閲覧ウィンドウに表示するだけで「既読」になってしまいます。そのため、最後まで読んでいないメールも既読になってしまう可能性があります。「きちんとメッセージウィンドウで開いたメールのみ既読にしたい」という場合には、p.197を参照してください。

Hint　既読メールを未読にする

既読メールを未読にしたい場合は、未読にしたい既読メールをクリックして選択してから、［ホーム］タブ→［未読/開封済み］をクリックします。

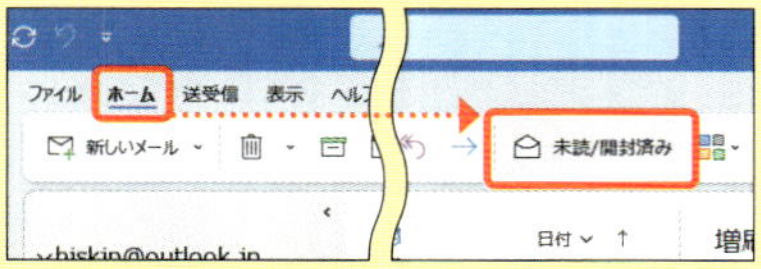

ショートカットキー

- メールを「未読」にする
  Ctrl＋U
- メールを「既読」にする
  Ctrl＋Q

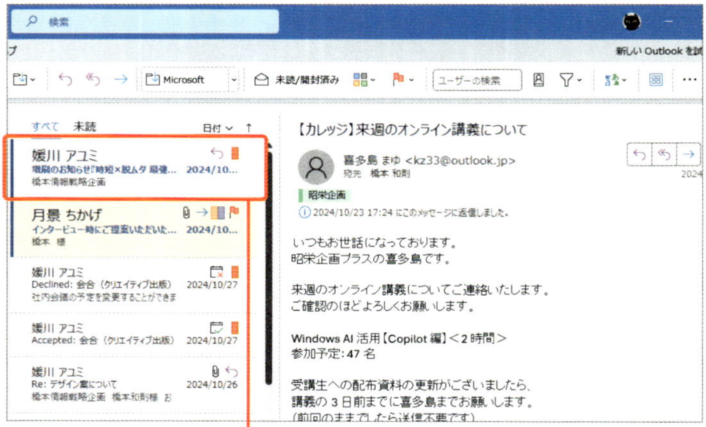

1 ビューから閲覧したい未読メールをクリックして選択します。

2 メールが閲覧ウィンドウで表示されます。

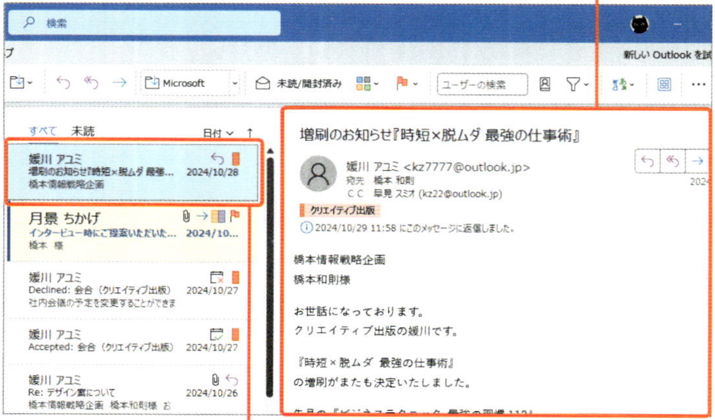

3 メールが「既読」になり、横に表示されていたバー（青の縦線）がなくなります。

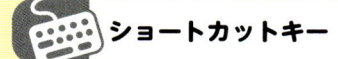

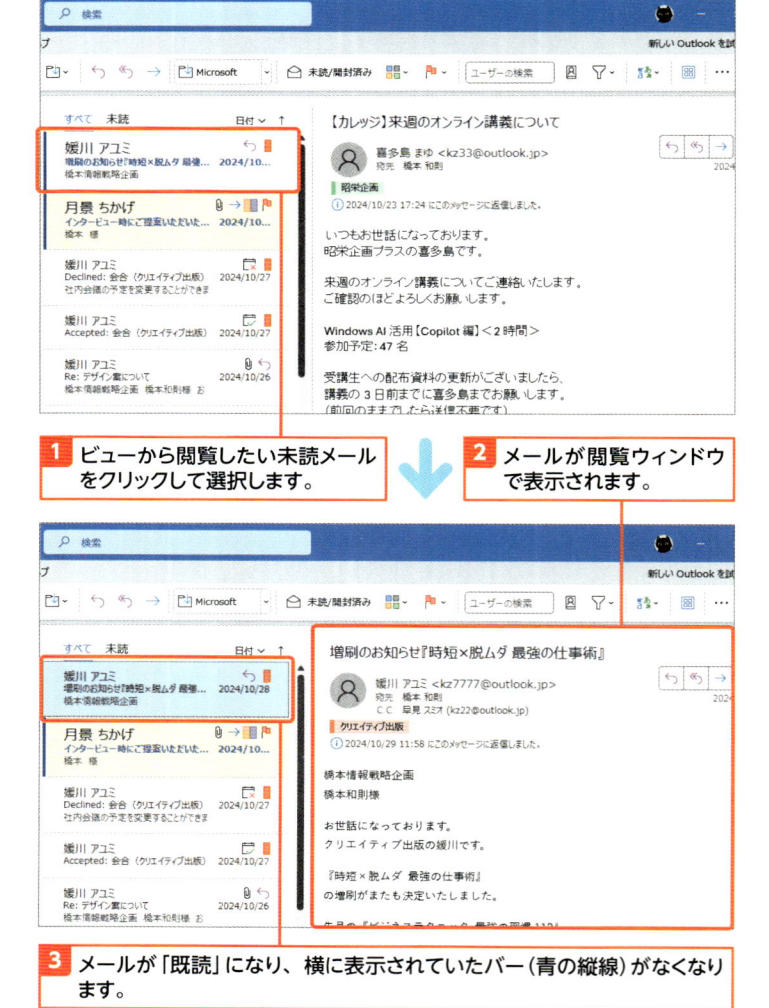

2 未読メールのみを表示する

Hint 優先受信トレイ表示の有無と未読表示

アカウントの種類によっては（Microsoft Exchangeアカウント／Microsoft 365のアカウント／Outlook.comアカウントなど）、「優先」と「その他」という形でメールが分けられます。

この優先受信トレイ表示の無効設定についてはp.75で解説していますが、優先受信トレイ表示が無効の場合（あるいは優先受信トレイ表示がそもそもないIMAPアカウントの場合）には、ビューの上部にある［未読］をクリックするだけで、未読メールを一覧で確認することができます。

● 優先受信トレイ表示が有効の場合

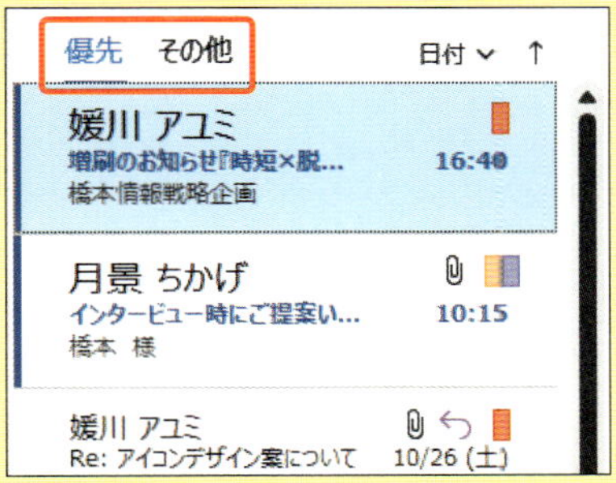

● 優先受信トレイ表示が無効の場合（［すべて］の横に［未読］）

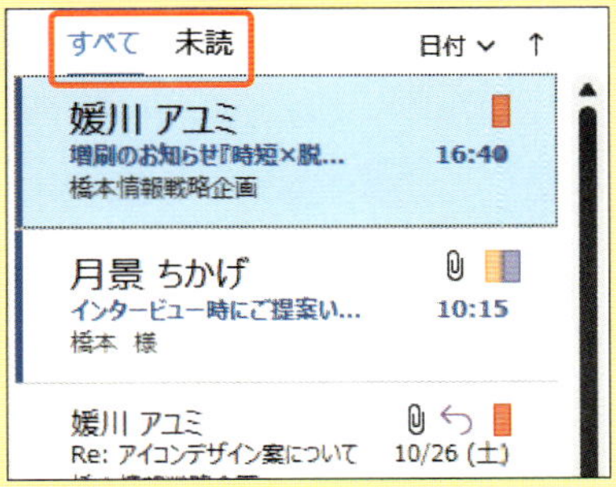

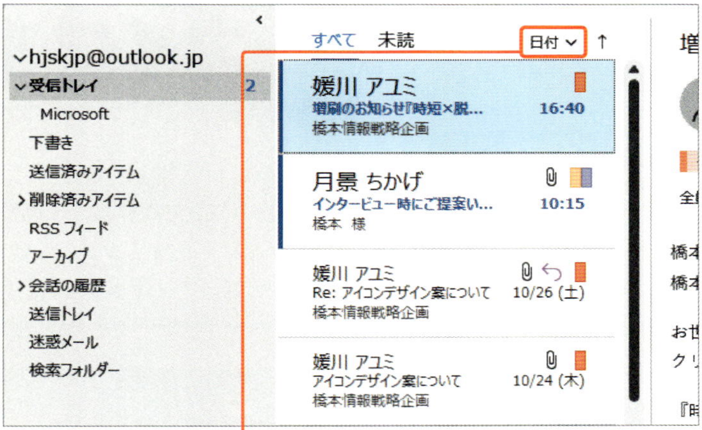

1 ビュー内の［並べ替え］をクリックして、

2 ［未読のメール］をクリックします。

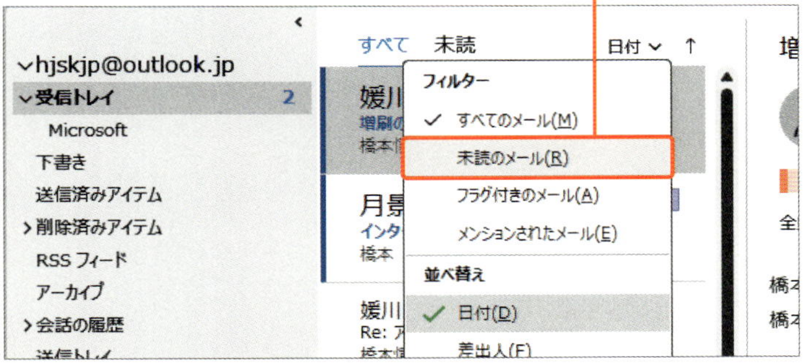

3 未読メールのみ表示することができます。

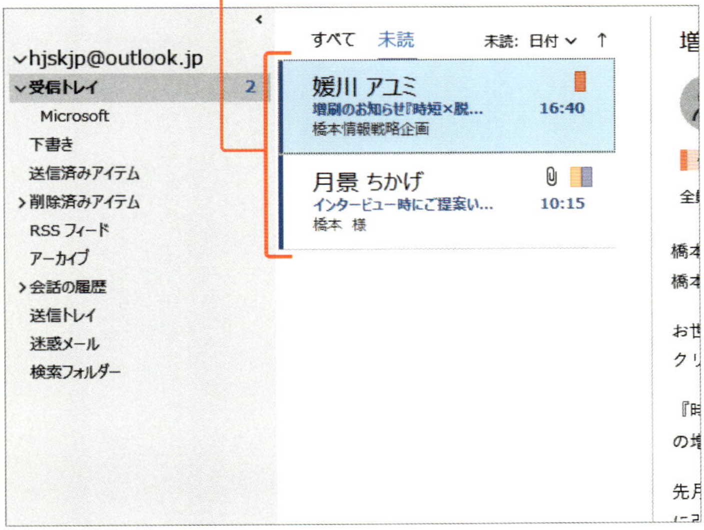

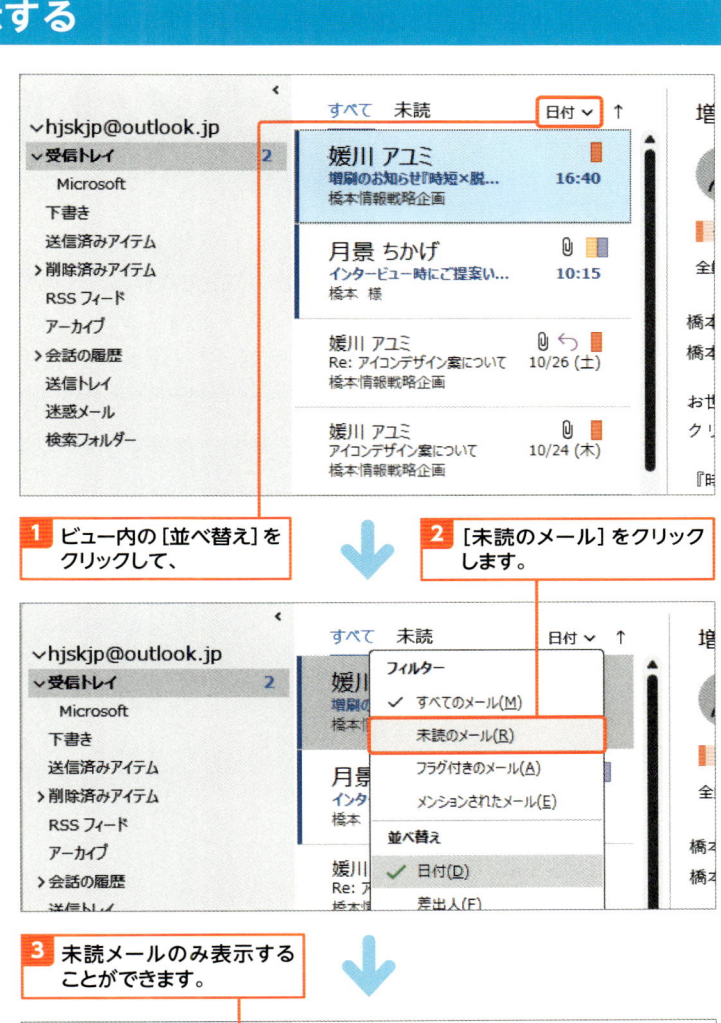

Section 39

不要なメールを削除する／アーカイブする

ここで学ぶのは

- メールを削除する
- 完全に削除する
- アーカイブ機能

メールの整理においては、なるべく「受信トレイ」にメールを置かないことが基本になりますが、完全に不要なメールは（今後も必要になることはないメールは）「削除」を行うようにします。また、受信トレイに保持する必要はないものの、残しておきたいメールは「アーカイブ」を活用します。

1 不要なメールを削除する

Memo その他の削除方法

ビューから不要なメールの上にマウスポインターを合わせる（ポイントする）と、メールの右端に🗑が表示されます。この🗑をクリックしてもメールを削除できます。

Hint 削除したメールを確認する

削除したメールを確認したい場合は、フォルダーウィンドウから［削除済みアイテム］をクリックします。

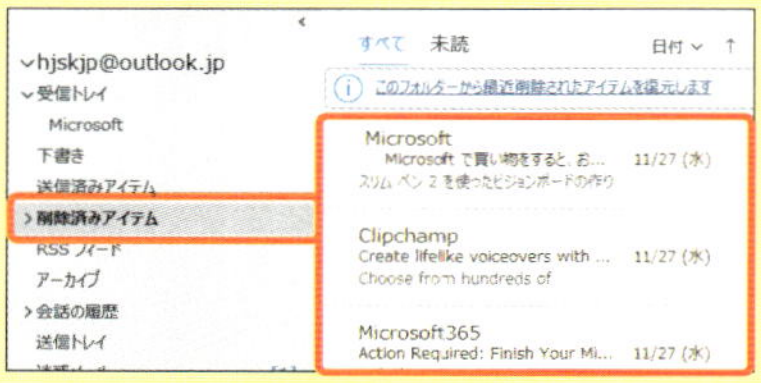

ショートカットキー

- メールの削除
  Delete
  Ctrl＋D

1 ビューから不要なメールをクリックして選択します。

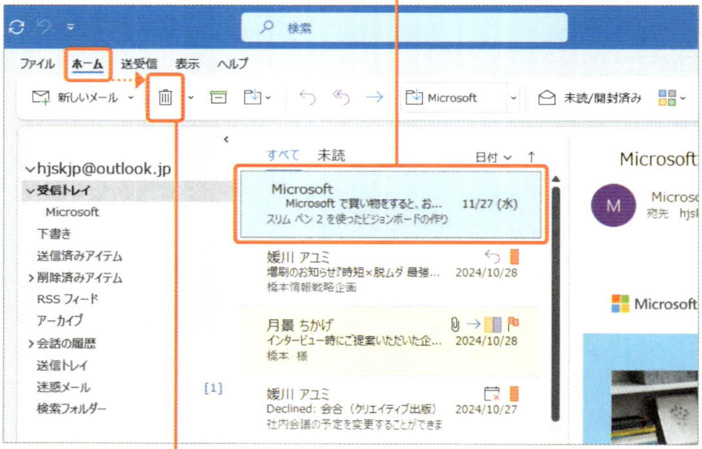

2 ［ホーム］タブ→［削除］をクリックします。

3 不要なメールを削除することができます。

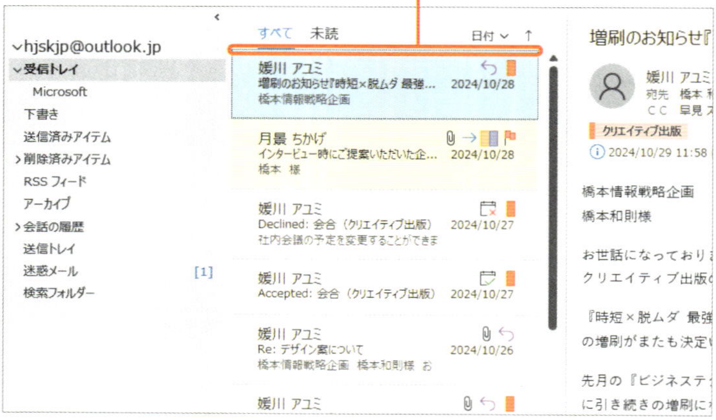

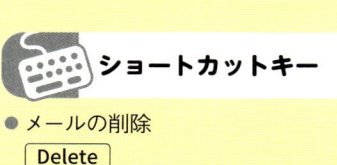

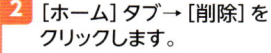

2 削除したメールを受信トレイに戻す

解説 削除したメールを戻す

削除したメールはOutlook 2024内から完全になくなったわけではなく、「削除済みアイテム」フォルダーに移動しただけです。必要であればすぐに受信トレイに戻すことができます。

時短のコツ 一度に複数のメールを選択する

ビュー内のメールは Ctrl キーを押しながらクリックすることで複数選択が可能です。また始点をクリックしたうえで、終点を Shift キーを押しながらクリックすれば範囲選択を行うこともできます。

Hint 削除したメールをすばやく見つけるには

削除したメールを探したい場合は、フォルダーウィンドウから［削除済みアイテム］をクリックして、Microsoft Searchに差出人や件名などのキーワードを入力します。

1 フォルダーウィンドウから「削除済みアイテム」をクリックします。

2 受信トレイに戻したいメールを右クリックして、

3 ショートカットメニューから［移動］→［受信トレイ］とクリックします。

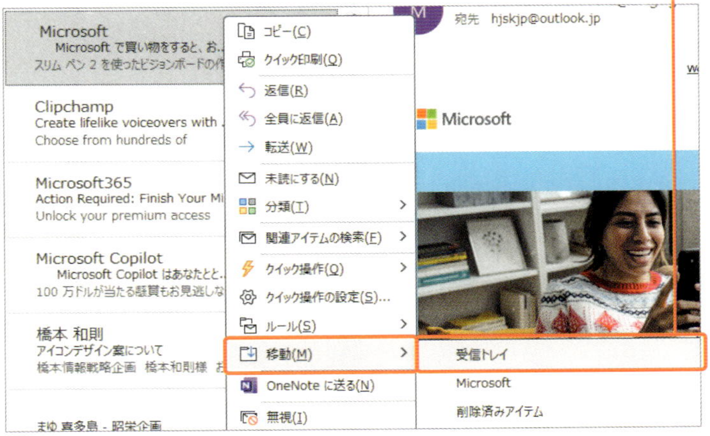

4 該当メールを「受信トレイ」に戻すことができます。

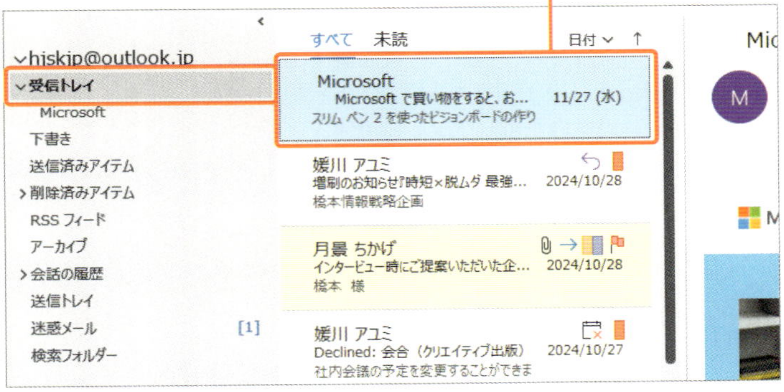

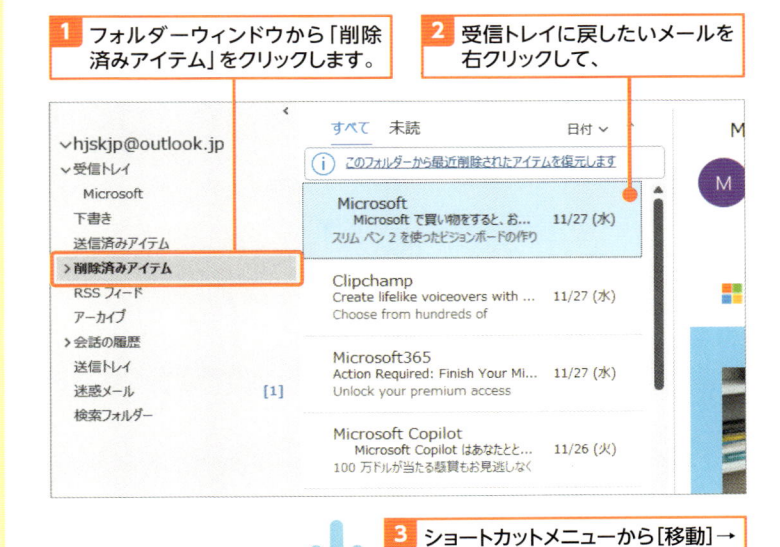

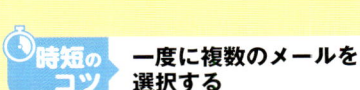

3 メールを完全に削除する

解説 完全に削除する

メールをOutlook 2024内から完全に削除するには、「削除済みアイテム」内に入っているメールをさらに削除する必要があります。

1 フォルダーウィンドウから［削除済みアイテム］をクリックします。

2 完全に削除したいメールを選択します。

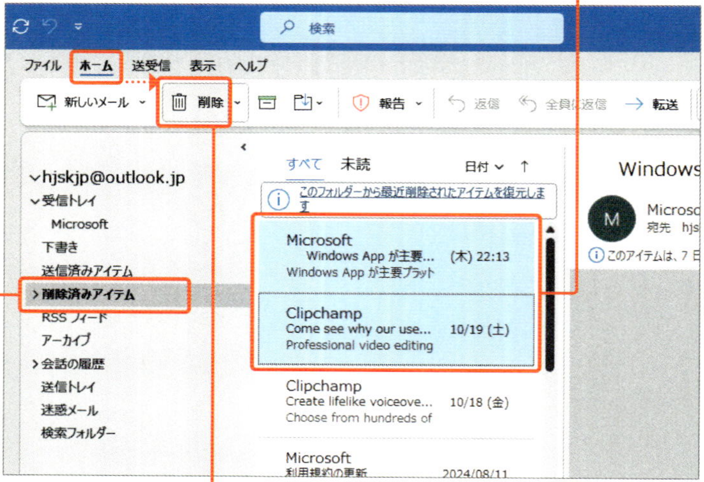

3 ［ホーム］タブ→［削除］をクリックします。

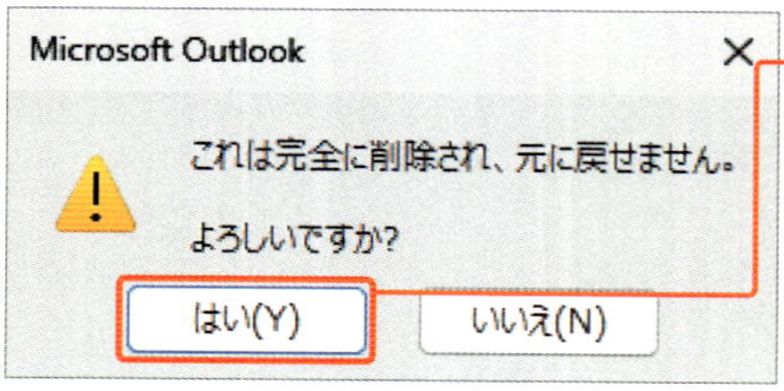

4 メッセージ内容を確認し、［はい］をクリックします。

5 メールが「削除済みアイテム」から消去され、完全に削除されます。

Hint 削除済みアイテムのメールをすべて削除する

削除済みアイテムのメールをすべて削除したい場合には、フォルダーウィンドウから［削除済みアイテム］を右クリックして、ショートカットメニューから［フォルダーを空にする］をクリックします。「"削除済みアイテム"フォルダーの内容がすべて削除され、元に戻せません。」というメッセージを確認したうえで、［はい］をクリックすれば、削除済みアイテムのメールをすべて削除できます。

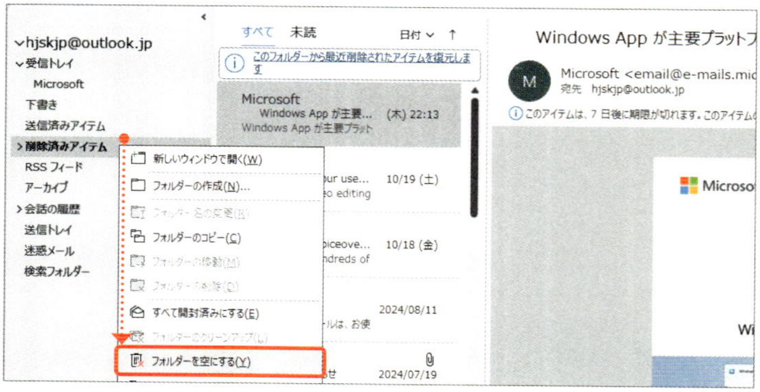

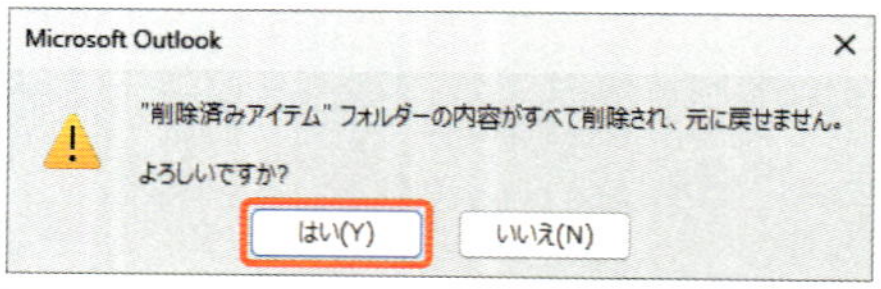

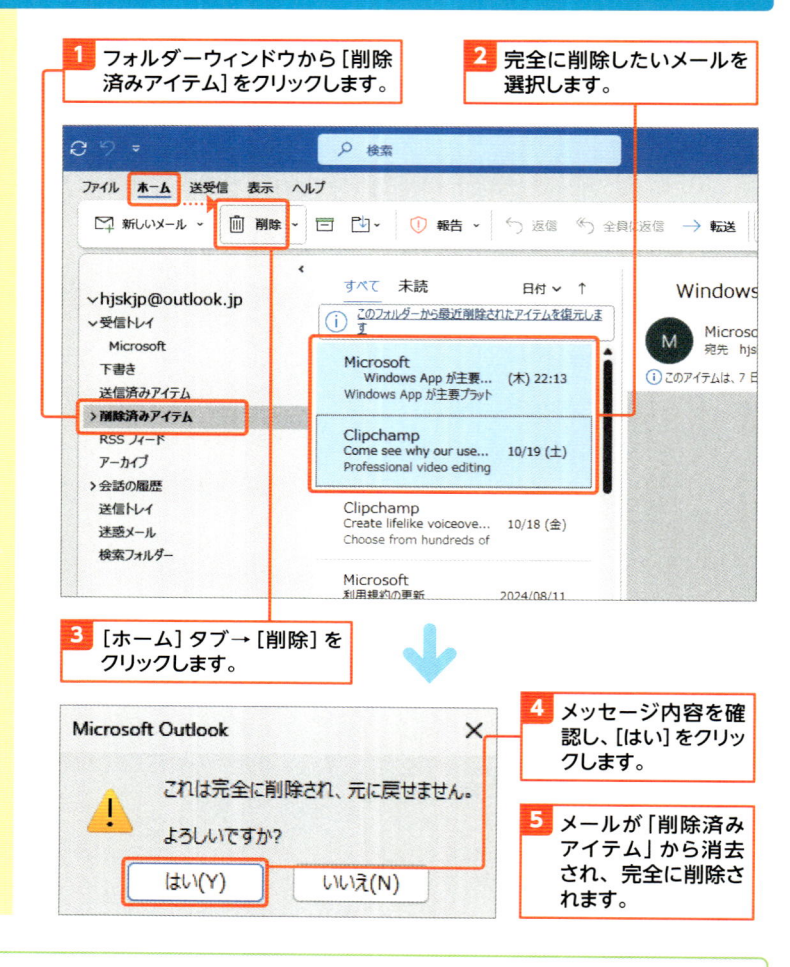

4 アーカイブ機能を活用する

Key word　アーカイブ

アーカイブ（archive）とは、本来は「保存記録」という意味ですが、Outlook 2024などのメール管理においては「受信トレイから外す（削除することなく非表示にする）」という意味合いが強くなります。基本的にアーカイブは「重要なメールを保持する場所」ではなく、「受信トレイになるべくメールを残さないために、作業完了して必要がなくなったメールを移す場所」と考えるとよいでしょう。

ショートカットキー

● メールをアーカイブに移動
Back space

Hint　「アーカイブ」フォルダー

もし「アーカイブ」フォルダーが存在しない場合は、［ホーム］タブ→［アーカイブ］をクリックした時点でフォルダー作成のダイアログが表示されるので、［アーカイブフォルダーの作成］をクリックします。

1 ビューからアーカイブに移動したいメールを選択します。

2 ［ホーム］タブ→［アーカイブ］をクリックします。

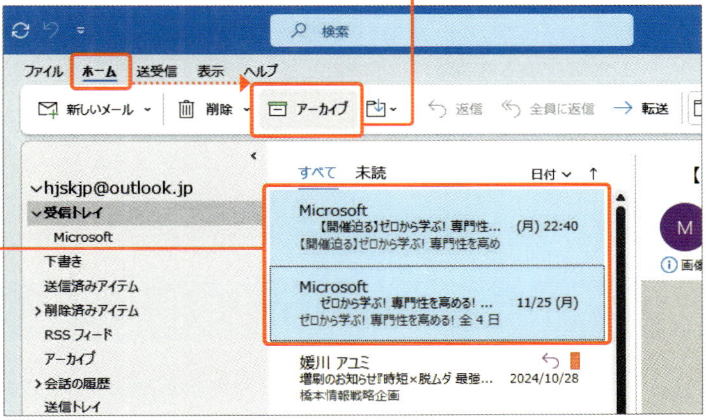

3 フォルダーウィンドウから［アーカイブ］をクリックします。

4 該当メールが「アーカイブ」フォルダーに移動していることを確認できます。

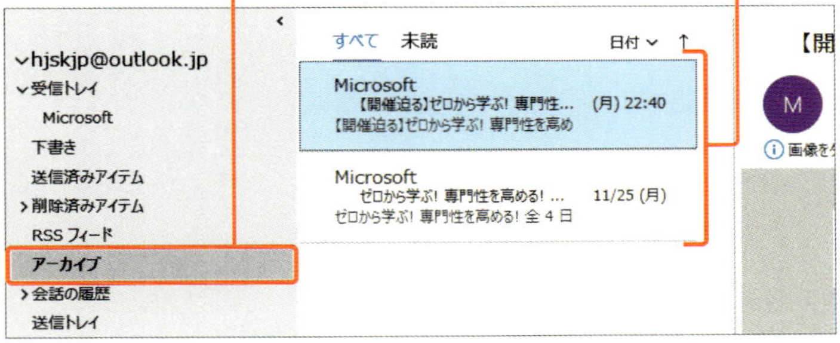

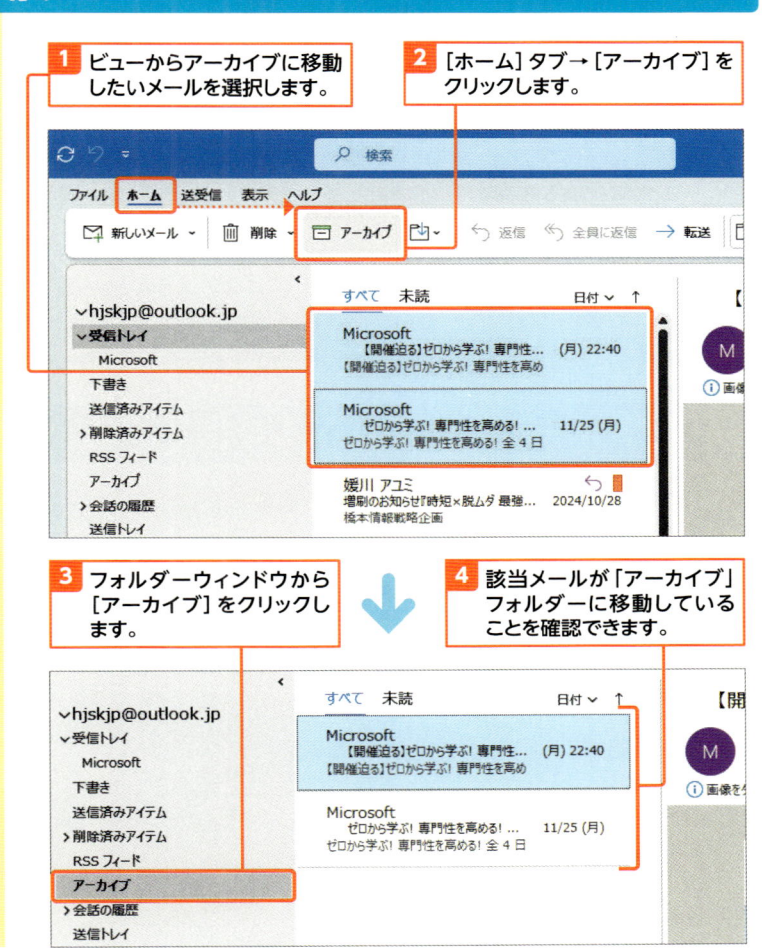

使えるプロ技！　完全に削除したメールを一覧から復元する

アカウントの種類がMicrosoft Exchangeアカウント／Microsoft 365のアカウント／Outlook.comアカウントなどのMicrosoft系アカウントであれば、完全に削除したメールを復元できる場合があります。フォルダーウィンドウから［削除済みアイテム］をクリックして、ビュー内に表示されている［このフォルダーから最近削除されたアイテムを復元します］をクリックして、一覧から復元したいメールを選択して、［OK］をクリックすることでメールを復元することが可能です。
ただし、比較的最近に削除したメールでなければ復元できないことに注意します。

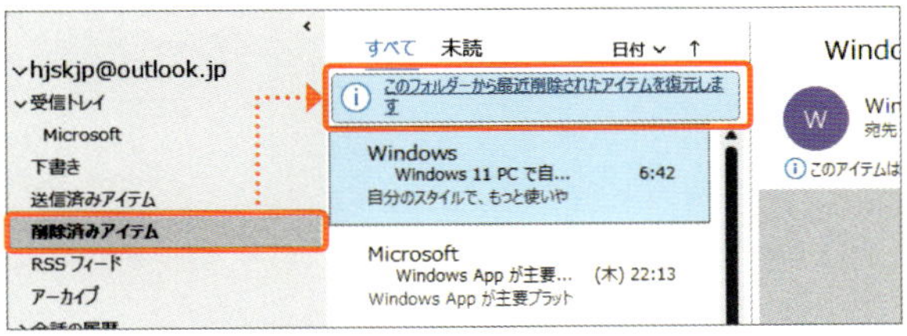

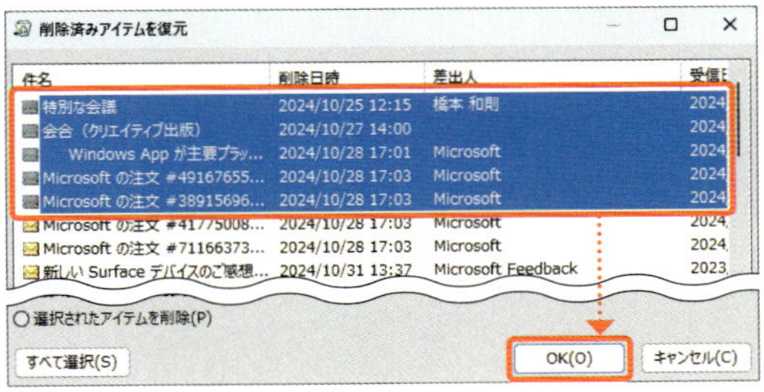

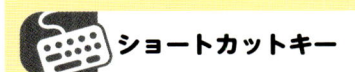

Section

40 迷惑メールに対処する

ここで学ぶのは

- 迷惑メールの指定
- 受信拒否リスト
- 信頼できる差出人の指定

メール管理において「迷惑メール」に対処することは必要不可欠です。ここでは、Outlook 2024の機能で迷惑メールに対処する方法と、迷惑メールの指定方法、また「迷惑メールではないメール」の指定方法などを解説します。

1 迷惑メールの処理レベルを指定する

解説 迷惑メールの処理レベル設定

しつこい広告メールや迷惑な内容のメールなどは「Outlook 2024の迷惑メール処理設定」で対処したいものですが、ビジネス環境の場合には迷惑メール処理により「必要なメールまで迷惑メールとして処理されかねない」という問題があります。
不特定多数の人からのメールや新しい取引先からのメールが比較的多い場合は、[自動処理なし]を選択するか、あるいは[低]を選択したうえで、日常的に「迷惑メール」フォルダーも確認するようにします。

注意 迷惑メール

Outlookのバージョンによってはメニュー内の「ブロック」は「迷惑メール」という表記になります。

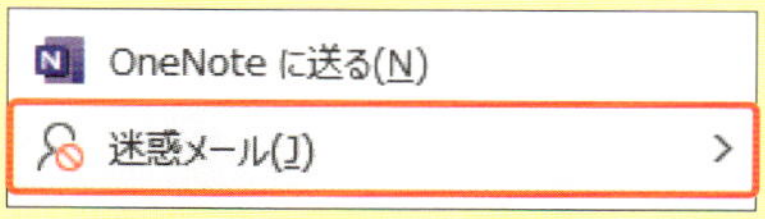

Memo 処理レベル

迷惑メールの処理レベルは低い順から、[自動処理なし][低][高][[セーフリスト]のみ]の設定ができます。処理レベルが低いほど、あまり積極的に迷惑メールの処理を行いません。

1 [ホーム]タブ→[…]をクリックして、

2 ドロップダウンから[ブロック]→[迷惑メールのオプション]をクリックします。

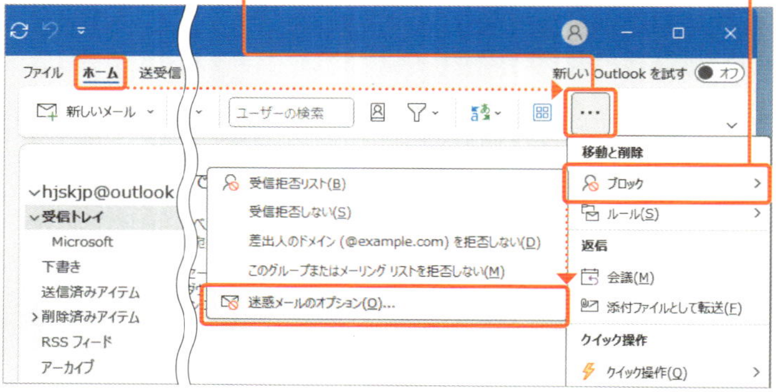

3 [迷惑メールのオプション]ダイアログが表示されます。

4 [オプション]タブで迷惑メールの処理レベルを選択して、[OK]をクリックします。

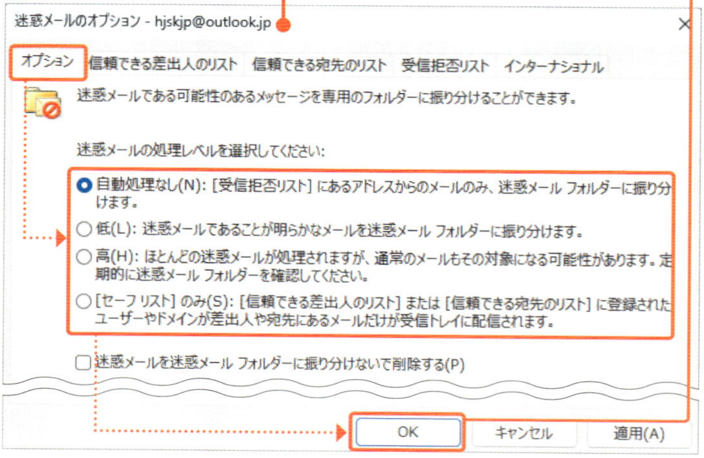

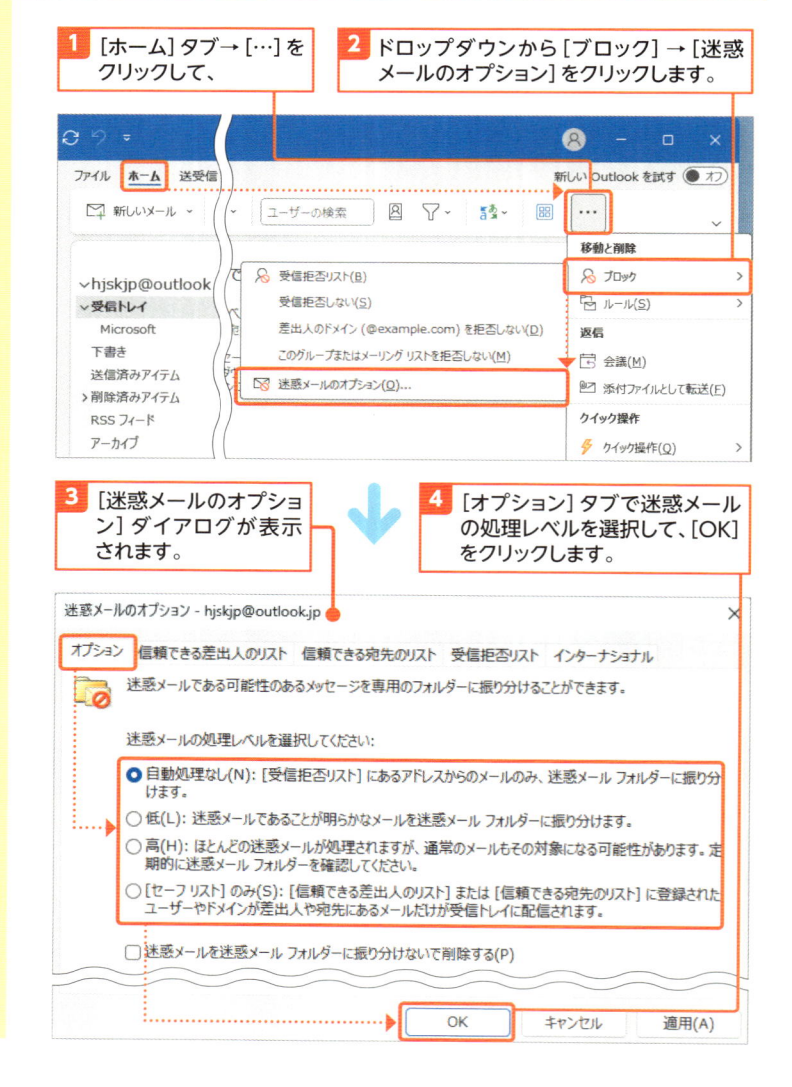

2 任意の差出人を迷惑メールに指定する

解説 迷惑メールに指定する

迷惑メールに指定したい差出人のメールアドレスは、「受信拒否リスト」に登録します。受信拒否リストに登録された差出人のメールは、以後は受信トレイではなく「迷惑メール」フォルダーに振り分けられるようになります。

Hint もっともらしいメールに注意する

迷惑メールは、単に「内容が迷惑（自分に必要のない文言）なもの」だけとは限りません。迷惑メールの中には、「PCをウイルスに感染させるもの」「不当な請求を行うもの（あなたのXX映像を録画して保持しています、といったもの）」などがあります。このようなメールは「そもそも開かないこと」が基本になります。セキュリティ対策全般についてはp.210で解説します。

1 差出人を迷惑メールに指定したいメールをクリックして選択します。

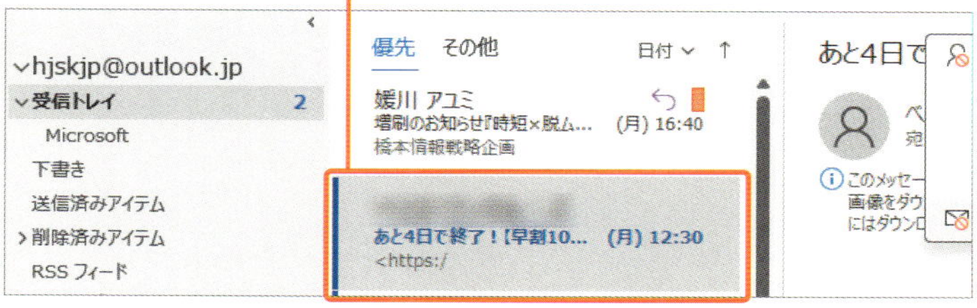

2 ［ホーム］タブ→［…］をクリックして、

3 ドロップダウンから［ブロック］→［受信拒否リスト］をクリックします。

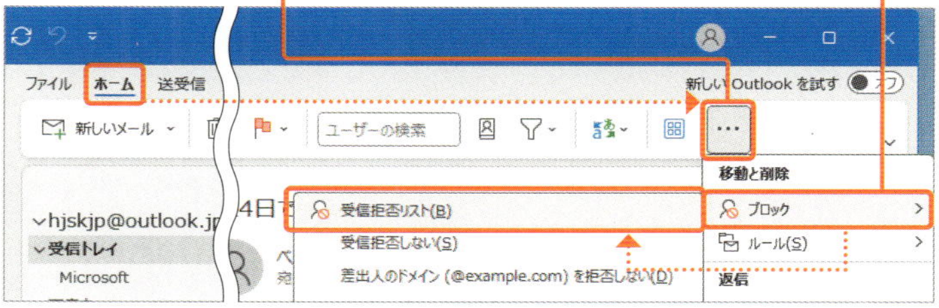

4 メッセージ内容を確認し、［OK］をクリックします。

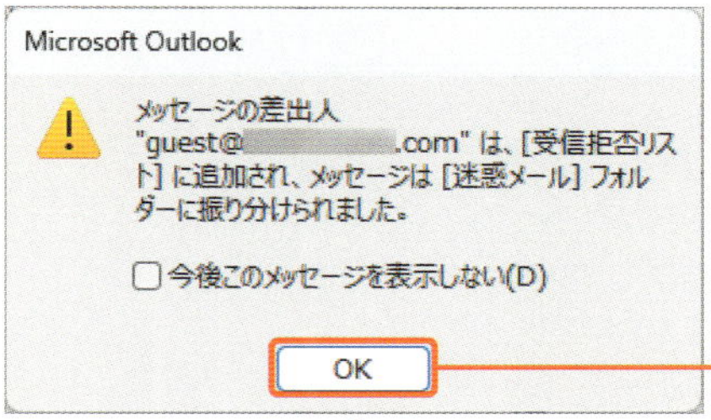

5 フォルダーウィンドウから［迷惑メール］をクリックします。

6 該当メールが「迷惑メール」フォルダーに移動していることを確認できます。

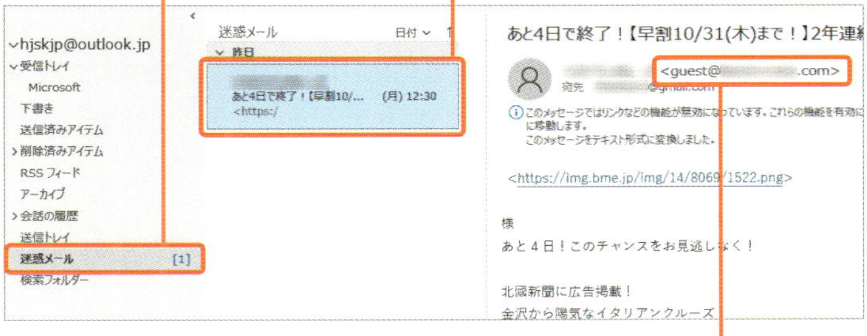

7 該当メールアドレスが受信拒否リストに登録されます（次項参照）。

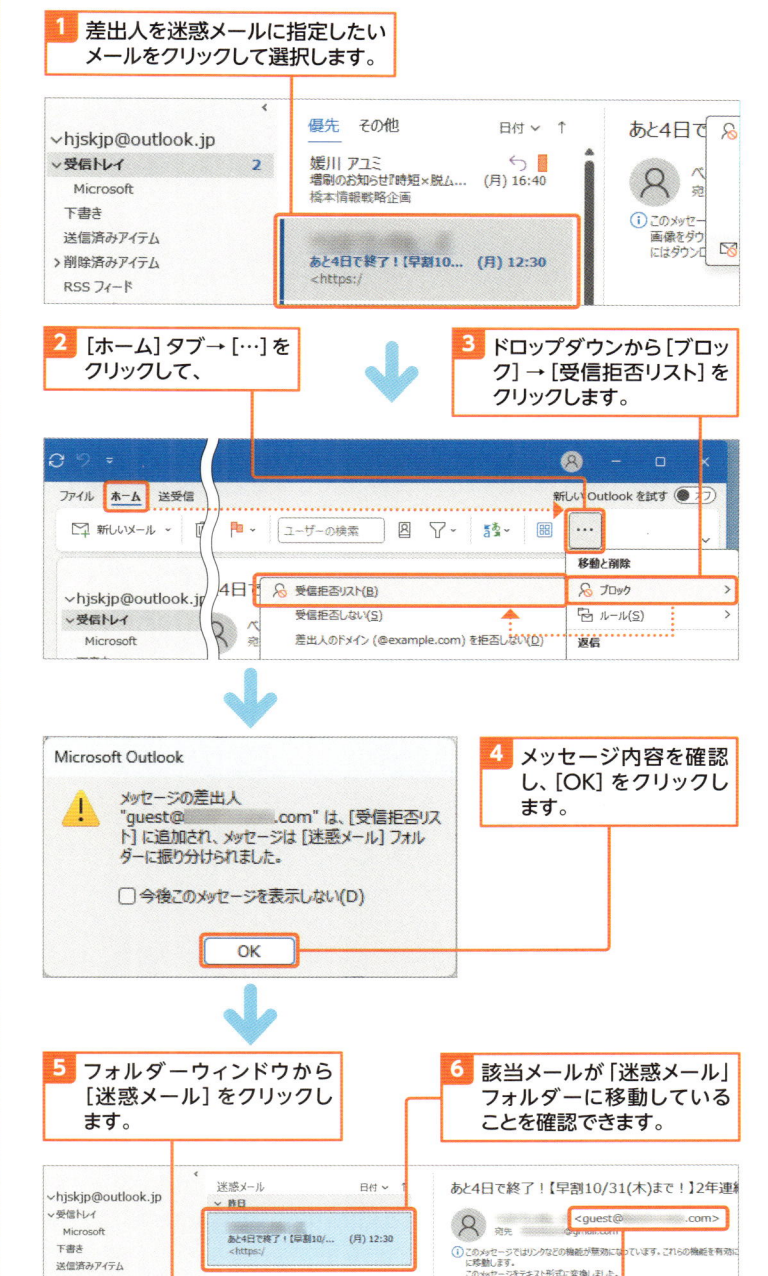

3 受信拒否リストを確認する

解説 受信拒否リストの確認

受信拒否リストに登録した差出人のメールアドレスは、[迷惑メールのオプション]→[受信拒否リスト]タブから確認できます。受信拒否リストに登録されたメールアドレスやドメインは、常に迷惑メールとして処理されることになります。

注意 迷惑メール

Outlookのバージョンによってはメニュー内の「ブロック」は「迷惑メール」という表記になります。

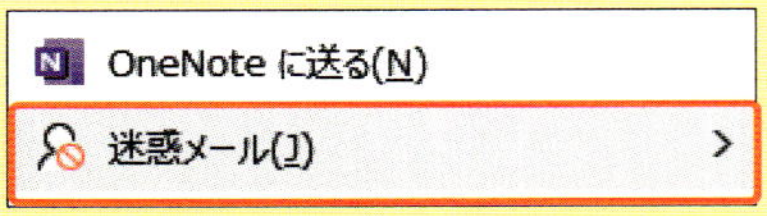

Memo 迷惑メールのオプション

[迷惑メールのオプション]内のタブには、[オプション][信頼できる差出人のリスト][信頼できる宛先のリスト][受信拒否リスト][インターナショナル]があり、それぞれ迷惑メールに関する詳細な設定を行うことができます。

1 [ホーム]タブ→[…]をクリックして、

2 ドロップダウンから[ブロック]→[迷惑メールのオプション]をクリックします。

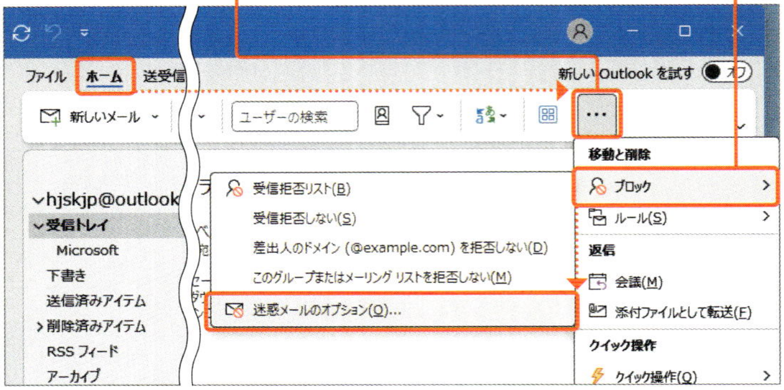

3 [迷惑メールのオプション]ダイアログが表示されます。

4 [受信拒否リスト]タブをクリックします。

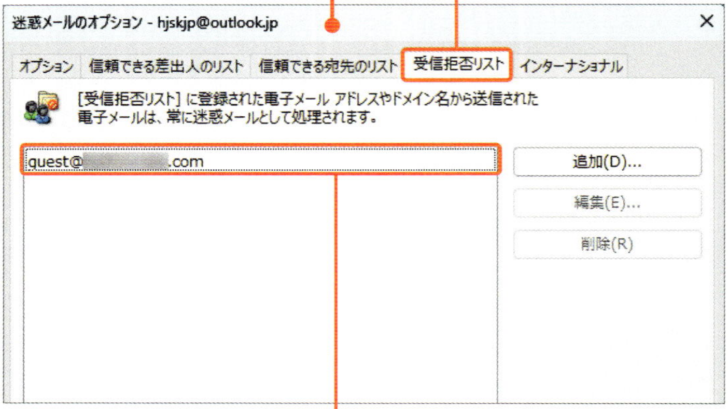

5 ここに登録されているメールアドレスは、常に迷惑メールとして処理されます。

Hint 迷惑メール判定はプロバイダーでも行われている

迷惑メールの判定処理は、メーラー(メールアプリ)の判定処理だけとは限りません。
例えば、Outlook 2024では「信頼できる差出人リスト」「受信拒否リスト」などを任意に設定して迷惑メールとして判定させることができますが、メールは構造上まず「メールサーバー」に届くため、メールサーバー側で迷惑メールの判定が行われた場合、Outlook 2024での設定が反映されるよりも前に「迷惑メール」として扱われてしまいます。
多くのプロバイダーメール(インターネットサービスプロバイダー・レンタルサーバーなどが供給するメールアカウント)は、独自の迷惑メール判定やウイルスチェックを行い、迷惑メールを「迷惑メールのフォルダー(プロバイダーによって名称や場所は異なります)」への移動や削除を行っているのが現状です。
そのため、迷惑メール判定がおかしい(届くはずのメールが届かない)場合には、Outlook 2024の設定だけを見直すのではなく、該当メールのアカウントの設定も別途確認するようにします。

4 ドメインごと受信拒否する

解説 ドメインを拒否する

ドメインとは、メールアドレスにおける「@」以降の文字列のことで、例えば「@xyz.zzz」を受信拒否リストに追加した場合、該当する「～@xyz.zzz」のメールをすべて受信拒否します。また、ドメインはサブドメインという形で「@[サブドメイン].[ドメイン]」という形が可能です。例えば、「～@aaa.xyz.zzz」と「～@bbb.xyz.zzz」の両方を拒否したい場合は、「xyz.zzz」を受信拒否リストに登録します。

[迷惑メールのオプション]ダイアログを表示しておきます。

1 [受信拒否リスト]タブで[追加]をクリックします。

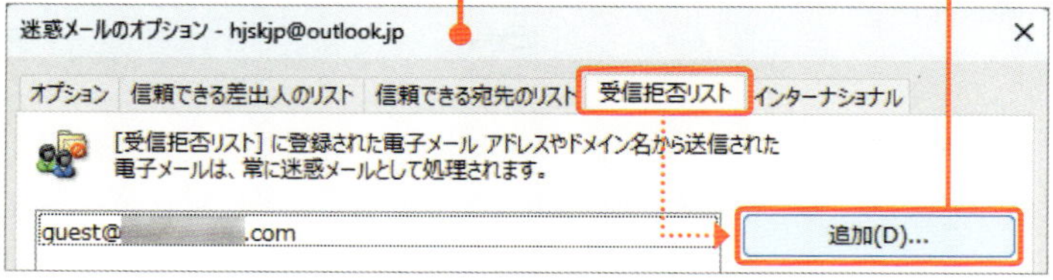

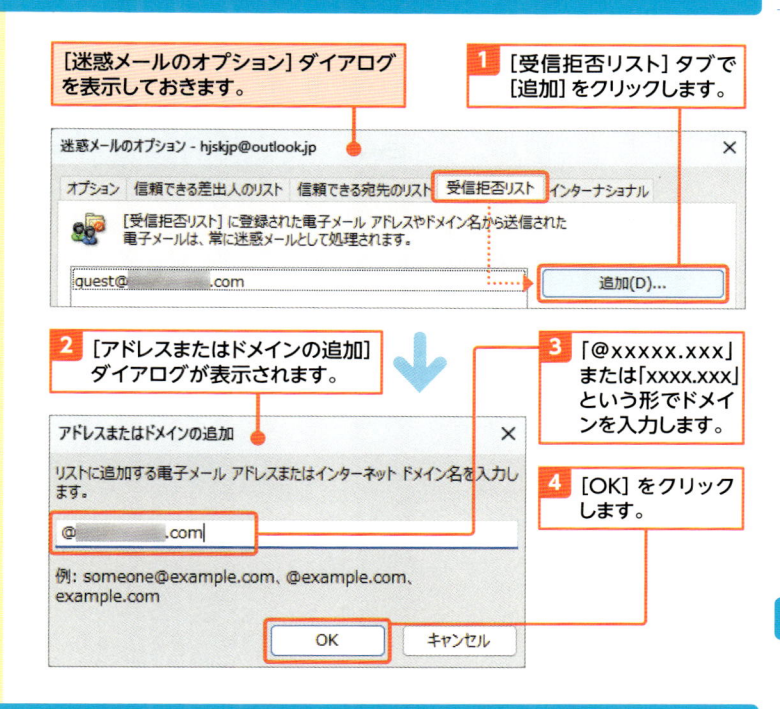

2 [アドレスまたはドメインの追加]ダイアログが表示されます。

3 「@xxxxx.xxx」または「xxxx.xxx」という形でドメインを入力します。

4 [OK]をクリックします。

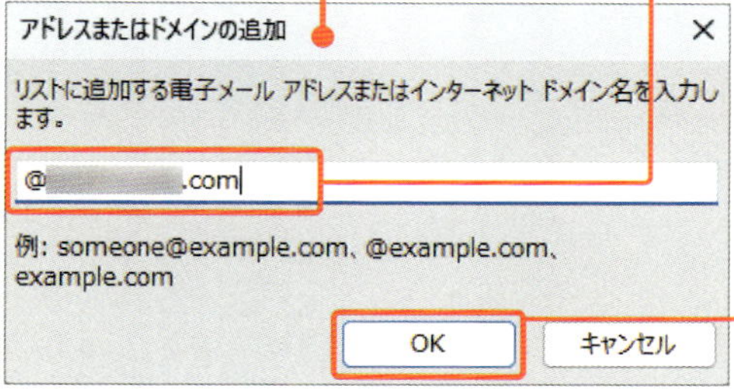

5 受信拒否リストから削除する

Hint ドメインとサブドメイン

任意のドメインを取得したものは、任意に「サブドメイン」を設定することができます。「ドメイン」に組織が示されている場合は、その組織のメールである可能性が高いですが、「サブドメイン」は自由に命名できるため組織を確認できないことに注意が必要です。メールアドレスの例であれば「～@[任意文字列].microsoft.com」はマイクロソフトを示しますが、「～@microsoft.[任意文字列].com」はマイクロソフトを示さないので注意が必要です。

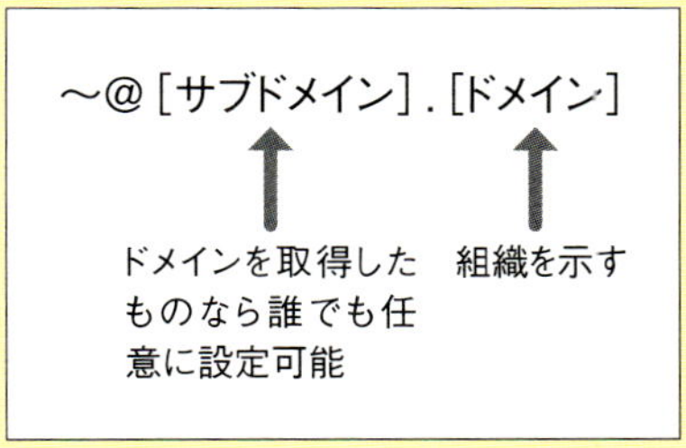

[迷惑メールのオプション]ダイアログを表示しておきます。

1 [受信拒否リスト]タブから、該当のメールアドレスやドメインをクリックして選択します。

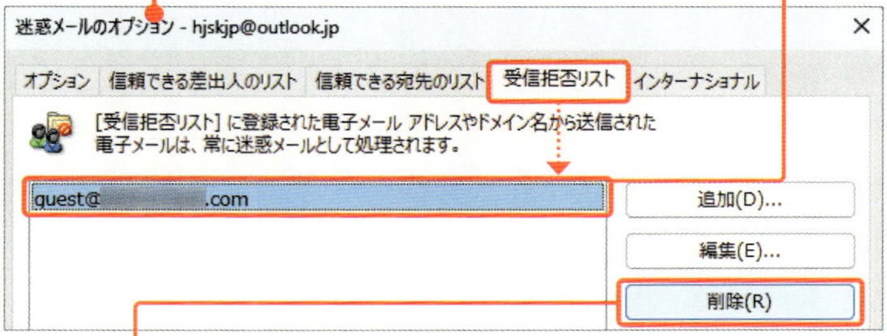

2 [削除]をクリックします。

3 受信拒否リストから該当のメールアドレスやドメインが削除され、受信拒否リストから除外されます。

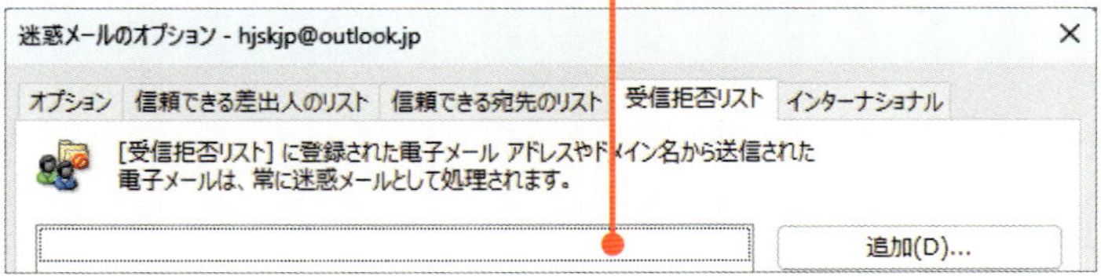

4 [OK]をクリックします。

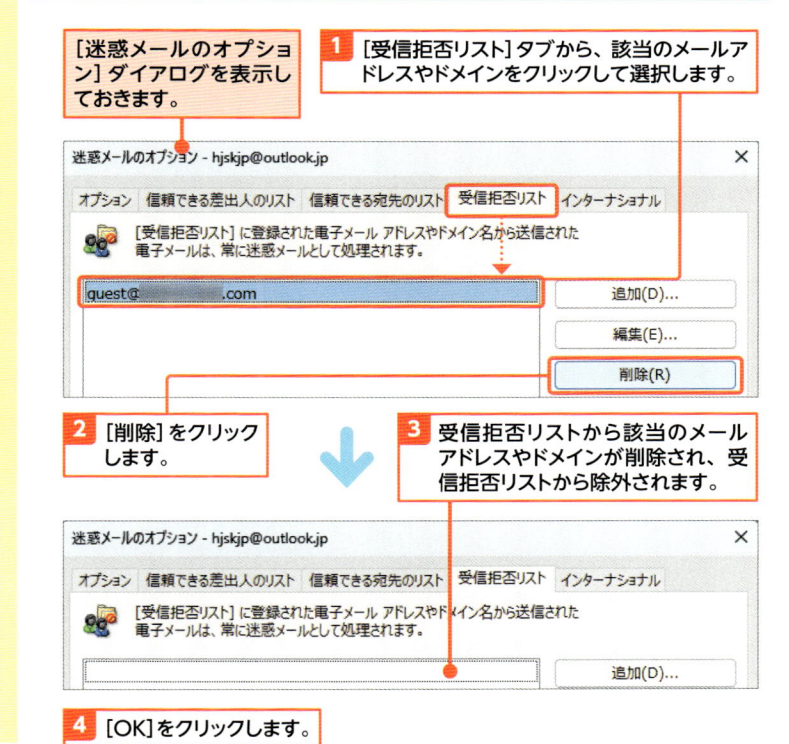

6 受信拒否しない差出人を登録する

1 信頼できる差出人（迷惑メールにしない）メールをクリックして選択します。

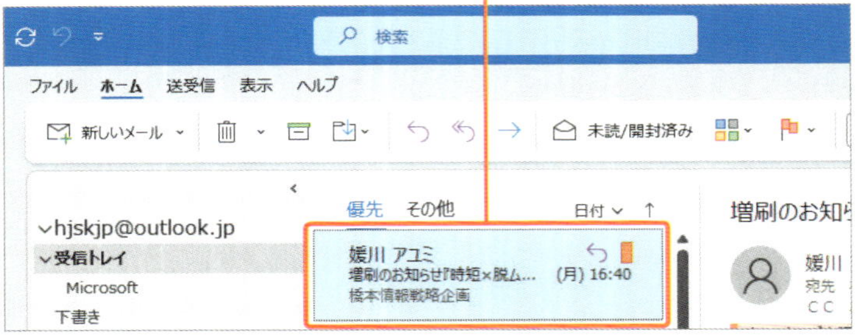

2 ［ホーム］タブ→［…］をクリックして、

3 ドロップダウンから［ブロック］→［受信拒否しない］をクリックします。

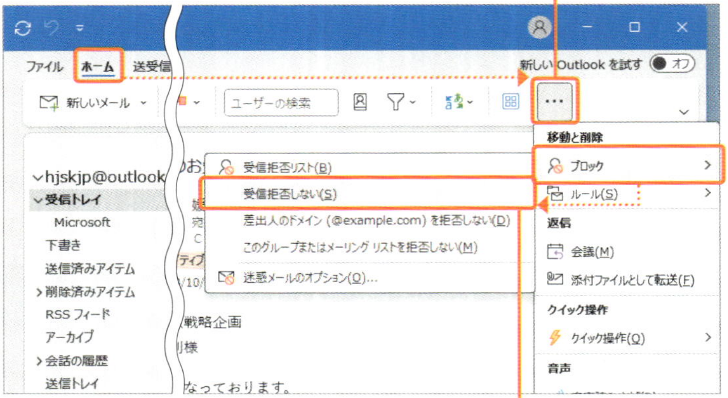

4 メッセージ内容を確認し、［OK］をクリックします。

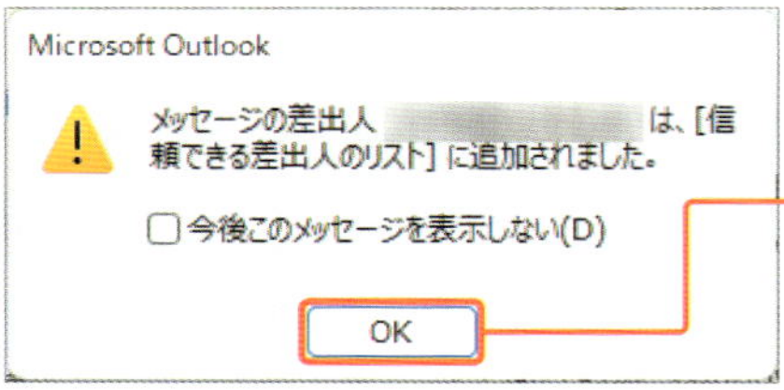

5 ［迷惑メールのオプション］ダイアログの［信頼できる差出人のリスト］タブに該当の差出人が登録されます。

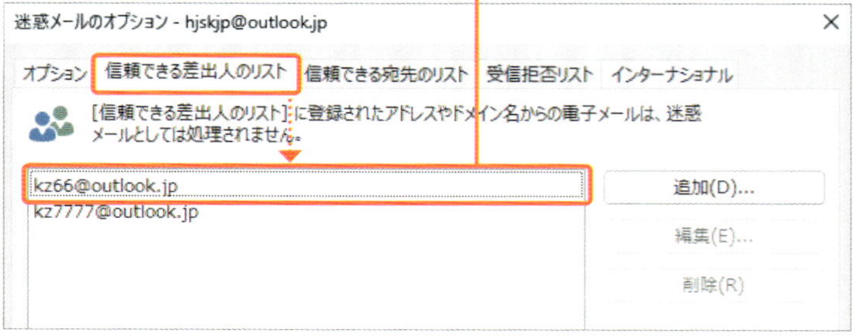

Hint 特定のドメインを迷惑メールに設定しない

迷惑メールオプションの「信頼できる差出人リスト」において、任意のドメインを信頼したい場合には、［追加］をクリックしてドメインを登録します。例えば、「～@win10.jp」のメールを迷惑メール判定させたくない場合は、「@win10.jp」という形で、信頼できる差出人リストに登録します。

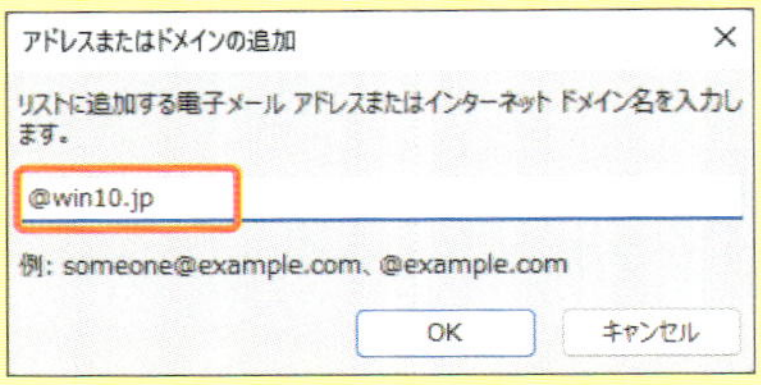

Hint 連絡先や送信先を信頼する

いつも取引している相手（メールアドレス）は自動的に信頼したいという場合は、［迷惑メールのオプション］ダイアログの［信頼できる差出人のリスト］タブで［連絡先からの～］と［電子メールの送信先を自動的に～］をチェックします。連絡先に登録されているメールアドレスや、送信したメールアドレスを「信頼」することができます。

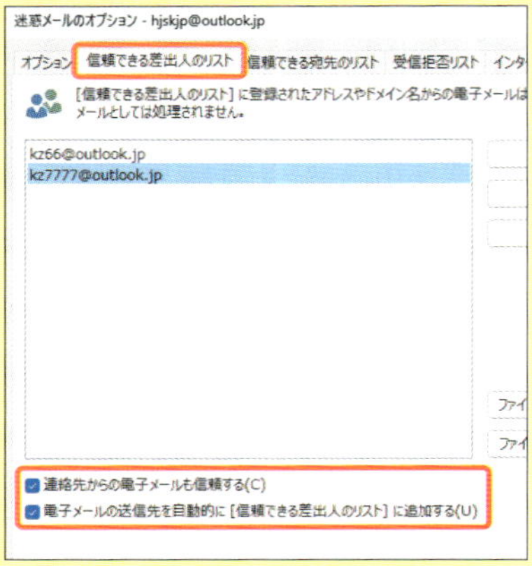

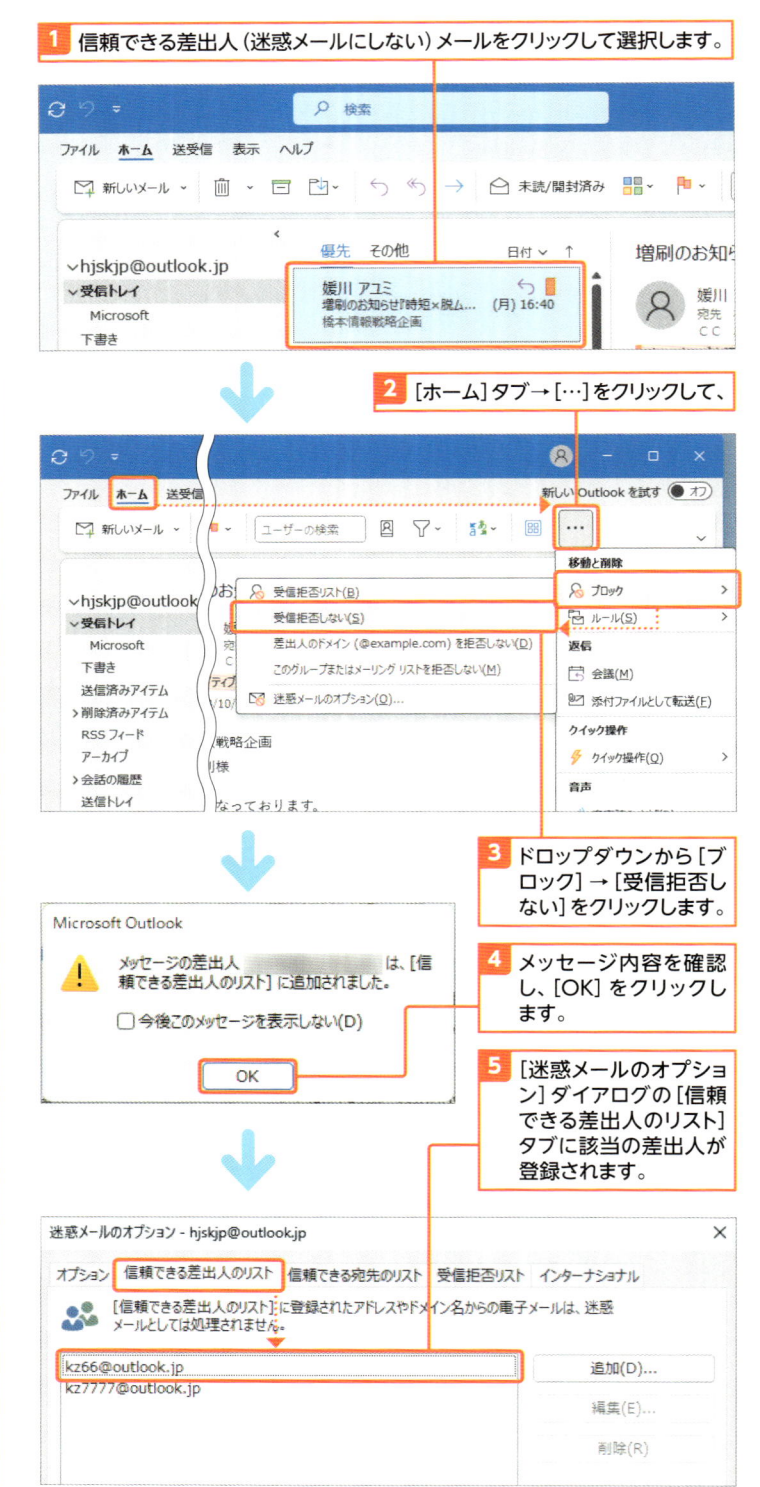

第 4 章

ワンランク上の重要テクニック＆時短ワザ

メールの送受信や検索などの基本操作をマスターしたら、ワンランク上のテクニックを習得しましょう。ここで解説する各種操作は作業効率を高めることができるだけではなく、間違いのないメール作成や送信などにも役立ちます。

Section
41 メールの作業効率を上げるには

ここで学ぶのは

- 効率的な操作
- 間違いのない操作
- 使いやすい環境

メールの作業効率を改善するためには、自身の環境に合わせて**クイックパーツ**や**署名**を上手に利用するほか、**ショートカットキー**を駆使したり、自動応答メールを活用したりするなどの工夫を行うようにします。

1 ショートカットキーですばやく操作する

Outlook 2024を操作するために、マウスであちこちクリックするのは面倒です。また、マウス操作だとクリックミスなどが起こる可能性もありますが、キーボードで各種操作を実現できるショートカットキーであれば、すばやく間違いのない操作を実現できます。

ちなみにOutlook 2024には多数のショートカットキーがありますが、すべてを覚える必要はありません。ショートカットキーは「自分がよく使うもの」だけを覚えるのが肝要です。

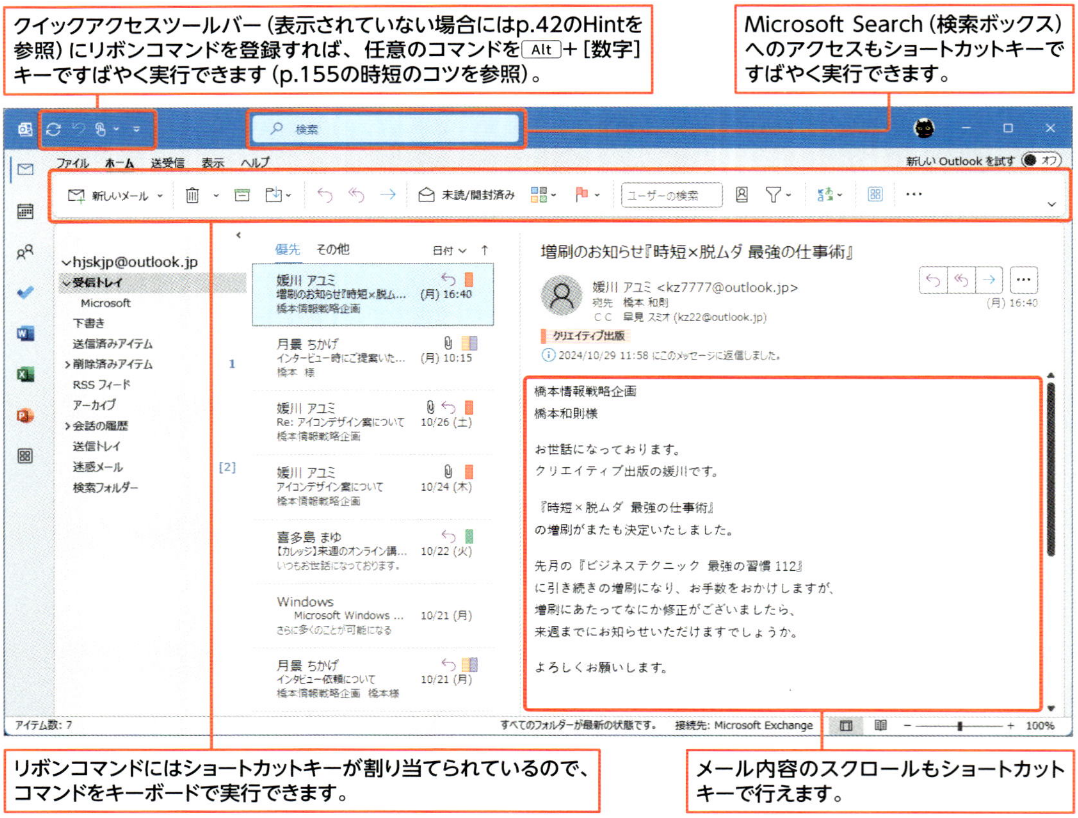

2 署名で連絡先などの情報を自動付加する

メールの末尾には、会社名や住所などの情報を付加しておくのが基本です。いちいち入力するのは手間ですが、「署名」を利用すれば、任意の署名を選択付加できるほか、自動付加することもできます。

複数の署名を登録しておくことができる

「署名」は複数作成して場面に応じて選択できます。

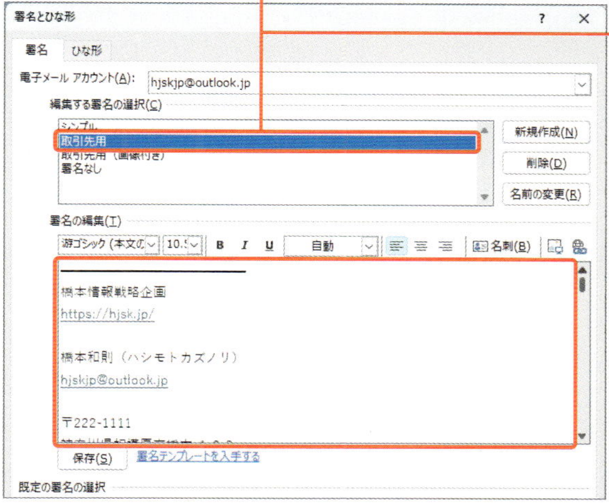

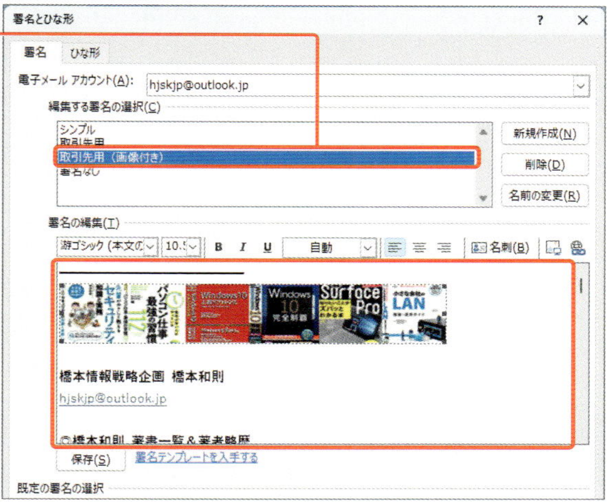

新しいメール作成時に署名を自動付加できる

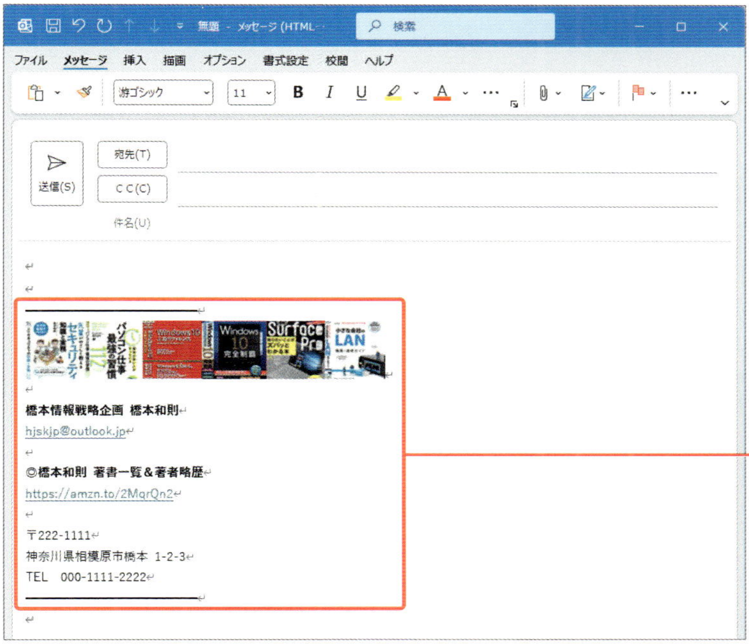

「署名」を活用すれば、メールにフッターとなる連絡先などの情報を、あらかじめ記述しておくことができます。

3 定型文を一発で入力する

ビジネスメールというものは、ある程度フォーマットが決まっている部分があります。例えばメール序盤のあいさつ文などは、「クイックパーツ」を活用することにより、決まった定型文を毎回入力することなく一発で入力できます。

「クイックパーツ」を利用すれば、登録パーツを選択するだけで定型文が簡単に入力できます。

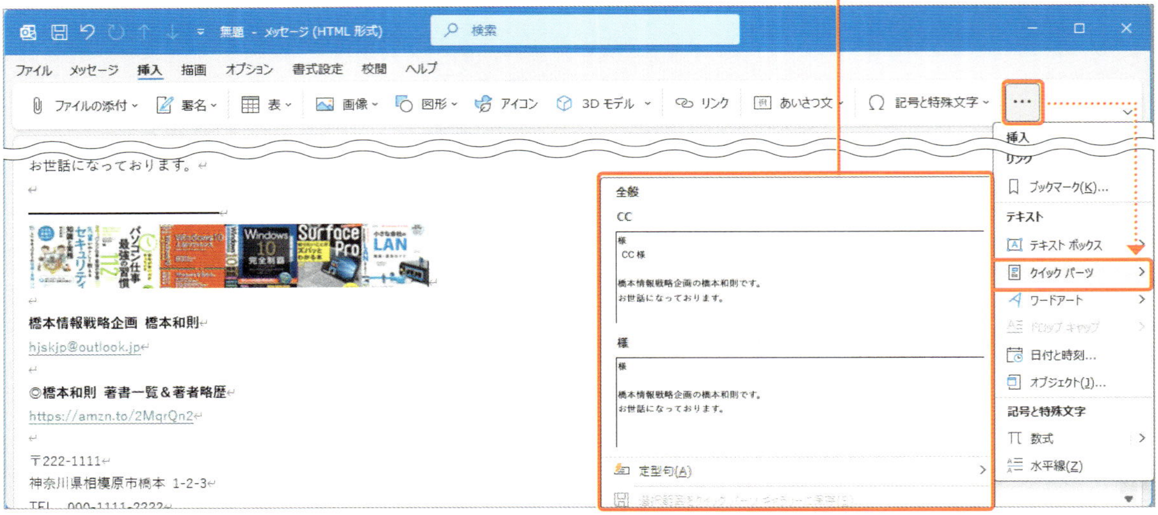

4 メールの送信を一定時間遅らせる

仕分けルールを利用して、「送信メールを一定時間待機させる設定」を適用すれば、メール送信後に「やはりメール本文の内容を変えたい」「添付ファイルをつけ忘れた」などの修正に対応することができます。

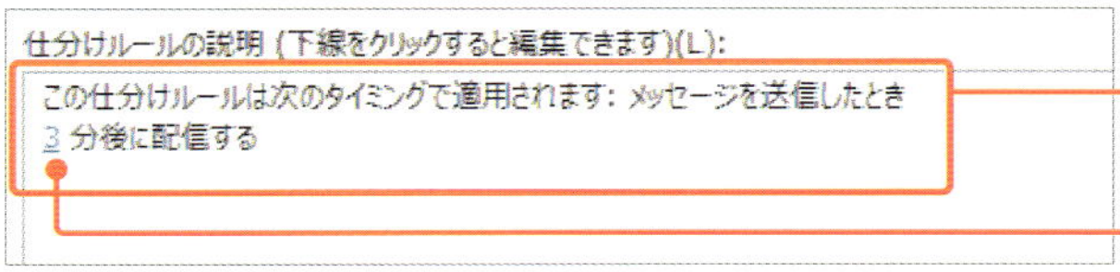

仕分けルールでメールを3分後に送信するように設定できます。

分数は任意に指定可能です。

メールを送信しても3分間は「送信トレイ」に待機しているので、この間にメールを任意に修正・加筆・取り消しが可能です。

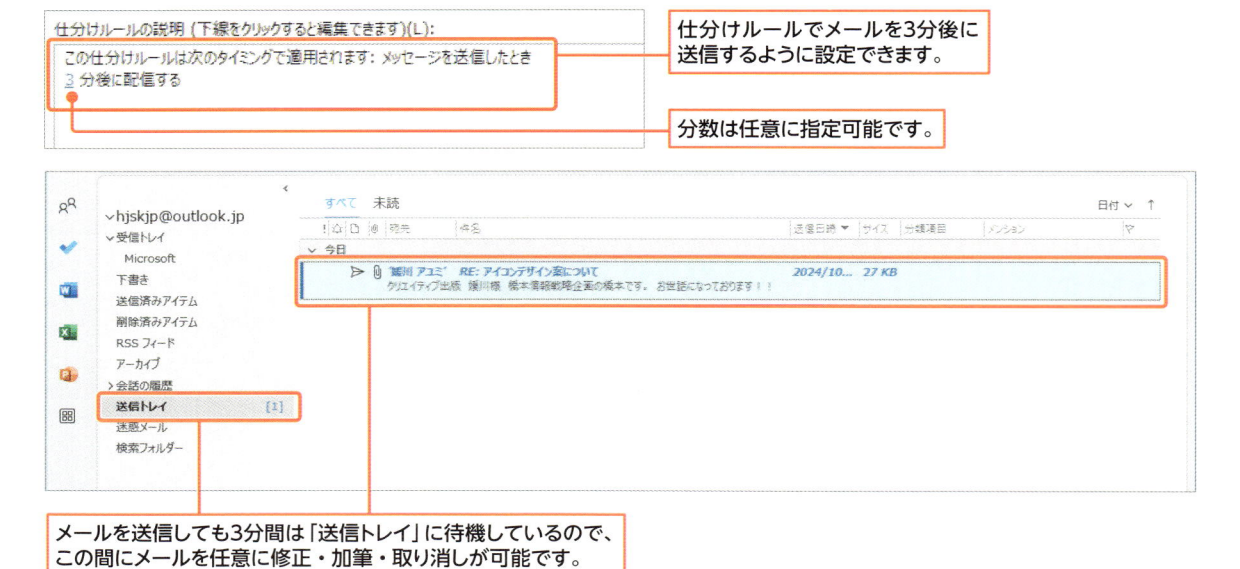

5 Copilot でメールの下書き&コーチング

Copilot（要、サブスクリプション契約、p.176のHintを参照）のAI機能を活用すれば、プロンプトに従ったメールの下書きや、送信前のメール本文をコーチングしてもらうなど、メール記述の効率化やクオリティアップを実現できます。

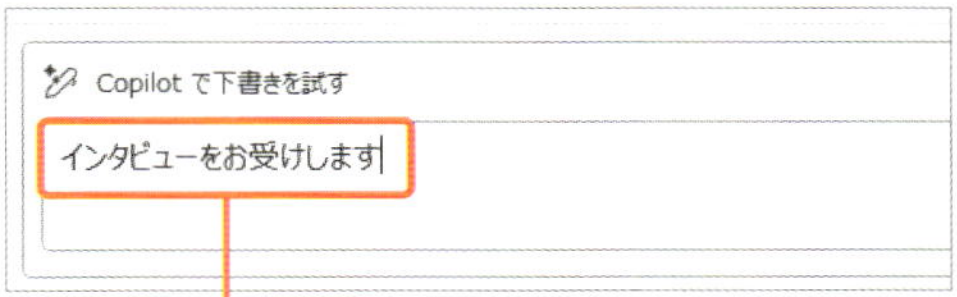

プロンプトにメールに記述したい内容を記述します。

相手のメッセージなどを踏まえ、AIがメール本文を自動生成します。

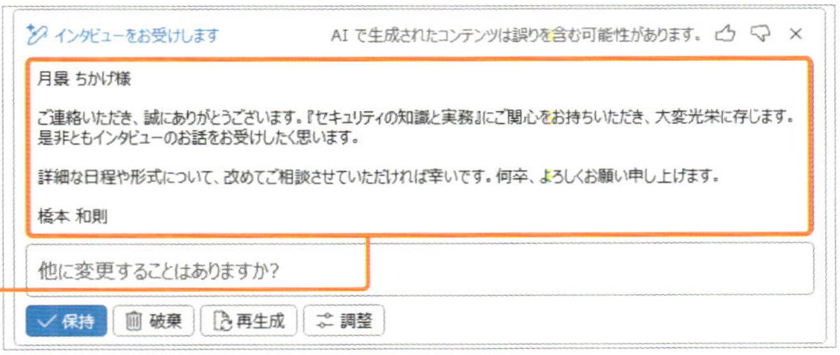

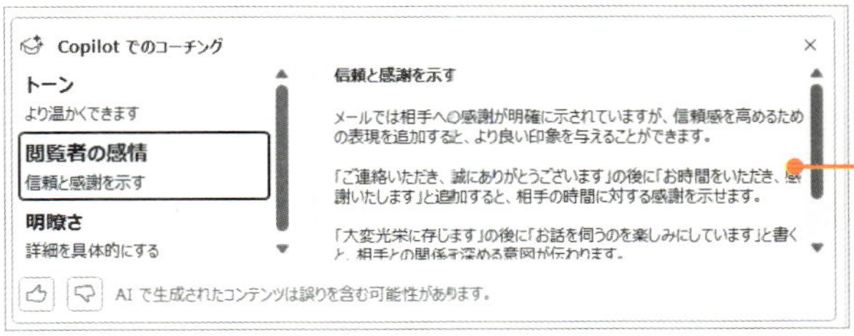

Copilotにコーチングしてもらえば、より相手に適切なメールを作成するヒントを得ることができる。

6 自動応答メールや指定日時のメール送信を使いこなす

メールの高度な送信機能を活用すれば、ビジネスにおけるフットワークを軽くできます。

「指定した日付にメールを送信」すれば相手に配慮した時間帯に連絡することができますし、また、「自動応答」機能を利用すれば自身の休暇中などにメールが届いても、休暇中であることを記述したメールを自動返信することができます。

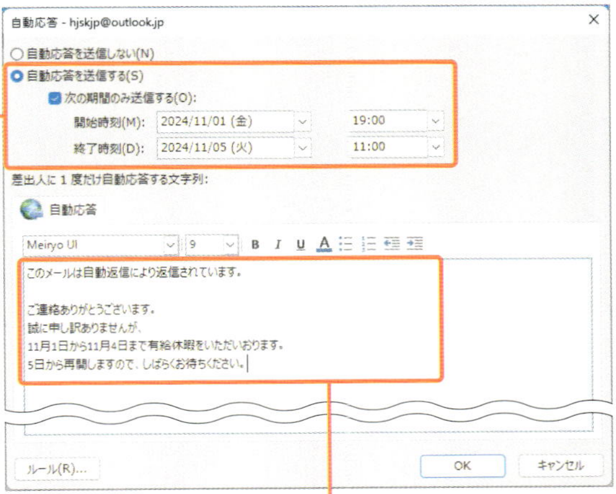

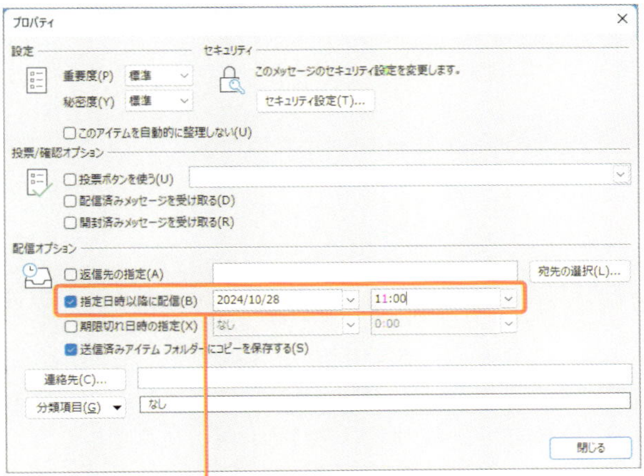

期間を区切って「自動応答」を設定できます。

相手からのメールに対して不在時でも休暇などを知らせ、失礼がないようにできます。

作成したメールを「指定時間以降」に配信設定して、相手の稼働日などのタイミングを見計らってメールを送ることができます。

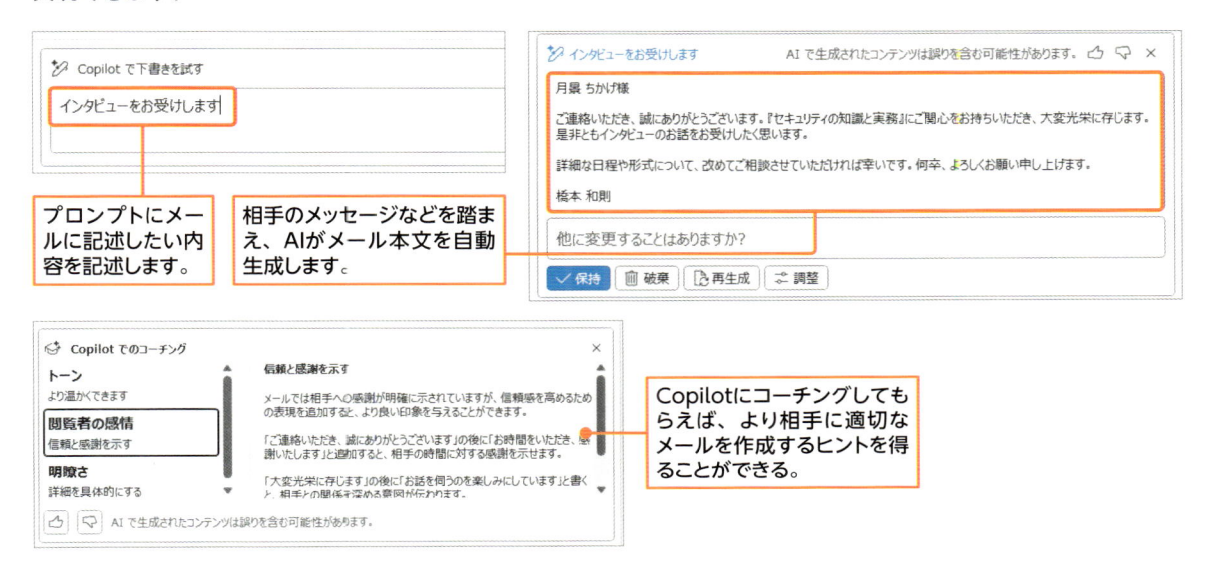

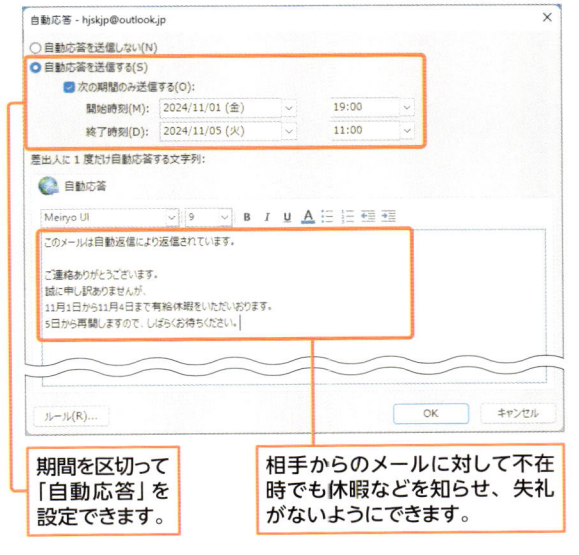

Section

42 ショートカットキーを使いこなす

ここで学ぶのは

- ショートカットキーの種類
- ショートカットキーの活用
- リボンコマンド

Outlook 2024をすばやく操作するためには「ショートカットキー」が欠かせません。ちなみにショートカットキーにはすばやく操作できるだけではなく「マウスよりも確実に操作できる」というメリットもあります。ここでは、Outlook 2024で使えるショートカットキーを厳選して紹介します。

1 「メールを読む」ショートカットキー

閲覧ウィンドウやメッセージウィンドウでメールを読む際、短文ではない限りスクロールが必要になりますが、ショートカットキーを活用すればすばやく表示位置を変更できます。閲覧ウィンドウでは Space キーでメールをスクロールさせて読むことができます。また、メールを読み終わってから Space キーを押せば、自動的に次のメールを表示できます。なお、Space キーによるスクロール操作はメッセージウィンドウでは利用できません。

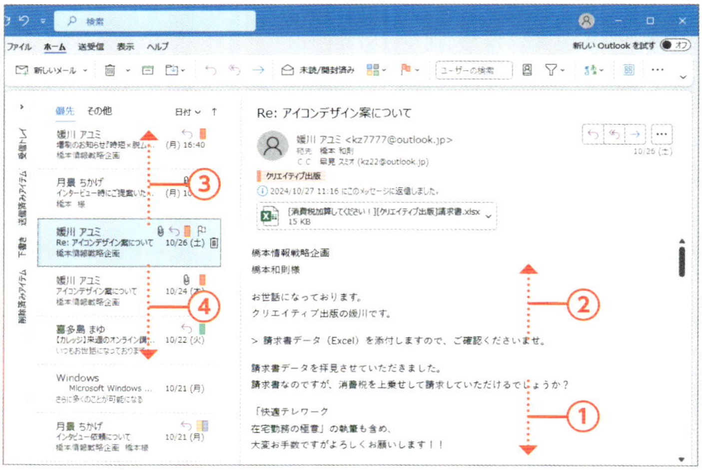

番号	機能	ショートカットキー
①	メール下方を見る	Space キー／PageDown キー
②	メール上方を見る	Shift ＋ Space キー／PageUp キー
③	前のメールを見る	Ctrl ＋ , キー
④	次のメールを見る	Ctrl ＋ . キー

Hint ショートカットキーは操作中の部位が対象

Outlook 2024のショートカットキーは、現在操作している部位（フォーカス）により利用できるものが変わります。本項は「閲覧ウィンドウやメッセージウィンドウを操作している状態」でのショートカットキー操作になります。

Hint ショートカットキーを使いこなすコツ

Outlook 2024のショートカットキーは多数存在しますが、すべてのショートカットキーを覚える必要はありません。自分がよく利用する操作を「手になじませる」ことが重要です。

また、ショートカットキーは「英単語」で考えるとわかりやすくなります。返信は「Reply」の「R」（Ctrl ＋ R キー）、転送は「Forward」の「F」（Ctrl ＋ F キー）という形で、多くのショートカットキーは英単語の頭文字が割り当てられています。

2 「メールの返信と転送」のショートカットキー

メールに対して「返信」「転送」を行いたい場合は、確実に操作を実行できるショートカットキーが役に立ちます。宛先のメールアドレスを手入力すると、タイプミスしてしまい相手にメールが送れない（届かない）場合があります。このような問題が起こる可能性を考えても、すでに知っている相手にメールを送る場合には「返信」が確実です。「連絡先」にメールアドレスを登録していない場合や、久しぶりにメールする場合でも、相手からのメールを表示したうえでショートカットキー Ctrl ＋ R キーからメール作成を行うのがおすすめです。

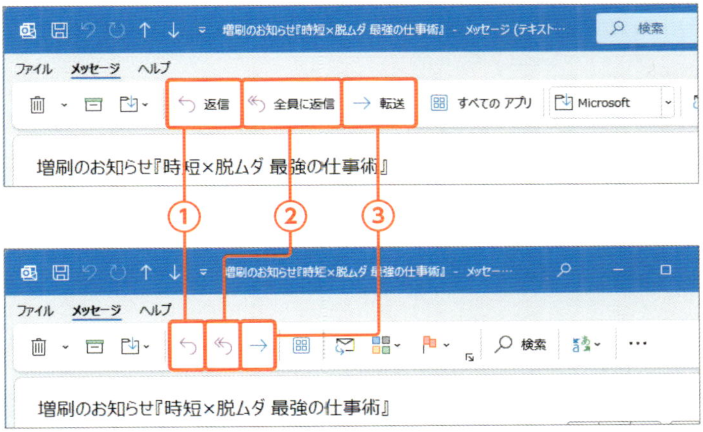

番号	機能	ショートカットキー
①	メールの返信	Ctrl ＋ R キー
②	メールを全員に返信	Ctrl ＋ Shift ＋ R キー
③	メールの転送	Ctrl ＋ F キー

3 「メールの作成と送信」のショートカットキー

メールの「作成」や「送信」もショートカットキーですばやく実行することができます。
「メール」画面からの新しいメールの作成は、ショートカットキー Ctrl ＋ N キーで実現できます。ちなみにOutlook 2024では「連絡先」「予定表」なども管理できますが、これらの「メール」以外の画面から新しいメールを作成したい場合は、Ctrl ＋ N キーではなく、ショートカットキー Ctrl ＋ Shift ＋ M キーを入力します。

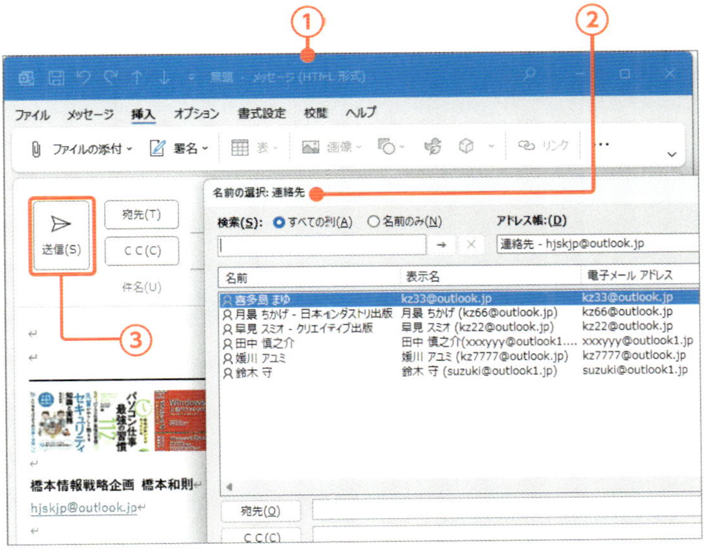

番号	機能	ショートカットキー
①	新しいメールの作成	Ctrl ＋ N キー Ctrl ＋ Shift ＋ M キー
②	アドレス帳（宛先の指定）	Ctrl ＋ Shift ＋ B キー
③	メールを送信する	Alt ＋ S キー Ctrl ＋ Enter キー

4 「既読／未読」のショートカットキー

メールの「既読」「未読」もショートカットキーで変更できます。
任意のメールを未読にするには、ショートカットキー Ctrl ＋ U キーを入力します。また、逆に任意のメールを既読にしたい場合は、ショートカットキー Ctrl ＋ Q キーを入力します。ちなみにこのショートカットキーはあらかじめ複数選択してから実行すれば、一括で適用することも可能です。

hjskjp@outlook.jp
受信トレイ
Microsoft
下書き
送信済みアイテム
削除済みアイテム
RSS フィード
アーカイブ
会話の履歴
送信トレイ
迷惑メール
検索フォルダー
優先
その他
日付
媛川 アユミ
増刷のお知らせ『時短×脱ム…
(月) 16:40
橋本情報戦略企画
月景 ちかげ
インタービュー時にご提案い…
(月) 10:15
①
②

番号	機能	ショートカットキー
①	既読にする	Ctrl ＋ Q キー
②	未読にする	Ctrl ＋ U キー

5 「メールの検索」のショートカットキー

メールを「検索」したい場合にもショートカットキーが便利です。ショートカットキーでMicrosoft Searchに移動すれば、キーワードを入力して検索できるほか、検索系のリボンコマンドにすばやくアクセスできるのもポイントです。

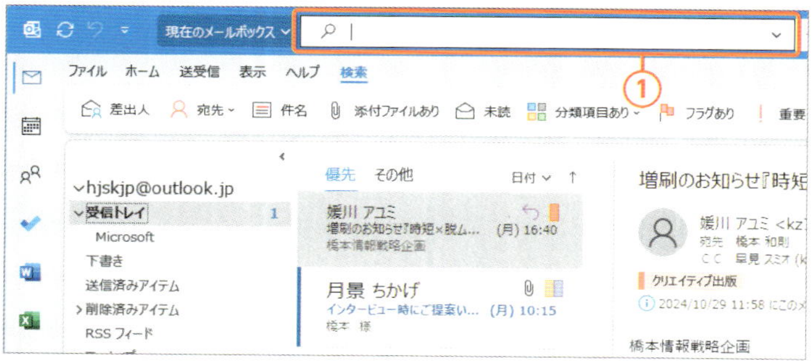
現在のメールボックス
ファイル
ホーム
送受信
表示
ヘルプ
検索
差出人
宛先
件名
添付ファイルあり
未読
分類項目あり
フラグあり
重要
①

番号	機能	ショートカットキー
①	メールの検索（Microsoft Searchに移動する）	Ctrl ＋ E キー Alt → Q キー F3 キー

Hint 可変するリボンコマンドのショートカットキー

タブから展開するリボンコマンドのショートカットキーは、現在の表示（ウィンドウの横幅により可変するコマンド表示）の影響を受けます。コマンドとして表示されない状態では、［…］を開いてからコマンドにアクセスする必要があるため、ショートカットキーの割り当てがウィンドウの横幅によって変化する仕様です。

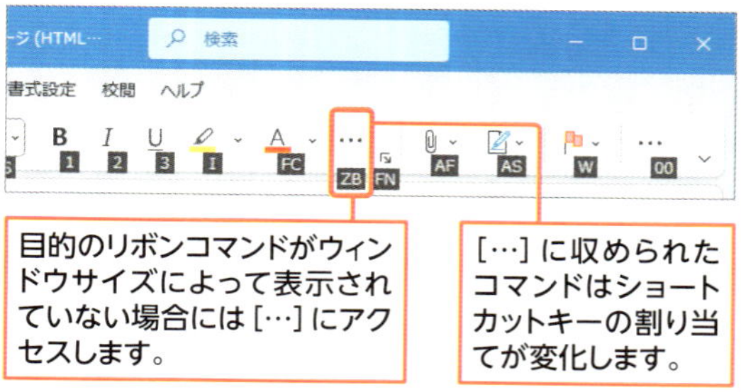
検索
書式設定
校閲
ヘルプ
目的のリボンコマンドがウィンドウサイズによって表示されていない場合には［…］にアクセスします。
［…］に収められたコマンドはショートカットキーの割り当てが変化します。

6 リボンコマンドのショートカットキー

Outlook 2024のリボンコマンドには「ショートカットキー」が割り当てられています。リボンコマンドのショートカットキーを覚えてしまえば、マウスで小さなボタンをクリックすることなく、任意のコマンドを実行できるので便利です。

リボンコマンドにアクセスするには、Alt キーを押して、「タブ」に割り当てられたショートカットキー→「リボンコマンド」に割り当てられたショートカットキー、と入力します。

なお、リボンコマンドのショートカットキーの中には、2つの英数字を続けて押すものがあります。

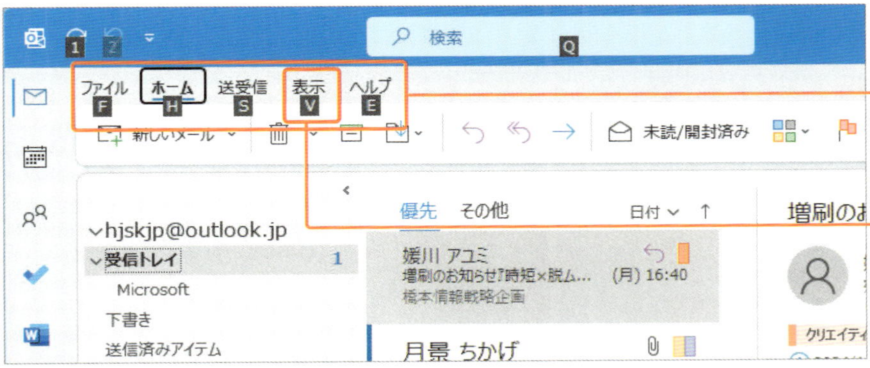

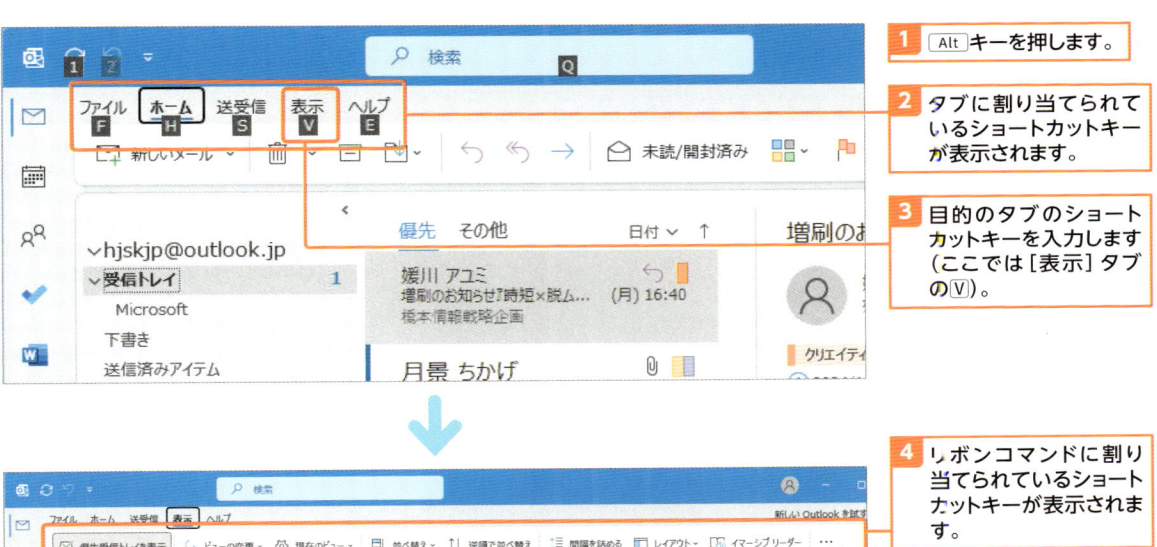

1 Alt キーを押します。

2 タブに割り当てられているショートカットキーが表示されます。

3 目的のタブのショートカットキーを入力します（ここでは［表示］タブのV）。

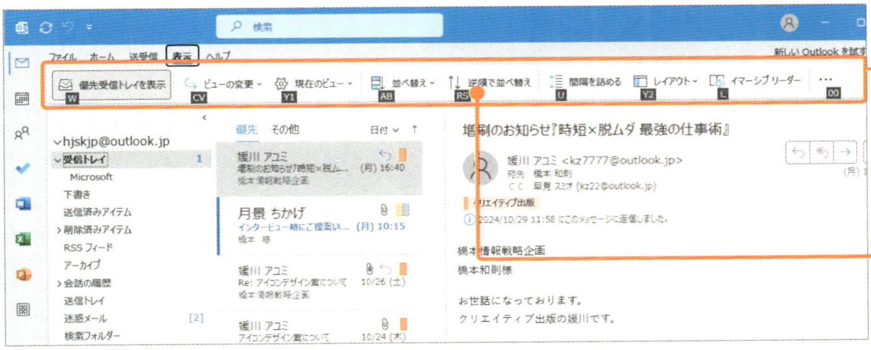

4 リボンコマンドに割り当てられているショートカットキーが表示されます。

5 目的のリボンコマンドのショートカットキーを入力します。

アルファベット2文字で表示されているショートカットキーはそのまま2文字を順に入力します。

時短のコツ

よく使う操作はクイックアクセスツールバーに登録する

リボンコマンドの中でよく使う操作は、「クイックアクセスツールバー」に登録するとすばやい操作が可能になります。クイックアクセスツールバーに登録してしまえば、クリックするだけで指定のコマンドを実行できるほか、Alt ＋［数字］キーですばやく目的のコマンドを実行できます。なお、クイックアクセスツールバーが表示されていない場合には、p.42のHintを参照してください。

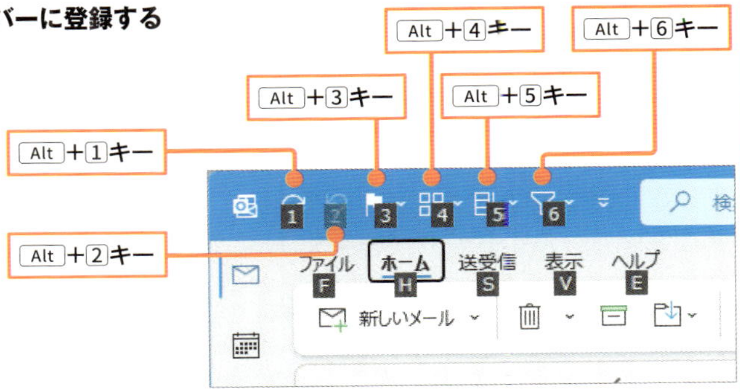

Section 43

クイックパーツで定型文を簡単に挿入する

ここで学ぶのは

- 定型文の登録
- 定型文の挿入
- クイックパーツ

メール作成においては、いつも必要になる同じ文章はなるべく入力せずにさっと挿入して、本文作成に集中したいものです。ここでは「同じ文章（定型文）」をメールに挿入する手段として、「**クイックパーツ**」を活用する方法を解説します。

1 クイックパーツに定型文を登録する

メールの作成画面（メッセージウィンドウ）にしておきます。

あらかじめ「定型文」にしたい文章をメールに入力しておきます。

1 定型文となる文章をドラッグして選択します。

2 [挿入] タブ→ [⋯] をクリックして、

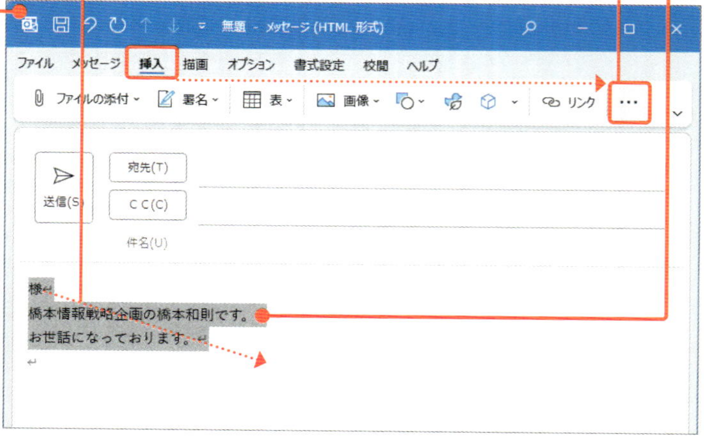

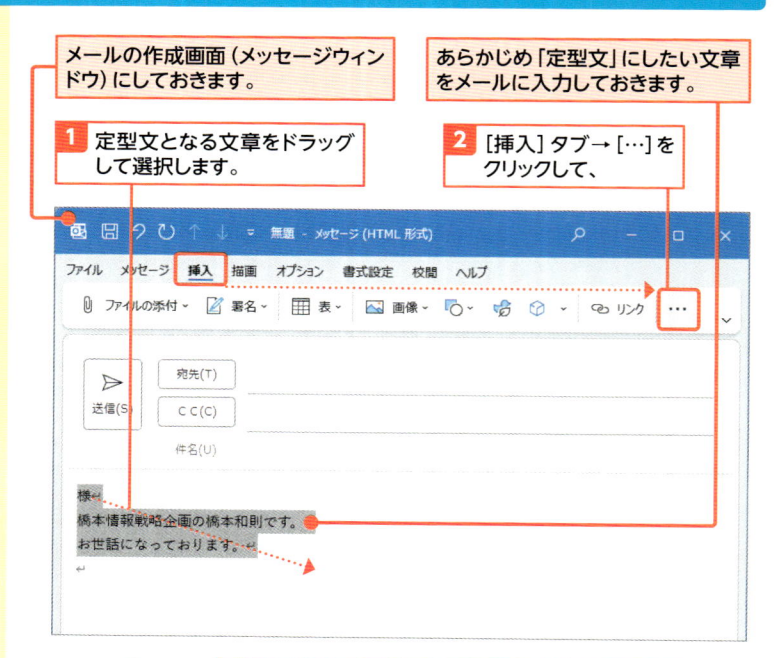

3 ドロップダウンから、[クイックパーツ] → [選択範囲をクイックパーツギャラリーに保存] をクリックします。

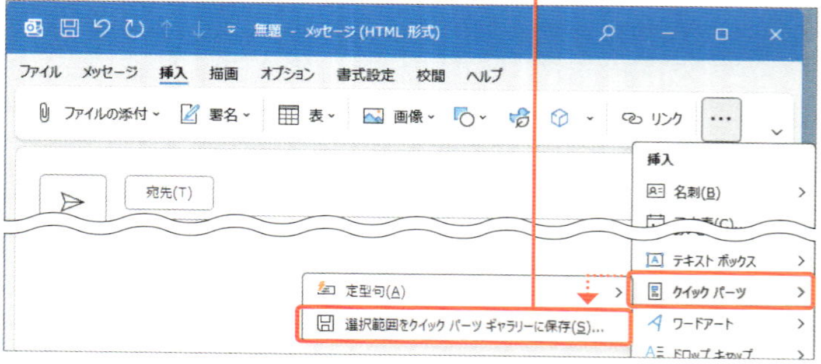

Memo ここで入力している定型文

ここで入力している定型文は、以下になります。

様
[会社名]の[自分の名前]です。
お世話になっております。

Hint キーボード操作での文字列の選択

文字列はマウスでドラッグすることでも選択できますが、確実な選択方法に Shift ＋カーソルキーがあります。選択したい文字列の始点にカーソルを置いた後、 Shift ＋カーソルキーで簡単に文字列を選択することができます。

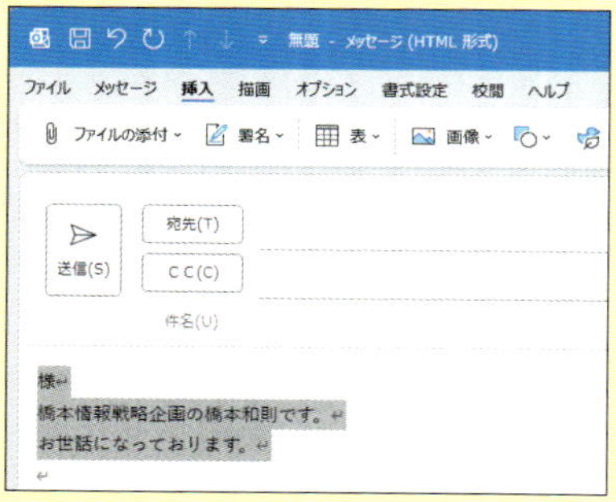

Memo クイックパーツの「名前」

クイックパーツの「名前」は短くてわかりやすい、自分が覚えていられる名前にしておくと、後でメールの文章に挿入しやすくなります。

ショートカットキー

- 新しい文書パーツの作成（メール文の選択時）
  Alt ＋ F3

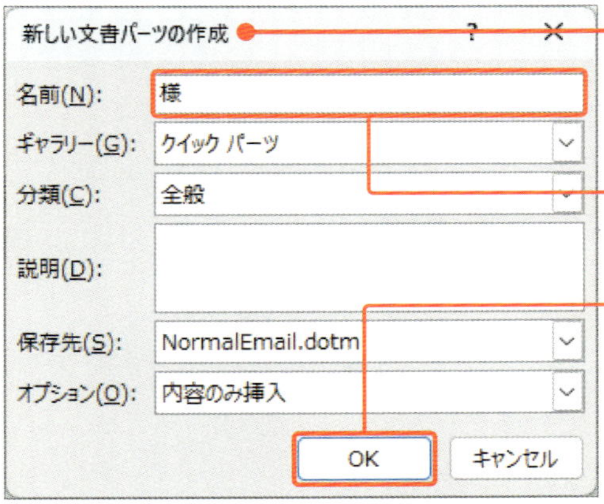

4 ［新しい文書パーツの作成］ダイアログが表示されます。

5 任意の名前を入力して、

6 ［OK］をクリックします。

7 クイックパーツとして定型文が登録されます。

2 クイックパーツをメールに挿入する

ショートカットキー

- 新しいメールの作成
  Ctrl ＋ N

メールの作成画面（メッセージウィンドウ）にして、本文にカーソルを置いておきます。

1 ［挿入］タブ→［…］をクリックして、

2 ドロップダウンから［クイックパーツ］→挿入したいクイックパーツを選択します。

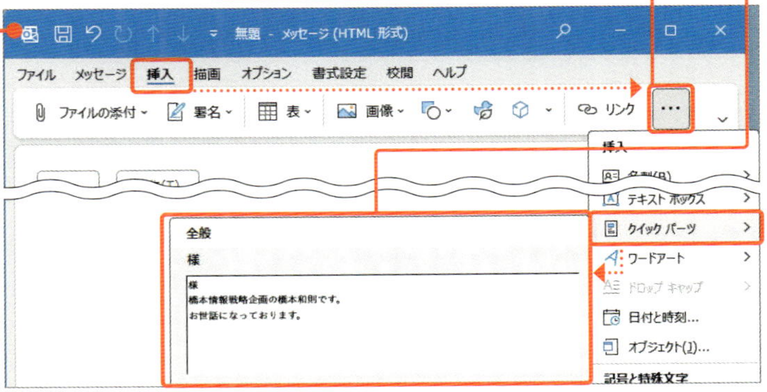

3 クイックパーツをメールの本文に挿入することができます。

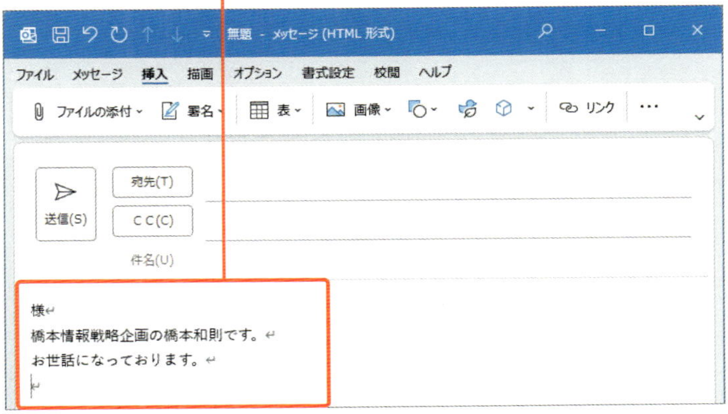

Hint クイックパーツは画像も登録できる

クイックパーツは文章だけではなく画像も登録可能です。メールの画像を選択した状態で Alt ＋ F3 キーを押して、［新しい文書パーツの作成］ダイアログで任意の名前を入力して［OK］をクリックします。挿入方法も同様で、［挿入］タブ→［…］をクリックして、ドロップダウンから［クイックパーツ］をクリックすることで挿入できます（HTML 形式のみ）。

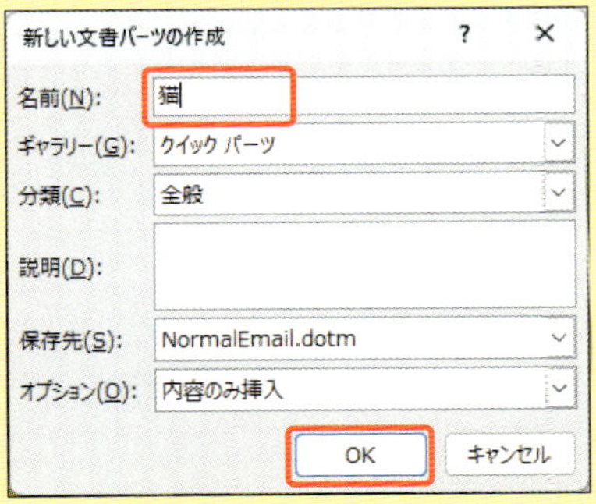

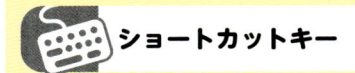

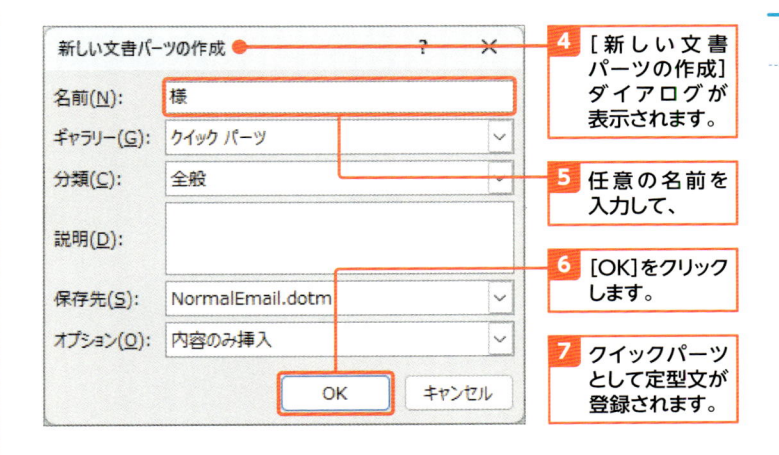

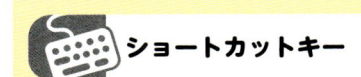

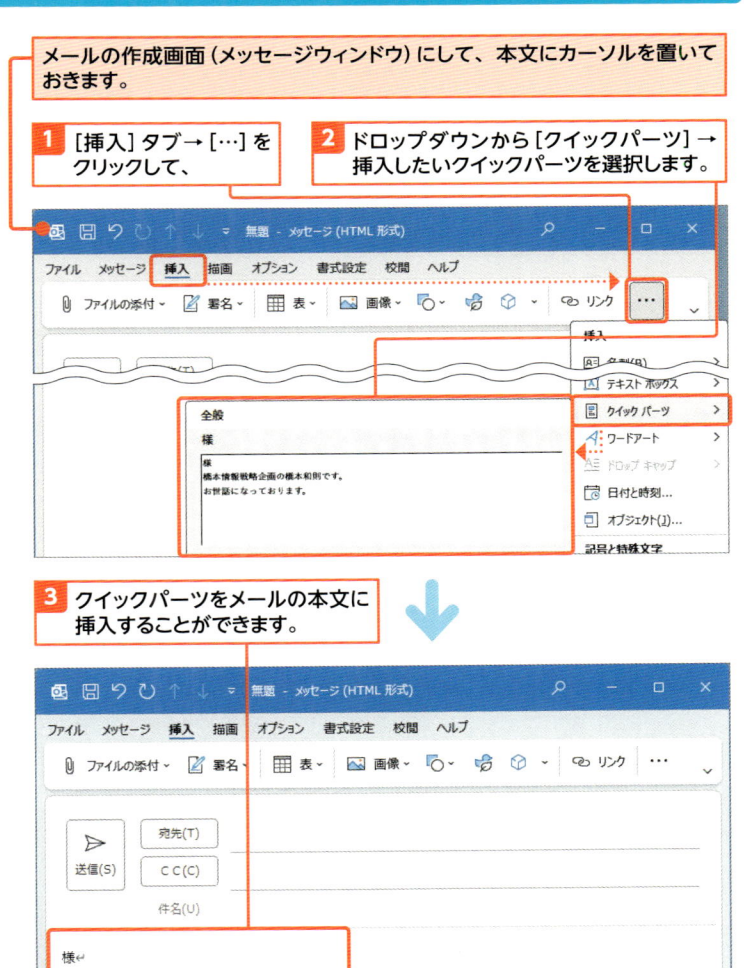

3 クイックパーツを簡単に挿入する

解説　クイックパーツを簡単に挿入する

クイックパーツをメール本文に簡単に挿入したい場合は、登録したクイックパーツの「名前」を利用します。

使えるプロ技！　クイックアクセスツールバーに登録する

クイックパーツをよく利用する場合は、[クイックパーツ]を右クリックして、ショートカットメニューから[クイックアクセスツールバーに追加]をクリックします。以降、クイックアクセスツールバーから目的のコマンドにすばやくアクセスできます。なお、クイックアクセスツールバーが表示されていない場合には、p.42のHintを参照してください。
また、クイックアクセスツールバーの左側のコマンドから Alt ＋[数字]キーが割り当てられているので、シンプルなショートカットキーですばやくコマンド実行できるのもポイントです。

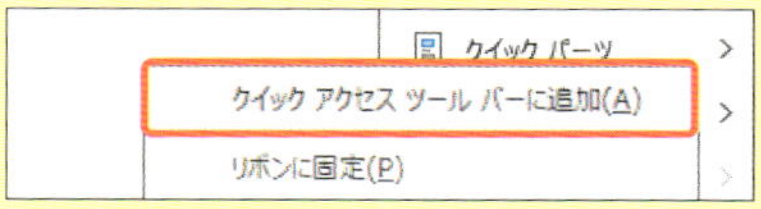

1 メールの本文にクイックパーツで登録した「名前」を入力します。

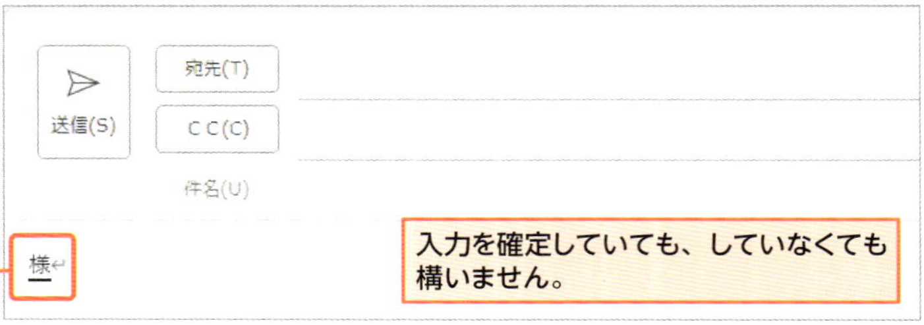

入力を確定していても、していなくても構いません。

2 F3 キーを押します。

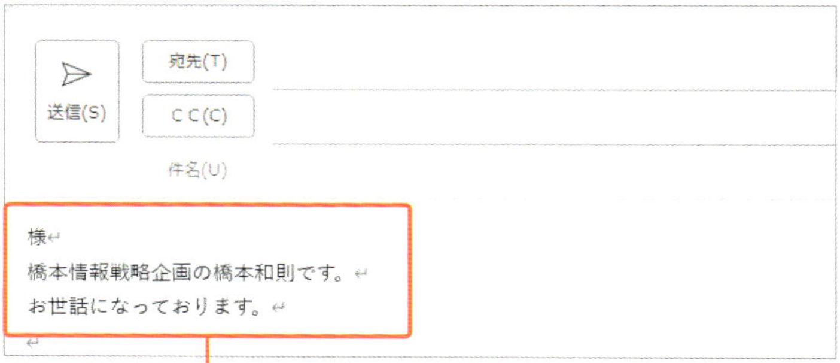

3 クイックパーツをメールの本文に挿入することができます。

4 登録したクイックパーツを削除する

解説　クイックパーツの整理と削除

登録したクイックパーツを編集したり削除したりしたい場合は、[文書パーツオーガナイザー]ダイアログを表示します。

1 [挿入]タブ→[…]をクリックして、

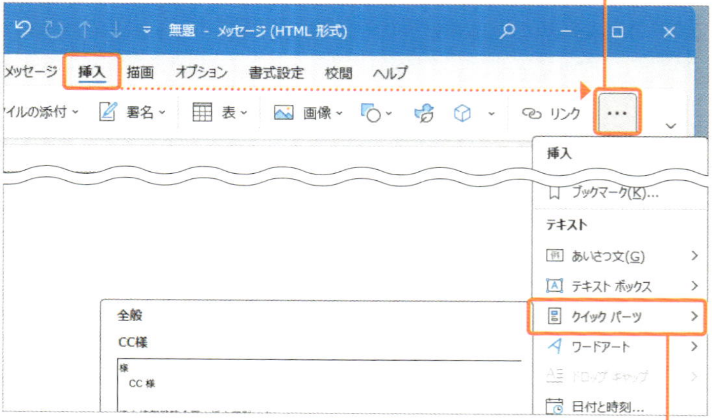

2 ドロップダウンから[クイックパーツ]をクリックします。

注意 一部の機能はHTML形式のみ対応

クイックパーツの一部の機能は「HTML形式」のみに対応します。「テキスト形式」では[整理と削除]などをメッセージウィンドウから操作することはできません。クイックパーツを活用したい場合は、[書式設定]タブ→[…]をクリックして、ドロップダウンから[メッセージ形式]→[HTML]をクリックしてから操作を行うようにします。

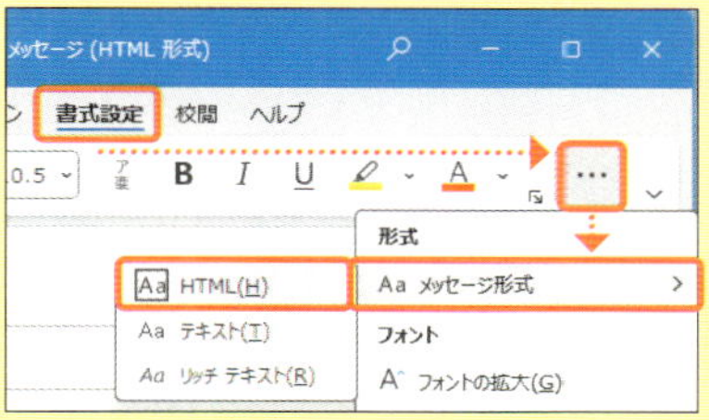

3 登録したクイックパーツを右クリックして、ショートカットメニューから[整理と削除]をクリックします。

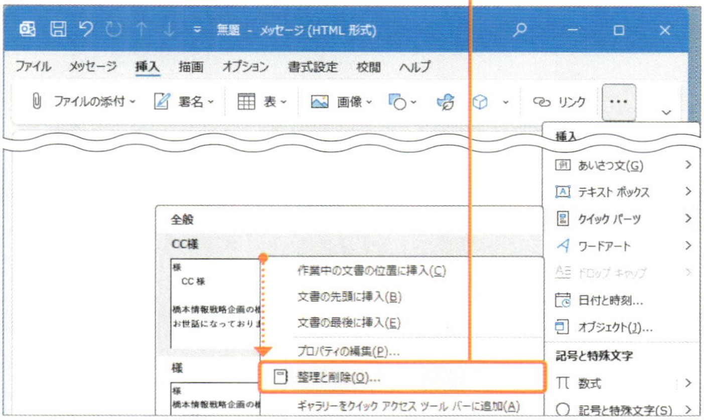

4 [文書パーツオーガナイザー]ダイアログが表示されます。

5 任意のクイックパーツを選択して、[削除]をクリックします。

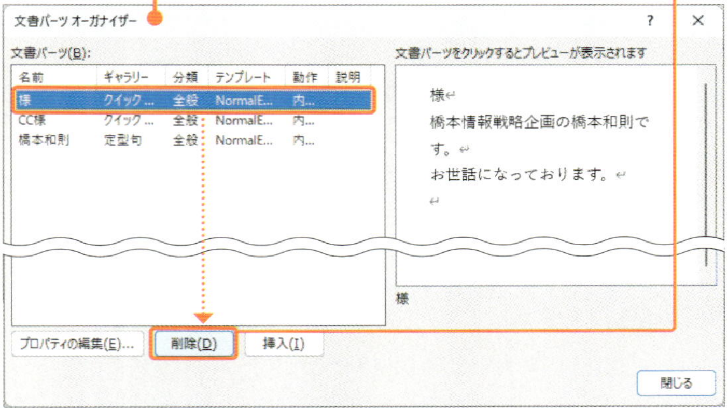

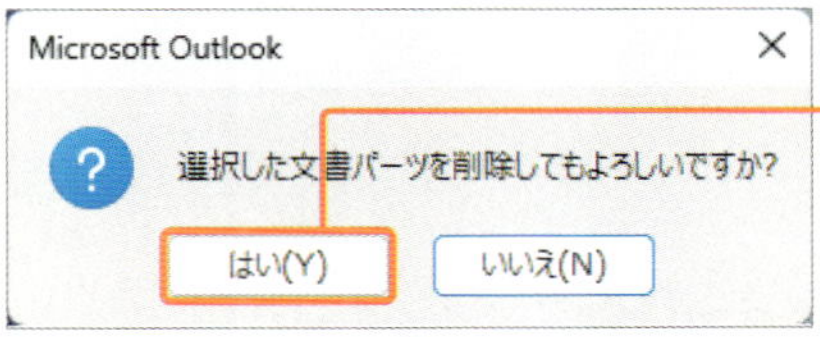

6 メッセージ内容を確認し、[はい]をクリックします。

7 指定のクイックパーツを削除することができます。

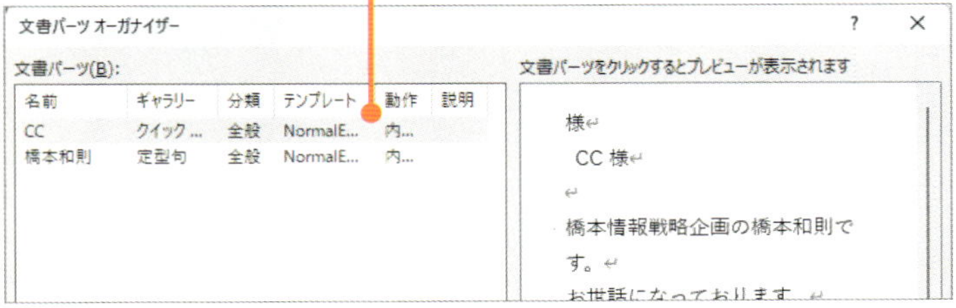

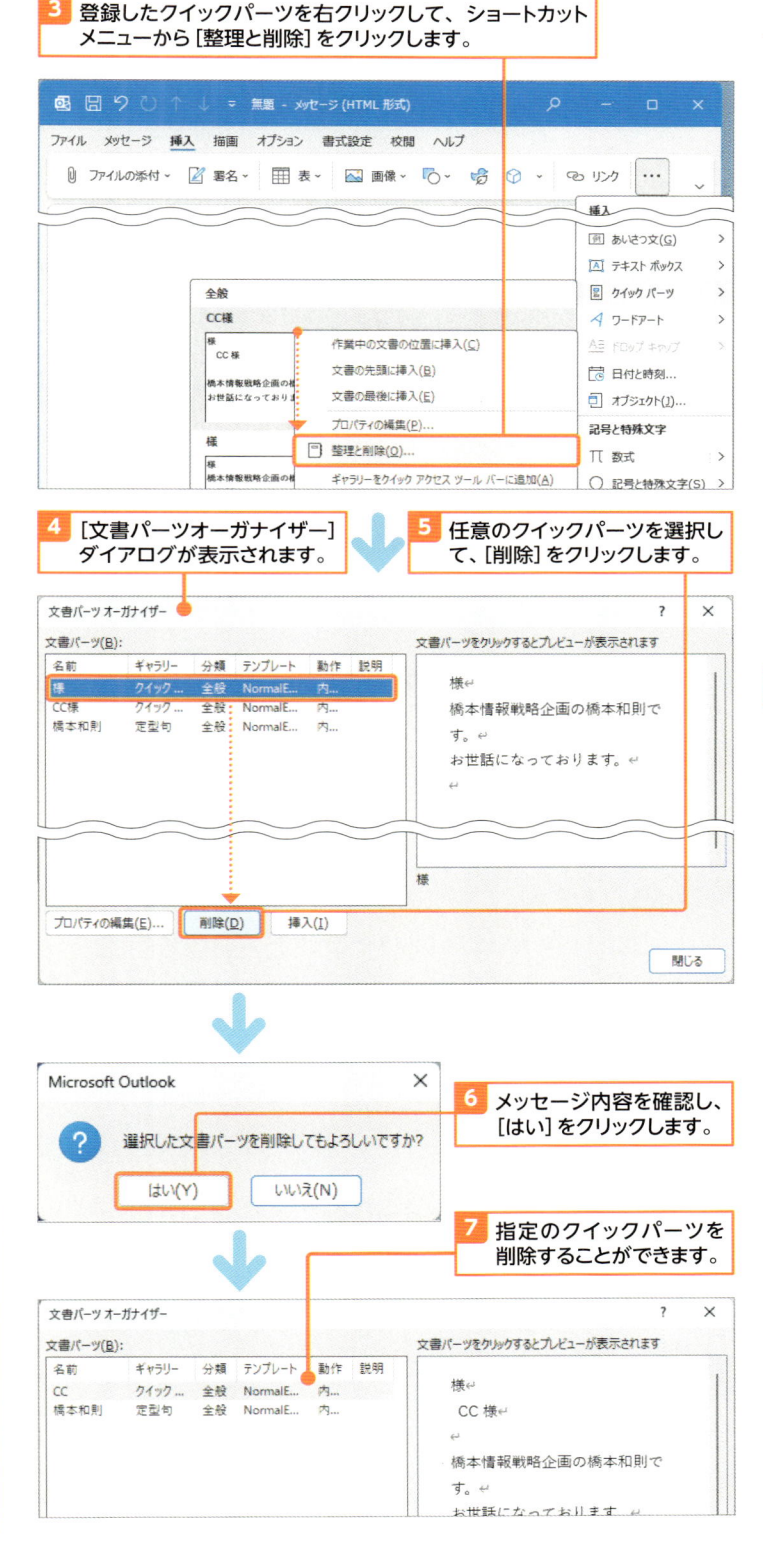

Section 44 署名を作成する

ここで学ぶのは

- 署名の設定
- 署名の作成
- 画像付きの署名

ビジネスメールではメールの最後に自身の連絡先を記述しておくのが基本ですが、いちいちメールごとに連絡先を入力するのは手間です。そこで活用したいのが「署名」です。ここでは署名の作成方法や記述すべき情報について解説します。

1 署名を設定する

Keyword 署名

署名とは、メールの末尾に記す送信者の情報のことです。一般的には、氏名やメールアドレスなどの連絡先を数行にまとめて記述します。

Memo Backstage ビューの表示

Outlook 2024の操作画面から［ファイル］タブをクリックすると、Backstageビューが表示されます。

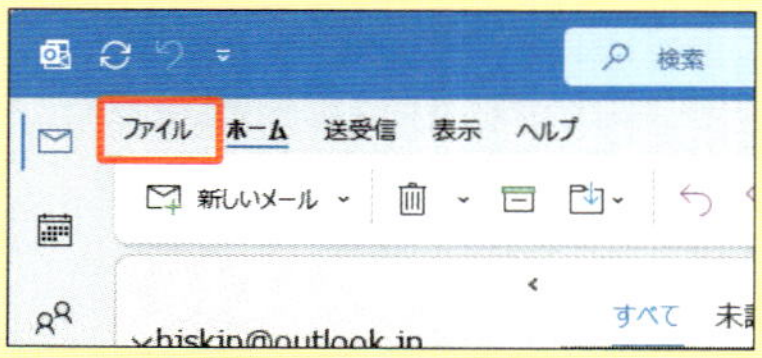

ショートカットキー

- ［Outlookのオプション］ダイアログの表示
  Alt→F→T

1 Backstageビューから［オプション］をクリックします。

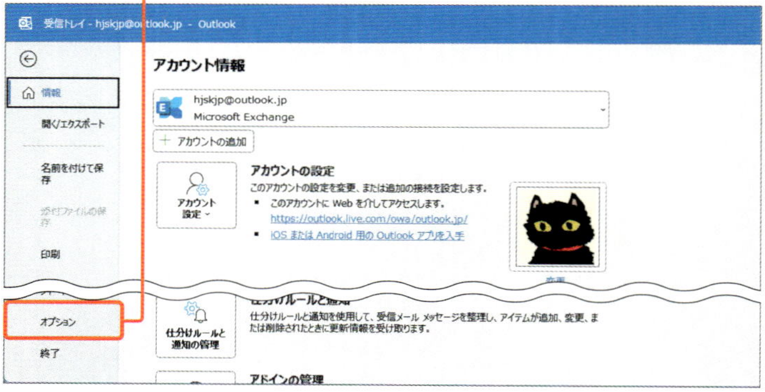

2 ［Outlookのオプション］ダイアログが表示されます。

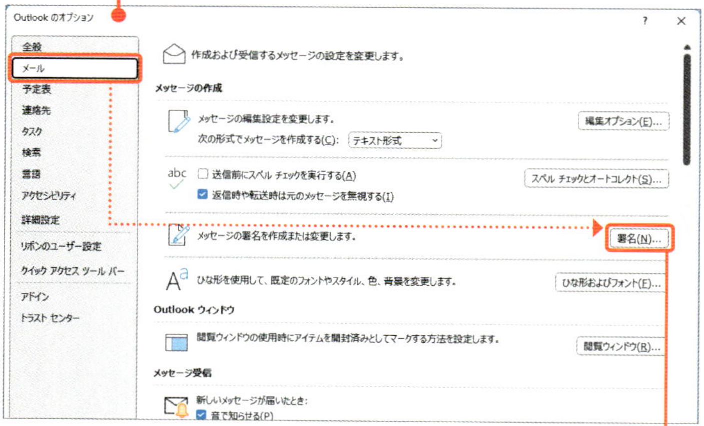

3 ［メール］の［メッセージの作成］欄内の［署名］をクリックします。

Hint [署名とひな形] ダイアログの表示

メール作成画面で[挿入]タブ→[署名]をクリックして、ドロップダウンから[署名]をクリックしても、[署名とひな形]ダイアログにアクセスして署名の設定を行うことができます。

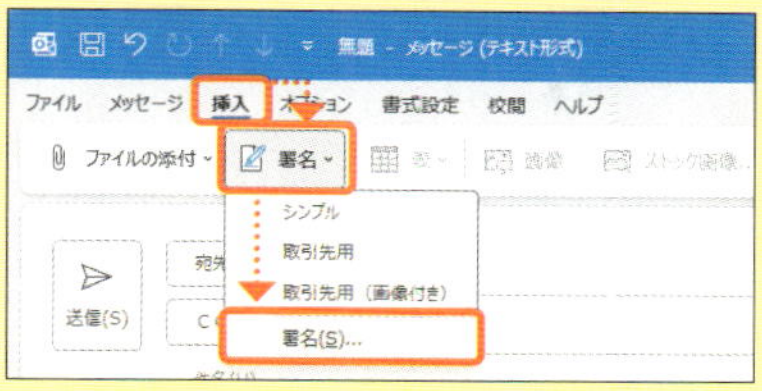

4 [署名とひな形] ダイアログを表示できます。

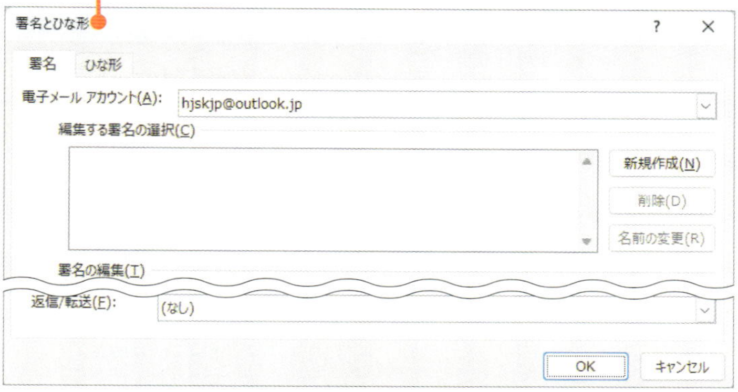

2 署名を作成する

Hint 署名は複数作成できる

署名は[新規作成]で複数作成することも可能です。連絡する相手によって「住所を記述しない」など使い分けることが可能なので、必要に応じて複数の署名を作成しておくと便利です。

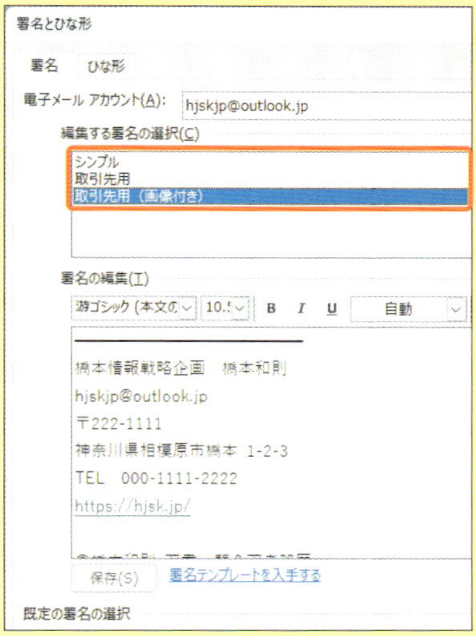

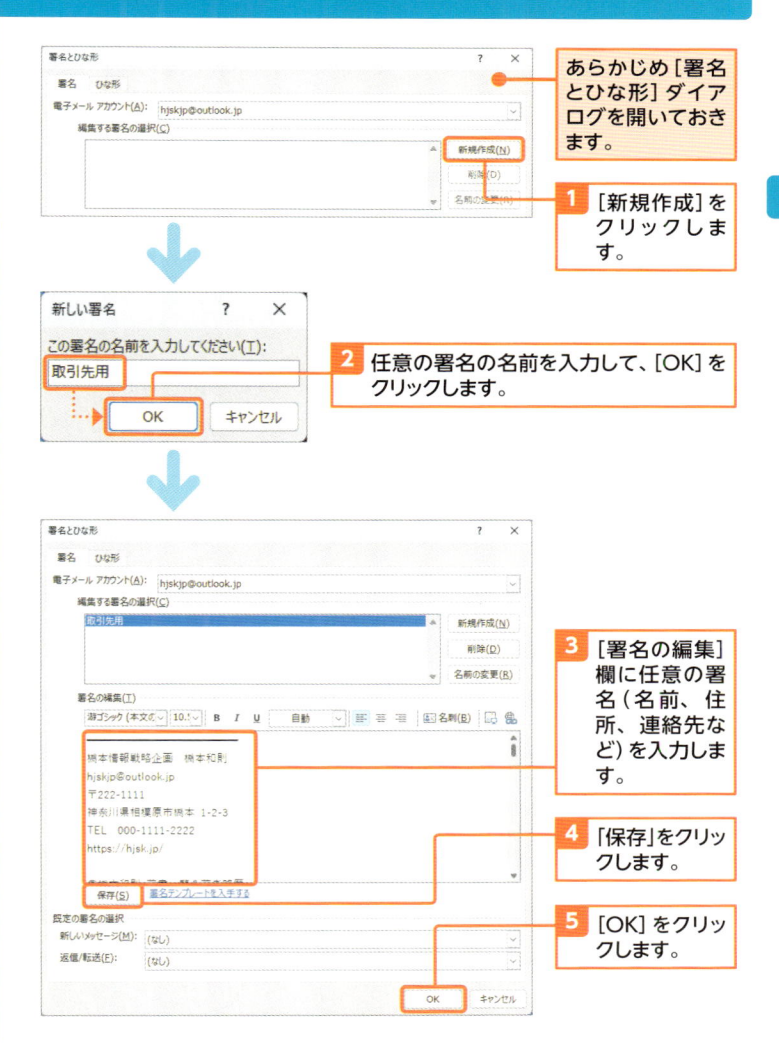

あらかじめ[署名とひな形]ダイアログを開いておきます。

1 [新規作成]をクリックします。

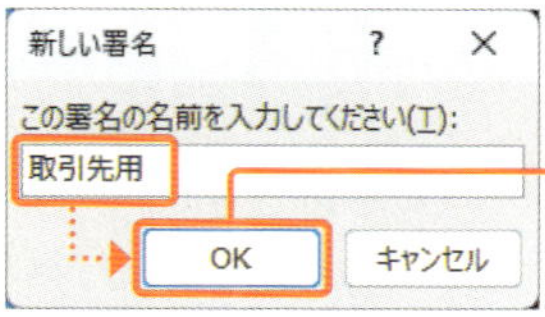

2 任意の署名の名前を入力して、[OK]をクリックします。

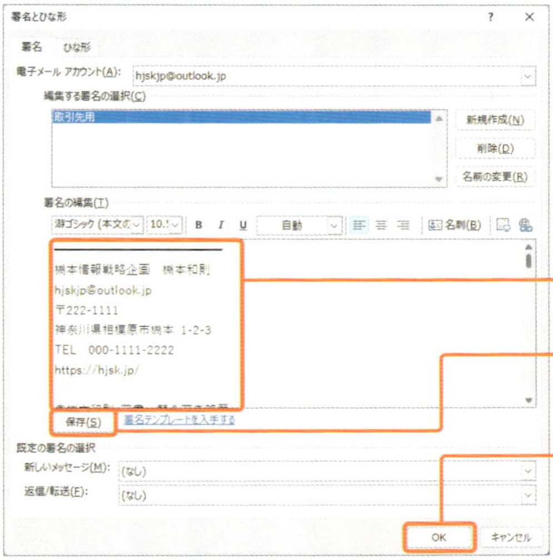

3 [署名の編集]欄に任意の署名（名前、住所、連絡先など）を入力します。

4 「保存」をクリックします。

5 [OK]をクリックします。

3 署名に画像を挿入する

解説 画像付きの署名

署名には画像を挿入することができます(HTML形式のみ)。受信者にアピールしたいものがあればその画像を挿入してみるのもよいでしょう。
なお、相手がテキスト形式のメールしか参照しない場合、署名の画像は表示されないため、画像内のみに重要な情報(会社名・名前・住所・連絡先など)を含めることはおすすめしません。

注意 メールの形式を意識する

主に利用するメール形式として「テキスト形式」と「HTML形式」がありますが、場面や相手によってこのメール形式を使い分ける必要があります。メール形式の違いや使い分けについてはp.80を参照してください。総じて「HTML形式」はデザイン性と機能性に優れ、「テキスト形式」は互換性に優れます。
署名に画像を挿入するということは、メールにおいて「HTML形式」を利用することが前提になります。テキスト形式の場合、画像付きの署名を選択しても画像は表示できません。

あらかじめ[署名とひな形]ダイアログで任意の署名を選択しておきます。

1 画像を挿入したい場所にカーソルを置き、[図の挿入]をクリックします。

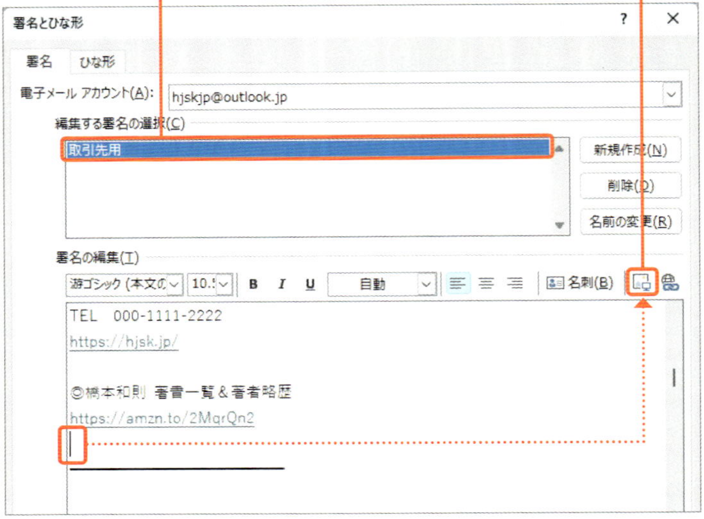

2 [図の挿入]ダイアログが表示されます。

3 任意の画像をクリックします。

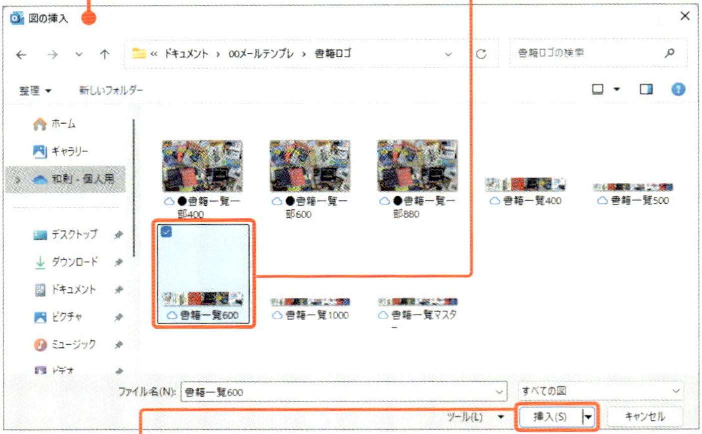

4 [挿入]をクリックします。

5 署名に画像が挿入されます。

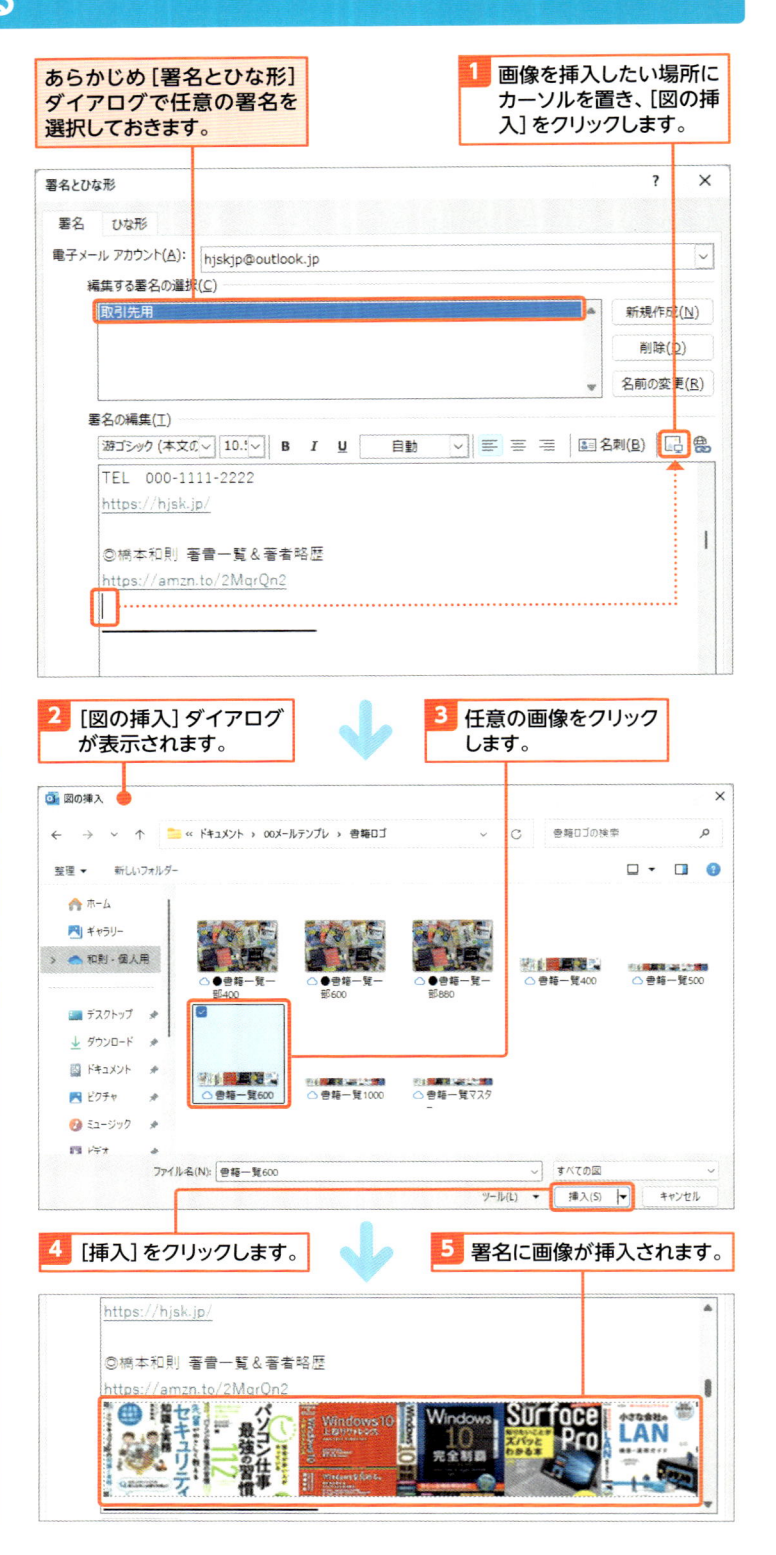

Memo 署名に挿入した画像のサイズを変更する

署名に挿入した画像のサイズを変更するには、画像を右クリックして、ショートカットメニューから［図］をクリックします。［図の書式設定］ダイアログが表示されるので、［サイズ］タブをクリックし、［倍率］欄内の［高さ］に任意のパーセンテージを入力して、［OK］をクリックします。挿入した画像の大きさを変更することができます。

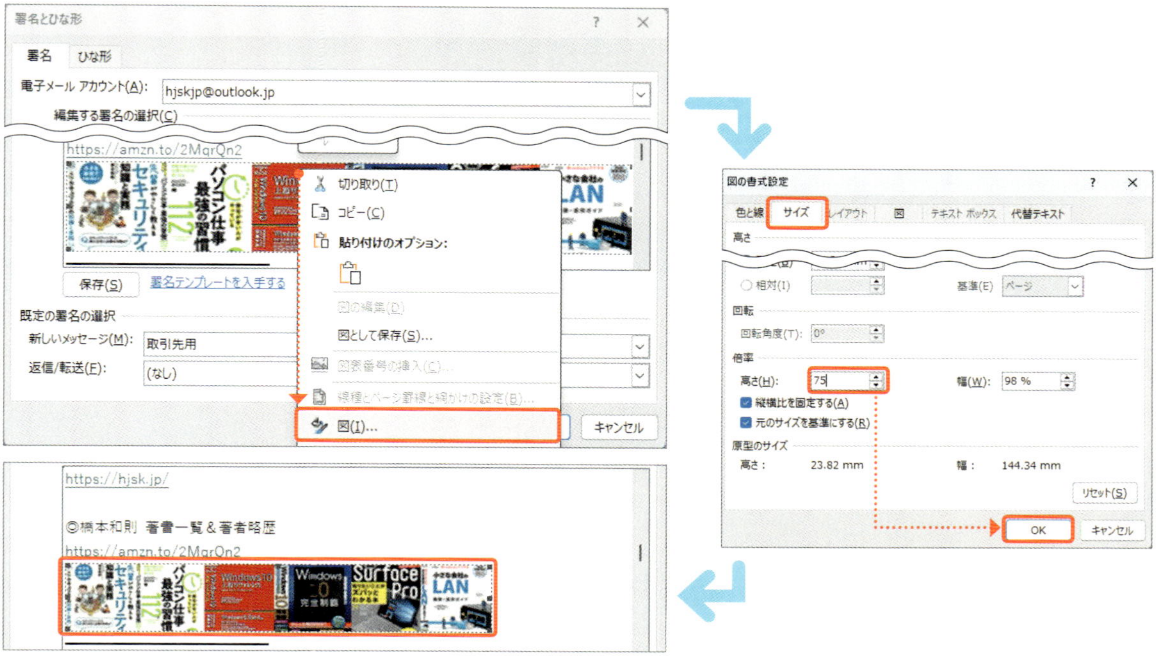

Hint 署名のひな形（取引先用）

署名には「社名」「名前」「住所」「メールアドレス」「電話番号」などの、相手が必要な情報を記述しておきます。なお、本文との差別化のため、署名の上部には区切り線を入れておくのが基本です。ここでは一般的な署名のひな形を紹介します。

● 署名の構成

番号	構成要素	記述内容
①	区切り線	「―」や「-」「=」など
②	会社名	自社名
③	自社Webサイト	自社Webサイト（存在する場合）
④	職位	役職など（任意）
⑤	自分の名前	基本的にフルネーム。読みにくい場合にはフリガナも
⑥	メールアドレス	メールアドレス
⑦	住所	住所を郵便番号から記述
⑧	電話番号	自分と連絡がとれる電話番号（必要に応じて内線番号なども）

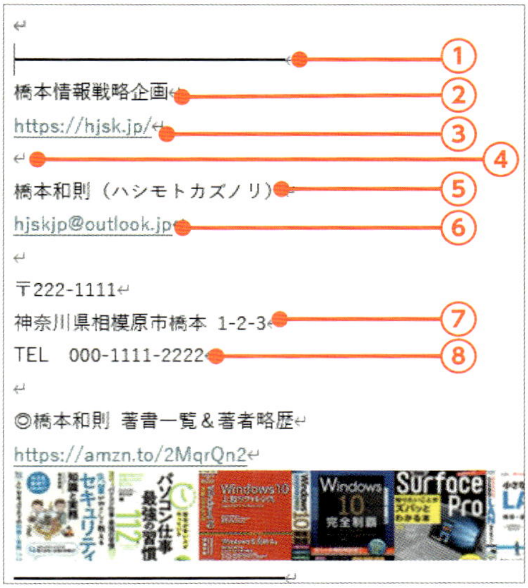

Section 45 署名を挿入する

ここで学ぶのは

- 署名の選択挿入
- 最初から署名を挿入する
- 署名の削除

Section 44で作成した**署名の挿入**方法について解説します。メール本文作成中に任意の署名を選択して挿入することができるほか、あらかじめ指定した任意の署名をメールに挿入しておくことなども可能です。

1 署名を挿入する

解説 署名の挿入

署名を挿入する方法には［メッセージ］タブ→［署名］をクリックする方法のほか、［挿入］タブ→［署名］をクリックする方法があります。

ショートカットキー

- 署名の挿入
  Alt→N→A→S
- ［署名とひな形］ダイアログの表示
  Alt→N→A→S→S

Hint 挿入した署名を削除する

挿入した署名を削除したい場合は、不要な署名をドラッグして選択し、Delete キーを押します。

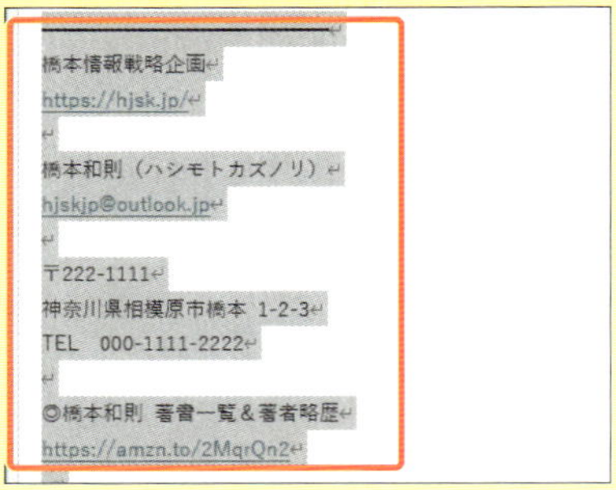

メールの作成画面にしておきます。

1 ［メッセージ］タブ→［署名］をクリックして、

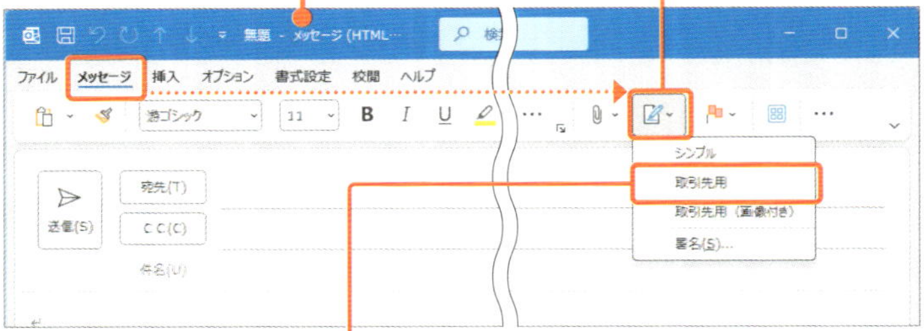

2 ドロップダウンからメールに挿入したい任意の署名をクリックします。

3 任意の署名がメールに挿入されます。

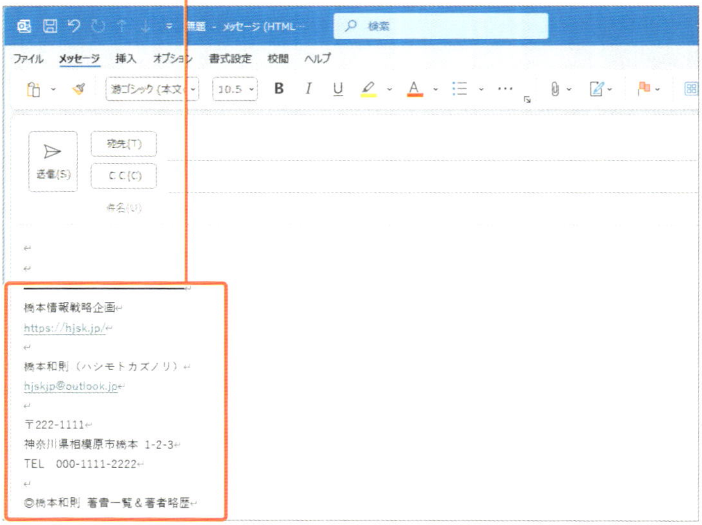

2 最初から署名が挿入された状態にする

Memo 返信／転送時にも署名を挿入する

返信／転送時にも署名を挿入したい場合は、手順1で[返信/転送]の横の をクリックして設定します。

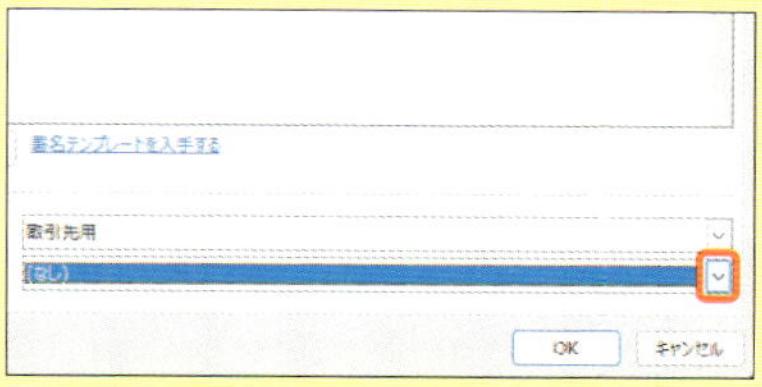

Hint 「署名なし」を既定にする

署名を設定したものの、実際にはメールに挿入される署名をいちいち削除することが多い場合には、[署名とひな形]ダイアログの[署名]タブにある[新しいメッセージ]のドロップダウンから[(なし)]を選択するのもひとつの手です。

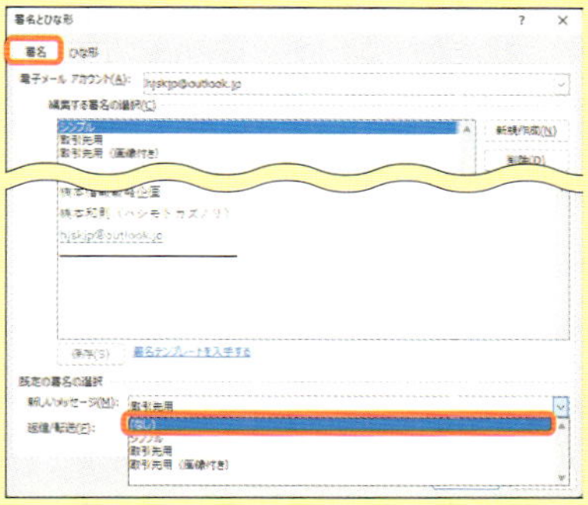

p.160の方法で[署名とひな形]ダイアログを表示します。

1 [署名]タブにある[新しいメッセージ]の横の をクリックして、

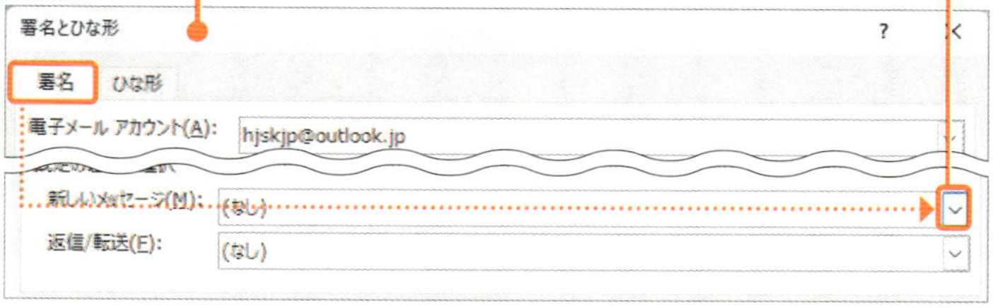

2 ドロップダウンから任意の署名をクリックします。

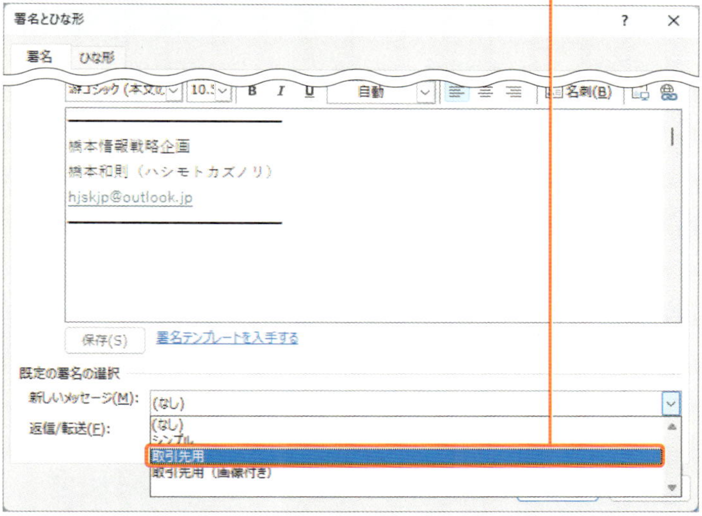

3 ここで設定した署名が、「新しいメール（新規作成メール）」に自動的に挿入されます。

使えるプロ技！ 署名は利用するが場面によって「署名なし」にしたい

メールには基本的に任意の署名を利用するものの、場面によって署名をなくしたいという場合は、署名を選択して削除します。しかし、効率化を求めるのであれば、記述内容がない署名を「署名なし」などという名前であらかじめ作成しておくのもよいでしょう。この方法であれば、普段は署名を利用しながら、署名を利用したくない場面では[メッセージ]タブ→[署名]をクリックして、ドロップダウンから[署名なし]をクリックすれば、署名がないメールを作成できます。

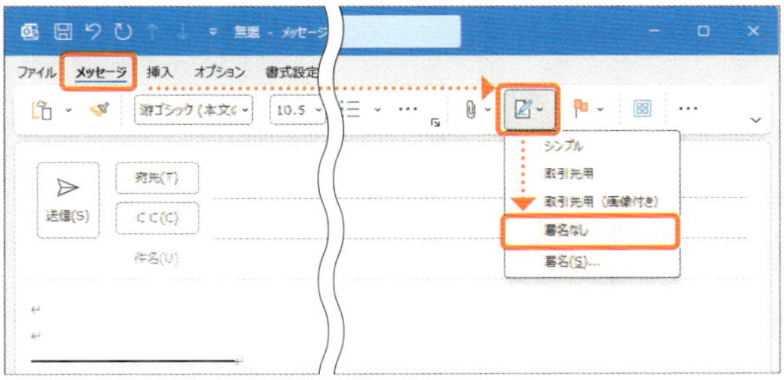

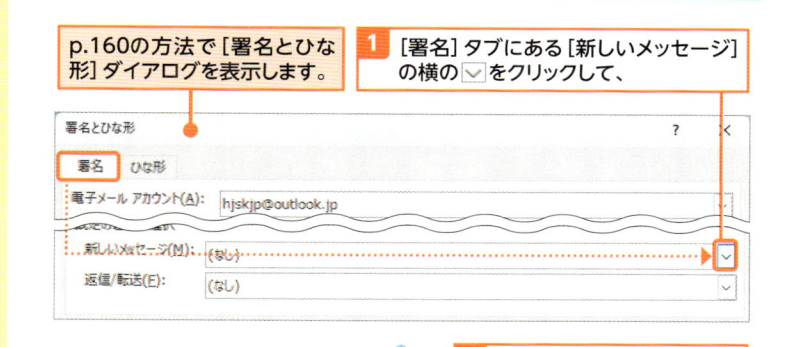

Section
46 ウィンドウを複数開いて効率的に操作する

ここで学ぶのは

- Outlook の複数起動
- メールの一括表示
- 複数のウィンドウ

Outlook 2024は**複数起動**することが可能です。「予定表」などを参照しながら「メール」を書きたい場合に活用できるほか、**メッセージウィンドウも複数表示できる**ため、メールの内容をまとめて参照したい場合などに便利です。

1 Outlook 2024 を複数起動して活用する

Memo タスクバーアイコンで起動状態がわかる

タスクバーアイコンでは起動状態を把握できます。「起動状態」では下線が表示され、また「アクティブ（操作中）」の場合はアンダーラインが長くなりアイコンが立体化します。

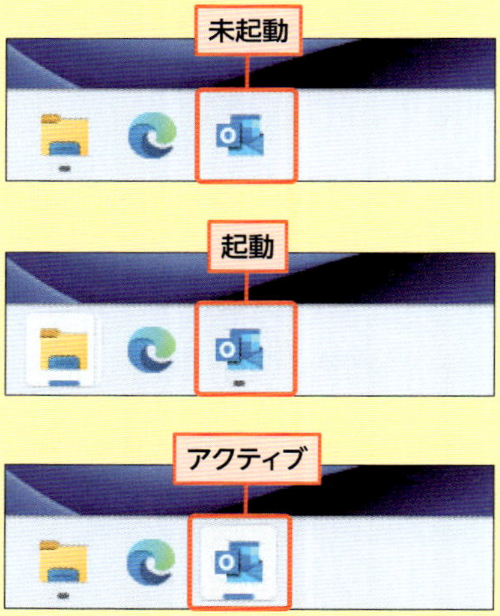

Outlook 2024をあらかじめ起動しておきます。

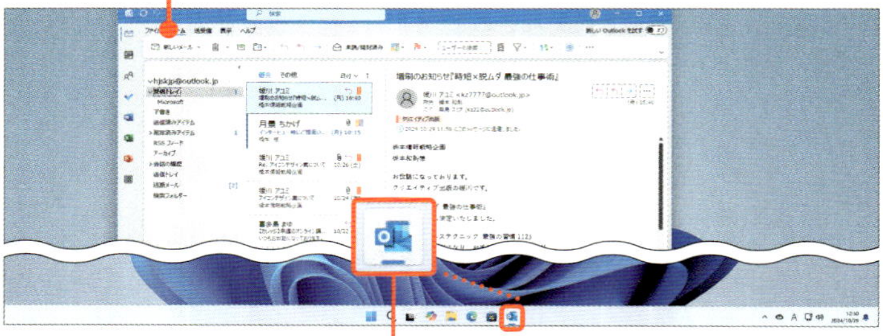

1 タスクバーの［Outlook］アイコンを Shift キーを押しながらクリックします。

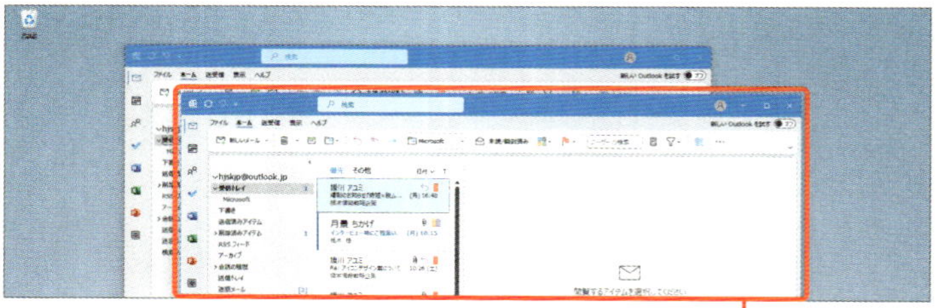

2 新しいOutlook 2024を起動することができます。

Hint Outlook 2024 で複数の情報を確認したい場合に便利

Outlook 2024は「メール」以外にも、「連絡先」「予定表」などを管理することができます。操作・編集内容によっては、このような画面をいちいち切り替えて確認するより「Outlook 2024を複数起動」して、並べて操作したほうがはるかに効率的です。

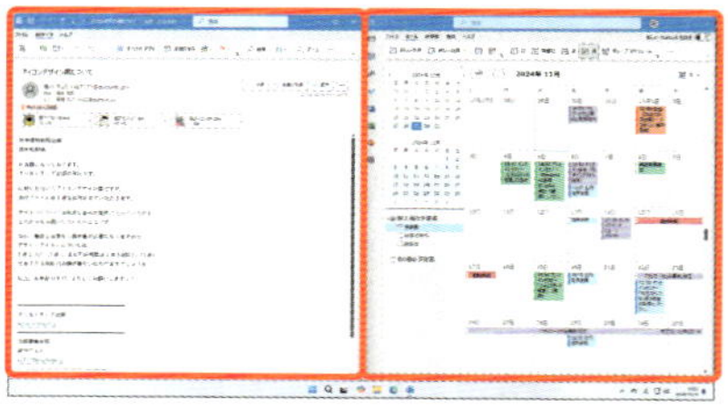

2 Outlook 2024 のメールを一度に表示する

時短のコツ 一度に複数選択する

ビュー内のメールは Ctrl キーを押しながらクリックすることで複数選択が可能です。また始点をクリックしたうえで、終点を Shift キーを押しながらクリックすれば範囲選択を行うこともできます。

Memo Windows フリップの活用

ウィンドウを次々と切り替えて表示したい場合には、Alt キーを押しながら Tab キーを押すと、ウィンドウ選択を行うことができます。表示したいウィンドウで Alt キーから手を離します。この操作を「Windowsフリップ」といいます。

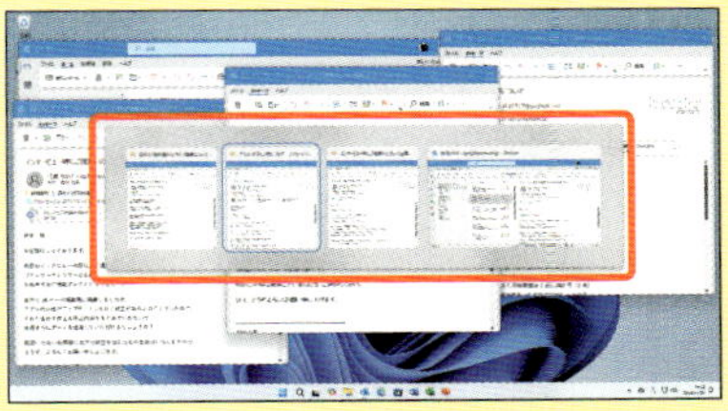

解説 並べて参照すると効率がよい

Windowsは「ウィンドウズ」という名称からもわかるように、デスクトップに複数のウィンドウがある状態での作業に向いているOSです。作業時にいちいちウィンドワを開いたり閉じたりするのは非効率であり、後に必要になるウィンドウは閉じる必要はありません。作業に必要なウィンドウを複数展開して、デスクトップにうまくレイアウトしながら、あるいは切り替えながら作業すると、効率的にメールを確認したり、書いたりすることができます。

1 ビューからメールを Ctrl キーを押しながらクリックして、複数選択します。

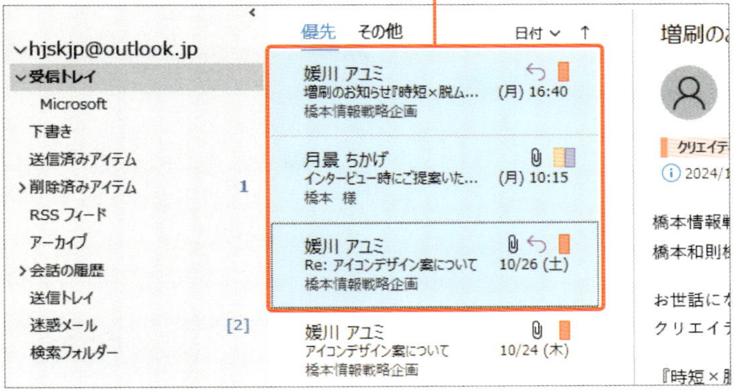

2 右クリックして、ショートカットメニューから [開く] をクリックします。

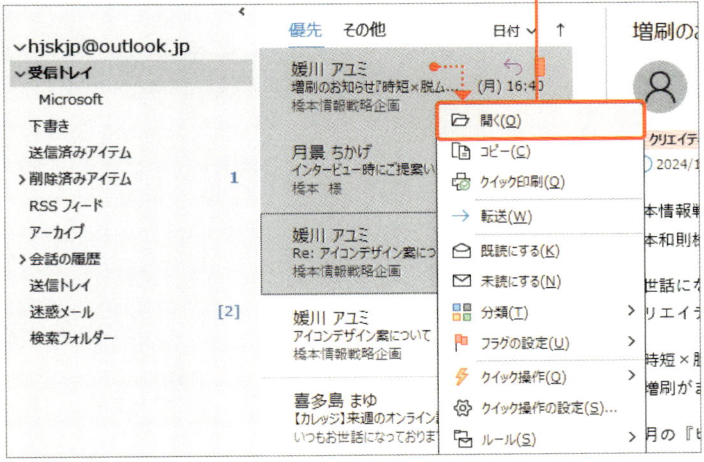

3 複数のメールをデスクトップに展開することができます。

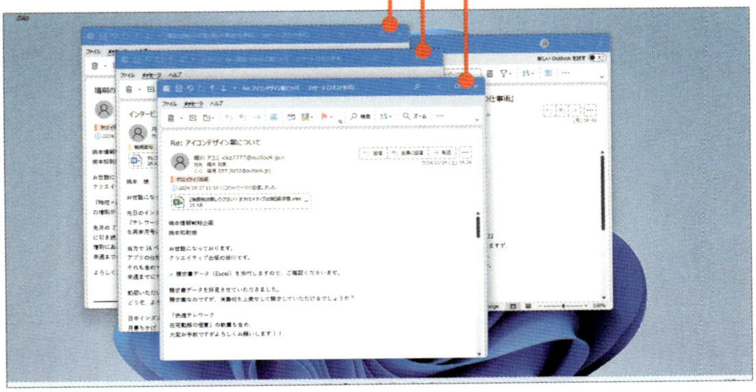

Section
47 不在時に自動的に返信メールを送信する

ここで学ぶのは
- 自動応答の設定
- 自動応答の特性
- 自動応答の無効化

営業日以外や長期休暇などにおいては、「本日は休暇中なので、営業日になったらメールを返信します」などと相手のメールに自動返信できると便利です。このように相手からメールが届いた際に自動的に決められたメッセージを送信できる機能を、「**自動応答**」といいます。

1 自動応答で不在時に自動的にメールを返信する

Key word　自動応答

「自動応答」とは、営業日以外や長期休暇など不在時に自動的に相手のメールに応答して、あらかじめ設定しておいたメッセージを送信する機能です。

Hint　Backstage ビューの表示

Backstageビューは、Outlook 2024の操作画面から[ファイル]タブをクリックすることで表示できます。

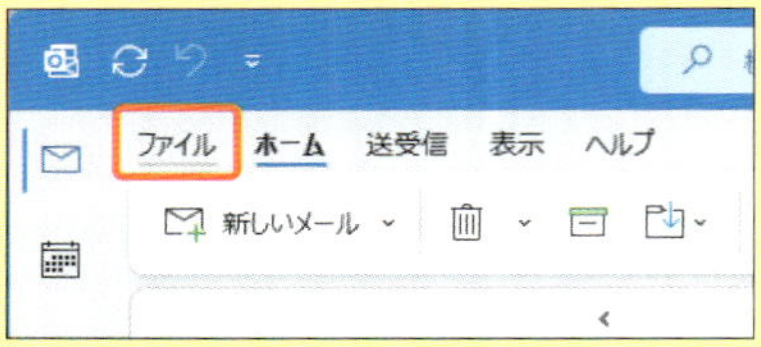

ショートカットキー

● Backstageビューの表示
Alt → F

1 Backstageビューの[情報]から、[自動応答]をクリックします。

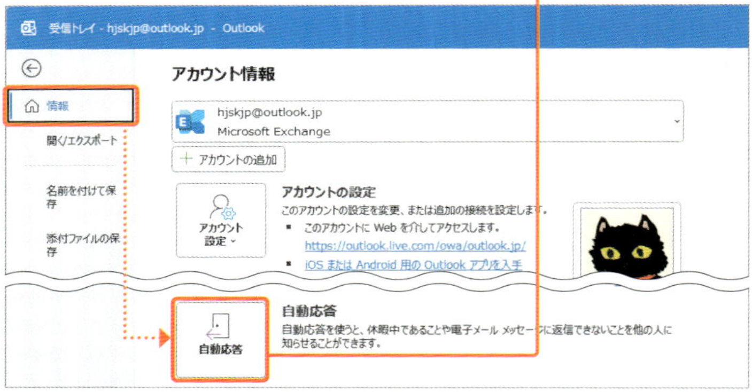

2 [自動応答]ダイアログが表示されます。

3 [自動応答を送信する]をチェックします。

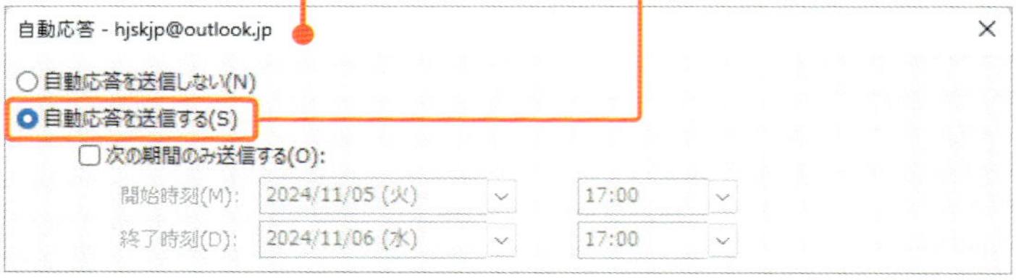

4 [次の期間のみ送信する]をチェックして、

5 [開始時刻]と[終了時刻]をそれぞれ指定します。

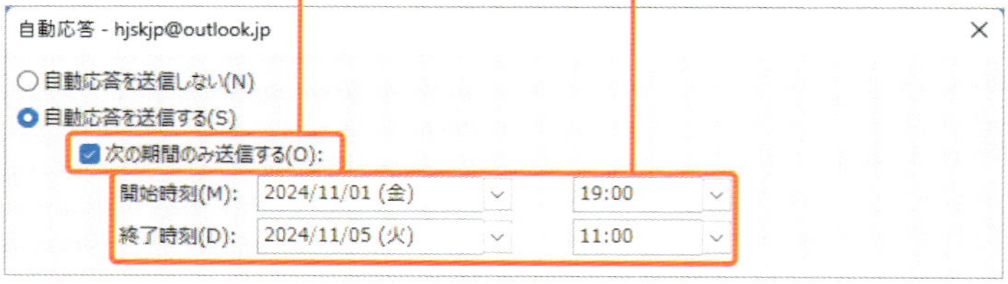

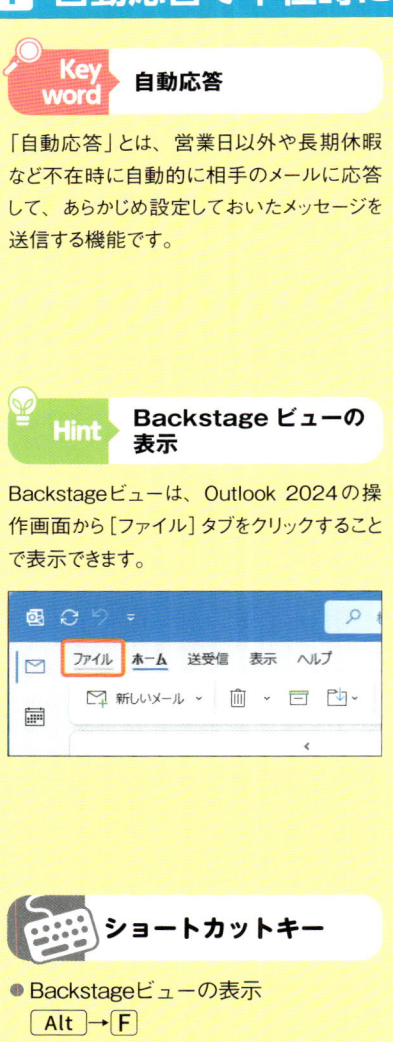

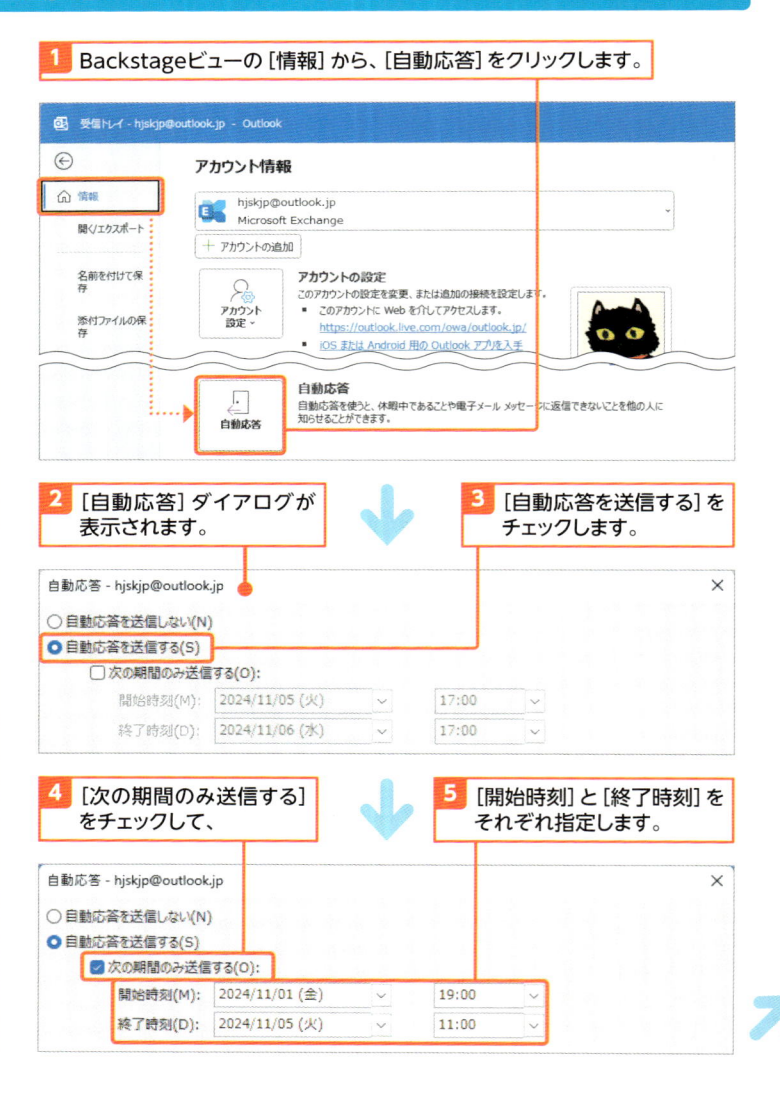

注意 Microsoft 系アカウントのみ有効

ここで解説する「自動応答」は、アカウントの種類がMicrosoft Exchangeアカウント／Microsoft 365のアカウント／Outlook.comアカウントなどのMicrosoft系アカウントの場合のみ操作・設定が可能です。その他のアカウントの種類（IMAPアカウントなど）では操作・設定できません。

Hint 自動応答の文章

自動応答の目的は「メールは後日確認します」という連絡なので、相手に失礼のない範囲でシンプルな文章にするのが基本になります。

Hint Outlook 2024 が未起動でも動作する

［自動応答］ダイアログの設定はメールサーバーと連携して動作します。それによって、設定以後にOutlook 2024やPCを終了しても自動応答の設定は有効であり、期間内に相手がメールを送信してきた場合には、自動応答の設定に従ったメッセージが返信されます。

6 メールの本文（自動応答時の返信メール）を記述して、

7 ［OK］をクリックすると、自動応答が有効になります。

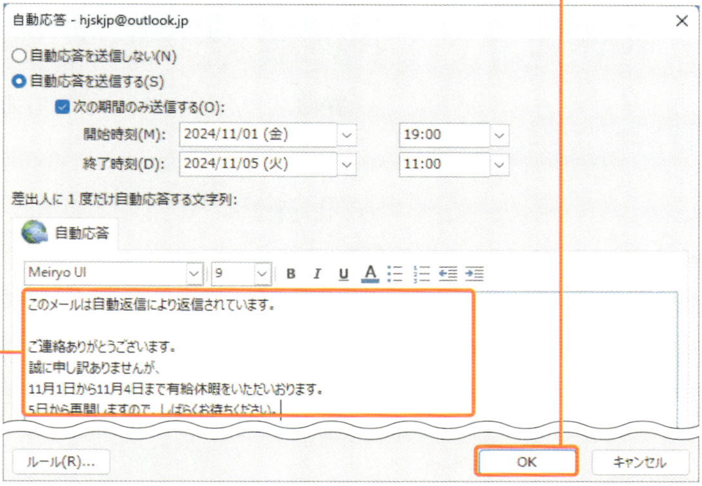

8 Outlook 2024操作画面でも、［このアカウントでは自動応答が送信されます。］と表示されます。

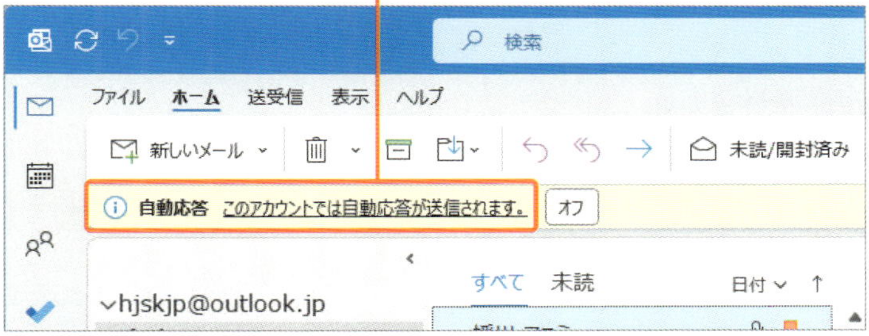

2 自動応答を無効にする

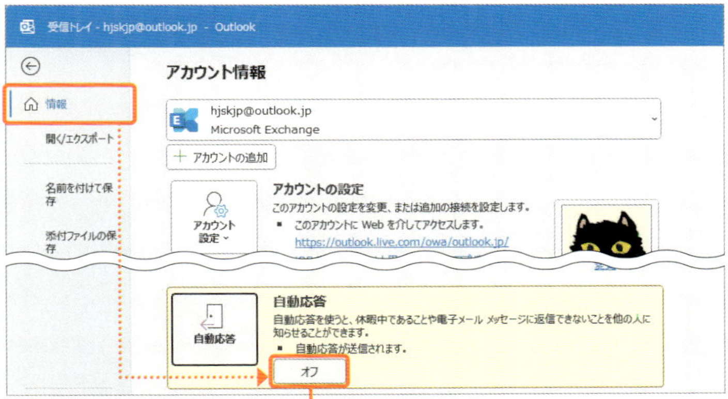

1 Backstageビューの［情報］から、［自動応答］に表示されている［オフ］をクリックすると、自動応答を停止できます。

Section **48**

メールの送信を一定時間待機させて誤送信を防ぐ

ここで学ぶのは

- 送信メールの待機
- 仕分けルールの利用
- 送信トレイでの待機

メールを送信した後にメールを読み返してみて、「やはり送信したメール内容を修正したい」と思ったことはないでしょうか？　Outlook 2024では「仕分けルール」の設定を工夫することにより、送信実行後でも数分間メール送信を待機させて、必要に応じてメール内容をもう一度確認・修正することができます。

1 メール送信を指定した分数だけ遅延させて誤送信を防ぐ

解説 送信メールは「俯瞰」で見る

仕事に集中していると、ついついメールの本文もきつい物言いになってしまうことがありますが、送信メールは自分の感情をぶつけるものではなく、ビジネス的に俯瞰で見て「きちんと相手に伝えるべきことを記述する」ことが大事です。そのような意味でも、記述の仕分けルールを適用しておくと、一度冷静になって送信メールを眺めて修正することができるのでおすすめです。

Hint Backstage ビューの表示

Backstageビューは、Outlook 2024の操作画面から［ファイル］タブをクリックすることで表示できます。

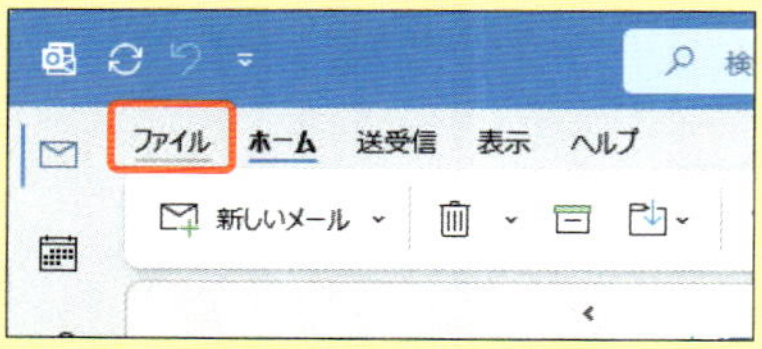

ショートカットキー

- Backstageビューの表示
  Alt → F

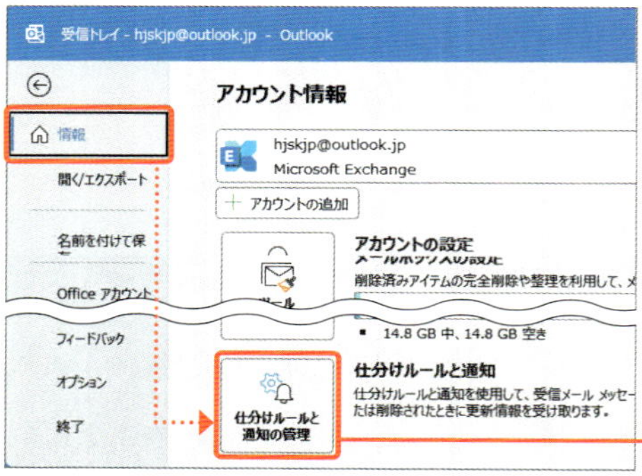

1 Backstageビューの［情報］から、［仕分けルールと通知の管理］をクリックします。

2 ［仕分けルールと通知］ダイアログが表示されます。

3 ［電子メールの仕分けルール］タブ→［新しい仕分けルール］をクリックします。

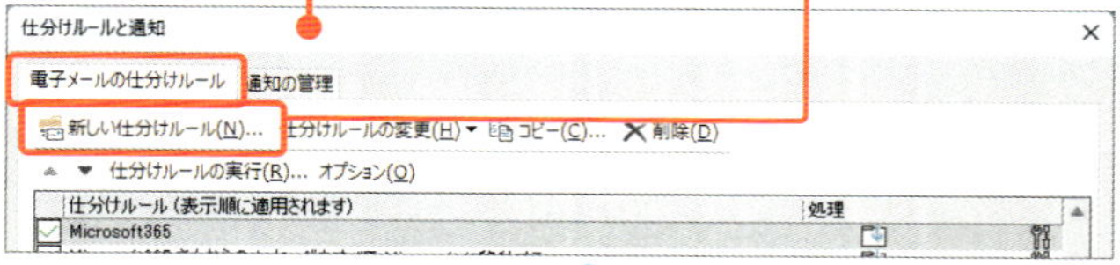

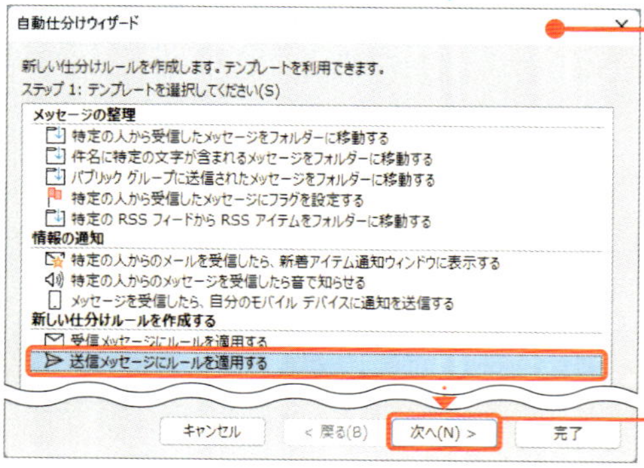

4 ［自動仕分けウィザード］ダイアログが表示されます。

5 ［送信メッセージにルールを適用する］を選択して、［次へ］をクリックします。

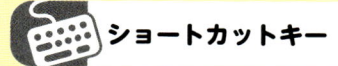

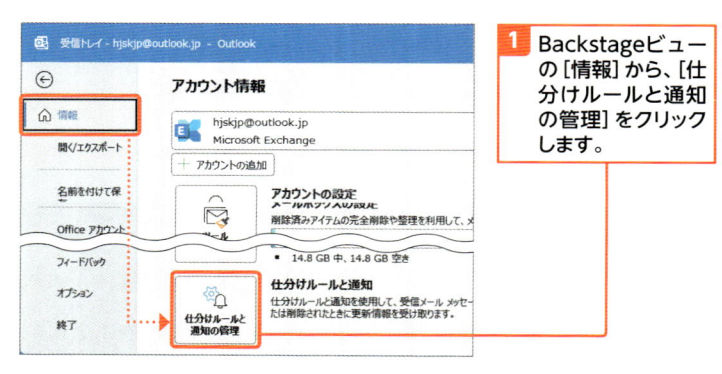

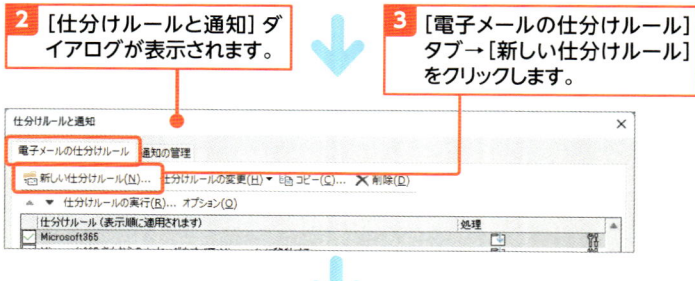

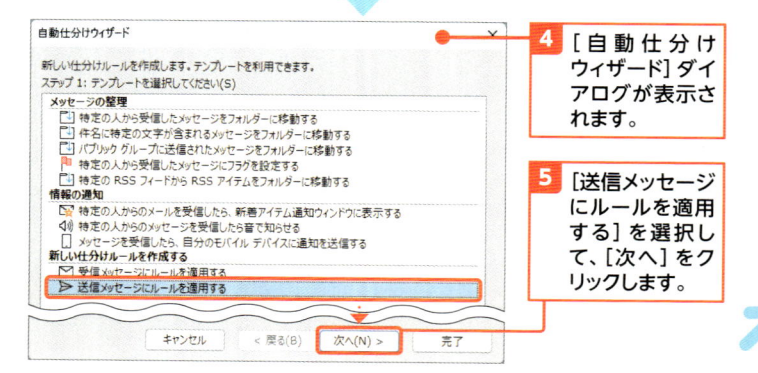

Memo メールを送信した後に修正できる

この仕分けルールを適用すると、メールを送信しても処理的には[送信トレイ]に待機状態になり、[送信トレイ]からメールを開いて修正することが可能になります。

Memo 条件指定を工夫する

右図では例として「すべての送信メッセージ」を対象に仕分けルールを適用して送信を待機させる手順を解説していますが、[自動仕分けウィザード]ダイアログにおける[条件を指定してください]で任意の条件を選択すれば、特定の条件に合致したメール送信のみを待機させることが可能です。
例えば、[条件を指定してください]の[ステップ1:条件を選択してください]で[[件名]に特定の文字が含まれる場合]を選択して、[ステップ2:仕分けルールの説明を編集してください]で[特定の文字]をクリックして任意の文字列を指定して[追加]をクリックすれば、指定した条件に合致したメールに対してのみ、後に指定する処理を施すことができます。

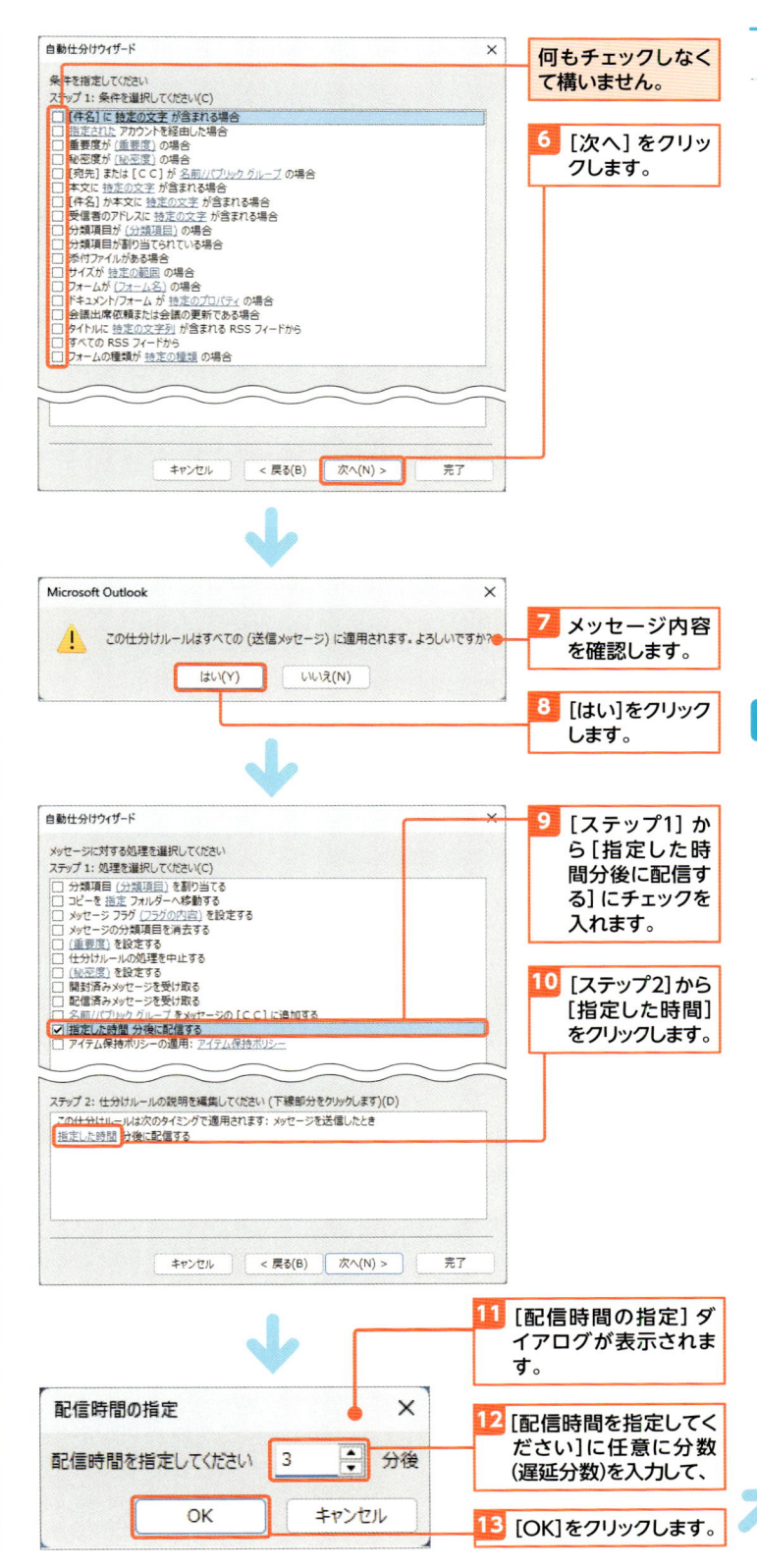

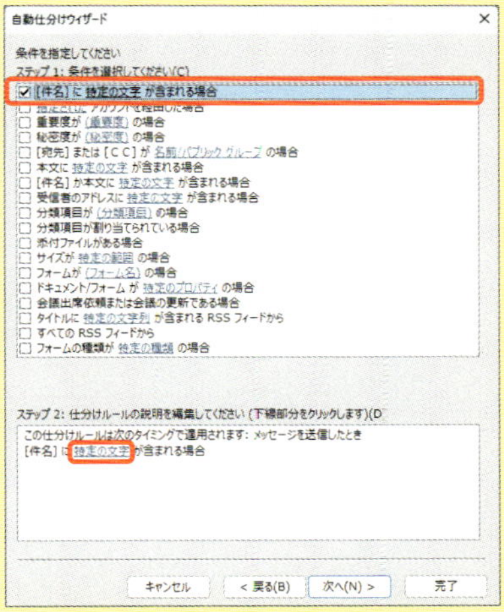

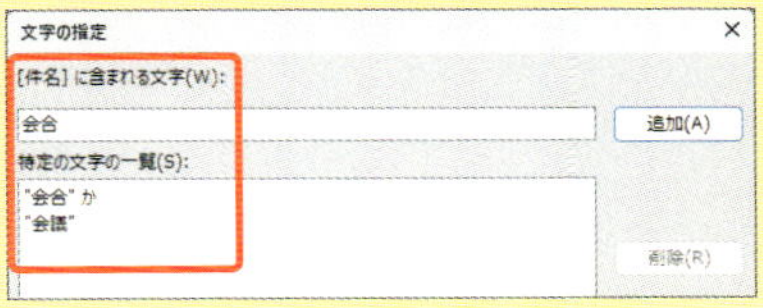

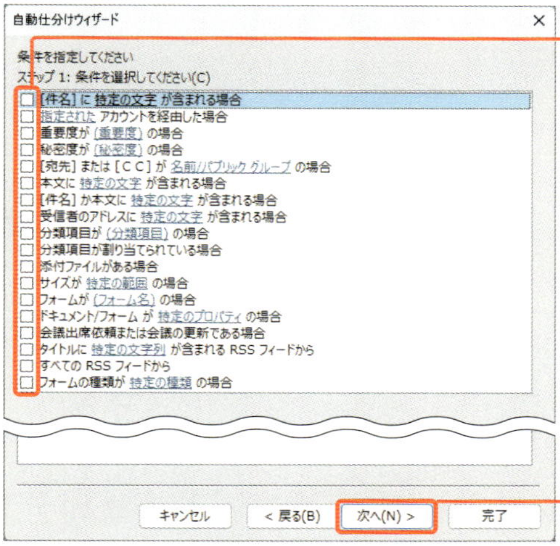

何もチェックしなくて構いません。

6 [次へ]をクリックします。

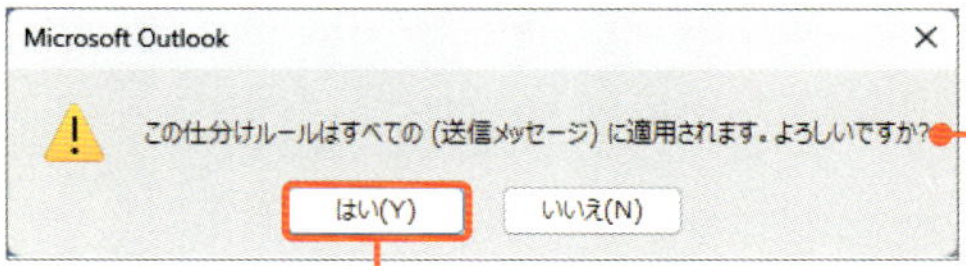

7 メッセージ内容を確認します。

8 [はい]をクリックします。

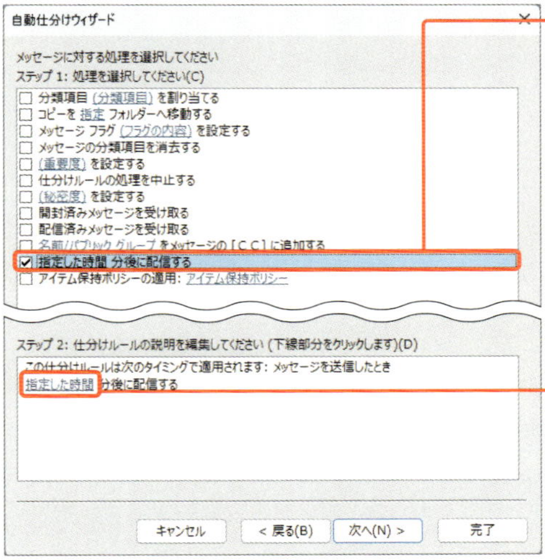

9 [ステップ1]から[指定した時間分後に配信する]にチェックを入れます。

10 [ステップ2]から[指定した時間]をクリックします。

11 [配信時間の指定]ダイアログが表示されます。

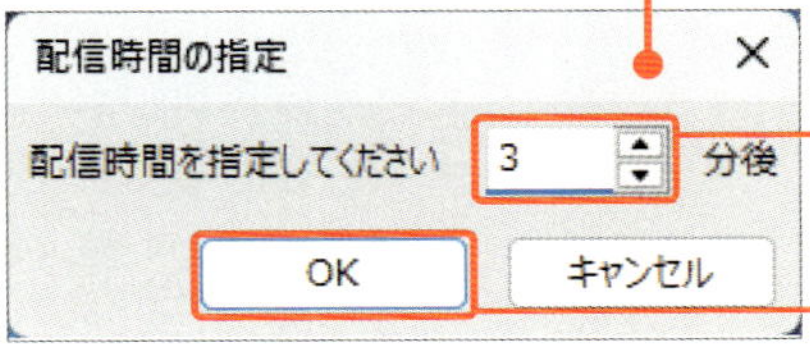

12 [配信時間を指定してください]に任意に分数(遅延分数)を入力して、

13 [OK]をクリックします。

Memo 例外条件の指定

[自動仕分けウィザード]ダイアログにおける[例外条件を選択します]で任意の例外条件を選択して設定すれば、通常のメールは指定した分数に従って送信待機を行うものの、例外条件に適合するものはこのルールを適用しない(すぐに送信する)ことが可能です。例えば、[例外条件を選択します]の[ステップ1:例外条件を選択してください]で[[件名]に特定の文字が含まれる場合を除く]を選択して、[ステップ2:仕分けルールの説明を編集してください]で[特定の文字]をクリックして「緊急」という文字を指定して[追加]をクリックすれば、件名に「緊急」が含まれる場合には送信待機は適用されず、すぐにメールは送信されます。

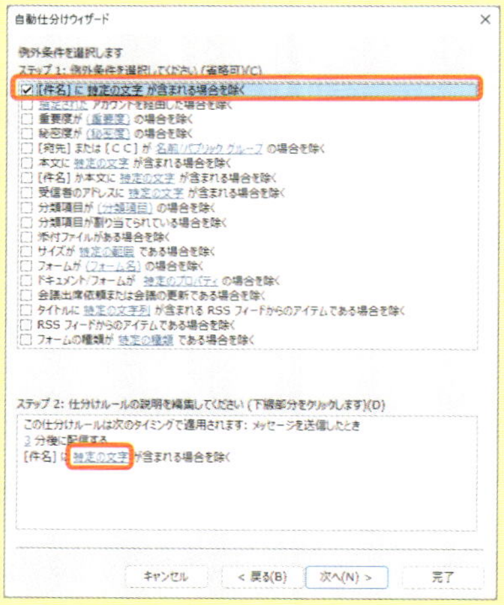

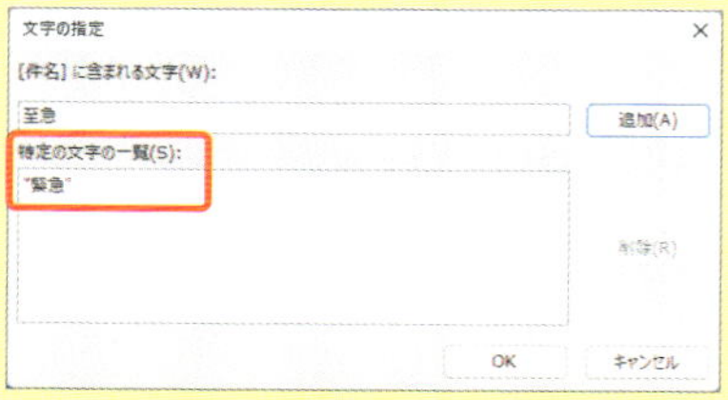

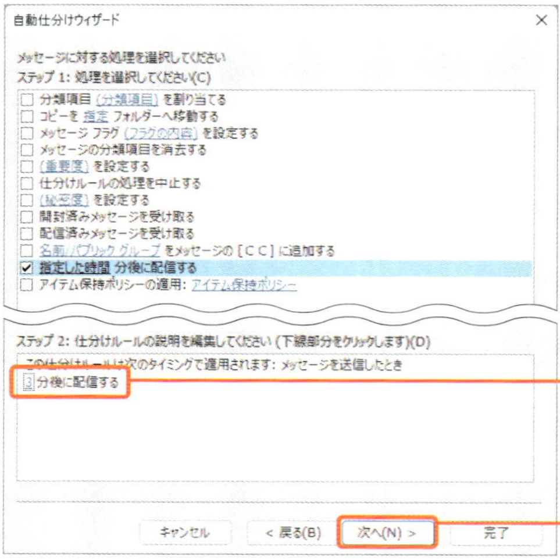

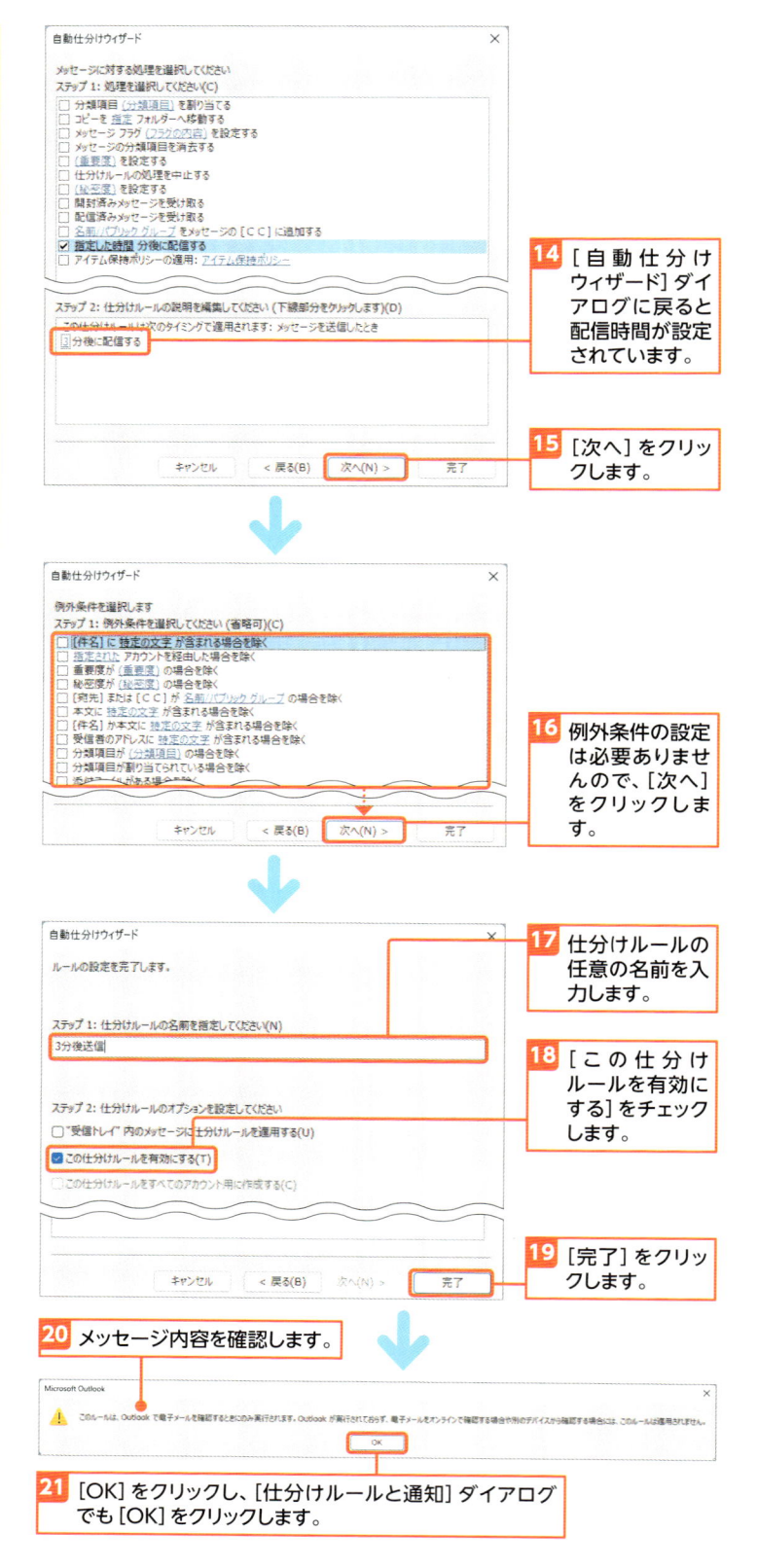

14 [自動仕分けウィザード]ダイアログに戻ると配信時間が設定されています。

15 [次へ]をクリックします。

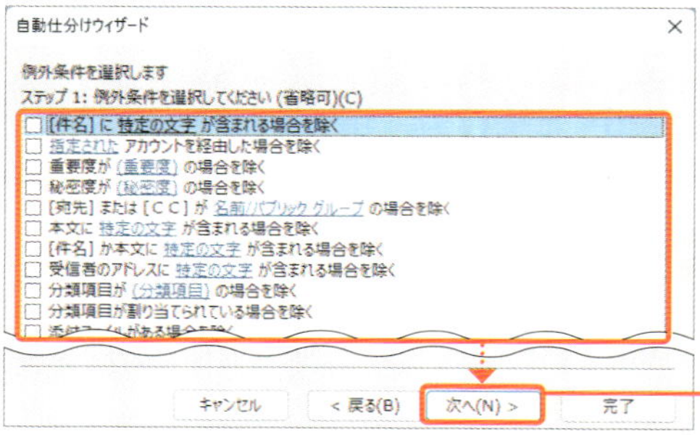

16 例外条件の設定は必要ありませんので、[次へ]をクリックします。

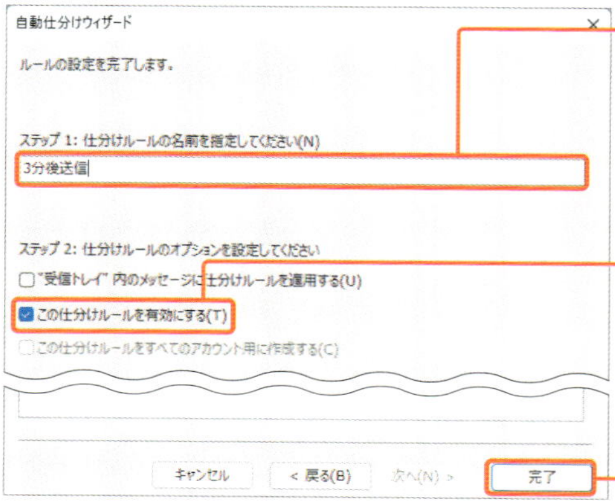

17 仕分けルールの任意の名前を入力します。

18 [この仕分けルールを有効にする]をチェックします。

19 [完了]をクリックします。

20 メッセージ内容を確認します。

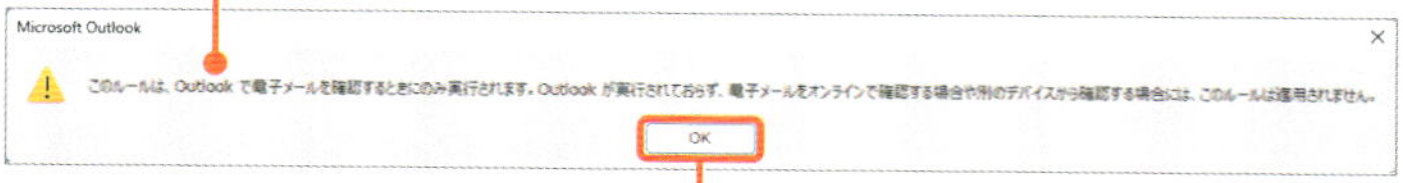

21 [OK]をクリックし、[仕分けルールと通知]ダイアログでも[OK]をクリックします。

2 メールの送信と特性

Memo 送信トレイの性質を理解する

Outlook 2024において「待機している送信メール（送信が仕掛けられて待っている状態のメール）」は［送信トレイ］、また「送信が終わったメール」は［送信済みアイテム］に保持されます。

1 任意のメールを作成して送信します。

2 ［送信トレイ］に送信したメールが待機します。

3 ダブルクリックすることで、任意に修正できます。修正後、あらためて［送信］をクリックします。

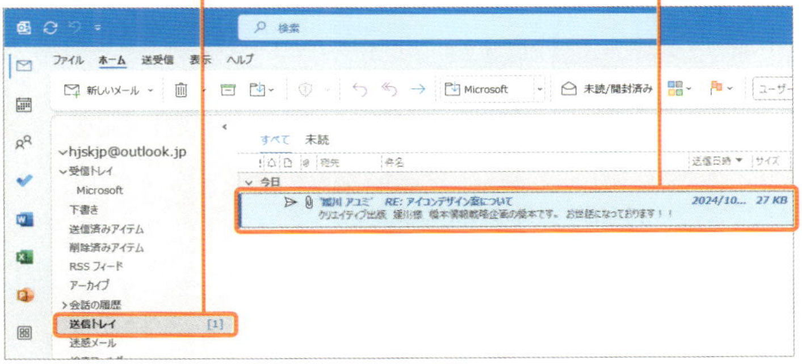

4 仕分けルールで指定した分数後にメールが自動的に送信されます。

3 仕分けルールの削除

Hint 仕分けルールのエクスポート

現在の「仕分けルール」をファイルに保存しておきたい場合は、［仕分けルールと通知］ダイアログから［オプション］をクリックして、［仕分けルールをエクスポート］をクリックします。

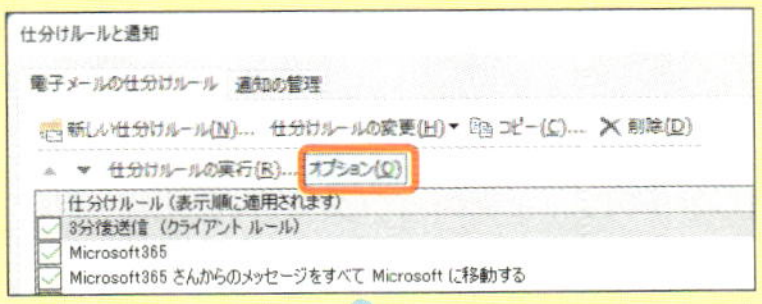

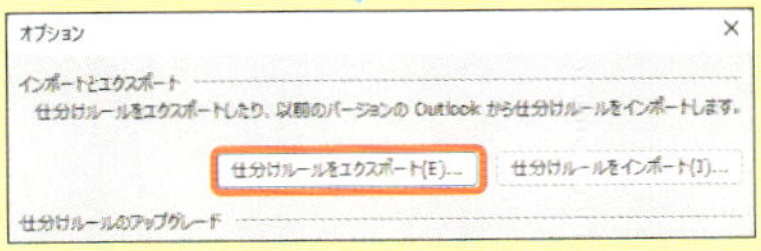

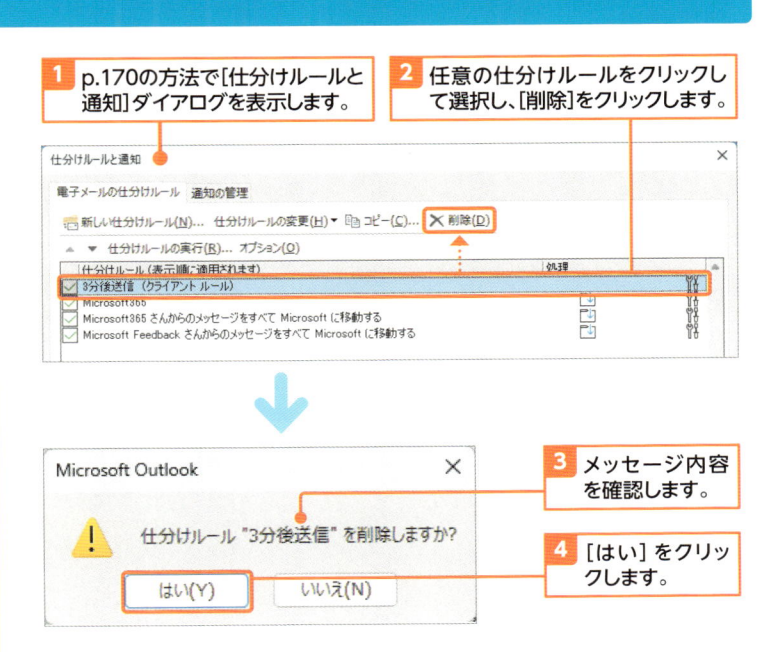

1 p.170の方法で［仕分けルールと通知］ダイアログを表示します。

2 任意の仕分けルールをクリックして選択し、［削除］をクリックします。

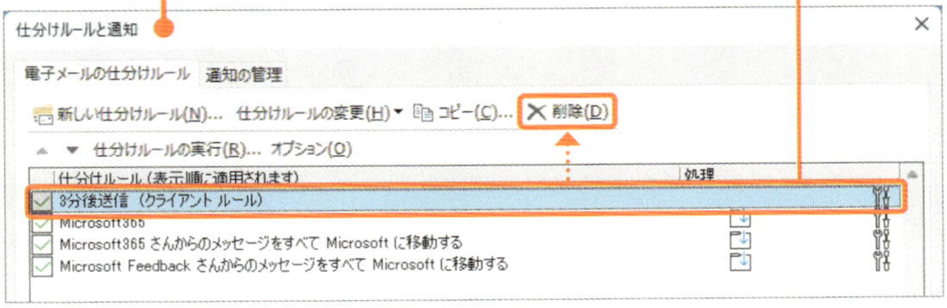

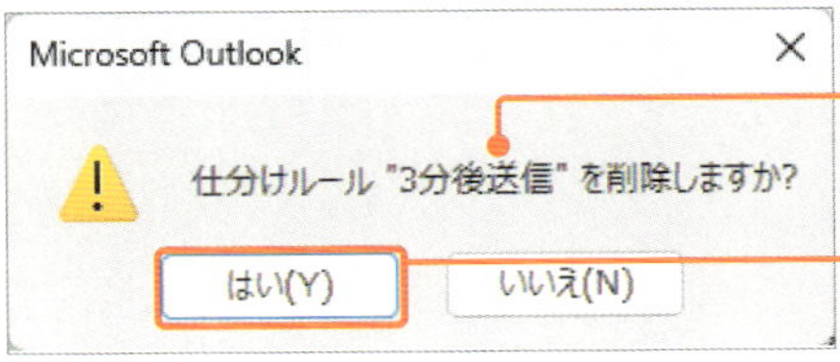

3 メッセージ内容を確認します。

4 ［はい］をクリックします。

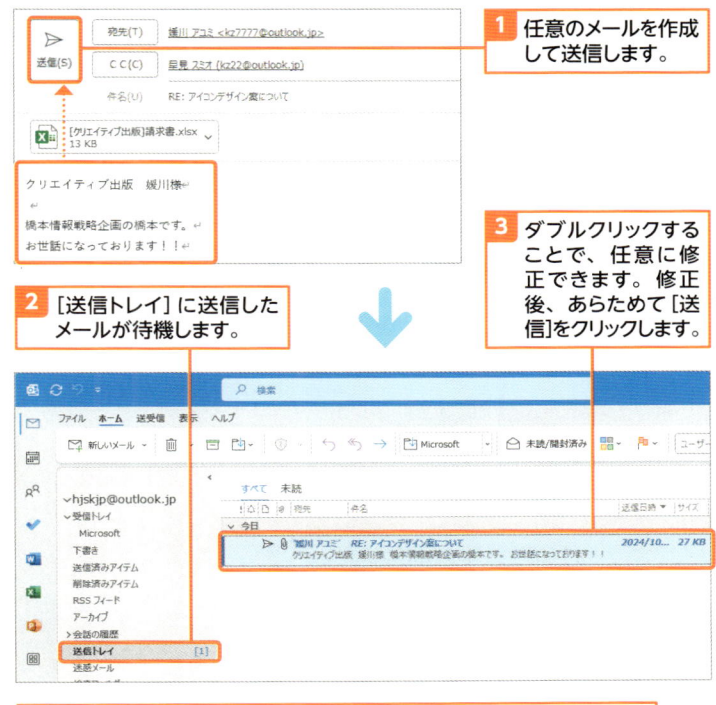

Section 49

指定した日時にメールを自動送信する

ここで学ぶのは

- メールの送信タイミング
- 指定日時送信
- 指定日時の変更

Outlook 2024では**指定した日時にメールを送信**することも可能です。相手の営業時間に合わせてメールを送ることや、自社の製品リリースなどの場面において指定日以降にメールを送信したい場合などに役立ちます。

1 指定した日時にメールを自動送信する

解説 メールの送信のタイミング

メールの送信のタイミングは、[指定日時以降に配信]で指定した日時以降に「送受信処理」が行われたタイミングで配信されます。つまり、「～以降」の文字が示すとおり、必ずしも指定時刻ぴったりに配信されるわけではありません。

注意 [指定日時以降に配信]の設定

メールの送信を行うには、Outlook 2024が起動しており、またオンライン(インターネット接続状態)である必要があります。つまり、[指定日時以降に配信]の設定は、「Outlook 2024を起動しておかなければ送信されない」という点に注意が必要です。なお、指定日時にPCを起動していない、あるいはOutlook 2024を起動していないなどの場合には、指定日時以降にOutlook 2024を起動したタイミングで配信されます。

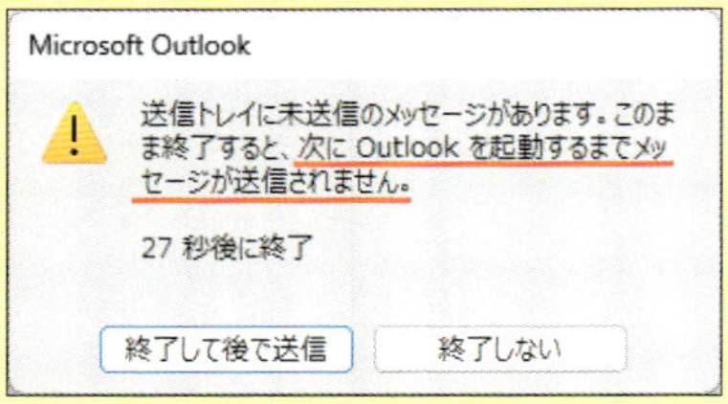

メールの作成画面をメッセージウィンドウで表示しておきます。

1 メールの宛先や文章を入力して送信できる状態にしておきます。

2 [オプション]タブ→[…]をクリックし、ドロップダウンから[配信タイミング]をクリックします。

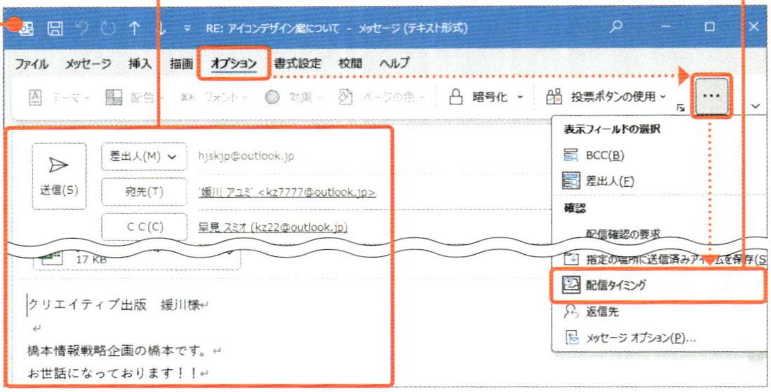

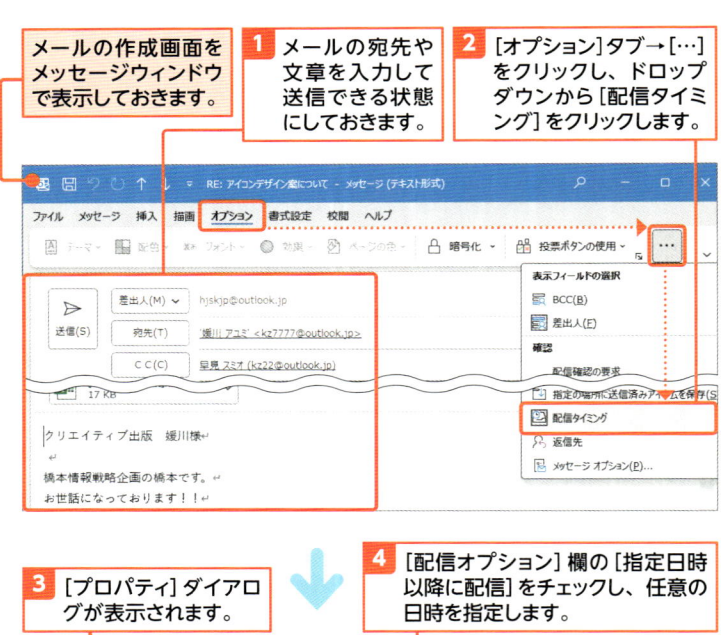

3 [プロパティ]ダイアログが表示されます。

4 [配信オプション]欄の[指定日時以降に配信]をチェックし、任意の日時を指定します。

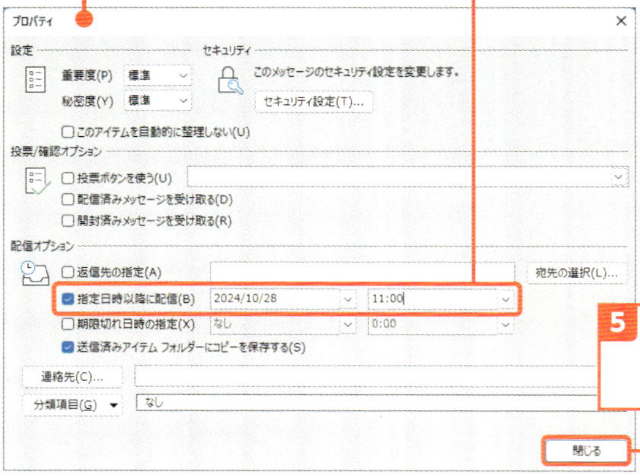

5 [閉じる]をクリックし、メールを送信します。

6 [送信トレイ] にメールが待機します。

7 指定の日時以降になると、メールが送信されます。

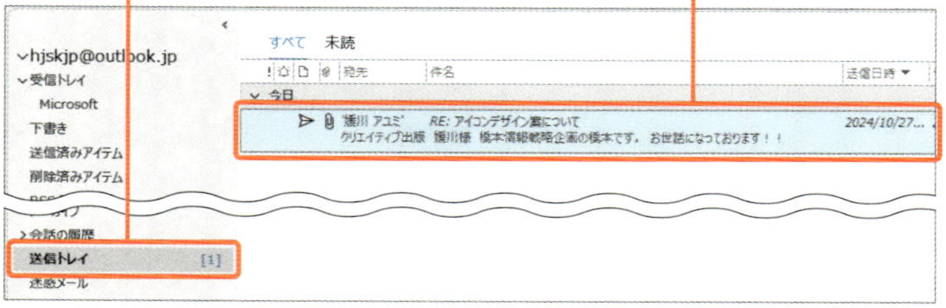

2 メールの自動送信日時を変更する

Hint Outlook 2024 を PC 起動直後に自動起動する

PCを起動したら（任意のユーザーアカウントでサインインしたら）Outlook 2024を自動起動する設定にしておくと、[指定日時以降に配信] の設定に関するトラブルを少なくすることができます。
ショートカットキー ⊞ ＋ R キーを入力して、[ファイル名を指定して実行] ダイアログを表示します。「SHELL:COMMON PROGRAMS」と入力して Enter キーを押し、開いたエクスプローラーで「Outlook (classic)」のショートカットアイコンをコピーします。再び [ファイル名を指定して実行] に「SHELL:STARTUP」と入力して Enter キーを押し、開いたエクスプローラーのウィンドウに先ほどコピーした「Outlook (classic)」を貼り付けます。一度Windowsを再起動して、サインインするとOutlookが自動起動します。
なお、やや高度な設定なので、必要性を感じなければ設定する必要はありません。

Outlook 2024を自動起動する設定にしておけば、送信ミスを防げます。

1 [送信トレイ] の該当メールをダブルクリックします。

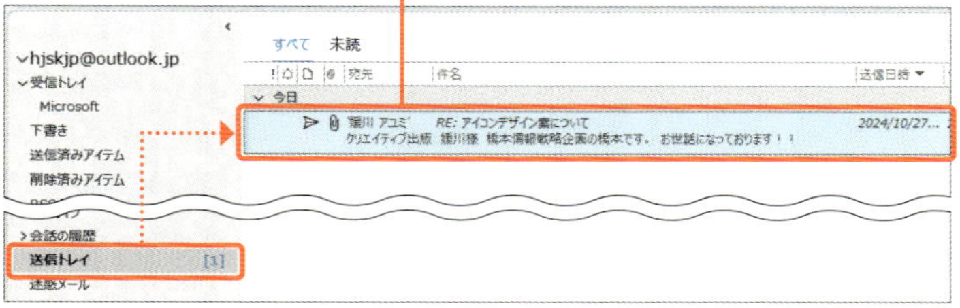

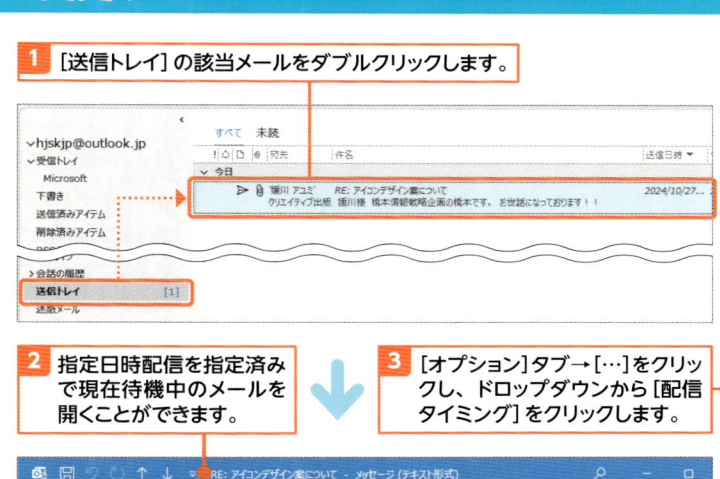

2 指定日時配信を指定済みで現在待機中のメールを開くことができます。

3 [オプション] タブ→[…] をクリックし、ドロップダウンから [配信タイミング] をクリックします。

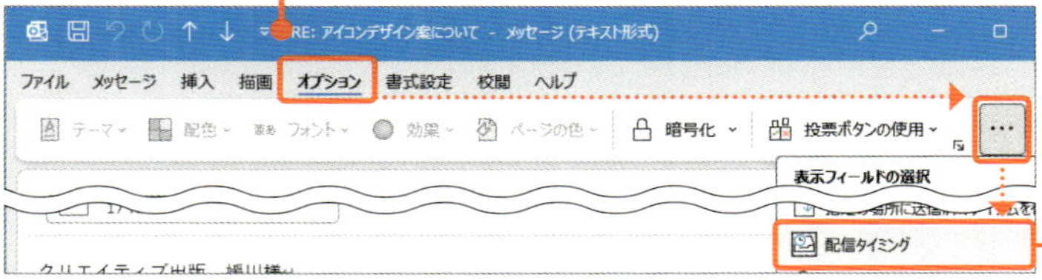

4 [指定日時以降に配信] で、配信日時を任意に変更できます。

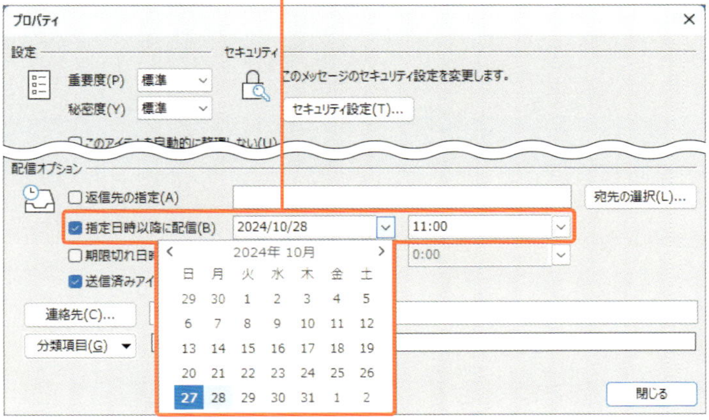

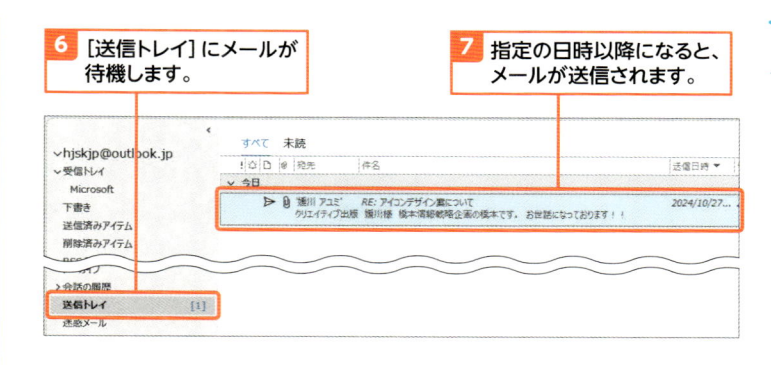

Section
50 OutlookでCopilotのAIを活用する

ここで学ぶのは
- AI 生成
- Copilot
- メールの下書き

Outlook で Copilot を利用すれば、メールの要約や下書きを AI 生成して、メールの確認やメール記述の作業効率を高めることができます。
なお、Outlook（デスクトップアプリ）で Copilot を利用するには、Microsoft 365 を契約している必要があります。

1 メールを要約する

Hint Outlook で Copilot を利用するには

Outlook（デスクトップアプリ）でCopilotを利用する際には、所有しているMicrosoft 365の種類によって、適用すべきプランが異なります。個人向けのMicrosoft 365を利用している場合、Microsoft 365 Family や Personal プランでは、AIクレジット（使用制限あり）を使ってCopilotを利用することができます。しかし、無制限にCopilotを利用したい場合は、「Microsoft Copilot Pro」をサブスクリプション契約する必要があります。
また、法人向けのMicrosoft 365を利用している場合は、「Microsoft 365 Copilot」をサブスクリプション契約する必要があります。

メールを閲覧ウィンドウあるいはメッセージウィンドウで表示します。

1 ［要約］をクリックします。

2 Copilotによりメールが要約されます。

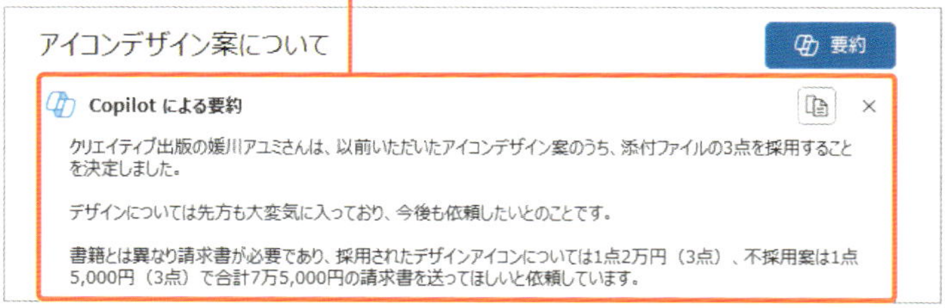

2 返信メールの下書きをする

1 任意のメールから［返信］をクリックします。

このメール内容は「インタビューの依頼」になります。

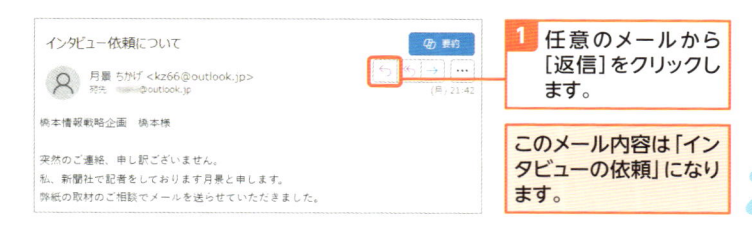

Memo　Copilot が利用できるかの確認

Microsoft 365 Personal/Familyあるいは法人向けMicrosoft 365でMicrosoft 365 Copilotのサブスクリプション契約を行った後に、OutlookでCopilotを利用できるかの確認は、[ファイル]タブをクリックしてBackstageビューを開きます。Backstageビューから、[Officeアカウント]をクリックします。
「製品情報」にCopilotアイコンが含まれていれば、該当OutlookでCopilotが利用可能です。

この製品には以下が含まれます。

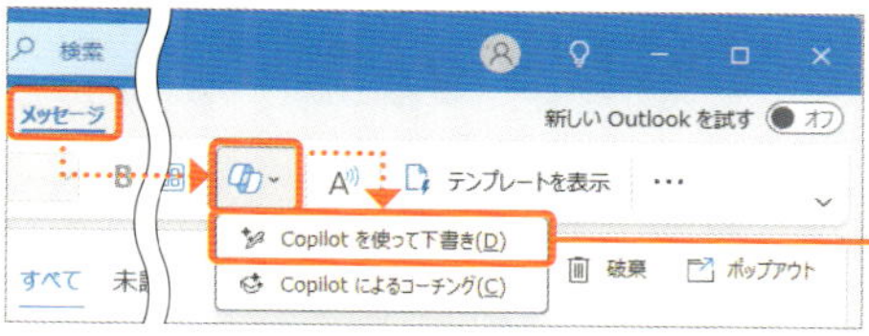

2 [メッセージ]タブ→[Copilot]をクリックして、ドロップダウンから[Copilotを使って下書き]をクリックします。

3 メールで伝えたい内容を記述します。

ここでは「インタビューをお受けします」と入力します。

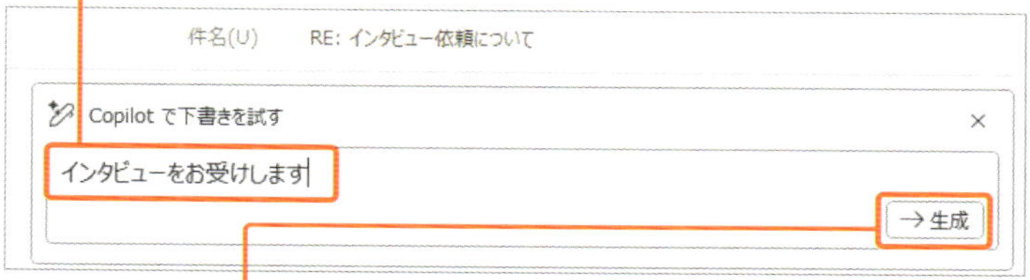

4 [生成]をクリックします。

5 メール内容と伝えたい内容に従って、メールの下書きが自動生成されます。

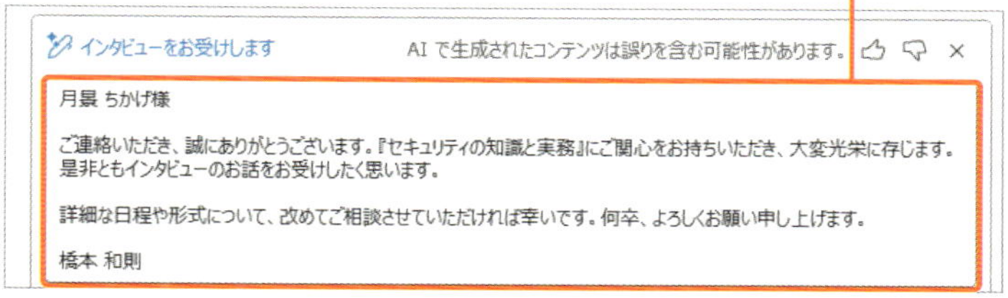

月景 ちかげ様
ご連絡いただき、誠にありがとうございます。『セキュリティの知識と実務』にご関心をお持ちいただき、大変光栄に存じます。是非ともインタビューのお話をお受けしたく思います。
詳細な日程や形式について、改めてご相談させていただければ幸いです。何卒、よろしくお願い申し上げます。

3 メールをコーチングしてもらう

Memo　Office 2024 では利用できない Copilot

Office Home & Business 2024や単体購入のOutlook 2024では、有料プランであるMicrosoft Copilot ProやMicrosoft 365 Copilotを契約しても、Outlook（デスクトップアプリ）でCopilotを利用することはできません。

注意　AI 生成の注意

CopilotによるAI生成は、間違えた内容を含む可能性があります。必ず自分の目で問題がないかを確認します。

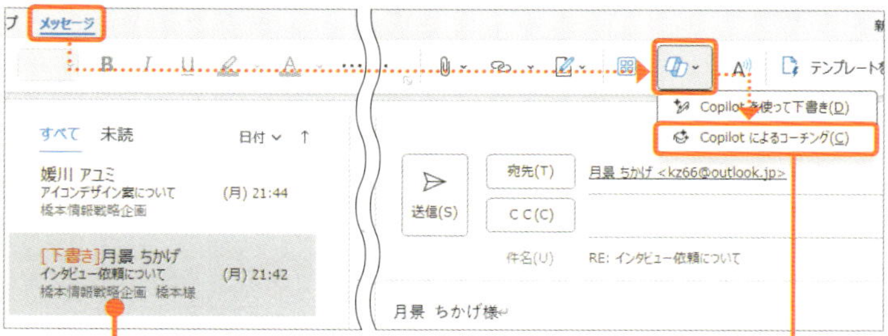

月景 ちかげ様

メールの下書きを作成します。

1 [メッセージ]タブ→[Copilot]をクリックして、ドロップダウンから[Copilotによるコーチング]をクリックします。

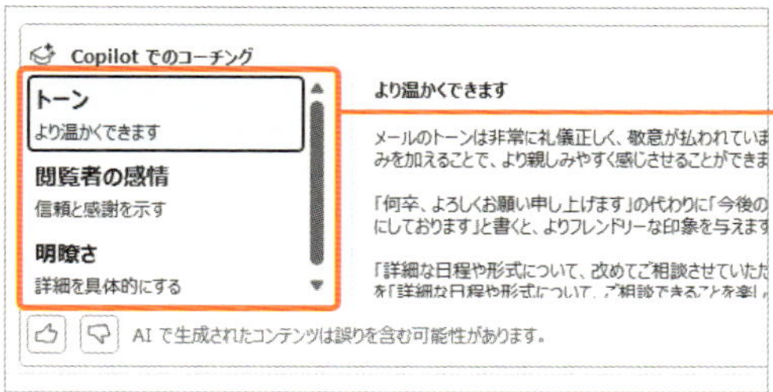

より温かくできます
閲覧者の感情
信頼と感謝を示す

詳細を具体的にする
より温かくできます

2 Copilotによるコーチングが行われ、「トーン」や「明瞭さ」などのアドバイスを確認できます。

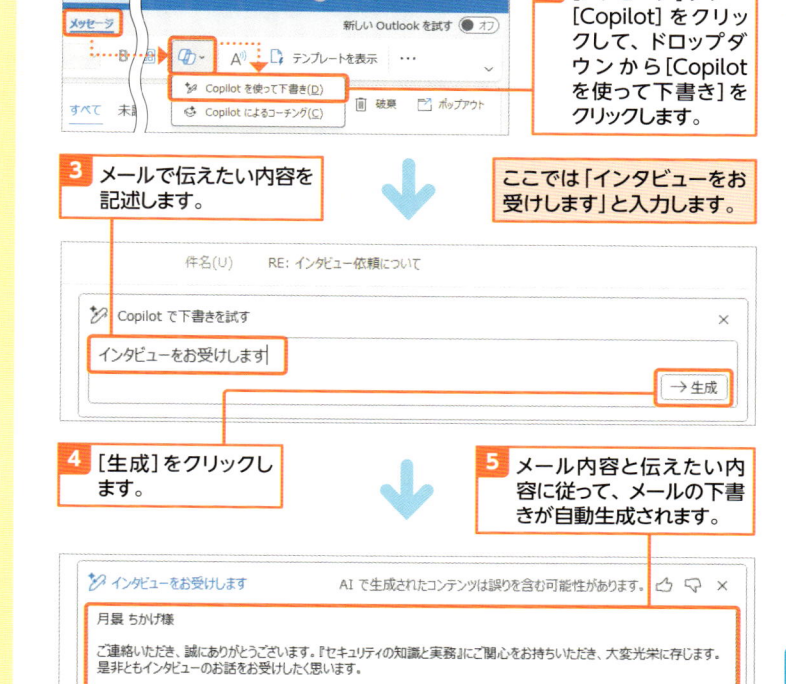

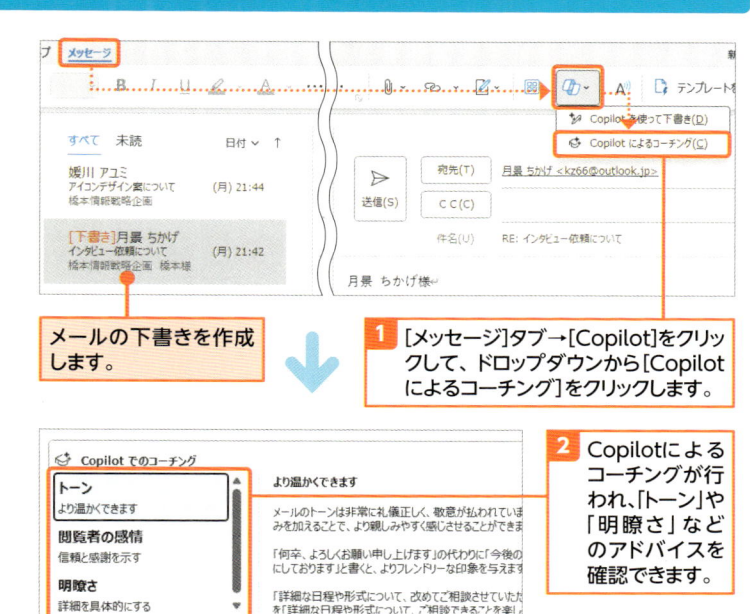

Section **51**

締め切りや期限のあるメールをアラームで知らせる

ここで学ぶのは

- アラームの設定
- アラームの削除
- アラームの確認

締め切りや期限のあるメールは「アラーム」で知らせると確実に操作することができます。ここでは、任意のメールにアラームを設定する方法と、アラームの通知が表示された際の対処方法について解説します。

1 メールにアラームを設定する

Memo フラグの内容／開始日／期限

アラームのユーザー設定において、［フラグの内容］［開始日］［期限］などは必要に応じて設定します。なお、［フラグの内容］はドロップダウンから選択できるほか、自身で入力して内容を変更することも可能です。

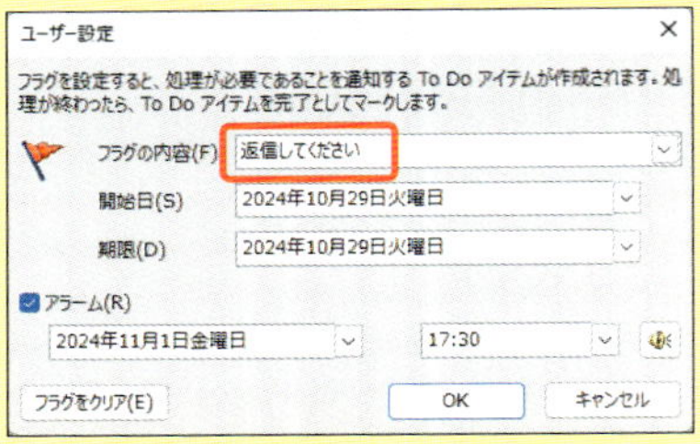

注意 Microsoft 系アカウントのみ有効

ここで解説する「アラームの追加」は、アカウントの種類が Microsoft Exchange アカウント／Microsoft 365のアカウント／Outlook.com アカウントなどの Microsoft 系アカウントの場合のみ操作・設定が可能です。その他のアカウントの種類（IMAP アカウントなど）では操作・設定できません。

アラームを設定したいメールを選択しておきます。

1 ［ホーム］タブ→［フラグの設定］をクリックして、

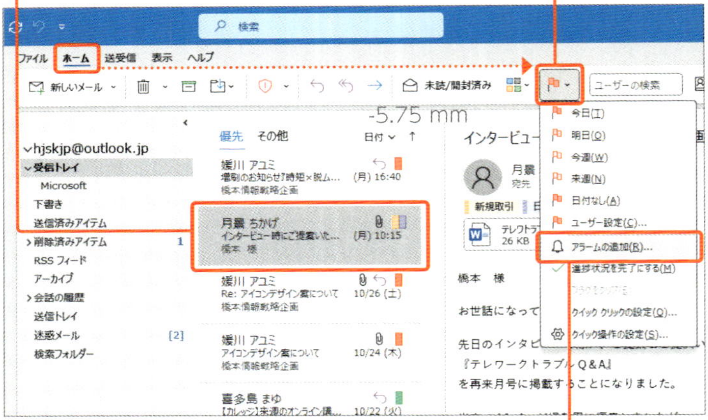

2 ドロップダウンから［アラームの追加］をクリックします。

3 ［ユーザー設定］ダイアログが表示されます。

4 ［アラーム］にチェックが付いていることを確認します。

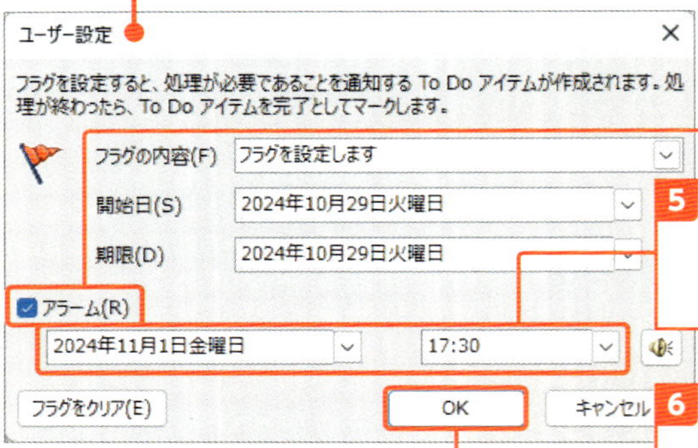

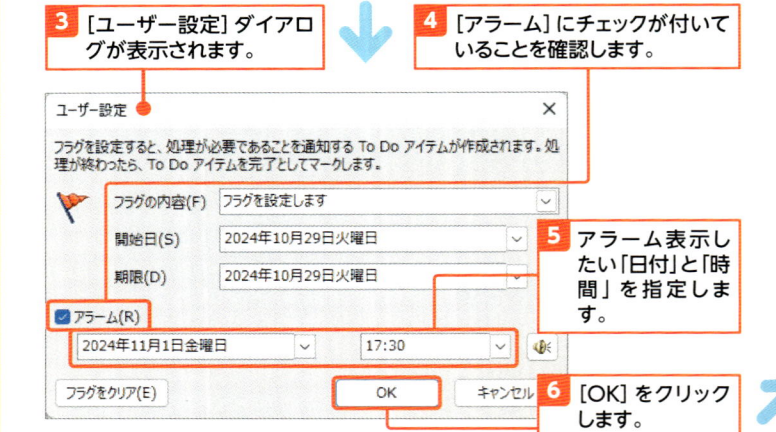

5 アラーム表示したい「日付」と「時間」を指定します。

6 ［OK］をクリックします。

7 閲覧ウィンドウでアラームの設定や日時を確認できます。

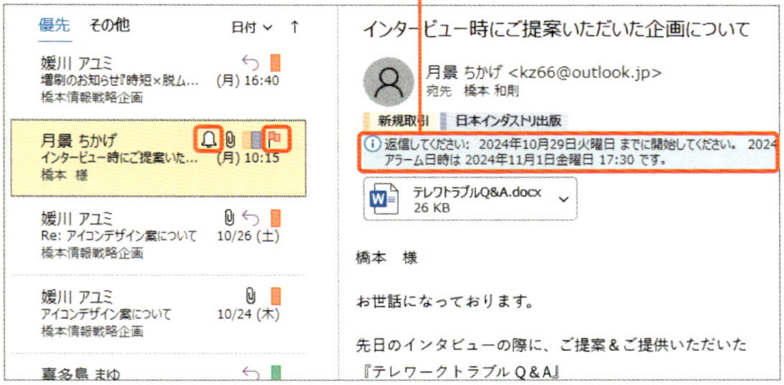

2 アラームを削除する

Hint アラームを確認する

アラームを設定した時刻になると、アラームが表示されます。アラームの件名をダブルクリックすると、該当メールを表示できます。アラームが不要の場合は［アラームを消す］をクリックします。アラームの再通知が必要な場合は任意のタイミングを指定して、［再通知］をクリックします。

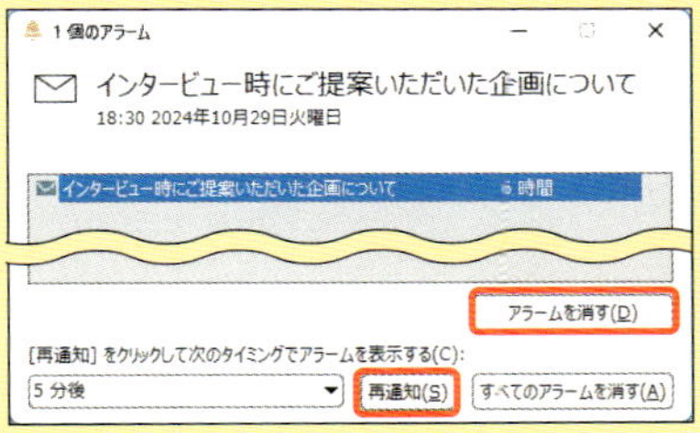

アラームを設定したメールをあらかじめ選択しておきます。

1 ［ホーム］タブ→［フラグの設定］をクリックして、

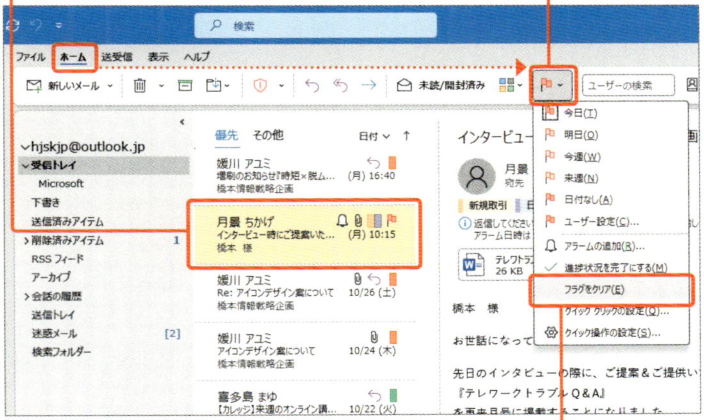

2 ドロップダウンから［フラグをクリア］をクリックします。

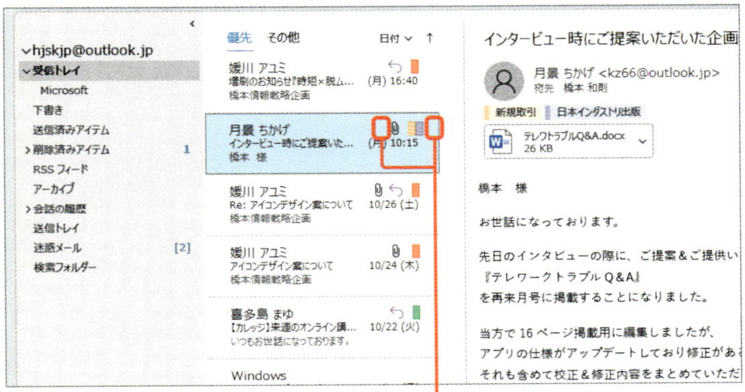

3 メールに設定したアラーム（フラグ）を削除できます。

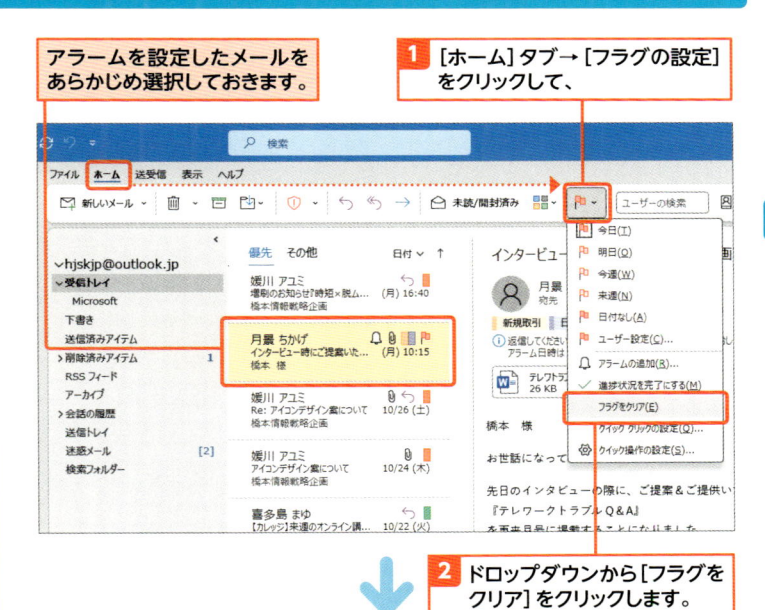

Section
52 Outlook 2024をタッチでスムーズに操作する

ここで学ぶのは
- タッチモードへの切り替え
- タッチ操作
- タッチサポートの確認

タッチ操作に対応したPC（画面をタッチして操作できるPC）であれば、Outlook 2024をタッチで操作することもできます。ここでは、**タッチ操作に最適化する設定**を解説します。

1 Outlook 2024をタッチ操作向けに最適化する

Key word タッチ／マウスモードの切り替え

［タッチ / マウスモードの切り替え］がクイックアクセスツールバーに存在しない場合、［クイックアクセスツールバーのユーザー設定］（ ）をクリックして、［タッチ / マウスモードの切り替え］をチェックすることで表示できます。なお、クイックアクセスツールバーが表示されていない場合には、p.42のHintを参照してください。

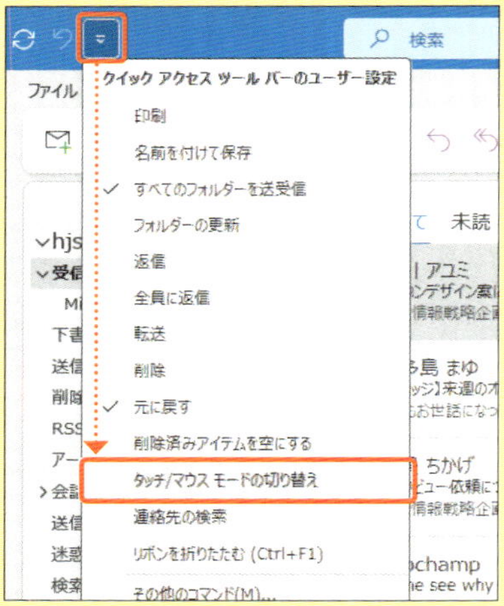

Hint 自分のPCがタッチ対応か確認する

Windowsの［設定］→［システム］→［バージョン情報］をクリックすれば、［ペンとタッチ］欄でタッチのサポートを確認できます。

1 クイックアクセスツールバーにある［タッチ/マウスモードの切り替え］をクリックして、

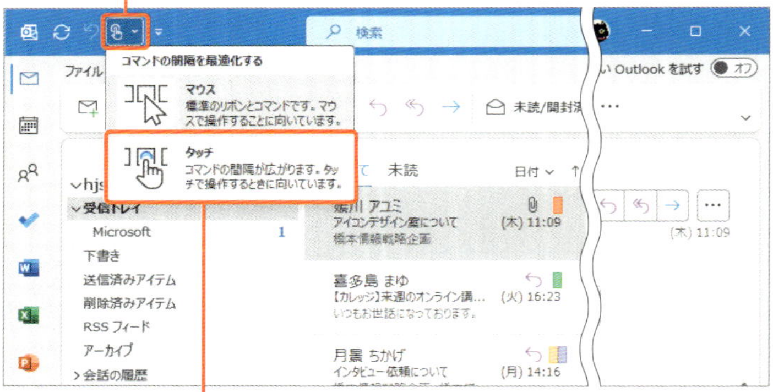

2 ［タッチ］をクリックします。

3 タッチ操作向けのコマンドが表示されます。

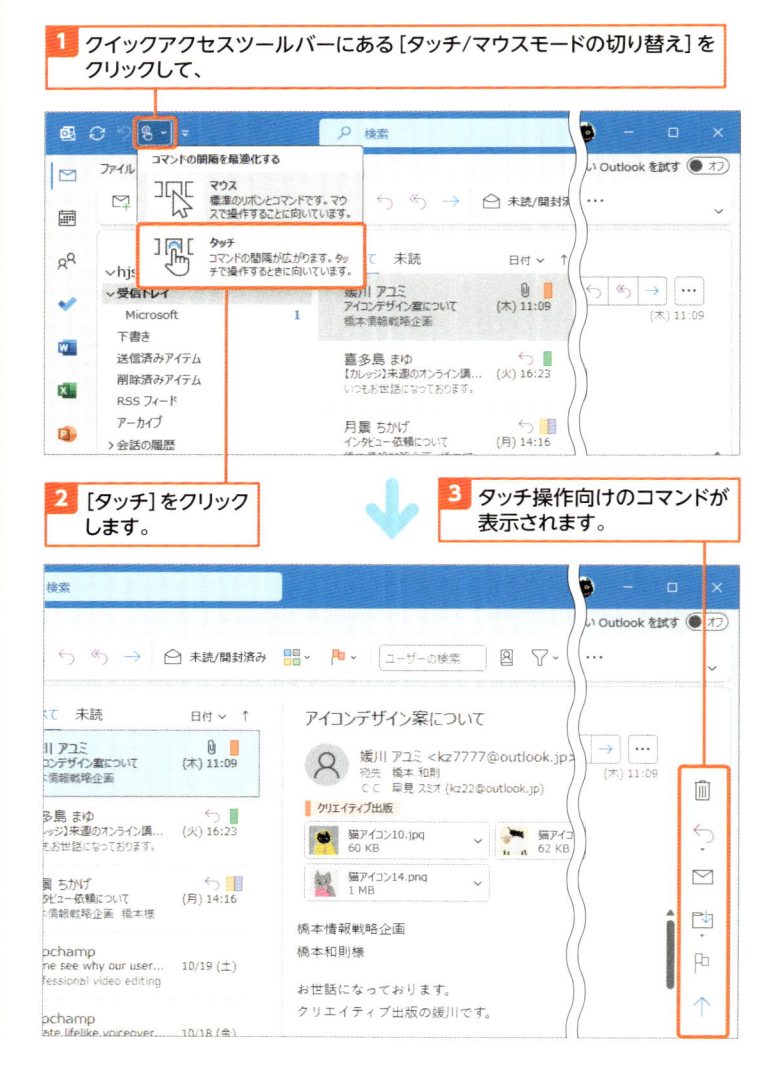

第 5 章

Outlookを最適化してさらに使いこなす

Outlook 2024は誰にでも使いやすいように各種便利機能が有効になっていますが、環境によっては無効にしたほうが使いやすい場合があります。

ここでは、アカウントの追加や各種自動機能の設定のほか、メール環境の最適化や、マルウェアを防ぐ方法についても解説します。

Section 53

Outlook 2024で複数のメールアカウントを管理する

ここで学ぶのは

- アカウントの追加
- アカウントの変更
- アカウントの設定

Outlook 2024ではひとつのメールアカウントだけではなく、別のアカウントを登録して複数のアカウントを扱うことができます。ここでは、**アカウントの追加**方法のほか、**複数のアカウントでの操作**について解説します。

1 Outlook 2024に別のメールアカウントを追加する

Memo アカウントの種類

Microsoft系アカウントを登録する場面において手順3で［詳細設定］が表示されたら、手持ちのアカウントの種類に従って、Microsoft Exchangeアカウントの場合は［Exchange］、Microsoft 365のアカウントの場合は［Microsoft 365］、Outlook.comアカウントの場合は［Outlook.com］をクリックして登録を進めます。

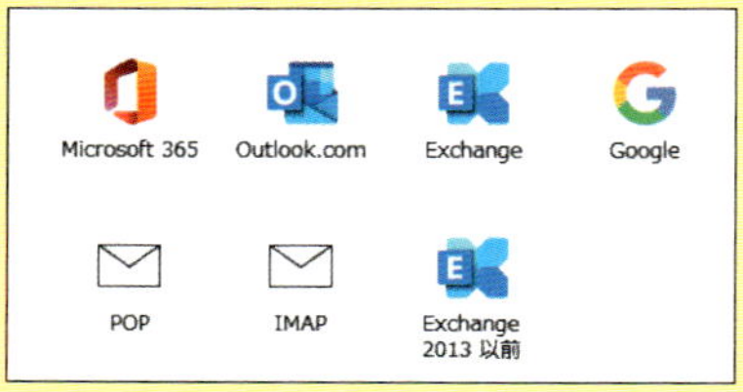

Hint Backstageビューの表示

Backstageビューは、Outlook 2024の操作画面から［ファイル］タブをクリックすることで表示できます。

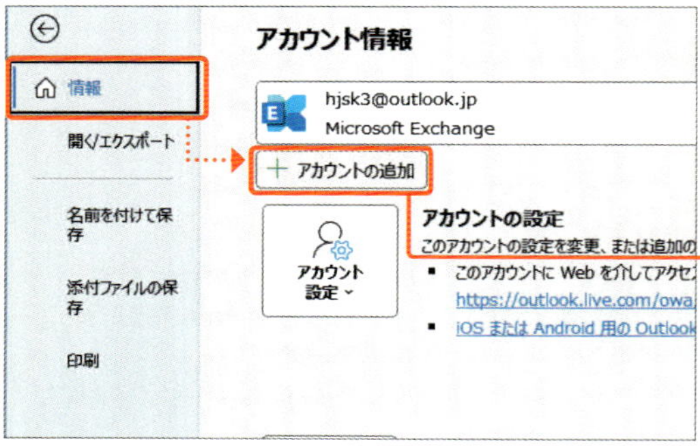

任意のメールアドレス情報（アカウントやパスワード）を用意しておきます。

1 Backstageビューの［情報］から、［アカウントの追加］をクリックします。

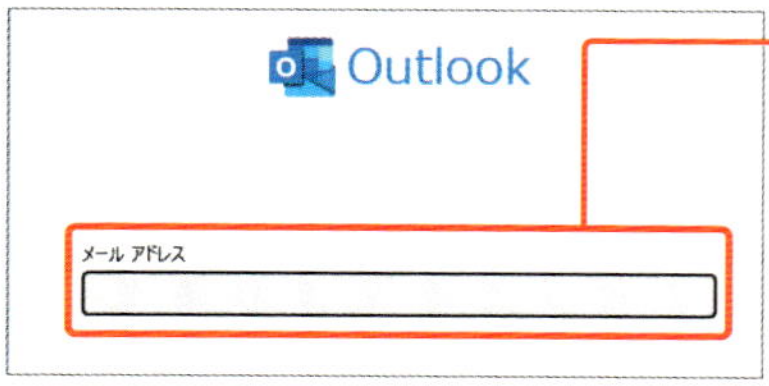

2 ウィザードが開始されるので、メールアドレスを入力します。

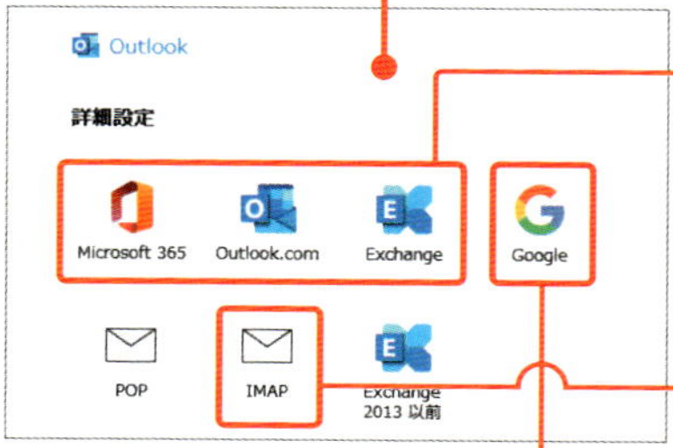

3 任意のアカウントの種類をクリックします。

Microsoft系アカウントの場合は、アカウント種類に従った選択をします（この画面が表示されない場合もあります）。

IMAPアカウントの場合は、［IMAP］をクリックして、受信メールサーバーや送信メールサーバーの設定を行います（p.186参照）。

Gmail（Googleアカウント）の場合は、［Google］をクリックします（p.190参照）。

4 以後ウィザードに従って設定を行います。

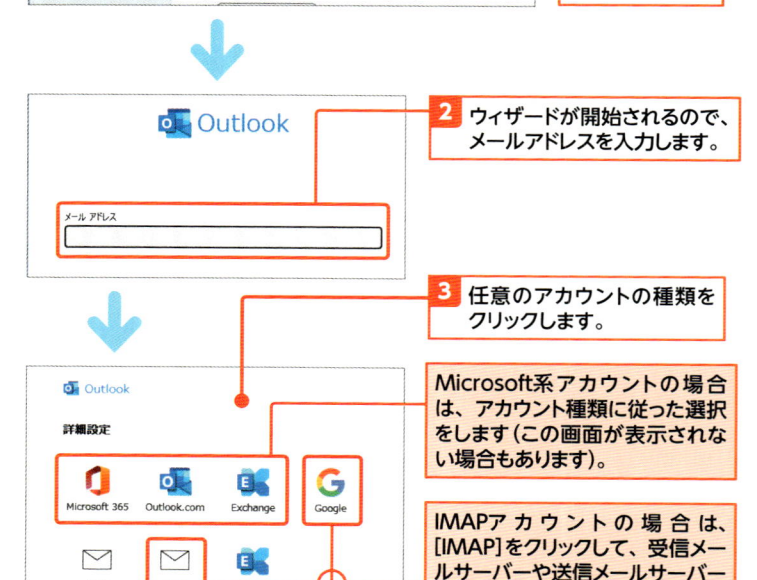

ショートカットキー

● Backstageビューの表示
Alt → F

Memo 反映されない場合は再起動する

アカウントを追加したものの、しばらく待ってもメールアカウントが画面上に反映されない場合には、一度Outlook 2024を終了してから、Outlook 2024を再度起動して確認します。メールアカウントの反映には、しばらく時間がかかることがあります。

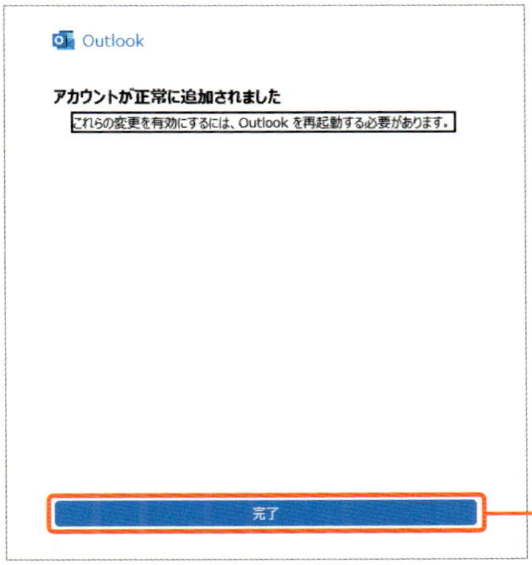

5 [完了]をクリックします。

2 Outlook 2024で操作対象アカウントを変更する

Hint 「新しいメール」の作成での注意点

「新しいメール」を作成する際は、「現在操作中のアカウント」が「差出人」となります。複数のアカウントを管理している場合、新しいメールの作成時には「差出人」が正しいかどうかを必ず確認します。

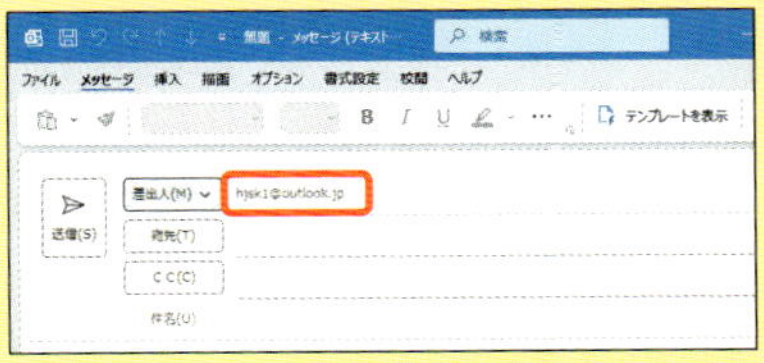

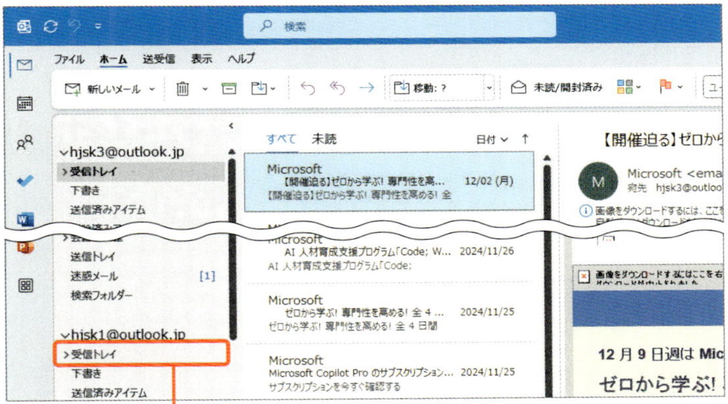

1 フォルダーウィンドウで任意のアカウントの[受信トレイ]フォルダーをクリックします。

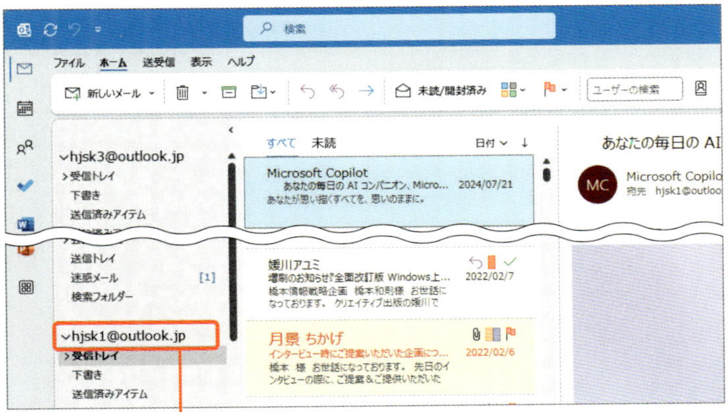

2 操作対象アカウントを切り替えることができます。

Hint メールの差出人の変更

複数のアカウントを管理している場合、新しいメールを作成するときは[差出人]をクリックすることにより、任意の差出人に切り替えることもできます。

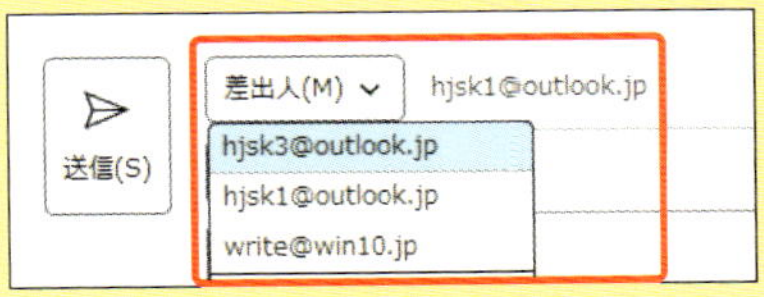

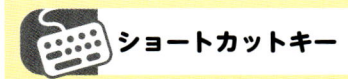

3 対象のアカウントの設定を行う

Memo Backstage ビューの[アカウント情報]

Backstageビューの［アカウント情報］では、現在登録されているアカウントの一覧を確認できるほか、各アカウントが「Microsoft系アカウントかそうではないか」をアイコンで確認することができます。
なお、Outlook 2024のすべての機能を利用するにはMicrosoft系アカウント（Microsoft Exchangeアカウント／Microsoft 365のアカウント／Outlook.comアカウントなど）である必要があります。

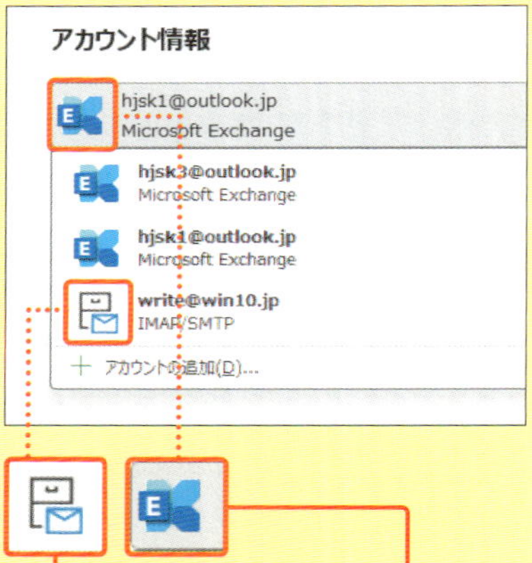

非Microsoft系アカウント：Outlook 2024の全機能を利用できません。

Microsoft系アカウント：Outlook 2024のほぼすべての機能を利用できます。

1 Backstageビューの［情報］から、［アカウント情報］をクリックして、

2 ドロップダウンで任意のアカウントをクリックします。

3 該当アカウントの設定を行うことができます。

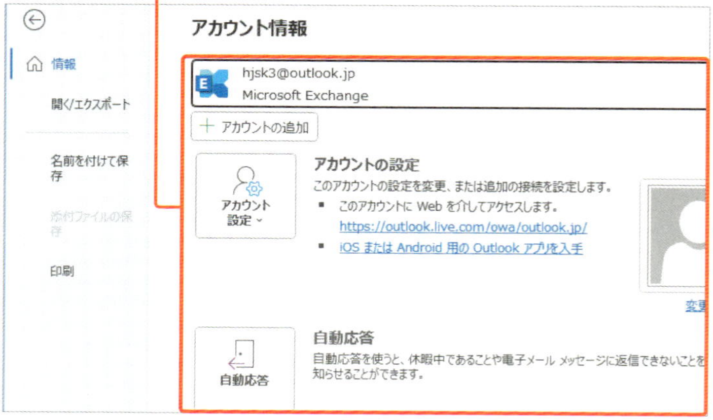

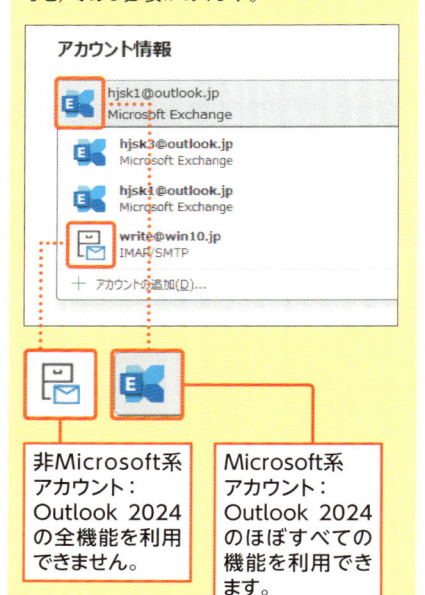

4 アカウントの表示順序を変更する

Hint 既定（通常利用する）アカウントの設定

Backstageビューの［情報］から、［アカウント設定］をクリックして、ドロップダウンから［アカウント設定］をクリックします。

既定（通常利用する）に設定したいアカウントを選択して、［既定に設定］をクリックすれば、該当アカウントを既定にすることができます。

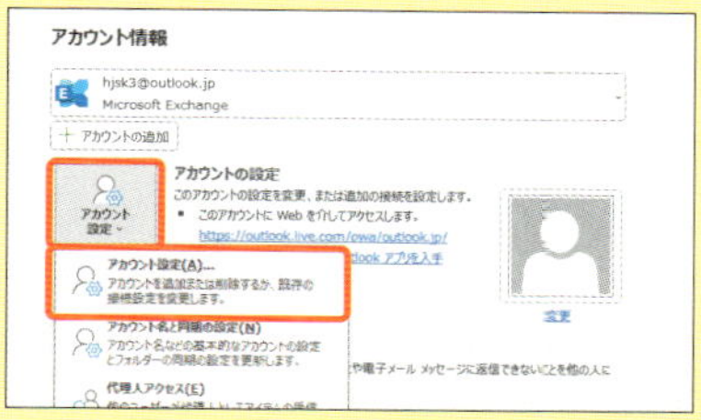

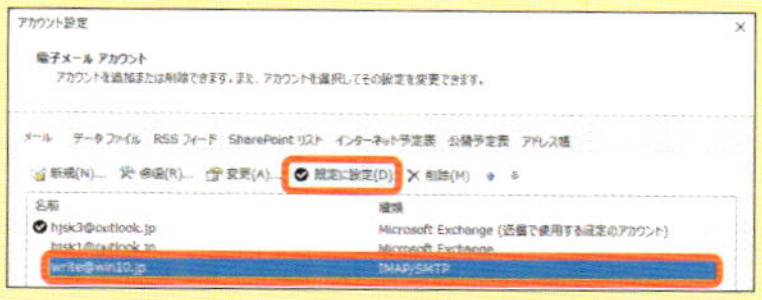

注意 Microsoft系アカウントを前提とした管理

Outlook 2024では「メール」以外にも「連絡先」「予定表」などを管理することができますが、全般的な機能はMicrosoft Exchangeアカウント／Microsoft 365のアカウント／Outlook.comアカウントなどのMicrosoft系アカウントを利用することが前提の設計になっています。

Outlook 2024ではIMAPアカウントなどのメールを扱うこともできますが、Microsoft系アカウント以外では「連絡先」「予定表」などをアカウントと同期して管理することができず、「PC内に保存される（クラウドで管理できない）」という制限があるほか、すべての機能が利用できません。

一方でMicrosoft系アカウントを利用すれば、「連絡先」「予定表」などをクラウドで管理できるほか、Outlook 2024の基本機能のすべてを活用することができます。

1 フォルダーウィンドウで任意のアカウントをドラッグします。

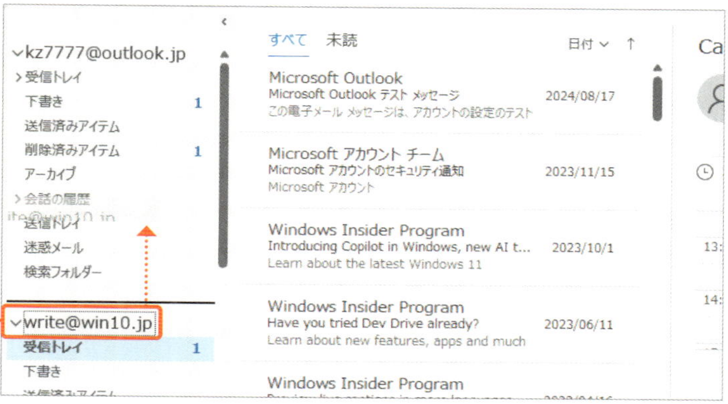

2 移動したい任意の場所でドロップします。

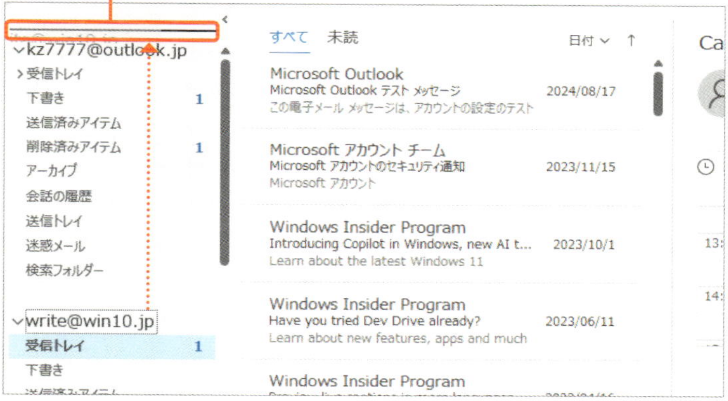

3 フォルダーウィンドウ内で、アカウントの表示順序を変更できます。

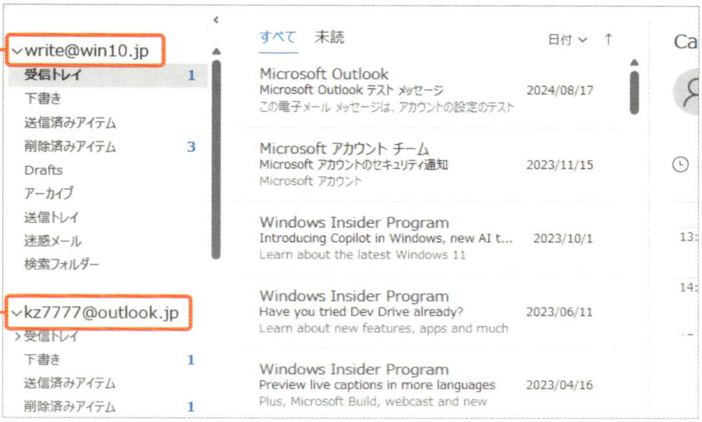

Section
54 プロバイダーメールをOutlook 2024で管理する

ここで学ぶのは
- IMAP アカウントの追加
- IMAP アカウントの設定
- POP アカウントとの違い

インターネットサービスプロバイダー（OCN、So-net、BIGLOBE、plala、Yahoo! BB、@nifty、hi-hoなど）から供給されているメールのアカウントやレンタルサーバーで管理するメールなどをOutlook 2024に登録したい場合には、IMAPの設定情報を確認したうえでアカウントを追加します。

1 IMAP アカウントを追加する

Key word　IMAP

IMAPは「Internet Message Access Protocol（インターネット・メッセージ・アクセス・プロトコル）」の略で、メール情報をサーバーが管理します。メールのフォルダーなどもメールサーバーで管理されるため、Outlook 2024でIMAPアカウントを管理する場合は、プロバイダーが標準設定しているフォルダー管理とOutlook 2024のフォルダー管理で違いが出ることがあります。

Hint　POP アカウントの利用

POPアカウントの設定もIMAPアカウント同様に、プロバイダー（インターネットサービスプロバイダー／レンタルサーバーなど）の設定情報に従って入力すればOutlook 2024で管理可能です。なお、POPアカウントはメール全般の情報を該当PC内にしか保存できない点に注意が必要です。

あらかじめ該当メールアカウントを供給しているインターネットサービスプロバイダー／レンタルサーバーなどで、IMAPの設定を確認しておきます。

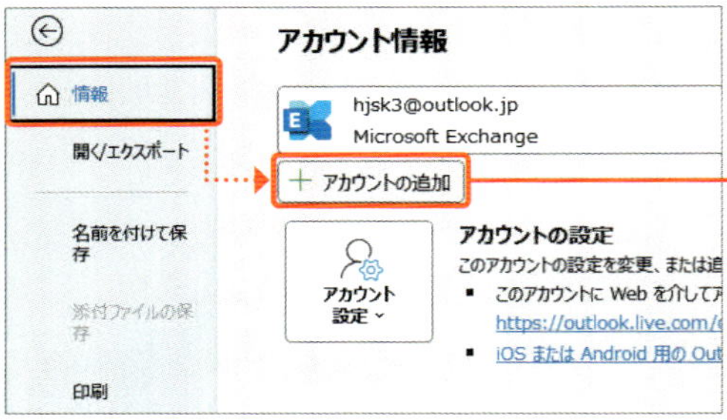

1 ［ファイル］タブをクリックし、Backstageビューの［情報］から、［アカウントの追加］をクリックします。

初回起動の場合、この工程は必要ありません。

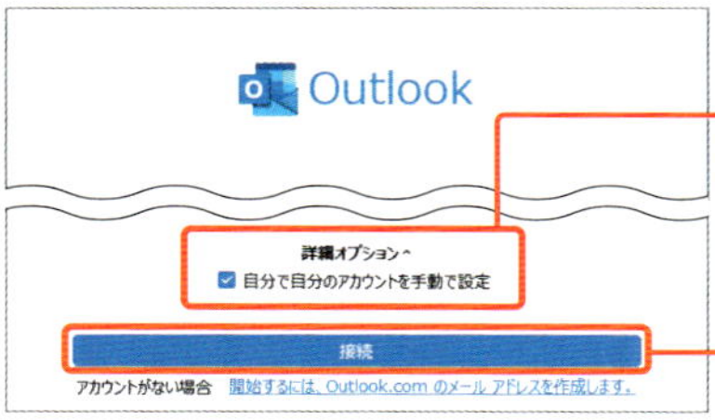

2 ［詳細オプション］をクリックして、［自分で自分のアカウントを手動で設定］をチェックします。

3 メールアドレスを入力して、［接続］をクリックします。

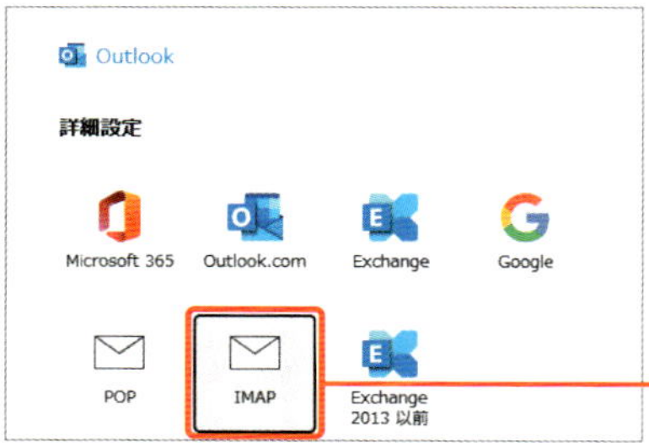

4 ［IMAP］をクリックします。

Hint

問題が発生した場合には

「問題が発生しました」が表示された場合には、［アカウント設定の変更］をクリックして、IMAP アカウントの設定を行います。

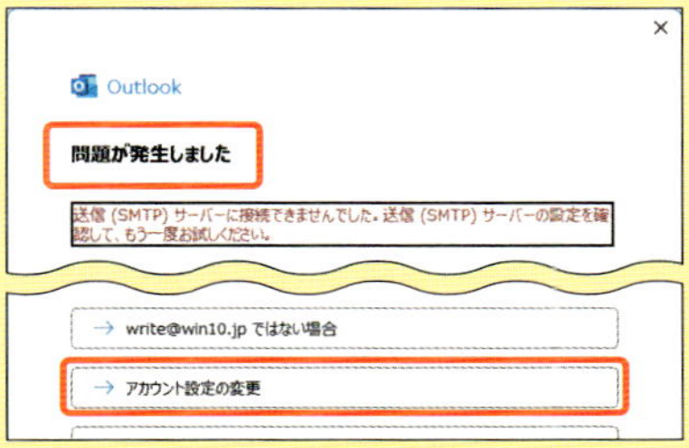

ショートカットキー

- Backstageビューの表示
  Alt → F

Memo

反映されない場合は再起動する

アカウントを追加したものの、しばらく待ってもメールアカウントが画面上に反映されない場合は、一度Outlook 2024を終了してから、Outlook 2024を再度起動して確認します。

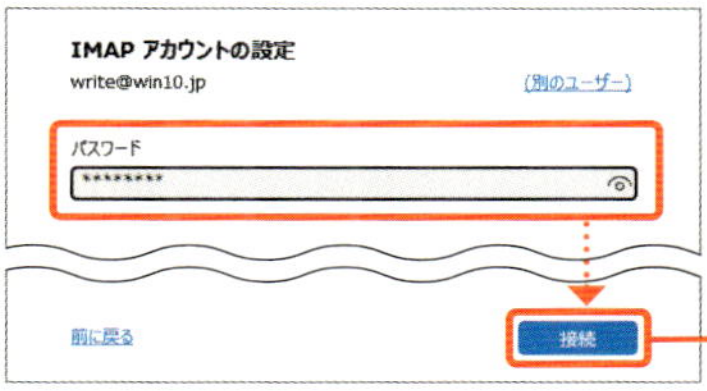

5 パスワードを入力して、［接続］をクリックします。

ウィザードの内容や順序はメールアカウントによって異なる場合があります。

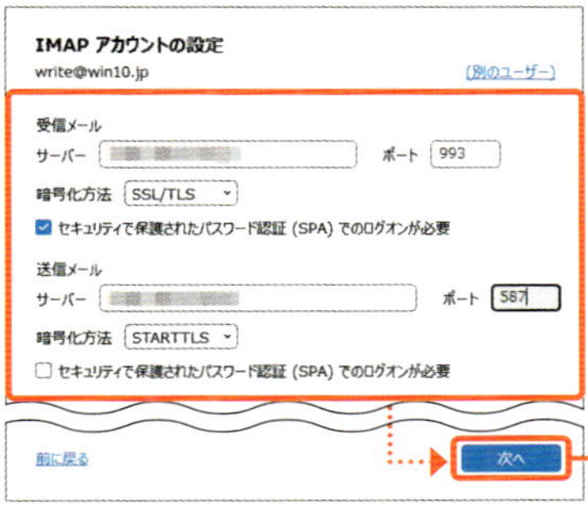

6 受信メールサーバーや送信メールサーバーの情報を、プロバイダーのIMAP設定情報に従って入力します。

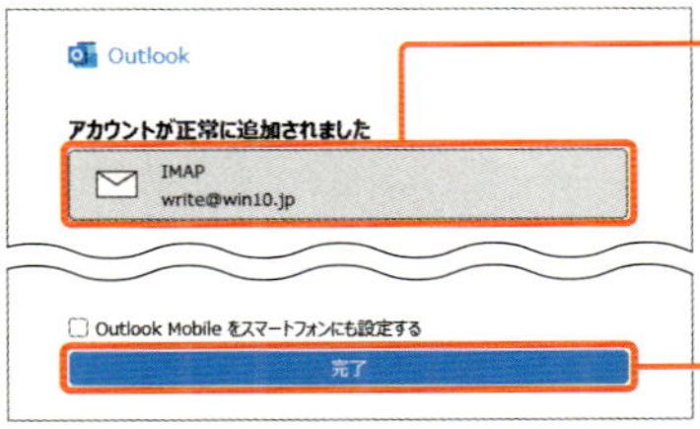

7 アカウントが正常に追加されます。

8 ［完了］をクリックします。メールアカウントの反映には、しばらく時間がかかることがあります。

2 IMAP アカウントを設定する

Memo

IMAP アカウントの正常性を確認する

IMAP アカウントが正しく動作するかどうかについては、まず受信トレイに「Microsoft Outlook テストメッセージ」が届いていることを確認します。

Memo

アカウントの種類を確認する

Backstageビューの［情報］から、［アカウント情報］をクリックすると、Microsoft系アカウントではアイコンに「Exchangeマーク」があり、「自動応答」や「メールボックスの設定」などがありますが、その他のアカウントではそうした機能がありません。

Backstageビューの［情報］から、［アカウント情報］をクリックして設定対象のIMAPアカウントを選択しておきます。

1 ［アカウント設定］をクリックして、ドロップダウンから［アカウント設定］をクリックします。

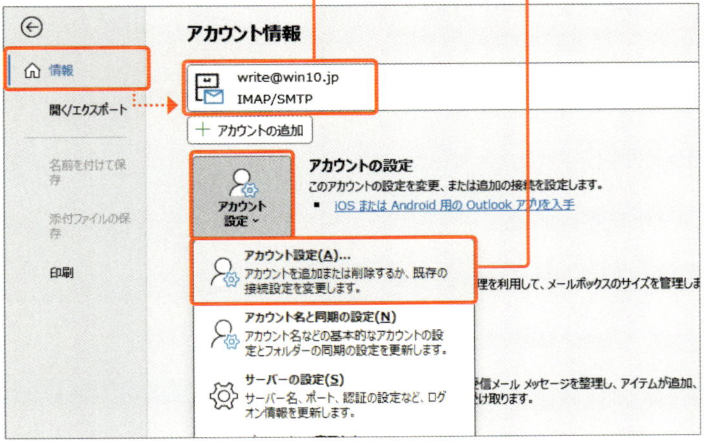

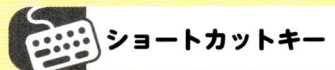

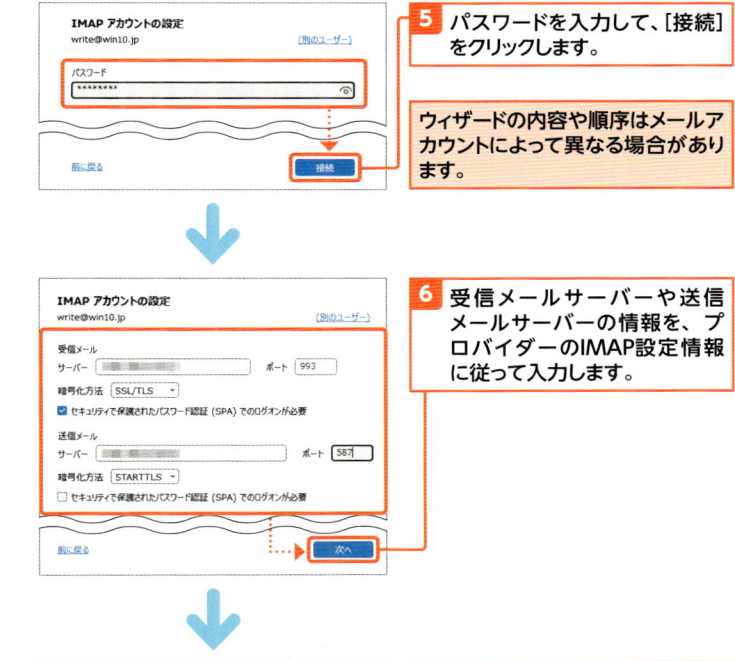

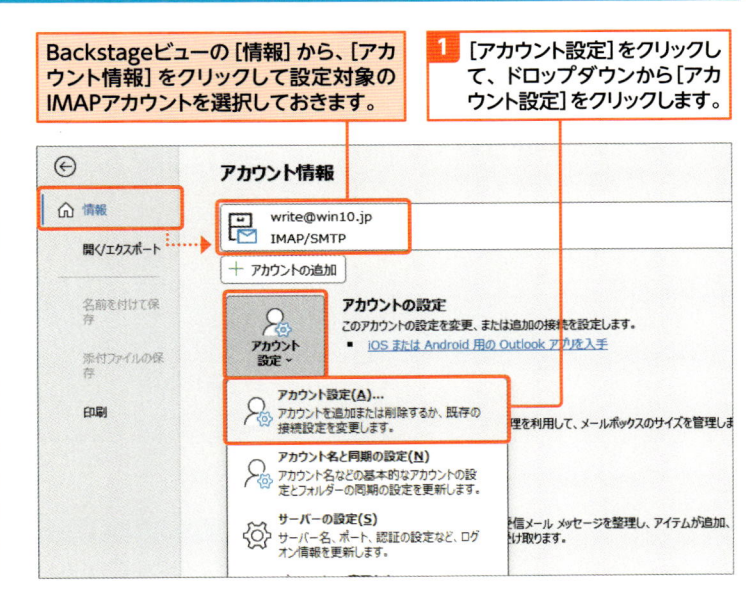

Memo 「送信メールのサーバー」の正常性を確認する

IMAPアカウントにおける「送信メールのサーバー設定」が正しく動作するかどうかを確認したい場合は、[ホーム]タブ→[新しいメール]をクリックして、宛先に「自分のメールアドレス」を入力して、件名や本文にテストであることを記述して、[送信]をクリックします。送受信して該当メールが届けば、送信メールサーバーの正常性を確認できます。

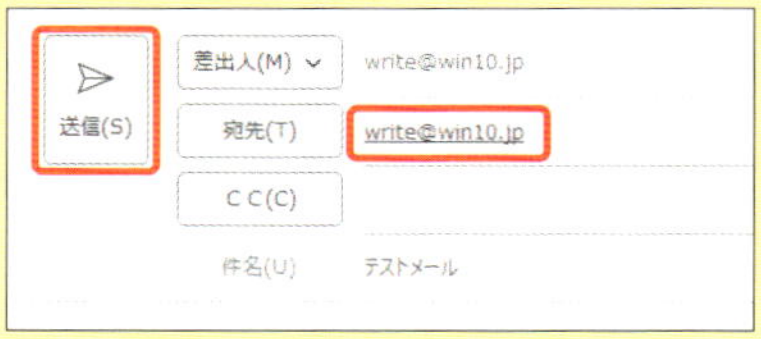

Hint Outlook.com アカウントを活用する

IMAPアカウントでは、Microsoft系アカウント(Microsoft Exchangeアカウント/Microsoft 365のアカウント/Outlook.comアカウントなど)とは異なり、「連絡先」「予定表」をアカウントに同期して管理できないほか(PCに保存されます)、Outlook 2024の操作や設定にも制限があります。クラウドと同期して柔軟に管理したうえで、ほぼすべての機能を利用したい場合には、無料のOutlook.comで取得したアカウントと併用するとよいでしょう(p.194参照)。Outlook.com(https://www.outlook.com/)では、「~@outlook.jp」「~@outlook.com」「~@hotmail.com」などのOutlook.comアカウントを無料で取得することができます。

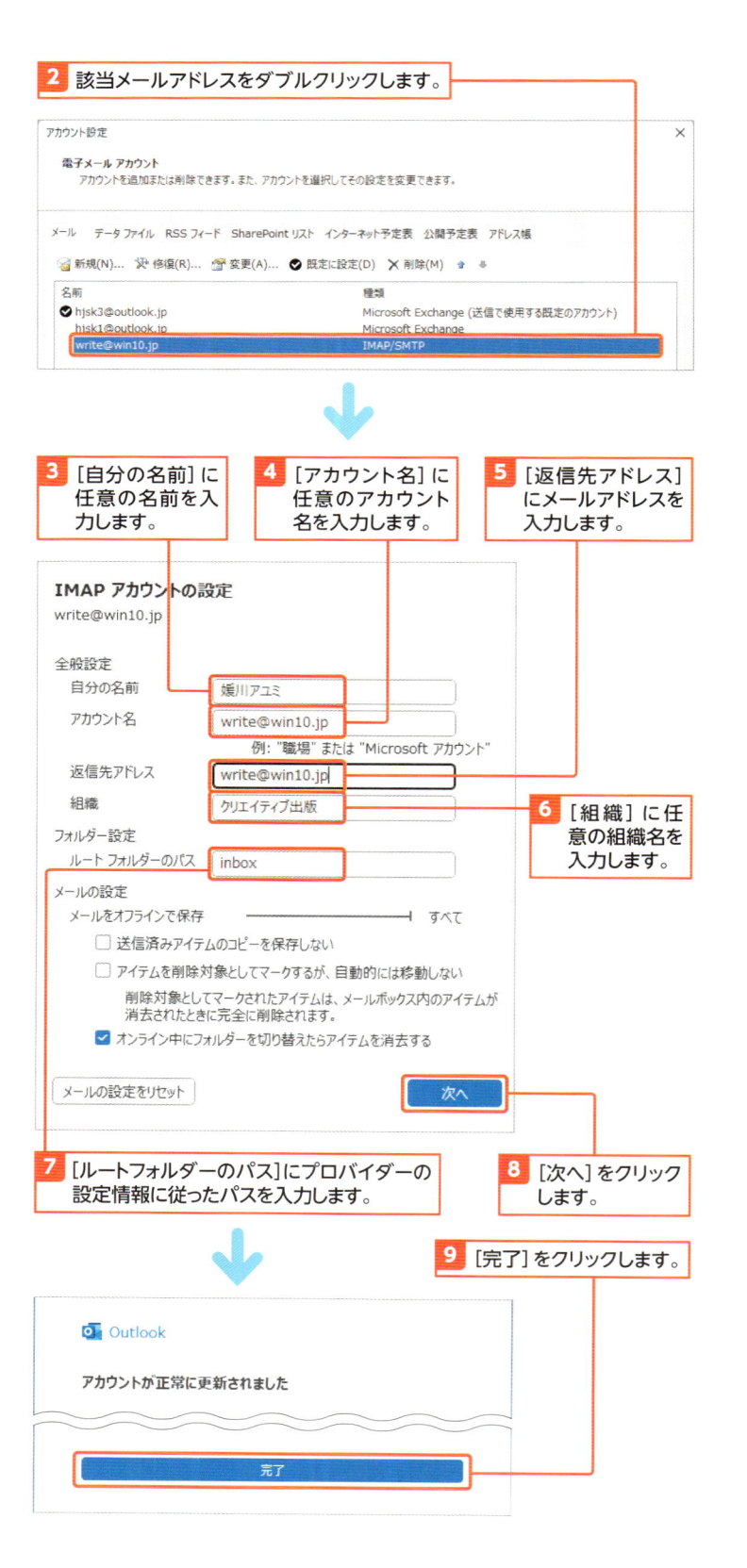

2 該当メールアドレスをダブルクリックします。

3 [自分の名前]に任意の名前を入力します。

4 [アカウント名]に任意のアカウント名を入力します。

5 [返信先アドレス]にメールアドレスを入力します。

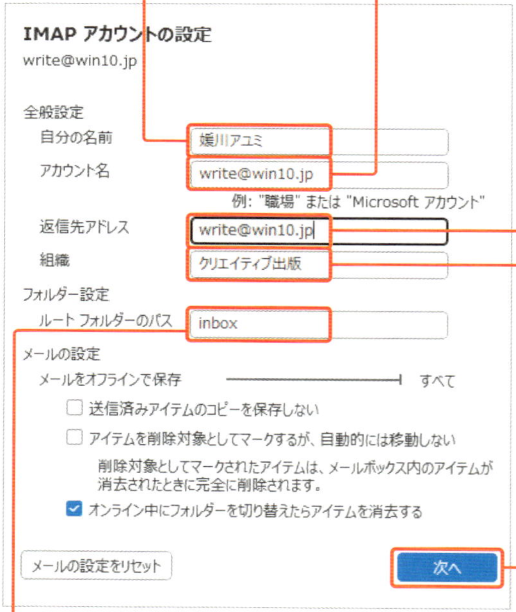

6 [組織]に任意の組織名を入力します。

7 [ルートフォルダーのパス]にプロバイダーの設定情報に従ったパスを入力します。

8 [次へ]をクリックします。

9 [完了]をクリックします。

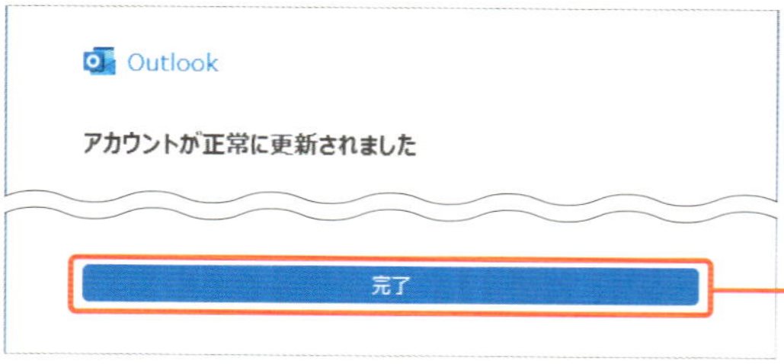

Hint　IMAPとPOPの違いを知る

一般的なプロバイダーメールは「IMAP（Internet Message Access Protocol）」と「POP（Post Office Protocol）」の両方に対応しますが、メール管理としては「IMAP」が優れるため、プロバイダーメールをOutlook 2024で利用する場合は、「IMAP」で設定を進めるのが基本になります。

「IMAP」は、受信したメールや送信したメールを「メールサーバー」で保持します。よって、複数のデバイス（PCやスマートフォンなど）でメールを送受信しても、問題なくメールを管理することができます。

一方、「POP」は、サーバーでメールを保持しません。受信したメールはPCにコピーされる仕様であり（一定日数サーバーに保持することができますが、いずれサーバーから削除されます）、また送信メールは送信したPC内でしか管理できない仕様です。

IMAPアカウント

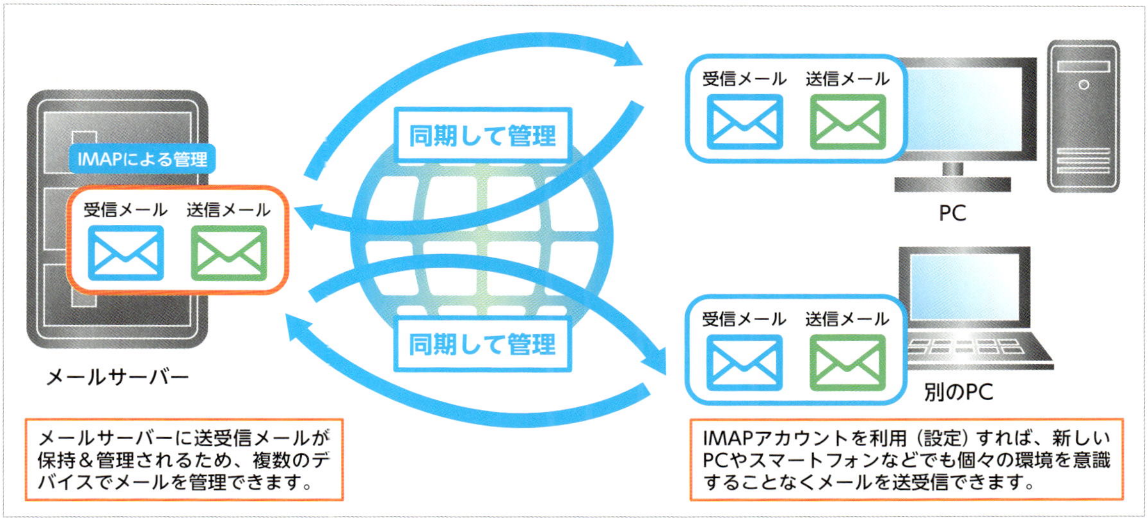
IMAPによる管理
受信メール
送信メール
メールサーバー
同期して管理
同期して管理
受信メール
送信メール
PC
受信メール
送信メール
別のPC
メールサーバーに送受信メールが保持＆管理されるため、複数のデバイスでメールを管理できます。
IMAPアカウントを利用（設定）すれば、新しいPCやスマートフォンなどでも個々の環境を意識することなくメールを送受信できます。

POPアカウント

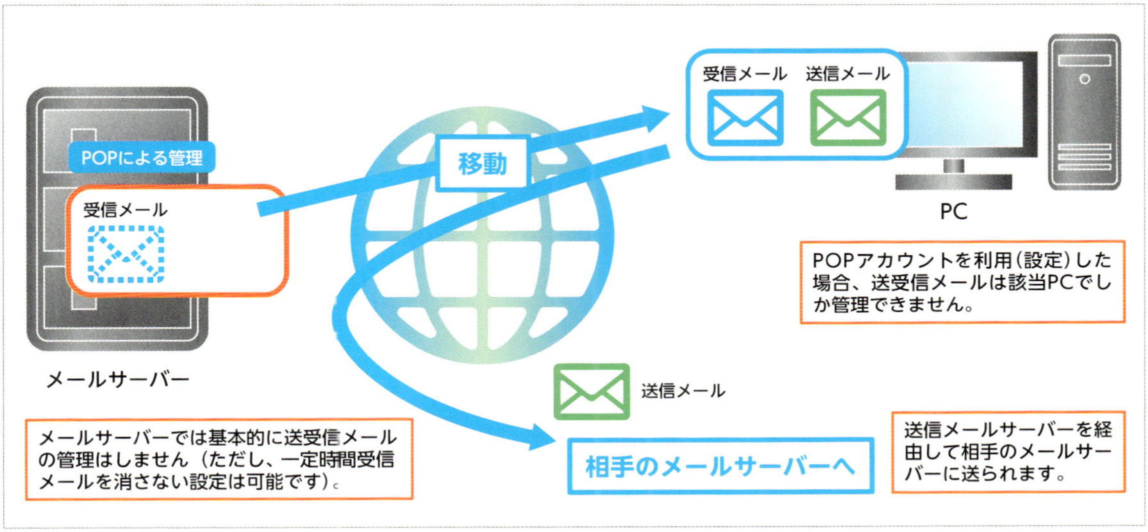
POPによる管理
受信メール
メールサーバー
移動
受信メール
送信メール
PC
POPアカウントを利用（設定）した場合、送受信メールは該当PCでしか管理できません。
送信メール
相手のメールサーバーへ
メールサーバーでは基本的に送受信メールの管理はしません（ただし、一定時間受信メールを消さない設定は可能です）。
送信メールサーバーを経由して相手のメールサーバーに送られます。

Section
55 GmailをOutlook 2024で管理する

ここで学ぶのは
- Google アカウントの追加
- Google アカウントの設定
- Gmail

Outlook 2024はGmail（Googleアカウント）を管理することも可能です。ここでは、GmailをOutlook 2024で管理する方法を紹介します。なお、Outlook 2024におけるGmailの管理には操作や機能に制限があります。

1 Google アカウントを追加する

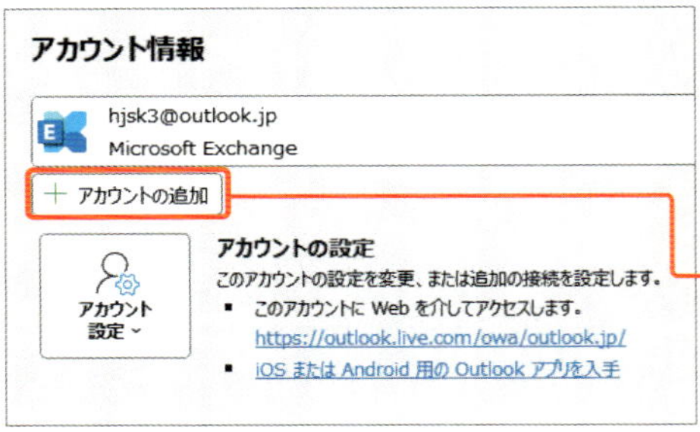

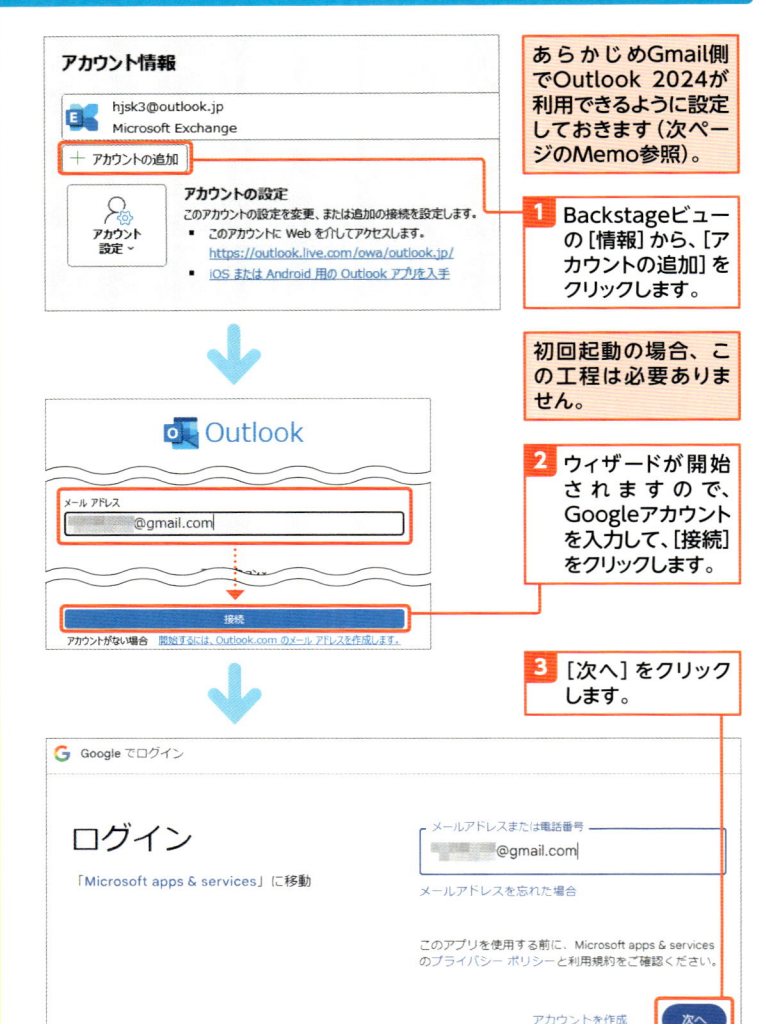

あらかじめGmail側でOutlook 2024が利用できるように設定しておきます（次ページのMemo参照）。

1 Backstageビューの［情報］から、［アカウントの追加］をクリックします。

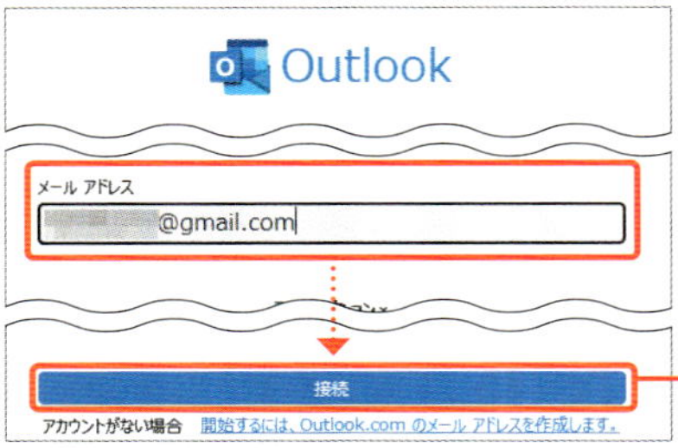

初回起動の場合、この工程は必要ありません。

2 ウィザードが開始されますので、Googleアカウントを入力して、［接続］をクリックします。

3 ［次へ］をクリックします。

Memo Google アカウントが必要

GmailをOutlook 2024で管理したい場合には、あらかじめGoogleアカウントを取得しておく必要があります。さらに、Googleアカウント側でセキュリティ設定の変更が必要になる場合もあります。

Hint Backstage ビューの表示

Backstageビューは、Outlook 2024の操作画面から［ファイル］タブをクリックすることで表示できます。

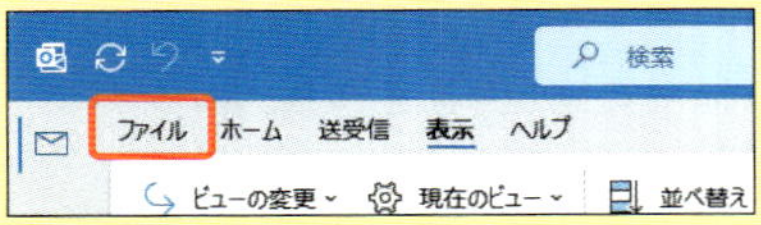

ショートカットキー

- Backstageビューの表示
  Alt → F

Key word Gmail

Google社が提供している無料のメールサービスです。PC、スマートフォン、タブレットなど、デバイスやOSを問わず使用することができます。

Keyword 2 段階認証

2 段階認証とは、パスワード以外にも、認証を求めるセキュリティ機能のひとつです。Gmailの2段階認証プロセスは複数用意されており、例えばSMS認証であれば、あらかじめ登録しておいた電話番号にSMSで確認コードが届くので、そのコードを入力します。

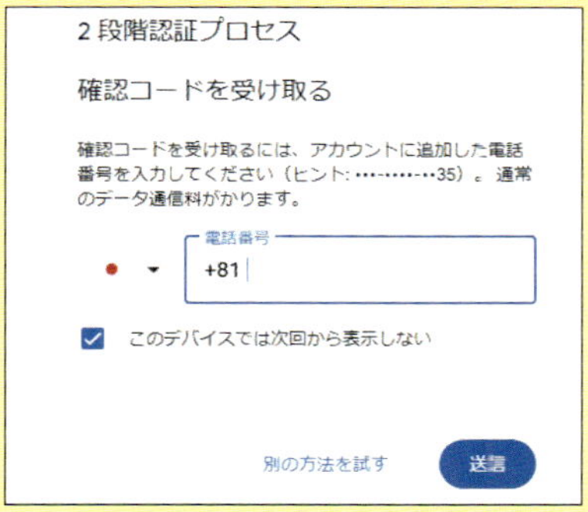

4 パスワードを入力して、[次へ] をクリックします。

5 2段階認証を設定している場合には、そのプロセスに従います。

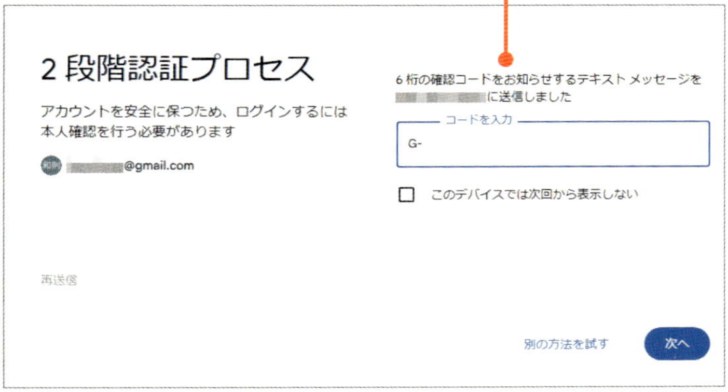

Memo Gmail の設定

Outlook 2024でGmailを管理する場合、Outlook 2024での設定以外にもGmailの設定が必要になる場合があります。
Gmailの設定はWebブラウザーでGmai を表示したのち（https://mail.google.com/）、[設定] ⚙をクリックして任意に変更します。一般的にWebブラウザー以外のアプリ（Outlook 2024など）でGmailにアクセスするには [IMAPを有効にする] を選択します。
また、2段階認証などのセキュリティ関連はGoogleアカウントの設定（https://myaccount.google.com/）が必要になります。
なお、Googleアカウント全般の設定やセキュリティポリシーは常に更新されるため（機能の進化や変更により、今までの方法ではアプリからアクセスできなくなることもあります）、最新の情報を確認しながら設定を進めるようにします。

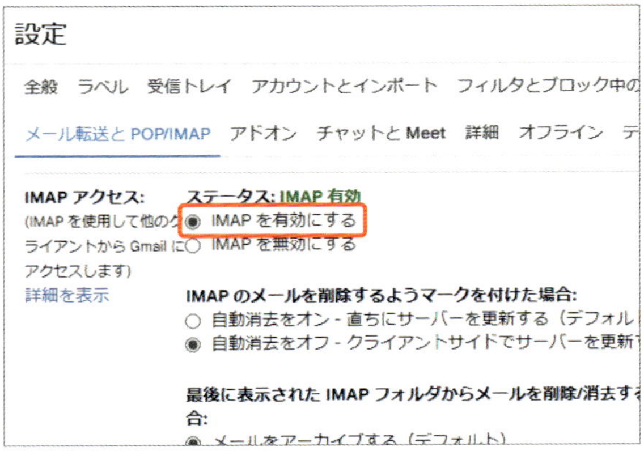

6 リクエスト内容を確認します。

7 ［続行］をクリックします。

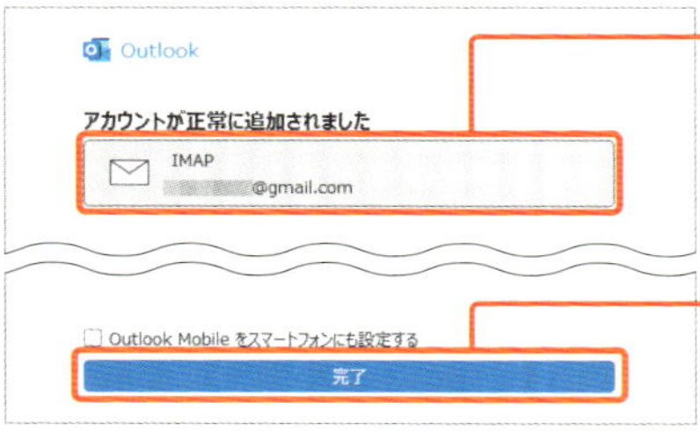

8 アカウントが正常に追加されます。

9 ［完了］をクリックします。

10 Outlook 2024でGmailを管理できるようになります。

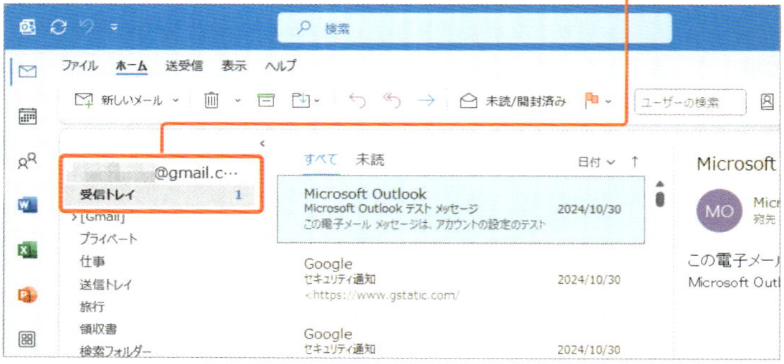

Memo 反映されない場合は再起動する

アカウントを追加したものの、しばらく待ってもメールアカウントが画面上に反映されない場合は、一度 Outlook 2024を終了してから、Outlook 2024を再度起動して確認します。

2 Google アカウントを設定する

Hint Gmail の正常性を確認する

Gmailが正しく動作するかどうかについては、まず受信トレイに「Microsoft Outlook テストメッセージ」が届いていることを確認します。

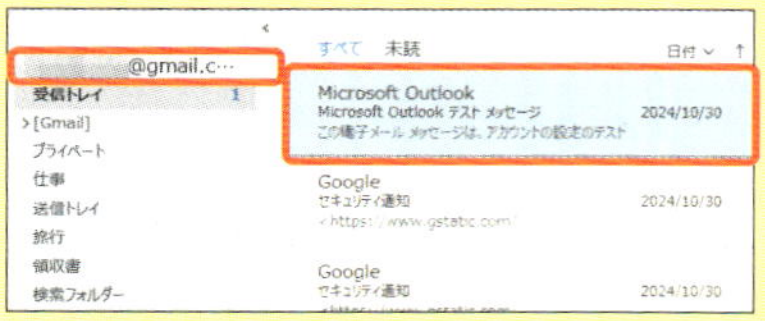

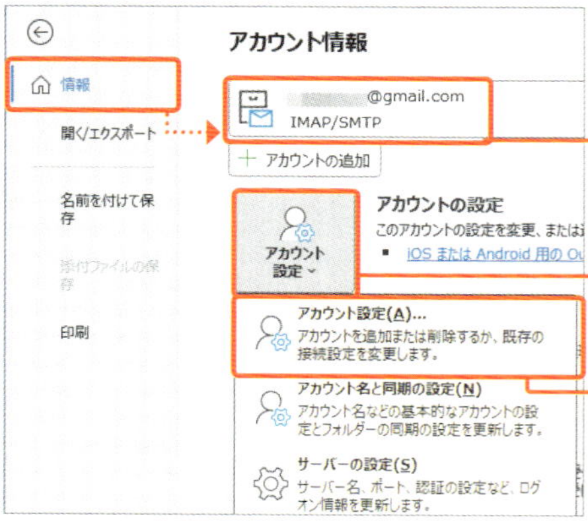

1 Backstageビューの［情報］から、［アカウント情報］をクリックして設定対象のGoogleアカウントを選択します。

2 ［アカウント設定］をクリックして、

3 ドロップダウンから［アカウント設定］をクリックします。

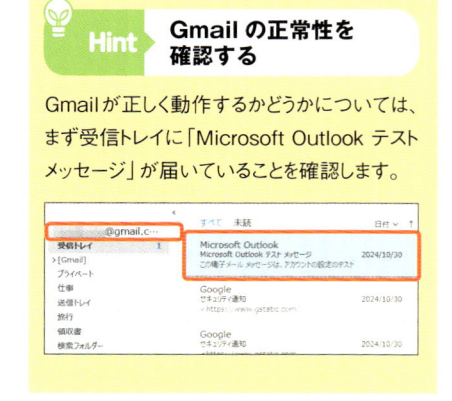

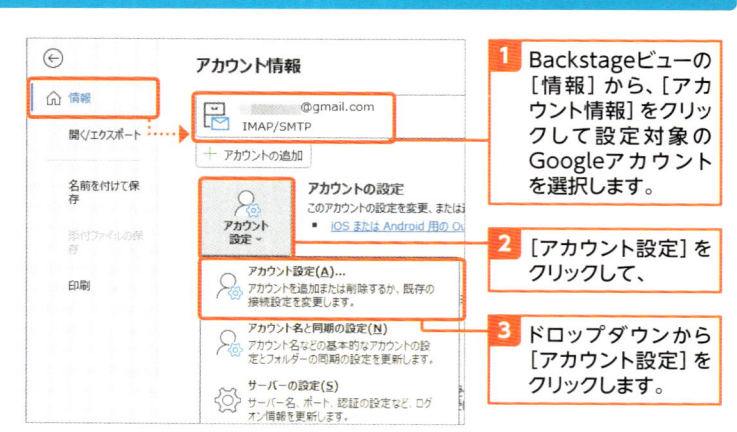

注意 **Gmail(Googleアカウント)の制限**

Gmail(Googleアカウント)では、Microsoft系アカウント(Microsoft Exchangeアカウント/Microsoft 365のアカウント/Outlook.comアカウントなど)と比較して、「連絡先」「予定表」をOutlook 2024と完全に同期して管理できないという制限があります。

なお、Googleアカウントの機能としては「カレンダー」や「連絡先」をクラウドで管理することができますが、これらの情報はWebブラウザーや対応アプリで確認・操作する必要があります。

Hint **アカウントの種類を確認する**

現在使用しているアカウントの種類を確認したい場合は、[ファイル]タブをクリックして、Backstageビューの[情報]から、[アカウント情報]をクリックして、ドロップダウンからIMAPアカウントをクリックします。

Microsoft系アカウントではアイコンに「Exchangeマーク」があり、「自動応答」や「メールボックスの設定」などがありますがGoogleアカウントではそうした機能がありません。

● Google

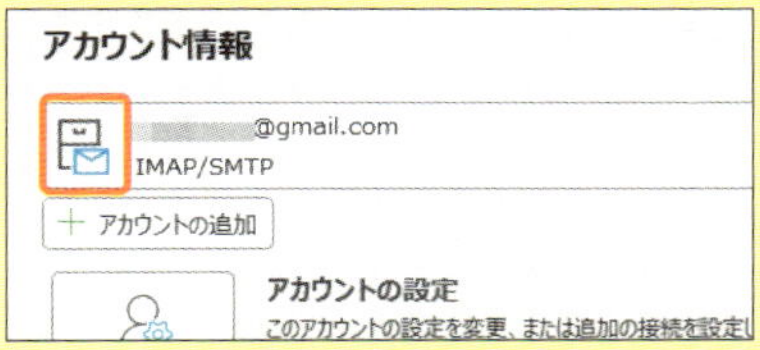

● Microsoft系アカウント

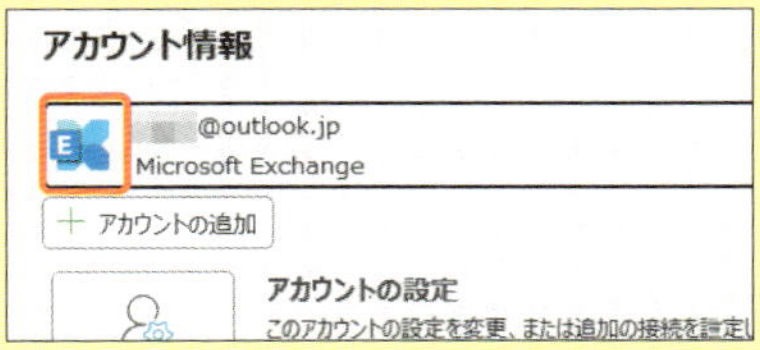

4 該当メールアドレスをダブルクリックします。

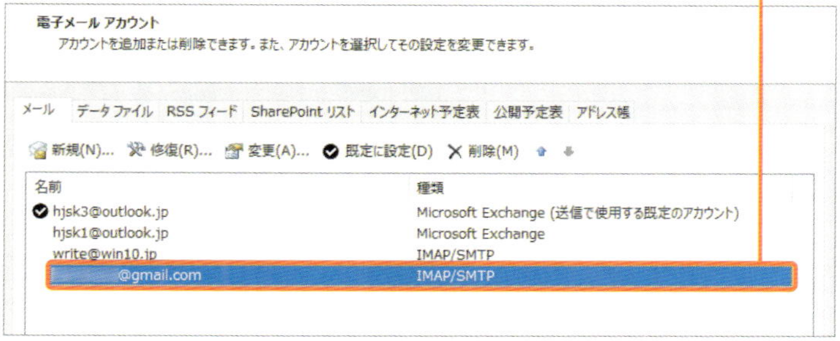

5 [自分の名前]に任意の名前を入力します。

6 [アカウント名]に任意のアカウント名を入力します。

7 [返信先アドレス]にメールアドレスを入力します。

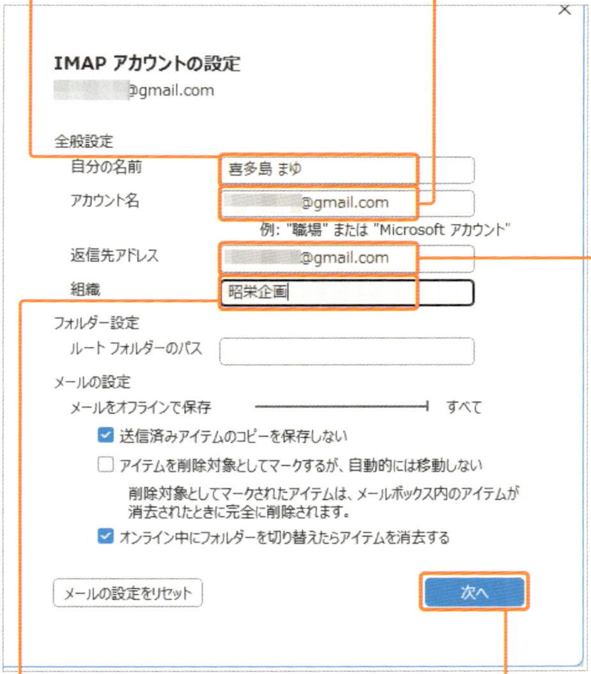

8 [組織]に任意の組織名を入力します。

9 [次へ]をクリックします。

10 [完了]をクリックします。

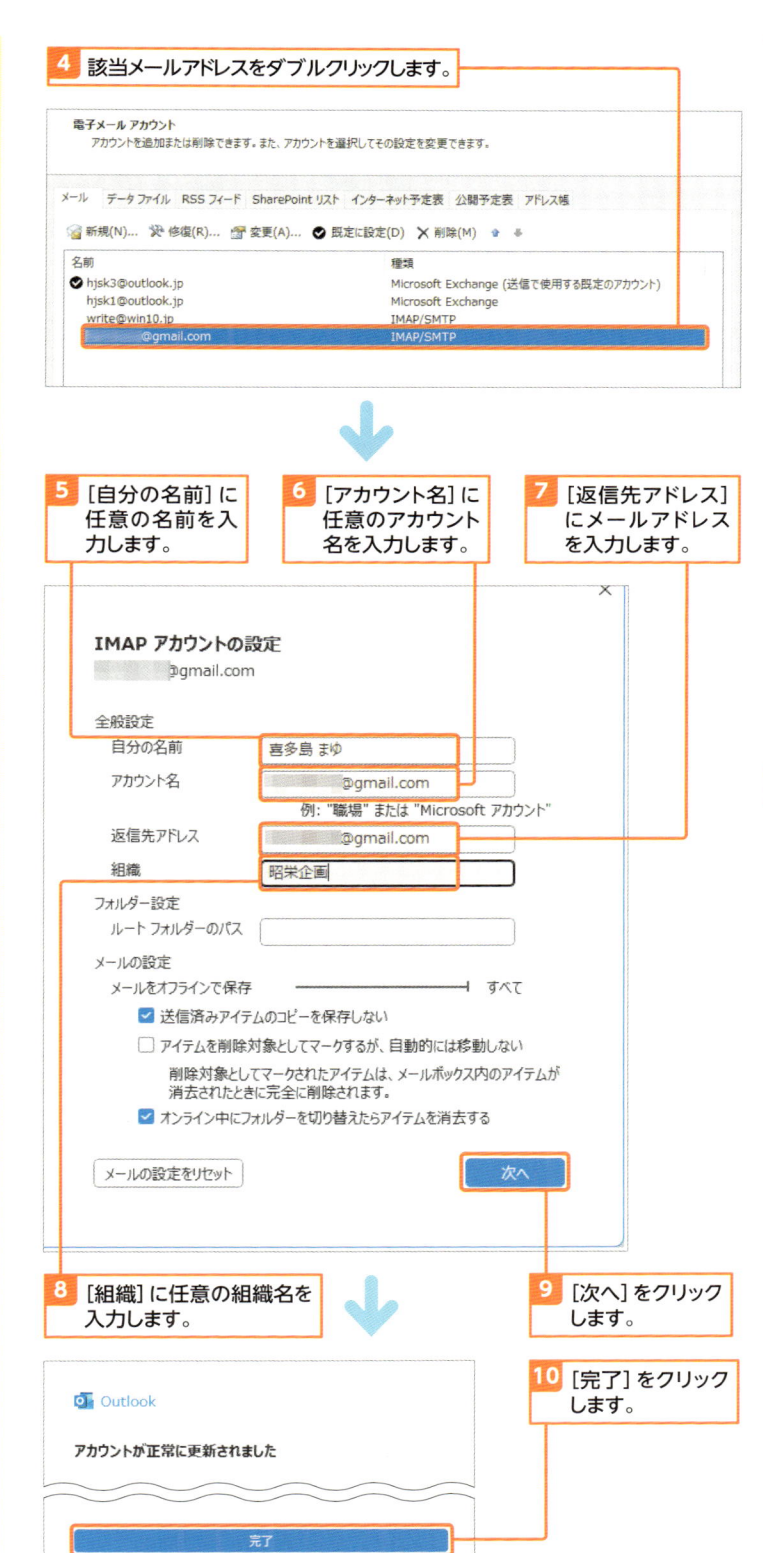

Section 56

Outlook.comで無料アカウントを作成して活用する

ここで学ぶのは

- Outlook.com とは
- Outlook.com アカウント
- アカウントの設定

Outlook.comでは、Outlook 2024のほぼすべての機能を利用できる「～@outlook.jp」「～@outlook.com」「～@hotmail.com」などのアカウントを無料取得することができます。取得したアカウントは、Outlook 2024のほぼすべての機能を利用できることもポイントです。

1 無料でOutlook.comアカウントを取得する

Memo ドメインを選択できる

Outlook.comではメールアドレスとして「～@outlook.jp」「～@outlook.com」「～@hotmail.com」を無料で取得することができます。なお、@マークの前の文字列は既にほかのユーザーが利用しているものは取得できません。また、Outlook.comで取得できるメールアドレスのドメインは時期によって変更されますが（以前には「～@live.jp」など別の文字列も存在していたことがあります）、選択するドメインが異なっていても、機能に違いはありません。

Memo Windows内のアカウント作成も同じ

Windowsの［設定］→［アカウント］→［メールとアカウント］から任意にメールアカウントを作成することができますが、ここで作成できるメールアカウントもOutlook.comで取得できるアカウントと同様のもので、機能に違いはありません。

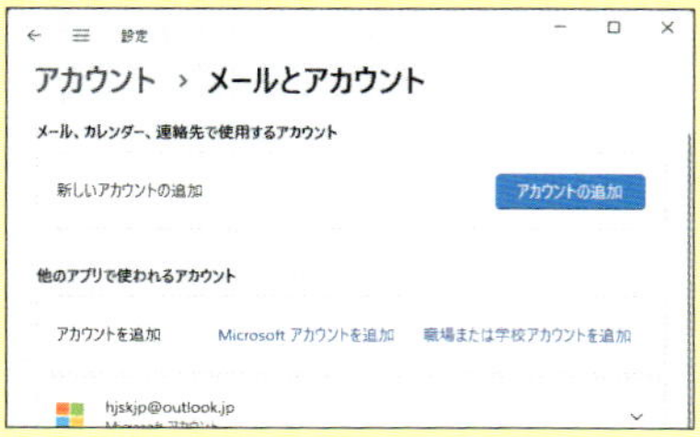

1 Webブラウザーで「https://microsoft.com/」にアクセスします。

2 ［無料アカウントを作成］をクリックします。

3 任意の文字列（英数半角）を入力して、

4 任意のドメインを選択し、［次へ］をクリックします。

5 メールアドレスがすでに使われている場合は、［次の中から選んでください］をクリックします。

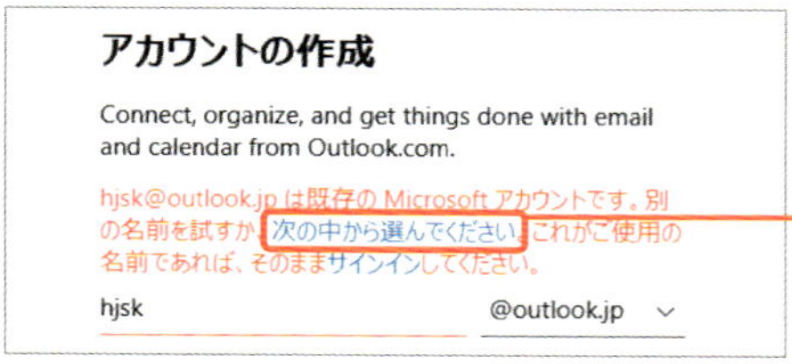

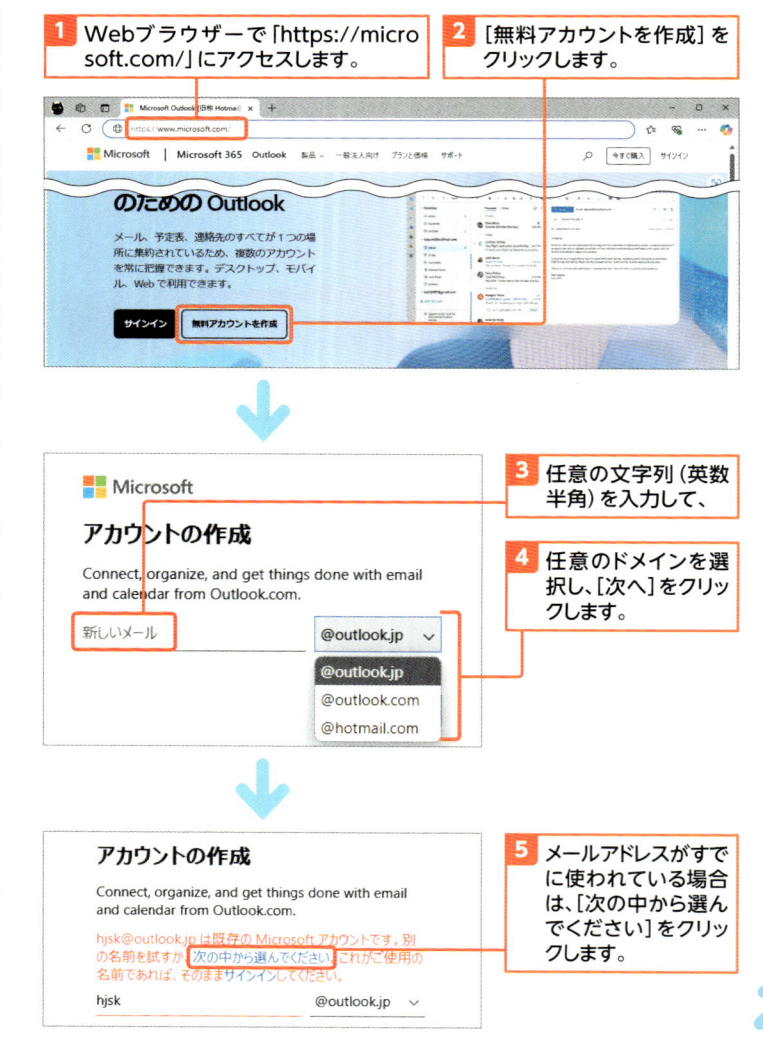

Hint Outlook 2024へのアカウント登録

取得したOutlook.comアカウントをOutlook 2024に登録する方法は、p.182を参照してください。基本的には取得したメールアドレスを入力した後、詳細設定が表示されたら［Outlook.com］を選択して、パスワードを入力するだけです。

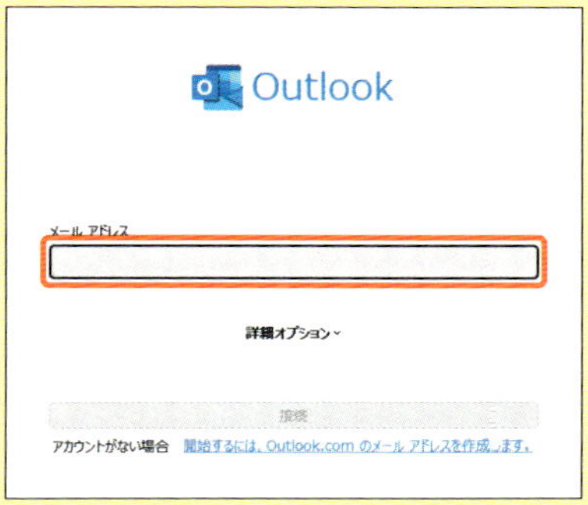

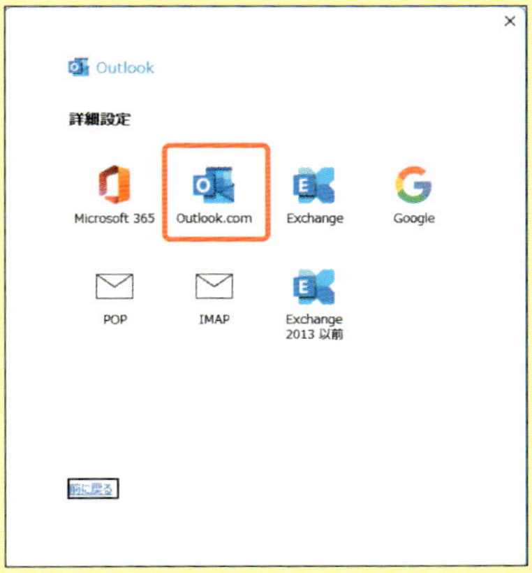

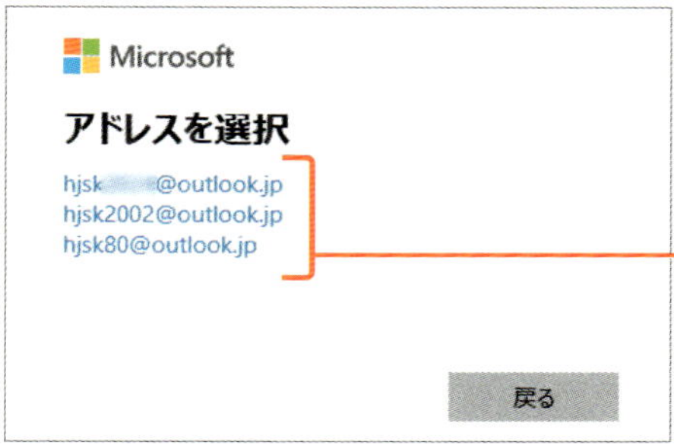

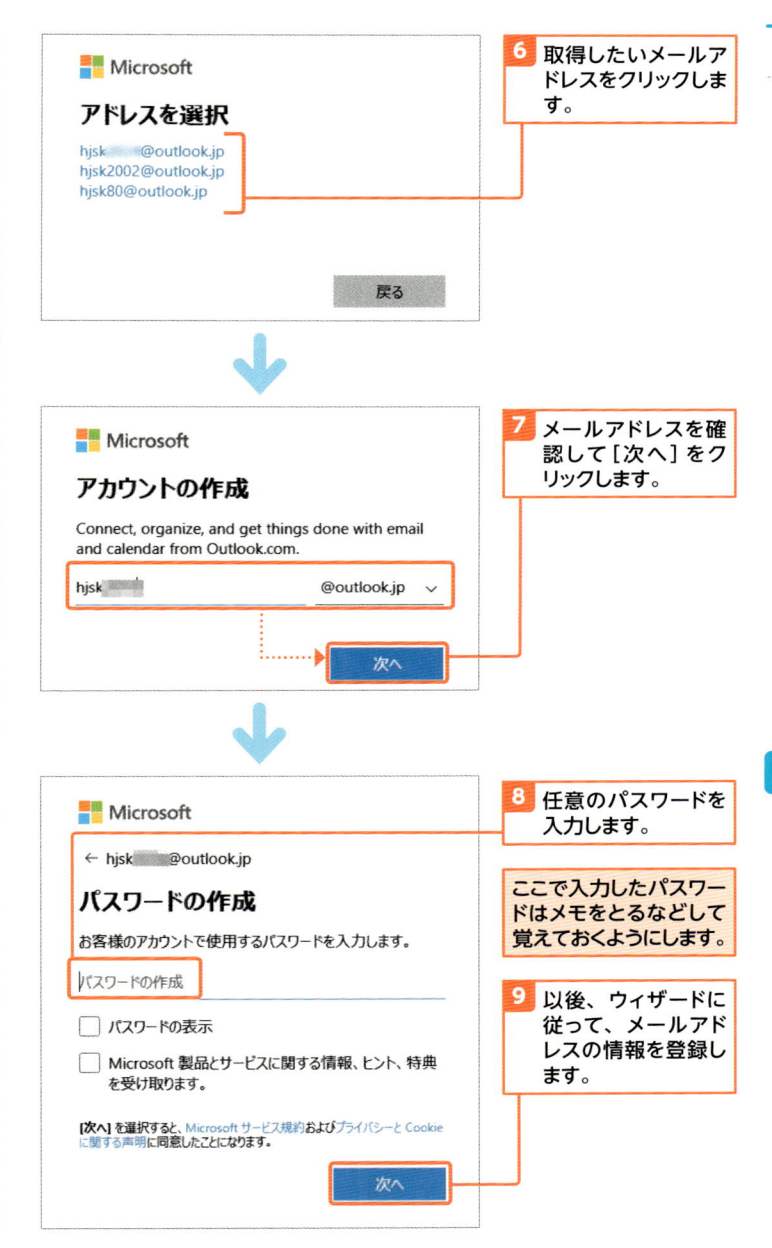

6 取得したいメールアドレスをクリックします。

7 メールアドレスを確認して［次へ］をクリックします。

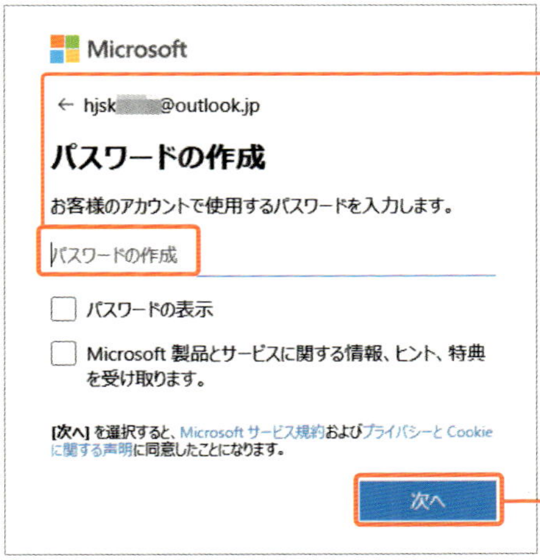

8 任意のパスワードを入力します。

ここで入力したパスワードはメモをとるなどして覚えておくようにします。

9 以後、ウィザードに従って、メールアドレスの情報を登録します。

Hint IMAPアカウント利用でも併用したいOutlook.comアカウント

IMAPアカウントなどの非Microsoft系アカウントではOutlook 2024の基本機能の一部を利用できないほか、「メール」以外の「予定表」「連絡先」などの操作や機能に制限があり、また予定や連絡先などの情報をクラウドと同期してアカウントに保存することができません。
一方、Outlook.comアカウントであれば「連絡先」「予定表」などもクラウドで管理することができ、Outlook 2024の基本機能のすべてを利用できます。
メールにおいてメインはIMAPアカウントを利用している場合でも、「連絡先」「予定表」などをOutlook 2024で管理したい場合には、Outlook.comアカウントを併用して活用するのがおすすめです。

Section
57 メッセージウィンドウでの操作を基本にする

ここで学ぶのは
- メッセージウィンドウ
- 閲覧ウィンドウ
- メールの既読設定

Outlook 2024では基本的な各種操作を「閲覧ウィンドウ」でも完結することができます。しかし、閲覧ウィンドウでメールの「開封」「返信」などの操作をすべて行うとわかりにくいこともあるため、「**メッセージウィンドウでの操作を基本とする設定**」を適用するとOutlook 2024が使いやすくなる場合があります。

1 返信／転送の際にメッセージウィンドウを開くようにする

解説 わかりにくい閲覧ウィンドウでの操作を解決

閲覧ウィンドウは「閲覧」という名前であるにもかかわらず、「返信」「転送」などのメール本文作成も行うことができます。
これを便利な機能と考える人もいれば、同じ画面での操作になるためわかりにくいと考える人もいます。後者である場合は、ここで解説している設定を適用することで、Outlook 2024での操作ミスや下書きメールが増えてしまうなどの問題を軽減できます。

ショートカットキー

- [Outlookのオプション]ダイアログの表示
  Alt→F→T

1 [ファイル] タブをクリックし、Backstageビューから[オプション] をクリックします。

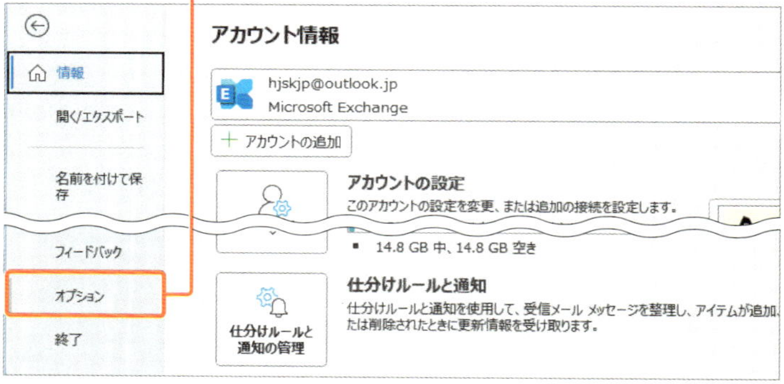

2 [Outlookのオプション] ダイアログが表示されます。

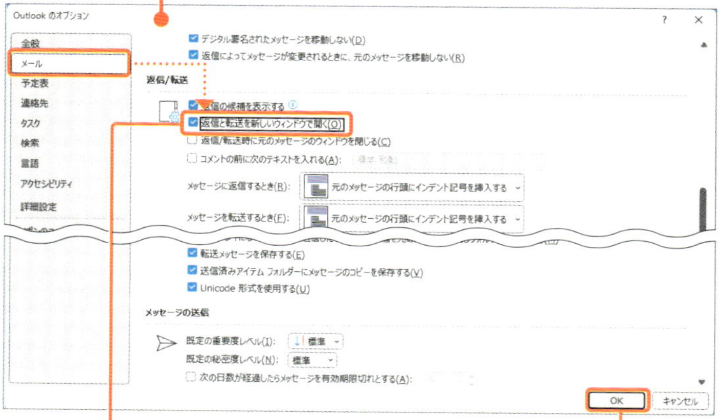

3 [メール] の [返信/転送] 欄内の [返信と転送を新しいウィンドウで開く] をチェックして、

4 [OK] をクリックします。

2 メッセージウィンドウで表示した場合のみ既読にする

解説 メッセージウィンドウで確実に確認

Outlook 2024の標準設定では、閲覧ウィンドウで5秒表示するだけで「開封」になってしまいますが、この設定では「開封済みだが実は読んでいない」というトラブルが起こりがちです。
ここでの設定を適用すれば、メッセージウィンドウで表示しない限り開封にならなくなるため、「既読なのに読んでいない」というミスを防ぐことができます。

ショートカットキー

- メールを「未読」にする
  Ctrl + U
- メールを「既読」にする
  Ctrl + Q

Hint 既読までの表示時間を調整する

閲覧ウィンドウでの表示でも「開封」にはするものの、開封するまでの表示秒数をもう少し増やしたい場合には、[次の時間閲覧ウィンドウで表示するとアイテムを開封済みにする]をチェックして、任意の秒数を入力します。

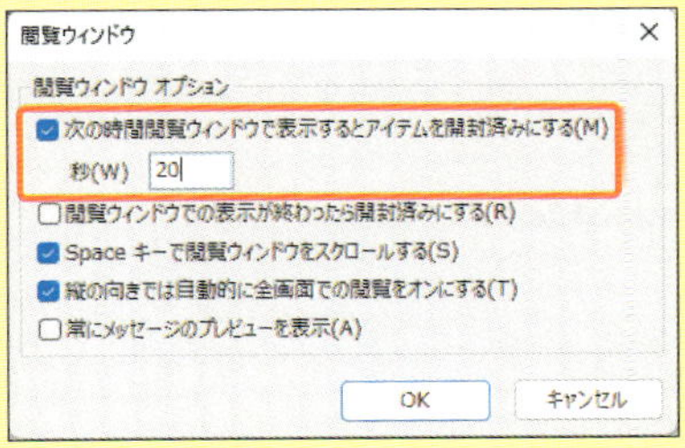

1 [ファイル]タブをクリックしてBackstageビューから[オプション]をクリックし、[Outlookのオプション]ダイアログを表示します。

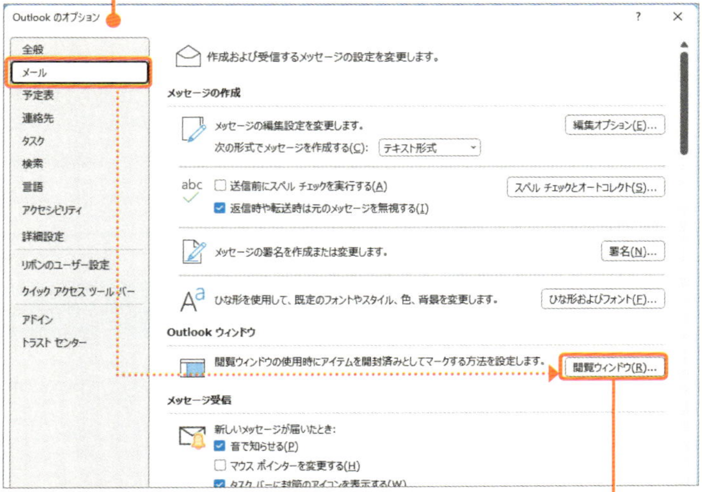

2 [メール]の[Outlookウィンドウ]欄内の[閲覧ウィンドウ]をクリックします。

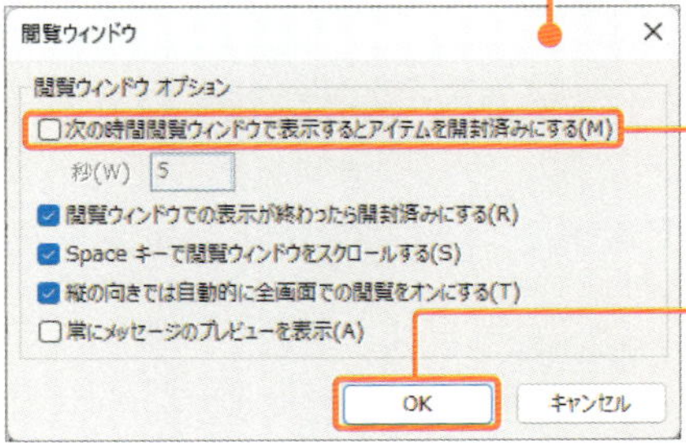

3 [閲覧ウィンドウ]ダイアログが表示されます。

4 [次の時間閲覧ウィンドウで表示するとアイテムを開封済みにする]のチェックを外します。

5 [OK]をクリックします。

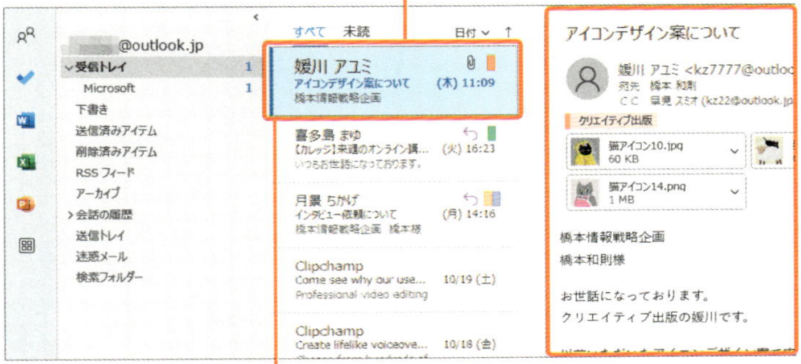

6 設定以後、閲覧ウィンドウでメールを表示しても既読にならなくなります。

既読にするには、ビューの該当メールをダブルクリックして、メッセージウィンドウでメールを表示する必要があります。

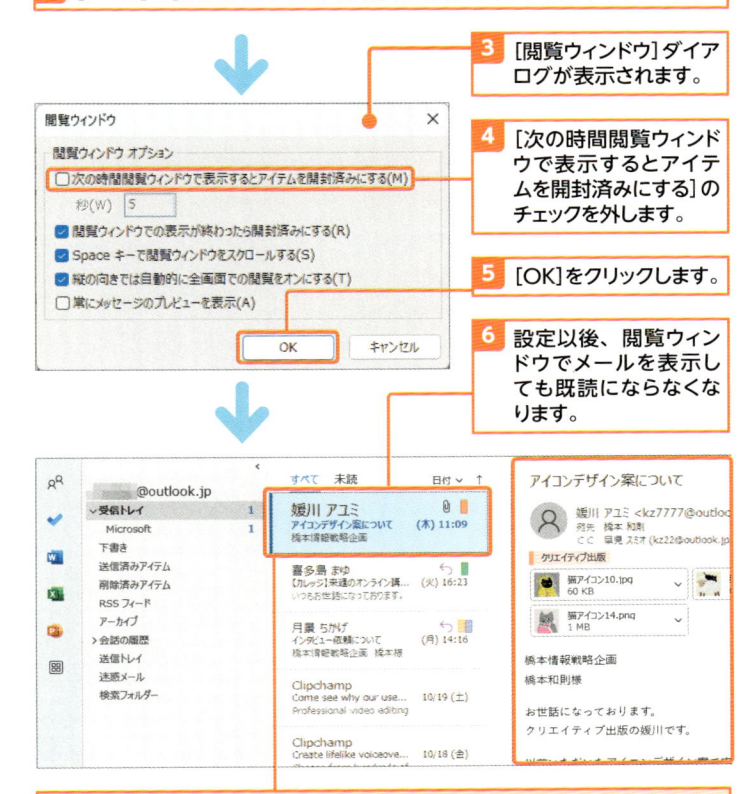

Section
58 文章の自動修正機能を管理する

ここで学ぶのは
- オートコレクト
- オートフォーマット
- 自動変換機能の停止

Outlook 2024の**オートコレクト機能**や**オートフォーマット機能**は、文章を自動的に修正して文字列入力の補助を行いますが、この機能が邪魔になる場合は、各機能を把握したうえで必要のない機能を停止すると、入力環境を整えることができます。

1 オートコレクト／オートフォーマット機能の設定（共通）

解説 オートコレクト／オートフォーマット

入力した文字のスペルなどを自動的に修正する機能を［オートコレクト］、書式を設定する機能を［オートフォーマット］と呼びます。英文の先頭文字を大文字にする、登録商標マークに変換する、URLをハイパーリンクにする、罫線を引くなどといったことができます。

Hint Backstage ビューの表示

Backstageビューは、Outlook 2024の操作画面から［ファイル］タブをクリックすることで表示できます。

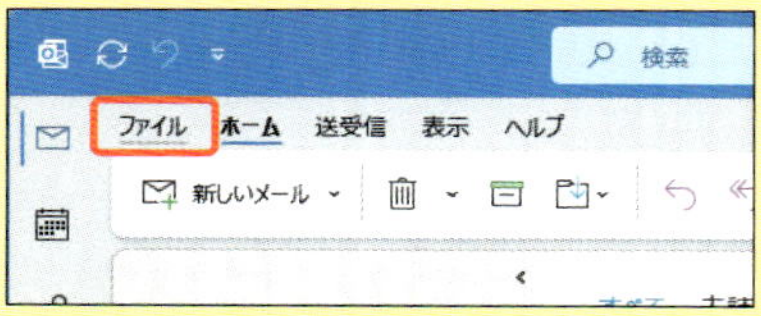

ショートカットキー

- ［Outlookのオプション］ダイアログの表示
  Alt→F→T

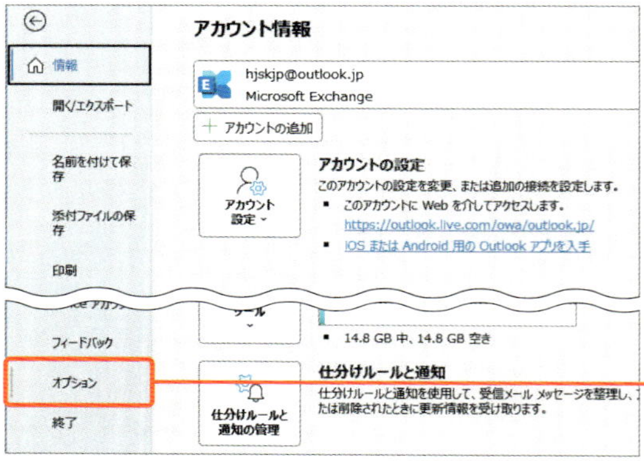

1 Backstageビューから［オプション］をクリックします。

2 ［Outlookのオプション］ダイアログが表示されます。

3 ［メール］の［メッセージの作成］欄内の［スペルチェックとオートコレクト］をクリックします。

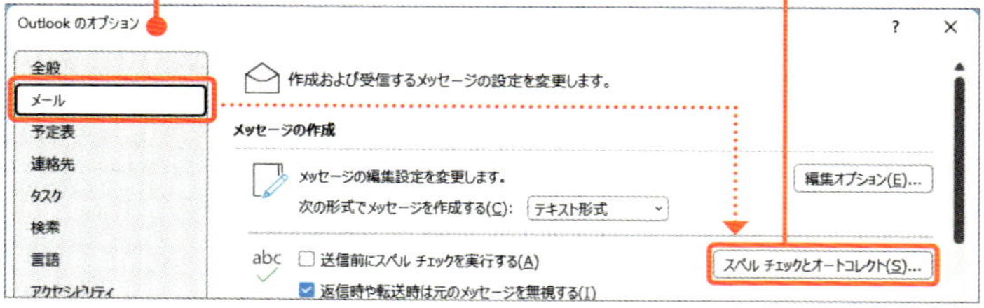

4 ［編集オプション］ダイアログが表示されます。

5 ［オートコレクトのオプション］をクリックします。

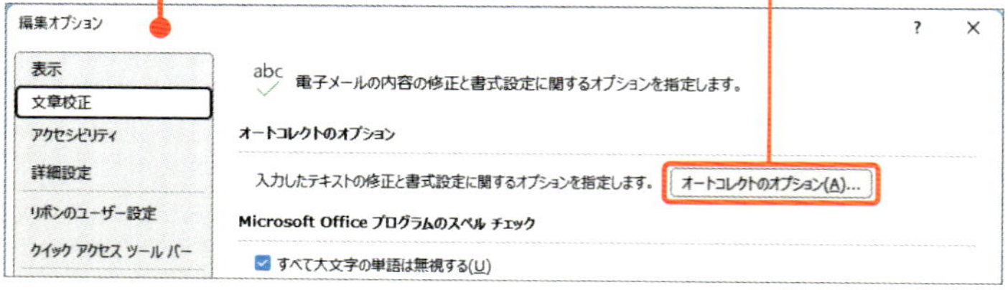

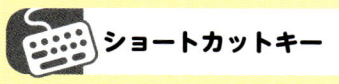

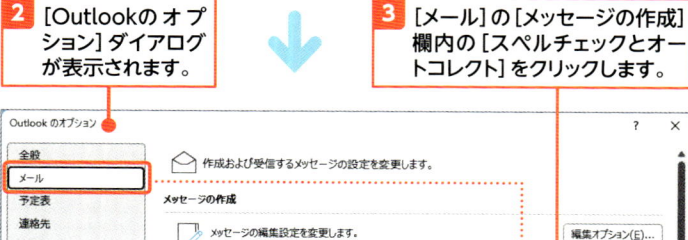

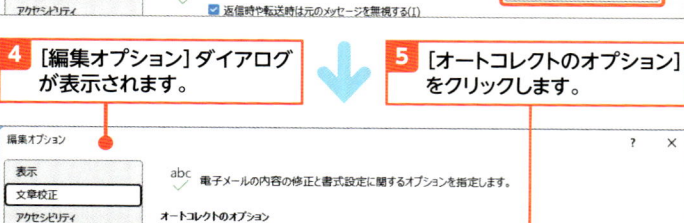

6 ［オートコレクト］ダイアログが表示されます。

7 オートコレクト機能やオートフォーマット機能を設定できます。

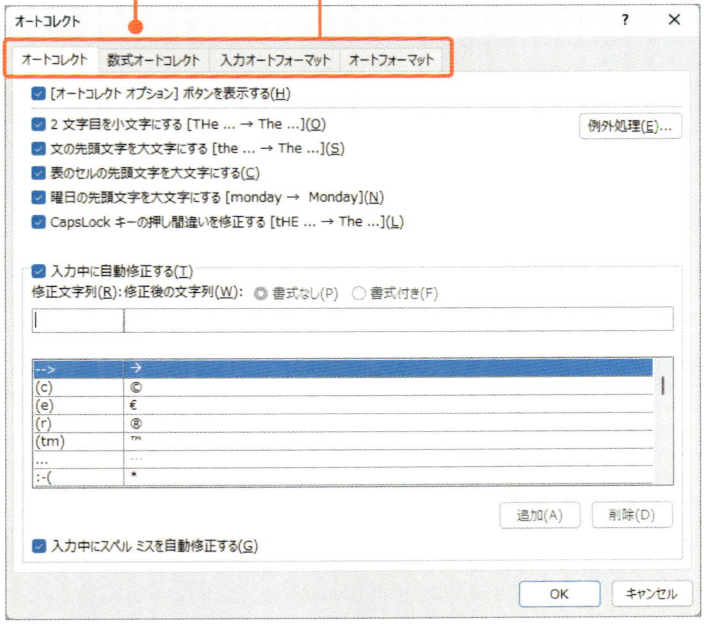

2 英字 1 文字目を大文字に自動変換させない

解説　英文をあまり利用しない人には不要な機能

英文をあまり利用しない人にとって、1 文字目を自動的に大文字に変換してくれる機能は必要ではありません。ちなみにオートコレクトで修正しなくても、1 文字目を大文字にしたい場合は、1 文字目を Shift キーを押しながら入力する方法のほか、英単語を選択して Shift ＋ F3 キーを入力することで「全小文字」→「1 文字目大文字」→「全大文字」という形で入力後にも修正可能です。

あらかじめ［オートコレクト］ダイアログを表示しておきます。

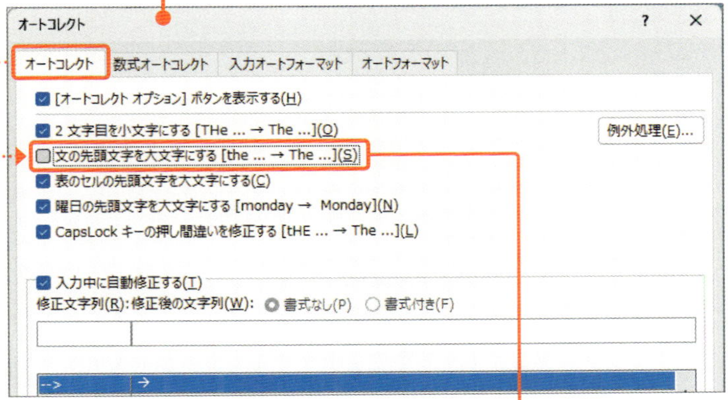

1 ［オートコレクト］タブで［文の先頭文字を大文字にする］のチェックを外します。

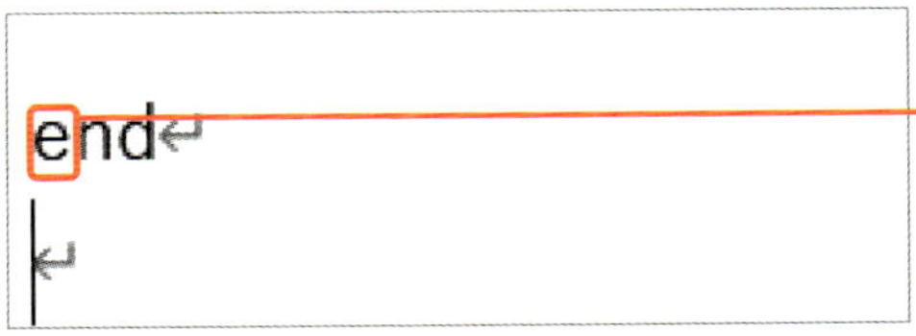

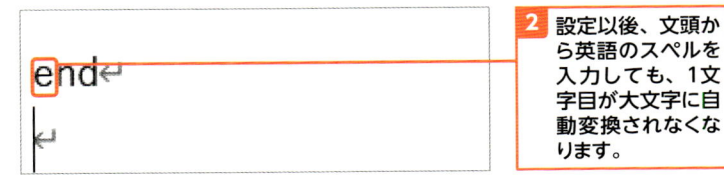

2 設定以後、文頭から英語のスペルを入力しても、1文字目が大文字に自動変換されなくなります。

3 登録商標・商品商標・著作権マークを自動変換させない

Hint スペルの自動修正も行われなくなる

「yera」を「year」、「こんにちわ」を「こんにちは」などの修正も「オートコレクト」の「入力中に自動修正する」によるものなので、この機能をオフにすると入力中のスペルの自動修正も行われなくなります。

あらかじめ［オートコレクト］ダイアログを表示しておきます。

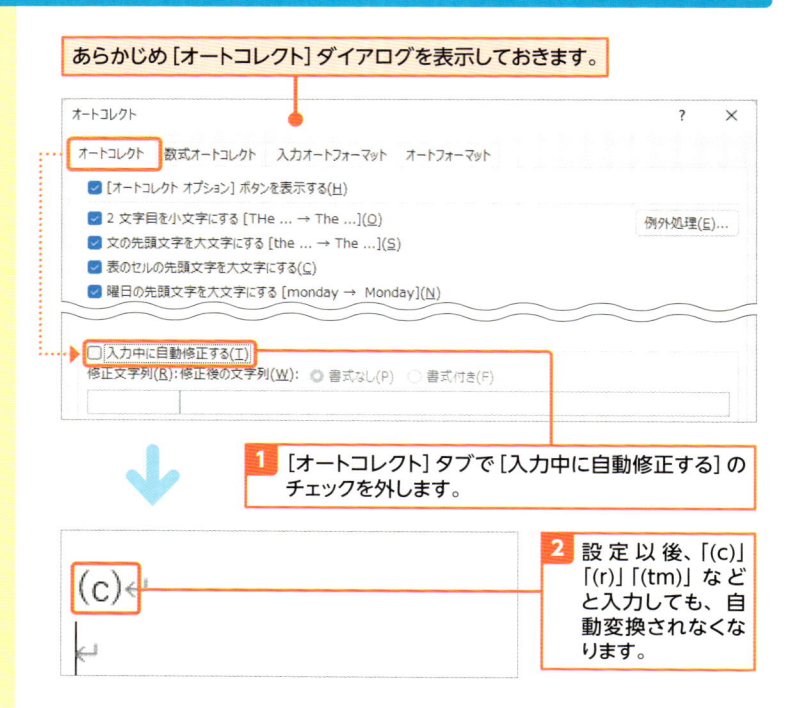

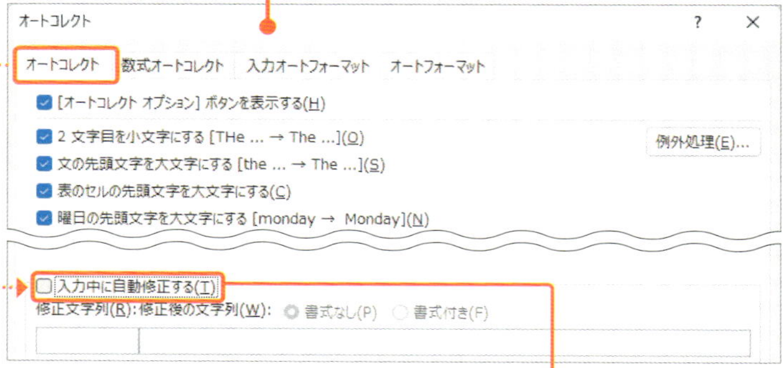

1 ［オートコレクト］タブで［入力中に自動修正する］のチェックを外します。

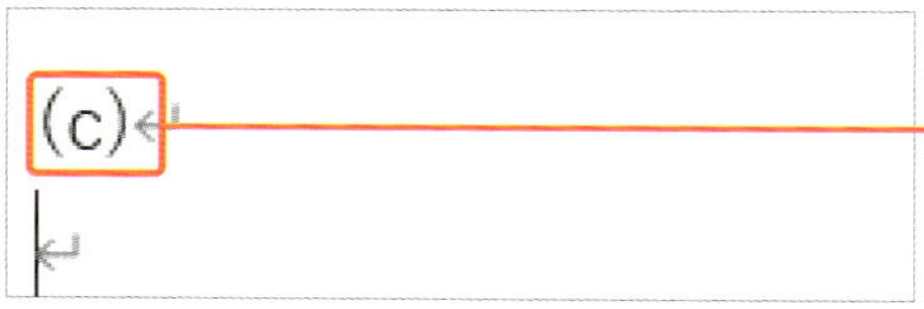

2 設定以後、「(c)」「(r)」「(tm)」などと入力しても、自動変換されなくなります。

4 「前略」で「草々」などと自動入力させない

解説 「前略」「記」の自動入力補助は不要な機能

［'記'などに対応する'以上'を挿入する］と［頭語に対応する結語を挿入する］の設定は、「前略」と入力して Enter キーを押せば「草々」が右寄せで自動入力される、「記」と入力して Enter キーを押せば「以上」が右寄せで自動入力されるなどの機能ですが、基本的に必要ありません。メールの本文を作成する場面において、このような堅苦しい文章をあえて自動で入力してもらう場面は存在しないからです。

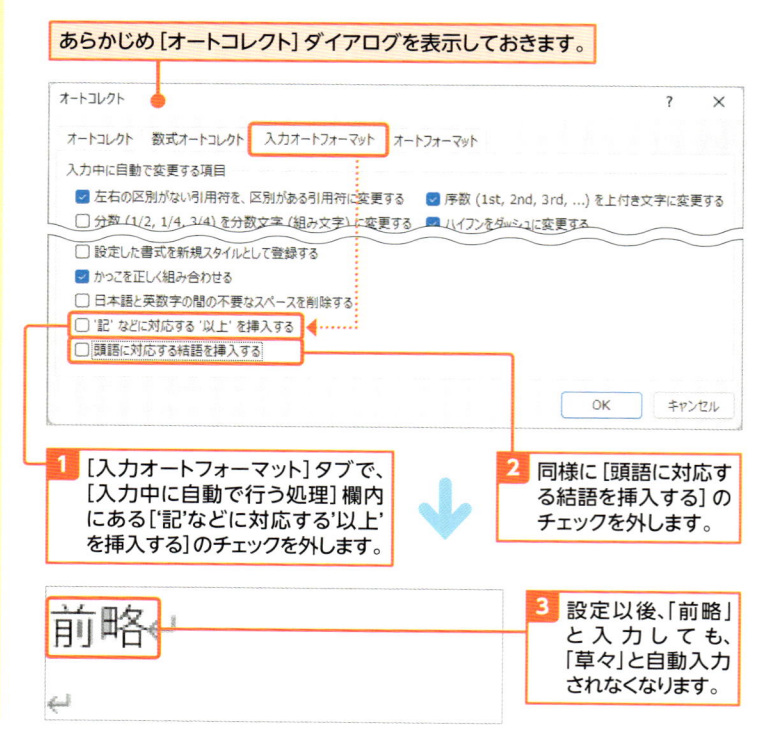

あらかじめ［オートコレクト］ダイアログを表示しておきます。

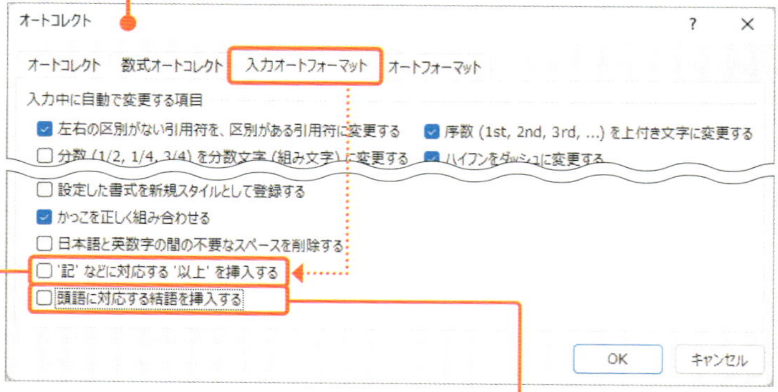

1 ［入力オートフォーマット］タブで、［入力中に自動で行う処理］欄内にある［'記'などに対応する'以上'を挿入する］のチェックを外します。

2 同様に［頭語に対応する結語を挿入する］のチェックを外します。

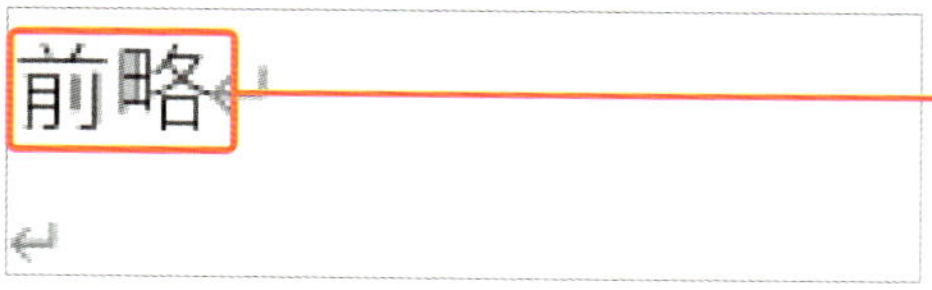

3 設定以後、「前略」と入力しても、「草々」と自動入力されなくなります。

5 入力したURLをハイパーリンクにさせない

解説 ハイパーリンクにしなくても変換される場合がある

「http://～」や「https://～」などの記述がハイパーリンクになるかどうかは、実際には「相手のメーラー（メールアプリ）」の機能にも依存します。Outlook 2024でハイパーリンクを無効にしても、メーラーによってURLなどを自動的にハイパーリンクに変換して表示するものもあります。

あらかじめ［オートコレクト］ダイアログを表示しておきます。

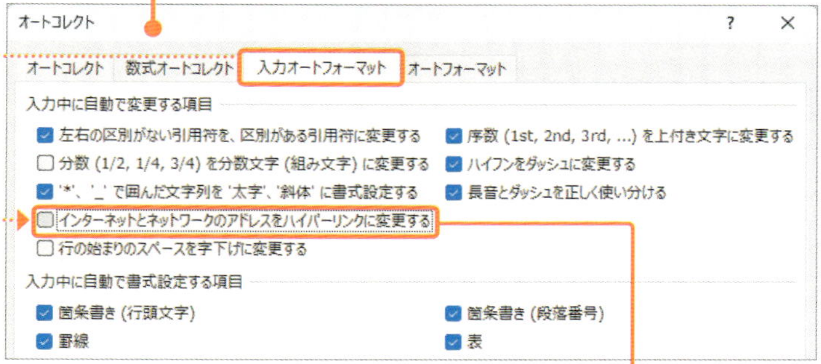

1 ［入力オートフォーマット］タブで、［入力中に自動で変更する項目］欄内にある［インターネットとネットワークのアドレスをハイパーリンクに変更する］のチェックを外します。

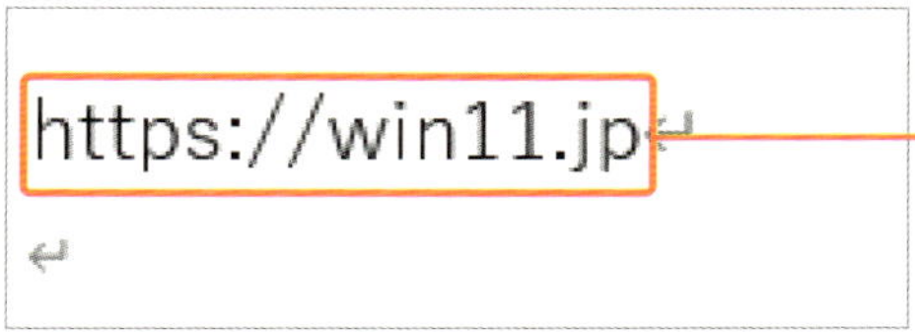

2 設定以後、URL（Webページのアドレス）を入力しても、ハイパーリンクに自動変換されなくなります。

6 文字を罫線に自動変換しない

解説 メール本文での罫線

入力オートフォーマットによる自動的な罫線変換も、基本的にいつも便利に活用しているという環境以外では必須とはいい難い機能です。

罫線はメール本文で特に示したいものがある場合や、署名などで利用しますが、むしろ「特定の文字を並べて罫線を表現する」ほうが最適であることが多く、いわゆるHTML形式の罫線を使う場面はあまりありません。

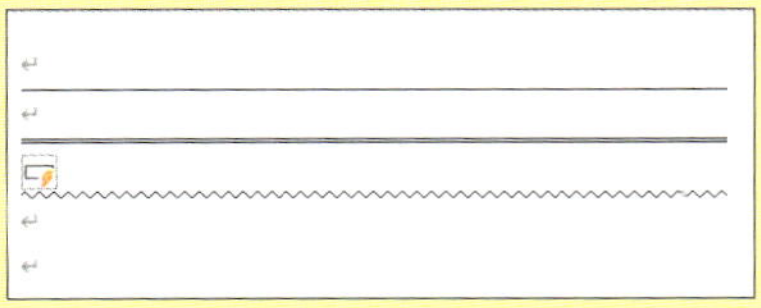

あらかじめ［オートコレクト］ダイアログを表示しておきます。

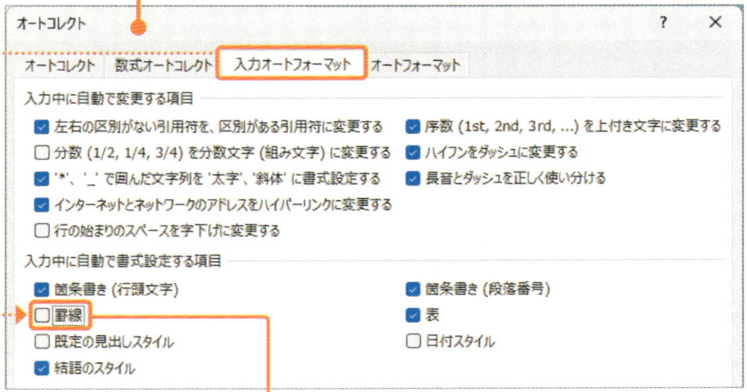

1 ［入力オートフォーマット］タブで、［入力中に自動で書式設定する項目］欄内にある［罫線］のチェックを外します。

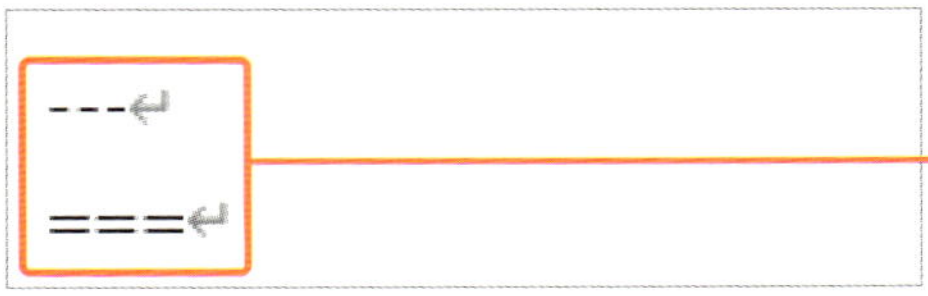

2 設定以後、「---」や「===」などと入力しても、罫線に自動変換されなくなります。

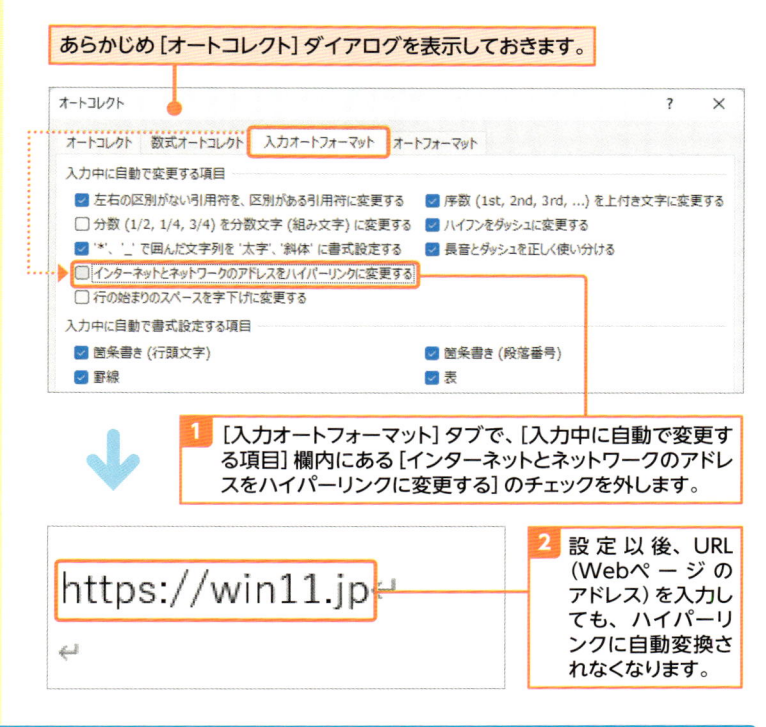

Section

59 返信の際に相手のメールを引用表示する

ここで学ぶのは

- 引用表示の設定
- テキスト形式での引用返信
- HTML 形式での引用返信

メールの返信や転送の際に、相手のメッセージを「引用」して記述したい場合があります。ここでは、この引用の設定について解説します。なお、引用の表示は受信したメールが「HTML 形式」か「テキスト形式」かで違いがあります。

1 メール返信／転送の際の引用表示を設定する

Memo [Outlook のオプション] ダイアログを表示する

[Outlookのオプション] ダイアログを表示するには、Outlook 2024の操作画面から [ファイル] タブをクリックしてBackstageビューを表示した後、[オプション] をクリックします。

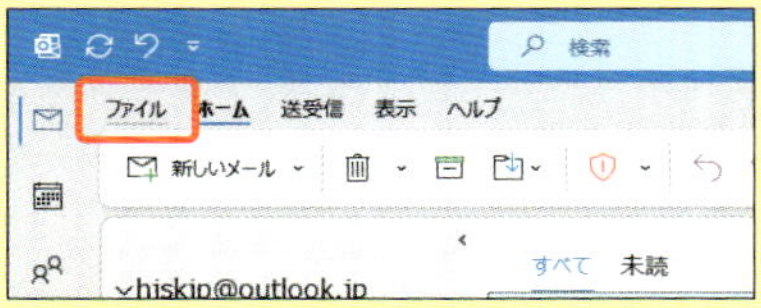

ショートカットキー

- [Outlookのオプション] ダイアログの表示
  Alt → F → T

Memo 行頭引用記号は「>」が一般的

メールにおいて、相手のメールを引用する際は「>」を行頭に置くのが一般的です。メールの常識は時代によって変化しますので、その他の行頭文字ではNGということではありませんが、いろいろなビジネススタイルが存在する中で、少なくとも『メールの行頭引用記号が「>」ではおかしい』ということはありませんので、「>」で引用しておくのがメールとして違和感がなく無難です。

p.198の方法で [Outlookのオプション] ダイアログを表示しておきます。

1 [メール] の [返信/転送] 欄内の [メッセージに返信するとき] をクリックして、

2 ドロップダウンから [元のメッセージの行頭にインデント記号を挿入する] をクリックします。

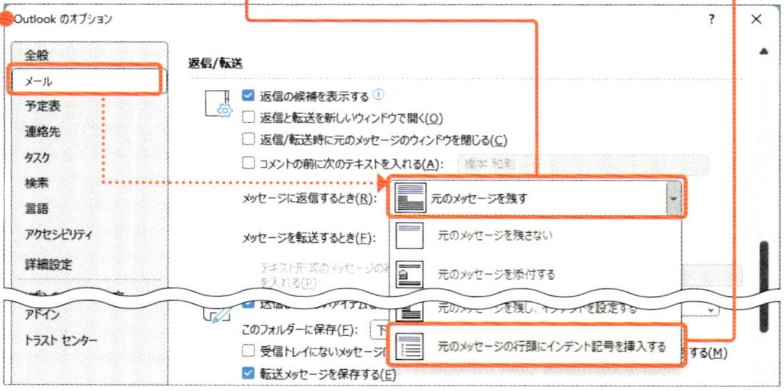

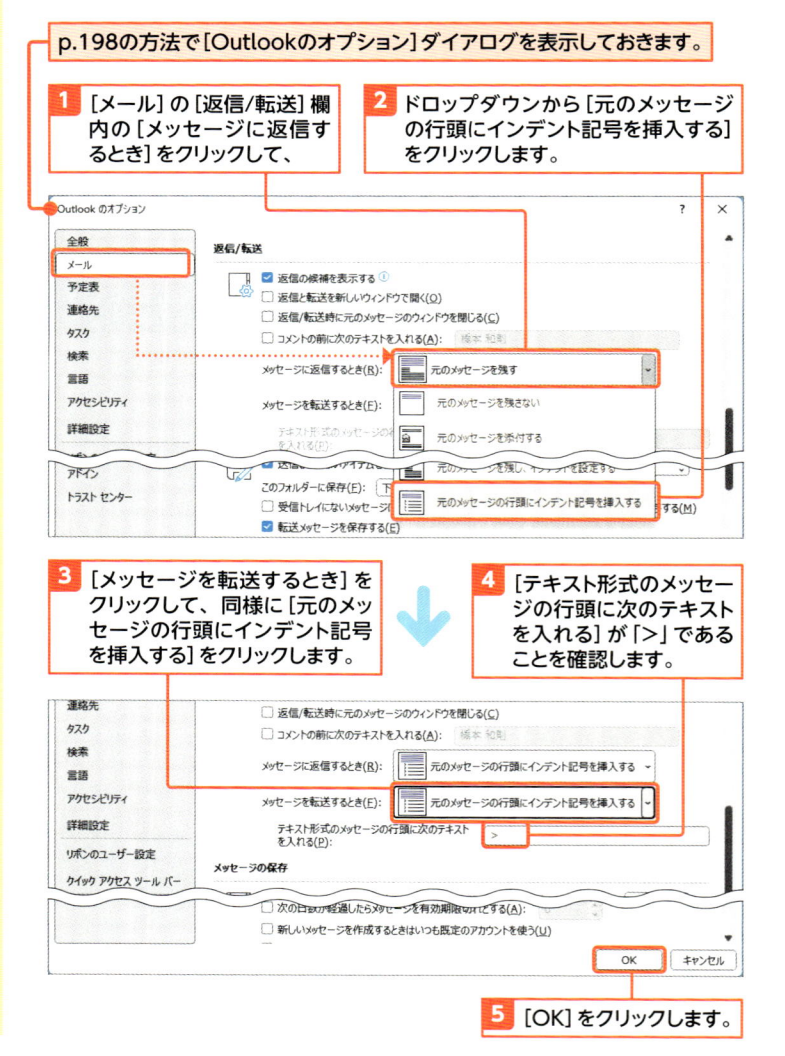

3 [メッセージを転送するとき] をクリックして、同様に [元のメッセージの行頭にインデント記号を挿入する] をクリックします。

4 [テキスト形式のメッセージの行頭に次のテキストを入れる] が「>」であることを確認します。

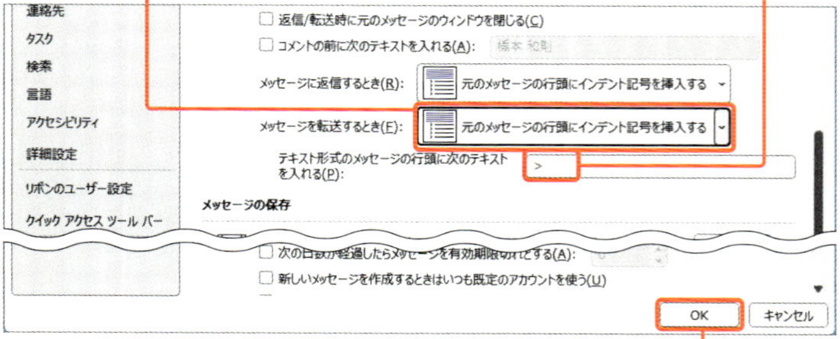

5 [OK] をクリックします。

2 返信時に元メッセージを引用する

注意 行頭引用記号を「>」にできるのはテキスト形式のみ

メールを引用した際、行頭引用記号を「>」にできるのは「相手のメールがテキスト形式」の場合のみです。「相手のメールがHTML形式」の場合はこの限りではありません。

Hint HTML形式でも行頭引用記号を「>」にしたい

相手からのメールがHTML形式の場合、[元のメッセージの行頭にインデント記号を挿入する]を適用した環境においては、行頭引用記号が「青い縦線」になります。
なお、相手からのメールがHTML形式でも、行頭引用記号を「>」にしたい場合は、「Outlook 2024の受信メールをテキスト形式に変換する設定」(p.204参照)を適用すれば、結果的に相手からのメールがテキスト形式になるため、行頭引用記号を「>」にすることができます。

あらかじめ[元のメッセージの行頭にインデント記号を挿入する]を適用しておきます。

受信したメールをメッセージウィンドウで開いておきます。

1 メールが「テキスト形式」であることを確認します。

2 [メッセージ]タブ→[返信](あるいは[全員に返信])をクリックします。

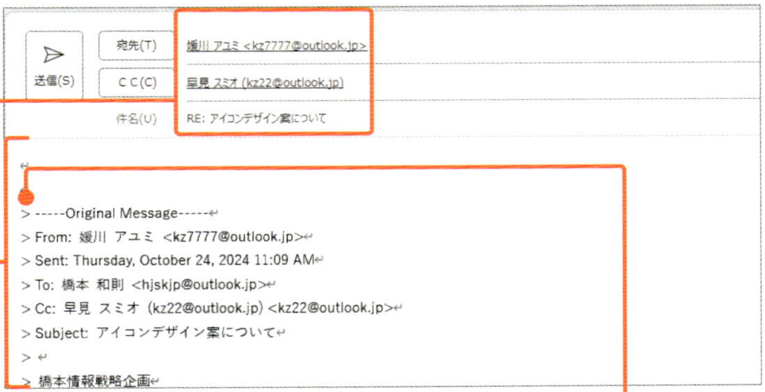

3 メール情報とともに相手のメール本文が引用されます。

4 行頭引用記号が「>」になります。

HTML形式の場合

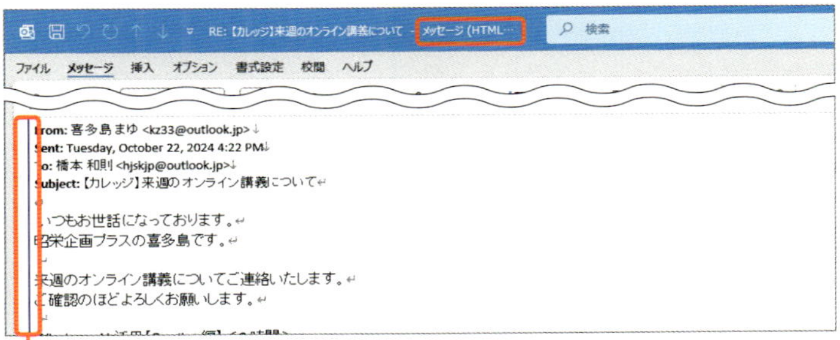

相手のメールがHTML形式の場合は、同様の方法で行頭引用記号が「青い縦線」になります。

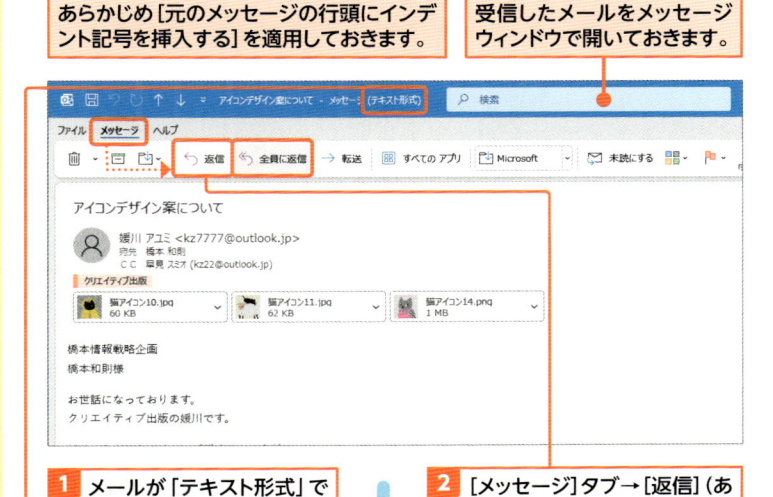

Section
60 Outlook 2024の受信メールを「テキスト形式」に変換する

ここで学ぶのは

- テキスト形式のメリット
- テキスト形式への変換
- HTML形式で表示する

ビジネスメールでは、相互の互換性やセキュリティを考えても「**メールの送受信はテキスト形式**」であることが推奨されます。全般的にテキスト形式でOutlook 2024を扱う方法を紹介します。なお、テキスト形式にすると一部の機能が無効になるため、ここで解説する設定は必要に応じて適用してください。

1 受信メール表示をテキスト形式にする

解説 テキスト形式が推奨される理由

ビジネス環境では、基本的にメールは「テキスト形式」が推奨されます。これはメールの歴史においてはそもそもテキスト形式しか送受信できなかった時代があることや、「HTML形式は偽装リンクなどのウイルスにつながる仕組みを埋め込むことができるため危険」という考え方もあるからです。
また、比較的セキュリティに厳格な考え方を持つ環境では、メーラー（メールアプリ）側で「HTML形式であってもテキスト形式に変換してメールを確認している」ため、いわゆる仕事のやり取りで利用するメールにおいてはHTML形式でせっかく装飾しても意味をなさない（相手は見ていない）可能性もあります。

Memo ここでの設定は任意で適用する

ここで解説する「受信メールをテキスト形式にする」の設定は、任意の適用になります。自身の環境と照らし合わせて必然性を感じる場合のみ、設定を行ってください。

ショートカットキー

- ［Outlookのオプション］ダイアログの表示
  Alt → F → T

p.198の方法で［Outlookのオプション］ダイアログを表示しておきます。

1 ［トラストセンター］の［Microsoft Outlookトラストセンター］欄内の［トラストセンターの設定］をクリックします。

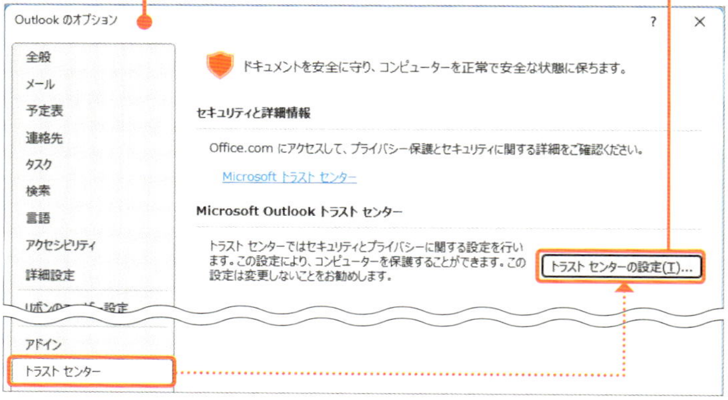

2 ［トラストセンター］ダイアログが表示されます。

3 ［電子メールのセキュリティ］をクリックします。

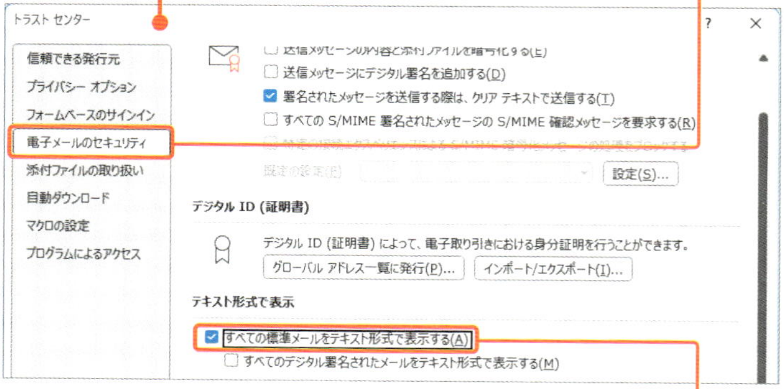

4 ［テキスト形式で表示］欄内の［すべての標準メールをテキスト形式で表示する］をチェックして、［OK］をクリックします。

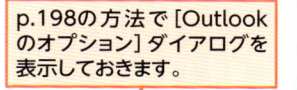

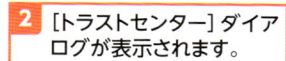

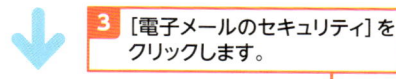

Hint 返信／転送時の行頭引用記号を「>」にできる

Outlook 2024の設定で、HTML形式で送られてきたメールも「テキスト形式」で表示すれば、返信／転送の際もテキスト形式になるため、行頭引用記号を「>」にすることができます（p.202参照）。

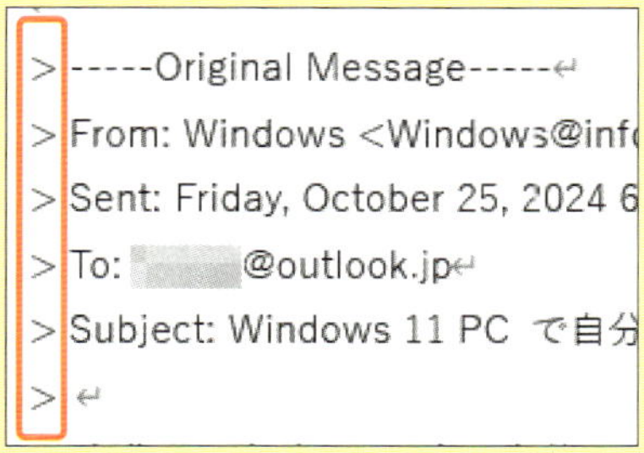
>-----Original Message-----
>From: Windows <Windows@inf
>Sent: Friday, October 25, 2024 6
>To: @outlook.jp
>Subject: Windows 11 PC で自分
>

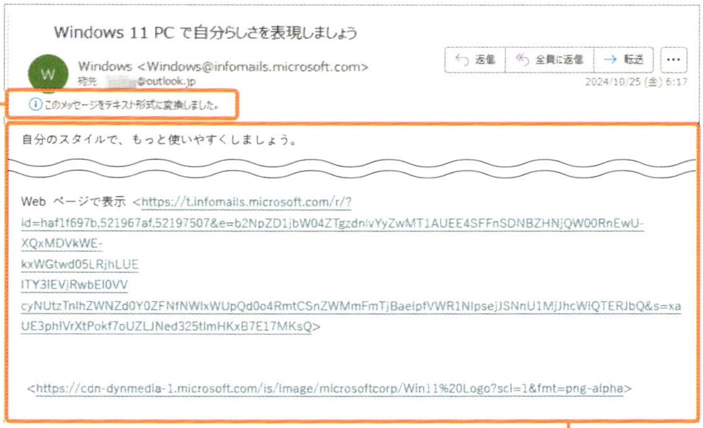
Windows 11 PC で自分らしさを表現しましょう
Windows <Windows@infomails.microsoft.com>
宛先 @outlook.jp
返信
全員に返信
転送
2024/10/25 (金) 6:17
このメッセージをテキスト形式に変換しました。
自分のスタイルで、もっと使いやすくしましょう。
Web ページで表示

HTML形式で送信されてきたメールもテキスト形式で表示されるようになります。

5 受信メールがテキスト形式で表示されるようになります。

2 テキスト形式に変換されたメールをHTML形式で表示する

Memo 設定後もHTML形式で表示できる

［すべての標準メールをテキスト形式で表示する］を適用していても、Outlook 2024では任意に表示形式をHTML形式に切り替えることができます。

［すべての標準メールをテキスト形式で表示する］をあらかじめ適用しておきます。

元がHTML形式のメールをメッセージウィンドウで開いておきます。

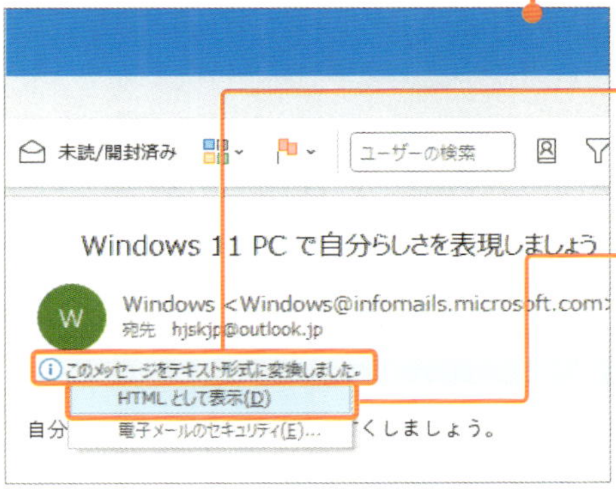
未読/開封済み
ユーザーの検索
Windows 11 PC で自分らしさを表現しましょう
Windows <Windows@infomails.microsoft.com>
宛先 hjskjp@outlook.jp
このメッセージをテキスト形式に変換しました。
HTML として表示(D)
電子メールのセキュリティ(E)...
自分
くしましょう。

1 ［このメッセージをテキスト形式に変換しました。］をクリックして、

2 ドロップダウンから［HTMLとして表示］をクリックします。

3 テキスト形式に変換されて表示していたメールを、HTML形式で表示することができます。

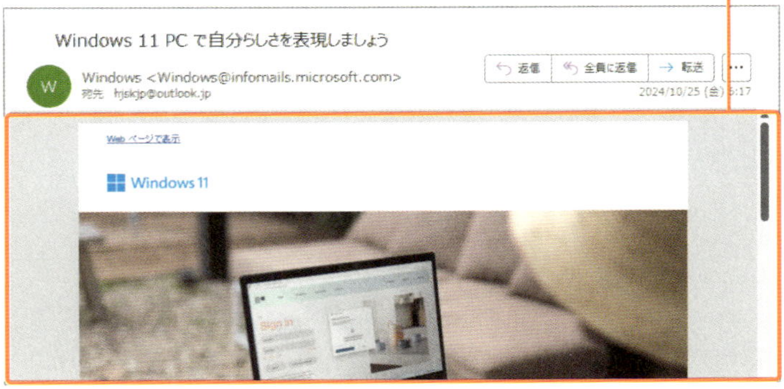
Windows 11 PC で自分らしさを表現しましょう
Windows <Windows@infomails.microsoft.com>
宛先 hjskjp@outlook.jp
返信
全員に返信
転送
2024/10/25 (金) 6:17
Web ページで表示
Windows 11

Hint メールのやり取りをテキスト形式ベースにできる

一般的なメーラー（メールアプリ）は、返信時に「相手から送られてきたメール形式」に従います。つまり、［すべての標準メールをテキスト形式で表示する］の設定を適用すれば、こちらからの返信メールが「テキスト形式」になり、以後相手もテキスト形式で返信を行うようになるため（メーラーにもよります）、結果的にテキスト形式の送受信を基本とすることができます。

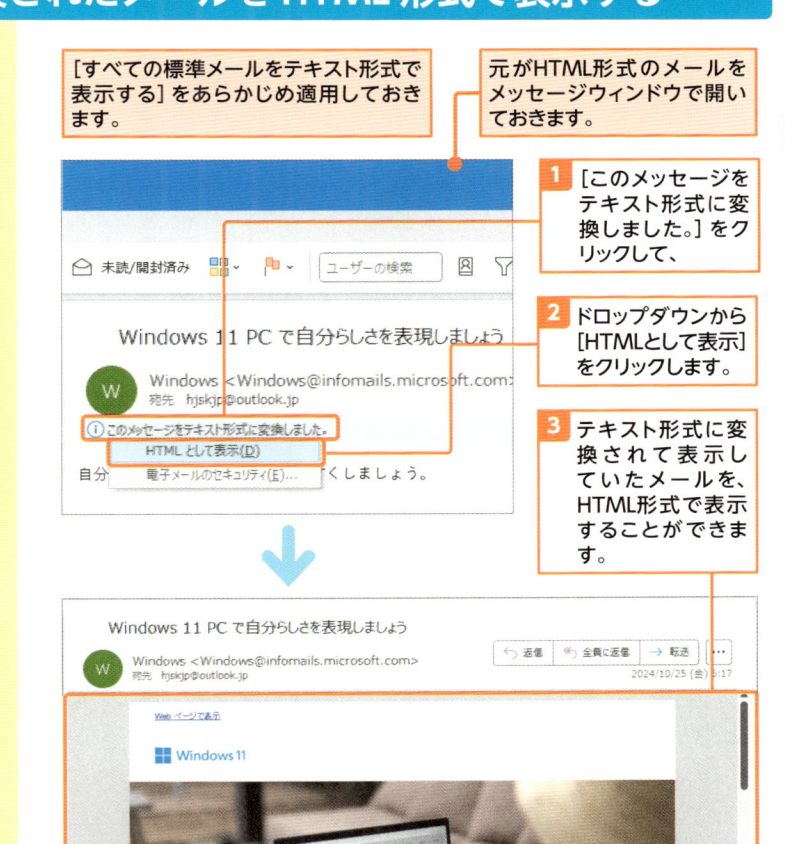

Section

61 デスクトップのアプリ全般を見やすくするには

ここで学ぶのは

- アプリの拡大表示
- 文字表示サイズの変更
- 拡大縮小とレイアウト

Windowsではデスクトップオブジェクト全般のサイズ(拡大率)を調整することや、**文字の大きさを任意に変更する**ことができます。これらの設定を最適化すれば、デスクトップを広く使うことや、**文字のみを大きくして見やすく**できるため、Outlook 2024の操作性をアップすることができます。

1 アプリ全般を拡大表示する

解説 大きさを変更すれば作業効率を改善できる

デスクトップのオブジェクトが大きすぎると、全般的にデスクトップが狭くなってしまいます。一方、オブジェクトが小さすぎると、文字やリボンコマンドが小さすぎて操作しにくくなります。自分が操作しやすい拡大率を見つけると、作業効率を上げることができるほか、操作ミスを減らすことができます。

ショートカットキー

- [設定]画面の表示
  [⊞]+[I]

Memo サイズの変更設定

[拡大/縮小]は高解像度ディスプレイでのみ設定することができます。ディスプレイの解像度によっては変更設定を行うことができません(その場合には、該当設定で「100%」のみが表示されます)。

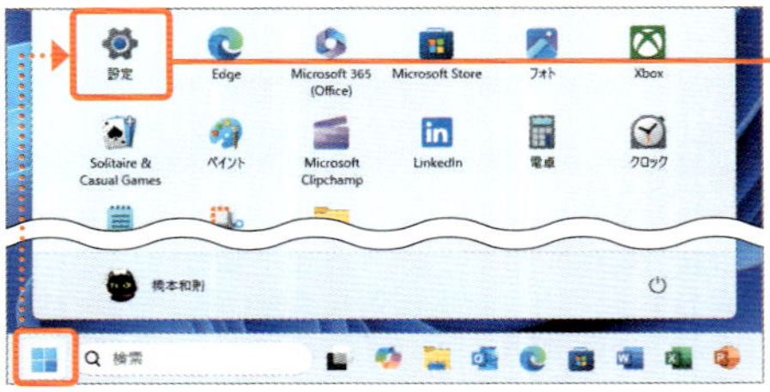

1 [スタート]メニューから[設定]をクリックします。

あるいはショートカットキー[⊞]+[I]キーを入力します。

2 [設定]画面が表示されるので、[システム]→[ディスプレイ]をクリックします。

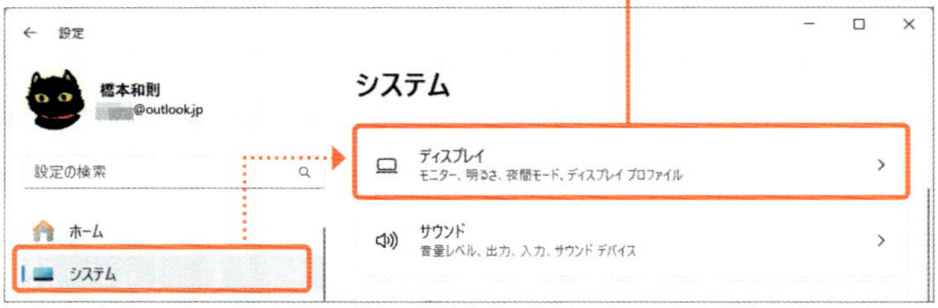

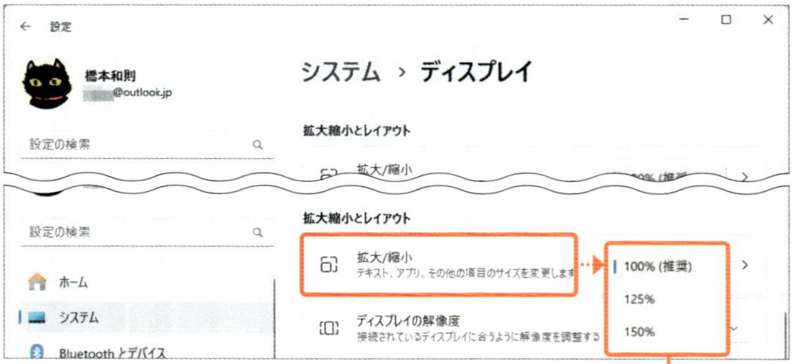

3 [拡大/縮小]のドロップダウンから任意の拡大率をクリックします。

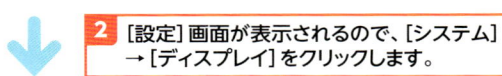

注意 **「サイズを変更する」設定は必要に応じて**

ここで解説する「拡大／縮小」の設定は、任意の適用になります。自身の環境と照らし合わせて必然性を感じる場合のみ、設定を変更します。なお、サイズの変更はOutlook 2024の表示サイズだけではなく、他のアプリやWindowsのオブジェクト全般に対して適用されます。

4 Outlook 2024を含めたアプリ全般の表示の大きさを変更できます。

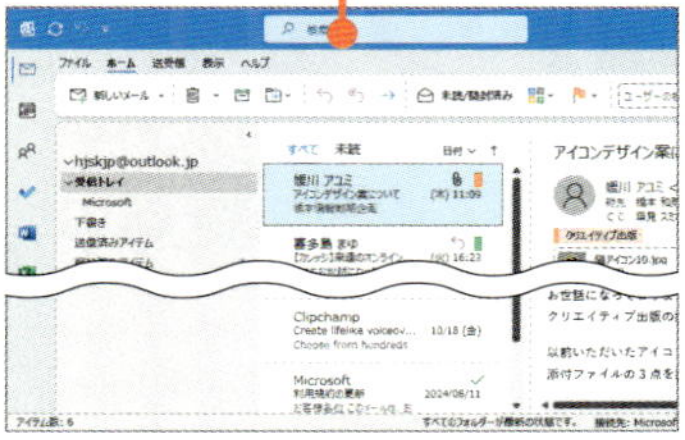

［拡大/縮小］が100%の場合

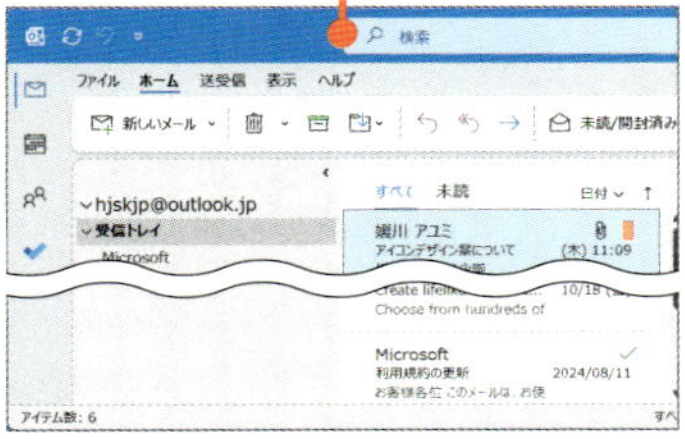

［拡大/縮小］が150%の場合

2 文字表示の大きさを変更する

解説 **文字の大きさだけ変更する**

前項の［拡大／縮小］はオブジェクト全体を拡大するのに対して、［テキストのサイズ］は文字を拡大したうえで、その文字の周囲の大きさのみを拡大します。使いやすいデスクトップ環境にするには、両方の設定のバランスが大切です。

［設定］画面を表示しておきます。

1 ［アクセシビリティ］→［テキストのサイズ］をクリックします。

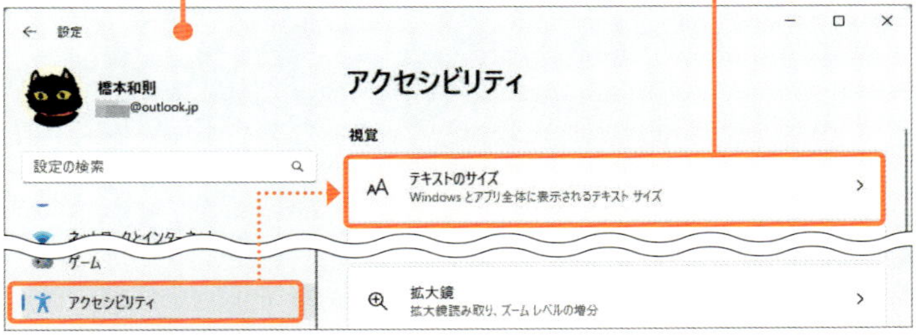

2 ［テキストのサイズ］のスライダーを任意に変更します。

3 ［適用］をクリックします。

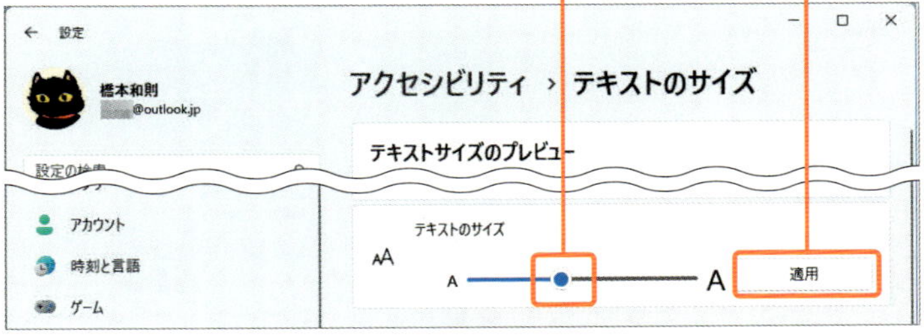

4 Outlook 2024を含めたアプリ全般の文字の大きさを変更できます。文字の大きさを拡大表示して、見やすくすることができます。

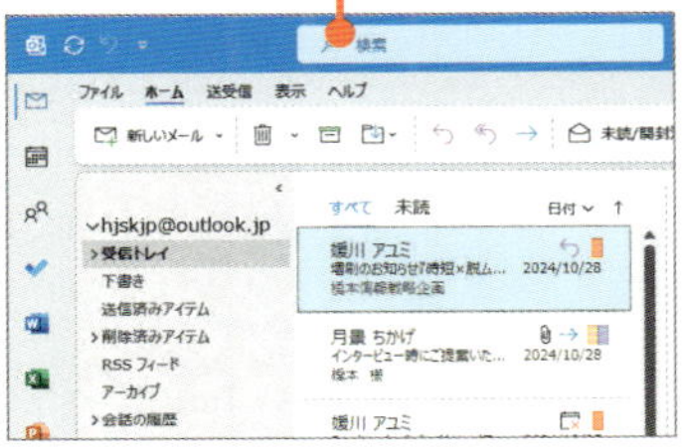

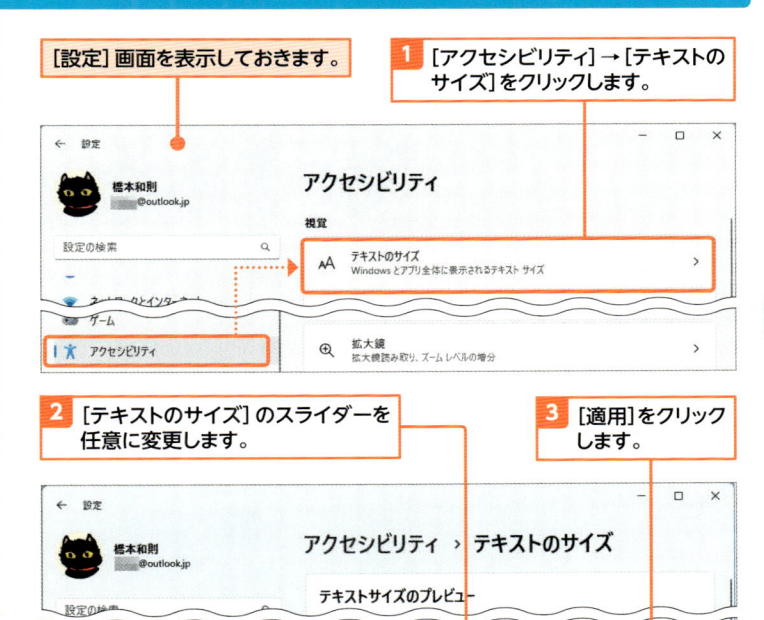

Section

62 マルウェアを防ぐには

ここで学ぶのは

- OSの更新プログラム
- Officeの更新プログラム
- アップデート

マルウェア（不正かつ有害な動作をする悪意のあるプログラム）による被害を防ぐには、アプリの動作基盤になっている**OSに着目してセキュリティ対策**を行います。また、**Officeを適宜アップデート**して脆弱性対策を行うことも重要です。

1 OSの更新プログラムを適用して安全にする

解説 Outlook 2024を安全に運用するためのOS管理

Outlook 2024を安全に利用するには、OS（Windows）のセキュリティ対策が要になります。Windowsには基本的なセキュリティ機能があらかじめ組み込まれており、「ファイアウォール」や「アンチウイルス」などのマルウェアの侵入や実行を許さない機能が備えられていますが、日々進化する攻撃に備えるには脆弱性対策などを含む「更新プログラムの適用」によるセキュリティアップデートが定期的に必要になります。

Memo OSとアプリの関係

Outlook 2024はOSの上で動作しています。つまりOSはアプリから見て土台にあたるのですが、いくらアプリ自体の管理やセキュリティに気を付けていても、土台にあたるOSが脆弱な場合、PCはマルウェアに侵されてしまいます。つまり、OSのセキュリティアップデートは非常に重要な「セキュリティ対策」のひとつなのです。

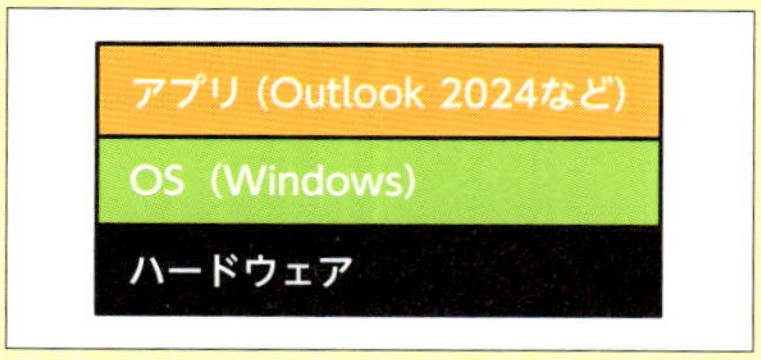

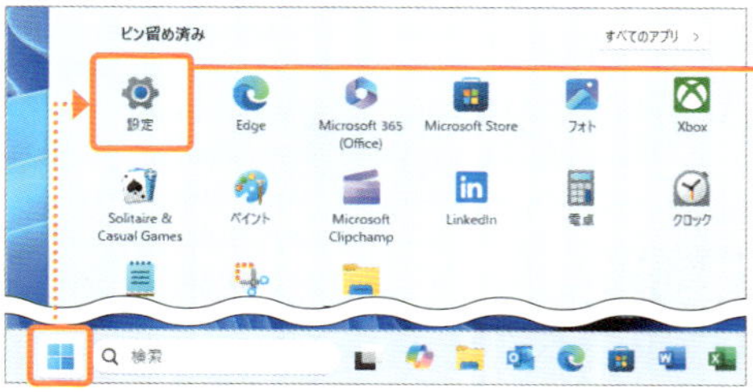

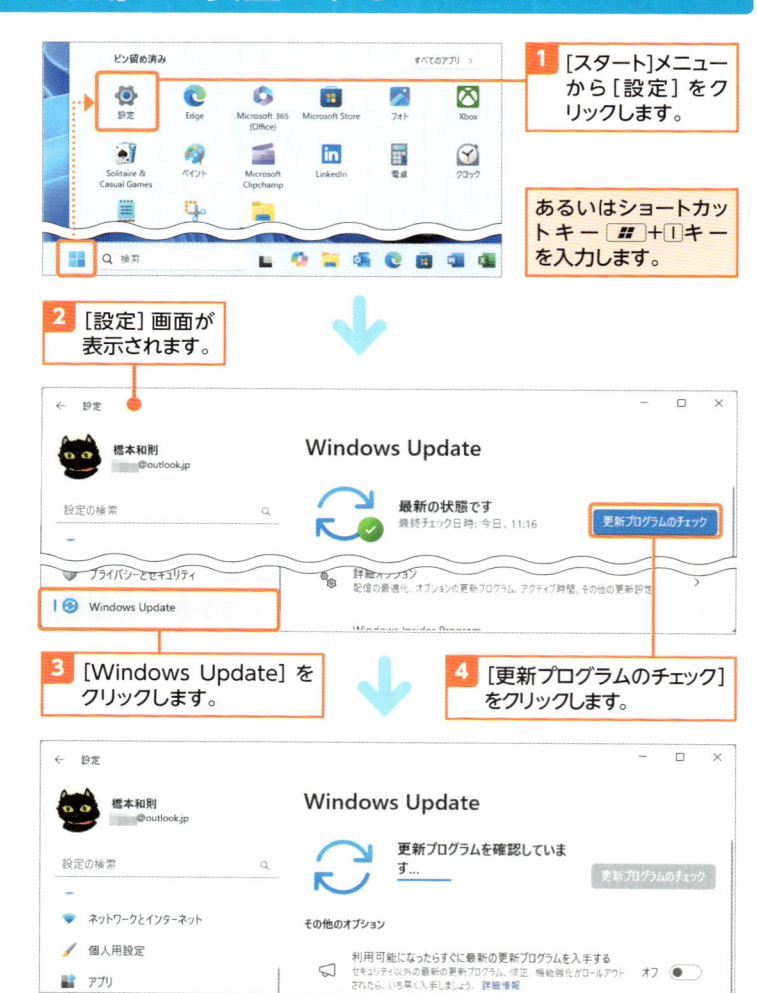

1 ［スタート］メニューから［設定］をクリックします。

あるいはショートカットキー ⊞+I キーを入力します。

2 ［設定］画面が表示されます。

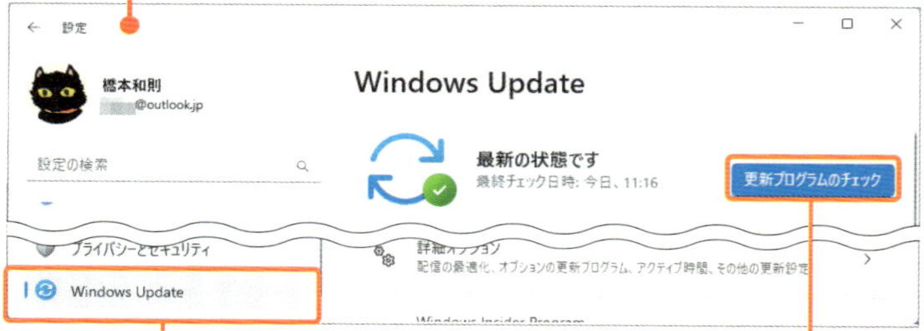

3 ［Windows Update］をクリックします。

4 ［更新プログラムのチェック］をクリックします。

5 以後、表示に従って必要なアップデートをWindowsに適用します。

2 「Office 更新プログラム」を適用して安全にする

解説 Outlook 2024 の脆弱性対策のための更新プログラム

「脆弱性」とは、プログラムの不具合や設計上のミス、あるいは想定外の利用により悪意ある行為が実行できるセキュリティ上の欠陥のことです。この脆弱性を放置すると結果的に悪意を持つものがこの欠陥を突くことで、PCがマルウェアに侵されることになります。Outlook 2024の脆弱性は「Office更新プログラム」の適用で対策することができます。

なお、Outlook 2024では受信メールなどにおいてはOS機能を使って表示することもあるため（例えば画像ファイルが添付されてきたとき、画像を表示するためにOSの機能を利用するなど）、結果的に「OSの脆弱性対策」も併せて必要になります。

Memo Backstage ビューの表示

Backstageビューは、Outlook 2024の操作画面から［ファイル］タブをクリックすることで表示できます。

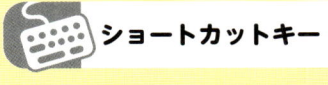

ショートカットキー

● Backstageビューの表示
Alt → F

1 Backstageビューから［Officeアカウント］をクリックします。

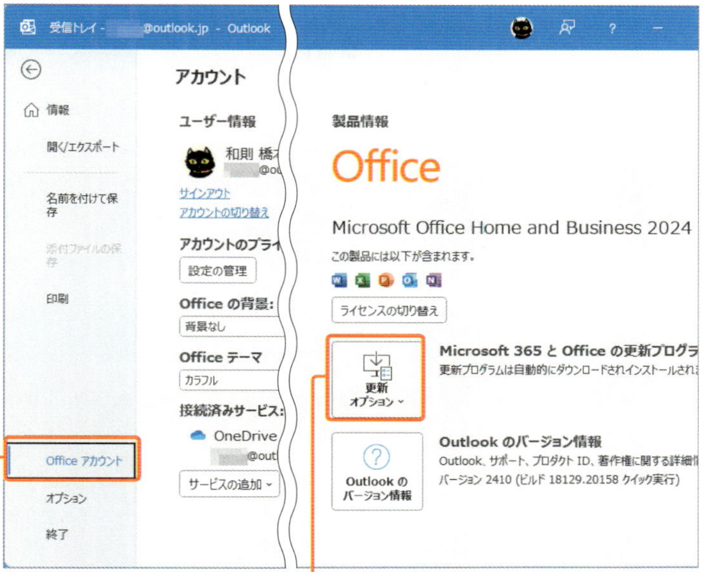

2 ［更新オプション］をクリックして、

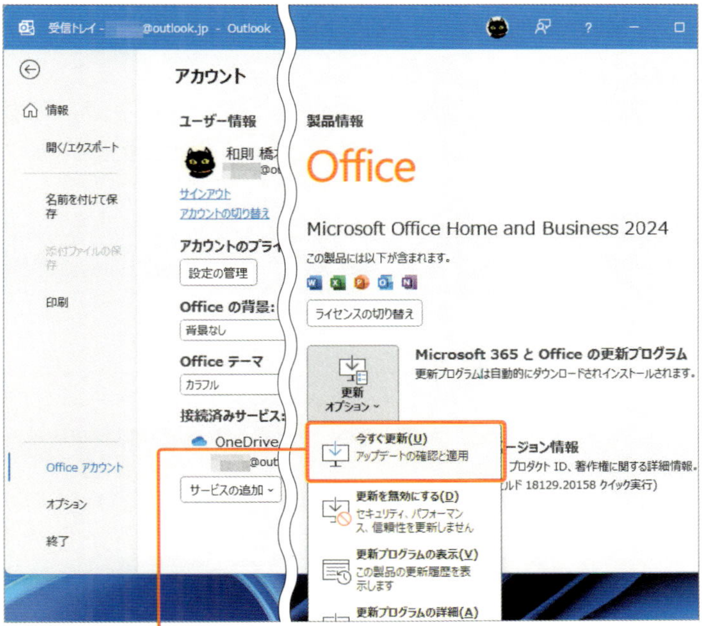

3 ［今すぐ更新］をクリックします。

4 Office（Outlook 2024を含む）の更新プログラムがある場合、自動的にダウンロードとインストールを行います。

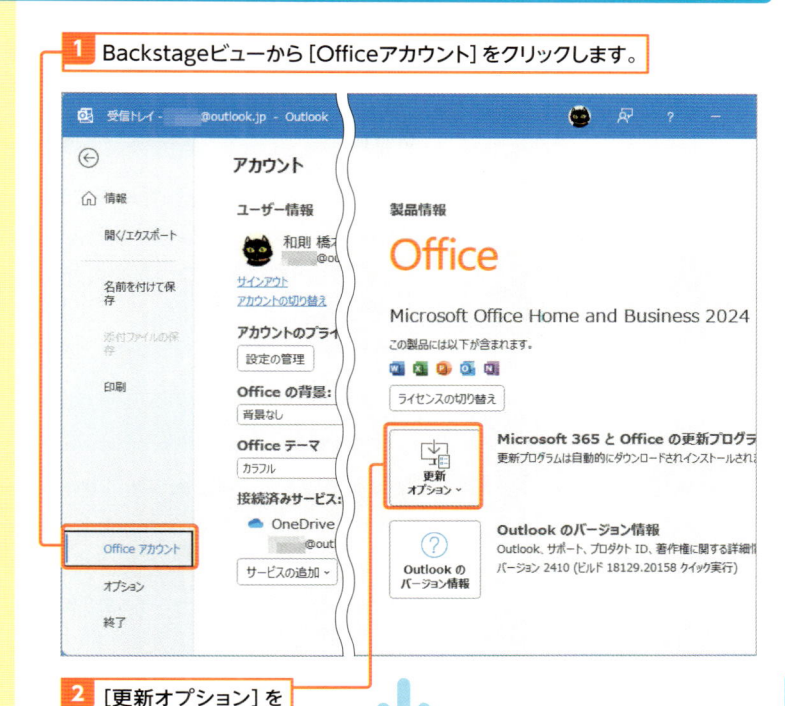

Section 63

フィッシングや標的型メールの被害を防ぐ

ここで学ぶのは

- フィッシング対策
- セキュリティ対策
- サポート期間

OSやOutlook 2024の脆弱性対策やセキュリティアップデートだけでは、マルウェアによる被害を防ぐことはできません。ここでは**メールを閲覧する際の注意点**とともに、実際に被害にあわないための**メール内のリンク**や**添付ファイル**の扱い方について解説します。

1 フィッシングへの対策

受信メールの扱いにおいては「フィッシング」という詐欺行為への対策が必要です。
「あなたの○○アカウントのカードが切れないために取引停止しています。このリンクをクリックして…」や「△△銀行の取引を停止しました、ここをクリックしてあなたのアカウントのロックを解除してください」といったメールが届くと焦ってしまいますが、これらのメッセージはほぼすべて「フィッシングメール」というなりすましメールです。
このメールに従って「偽装サイト（ショッピングサイトや銀行のふりをしたサイト）」でアカウントとパスワードを入力してしまうと、その入力情報を悪意のある相手に渡してしまうことになるため、アカウントを悪用されて買い物されてしまったり、銀行からお金を引き出されてしまったりします。
このようなメッセージを受け取った際は、相手が本物であるかどうかにかかわらず、基本的に「メール内のリンクをクリックしない」ようにします。
例えば、「Amazon アカウントが停止している」というメールが届いた場合は、そのメール内のリンクは絶対にクリックせずに、WebブラウザーでAmazonの公式サイトからログインして本当に停止されているか確認します。
絶対的なルールとして、サービスやアカウントにかかわるものは「メール内のリンクをクリックしない」ことを徹底して、またメールに何らかの「脅し」「問題」「誘導」が含まれる場合には強く疑うことが必要です。

Hint　メールを「テキスト形式」で表示すれば悪意は見抜ける

HTML形式では任意の文字列や画像に対して「ハイパーリンク」を埋め込むことができるため、このハイパーリンクのURLが悪意のあるWebサイトや悪意のあるプログラムダウンロードであった場合、PCがマルウェアに侵され、情報漏えいや乗っ取りにあう可能性があります（標的型メール攻撃など）。
一方、メールをテキスト形式で表示すれば（p.204参照）、本文に埋め込まれているリンクもすべてテキストで表示されるため、URLが確認しやすく、結果的に悪意を認識しやすくなります。例えば、次ページのメールはApple（公式サイトは https://www.apple.com/）からの連絡を名乗っていますが、「あなたの身元を確認する」にあたるリンクのドメインは全く別のものであり、フィッシングメールであることをすぐ見抜くことができます。

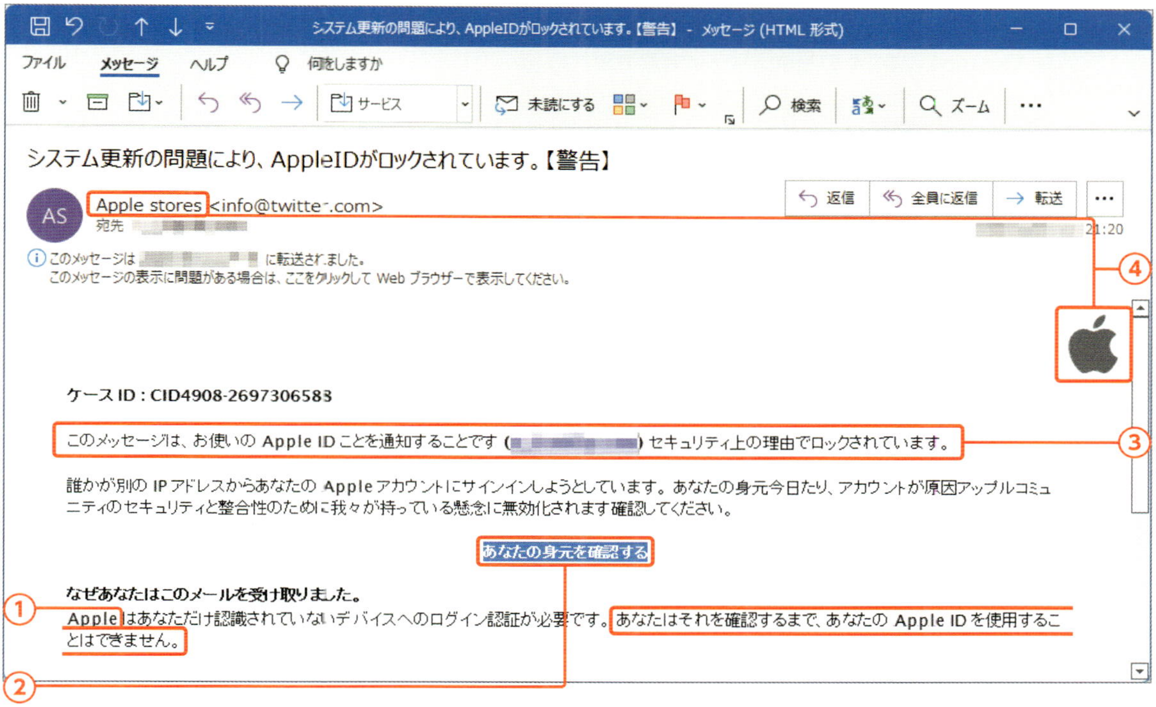
システム更新の問題により、AppleIDがロックされています。【警告】 - メッセージ (HTML 形式)
ファイル
メッセージ
ヘルプ
何をしますか
サービス
未読にする
検索
ズーム
システム更新の問題により、AppleIDがロックされています。【警告】
AS
Apple stores <info@twitte-.com>
宛先
返信
全員に返信
転送
このメッセージは に転送されました。
このメッセージの表示に問題がある場合は、ここをクリックして Web ブラウザーで表示してください。
ケース ID : CID4908-2697306583
このメッセージは、お使いの Apple ID ことを通知することです ( ) セキュリティ上の理由でロックされています。
誰かが別の IP アドレスからあなたの Apple アカウントにサインインしようとしています。あなたの身元今日たり、アカウントが原因アップルコミュニティのセキュリティと整合性のために我々が持っている懸念に無効化されます確認してください。
あなたの身元を確認する
なぜあなたはこのメールを受け取りました。
Apple はあなただけ認識されていないデバイスへのログイン認証が必要です。あなたはそれを確認するまで、あなたの Apple ID を使用することはできません。
①
②
③
④

● フィッシングメールの例

番号	解説
①	「確認するまでApple IDを利用できない」などもっともらしいことをいっているが、このメールは「フィッシングメール」
②	「あなたの身元を確認する」をクリックすると偽装サイトに誘導され、入力したアカウント情報が悪意あるものの手に渡ってしまう。悪意あるものの手に渡ったアカウントは悪用される
③	メッセージにあるようにアカウントに問題があるかを確認したければ、このメールのリンクはクリックせず、Webブラウザーから公式サイトにアクセスして正常かどうかを自分で確認する
④	ロゴや相手が名乗っている社名はいくらでも偽装できるので信じない、騙されない

2 添付ファイルやメールからマルウェアに侵されることを防ぐ

マルウェアに侵されてしまう多くのパターンは「プログラムファイルを開く」行為にあります。
このプログラムファイル（本体はマルウェアプログラム）を、私たちにメールから開かせようとする手法にはいくつかのパターンが存在するのですが、わかりやすいのが「メールそのものにマルウェアプログラムを添付してくる」というものです。
単純なプログラムファイルである場合には「マルウェア対策プログラム（アンチウイルスソフト）」が多くの場合「悪意」を検知してくれますが、残念ながら中には通り抜けてくるものもあります。
絶対的なルールとして、脈絡もなく突然メール添付されているファイル（開く必然性が見えないファイル）などは、「添付ファイルを開かない」という対策が必要です。
また、添付ファイルがデータファイルである場合でも、「データファイルを開くアプリの脆弱性を突いて悪意を実行する」「データに埋め込まれたマクロで悪意を行う」というものもあるため、アプリ側の脆弱性対策も必要になり、セキュリティ対策としては「OSに導入されているすべてのアプリで脆弱性対策」が求められます。

Memo Outlook 2024 のセキュリティ対策のまとめ

◉ サポート期間内のOSを利用する

サポート期間内のOSを利用します。なお、同じWindows 11でも複数のバージョンが存在し、以前のバージョンはサポートが終了しているため(Windows 11 21H2や22H2など)、必ず「サポート期間内のWindowsバージョン」を利用するようにします。

◉ OSとアプリのアップデートを心掛ける

OSとアプリのアップデートを心掛けます。基本的に「Windows」「Office」などはインターネット接続状態であれば自動的にアップデートを行いますが、しばらく利用していなかったPCなどにおいては、手動でアップデートを行い最新版にします。

また、「ファイルを開くアプリ」も、脆弱性対策のためにアップデートを心掛けるようにします。

◉ 受信メールのリンクは極力クリックしない

受信メールにおいて業務に必要がないあらゆるリンクはクリックしないようにします。特に、知らない相手からのメールに含まれるリンクは開かないようにします。

◉ 添付ファイルは極力開かない

マルウェアに侵されるPCの多くは、悪意が含まれる添付ファイルを開いたことが原因です。よって、添付ファイルにおいて不必要なもの(開く必然性がないもの)は開かないようにするほか、リンクなどに誘導されて「安全を確保するためのツール などと称するマルウェアプログラム」を開かないようにします。

◉ 受信メールを「テキスト形式」にする(任意設定)

HTML形式は、メール本文の見た目の説明と異なるリンクを巧妙に埋め込むことなどが可能です。一方、テキスト形式はメールに対しての装飾はできないため、リンクにおけるリンク先などがそのまま表示されます。セキュリティ面を考えたときに、受信メールをテキスト形式で表示すること、また相手に対しても極力テキスト形式のメールを送ることは、結果的に相互の安全性の確保や信頼につながります。受信メールをテキスト形式にする方法はp.204を参照してください。

Hint セキュリティに一番大切な「サポート期間」

「OS」や「アプリ」のセキュリティ対策において重要なのは、日々進化する悪意に対策するための「セキュリティアップデート」の継続です。Windows、Officeのサポート期限は下表のようになります(社会情勢などにより変更されることがあります)。
Officeは随時、またWindows 11も毎年アップデートされ、Home/Proはリリースから24カ月間、Enterprise/Educationは36カ月間サポートされます。
セキュリティアップデートが終了した「OS」「アプリ」「ネットワークデバイス」は、利用してはいけません。脆弱性対策などのセキュリティアップデートが行われないため、アンチウイルスソフトなどを利用しているいないにかかわらず、攻撃を受けて即マルウェアに侵される可能性があるからです。

● **Officeのサポート期限**

Office	メインストリームサポート終了日	延長サポート終了日
Office 2024	2029年10月9日	延長サポートなし
Office 2021	2026年10月13日	延長サポートなし
Office 2019	2023年10月10日	2025年10月14日
Office 2016	2020年10月13日	2025年10月14日

● **Windows 11 Home/Proのサポート期限**

バージョン	サポート終了日
Windows 11 24H2	2026年10月13日
Windows 11 23H2	2025年11月11日
Windows 11 22H2	2024年10月8日
Windows 11 21H2	2023年10月10日

● **Windows 11Enterprise/Educationのサポート期限**

バージョン	サポート終了日
Windows 11 24H2	2027年10月12日
Windows 11 23H2	2026年11月10日
Windows 11 22H2	2025年10月14日
Windows 11 21H2	2024年10月8日

第6章

連絡先を管理する方法

「連絡先」では姓名・メールアドレス・住所・電話番号などの基本情報のほか、勤務先や役職・ホームページなどの情報を管理することができます。登録した連絡先はメールや会議通知などでも活用できます。

Section 64

連絡先の機能と画面構成

ここで学ぶのは

- 連絡先の画面構成
- 連絡先に切り替える
- 連絡先の管理

Outlook 2024の「連絡先」画面への切り替え方法と、「連絡先」の画面構成を知りましょう。
「連絡先」では姓名・メールアドレス・電話番号・勤務先・勤務先住所などを管理することができます。

1 Outlook 2024の「連絡先」の画面構成

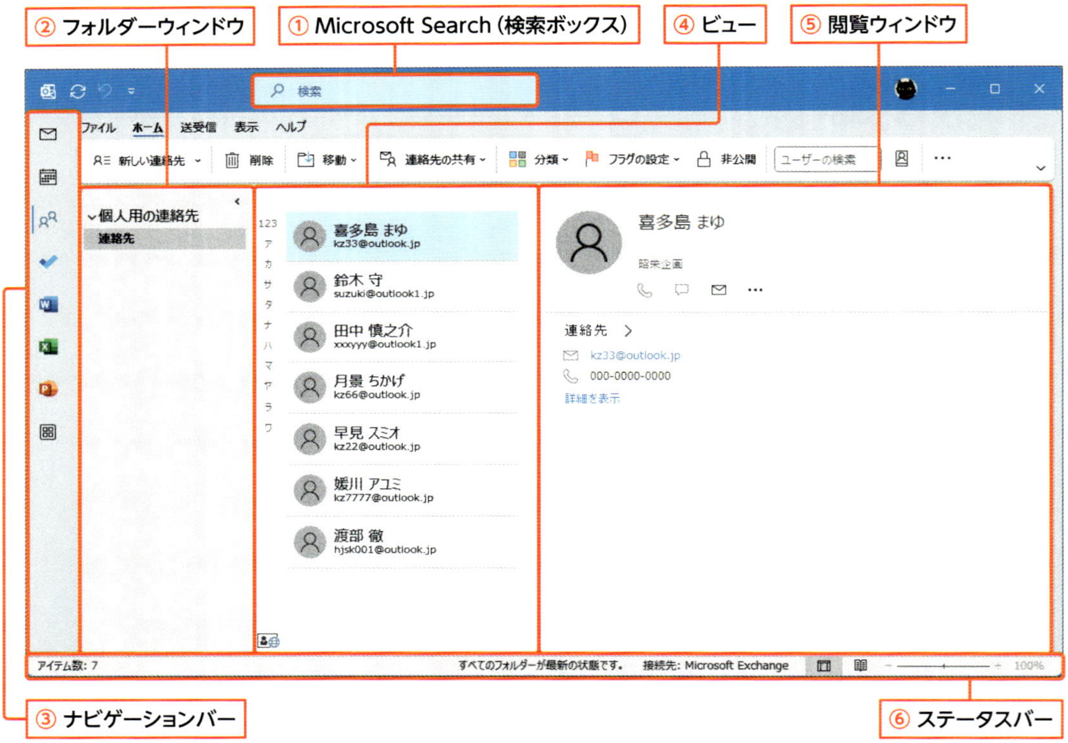

名称	機能
① Microsoft Search	連絡先を検索することができる
② フォルダーウィンドウ	複数のアカウントを管理している場合に、アカウントを切り替えることができる
③ ナビゲーションバー	「メール」「予定表」「連絡先」などを切り替えることができる
④ ビュー	連絡先の一覧が表示される
⑤ 閲覧ウィンドウ	「ビュー」で選択している連絡先の内容が表示される
⑥ ステータスバー	登録している連絡先の数や、接続先情報などが表示される

2 Outlook 2024の表示を「連絡先」に切り替える

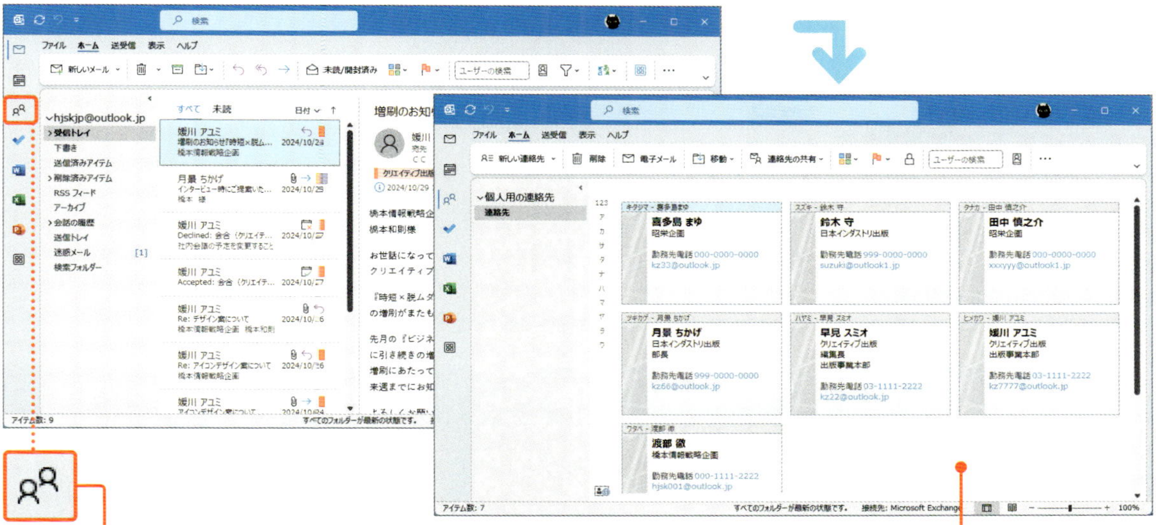

1 ナビゲーションバーから［連絡先］をクリックします。

あるいはショートカットキー Ctrl + 3 キーを入力します。

2 「連絡先」画面に切り替えることができます。

Memo 連絡先の管理と保存先

連絡先の管理と保存先は、Outlook 2024に登録したアカウントの種類によって異なります。
Microsoft Exchangeアカウント／Microsoft 365のアカウント／Outlook.comアカウントなどのMicrosoft系アカウントの場合には、Outlook 2024で編集・追加・更新した「連絡先」の情報がクラウドにも保存されます。
つまり、Microsoft系アカウントであれば別のPCで「連絡先」の情報にアクセスして閲覧・編集・追加・更新も可能であるほか、万が一、今利用しているPCが壊れた場合でも、該当情報はクラウドにも保存されているため「安全性も利便性も高い管理」が可能です（本章はMicrosoft系アカウントを利用していることを前提に解説を進めます）。
一方、非Microsoft系アカウント（IMAPアカウントなど）である場合、「連絡先」の情報は「該当PC内（このコンピューターのみ）」に保存されるほか（クラウドには情報保存されません）、Outlook 2024の操作や機能の一部が制限されます。

Hint 無料のOutlook.comの活用

現在非Microsoft系アカウント（IMAPアカウントなど）を利用している環境において、Outlookで「連絡先」「予定表」を本書で解説している形で管理したい場合は、Outlook.com（https://www.outlook.com/）で無料のOutlook.comアカウント（「～@outlook.jp」「～@outlook.com」「～@hotmail.com」など）を作成してMicrosoft系アカウントで管理することをおすすめします。Outlook.comアカウントは、本書で解説しているOutlook 2024の操作・設定をすべて実行できます。

Hint 複数のアカウントを管理している場合は

Outlook 2024で複数のMicrosoft系アカウントを管理している場合、連絡先を各Microsoft系アカウントで個別に管理できます。しかし、基本的にはどれかひとつのMicrosoft系アカウントのみで連絡先を管理しないとわかりにくい状態になってしまうため、連絡先を管理するアカウントはあらかじめ決定しておくようにします。

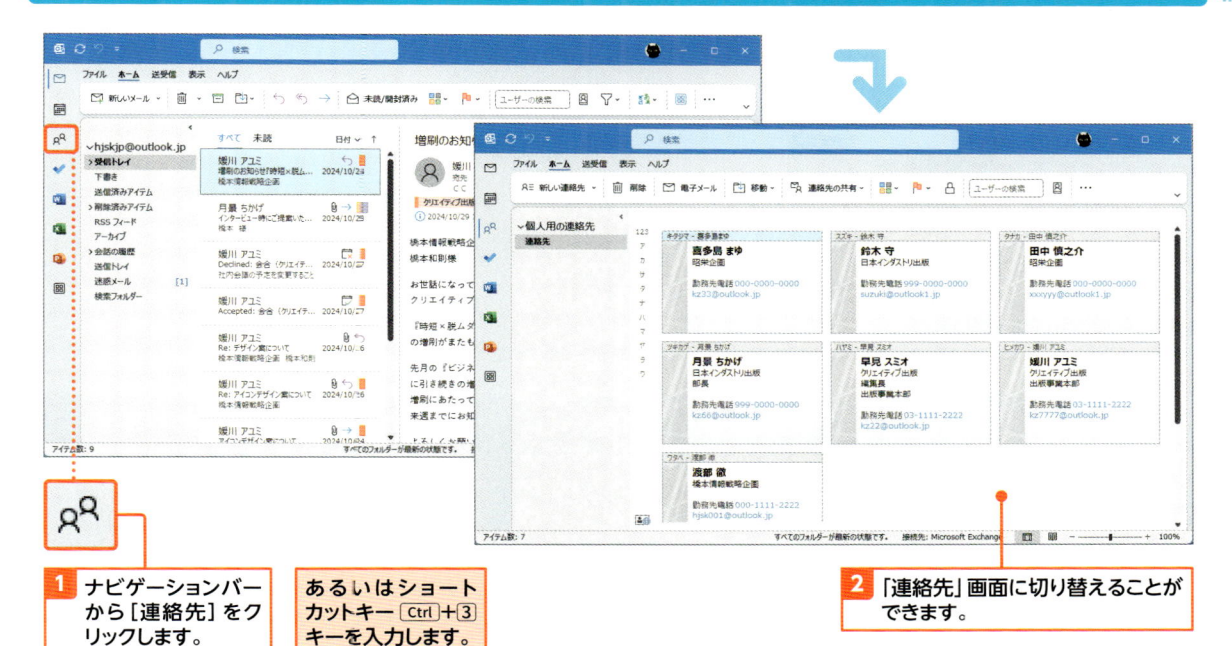

Section

65 新しい連絡先を登録する

ここで学ぶのは

- 連絡先の登録
- 連絡先の確認
- 連絡先の編集

Outlook 2024の「連絡先」によく利用する**連絡先を登録**しておけば、任意の相手の連絡先をすぐに確認できるほか、連絡先を利用してメール作成や会議出席依頼などをすばやく実行できて便利です。

1 連絡先を登録する

ショートカットキー

- 「メール」画面に切り替え
  Ctrl＋1
- 「連絡先」画面に切り替え
  Ctrl＋3

1 ［ホーム］タブ→［新しい連絡先］をクリックします。

2 ［連絡先］が表示されます。

3 ［姓］［名］［勤務先］［メール］［勤務住所］などを入力します。

4 ［連絡先］タブ→［保存して閉じる］をクリックします。

時短のコツ **入力欄は Tab キーで移動できる**

連絡先の入力欄は、入力したい空欄をクリックしてから入力する方法のほか、入力欄を Tab キーで移動できるので、移動したい入力欄まで Tab キーを連打して移動する方法があります。なお、ひとつ前の入力欄に戻りたい場合には Shift ＋ Tab キーを入力します。

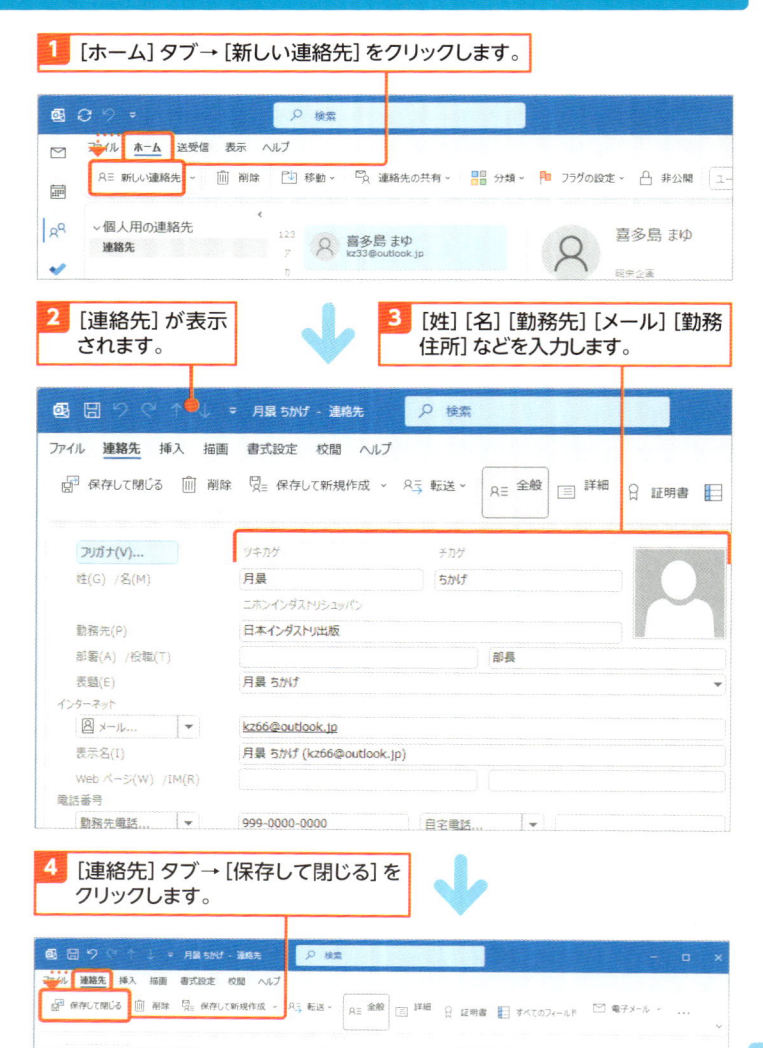

Memo　無理に入力欄を埋めなくてよい

連絡先情報は、無理に入力欄を埋める必要はありません。例えば、メールだけの取引で済む相手であれば、「姓名」と「メール（メールアドレス）」だけ登録しておき、後で必要に応じて情報を追加します。

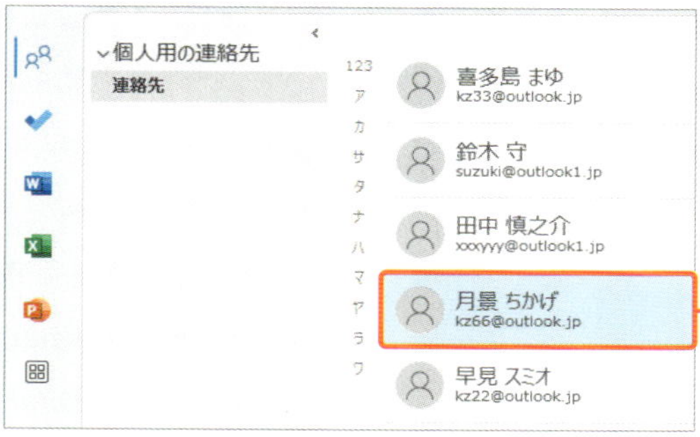

5 連絡先が登録されます。

2 連絡先を確認する

ショートカットキー

- 連絡先の選択
  ↑ ↓
- 連絡先の確認・編集
  Enter

Hint　メールや住所は複数登録できる

連絡先における「メール」「電話番号」「勤務先住所」などは各欄の▼をクリックすれば入力欄を切り替えることができます。

1人の人がメールアドレスや電話番号を複数持つことは珍しくなく、また連絡先を登録している人との関係性によっては「自宅住所」なども登録したいものです。Outlook 2024の連絡先はこのようなひとつの連絡先に対する複数の情報登録に対応しています。

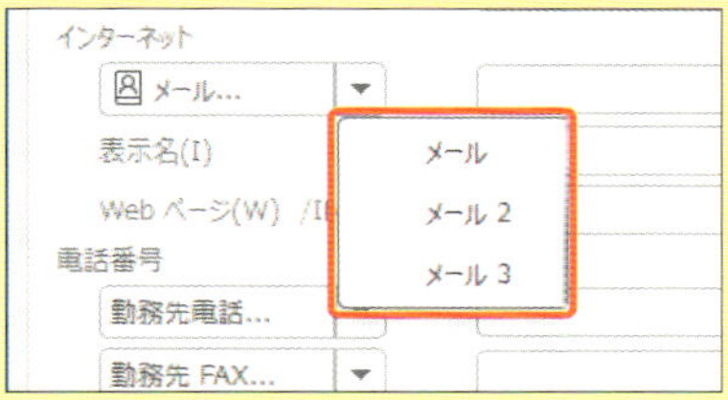

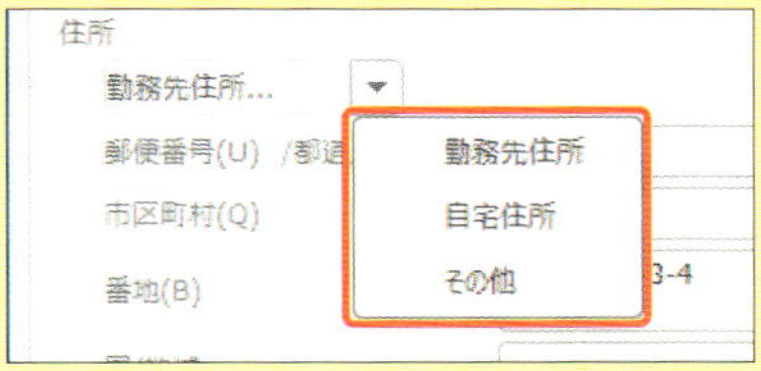

1 確認したい連絡先をダブルクリックします。

2 連絡先の内容を確認できます。

3 この画面で連絡先の情報を編集・更新することも可能です。

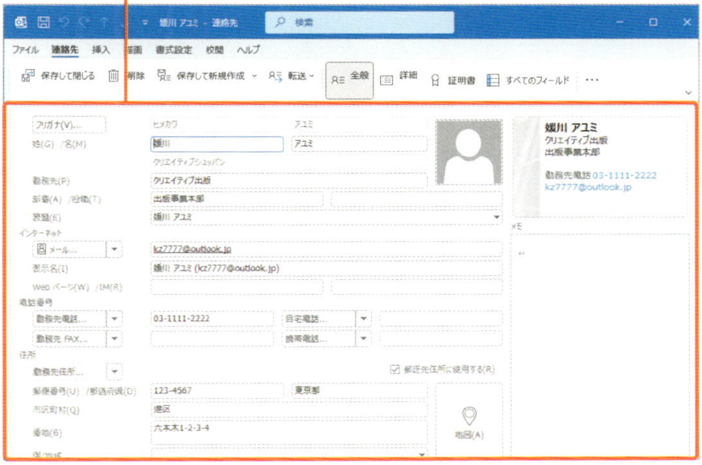

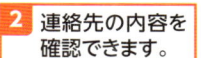

Section
66 連絡先を効率的に登録する

ここで学ぶのは
- メールから連絡先登録
- 同じ勤務先情報を用いた登録

連絡先は、いくつかのテクニックを用いることで**同じ勤務先の連絡先**をすばやく作成することや、**受信メールを利用して連絡先を登録**することなどが可能です。手入力による入力ミスを避けるためにも、なるべく参照先にある正確な情報を用いて連絡先を作成するようにします。

1 メールから差出人情報を参照して連絡先に登録する

Hint 連絡先の情報入力は手入力しない

連絡先情報はできるだけ「手入力しない」のが基本です。ビジネスメールの多くは、勤務先情報がメールの末尾（署名）に記述されているので、その情報を Shift ＋カーソルキーで選択したうえで Ctrl ＋ C キーでコピーします。
この後、連絡先情報の入力欄で Ctrl ＋ V キーでペーストして入力すれば、間違いのない連絡先を作成することができます。

● **メールの署名の勤務先をコピー**

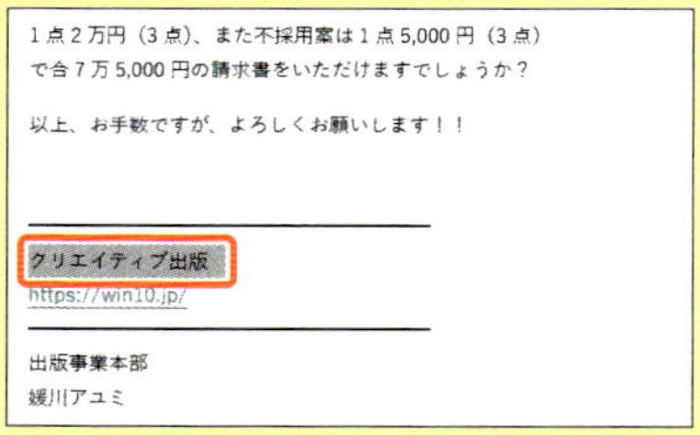

● **連絡先の［勤務先］にペースト**

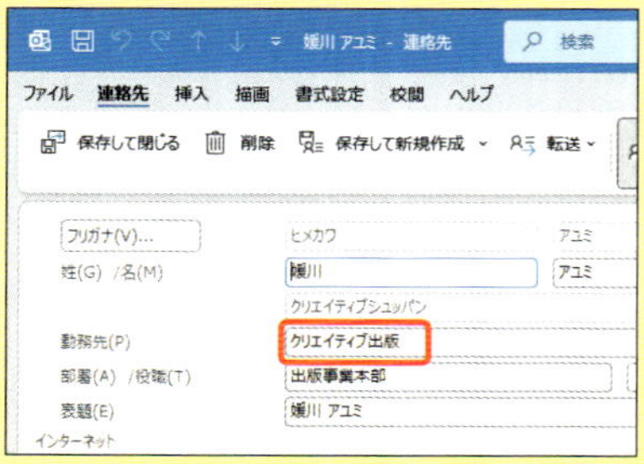

Outlook 2024を「メール」画面にします。

連絡先に登録したいメールを閲覧ウィンドウで表示します。

1 メールアドレスを右クリックして、

2 ショートカットメニューから［Outlookの連絡先に追加］をクリックします。

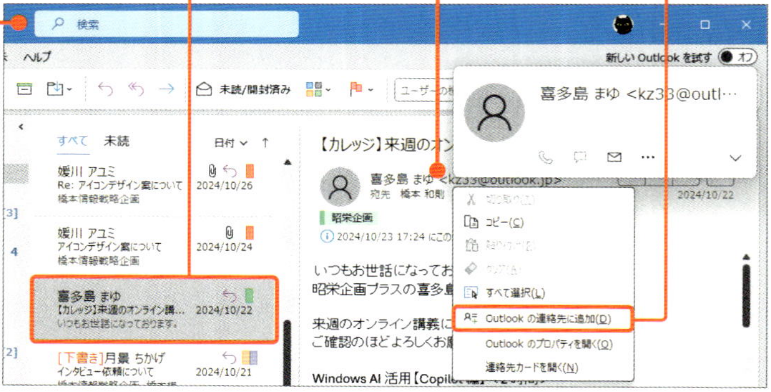

3 メールの情報が新しい連絡先に反映されます。

4 連絡先情報を任意に編集します。

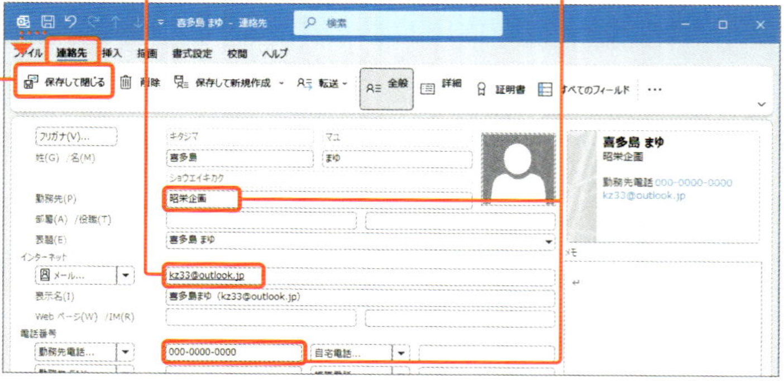

5 ［連絡先］タブ→［保存して閉じる］をクリックします。

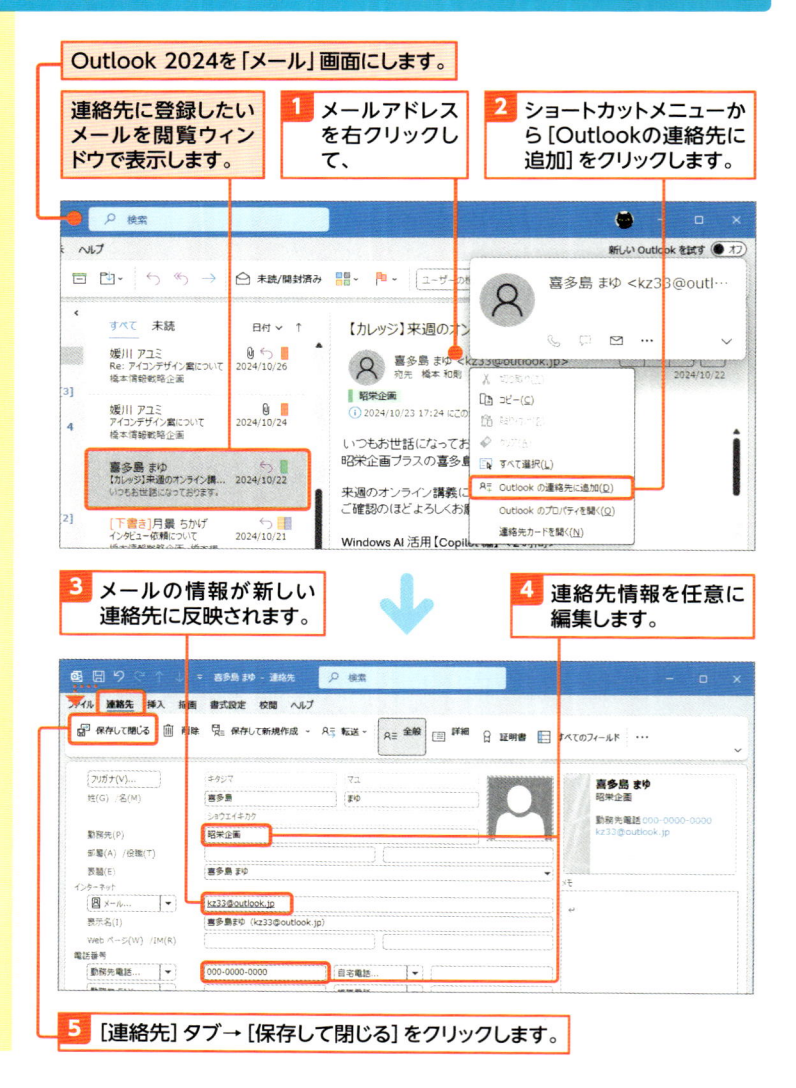

2 同じ勤務先の人を簡単に登録する

解説 「同じ勤務先の連絡先」の作成

「同じ勤務先の連絡先」の作成では、勤務先や勤務先電話番号、勤務先住所などをコピーした状態で連絡先を新規作成できます。同じ勤務先の連絡先情報を複数作成したい場合などに非常に便利です。

Hint 連絡先の登録は細心の注意を払う

連絡先の情報はメールの送信などのほか、住所・電話番号・役職などはメール以外の業務でも活用する場面があります。

このような後の利用を考えても、不確かな情報は確認をとったうえで、確実な情報を入力・登録するようにします。

ショートカットキー

- 「同じ勤務先の連絡先」を作成
  （連絡先を開いた状態から）
  Alt→H→A→W→S

1 同じ勤務先情報で登録したい既存の連絡先をダブルクリックします。

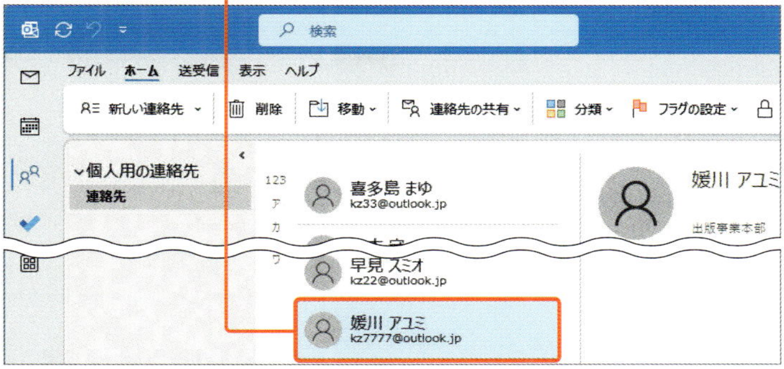

2 ［連絡先］タブ→［保存して新規作成］の⌄をクリックして、

3 ドロップダウンから［同じ勤務先の連絡先］をクリックします。

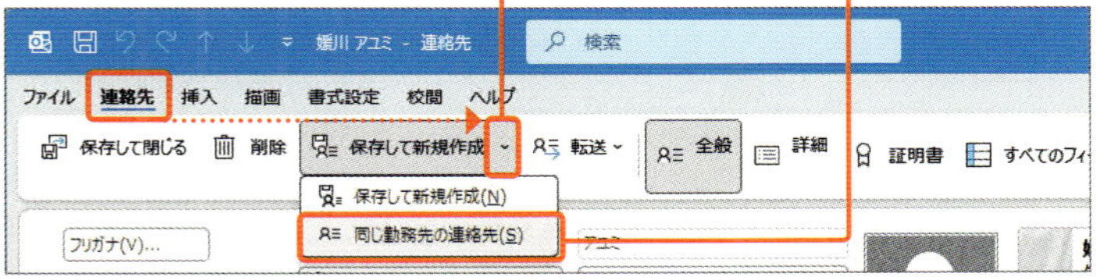

4 同じ勤務先情報が入力された状態で、新しい連絡先を編集できます。

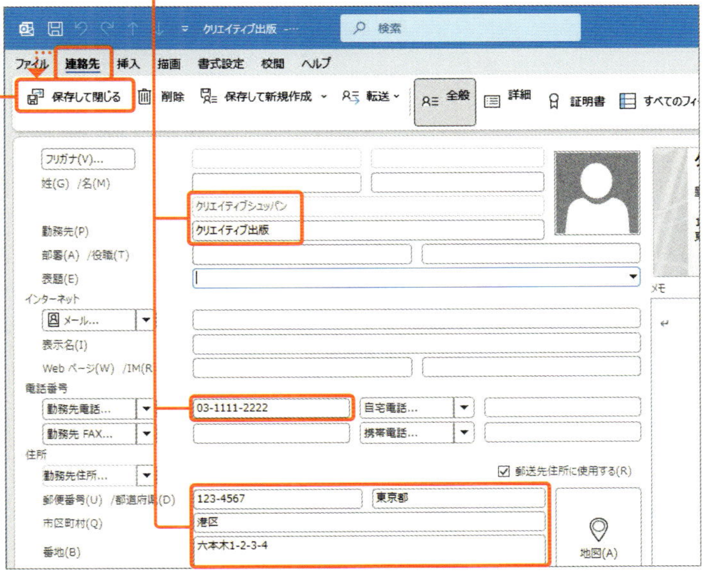

5 任意に姓名やメールアドレスなどを入力して、［連絡先］タブ→［保存して閉じる］をクリックします。

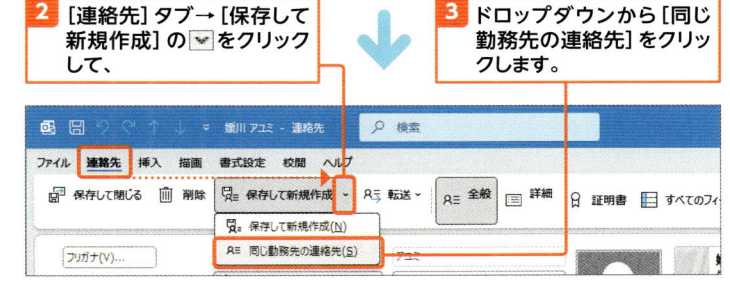

Section

67 連絡先を編集／削除する

ここで学ぶのは

- 連絡先の編集
- 連絡先の一覧編集
- 連絡先の削除

連絡先は自由に編集することができます。ニックネームなどの詳細情報を追加できるほか、任意の**連絡先情報を一覧で入力**する方法、また**連絡先を一覧表示**して空白となっている情報を確認して追加で編集する方法などがあります。

1 連絡先を編集する

Memo 「連絡先」画面を表示する

「連絡先」画面を表示するには、ナビゲーションバーから［連絡先］をクリックするか、ショートカットキー Ctrl ＋ 3 キーを入力します。

Hint フリガナの編集

姓名を手入力した場合、フリガナも自動的に入力される仕組みになっていますが、任意にフリガナを編集したい場合は［フリガナ］をクリックします。［フリガナの編集］ダイアログで任意に各フリガナを入力できます。

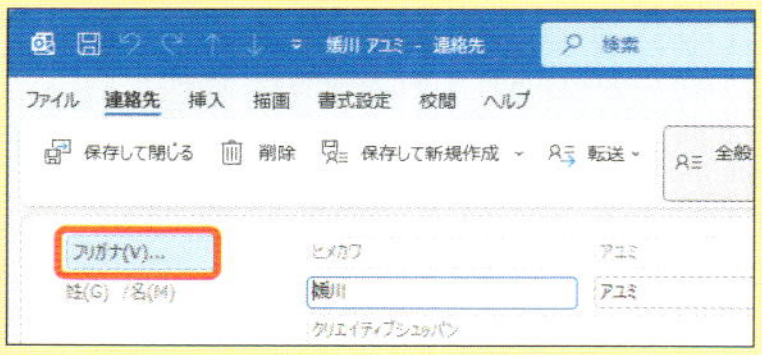

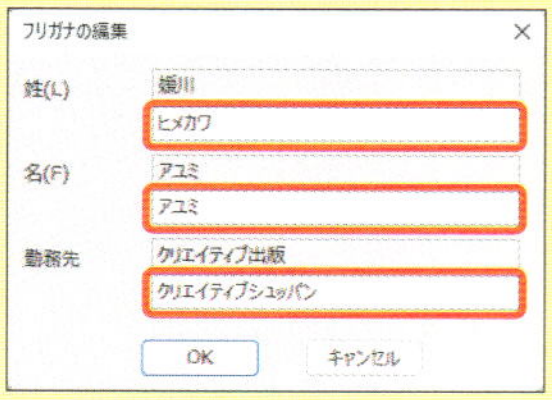

1 編集したい任意の連絡先をダブルクリックします。

2 連絡先の情報を任意に追加・変更します。

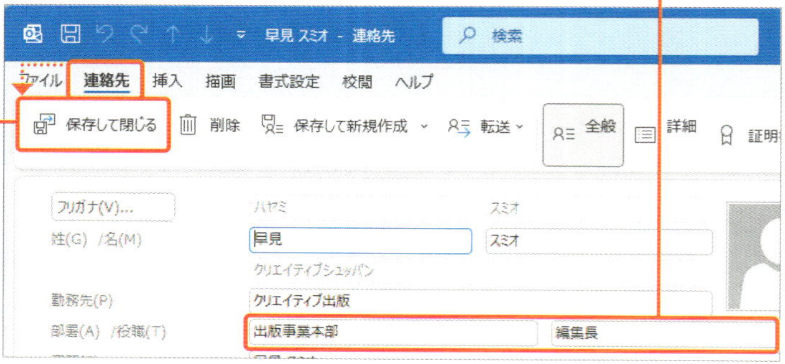

3 ［連絡先］タブ→［保存して閉じる］をクリックします。

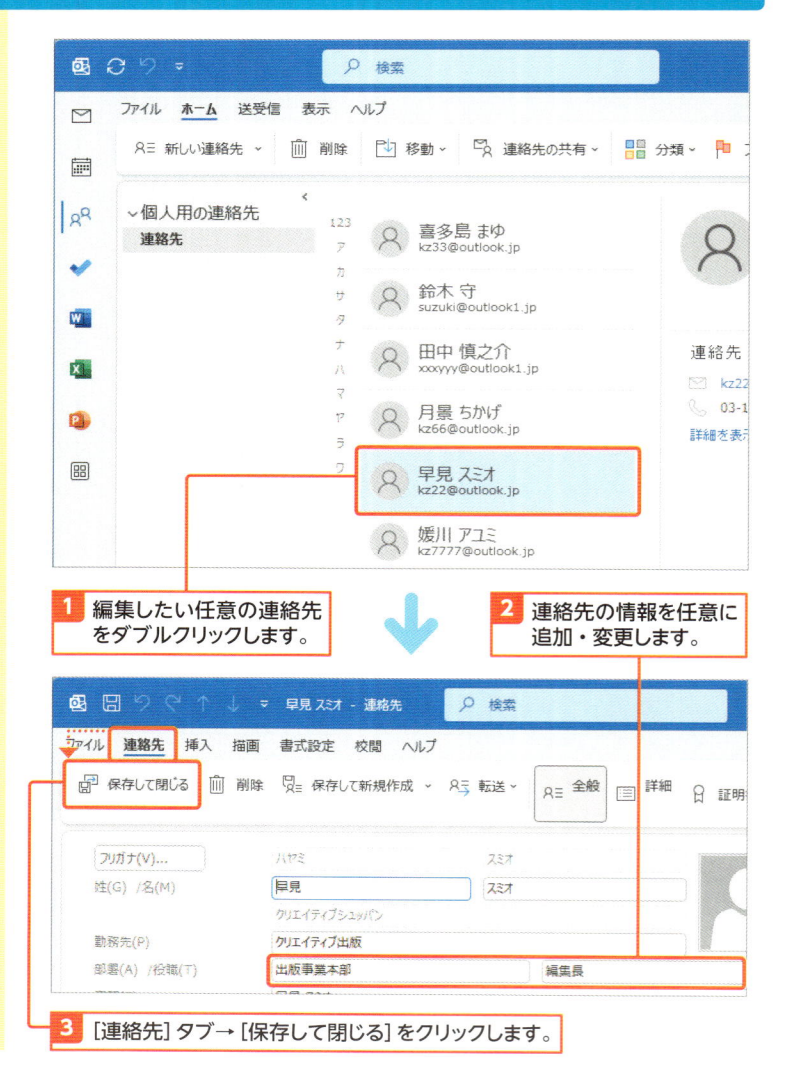

2 連絡先でニックネームや関係を登録する

解説 詳細な情報を登録する

[連絡先]タブの[詳細]では、部署やニックネーム、誕生日などの情報を登録できます。

Hint 不要な情報やあいまいな情報は入力しない

不要な情報やあいまいな情報は連絡先に登録しないのが基本です。例えば「上司」などは更新される情報でもあるため、数年後に入力情報が古くなった場面でこの情報を参照してしまうと思わぬ失礼を招くことになりかねません。全般的に入力情報は常に最新の状態を保つようにして、必然性のない項目はあえて空欄にしておくのも管理として重要です。

編集したい任意の連絡先をダブルクリックして表示しておきます。

1 [連絡先]タブ→[詳細]をクリックします。

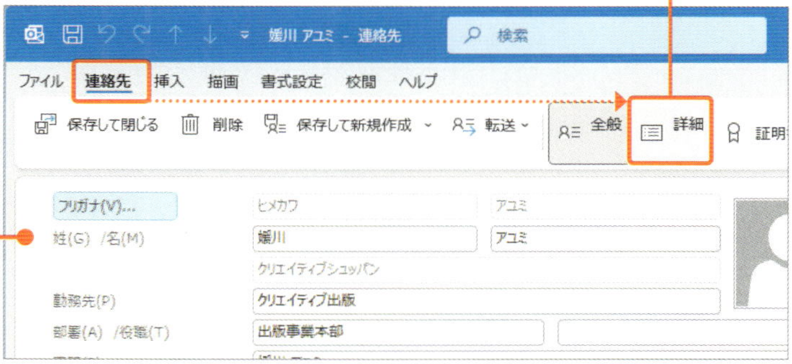

2 「部署」「上司」「ニックネーム」「敬称」「パートナー」などの詳細情報を任意に編集します。

3 [連絡先]タブ→[保存して閉じる]をクリックします。

3 任意の連絡先を一覧表状態で確認・編集する

時短のコツ 表のセルの編集は F2 キー

一覧表状態において、任意のフィールドへの移動はクリックで行えるほか、[名前]列をクリックしてカーソルキーでも移動可能です。また、任意の「値(項目に対する情報)」を変更したい場合には[値]列をクリックして、Excelのセル編集同様に F2 キーを押して、情報を入力・更新します。

編集したい任意の連絡先をダブルクリックして表示しておきます。

1 [連絡先]タブ→[…]をクッリクして、

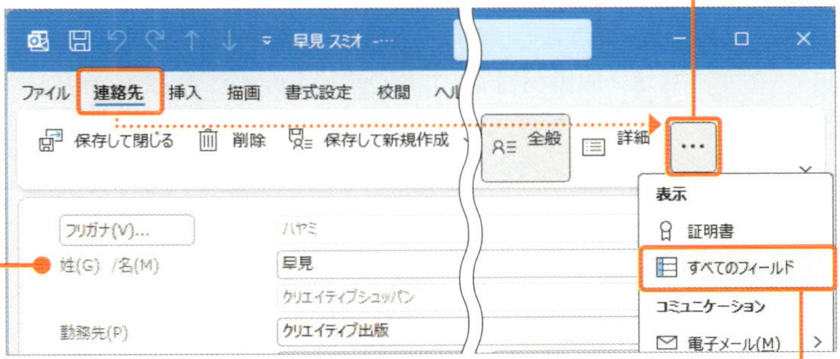

2 ドロップダウンから[すべてのフィールド]をクリックします。

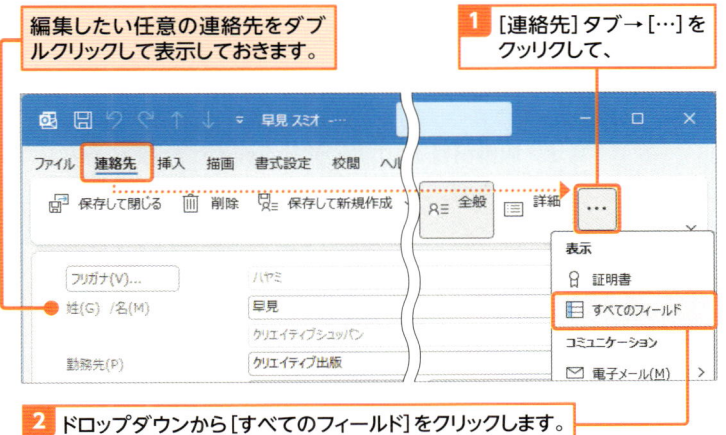

Hint　Excel に情報を貼り付けられる

一覧表状態でデータとして利用したい領域を Shift ＋ ↓ キーで選択したのち、Ctrl ＋ C キーで情報をコピーできます。後はメモ帳やExcelなどで Ctrl ＋ V キーで貼り付ければ、テキストやExcelデータとして連絡先の情報を活用できます。

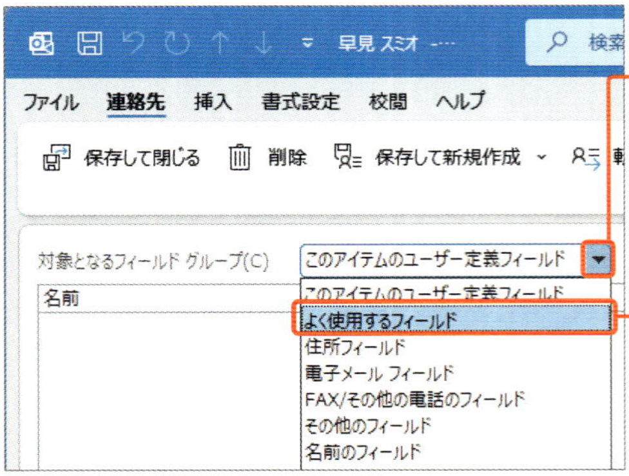

3 ［対象となるフィールドグループ］の ▼ をクリックして、

4 ドロップダウンから［よく使用するフィールド］をクリックします。

5 一覧で連絡先を確認・編集することができます。

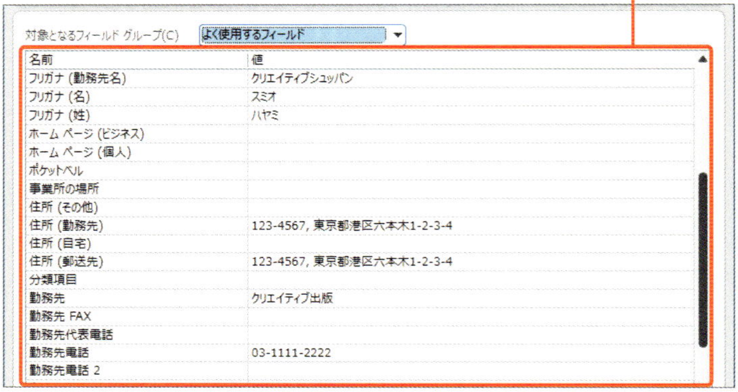

4 連絡先全体を一覧で編集する

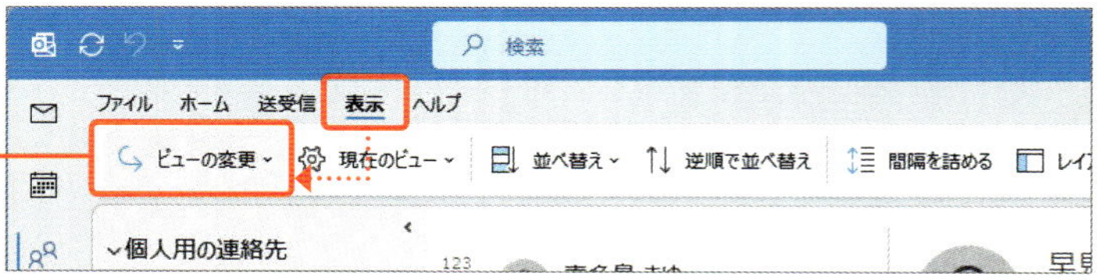

1 ［表示］タブ→［ビューの変更］をクリックして、

Hint　表示・編集項目を追加する

［表示］タブ→［現在のビュー］をクリックし、ドロップダウンから［ビューの設定］をクリックして、［列］をクリックすれば、「一覧」において任意の表示・編集項目を追加できます。

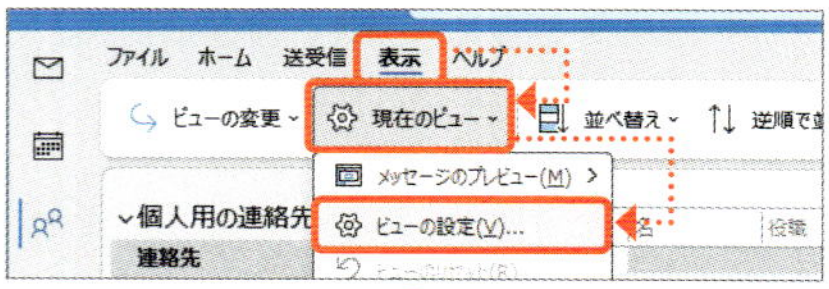

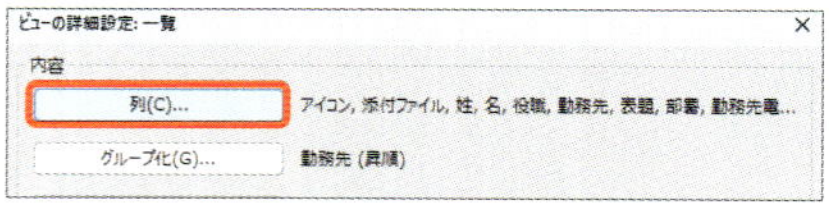

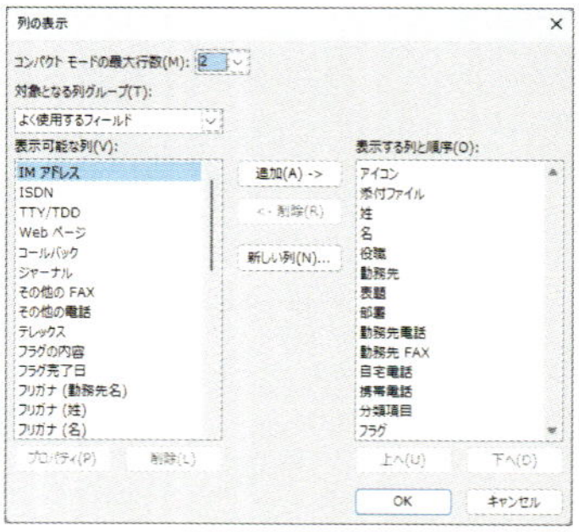

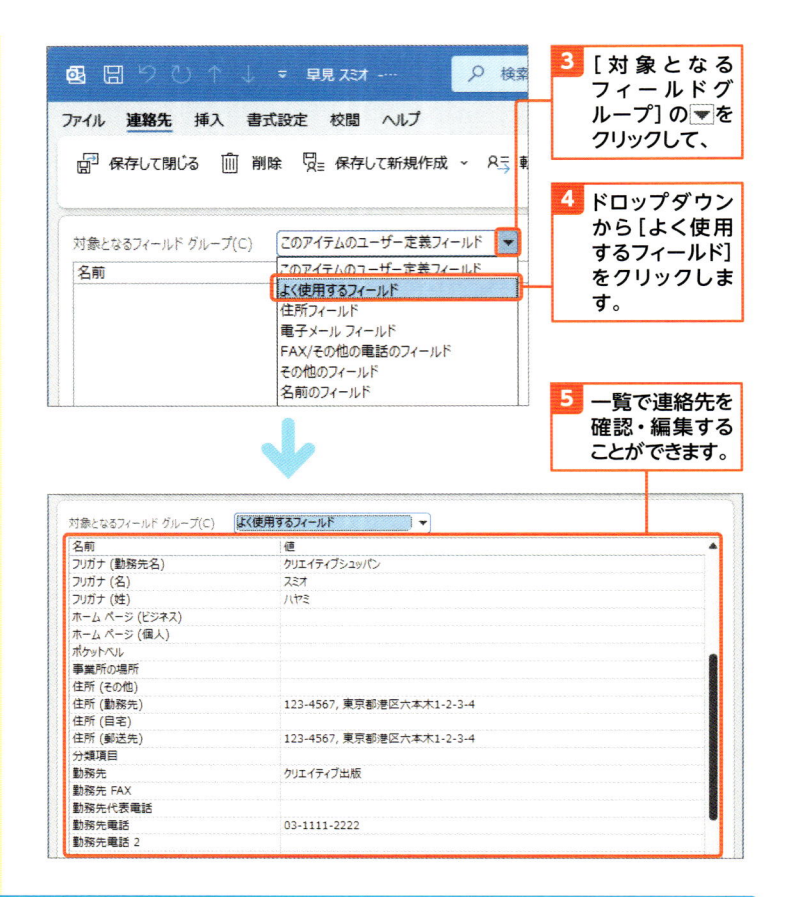

Memo 一覧表示での編集は特殊

一覧表示での編集は少し特殊です。現在フォーカスがある項目で入力するとその項目が上書きされる形での入力になります。

Hint ビューを「連絡先」にする

連絡先を元の表示に戻したい場合には、[表示] タブ→ [ビューの変更] をクリックし、ドロップダウンから [連絡先] をクリックします。

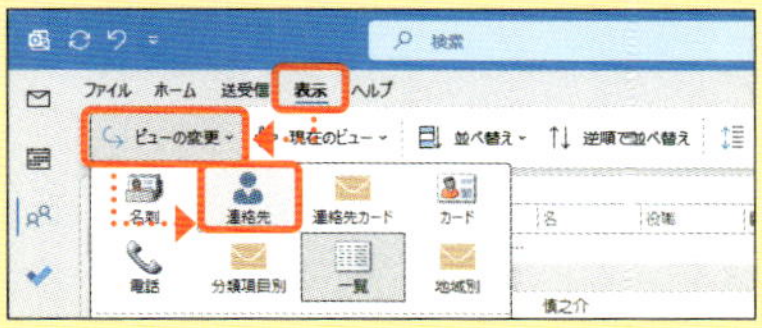

Hint 一覧表示で現在の入力を生かして編集する

一覧表示でフォーカスのある項目で入力を行うと項目の「上書き」になってしまいますが、現在の情報を生かして編集したい場合は、F2 キーを押して編集を行います。現在の情報を保持した状態での編集が可能になるため、入力内容によっては便利です。

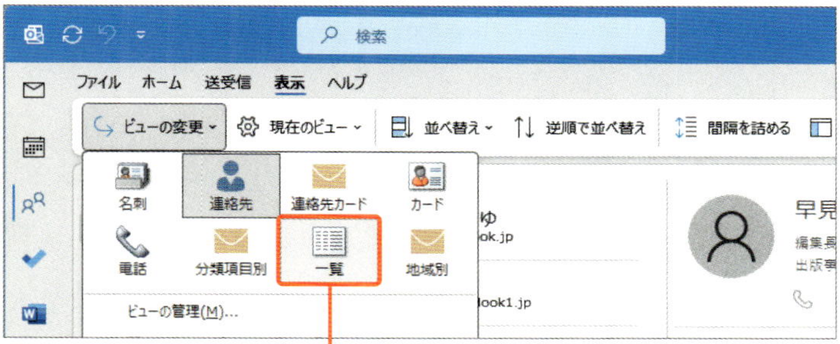

2 [一覧] をクリックします。

3 連絡先の情報が一覧で表示されます。

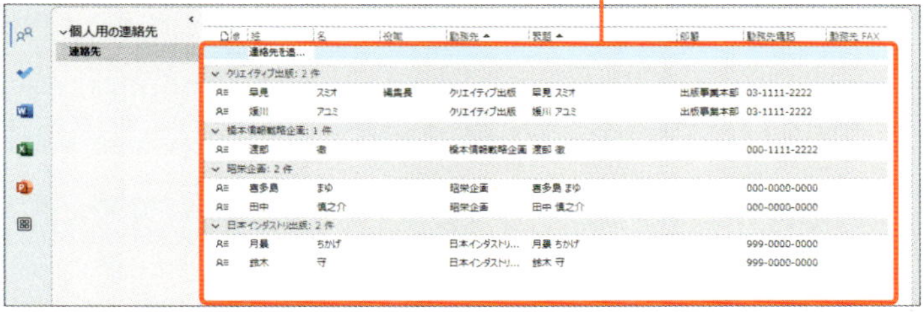

4 連絡先情報内の任意の項目をクリックして、編集します。

一覧表で各連絡先のデータを並べて編集できるので便利です。

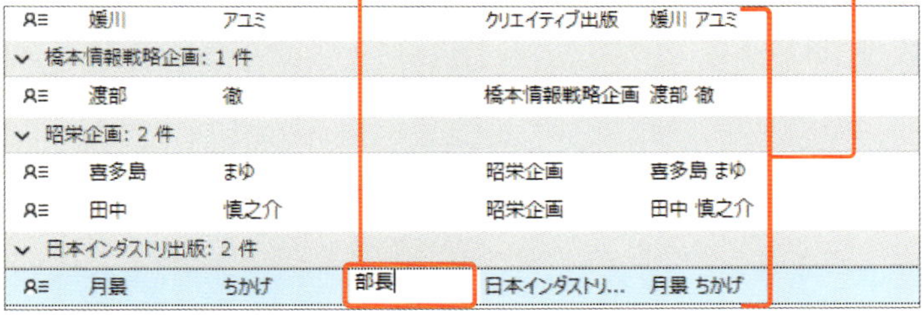

5 連絡先を削除する

ショートカットキー

● 連絡先の削除
Delete

Hint 削除直後の連絡先の復元

連絡先を削除してしまった直後であれば、ショートカットキー Ctrl + Z キーで削除した連絡先を復元できます。

1 削除したい連絡先をクリックして選択します。

2 [ホーム] タブ→ [削除] をクリックします。

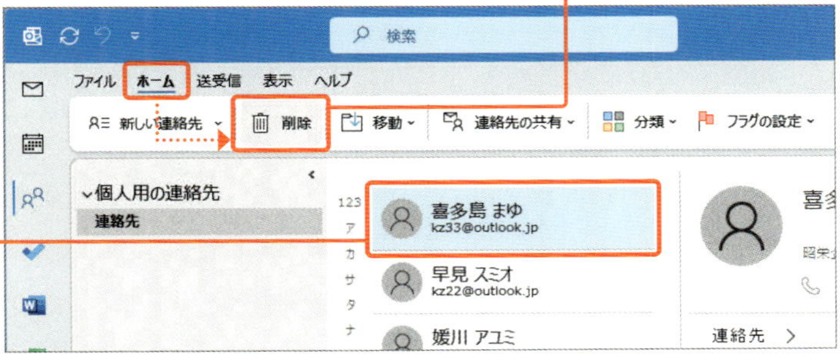

3 連絡先を削除できます。

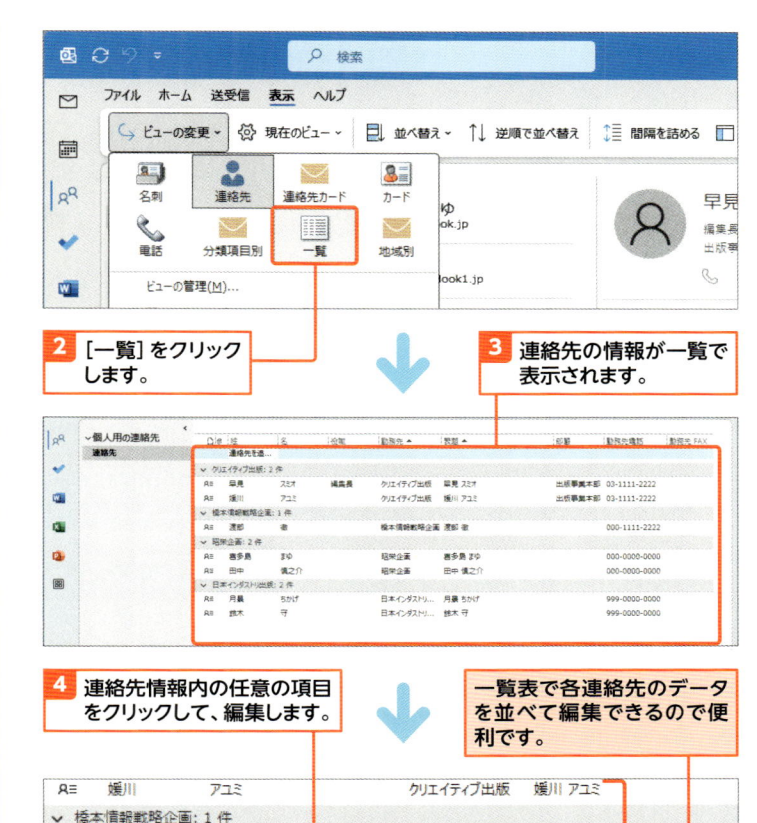

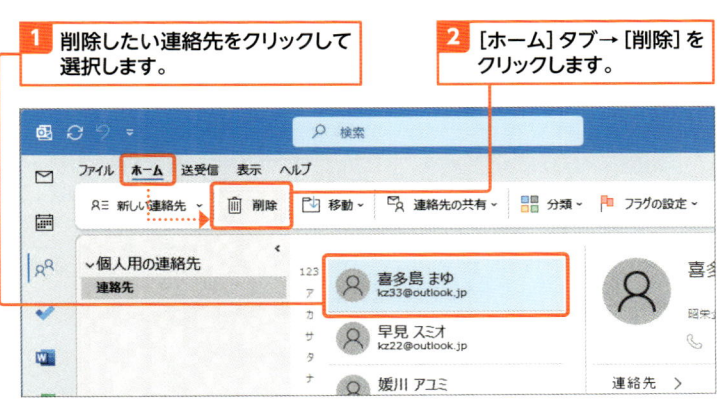

Section 68

連絡先を使用してメールを送信する

ここで学ぶのは

- 「連絡先」画面からのメール
- 複数の宛先指定
- 連絡先情報からのメール送信

連絡先の情報はメールに活用することが可能です。**連絡先にあらかじめ登録しておいたメールアドレスを使用してメールを送信**できるほか、**複数の連絡先を指定してメール送信**を行うこともできます。

1 「連絡先」画面からメールを送信する

Memo 「電子メール」コマンドの有無

Outlook 2024の「連絡先」画面では、ビューの選択によってリボンコマンドの表示が異なるという特性があります。ビューが「名刺」の場合は「電子メール」が表示されますが、ビューが「連絡先」の場合は「電子メール」は表示されません。

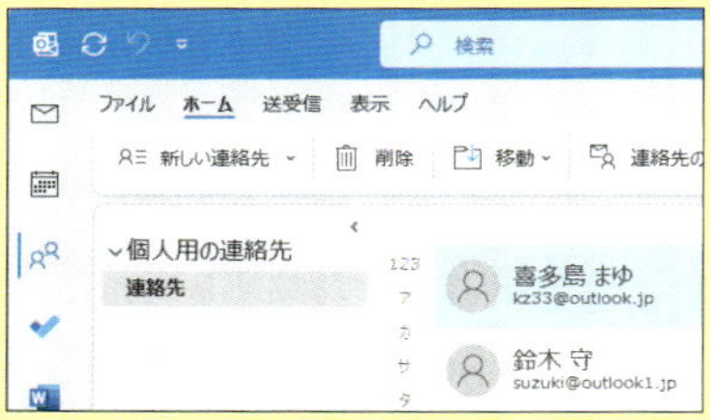

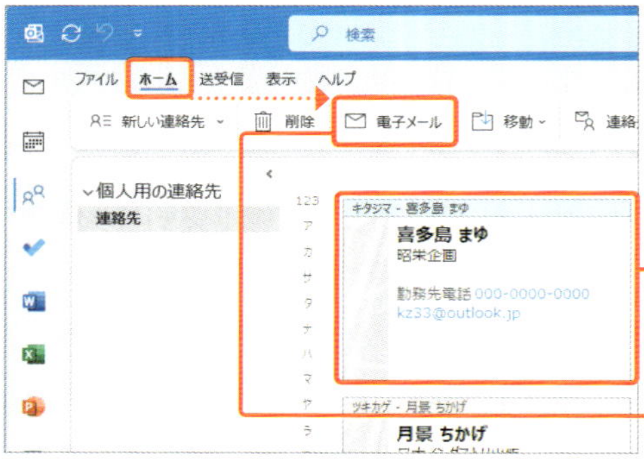

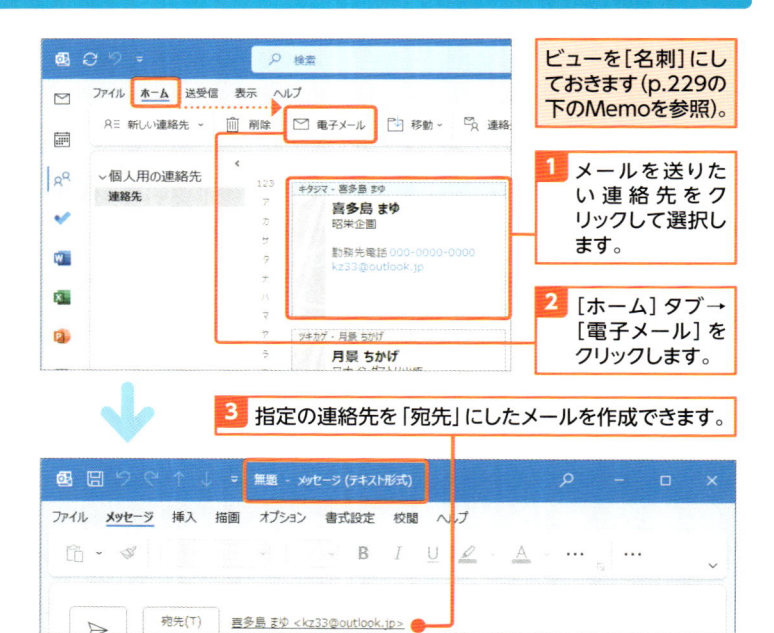

ビューを[名刺]にしておきます(p.229の下のMemoを参照)。

1 メールを送りたい連絡先をクリックして選択します。

2 [ホーム]タブ→[電子メール]をクリックします。

3 指定の連絡先を「宛先」にしたメールを作成できます。

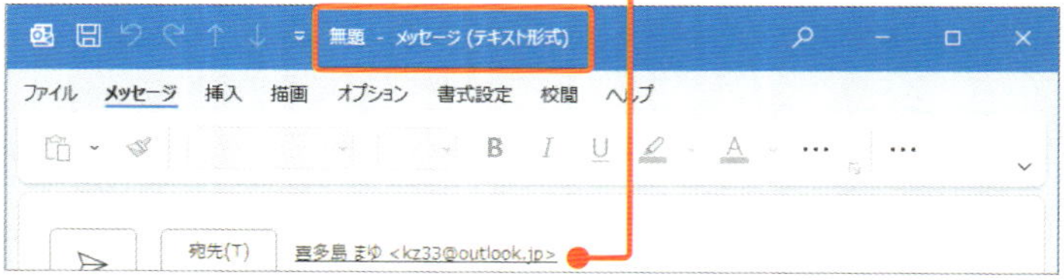

2 「連絡先」画面から複数の宛先を指定してメールを送信する

ショートカットキー

- 「連絡先」画面から新しいメールを作成
  Ctrl + Shift + M

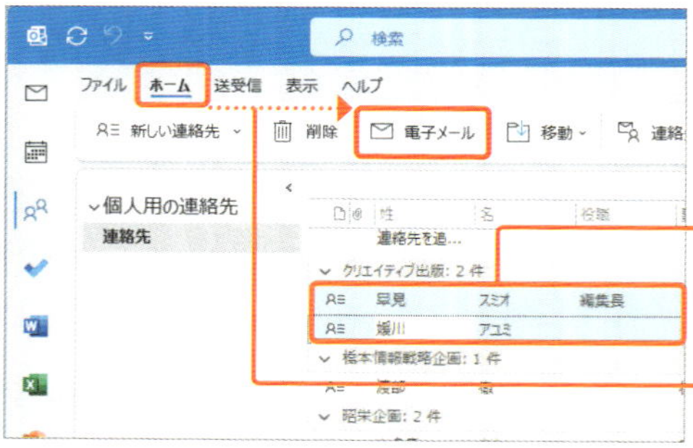

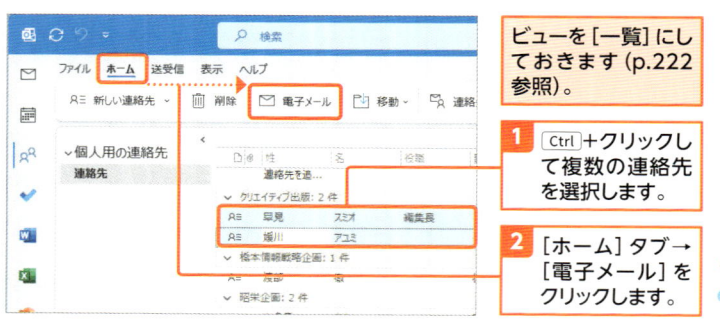

ビューを[一覧]にしておきます(p.222参照)。

1 Ctrl +クリックして複数の連絡先を選択します。

2 [ホーム]タブ→[電子メール]をクリックします。

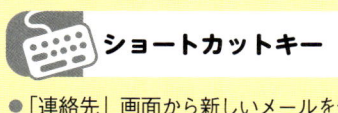

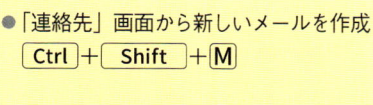

3 指定の複数の連絡先を［宛先］にしたメールを作成できます。

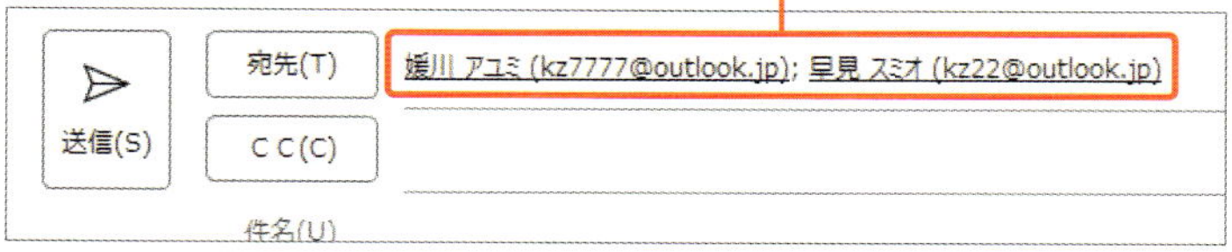

時短のコツ　ビューの切り替えをすばやく行う

Outlook 2024の連絡先では、ビュー表示を場面に応じて任意に切り替える必要があります。リボンコマンドをクリックする方法のほか、ショートカットキー［Alt］→［V］→［C］→［V］キーで、［ビューの変更］にアクセスできるため、後はカーソルキーで任意の表示スタイルを選択して、［Enter］キーを押せばすばやくビュー表示を切り替えることができます。

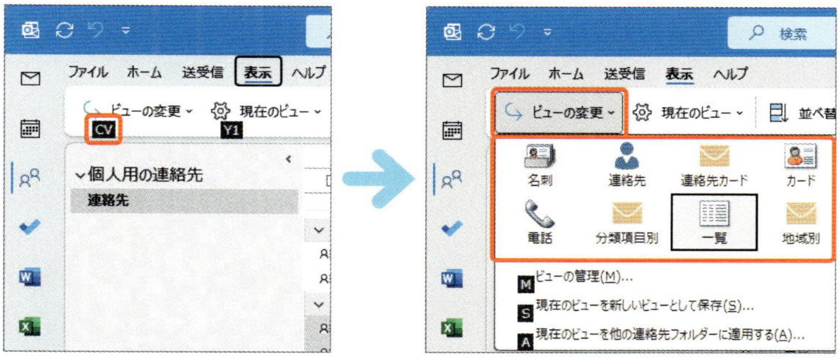

3 連絡先情報からメールを送信する

Hint　宛先が複数指定になってしまう

任意の連絡先情報を参照している状態から、［連絡先］タブ→［電子メール］をクリックすると、新しいメールの［宛先］に複数のメールアドレスが列記される場合があります。これは連絡先において［メール2］などを登録している状態において列記されますが、任意のメールアドレスを選択して［Delete］キーを押せば消すことができます。

1 メールを送信したい連絡先をダブルクリックします。

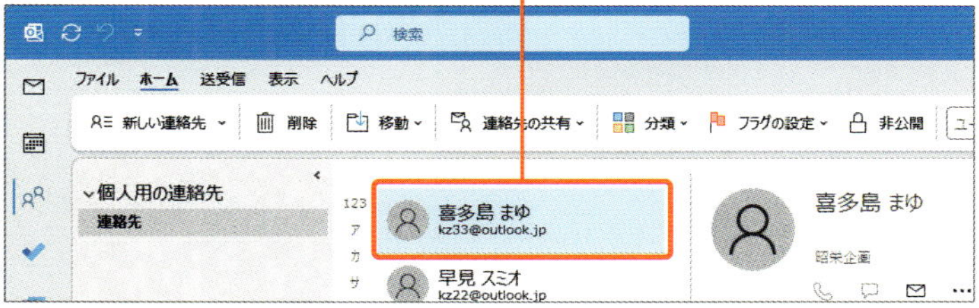

2 ［連絡先］タブ→［…］をクリックして、

3 ドロップダウンから［電子メール］をクリックします。

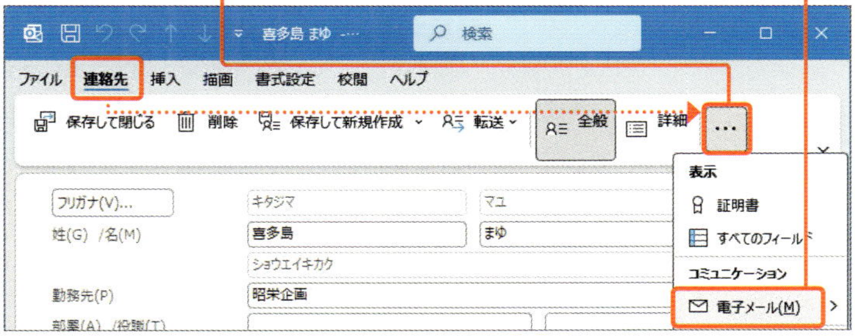

4 指定の連絡先を［宛先］にしたメールを作成できます。

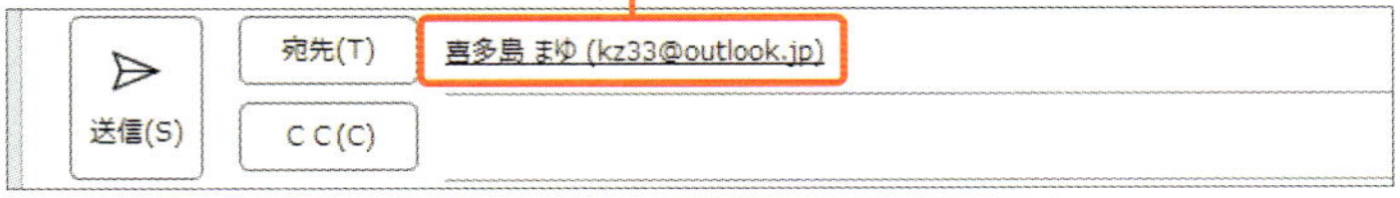

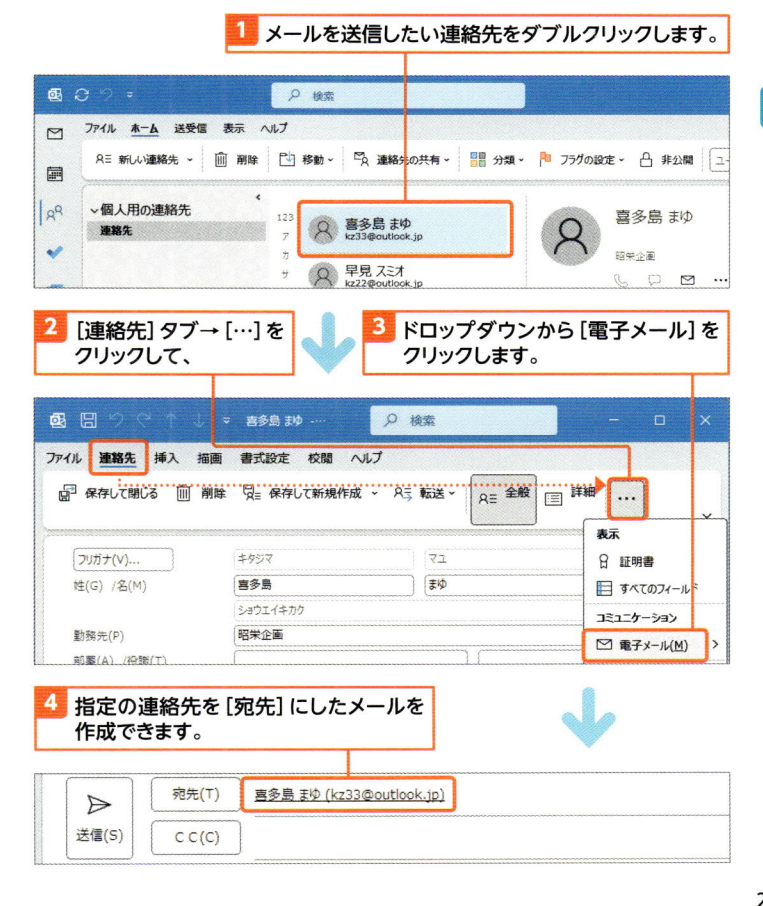

4 連絡先情報の「宛先」「CC」を指定する

Hint 「メール」画面以外からのメール作成

Outlook 2024の「メール」画面でCtrl＋Nキーを入力すれば、新しいメールが作成できますが、Outlook 2024の「メール」画面以外からメールを作成したい場合は、ショートカットキーCtrl＋Shift＋Mキーを入力します。「連絡先」画面や「予定表」画面から、新しいメールを作成できます。

Hint 複数の宛先を指定する

［名前の選択］ダイアログから、「宛先」となる任意の連絡先をCtrlキーを押しながらクリックして、複数選択したうえで［宛先］をクリックすれば、複数の連絡先を宛先に指定することも可能です。

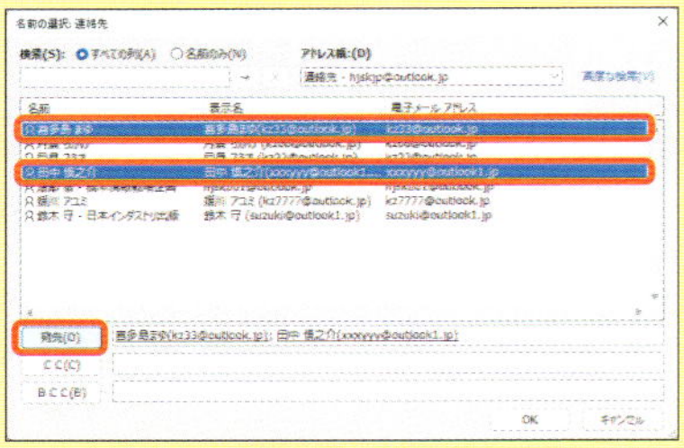

Outlook 2024を「メール」画面にしておきます。

1 ［ホーム］タブ→［新しいメール］をクリックします。

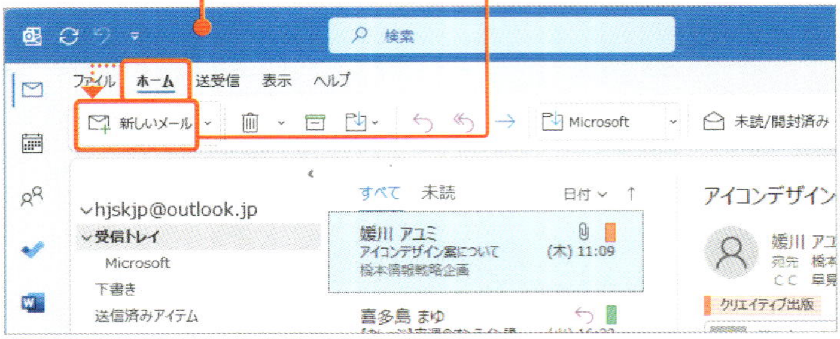

2 ［宛先］をクリックします。

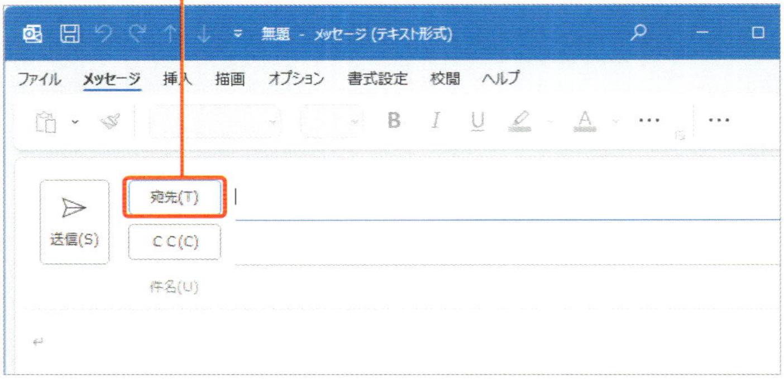

3 ［名前の選択］ダイアログが表示されます。

4 「宛先」へ指定したい連絡先をクリックして選択します。

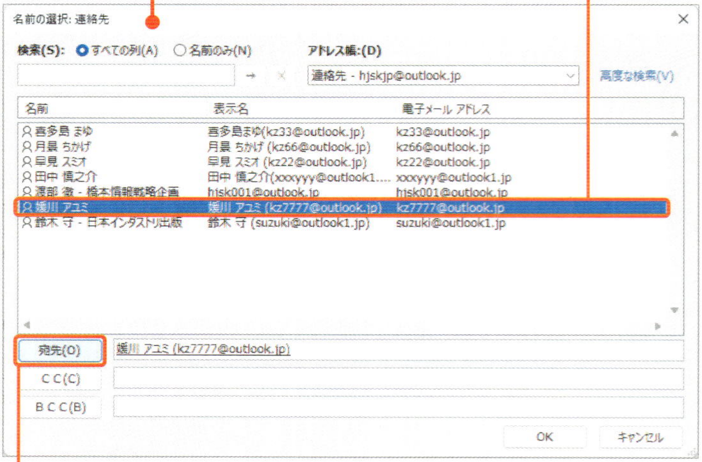

5 ［宛先］をクリックすると、選択メールアドレスを「宛先」に指定できます。

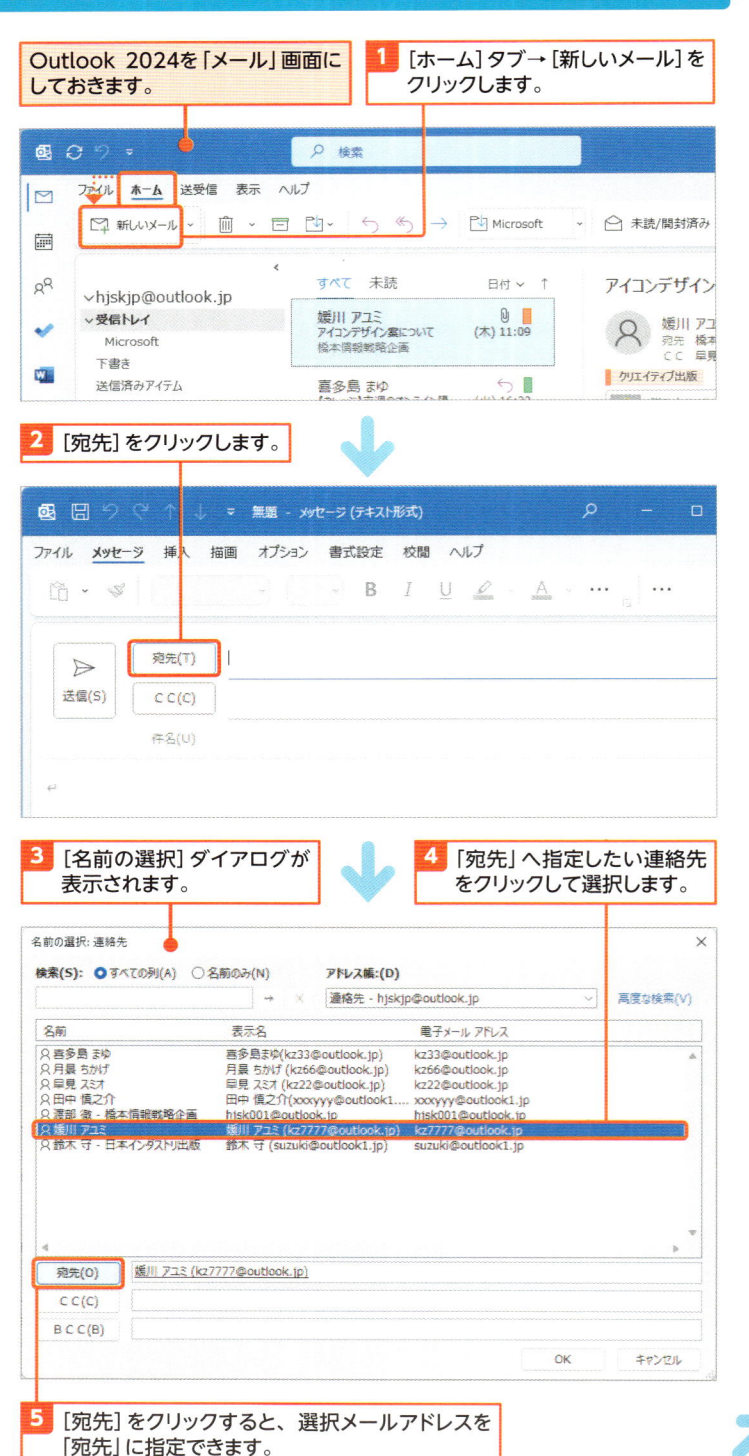

Hint 宛先をオートコンプリートで入力する

「宛先」「CC」などは［名前の選択］ダイアログから任意の連絡先を選択しなくても、入力欄にメールアドレスの先頭部分を入力すれば、「オートコンプリート」機能により、連絡先に登録されたメールアドレスを候補から選択して入力することが可能です。

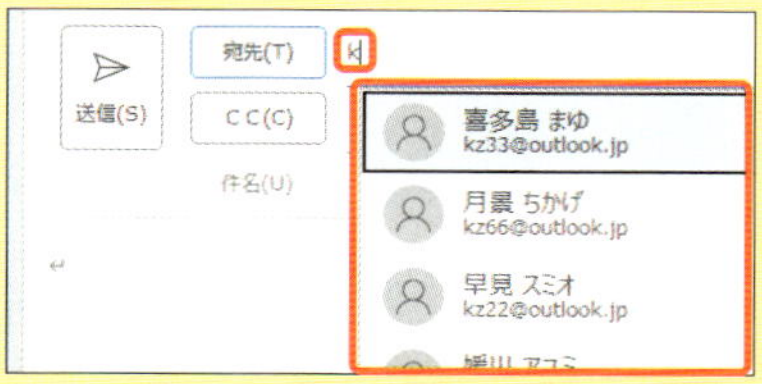

Hint 「BCC」を表示する

メール作成において「BCC」入力欄を表示したい場合には、メッセージウィンドウの［オプション］タブ→［…］をクリックし、ドロップダウンから［BCC］をクリックしますが、［名前の選択］ダイアログでBCCを指定すれば、自動的にメッセージウィンドウに「BCC」が表示されます。

6 「CC」へ指定したい連絡先をクリックして選択します。

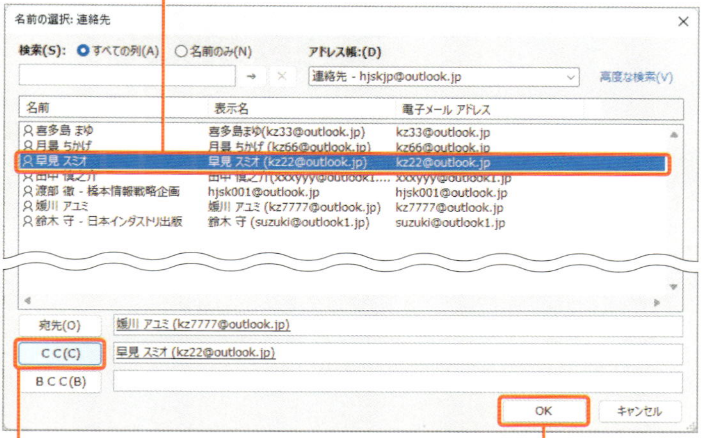

7 ［CC］をクリックすると、選択メールアドレスを「CC」に指定できます。

8 ［OK］をクリックします。

9 「宛先」「CC」などを指定したメールを作成できます。

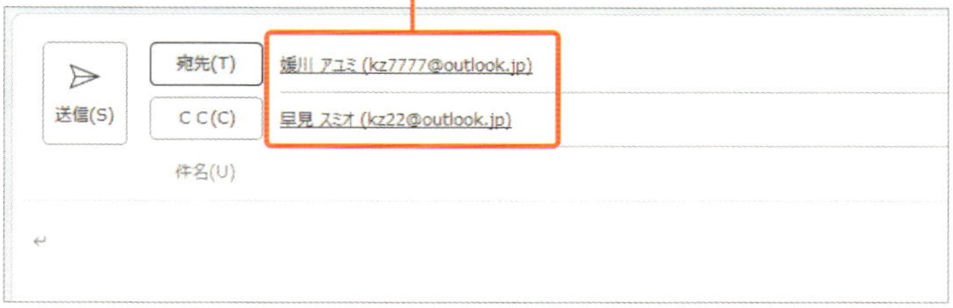

Hint 連絡先情報を添付してメール送信する

連絡先情報はvCard形式としてメールで送信することができます。
送信したい連絡先情報を選択して、［ホーム］タブ→［連絡先の共有］をクリックして、ドロップダウンから［名刺として送信］をクリックします。新しいメールに連絡先情報を添付することができます。
なお、個人情報の取り扱いには注意して、許可なく他者と連絡先を共有することは基本控えるようにします。

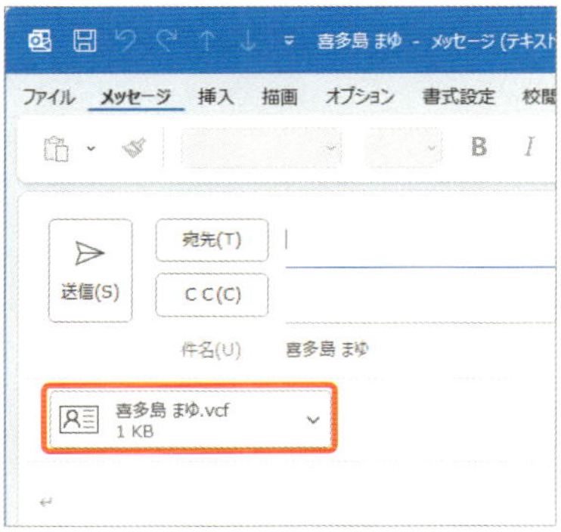

Section

69 連絡先グループを活用する

ここで学ぶのは

- 連絡先グループの作成
- メンバーへの一括送信
- 連絡先グループの編集

個々の連絡先を「連絡先グループ」に登録しておくと、メールや会議通知を一括で送信したい場合などに便利です。ここでは、連絡先グループの作成方法と、連絡先グループのメンバーにメールを送る方法、また連絡先グループの編集などについて解説します。

1 連絡先グループを新規作成する

解説 連絡先グループの活用

仕事や趣味などで連絡事項を共有したいメンバーがいる場合は、「連絡先グループ」を作成すると便利です。連絡先グループではメンバーに対してメールを一斉送信できます。また、会議通知などにも活用でき、全般的に「同じ内容の事柄をひとつのグループに伝えたい」という場合に便利です。ただし、作成にあたってはプライバシーに注意する必要があります（p.230の上のHintを参照）。

1 ［ホーム］タブ→［新しい連絡先］の横にある⌄をクリックして、

2 ドロップダウンから［連絡先グループ］をクリックします。

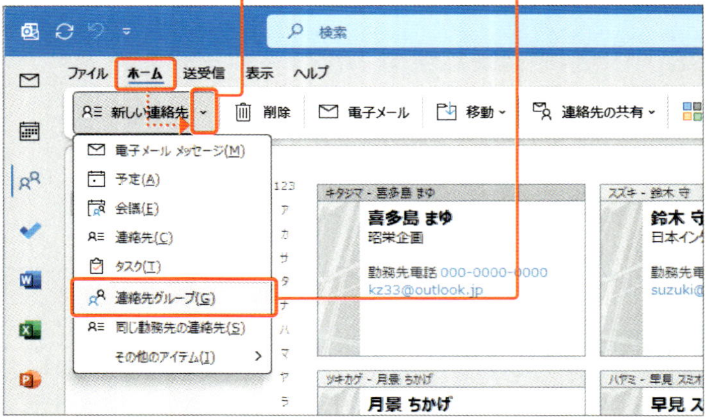

3 ［名前］に任意グループ名を入力します。

4 ［連絡先グループ］タブ→［メンバーの追加］をクリックして、

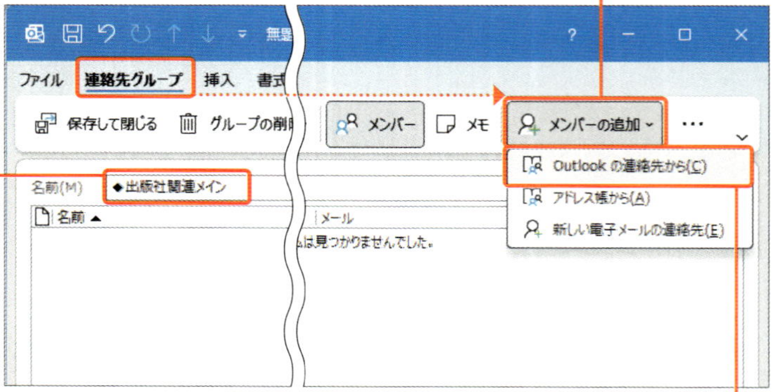

5 ドロップダウンから［Outlookの連絡先から］をクリックします。

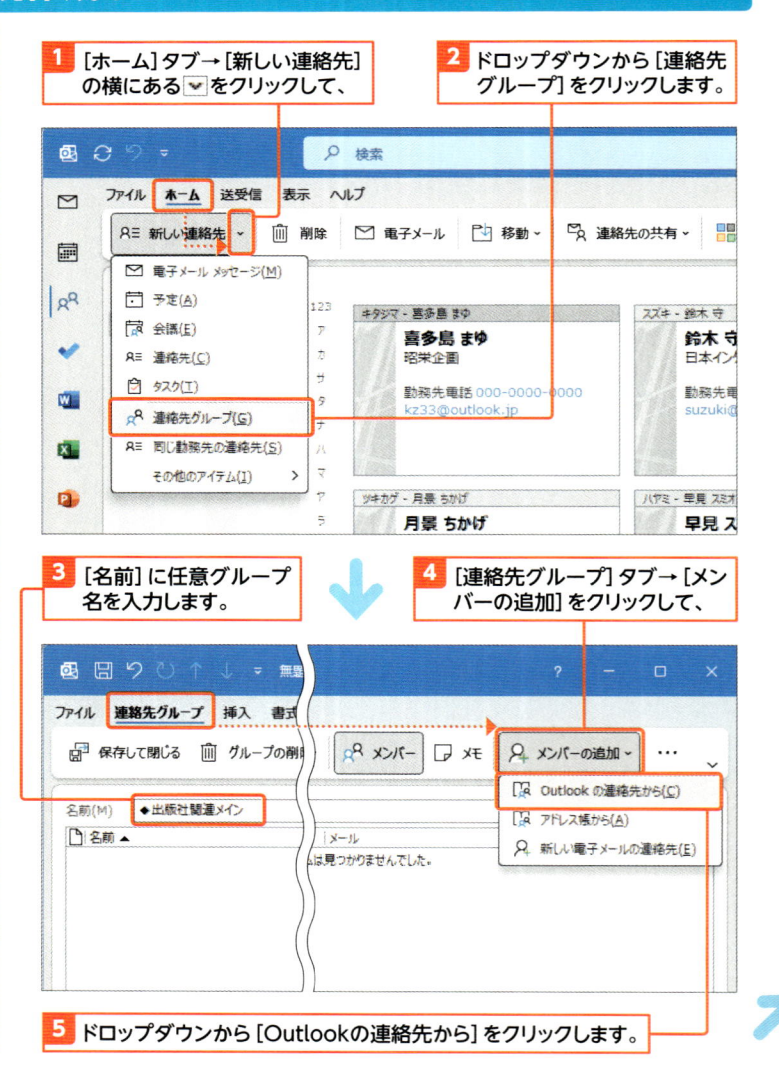

Memo　ビューによってリボンコマンドは異なる

Outlook 2024の「連絡先」では、ビューの選択によってリボンコマンドの表示が変化します。ビューが「名刺」の場合には「電子メール」が表示されますが、ビューが「連絡先」の場合には「電子メール」は表示されません。

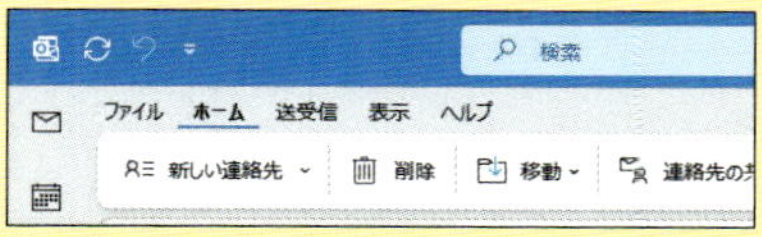

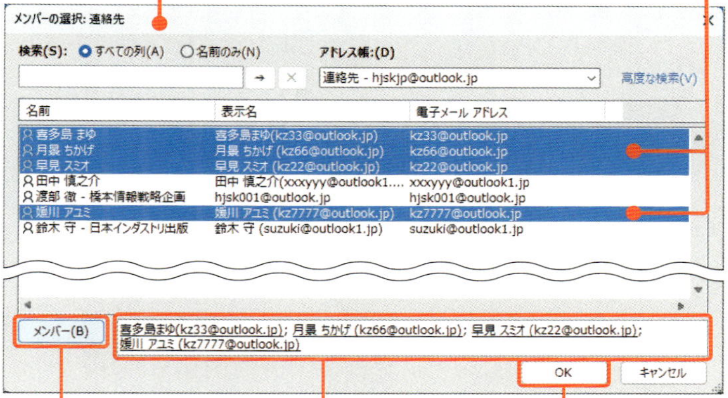

6 ［メンバーの選択］ダイアログが表示されます。

7 メンバーに加えたい任意の連絡先を Ctrl キーを押しながらクリックして、複数の連絡先を選択します。

8 ［メンバー］をクリックします。

9 メンバー欄に追加された連絡先を確認します。

10 ［OK］をクリックします。

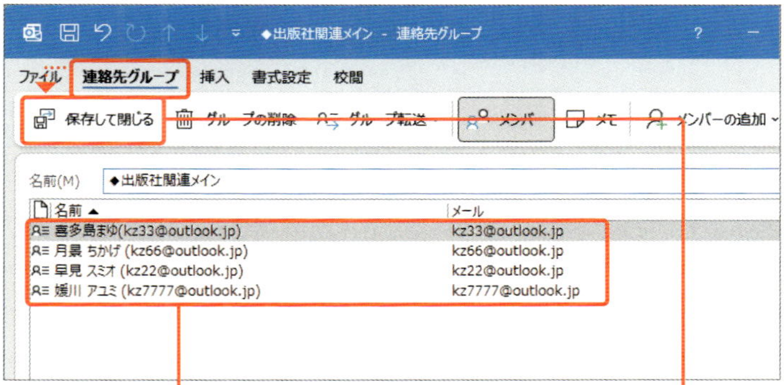

11 連絡先グループに追加された連絡先を確認します。

12 ［連絡先グループ］タブ→［保存して閉じる］をクリックします。

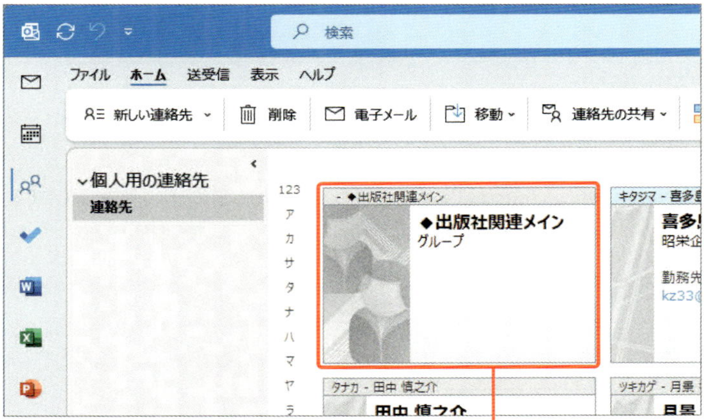

13 連絡先グループが連絡先に追加されます。

Memo　ビューを「名刺」にする

連絡先の表示スタイルを「名刺」にしたい場合には、［表示］タブ→［ビューの変更］をクリックし、ドロップダウンから［名刺］をクリックします。

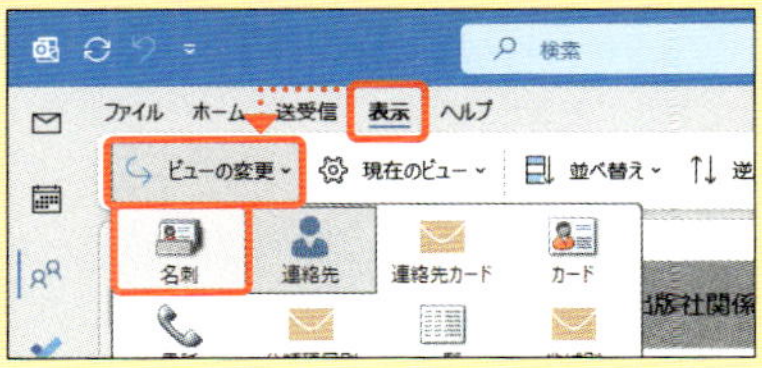

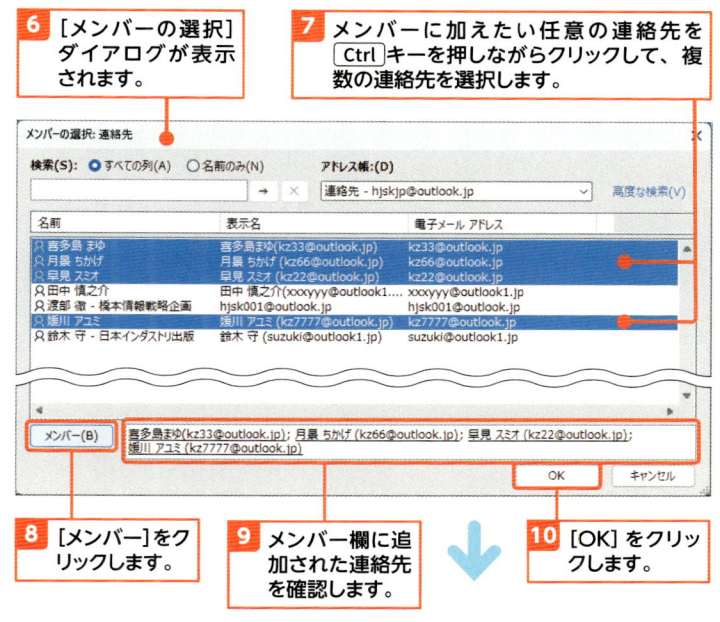

2 連絡先グループに含まれる全員にメールを送る

Hint プライバシーに注意

連絡先グループを用いてメールの一斉送信や会議通知を行った場合、該当情報の「宛先」には、すべてのメンバーのメールアドレスが列記されます。メールにおいて「宛先」で入力したメールアドレスは、メールアドレスを受け取った人のすべてが確認可能であるため、メンバー同士が知り合いでない場合は、知らない人物のメールアドレスを教えてしまうことに注意が必要です。もし、メールアドレスを見せずに全員に「連絡先グループ」を活用してメールを送信したい場合は、「BCC」に連絡先グループを指定するようにします。また、「宛先」には自分のメールアドレスを指定しておくとメール管理としてもわかりやすくなります。「BCC」への指定についてはp.70を参照してください。

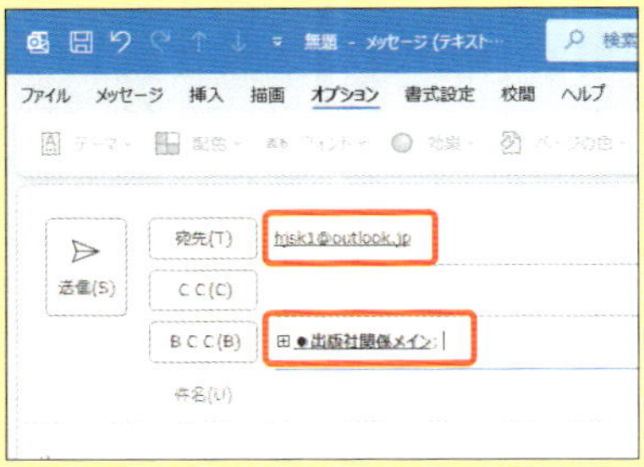

ビューを「名刺」にしておきます。

1 メールを送りたい連絡先グループをクリックして選択します。

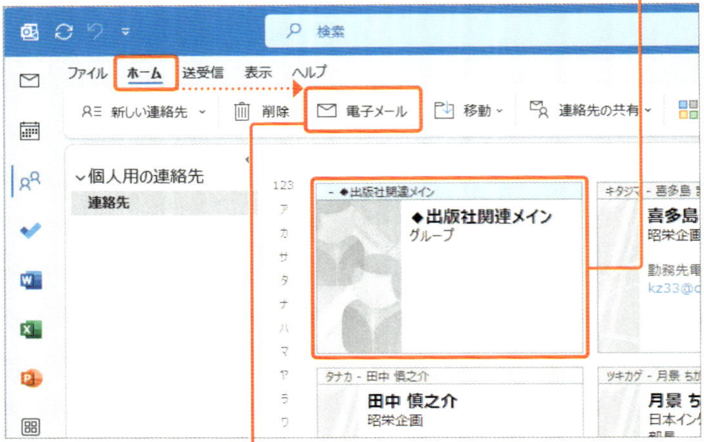

2 [ホーム]タブ→[電子メール]をクリックします。

3 宛先に「連絡先グループ」を指定したメールを作成することができます。

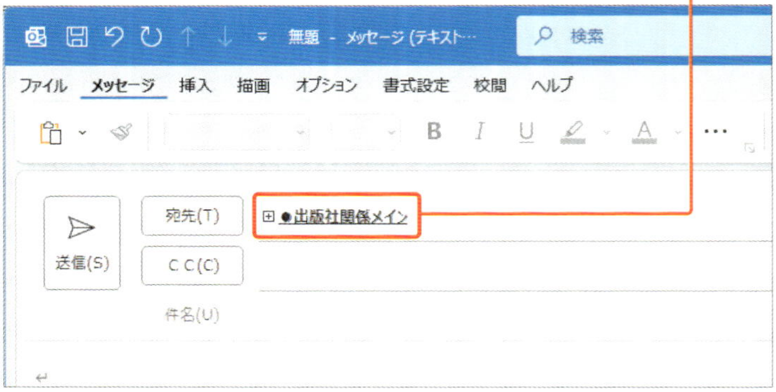

Hint 宛先のリスト展開

連絡先グループを用いてメールを作成した際、メールの宛先には「連絡先グループ」のリスト名が表示されていますが、[+]をクリックすることにより個々のメールアドレスに展開することが可能です。なお、メッセージでも注意喚起されますが、リストを展開してリスト名をメンバー名に置き換えた後は、元のリスト表示に戻すことはできません。

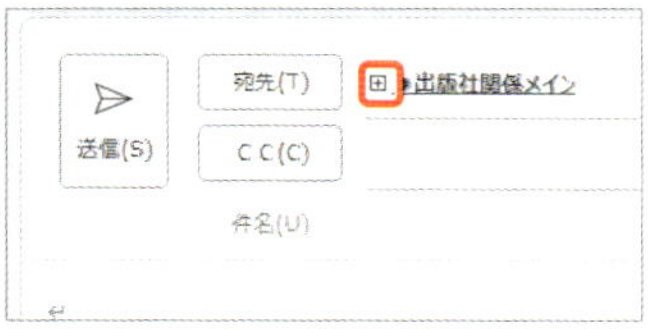

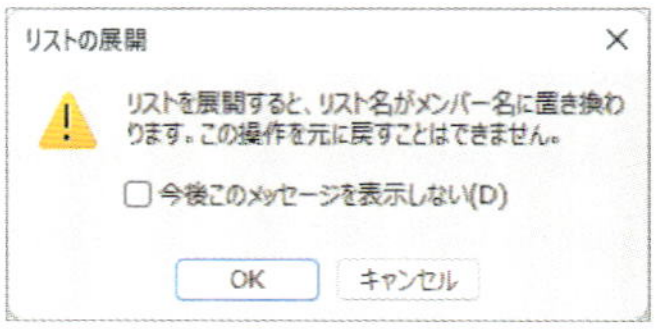

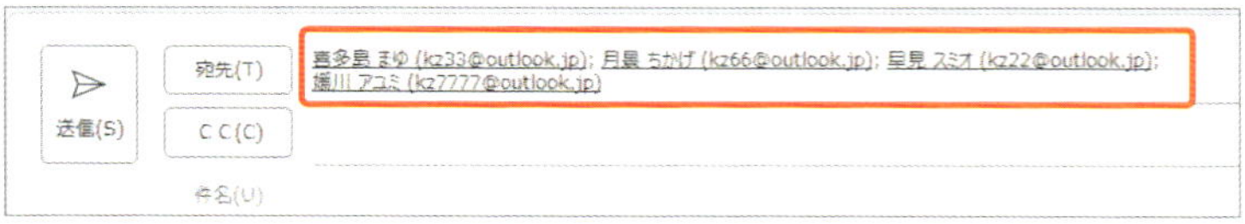

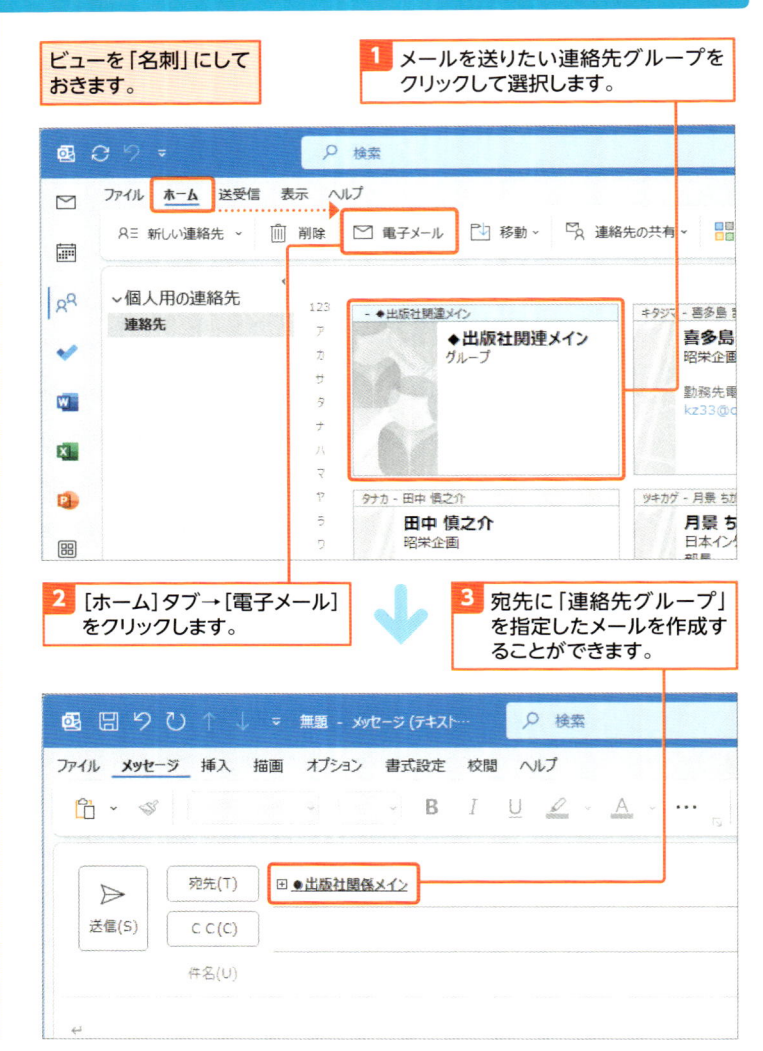

3 連絡先グループ内のメンバーを確認する

Memo 連絡先グループ編集画面の活用

連絡先グループの編集画面から、メールの送信や会議通知などが可能です。「連絡先」画面からの操作よりも、ここからの操作のほうがむしろメンバーを一覧表示している状態で操作できるので、対象がわかりやすいというメリットがあります。

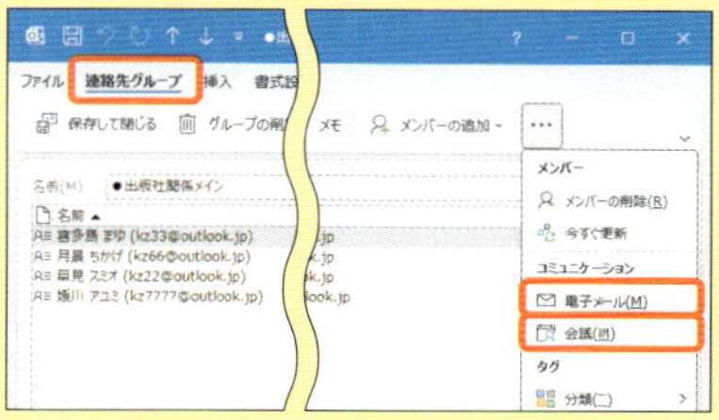

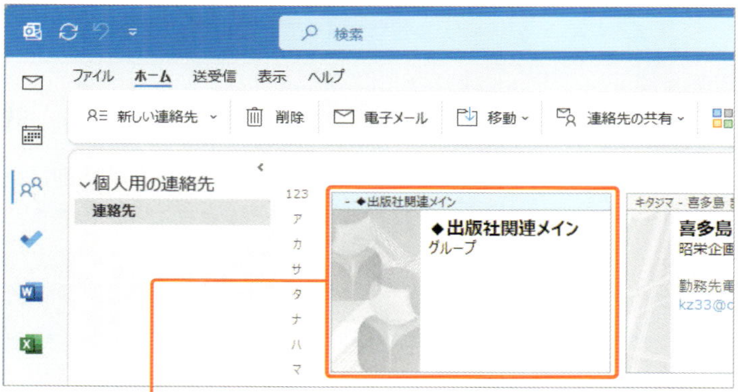

1 任意の連絡先グループをダブルクリックします。

2 連絡先グループに含まれている連絡先を確認できます。

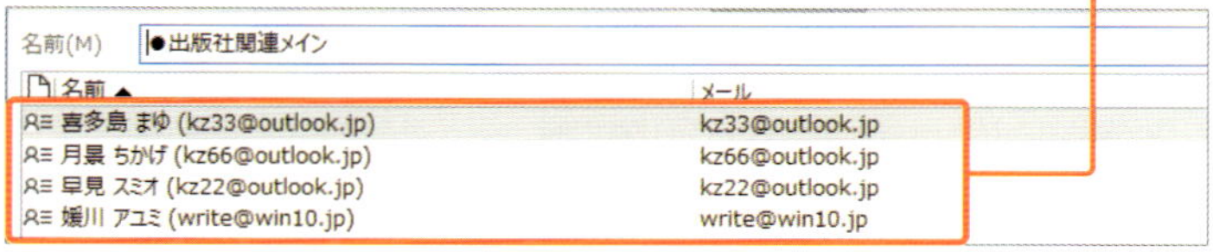

4 連絡先グループから連絡先を削除する

Hint フォルダーも作成可能

Outlook 2024の「連絡先」では、フォルダーを作成して連絡先を仕分けて管理することもできますが、連絡先の活用方法を考えた場合、よほどの登録件数がない限り必要ありません。

連絡先グループをあらかじめ表示しておきます。

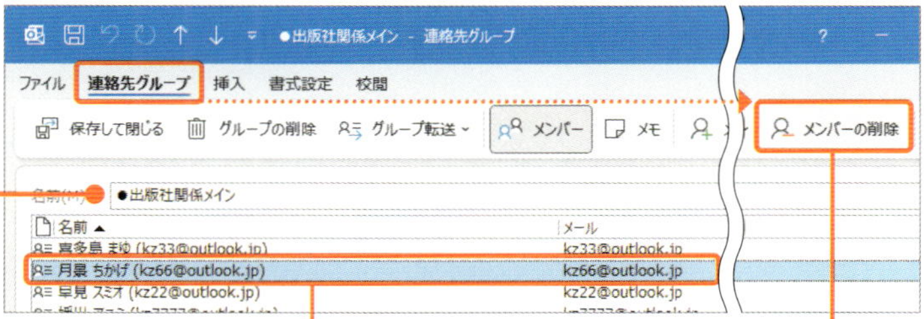

1 削除したい連絡先をクリックして選択します。

2 [連絡先グループ] タブ→ [メンバーの削除] をクリックします。

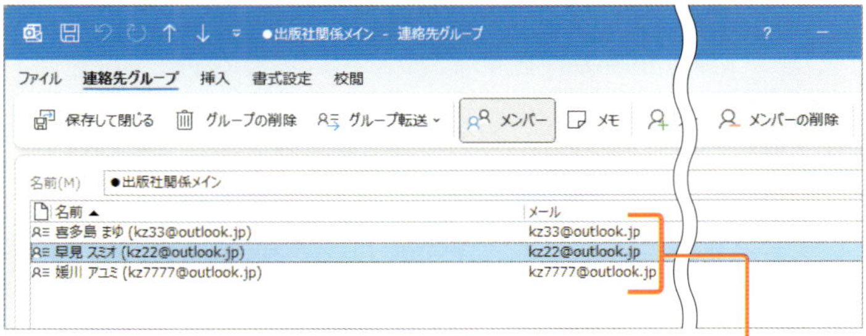

3 任意の連絡先 (メンバー) を削除することができます。

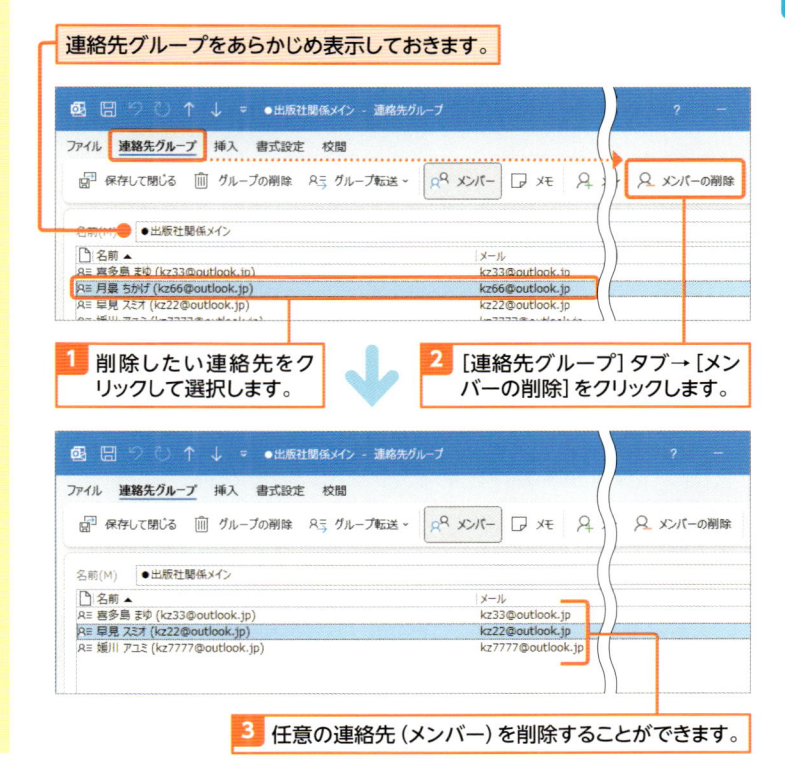

Section

70 連絡先を印刷する

ここで学ぶのは

- 印刷プレビュー
- 余白の調整
- レイアウトの詳細設定

連絡先を印刷したい場合は、印刷プレビューで印刷の様子を確認してから実際に紙にプリントアウトするようにします。印刷の用紙サイズや余白、レイアウトなどを整えたい場合には、以下の手順に従います。

1 印刷イメージを整える

Memo Backstage ビューの表示

Backstageビューは、Outlook 2024の操作画面から［ファイル］タブをクリックすることで表示できます。

ショートカットキー

- Backstageビューの表示
  Alt → F

ショートカットキー

- 印刷（印刷プレビュー）
  Ctrl + P
- プリンターの選択（印刷）
  Alt → F → P → I
- 印刷オプション（印刷）
  Alt → F → P → R

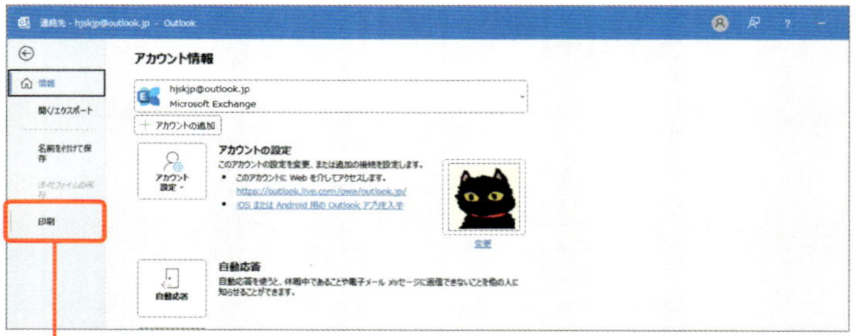

1 Backstageビューから［印刷］をクリックします。

2 印刷プレビューと設定画面が表示されます。

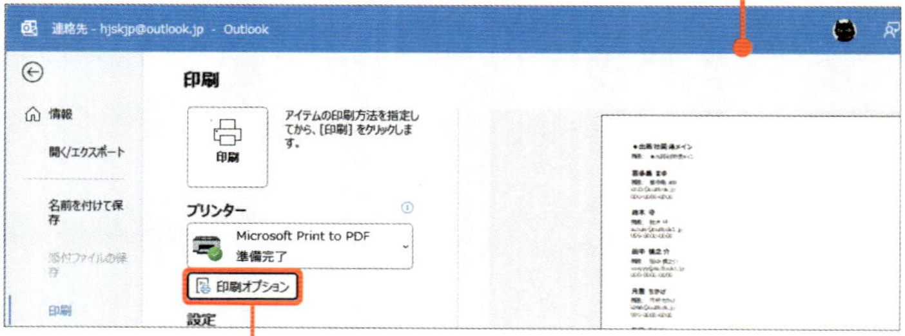

3 ［印刷オプション］をクリックします。

4 ［印刷］ダイアログが表示されます。

5 出力先となるプリンターを選択します。

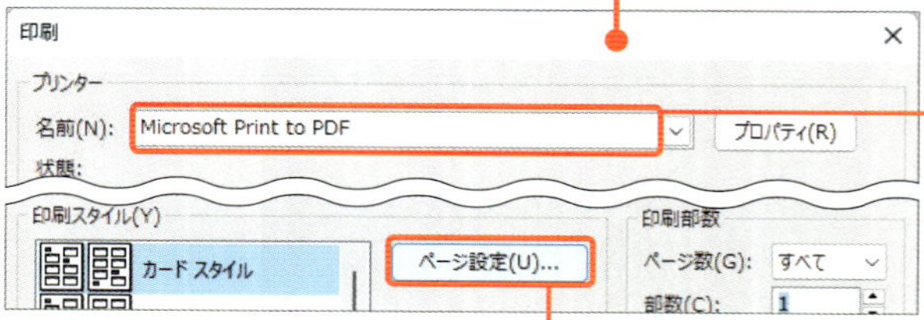

6 ［ページ設定］をクリックします。

7 [ページ設定] ダイアログが表示されます。

8 [用紙] タブをクリックします。

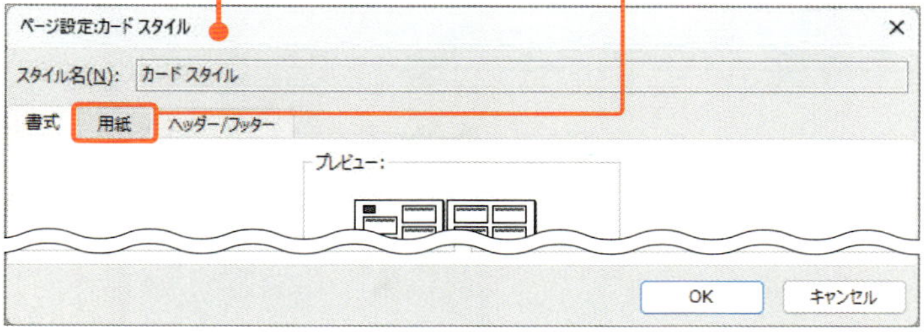

9 [用紙] 欄の [種類] から任意の用紙をクリックします。

10 [印刷の向き (用紙の縦／横)] を任意に指定します。

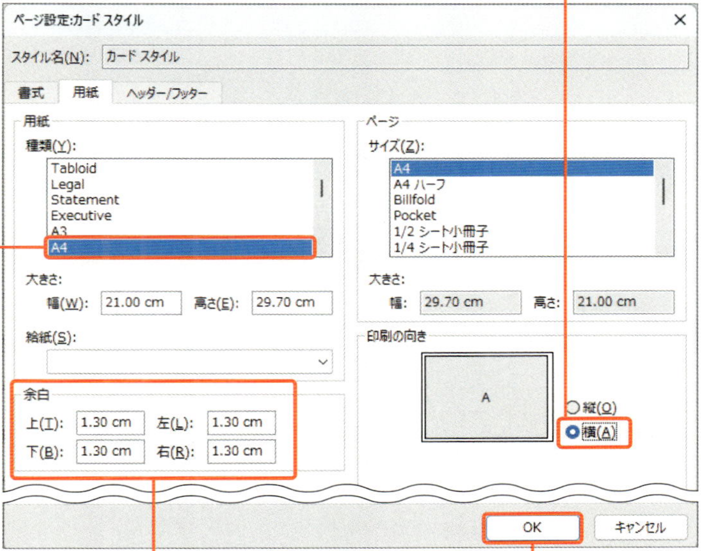

11 [余白] 欄で用紙に対する [上] [下] [左] [右] の余白cm数を任意に設定します。

12 [OK] をクリックして、[印刷] ダイアログで [プレビュー] をクリックします。

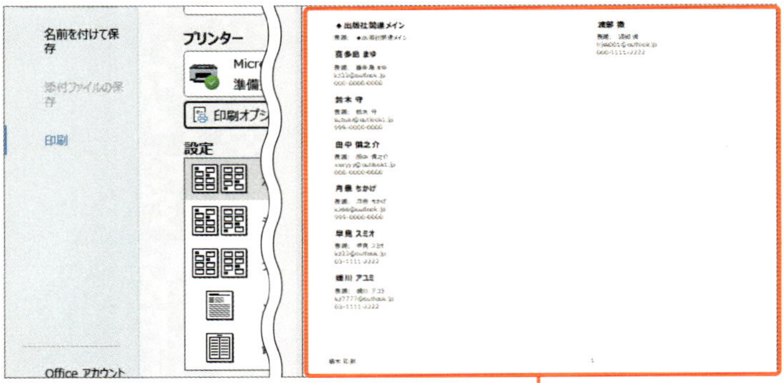

13 変更した内容を印刷プレビューで確認することができます。

Hint 印刷の詳細はプリンターによって異なる

印刷の詳細設定項目はプリンターによって異なります。例えば同じA4用紙にプリントアウトする場合でも、プリンターの機種によって余白や設定の詳細が異なるため、最初に出力先となるプリンターを指定してから、印刷オプションの設定を行うようにします。

Memo 用紙の「余白」の設定

用紙に対して印刷できる範囲はプリンターの機種によって異なります。利用するプリンターによっては1cm以上の余白が必要になることもあるので、この点を考慮して設定する必要があります。

Hint 用紙の向き

印刷内容によっては、用紙を横向きにしたほうが最適な場合があります。おさまりが悪い場合には、用紙の向きを [横] にして、プレビューで確認してみるとよいでしょう。

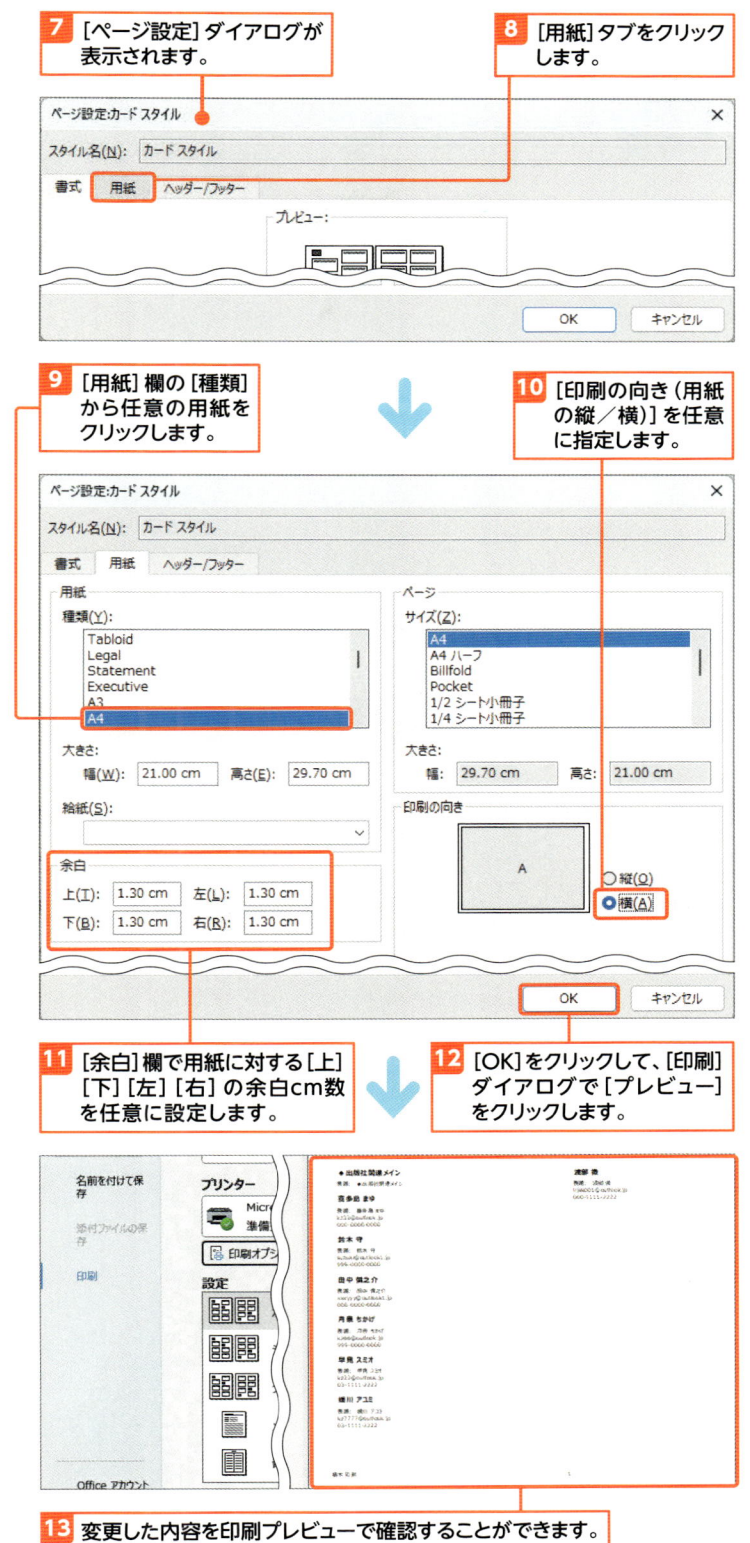

2 網かけで見やすく印刷する

Memo 任意の部数を印刷する

同じ内容を複数枚印刷したい場合は、[印刷オプション]をクリックして、[印刷部数]で任意の印刷部数を指定できます。

Hint プリンターが見つからない場合は

プリンター全般の管理はWindowsで行います。印刷したいプリンターが見当たらない場合には、プリンターの電源を入れて、Windowsの[設定]→[Bluetoothとデバイス]→[プリンターとスキャナー]をクリックします。[プリンターまたはスキャナーを追加します]内の「デバイスの追加」をクリックして該当のプリンターを追加します。

Hint 印刷を止めたい場合には

印刷を実行したものの間違いに気づくなどして、プリンターの印刷を止めたい場合は、Windowsのタスクバーの右端（通知領域）に表示される[プリンター]アイコンをダブルクリックします（p.101の下のMemoを参照）。印刷のキューが確認できるので、停止したいドキュメント名を右クリックして、ショートカットメニューから[キャンセル]をクリックします。

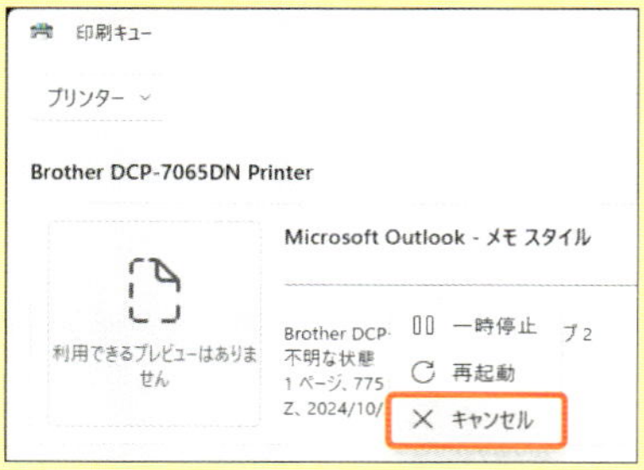

1 設定から[カードスタイル]をダブルクリックします。

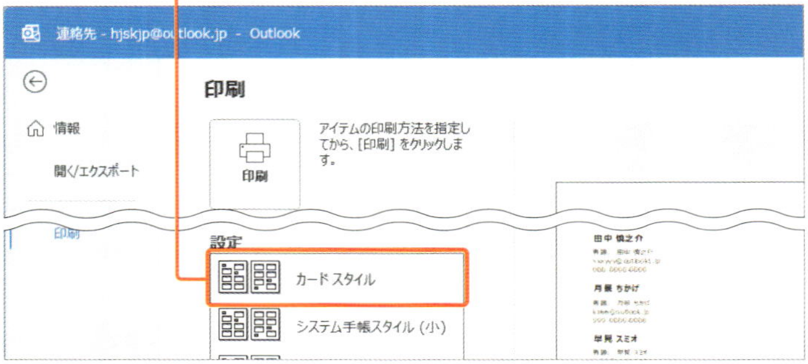

2 [ページ設定]ダイアログが表示されます。

3 [オプション]で「列数」や「連絡先インデックス」「見出し」を設定できるので任意に設定します。

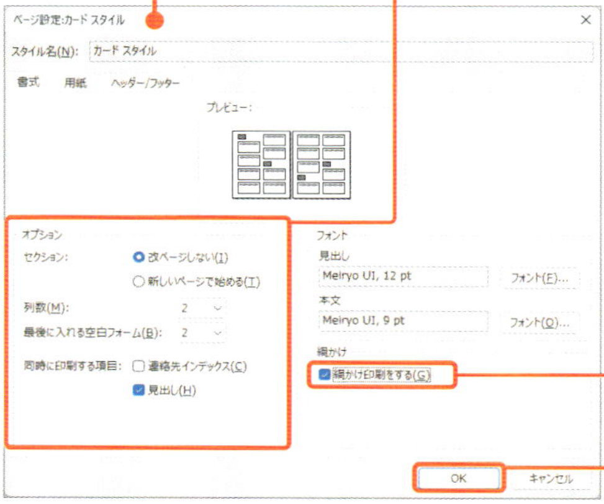

4 [網かけ印刷をする]をチェックします。

5 [OK]をクリックします。

6 [印刷]をクリックすると、指定のプリンターで連絡先を印刷できます。

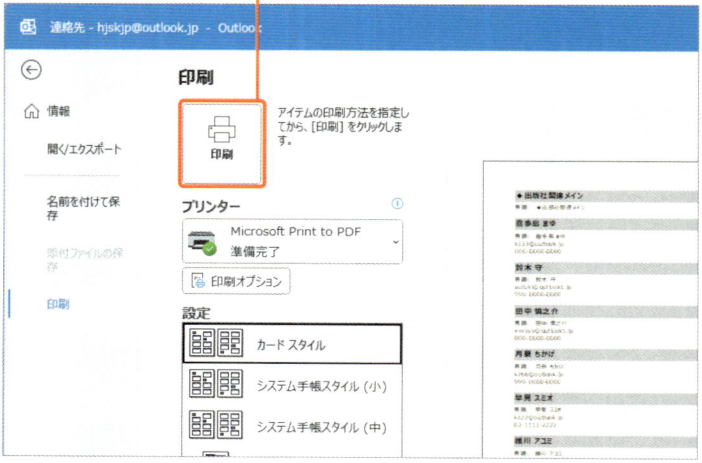

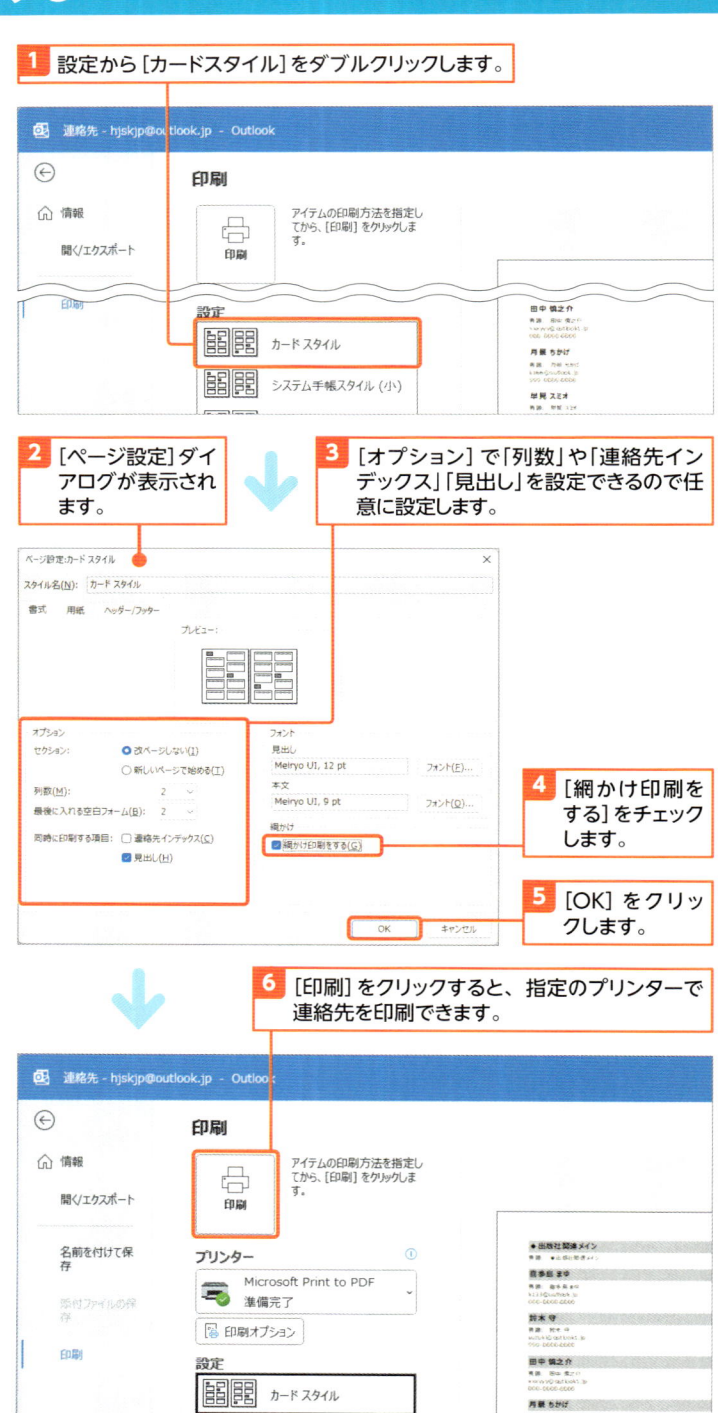

第 7 章

予定表の使い方をマスターする

予定表では文字通り予定（イベント）を管理することができるほか、会議通知などを行うことができます。ここでは、予定表の使い方を解説します。

Section 71 予定表の機能と画面構成

ここで学ぶのは

- 予定表とは
- 予定表の表示
- 予定表の選択

Outlook 2024の「予定表」画面への切り替え方法と、**「予定表」の画面構成**を知りましょう。「予定表」ではカレンダー形式で任意の予定（イベント）を管理することができ、予定の内容や開始時刻や終了時刻などを設定することが可能です。

1 Outlook 2024 の「予定表」の画面構成

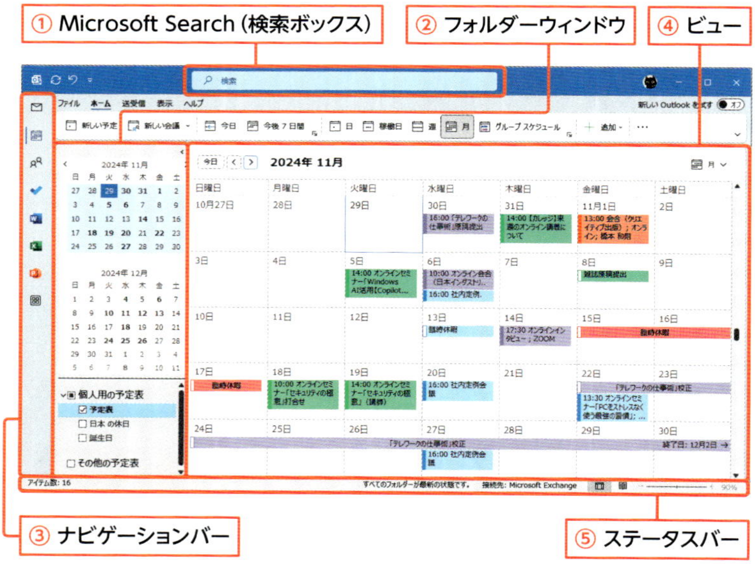

名称	機能
① Microsoft Search	予定表を検索することができる
② フォルダーウィンドウ	カレンダーナビゲーターでビューの表示を調整することや、ビューで表示する予定表を指定できる
③ ナビゲーションバー	「メール」「予定表」「連絡先」などを切り替えることができる
④ ビュー	選択した形式で予定表の一覧が表示される
⑤ ステータスバー	登録している予定の数や、接続先情報などが表示される

2 表示を「予定表」に切り替える

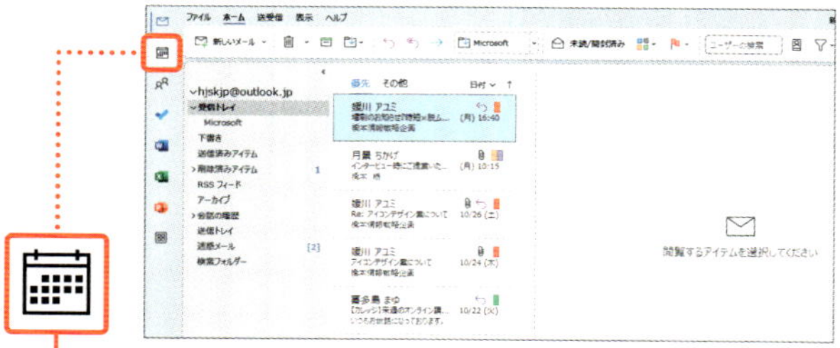

1 ナビゲーションバーから［予定表］をクリックします。

あるいはショートカットキー Ctrl ＋ 2 キーを入力します。

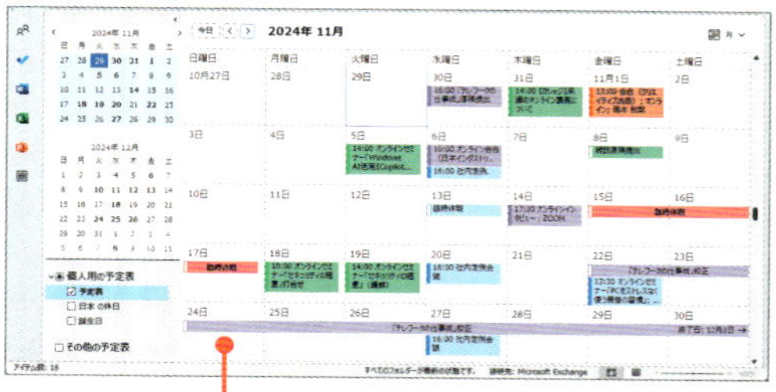

2 「予定表」画面に切り替えることができます。

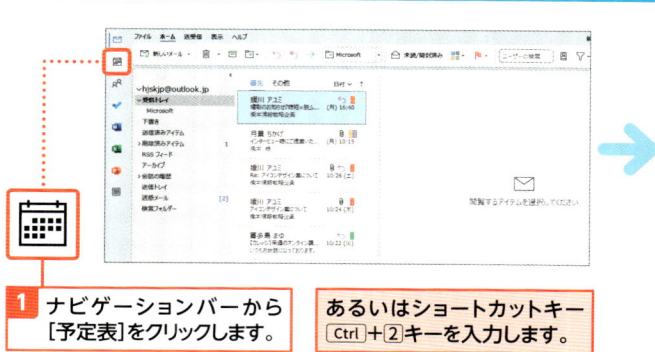

3 表示する予定表の選択

Hint 複数のアカウントを管理している場合は

Outlook 2024で複数のMicrosoft系アカウントを管理している場合、予定表を各Microsoft系アカウントで個別に管理できます。
しかし、基本的にはどれかひとつのMicrosoft系アカウントのみで予定表を管理しないとわかりにくい状態になってしまうため、予定表を管理するアカウントはあらかじめ決定しておくようにします。必要な予定表のみを表示して、利用・管理するのが基本です。

Memo 無料のOutlook.comの活用

現在非Microsoft系アカウント（IMAPアカウントなど）を利用している環境において、Outlookで「連絡先」「予定表」を本書で解説している形で管理したい場合は、Outlook.com（https://www.outlook.com/）で無料のOutlook.comアカウント（「～@outlook.jp」「～@outlook.com」「～@hotmail.com」など）を作成してMicrosoft系アカウントで管理することをおすすめします。
Outlook.comアカウントは、本書で解説しているOutlook 2024の操作・設定をすべて実行できます。

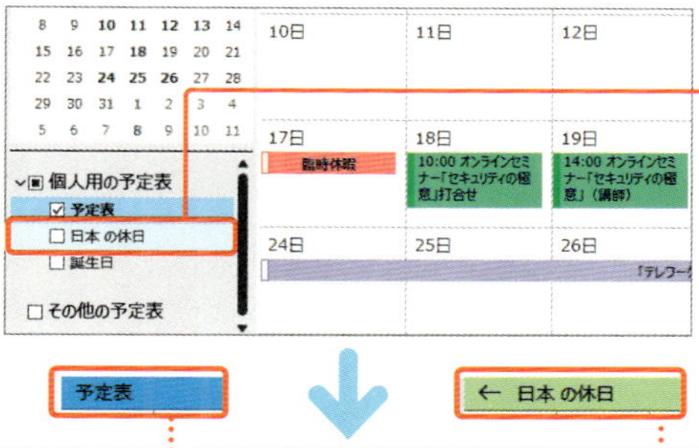

1 フォルダーウィンドウ下部にある任意の予定表をチェックします。

2 複数の予定表をチェックした場合、ビューに複数の予定表が表示されます。

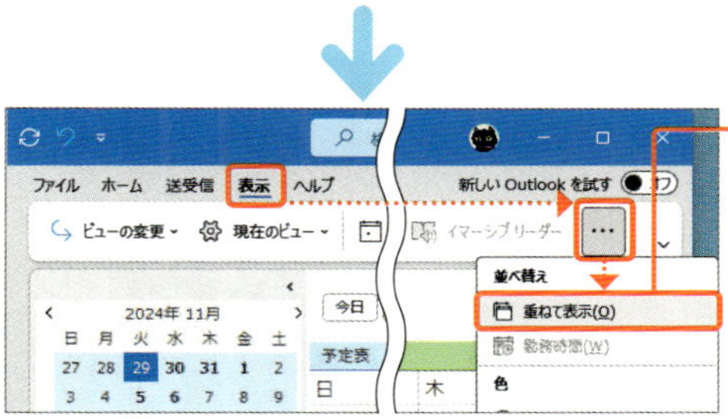

3 ［表示］タブ→［…］をクリックして、ドロップダウンから［重ねて表示］をクリックします。

4 複数の予定表を重ねて表示できます。

Hint 予定表の管理と保存先

予定表の管理と保存先は、Outlook 2024に登録したアカウントの種類によって異なります。
Microsoft Exchangeアカウント／Microsoft 365のアカウント／Outlook.comアカウントなどのMicrosoft系アカウントの場合には、Outlook 2024で編集・追加・更新した「予定表」の情報がクラウドにも保存されます。
つまり、Microsoft系アカウントであれば別のPCで「予定表」の情報にアクセスして閲覧・編集・追加・更新も可能であるほか、万が一、利用しているPCが壊れた場合でも、該当情報はクラウドにも保存されているため「安全性も利便性も高い管理」が可能です（本章はMicrosoft系アカウントを利用していることを前提に解説を進めます）。
一方、非Microsoft系アカウント（IMAPアカウントなど）である場合、「予定表」の情報は「該当PC内（このコンピューターのみ）」に保存されるほか（クラウドには情報保存されません）、Outlook 2024の操作や機能の一部が制限されます。

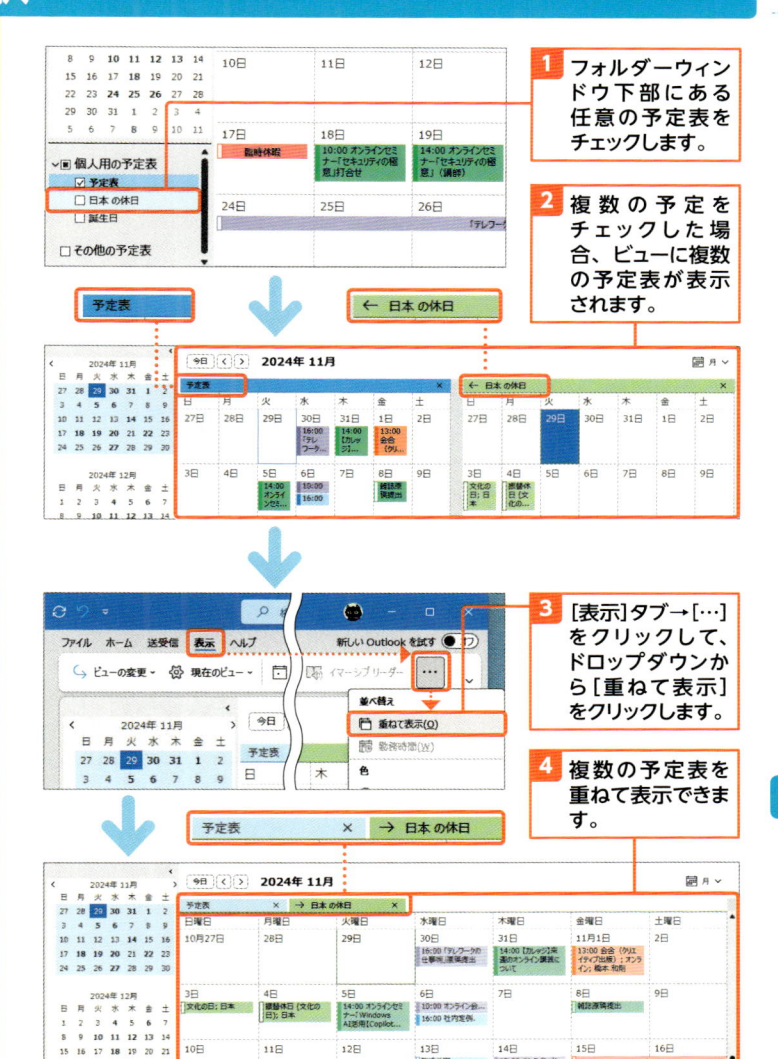

Section

72 予定表を見やすく表示する

ここで学ぶのは

- 予定表の表示
- 稼働時間
- 予定表の表示形式

予定表には複数の**表示形式**があり、環境や目的によって最適な表示は異なります。ここでは、主な**表示形式**と**指定の範囲のみ予定表として表示**する方法など、見やすい予定表の表示について解説します。

1 予定表を「週」表示形式にして時間帯の予定を見やすくする

Memo 「稼働時間」の確認

予定表の「週」表示形式などにおいて、稼働時間（自分の作業時間帯）は白い背景で表示されます。
なお、稼働日と稼働時間の指定についてはp.241の下のHintを参照してください。

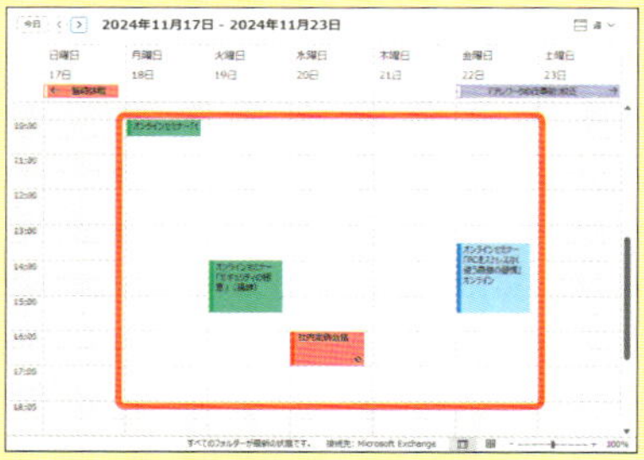

ショートカットキー

- 「メール」画面に切り替え
  Ctrl+1
- 「予定表」画面に切り替え
  Ctrl+2

1 [ホーム] タブ→ [週] をクリックします。

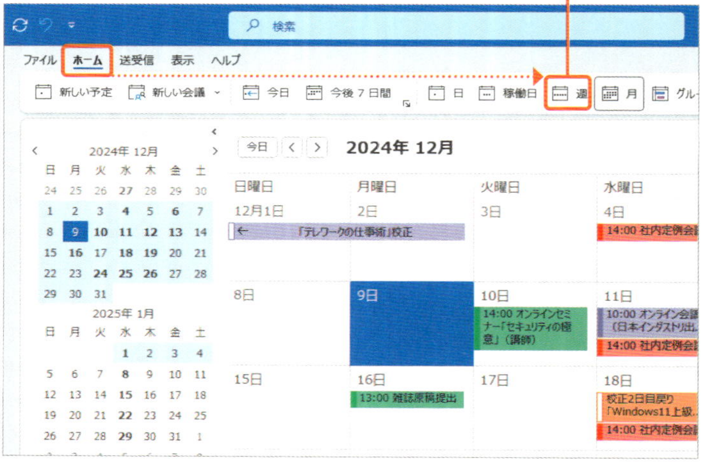

2 予定表が「週」表示形式になります。

3 スクロールバーでスクロールします。

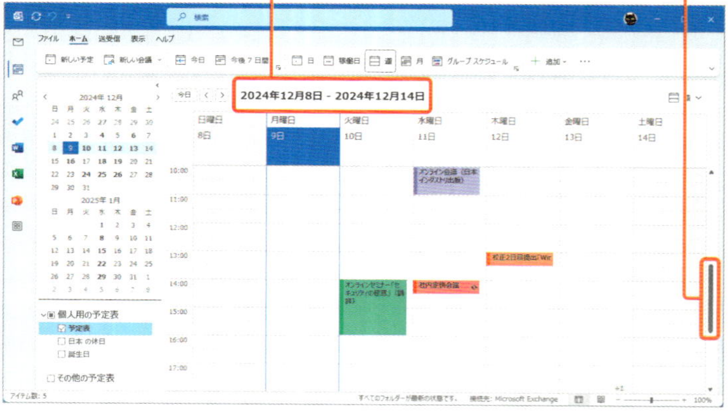

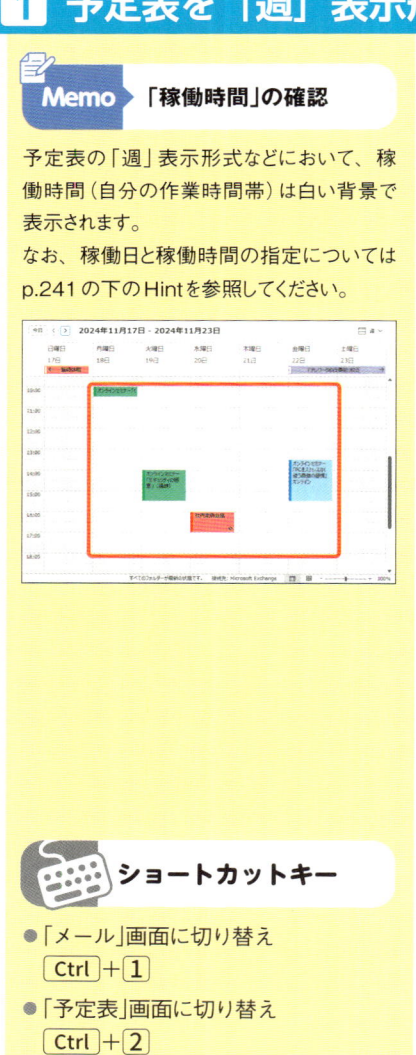

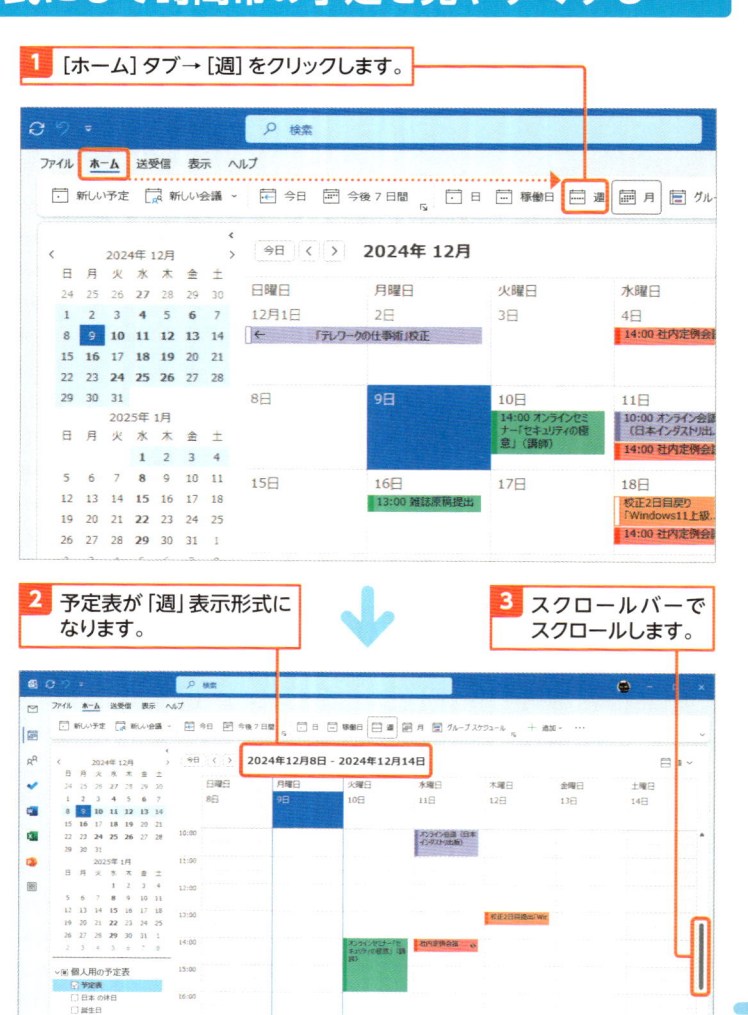

4 週の予定表を見渡すことができます。

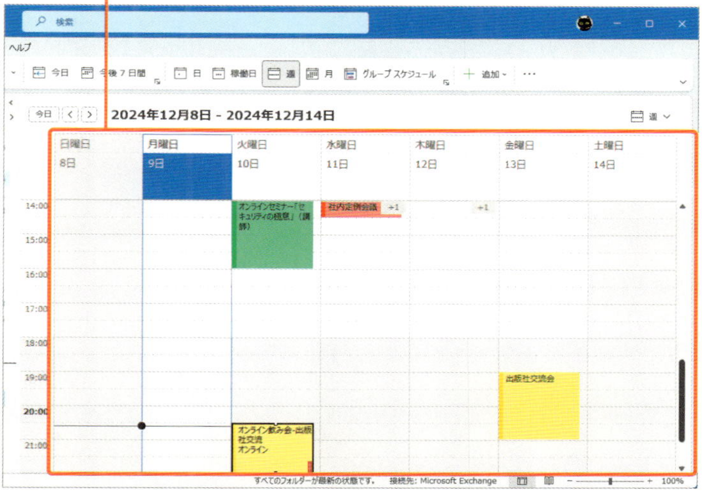

2 予定表で表示している「週」を切り替える

ショートカットキー

- 予定表を「週」表示にする
  Ctrl + Alt + 3
- 予定表を「月」表示にする
  Ctrl + Alt + 4

予定表をあらかじめ「週」表示形式にしておきます。

1 カレンダーナビゲーターで表示したい週をクリックします。

該当する「週」であれば、週内のどの「日」をクリックしても構いません。

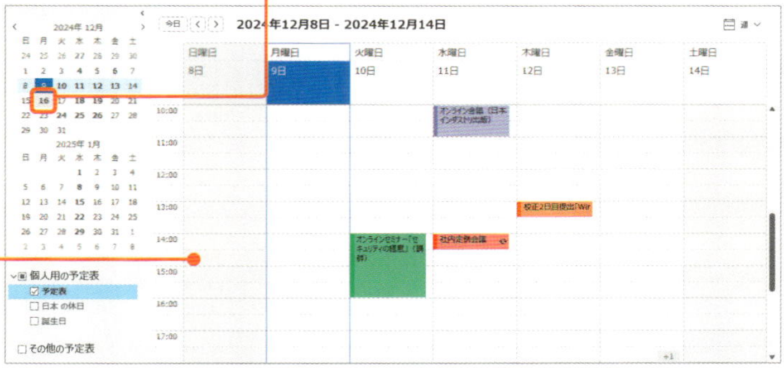

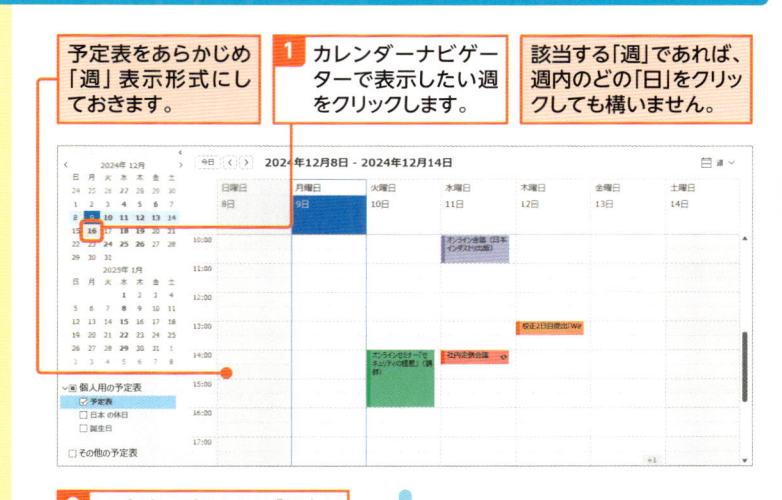

2 予定表で表示する「週」を切り替えることができます。

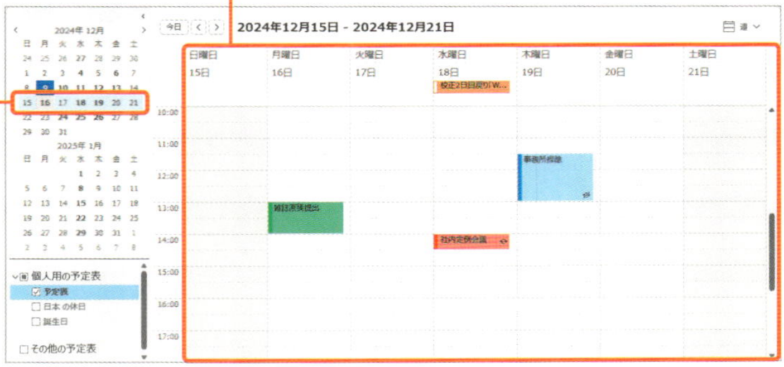

Hint 予定表でのスクロール操作

予定表ではビュー内をクリックした後はカーソルキーで任意の日時に移動することが可能です。
また、表示外になっている上部を表示したい場合には PageUp キー、表示外になっている下部を表示したい場合には PageDown キーを利用します。

3 予定表のビューに表示する週の範囲を指定する

Hint 週の範囲表示と移動

予定表のビューに表示する週の範囲はドラッグ範囲に従い「2週間」「3週間」などの表示も可能です。
また、2週間／3週間表示した後は、PageDown キーで、続く2週間／3週間の表示を行うことができます。

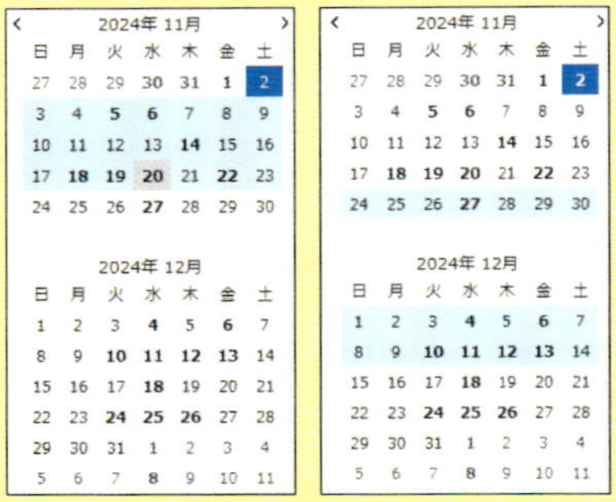

1 カレンダーナビゲーターで任意の週範囲をドラッグして選択します。

2 ドラッグで指定された範囲の週の予定が表示されます。

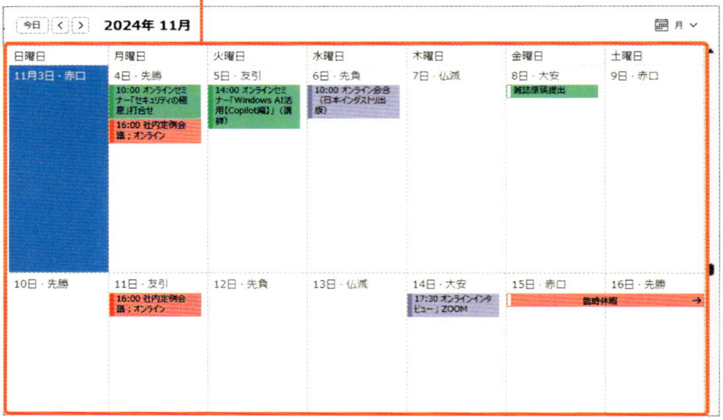

4 予定表を「月」表示形式にして1カ月の予定を見やすくする

ショートカットキー

- 次月の表示（「月」表示）
  PageDown
- 前月の表示（「月」表示）
  PageUp
- 指定日付に移動
  Ctrl ＋ G

1 ［ホーム］タブ→［月］をクリックします。

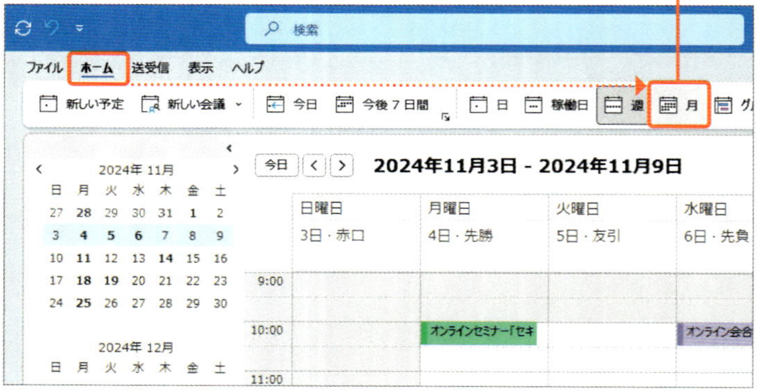

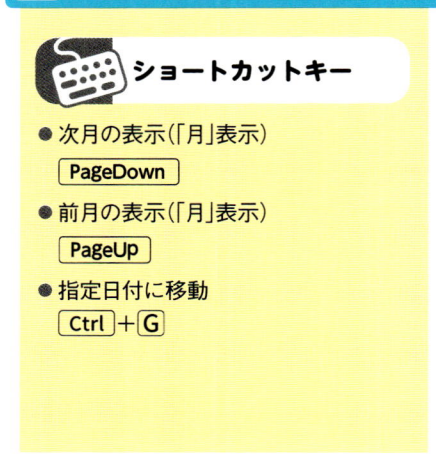

2 予定表が「月」単位で表示されます。

3 次月を表示したい場合には、ビューの > をクリックします。

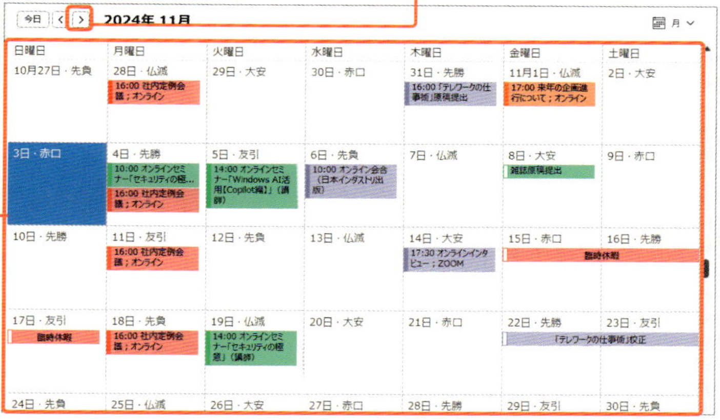

4 次月の予定表を表示できます。

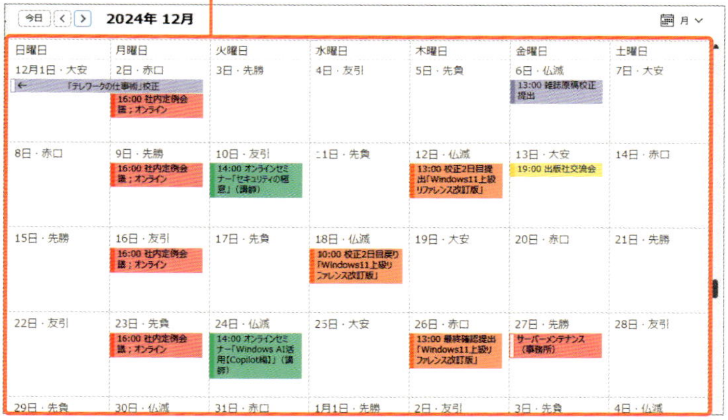

Hint 六曜を非表示にする

予定表の表示で「先勝」「友引」「仏滅」などの表示が必要ない場合は、［ファイル］タブをクリックしてBackstageビューから［オプション］をクリックします。［Outlookのオプション］ダイアログから［予定表］をクリックして①、［予定表オプション］欄内の［他の暦を表示する］のチェックを外します②。

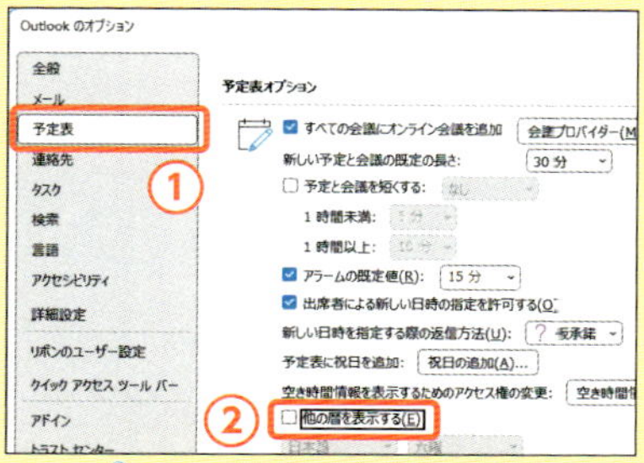

六曜の表示が消えます。

Hint 「稼働時間」「稼働日」の変更

稼働時間（自分の作業時間帯）の表示を変更したい場合には、［ファイル］タブをクリックし、Backstageビューから［オプション］をクリックします①。［Outlookのオプション］ダイアログから［予定表］をクリックして、［稼働時間］欄内の［開始時刻］［終了時刻］［稼働日］で任意に設定します②。また、ここでは予定表（カレンダー）の［週の最初の曜日］を指定して、月曜始まりなどにすることも可能です。

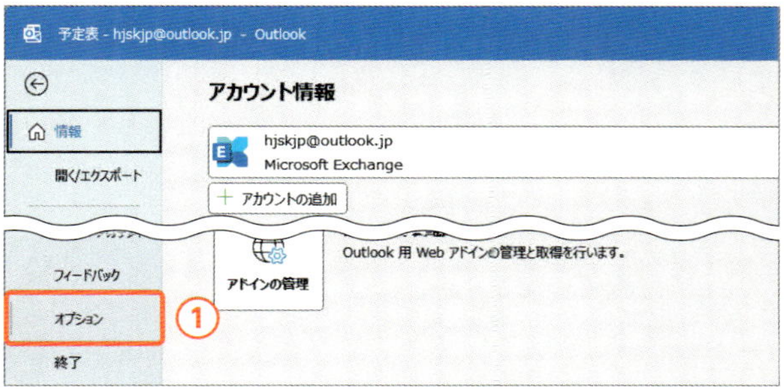

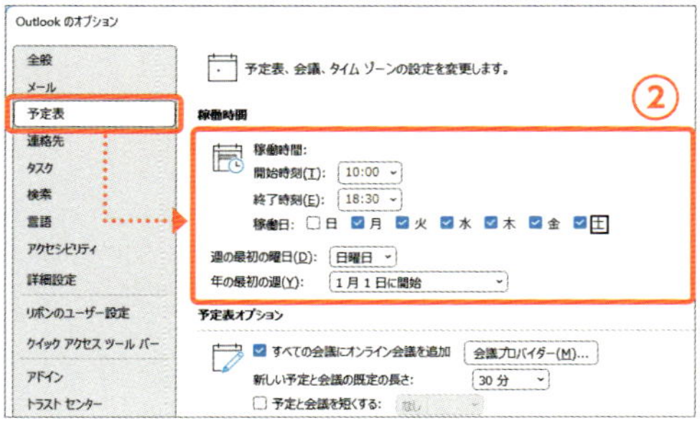

Section

73 予定を作成する

ここで学ぶのは

- 予定の作成
- 日付の指定
- 時間の指定

予定表の表示方法を確認したら、次は実際に**「予定（イベント）」を作成**してみましょう。予定を作成するとスケジュール管理がとてもしやすくなります。「予定」ではタイトル（件名）のほか、場所・開始時刻・終了時刻・内容の入力を行えます。

1 予定を作成する

解説 「予定」を作成する

「予定」の入力画面では、タイトル（件名）のほか、場所や開始時刻や終了時刻を登録できます。具体的な予定の内容を入力することも可能です。

ショートカットキー

- 新しい予定を作成
（「予定表」画面から）
Ctrl＋N

1 ［ホーム］タブ→［新しい予定］をクリックします。

2 「予定」の入力画面が表示されます。

3 ［タイトル］に任意の予定のタイトルを入力します。

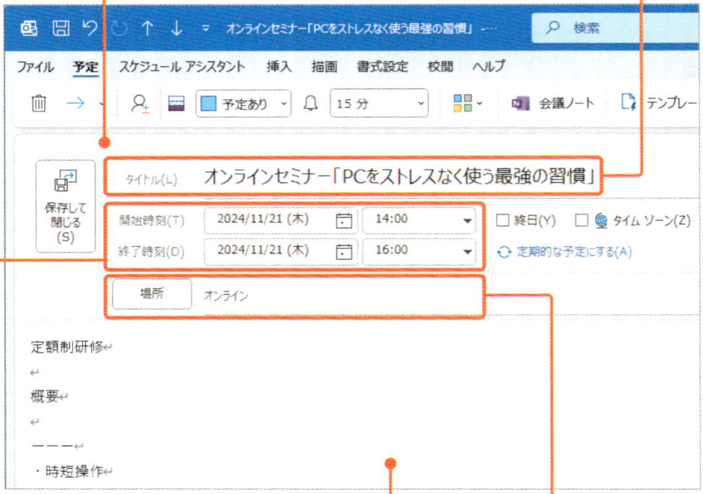

4 ［開始時刻］［終了時刻］を任意に設定します。

5 ［場所］に予定を行う場所を任意に入力します。

6 内容を入力します。

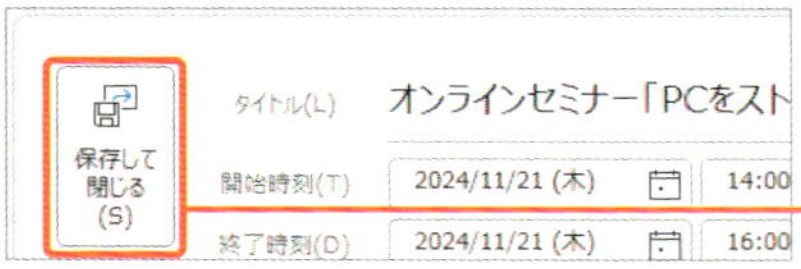

7 ［保存して閉じる］をクリックします。

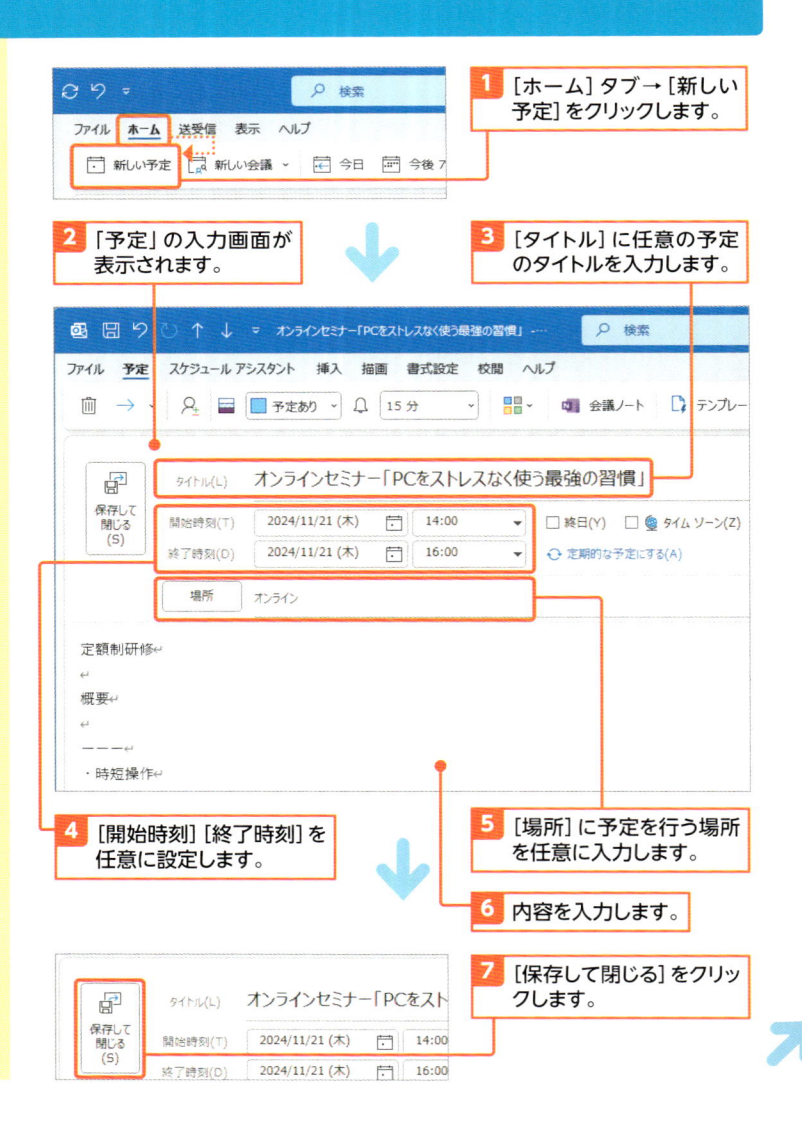

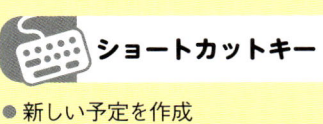

ショートカットキー

- 「予定表」画面から新しいメールを作成
  Ctrl + Shift + M
- 「予定表」画面から新しい会議を作成
  Ctrl + Shift + Q
- 「予定表」画面から新しい連絡先を作成
  Ctrl + Shift + C

8 予定表に予定を登録できます。

2 任意の日付を指定してイベントを作成する

Memo 「予定」と「イベント」の違い

Outlook 2024において「開始時刻」「終了時刻」が設定されているものは「予定」、「終日」の予定は「イベント」と表記します。この2つの表記の違いはタイトルバーで確認できますが、基本的にどちらも「予定」と捉えてしまって構いません。

- **開始時刻と終了時刻が設定されていると「予定」**

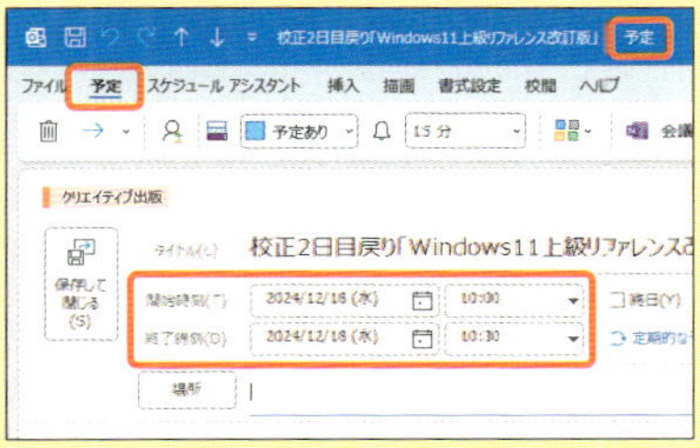

- **終日の予定だと「イベント」**

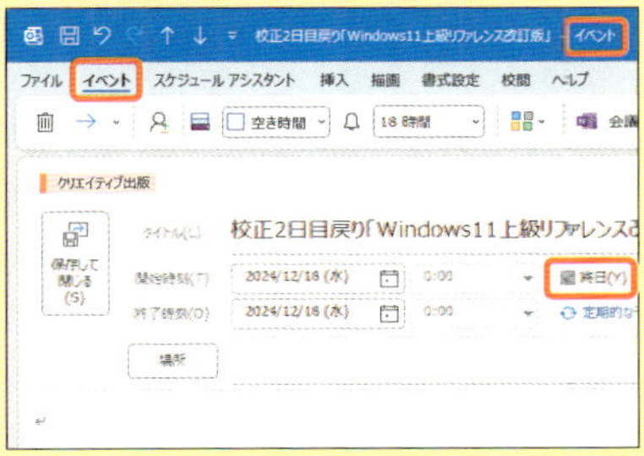

予定表をあらかじめ「月」表示形式にしておきます。

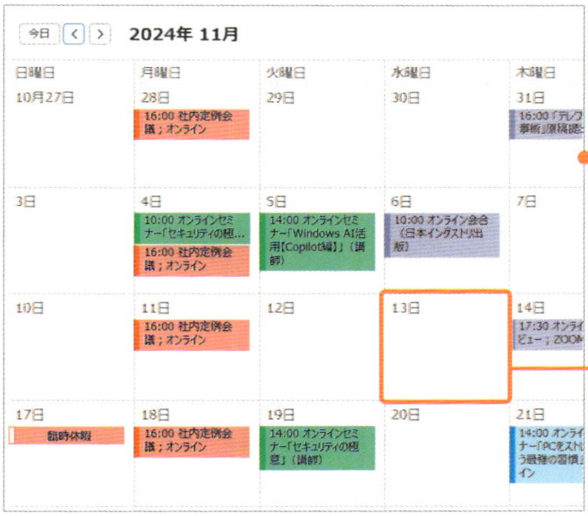

1 任意の日付の余白部分をクリックします。

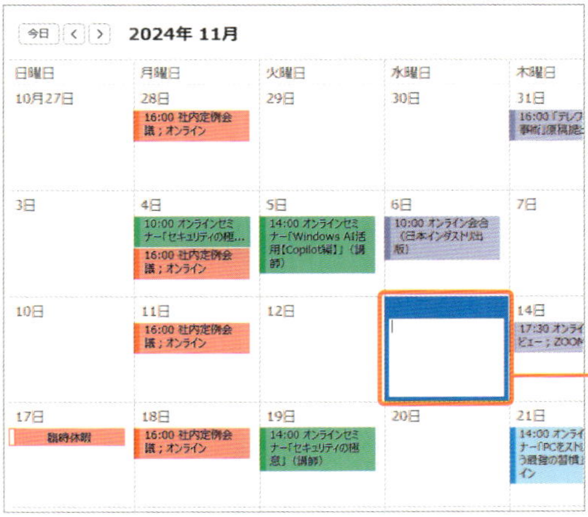

2 カーソルが表示され直接入力できるようになります。

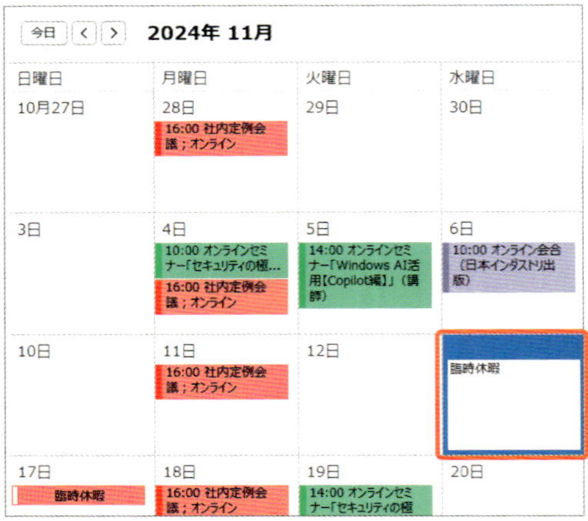

3 イベントのタイトルを直接入力します。

4 Enter キーを押します。

5 イベントを作成できます。

3 ビュー内で開始時刻と終了時刻を範囲指定して予定を作成する

解説 予定の開始時刻と終了時刻の指定

予定を作成する際、開始時刻と終了時刻の指定は、[ホーム]タブ→[新しい予定]をクリックしたのち、「開始時刻」「終了時刻」でそれぞれ指定できます。ここではビュー内の時間範囲をドラッグして予定を作成しています。

1 カレンダーナビゲーターから予定を作成したい日付をクリックします。

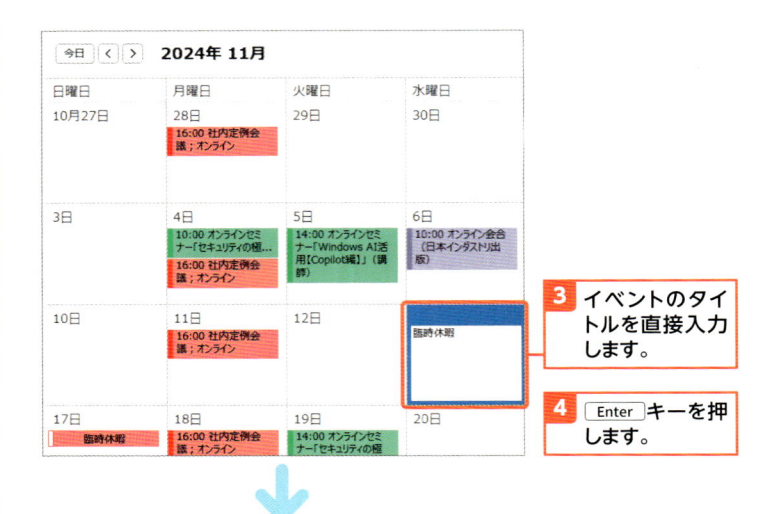

Hint 予定の時刻前にアラームを鳴らす

任意の予定の設定画面で[予定]タブ→[アラーム]の ⌄ をクリックして、ドロップダウンからアラーム時間を任意に選択します。指定した時間にアラームが表示されます。
なお、指定時刻にアラーム通知を行うには、該当時刻にOutlook 2024が起動していなければならない点に注意が必要です。

● **アラーム時間の設定**

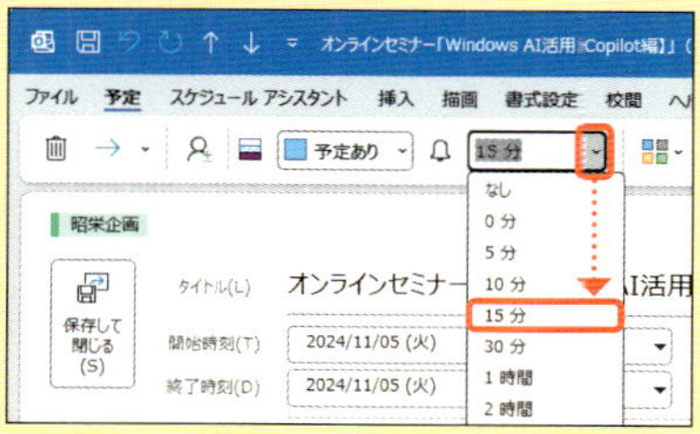

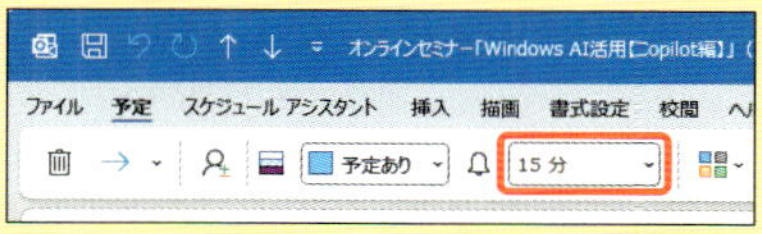

● **アラーム通知**

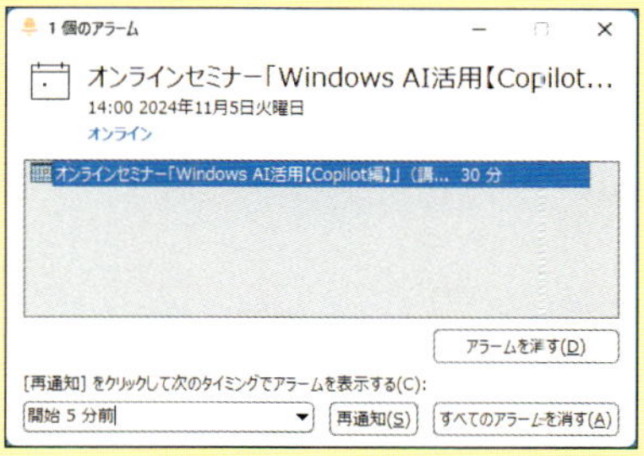

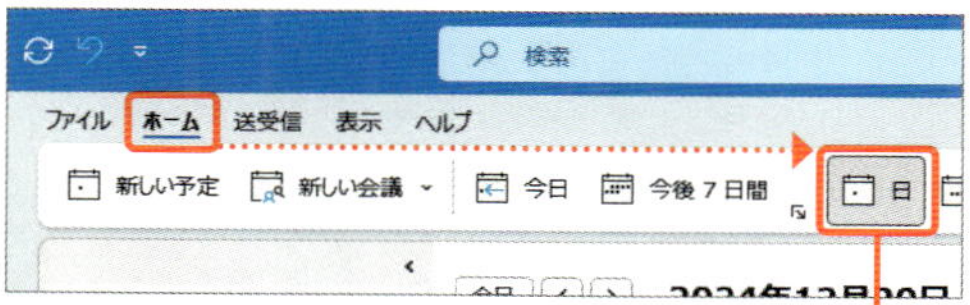

2 「日」表示形式になります。

「日」表示形式にならない場合には、[ホーム]タブ→[日]をクリックします。

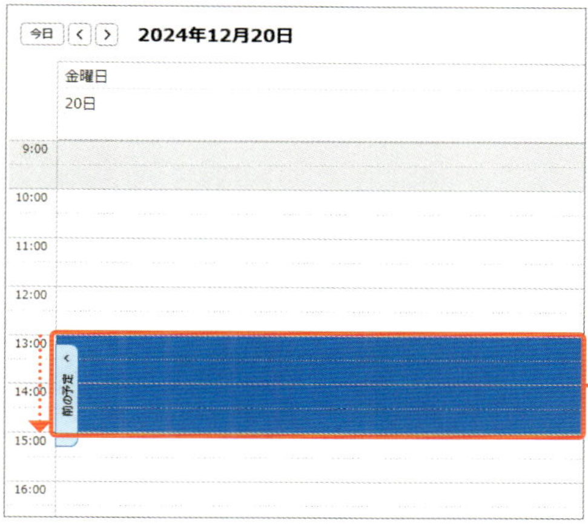

3 予定の時間(開始時刻～終了時刻)をドラッグします。

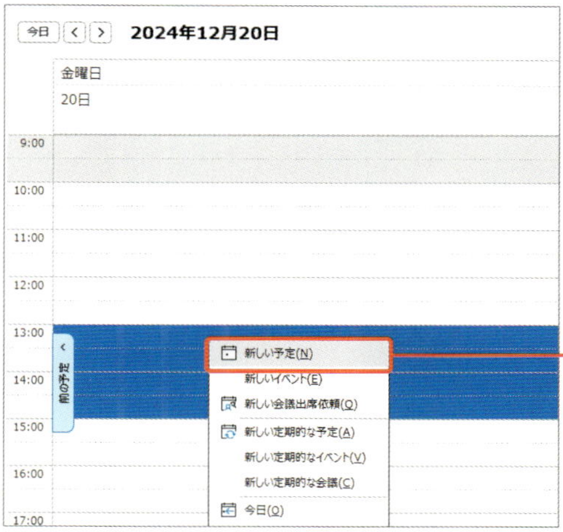

4 ドラッグした範囲を右クリックして、ショートカットメニューから[新しい予定]をクリックします。

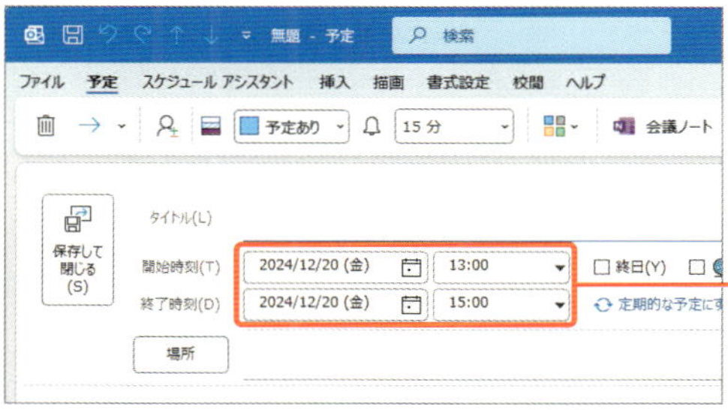

5 指定した範囲時間があらかじめ入力された予定を作成できます。

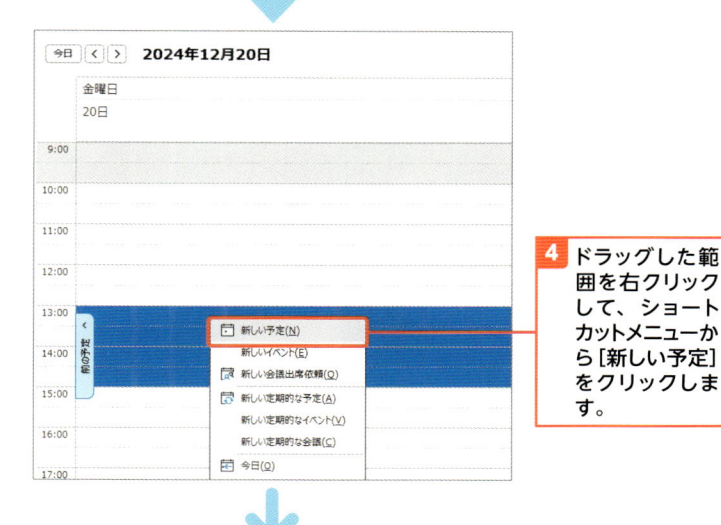

Section 74

予定を確認／分類／修正／移動／削除する

ここで学ぶのは

- 予定の確認
- 予定の編集
- 予定の削除

作成した予定の「開始時刻」「終了時刻」などは、後から修正できます。ここでは、**予定を確認**する各種方法のほか、**予定の分類**、**予定の修正**、**予定の移動**、**予定の削除**などの操作を解説します。

1 予定を確認する

解説 ポップアップで確認できる内容

作成した予定は、マウスポインターを合わせるだけでポップアップで内容が表示されます。ポップアップでは、「予定（イベント）」の場合は「開始時刻」「終了時刻」「場所」「アラーム」、「会議」の場合は各種情報のほかに「承諾状況（自身が開催者ではない場合）」を確認することができます。

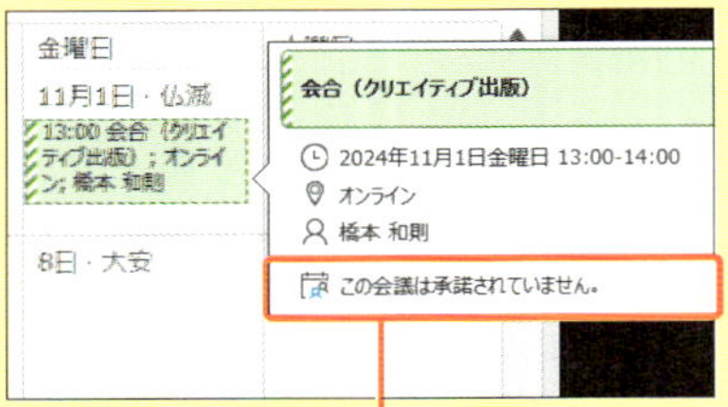

「会議」の場合は承諾状況も確認できます。

Key word ポイント

マウスポインターを対象のアイテムの上に置くことをポイント（あるいはホバー）といいます。クリックする必要はありません。

1 予定表内の「予定」にマウスポインターを合わせます。

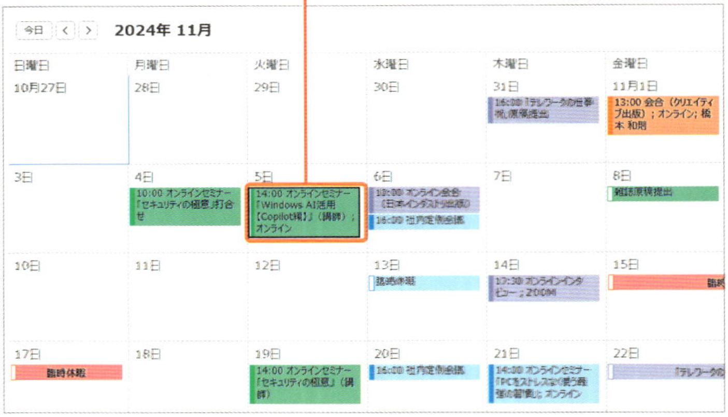

2 予定の内容をポップアップで確認できます。

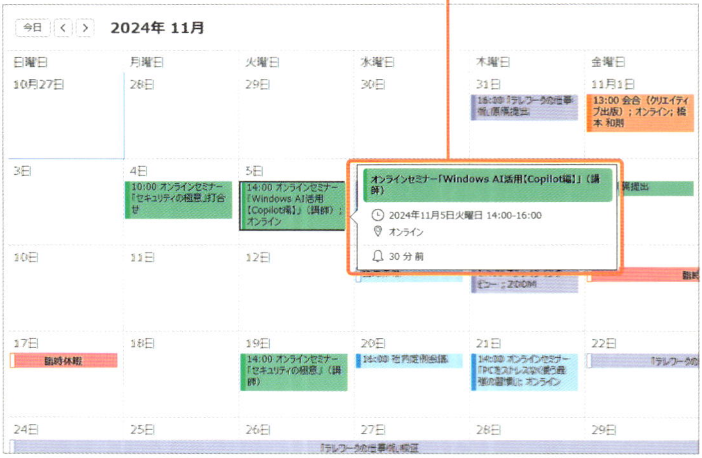

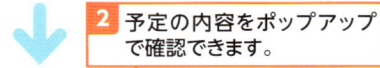

2 予定を修正する

Hint 予定のタイトルの修正

予定のタイトルは予定表のビューで直接修正することも可能です。任意の予定をクリックして選択した後、F2 キーを押せばタイトルを直接編集できます。

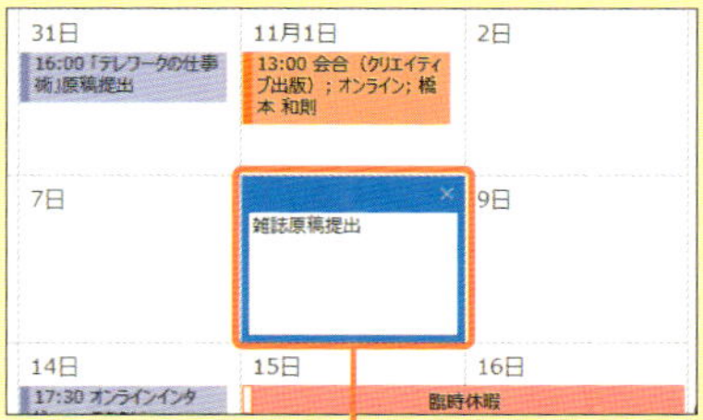

クリック→ F2 で直接編集できます。

1 修正したい予定をダブルクリックします。

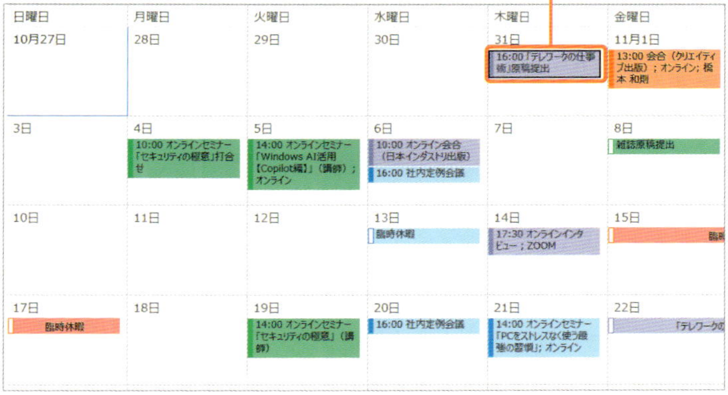

2 「予定」が表示されます。

3 任意に予定内容を修正します。

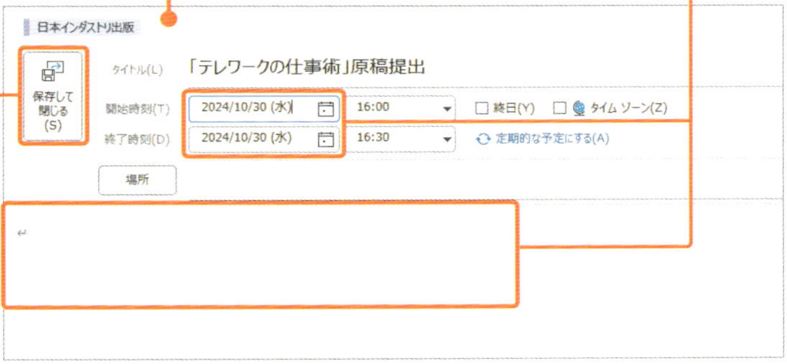

4 [保存して閉じる]をクリックします。

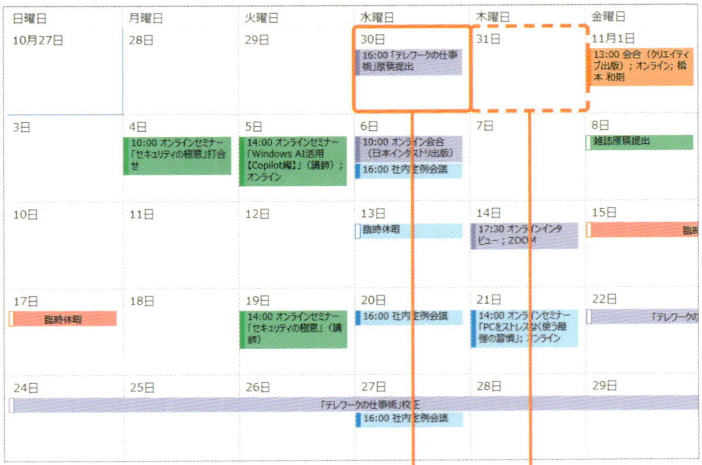

5 予定を修正できます。

ショートカットキー

- 予定表を1日表示にする
  Alt + 1
- 予定表を2日表示にする
  Alt + 2
- 予定表を3日表示にする
  Alt + 3
- 予定表を7日表示にする
  Alt + 7
- 予定表を10日表示にする
  Alt + 0

3 予定を分類する

解説 分類すれば予定表が見やすくなる

メールや連絡先などでも「分類」は活用できますが、「予定表」における分類は、予定表の見やすさに直接影響するため、重要な設定になります。「取引先別」「業種別」「作業内容別」などで分類するとよいでしょう。

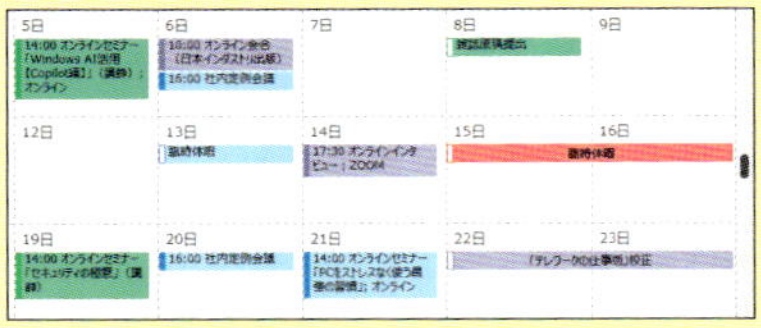

Hint 分類に名前を付ける

分類に名前を付けたい場合は、[予定]タブ→[分類]をクリックして、ドロップダウンから[すべての分類項目]をクリックします。[色分類項目]ダイアログで、任意の色を追加することや、色に対して名前(分類項目名)を付けることができます。

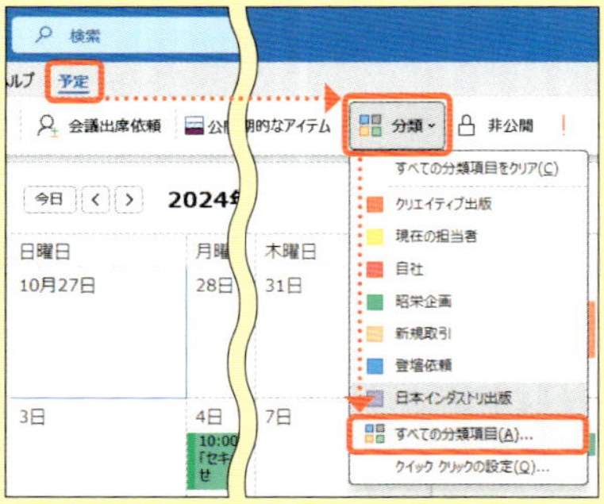

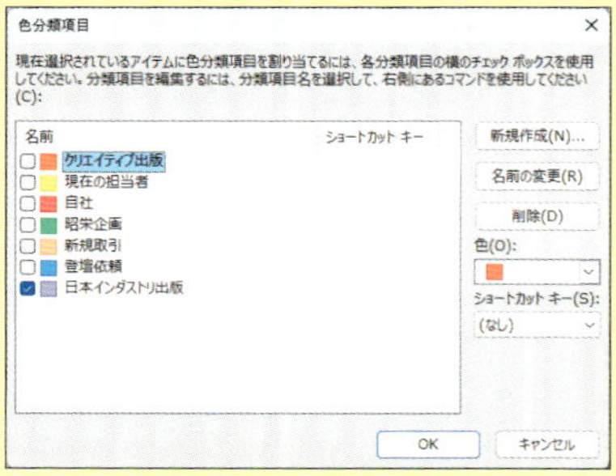

1 任意の予定をダブルクリックします。

2 「予定」が表示されます。

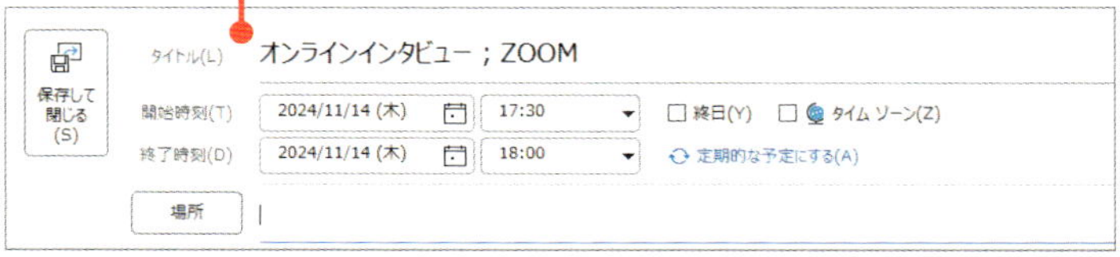

3 [予定]タブ→[分類]をクリックして、

4 ドロップダウンから任意の分類(色)をクリックします。

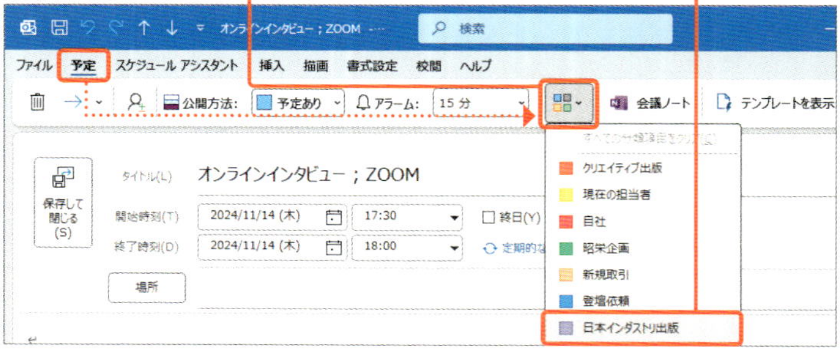

5 予定に対して任意の分類(色)を指定できます。

6 [保存して閉じる]をクリックします。

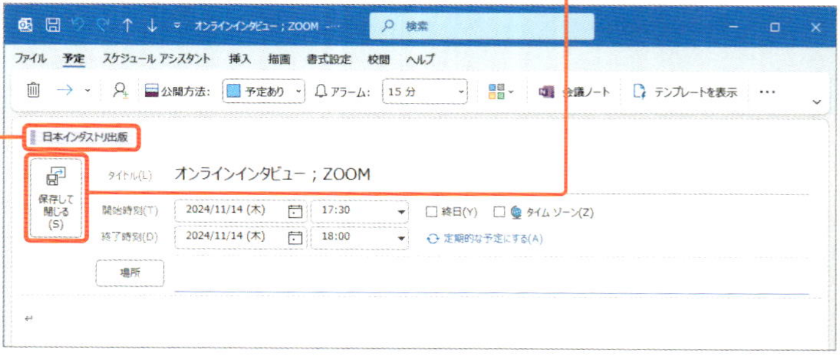

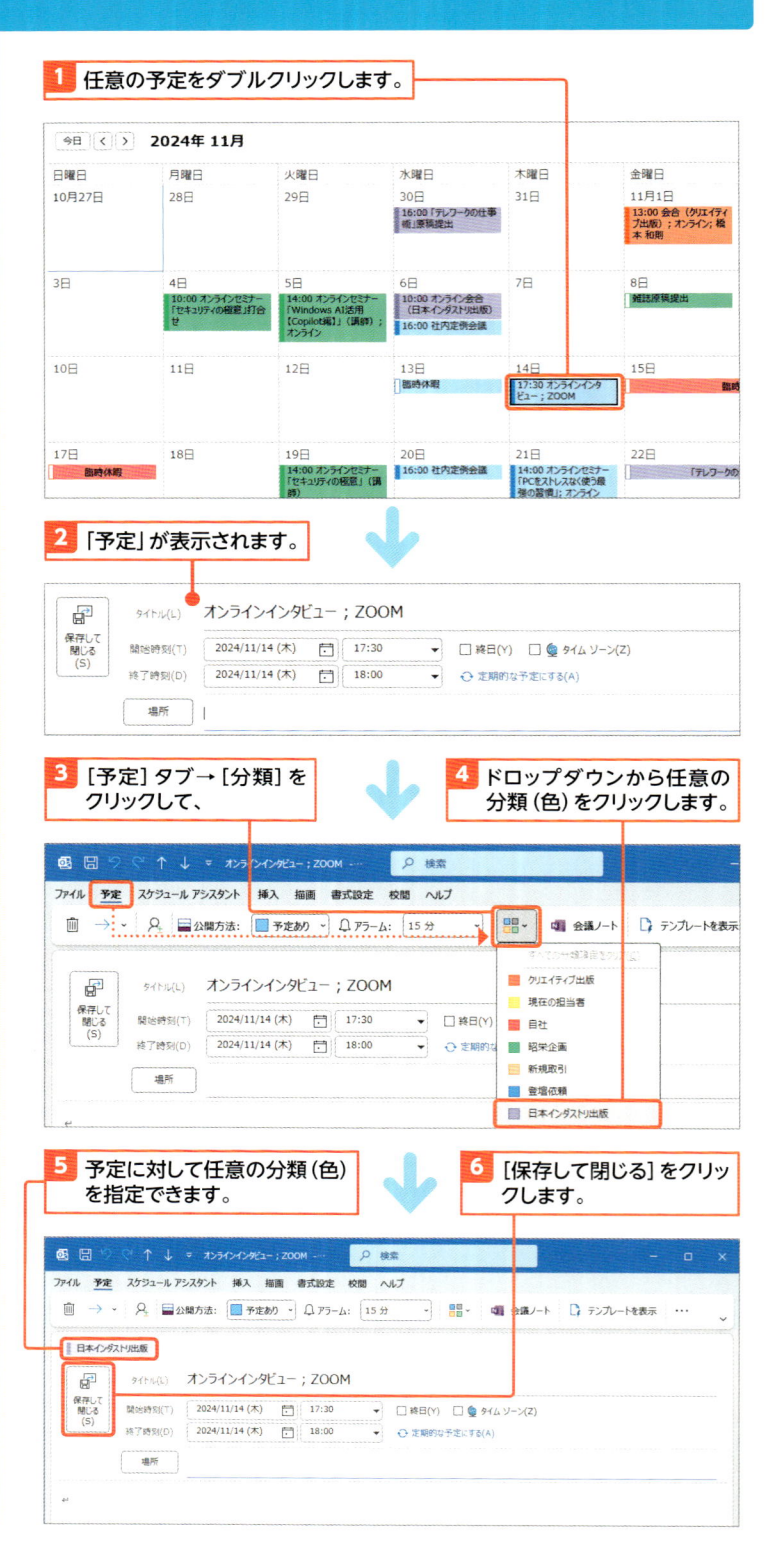

4 予定を移動する

Hint 表示外の月日に予定を移動する

現在「予定表」のビューに表示されていない月日に予定を移動したい場合は、移動したい予定をドラッグしてカレンダーナビゲーターの任意の月日にドロップします。

Memo 予定の長さの変更

予定の長さ（「開始時刻」と「終了時刻」）は、境界線をドラッグすることで変更できます。

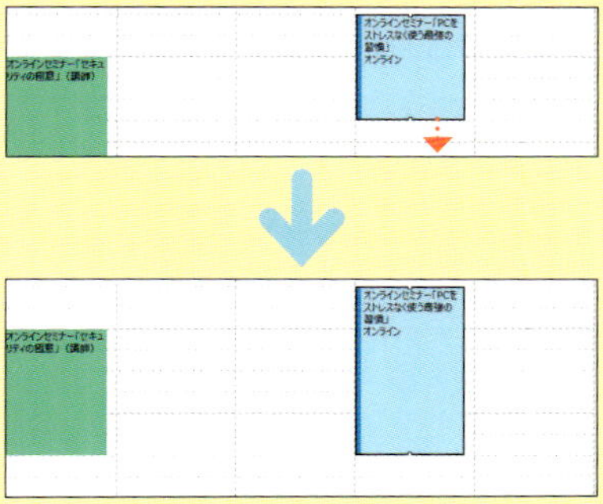

予定表をあらかじめ「週」表示形式にしておきます。

1 予定をドラッグして、

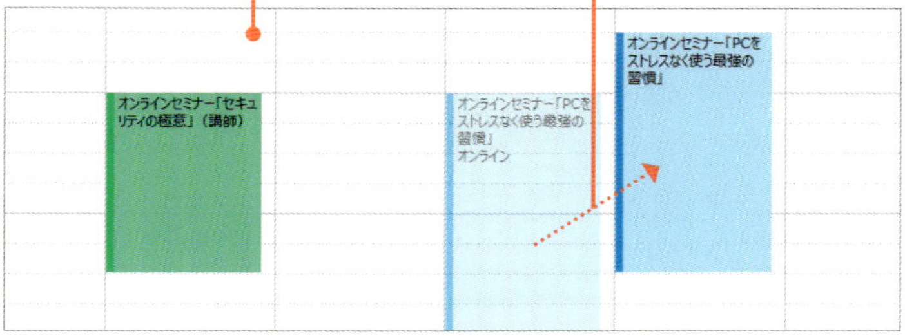

2 任意の時間や日にドロップします。

3 予定の日時を変更することができます。

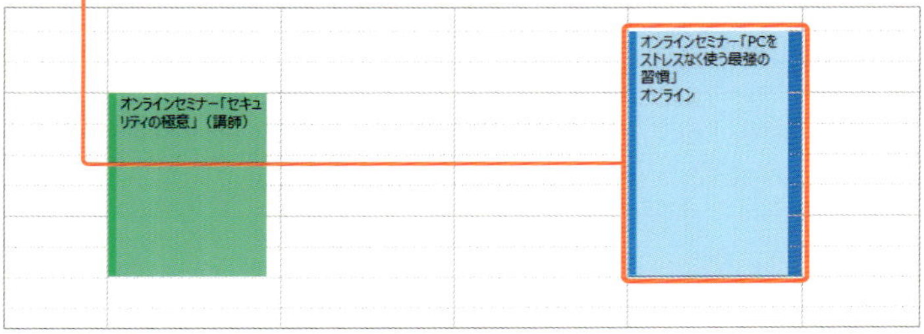

5 予定を削除する

Memo 予定の削除

予定表のビューで任意の予定を右クリックして、ショートカットメニューから［削除］をクリックすれば、該当の予定をすばやく削除できます。また、ビューで予定をクリックして選択した状態で Delete キーを押しても同様に削除できます。

なお、直後にショートカットキー Ctrl ＋ Z キーを入力すれば削除した予定を復元することができます。

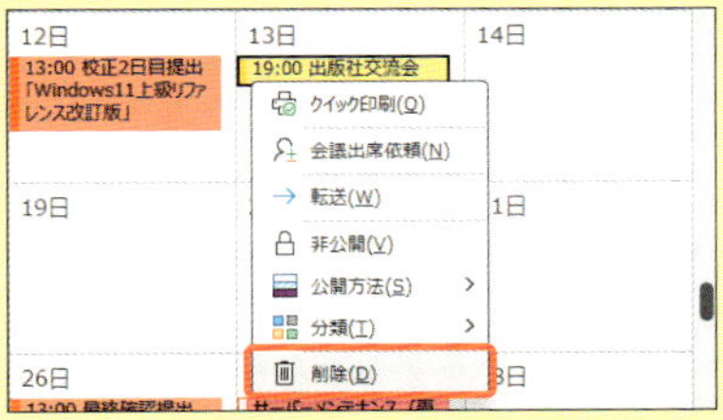

1 任意の予定をダブルクリックします。

2 「予定」が表示されます。

3 削除してよい予定であることを確認します。

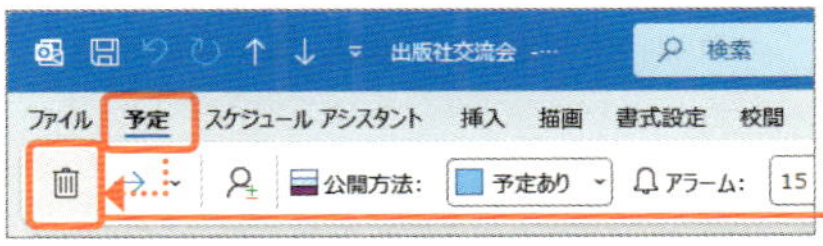

4 ［予定］タブ→［削除］をクリックすると、予定を削除できます。

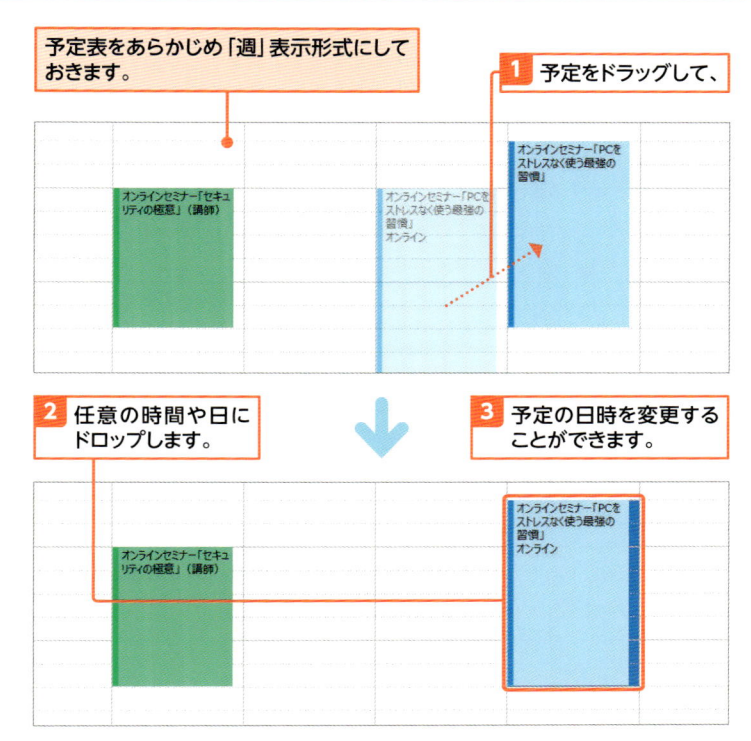

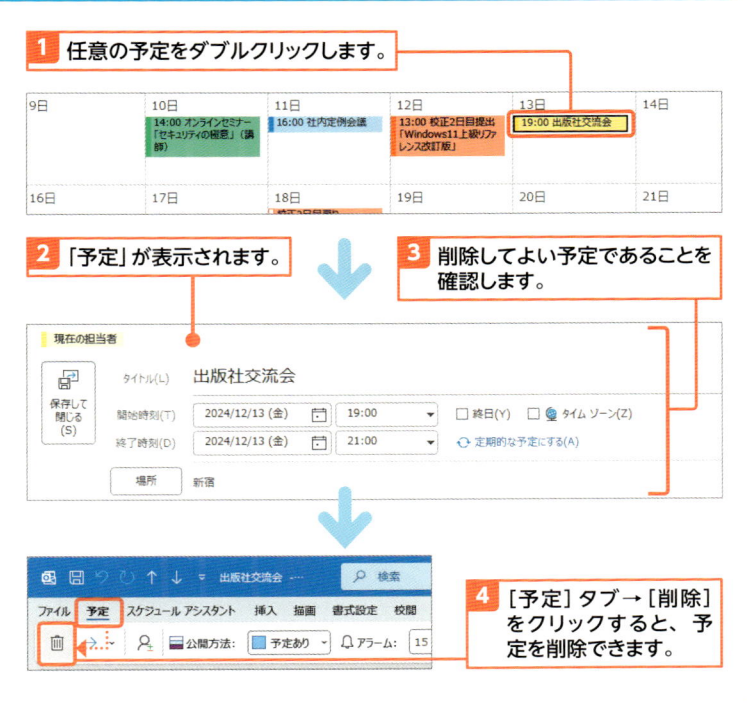

Section 75

メールと予定表を相互で活用する

ここで学ぶのは

- メール画面からの予定確認
- To Do バーの活用
- メールから予定作成

「予定表」の予定の確認や予定の作成は、ときに「メール」を確認しながら作業したい場面があります。ここでは、**メール画面から予定を確認**する方法や、**メール内容を予定表に組み込む**方法などを解説します。

1 「メール」画面で予定を確認する

Memo 「メール」画面にすばやく切り替える

「メール」画面に切り替えるには、ナビゲーションバーの[メール]をクリックする方法のほか、ショートカットキー Ctrl ＋ 1 キーでも切り替えることができます。ショートカットキーのほうがすばやく切り替えられます。

ショートカットキー

- 「メール」画面に切り替え
  Ctrl ＋ 1
- 「予定表」画面に切り替え
  Ctrl ＋ 2

Key word ポイント

マウスポインターを対象のアイテムの上に置くことをポイント（あるいはホバー）といいます。クリックする必要はありません。

Outlook 2024を「メール」画面にしておきます。

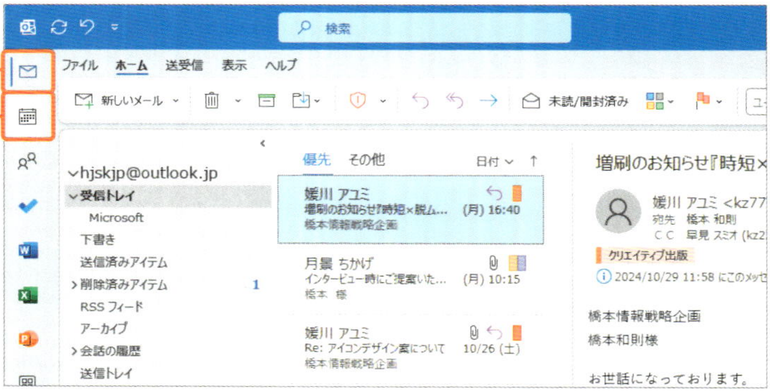

1 ナビゲーションバーの［予定表］にマウスポインターを合わせます。

2 予定表がプレビュー表示され、カレンダーナビゲーターと予定が表示されます。

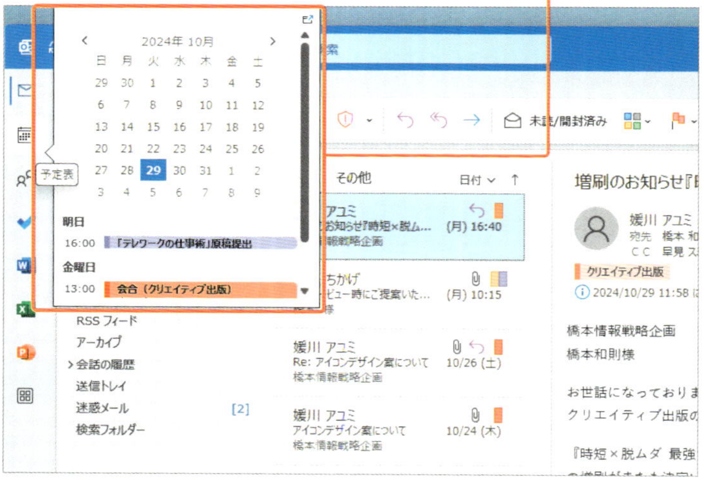

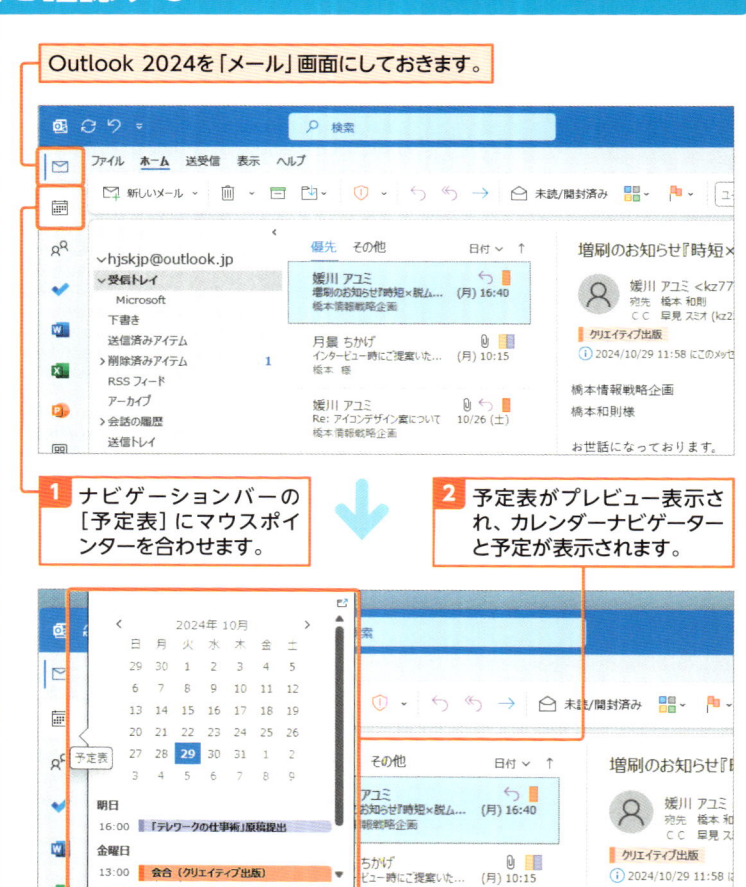

2 「メール」画面に予定表を表示する（To Do バー）

1 ［表示］タブ→［レイアウト］をクリックして、

2 ドロップダウンから［To Doバー］→［予定表］をクリックします。

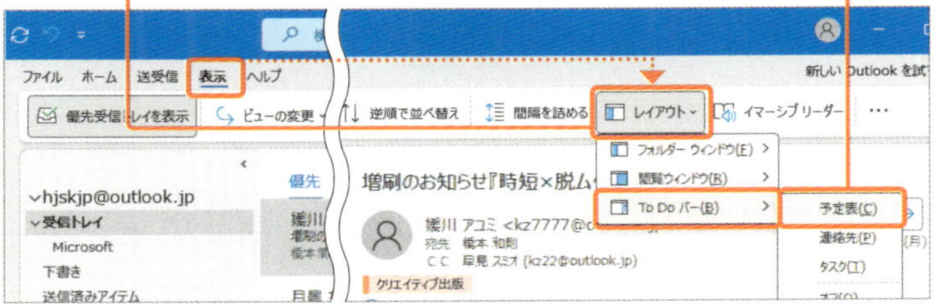

3 To Doバーにカレンダーナビゲーターと予定が表示されます。

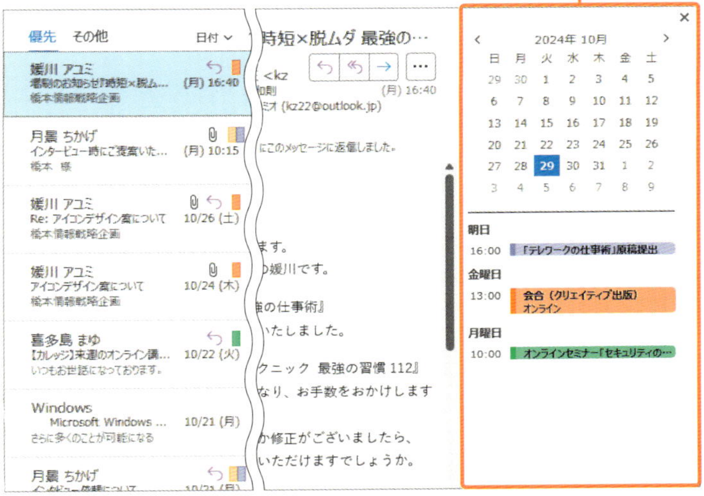

3 To Do バーの予定表示の月日を切り替える

Hint プレビューから To Do バーに表示

ナビゲーションバーの［予定表］にマウスポインターを合わせて、予定表のプレビューが表示された状態で、［アイコン］をクリックしても、To Doバーに予定表を表示することが可能です。

1 カレンダーナビゲーターで任意の月日をクリックします。

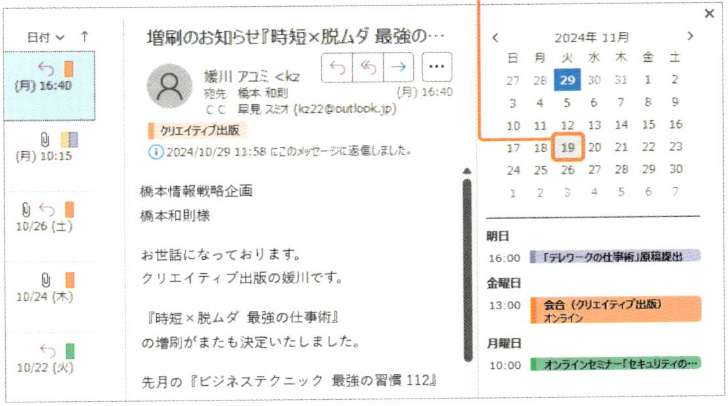

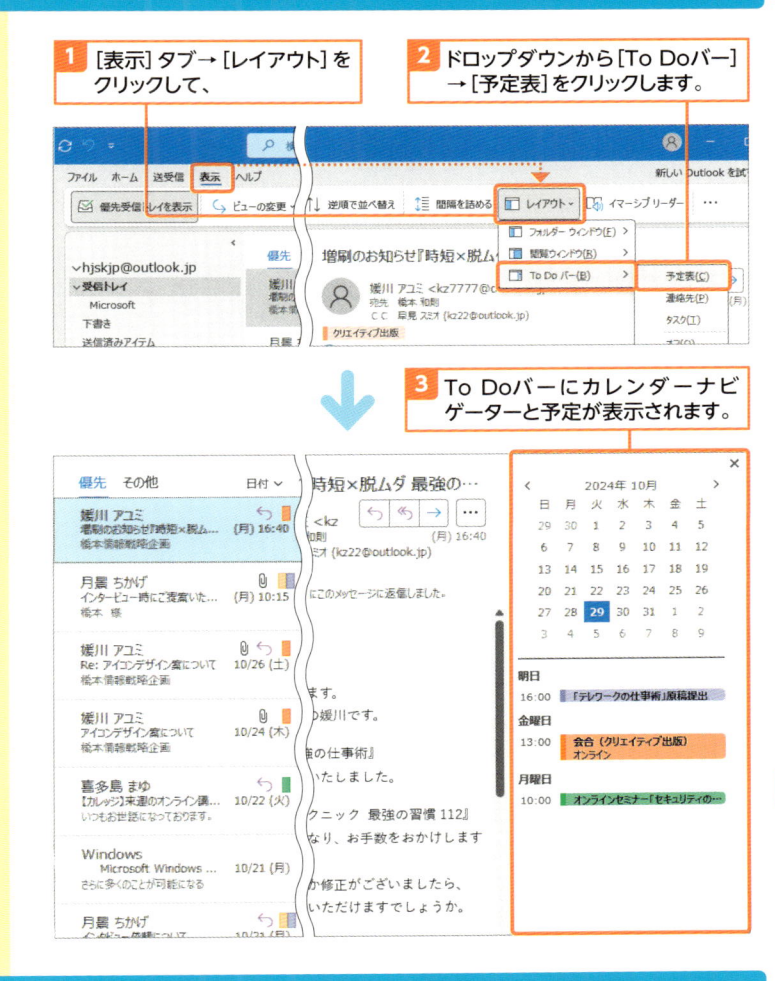

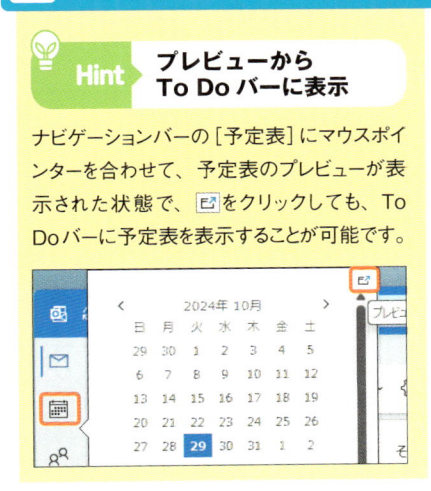

Hint　To Do バーから予定を確認・編集する

To Do バーに表示されている「予定」をダブルクリックすると、予定の詳細を確認・編集することができます。

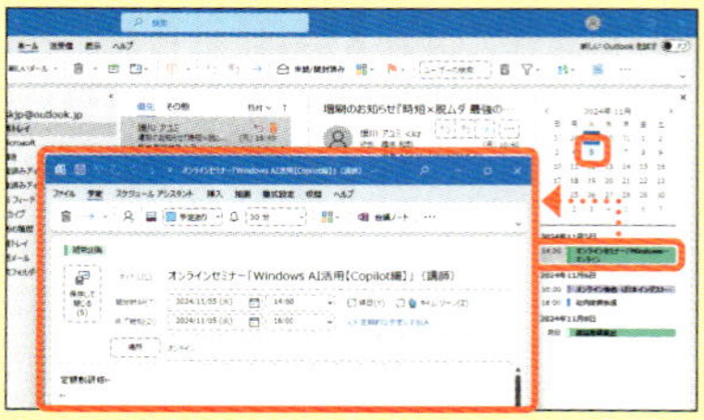

2 該当月日以降の予定をTo Doバーに表示できます。

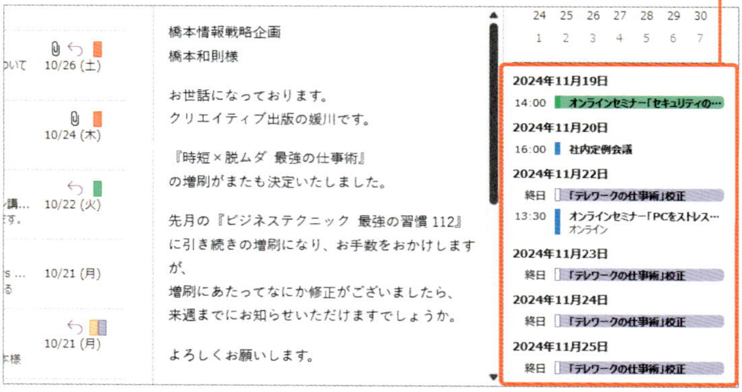

4 メール内容を予定表に組み込む

注意　複数のアカウントを登録している場合

Outlook 2024で複数アカウントを管理している場合、「予定表」を管理するアカウントはどれか特定のものにするのが基本になります。複数のアカウントで予定表を管理すると、予定管理が複雑になり、また本来予定を登録すべきではないアカウントに登録してしまう危険性があります。

なお、Outlook 2024で複数アカウントを管理している場合、メールをナビゲーションバーの［予定表］にドロップすると、予定がどのアカウントに登録されるか注意する必要があるため（異なるアカウントに予定を登録してしまうと予定を見失う可能性があるため）、この手順による予定作成はおすすめしません。

Outlook 2024を「メール」画面にしておきます。

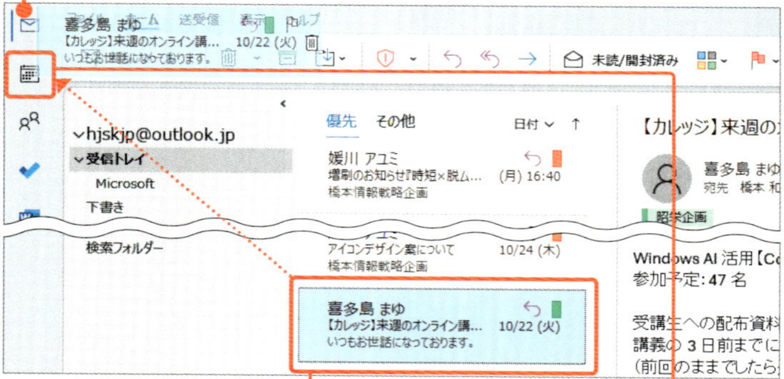

1 ビュー内の予定として登録したいメールをドラッグして、

2 ナビゲーションバーの［予定表］にドロップします。

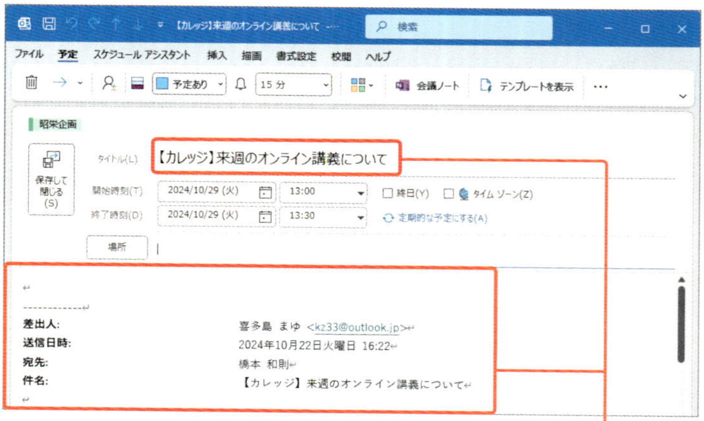

3 「予定」の作成画面になります。

4 ［タイトル］や［メモ］は、メールの内容に従った記述が自動的に反映されます。

Hint 分類も引き継がれる

メールを分類しておけば、メール内容を予定表に組み込んだ際に「分類（色）」も引き継がれます。
これは業種別や取引先別でメールを管理している場合、その分類がそのまま予定表の予定にも反映されるため、わかりやすい管理が可能になります。

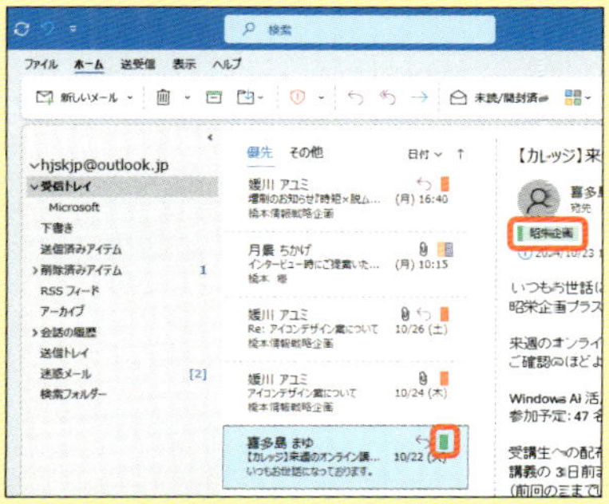

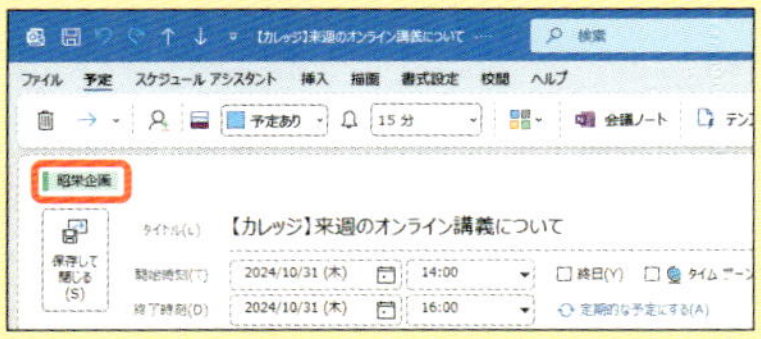

5 予定表の［場所］［開始時刻］［終了時刻］などを任意に入力・修正します。

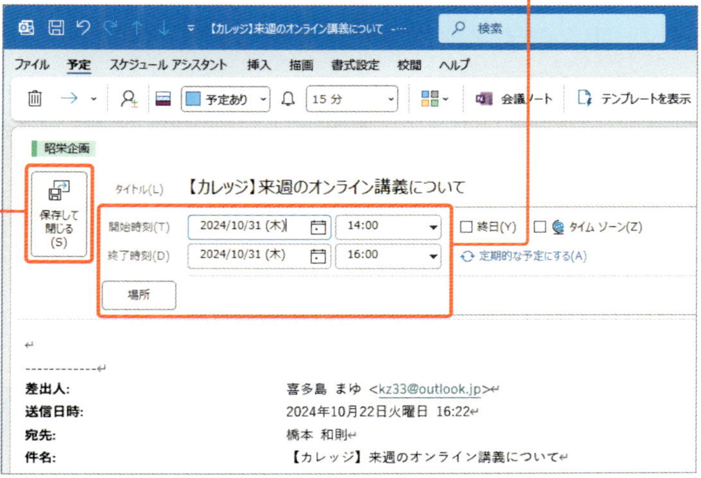

6 ［保存して閉じる］をクリックします。

7 メールから予定表の「予定」を作成できます。

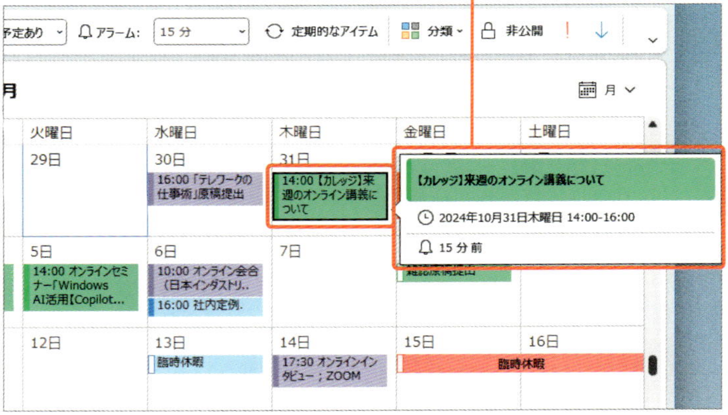

使えるプロ技！ 「メール」も「予定表」も見たい

「メール」を操作しながら「予定表」も見たい場合は、予定表のプレビューやTo Doバーを利用する方法のほか、「Outlook 2024を複数起動する」という方法もあります（p.166参照）。Outlook 2024を2つ起動して、「メール」と「予定表」を表示したのち、ショートカットキー ⊞ ＋ ← でウィンドウを半面表示して、サムネイルの一覧からもう一方のウィンドウを選択すれば、双方を確認しながらの効率的な作業が可能です。

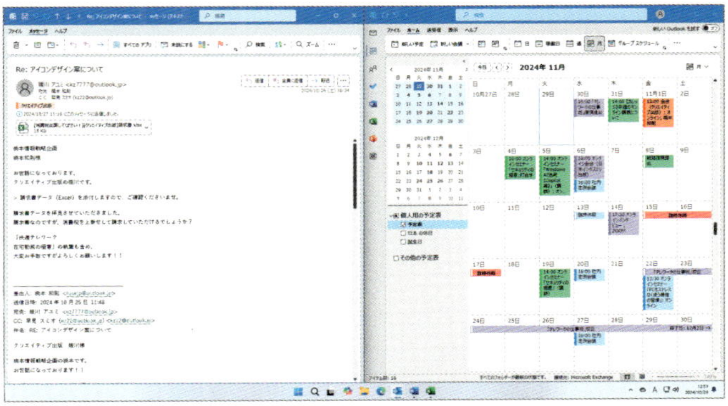

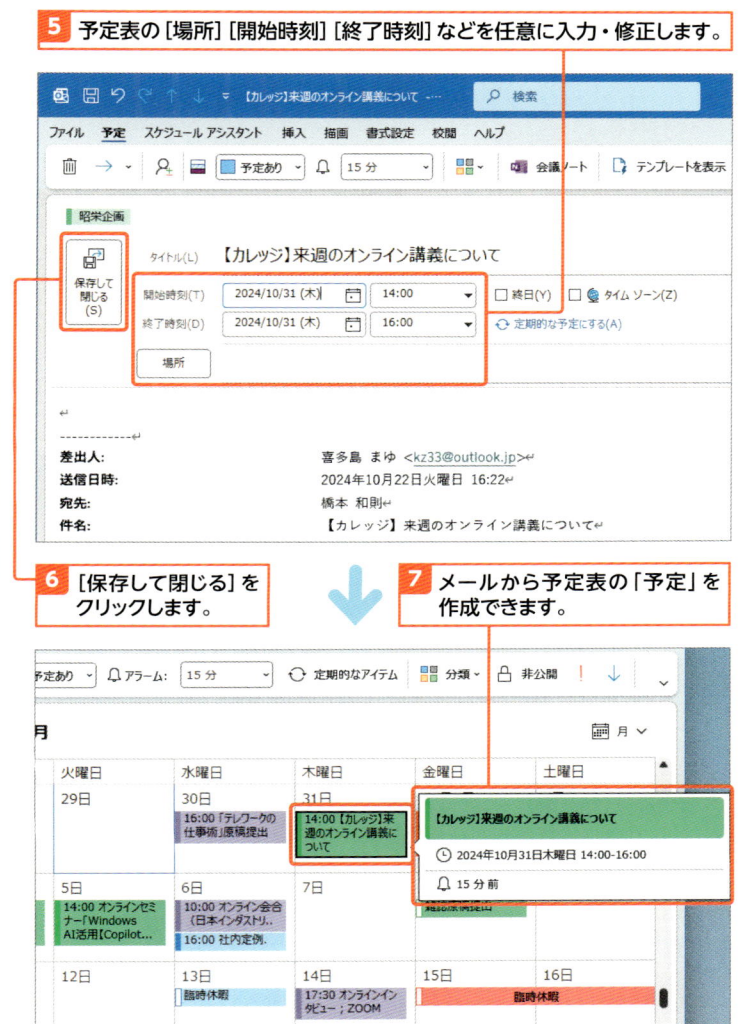

Section

76 定期的な予定を作成する

ここで学ぶのは

- 定期的な予定の作成
- 定期的な予定の編集
- 定期的な予定の削除

Outlook 2024の予定表では、「毎週水曜日の15:00は定例会議」など、**定期的な予定**を作成することも可能です。また、「来週だけは別の時間になる」など、**定期的な予定において特定の回のみ変更**することなども可能です。

1 定期的な予定を作成する

解説 定期的な予定の作成

毎週あるいは毎月の決まった曜日の決まった時間など、定期的な開催が決まっている予定には「定期的な予定」の設定を行いましょう。「定期的な予定」では「ある週だけはいつもと異なる時間の開始になる」といった変則的変更にも対応できるので便利です。

Memo 「月ごと」の詳細設定

「毎月28日に定期的な予定がある」あるいは「毎月最終月曜日に定期的な予定がある」なども設定可能です。[定期的な予定の設定] ダイアログの [パターンの設定] から [月] をチェックしたうえで、[日] あるいは [曜日] をチェックして任意に設定します。

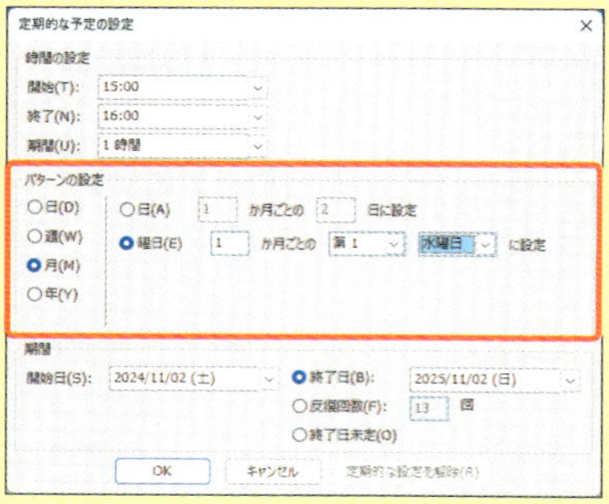

1 [ホーム] タブ→ [新しい予定] をクリックします。

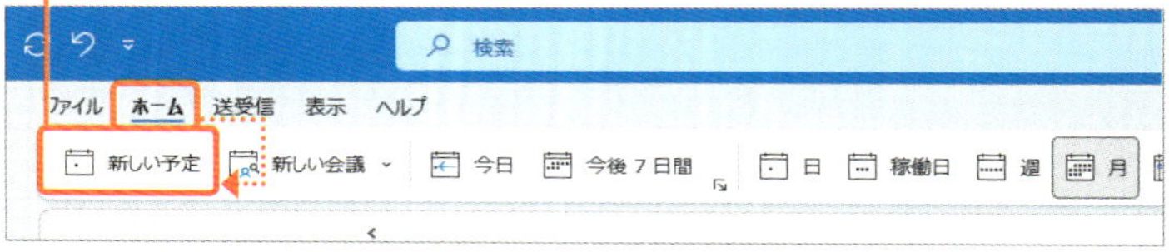

2 「予定」が表示されます。

3 [定期的な予定にする] をクリックします。

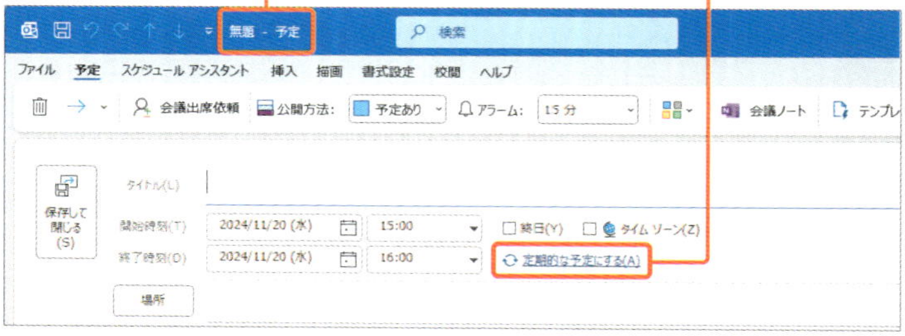

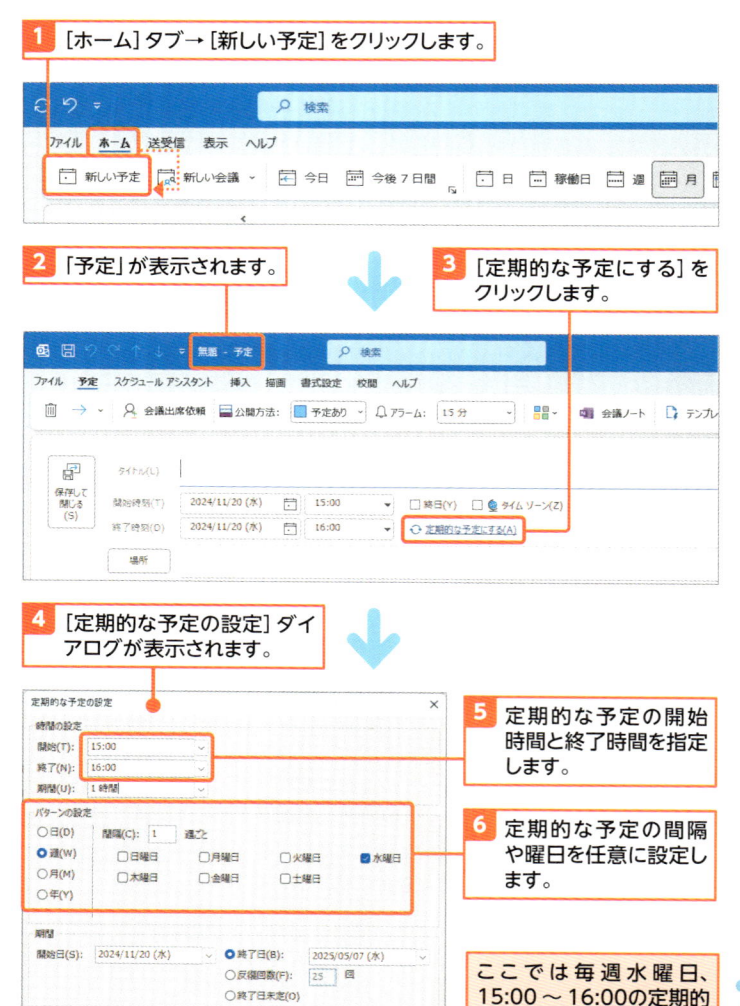

4 [定期的な予定の設定] ダイアログが表示されます。

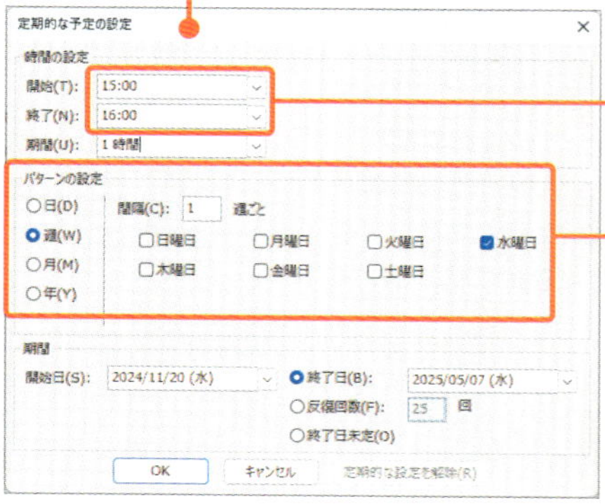

5 定期的な予定の開始時間と終了時間を指定します。

6 定期的な予定の間隔や曜日を任意に設定します。

ここでは毎週水曜日、15:00～16:00の定期的な予定を設定しています。

Hint 開始終了時刻設定に注意

［定期的な予定の設定］ダイアログの［時間の設定］はやや融通が利かず、「開始：10:00」「終了：11:00」などと設定しても、25時間のスケジュールになってしまうことがあります。そのため［時間の設定］内の「期間（予定の長さ）」は必ず確認するようにします。基本的に［開始］（①）を指定したのち、［期間］（その予定は何時間か）（②）を設定したほうが間違いのない設定が可能です。

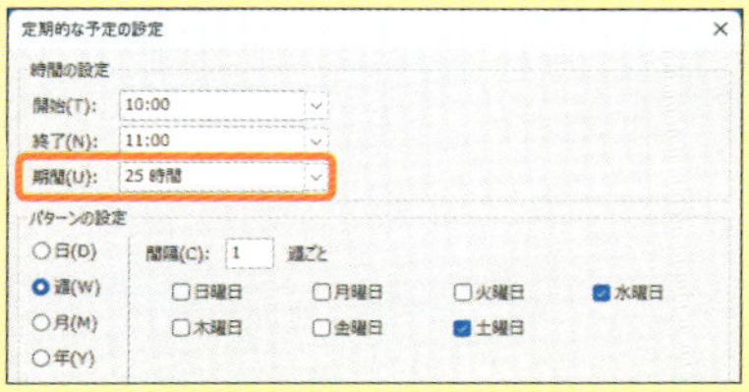

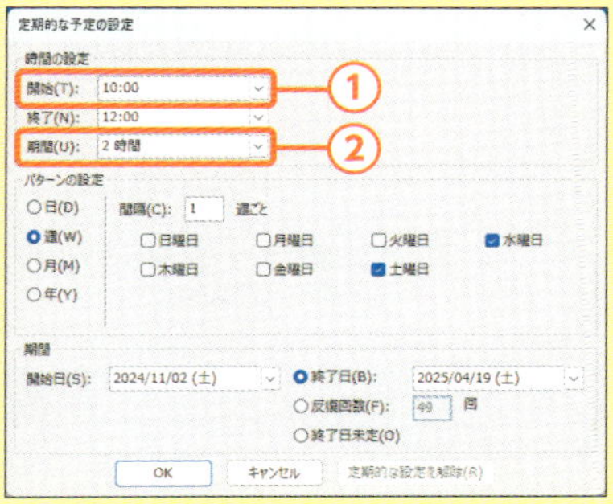

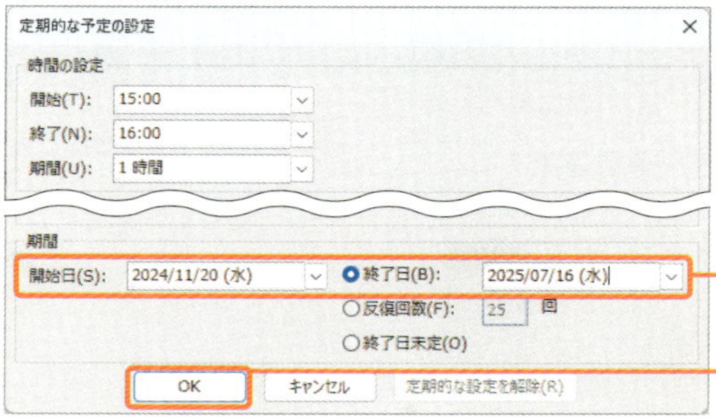

7 ［期間］に定期的な予定の開始日と終了日を設定します。

8 ［OK］をクリックします。

9 「定期的な予定」の作成画面になります。

10 ［パターン］で定期的な予定のパターンを確認できます。

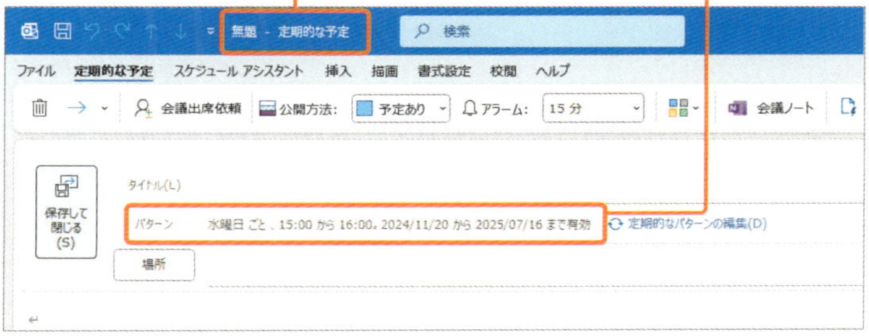

11 ［タイトル］［場所］［メモ］などを任意に入力します。

12 ［保存して閉じる］をクリックします。

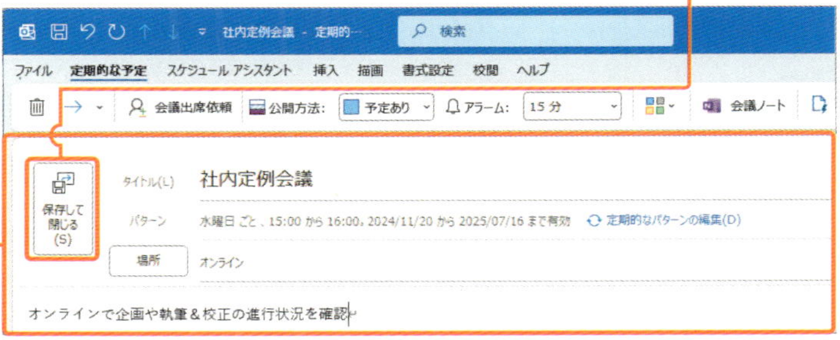

13 定期的な予定を予定表に登録できます。

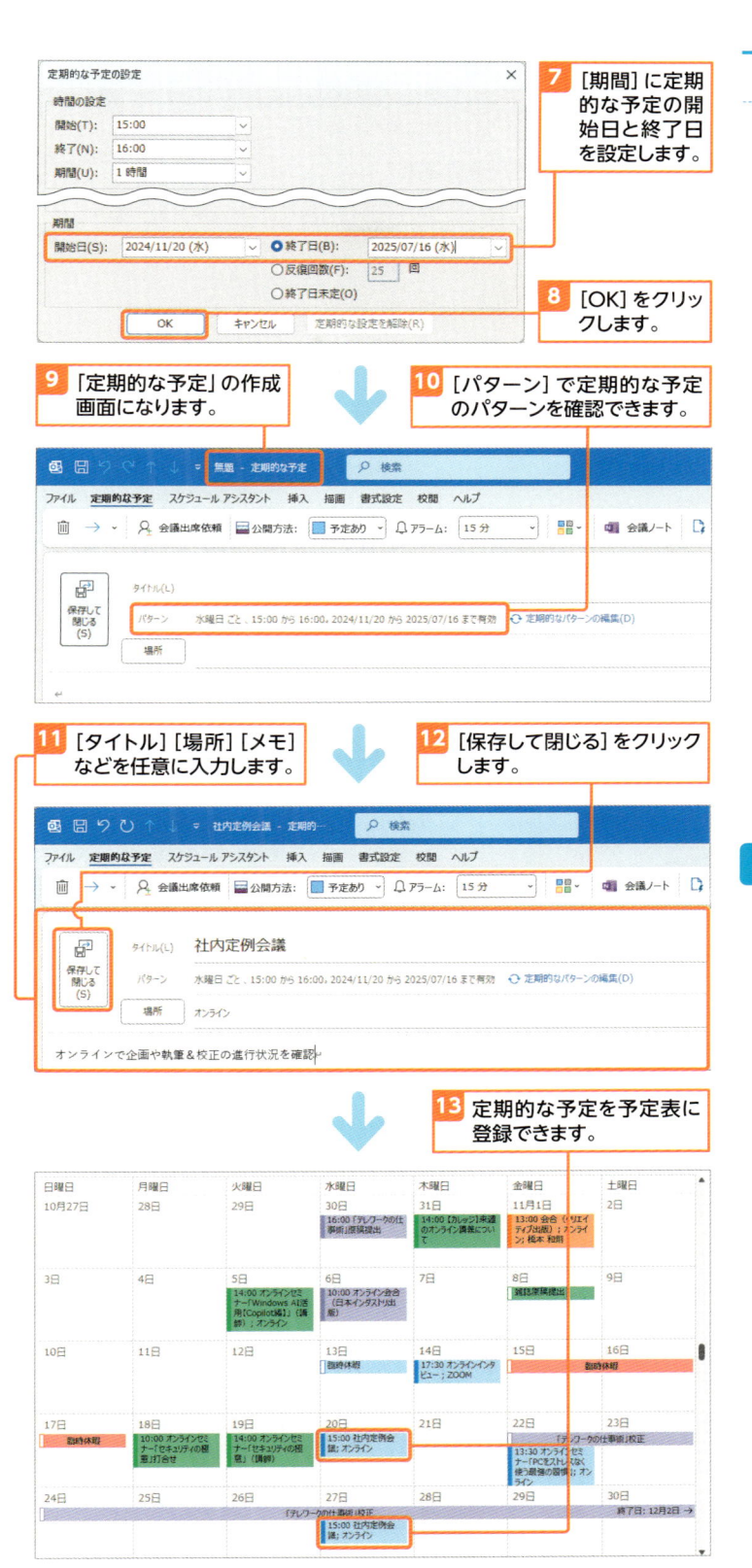

2 定期的な予定を変更する

解説 定期的な予定を開く

「定期的な予定」を開いて設定に変更を加えたい場合は、いずれかの「定期的な予定」をダブルクリックします。

Hint 定期的な予定の期間設定

「定期的な予定」は期間を設定することができます。[定期的な予定の設定]ダイアログの[期間]で[終了日未定]にすると恒久的な反復、[反復回数]を設定するとその回数で定期的な予定は終了します。また、[終了日]を設定すれば指定した年月日に従って定期的な予定が終了します。

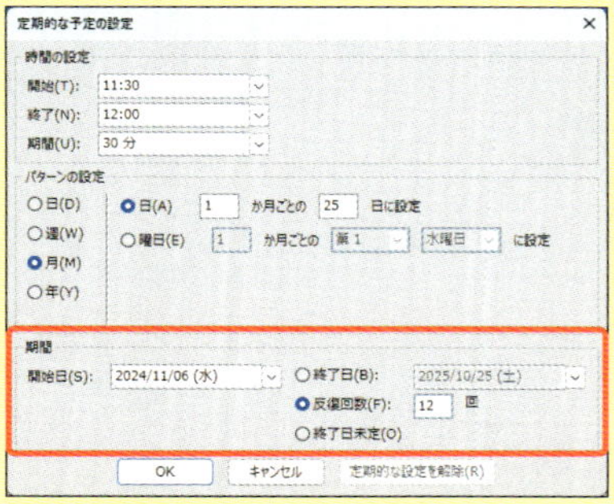

ショートカットキー

● 新しい予定を作成
(「予定表」画面から)
Ctrl + N

● 定期的な予定の設定
(「予定」の作成画面から)
Ctrl + G

1 定期的な予定をダブルクリックします。

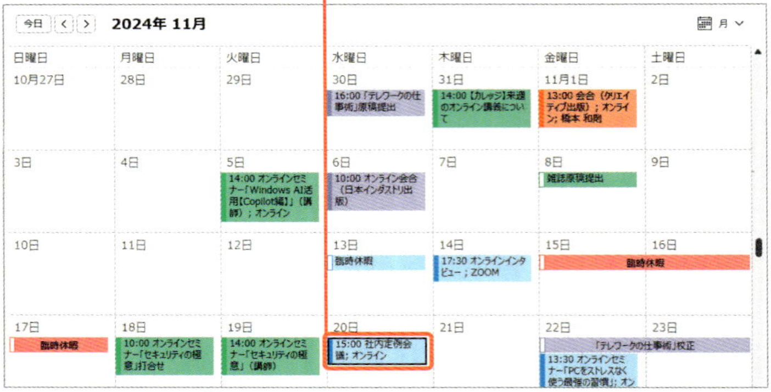

2 [定期的なアイテムを開く]ダイアログが表示されます。

3 [定期的な予定全体]をチェックして、[OK]をクリックします。

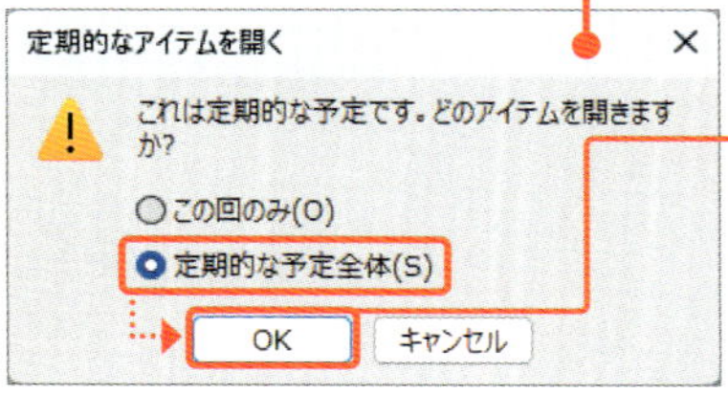

4 [定期的なパターンの編集]をクリックします。

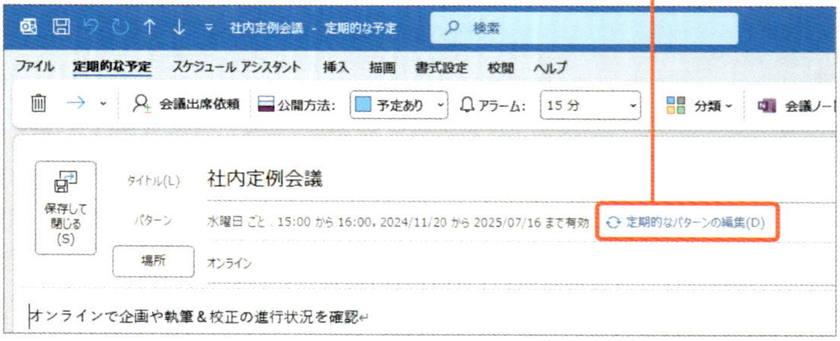

5 [定期的な予定の設定]ダイアログが表示されます。

6 任意に定期的な予定を変更します。

7 [OK]をクリックします。

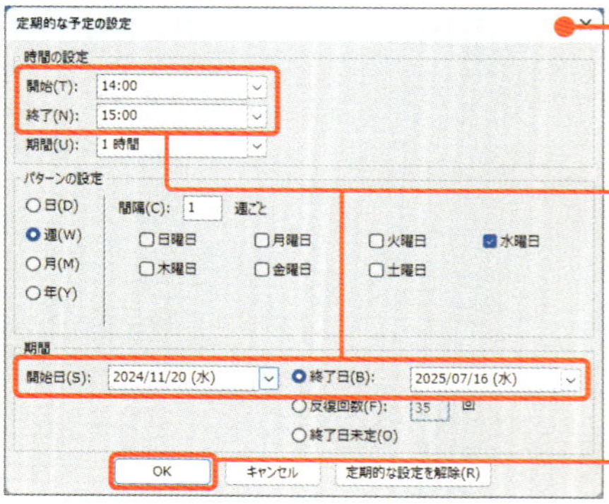

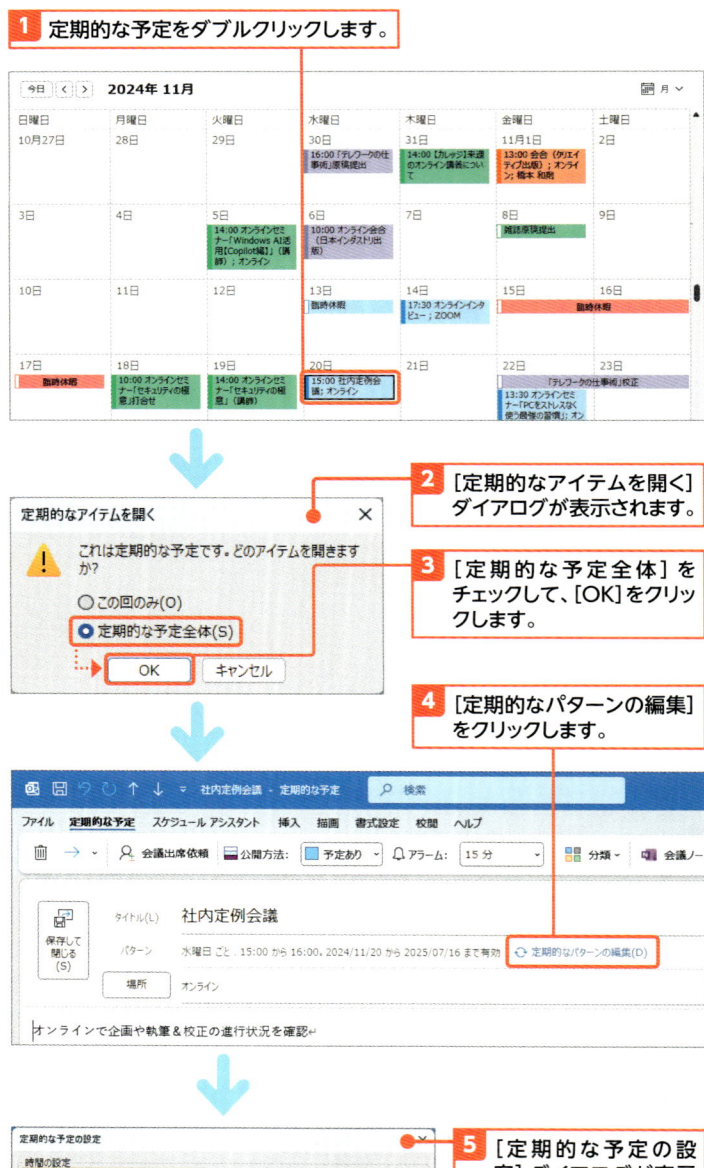

Hint 定期的な毎年の予定を設定する

定期的な予定では「毎年の行事」なども設定可能です。
例えば、毎年12月の第3木曜日を定期的な予定に設定すれば、2024年12月19日（木）、2025年12月18日（木）、2026年12月17日（木）という形で定期的な予定を組み込むことができます。

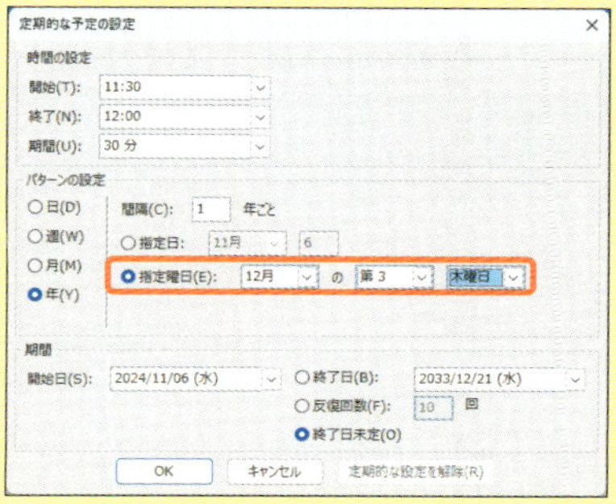

8 ［パターン］で定期的な予定のパターンを確認できます。

9 ［タイトル］［場所］［メモ］［分類］などを任意に変更します。

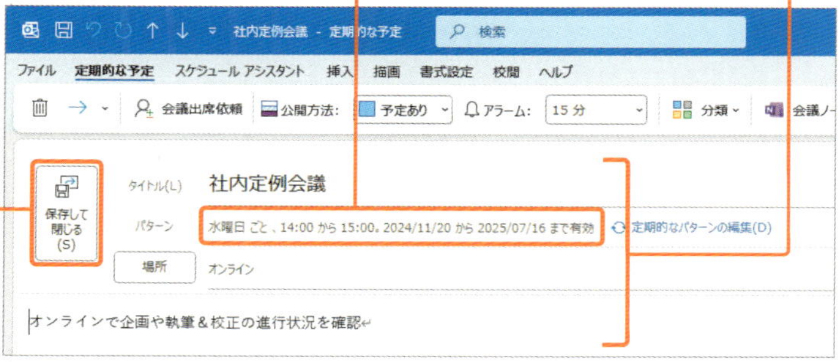

10 ［保存して閉じる］をクリックします。

11 定期的な予定を変更できます。

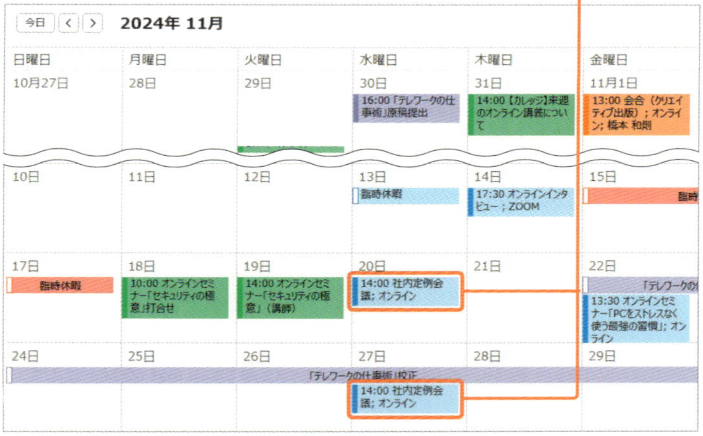

3 定期的な予定の特定の回を変更する

1 定期的な予定の特定の回をダブルクリックします。

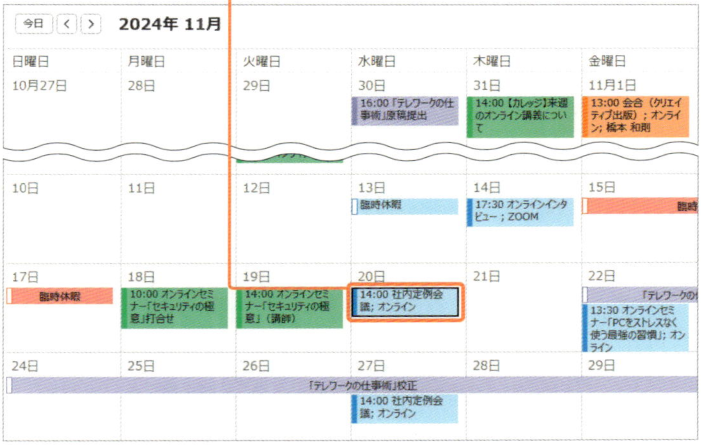

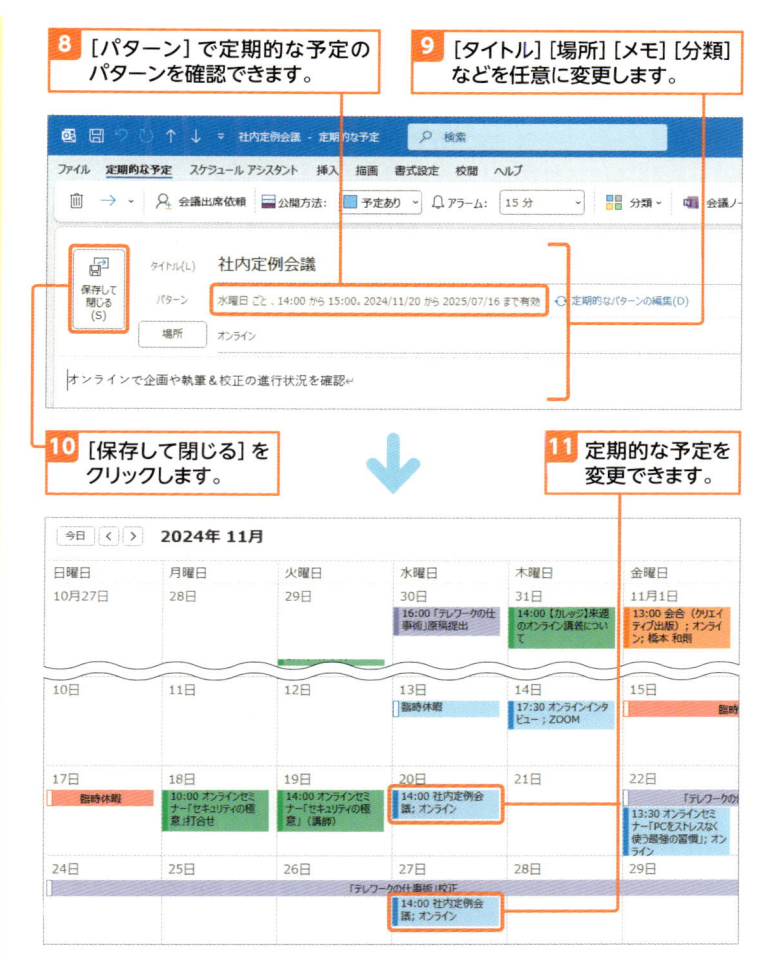

Memo 「この回のみ」の変更

定期的な予定における「この回のみ」の変更では、タイトルバーの表示が「個別の予定」になります。「開始時刻」「終了時刻」や「タイトル」「場所」なども変更可能です。
わかりやすく管理したい場合は「タイトル」に「（時間変更）」といった記述を加えるなどの工夫をするとよいでしょう。

「この回のみ」の変更の場合は「個別の予定」と表示されます。

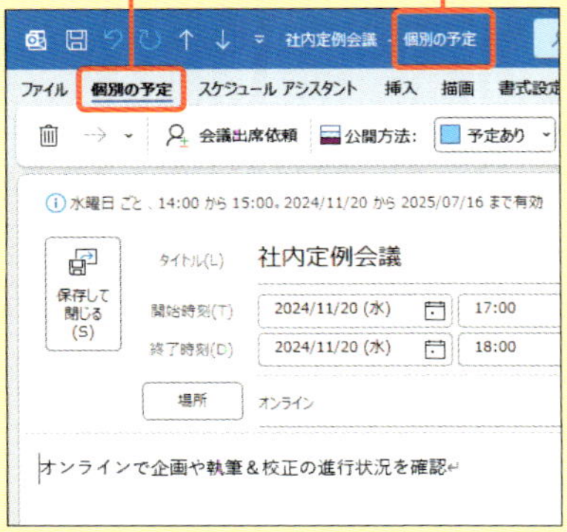

「定期的な予定全体」の場合は「定期的な予定」と表示されます。

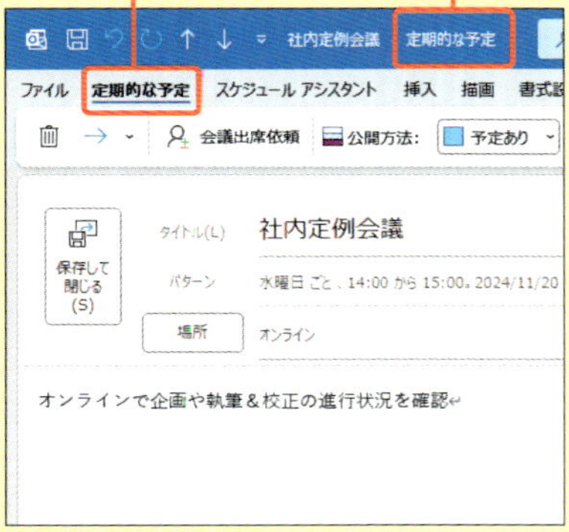

2 ［定期的なアイテムを開く］ダイアログが表示されます。

3 ［この回のみ］をチェックして、［OK］をクリックします。

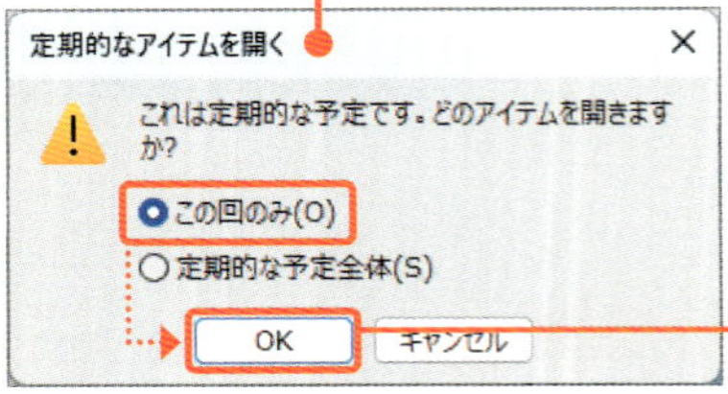

4 「個別の予定」の入力画面が表示されます。

5 任意に予定（特定の回のみ）を変更します。

6 ［保存して閉じる］をクリックします。

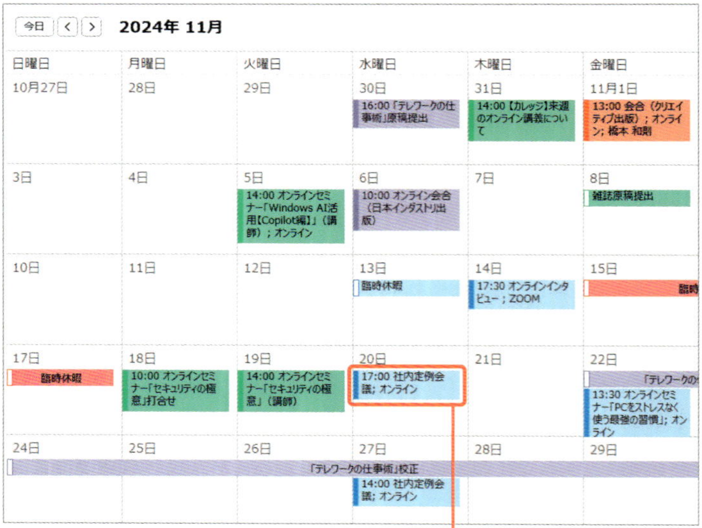

7 定期的な予定における特定の回のみを変更できます。

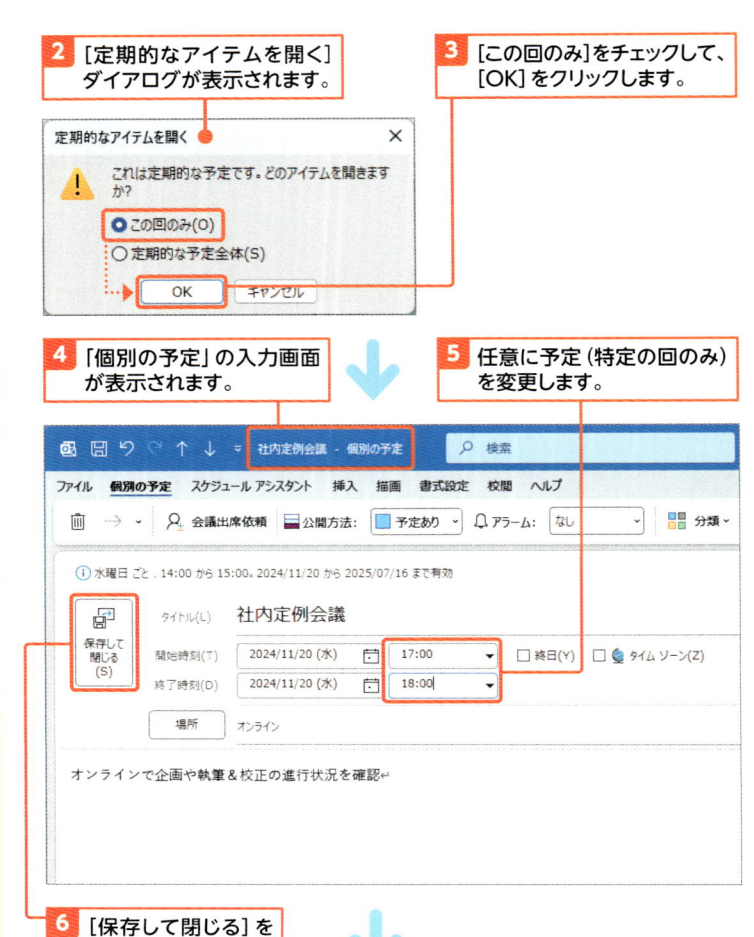

4 定期的な予定全体を削除する

Hint 定期的な予定の特定の回を削除する

定期的な予定において特定の回のみ削除したい場合は、定期的な予定の特定の回をダブルクリックしたのち、[この回のみ]をチェックして、[OK]をクリックします。

[個別の予定]タブ→[削除]をクリックすると、削除の確認が表示されるので、[このアイテムのみ削除する]をチェックして、[OK]をクリックすれば、定期的な予定における特定の回のみを削除できます。

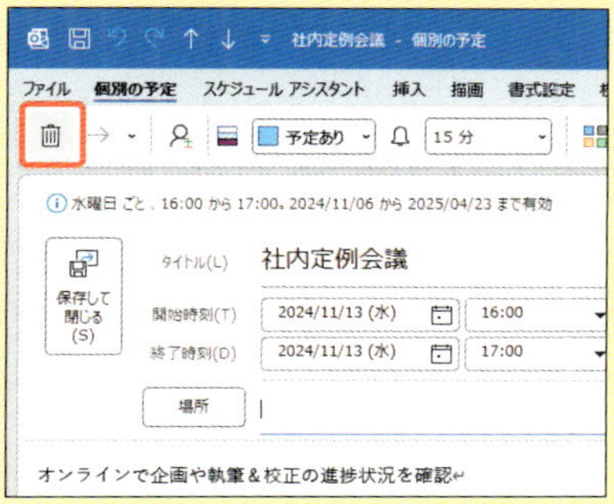

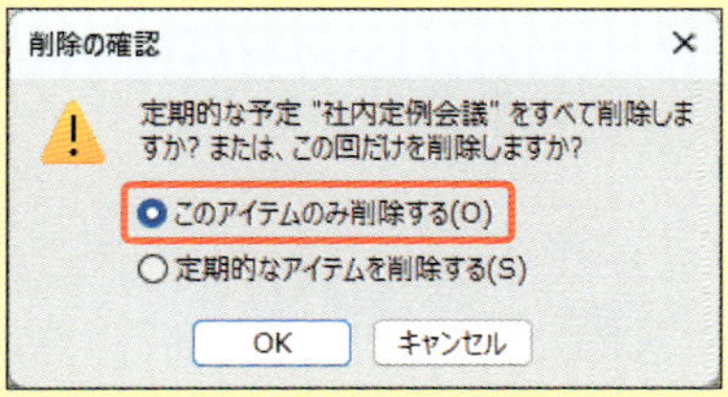

1 定期的な予定をダブルクリックします。

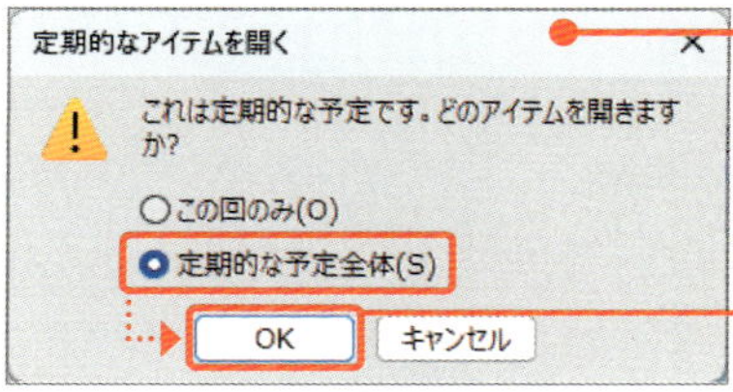

2 [定期的なアイテムを開く]ダイアログが表示されます。

3 [定期的な予定全体]をチェックして、[OK]をクリックします。

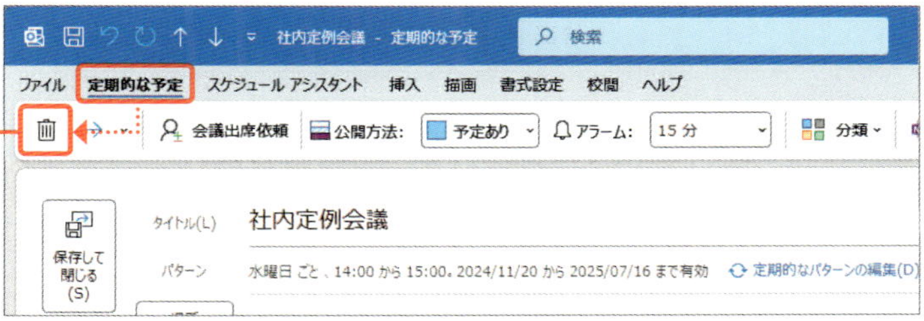

4 [定期的な予定]タブ→[削除]をクリックします。

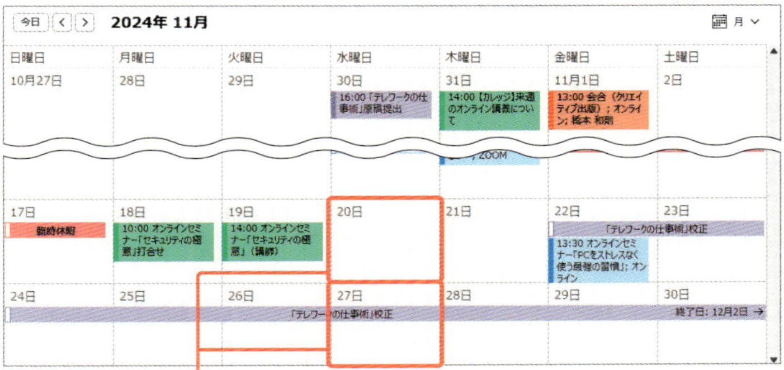

5 定期的な予定全体を削除できます。

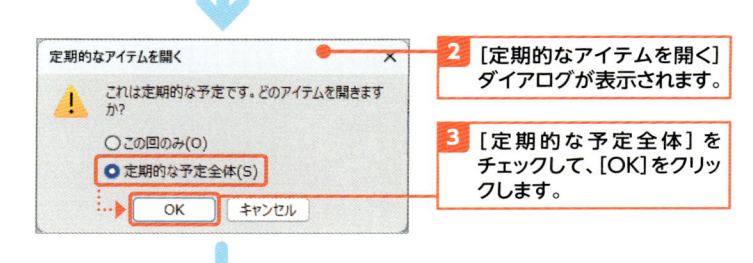

Section

77 会議通知を送信／返信／確認する

ここで学ぶのは

- 開催者による会議通知
- 出席者による会議の承諾
- 会議の辞退

会議通知を利用すれば、任意の相手と会議の日程を調整できます。ここでは、複数の相手に**開催者として会議通知を送信**する方法と、**会議通知を受け取った場合の「承諾」と「辞退」**、また予定表に組み込まれた会議の予定の確認などについて解説します。

1 「予定表」から会議通知を送信する（開催者）

解説 予定としての会議通知

会議通知は「予定」として扱われ、会議通知を送信した開催者の予定表の予定として扱われるほか、会議通知を受け取った人も予定表の予定として扱われます。

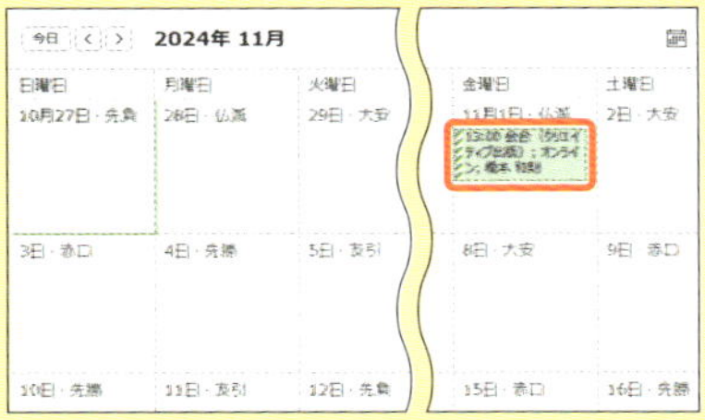

ショートカットキー

- 「連絡先」画面に切り替え
  Ctrl ＋ 3
- 「予定表」画面に切り替え
  Ctrl ＋ 2

Outlook 2024を「予定表」画面にしておきます。

1 ［ホーム］タブ→［新しい会議］をクリックします。

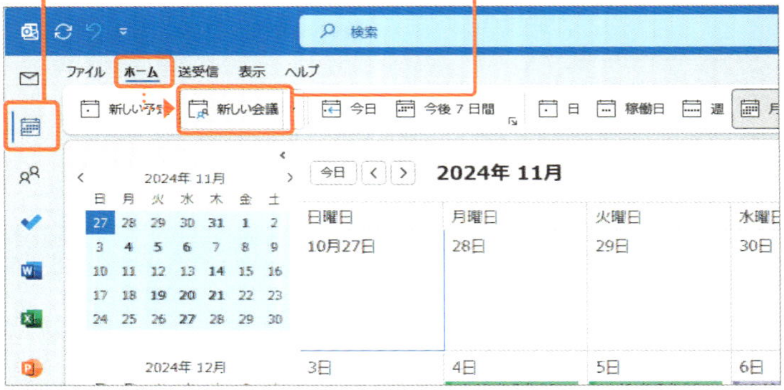

2 「会議」の作成画面が表示されます。

3 ［必須］をクリックします。

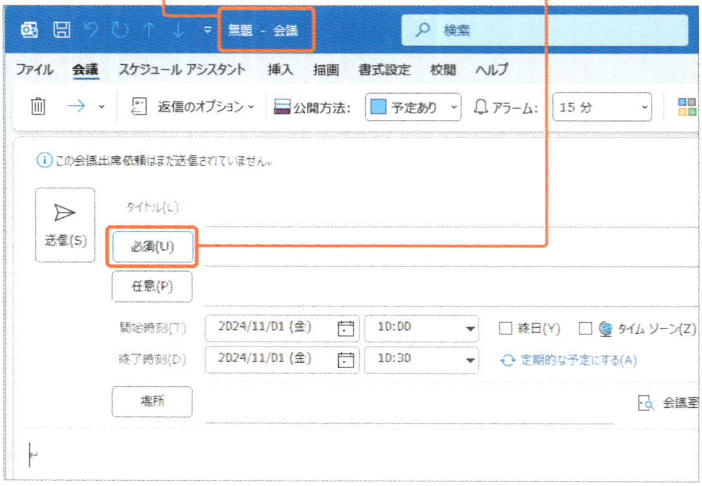

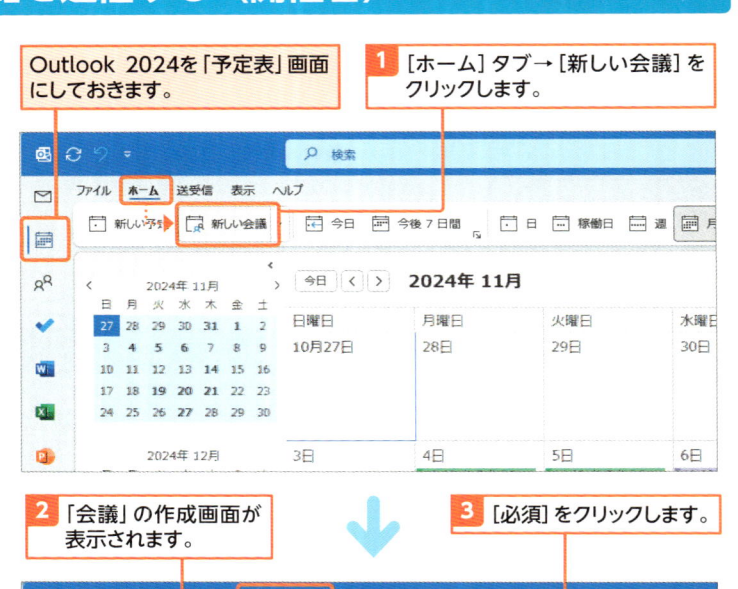

Hint 会議通知は変更可能

会議通知は出席者にメールを送る形で実現します。つまり、一度会議通知をしてしまうと「会議通知をメールしたこと」を取り消すことはできません。しかし、会議通知そのものの変更や削除を行うことは可能で、変更や削除を行った場合は、あらためて出席者にメールが送られる形になります。
つまり、会議通知は変更可能ですが、変更の都度に出席者にメールが送られる形になる（都度確認を行わなければならなくなる）ことに注意します。

4 ［出席者とリソースの選択］ダイアログが表示されます。

5 会議通知を送りたい連絡先をダブルクリックし、［必須出席者］にすべての参加者を列記します。

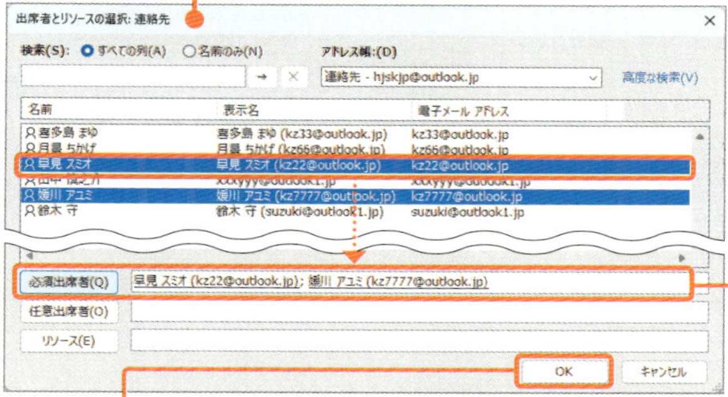

6 ［OK］をクリックします。

7 ［タイトル］［開始時刻］［終了時刻］［場所］を入力・設定します。

8 ［送信］をクリックします。

9 指定したメールアドレスに会議通知が送信されます。

2 「連絡先」から会議通知を送信する（開催者）

解説 「連絡先」からの会議通知

会議通知は「連絡先」画面から操作して送信することも可能です。「予定表」画面からの操作に比べて、出席者をあらかじめ選択できるのがメリットで、会議通知の機能としては全く同様のものになります。

Outlook 2024を「連絡先」画面にしておきます。

1 会議通知を送りたい連絡先をCtrlキーを押しながらクリックして選択します。

2 ［ホーム］タブ→［…］をクリックして、

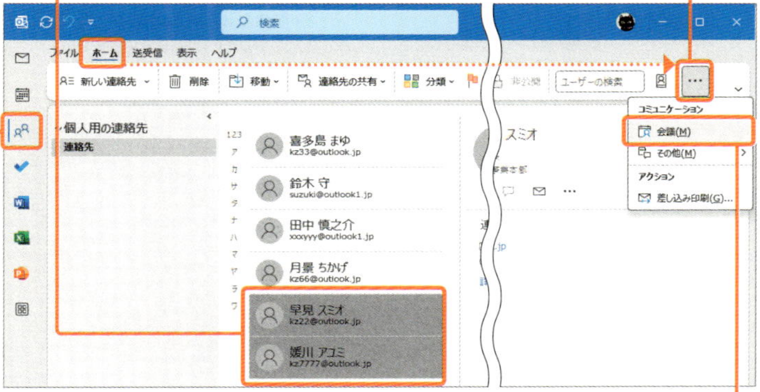

3 ドロップダウンから［会議］をクリックします。

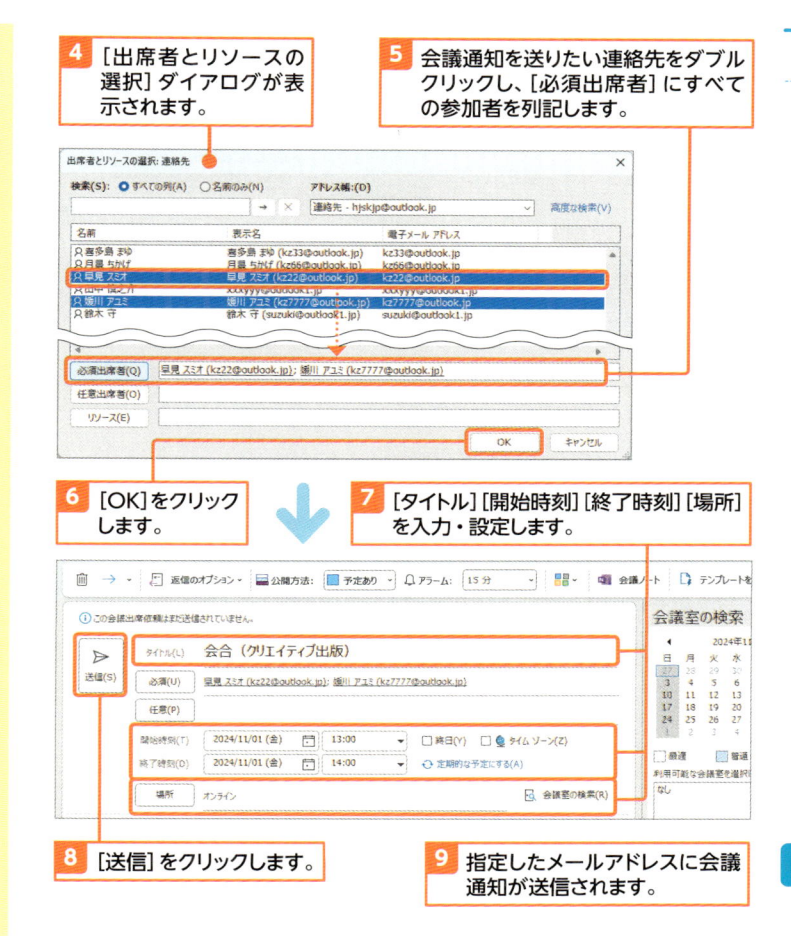

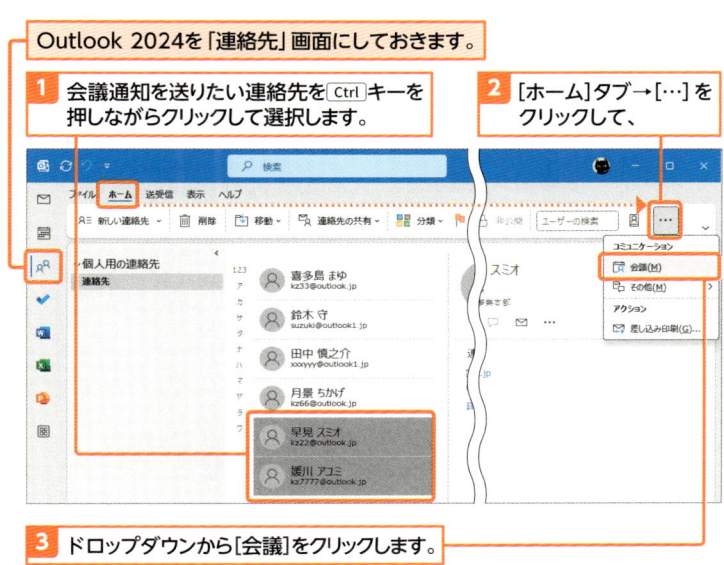

Memo 会議の参加者を追加する

手順4で会議の参加者を確認した際に、必要であれば任意のメールアドレスを入力して追加します。

Hint 連絡先グループの活用

ユーザーA、B、Cという形で、会議を行うメンバーが決まっているのであれば「連絡先グループ」を作成しておくと、「連絡先」画面からの会議通知はもちろん、「予定表」画面からの会議通知も宛先に連絡先グループを指定するだけでよくなるため効率的です（p.228参照）。

4 ［必須］の会議の参加者を確認します。

5 ［タイトル］［開始時刻］［終了時刻］［場所］を入力・設定します。

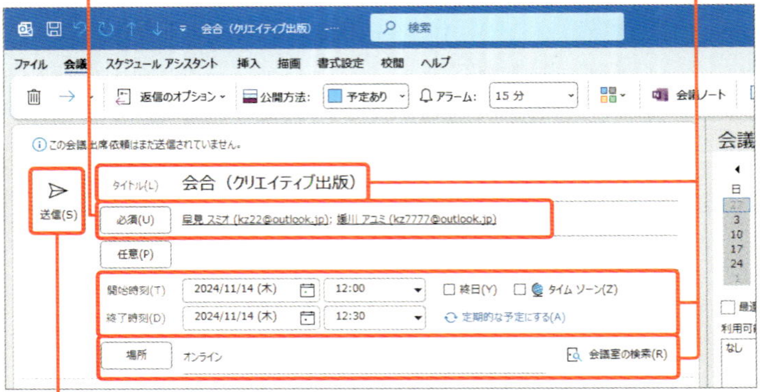

6 ［送信］をクリックします。

7 指定したメールアドレスに会議通知が送信されます。

3 会議通知を受け取ったときの対応方法（出席者）

Hint 会議を辞退する

相手から届いた会議通知に対して「辞退」したい場合は、［辞退］をクリックして、ドロップダウンから［すぐに返信する］あるいは［コメントを付けて返信する］をクリックします。

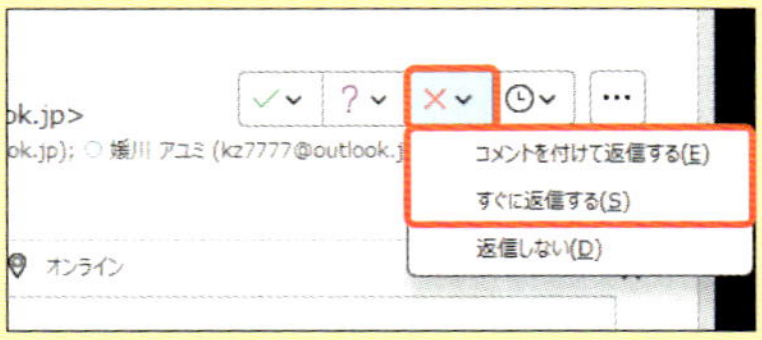

Hint 会議の予定は予定表に組み込まれる

会議通知を受け取ると、予定表の予定に会議が組み込まれます。この会議の予定をダブルクリックすれば、自身の回答と会議の内容を確認できます。

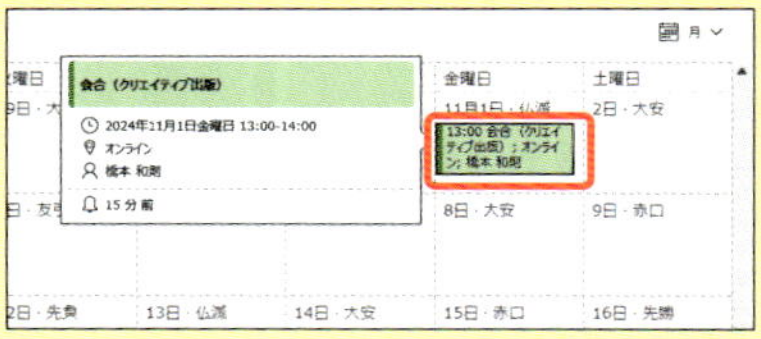

1 相手から会議通知が送信されると、メールに会議通知が届きます。

2 会議の日時や場所を確認します。

3 承諾する場合には［承諾］をクリックして、

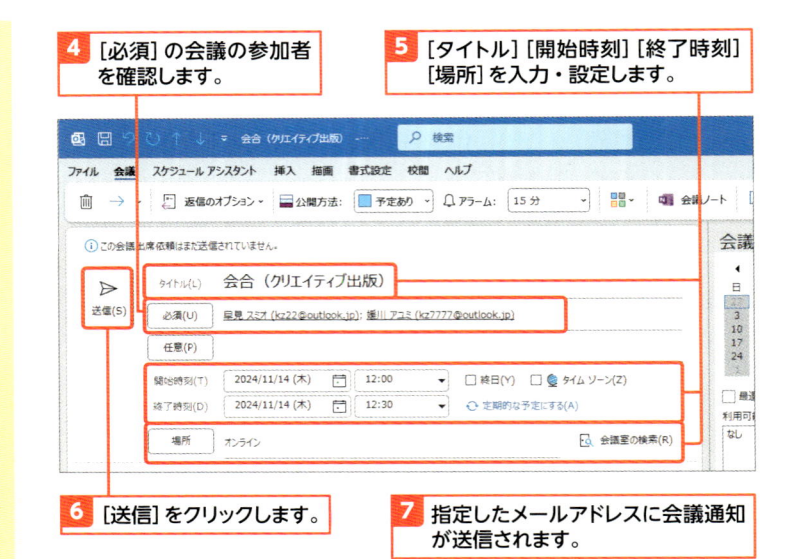

Hint 会議通知にコメントを付けて返信する

［承諾］［仮の予定（仮出席）］［辞退］共にドロップダウンから［コメントを付けて返信する］をクリックすれば、メール同様にメール本文を記述して相手に返信できます。

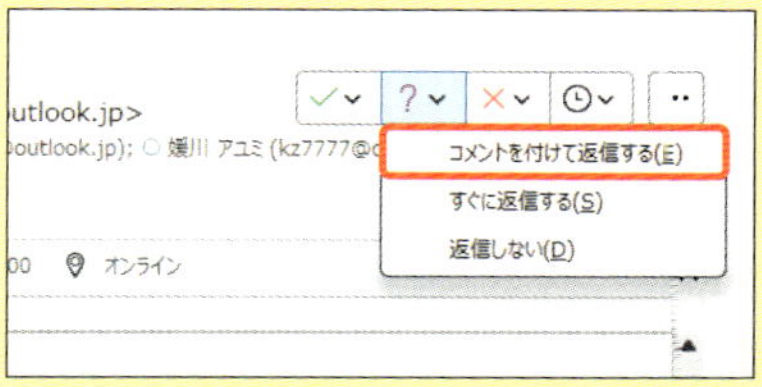

4 ドロップダウンから［すぐに返信する］をクリックします。

5 会議の参加の可否（承諾）が送信されます。

4 会議出席依頼の返信状況を確認する（開催者）

Hint 会議のキャンセル

開催者が会議をキャンセルしたい場合には、［会議］タブ→［会議のキャンセル］をクリックした後に、［キャンセル通知を送信］をクリックします。会議がキャンセルされ、予定表からも消去されます。

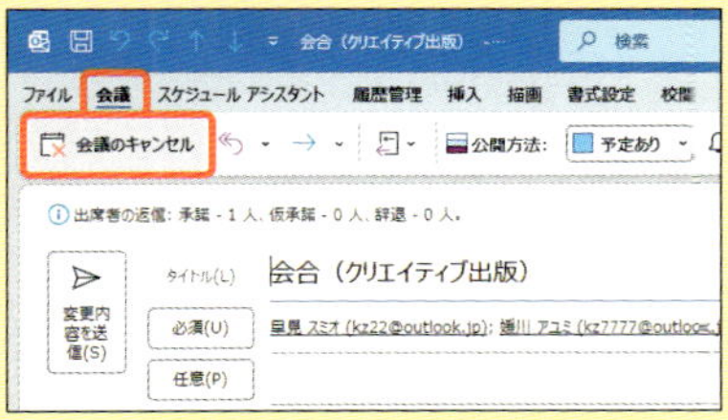

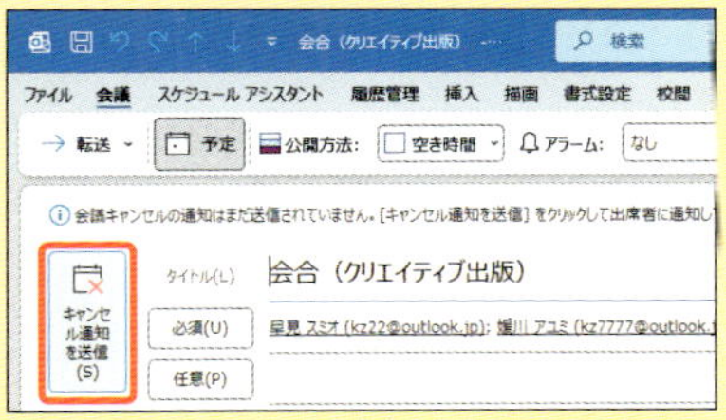

Outlook 2024を「予定表」画面にしておきます。

1 会議をクリックして選択します。

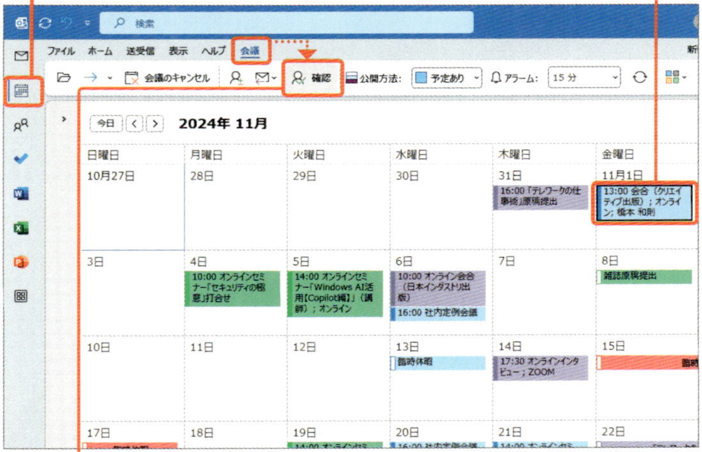

2 ［会議］タブ→［確認］をクリックします。

3 「会議」が表示されます。

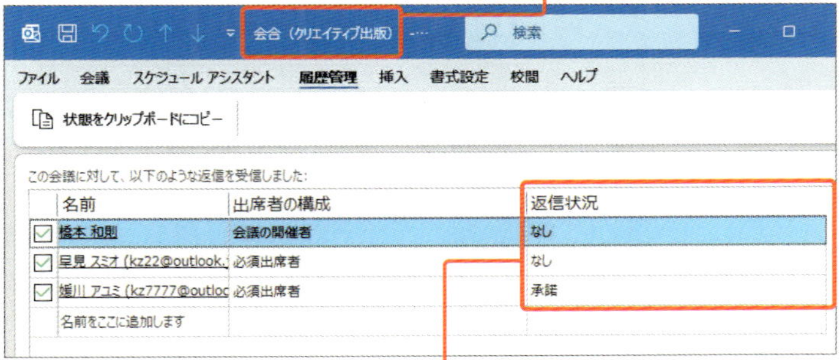

4 会議出席依頼の返信状況を確認できます。

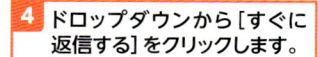

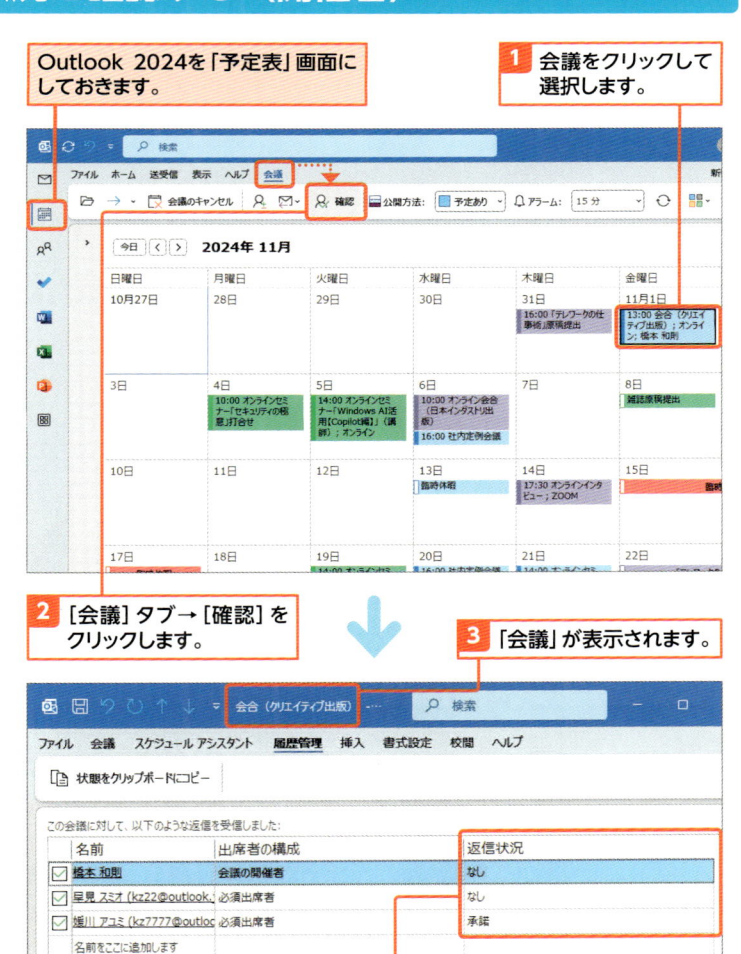

便利なショートカットキー

Outlook 2024で知っていると便利なショートカットキーをまとめました。例えばメールで「受信トレイ」に切り替える Ctrl ＋ Shift ＋ I キーは、Ctrl キーを押しながら Shift キーも押して、さらに I キーを押します。また、[Outlookのオプション] ダイアログを表示する Alt → F → T キーであれば、Alt を押してキーを離した後に（押しっぱなしにする必要はありません）、続けて F・T とキー入力することで実現できます。

● Outlook 2024 共通（「メール」「連絡先」「予定表」）

ショートカットキー	操作内容
Alt ＋ F	Backstage ビューを表示する
Ctrl ＋ F1	リボンを折りたたむ／固定する
Alt ＋ [表示順序の数字]	クイックアクセスツールバーのコマンドを実行する
Ctrl ＋ Tab	Outlook の各要素にフォーカスを移動する（フォルダーウィンドウ・ビュー・閲覧ウィンドウなど）
Tab	現在フォーカスのあるウィンドウ内の各要素に移動する
F3 ／ Ctrl ＋ E	検索ボックスに移動する
Ctrl ＋ Shift ＋ F	[高度な検索] ダイアログを表示する
Space	「閲覧ウィンドウ」内の表示を下方にスクロールする
Shift ＋ Space	「閲覧ウィンドウ」内の表示を上方にスクロールする
Ctrl ＋ Shift ＋ E	[新しいフォルダーの作成] ダイアログを表示する
Ctrl ＋ Y	[フォルダーへ移動] ダイアログを表示する
Alt → F → T	[Outlook のオプション] ダイアログを表示する
Ctrl ＋ P	印刷プレビューを表示する
Alt → F → P → I	印刷プレビューからプリンターを選択する（印刷プレビュー）
Alt → F → P → R	印刷プレビューから [印刷] ダイアログを表示する（印刷プレビュー）

● Outlook 2024 の画面操作（「メール」「連絡先」「予定表」）

ショートカットキー	操作内容
Ctrl ＋ 1	「メール」に表示を切り替える
Ctrl ＋ 2	「予定表」に表示を切り替える
Ctrl ＋ 3	「連絡先」に表示を切り替える
Ctrl ＋ Shift ＋ M	新しいメールを作成する
Ctrl ＋ Shift ＋ C	新しい連絡先を作成する
Ctrl ＋ Shift ＋ A	新しい予定を作成する
Ctrl ＋ Shift ＋ B	「アドレス帳」を表示する
Ctrl ＋ Shift ＋ Q	会議出席依頼を作成する

●「メール」の操作

ショートカットキー	操作内容
Ctrl + N	新しいメールを作成する
Ctrl + Shift + I	「受信トレイ」に切り替える
Ctrl + ,	前メールを表示する
Ctrl + .	次メールを表示する
Alt → H → U → [任意のフラグに割り当てられたキー]	任意のフラグを設定する
Insert	フラグを設定する
Ctrl + Shift + G	[ユーザー設定（フラグの設定)] ダイアログを表示する
Alt + Insert	フラグをクリアする
Ctrl + U	メールを「未読」にする
Ctrl + Q	メールを「既読」にする
BackSpace	メールをアーカイブにする
F12	メールをファイルに保存する
Ctrl + O	メールをメッセージウィンドウで開く
Ctrl + Alt + F	メールを添付ファイルとして転送する
Ctrl + R	メールを返信する
Ctrl + Shift + R	メールを全員に返信する
Ctrl + F	メールを転送する

●文字列編集（メール作成時など）

ショートカットキー	操作内容
Ctrl + C	選択文字列をコピーする
Ctrl + V	コピーした文字列を貼り付けする
Ctrl + Alt + V	[形式を選択して貼り付け] ダイアログを表示する
Ctrl + K	[ハイパーリンクの挿入] ダイアログを表示する
Ctrl + E	段落を中央揃えにする
Ctrl + R	段落を右揃えにする
Ctrl + L	段落を左揃えにする
Ctrl + B	選択文字列を太字にする
Ctrl + I	選択文字列を斜体（イタリック）にする
Ctrl + U	選択文字列を下線（アンダーライン）にする
Ctrl + Shift + L	箇条書きにする
Tab	箇条書きのレベルを下げる
Shift + Tab	箇条書きのレベルを上げる

用語集

Outlook 2024でよく使われる用語の中でも、本書が解説している操作や設定にかかわるPC用語を厳選して紹介しています。すべての用語を覚える必要はありませんので、必要な時に確認してみてください。

数字・アルファベット

@

アットマークと読みます。メールアドレスにおいて、左側にはユーザーの名前やIDなどが、右側には所属する組織（ドメイン）が表記され、@マークはその区切りに利用されます。

Backstageビュー

Backstage（バックステージ）ビューはOutlook 2024の操作画面から［ファイル］タブをクリックした際に表示される画面のことで、アカウントにまつわる各種操作や設定・印刷・オプション設定などを行うことができます。

BCC

BCC（ビーシーシー）は「Blind Carbon Copy」の略であり、指定したすべてのメールアドレスに同一内容のメールを送信することができます。「CC」で指定したメールアドレスが送信者全員に知られてしまうのに対して、「BCC」で指定したメールアドレスは送信者にしかわからない形で送信できます。

CC

CC（シーシー、あるいはカーボンコピー）は「Carbon Copy」の略であり、「CC」に指定したすべてのメールアドレスに同一内容のメールを送信できます。

FW

FWとは「Forward（フォワード）」の略であり、「転送」を意味します。メールの件名が「FW: ～」である場合、そのメールは転送されたメールであることを示します。

Gmail

Gmail（ジーメール）はGoogleが提供するメールサービスです。「https://www.google.com/intl/ja/account/about/」でGoogleアカウントを取得すれば、Gmailを利用することができます。

Googleアカウント

Googleのクラウドサービス全般（Gmail・カレンダー・連絡先・Google Meetなど）を利用するためのアカウントのことです。

HTML形式

メールの形式のひとつです。「テキスト形式」と比べてデザイン性と機能性に優れています。メール作成においてフォントの種類やサイズを指定できるほか、画像や表などを挿入することも可能です。

IMAP

IMAP（アイマップ）は「Internet Message Access Protocol」の略であり、メールを受信するための通信方式のひとつです。メールサーバー上で情報を管理しているため、複数のデバイスでメールを送受信できる点が優れています。

RE

REとは「Reply（リプライ）」の略であり（諸説ありラテン語の「res」とも言われます）、「答える」あるいは「～について」という意味になります。受信したメールを返信する際には、件名が「RE: ～」になります。

To Doバー

To Do（トゥドゥ）バーは、Outlook 2024に追加できるウィンドウのひとつで、「連絡先（お気に入りの連絡先）」「予定表（今後の予定）」「タスク（作業しなければならないタスク）」を任意に表示することができます。

URL

URL（ユーアールエル）は「Uniform Resource Locator」の略であり、インターネット上のリソースを示す表示方法です。一般的には「Webページ」や「画像リンク（外部リンク）」を示すアドレスを意味します。

ZIPファイル

ZIP（ジップ）ファイルは標準的な圧縮フォーマットのひとつで、Windowsは標準でZIPファイルの圧縮と展開（解凍）に対応しています。なお、ファイルにおいて拡張子の文字列が「zip」であるものが、ZIPファイルになります。

あ

圧縮ファイル

ファイルを圧縮してファイルサイズを小さくしたもの。圧縮ファイルはサイズを小さくできるという特性のほか、複数のファイルをひとつにまとめることができるという特性を持ちます。なお、圧縮ファイルを参照するには「展開（解凍）」が必要になります。

アーカイブ

アーカイブ（archive）とは、「保存記録」という意味になります。Outlook 2024のメール管理においては「受信トレイから外す（削除することなく非表示にする）」という意味合いが強くなり、アーカイブしたメールは「アーカイブ」フォルダーに移動します。

イベント

Outlook 2024の予定表において、終日の予定（時間の範囲指定がないもの）は「イベント」と表記されます。

インターネットサービスプロバイダー

インターネット接続サービスを提供する組織のことです。単に「プロバイダー」とも呼ばれることもあります。プロバイダーの供給するメールの多くはIMAPアカウントです。

インデント記号

メール本文において、文章が引用されたことを示す行頭の記号です。一般的にメール本文を引用した際のインデント記号には「>」を用います。なお、Outlook 2024では、インデント記号を任意にカスタマイズできます。

閲覧ウィンドウ

ビューで選択したアイテムの詳細を表示する領域のことです。例えば「メール」のビューにおいて、任意のメールをクリックすれば、閲覧ウィンドウで「メールの内容」を表示することができます。

オフライン

PCがネットワークに接続していない状況を示し、Outlook 2024上では「サービスに接続できていない状態」を示します。なお、一般的には「インターネットに接続していない状態」を示します。

オンライン

PCがネットワークに接続している状況を示し、Outlook 2024上では「サービスに接続している状態」を示します。なお、一般的には「インターネットに接続している状態」を示します。

オートコレクト機能

入力した文字のスペルミスを自動的に修正したり、あるいは特定の記号などに置き換える機能です。「(c)」を「©」に置き換えるほか、文の先頭文字を大文字にしたりするのもオートコレクト機能によるものです。

オートコンプリート機能（宛先）

宛先・CC・BCCにおける宛先入力において、メールアドレスや名前の一部を入力すると、適合するものを自動的に候補表示する機能です。以前入力したメールアドレスや、「連絡先」に登録されている情報などが参照されます。

オートフォーマット機能

入力した文字列に従って、自動的に体裁などを整える機能です。箇条書きで行頭文字を付加したり、URLをハイパーリンクに置き換える機能や、「---」を罫線に置き換えるのもオートフォーマット機能によるものです。

か

拡張子

ファイル名において「.（ドットあるいはピリオド）」以降の文字列を拡張子といいます。Windowsでは、拡張子でファイルの種類を判別できます。

カレンダーナビゲーター

Outlook 2024の「予定表」において、フォルダーウィンドウの上部に表示されるカレンダーのことです。カレンダーナビゲーターをクリックしたり、範囲選択することで任意にビュー表示を切り替えることができます。

既読（メール）

すでに内容を確認したメールを「既読（既読メール）」といいます。Outlook 2024では、一定時間閲覧ウィンドウに表示しただけで既読扱いになるので、本当に内容を確認しているとは限らない点に注意が必要です。

クイックアクセスツールバー

タイトルバーの左側に表示されているアイコン（コマンド）領域のことで、クリックだけでコマンドを実行できます。クイックアクセスツールバーには任意のリボンコマンドを登録することもできます。

クラウド

クラウド（cloud）は、インターネット上でネットワークを介してサービスを提供する形態のことです。「Outlook.com」や「Google」などもクラウドであり、各種データはインターネットの先のクラウドサーバーにも保存されています。

さ

サインアウト

サインアウト（sign-out）はサービスによっては「サインオフ」「ログアウト」などとも呼称・表記され、サインインしていたサービスの利用を終了する際の操作のことです。

サインイン

サインイン（sign-in）はサービスによっては「サインオン」「ログイン」「ログオン」などとも呼称・表記され、あらかじめ登録しておいた自分の身元を示す情報を入力して、サービスを利用するための資格情報を取得するための操作のことです。

サブドメイン

ドメインを分割する際に使われる文字列のことで、「△△△.○○○○.jp」であれば「△△△」の部分がサブドメイン、「○○○○.jp」がドメインになります。

た

テキスト形式

メールの形式のひとつです。「HTML形式」がフォントの色やサイズの変更やオブジェクト挿入などを行うことができるのに対し、テキスト形式ではこれらの装飾は行うことができず文字のみで構成されたメールの形式になります。

添付ファイル

メールに添付したファイル（あるいはメールに添付されてきたファイル）のことです。文書・表などのデータファイルのほか、画像ファイルや音声ファイルなどもメールに添付することができます。

ドメイン

インターネット上の住所であり、メールアドレスにおいては「@」以下の文字列部分のことです。「abc@win10.jp」であれば「win10.jp」の部分がドメインになります。

な

ナビゲーションバー

フォルダーウィンドウの左側に表示される領域のことです。ナビゲーションバーでは、Outlook 2024の画面を「メール」「連絡先」「予定表」などに切り替えることができます。

は

ハイパーリンク

テキストや画像に埋め込まれているほかのWebページやファイルなどを示す位置参照情報です。ハイパーリンクをクリックした際は、埋め込まれているアドレスに従ったページやファイルなどにジャンプすることができます。

ま

マルウェア

PC上で悪意を行うプログラムやスクリプトなどはマルウェア（malware）と呼ばれます。一般的には「ウイルス」とも呼ばれますが、ウイルスやワームなどの総称が「マルウェア」です。

未読（メール）

まだ読んでいないメールのことを未読（未読メール）といいます。Outlook 2024では、未読メールは強調表示されます。

メール

e-mail（イーメール）や電子メールとも呼ばれ、ネットワークを介してやり取りをするメッセージのことです。

メールサーバー

インターネットの先にある、メールを管理するサーバーのことです。ちなみに「サーバー」とは、サービスを提供するコンピューターを意味します。

メッセージウィンドウ

Outlook 2024の「メール」において、送受信メールや新しく作成しているメールを、メイン画面の外で表示する独立したウィンドウのことです。独立したウィンドウで表示するため、受信メールを見ながらメールを作成できるなどの利便性に優れます。

ローマ字／かな対応表

あ行

あ	い	う	え	お
A	I YI	U WU WHU	E	O

ぁ	ぃ	ぅ	ぇ	ぉ
LA XA	LI XI LYI XYI	LU XU	LE XE LYE XYE	LO XO
	いぇ			
	YE			
うぁ	うぃ		うぇ	うぉ
WHA	WHI WI		WHE WE	WHO

か行

か	き	く	け	こ
KA CA	KI	KU CU QU	KE	KO CO
ヵ			ヶ	
LKA XKA			LKE XKE	
きゃ	きぃ	きゅ	きぇ	きょ
KYA	KYI	KYU	KYE	KYO
くぁ	くぃ	くぅ	くぇ	くぉ
QWA QA KWA	QWI QI QYI	QWU	QWE QE QYE	QWO QO
くゃ		くゅ		くょ
QYA		QYU		QYO

が	ぎ	ぐ	げ	ご
GA	GI	GU	GE	GO
ぎゃ	ぎぃ	ぎゅ	ぎぇ	ぎょ
GYA	GYI	GYU	GYE	GYO
ぐぁ	ぐぃ	ぐぅ	ぐぇ	ぐぉ
GWA	GWI	GWU	GWE	GWO

さ行

さ	し	す	せ	そ
SA	SI CI SHI	SU	SE CE	SO
しゃ	しぃ	しゅ	しぇ	しょ
SYA SHA	SYI	SYU SHU	SYE SHE	SYO SHO
すぁ	すぃ	すぅ	すぇ	すぉ
SWA	SWI	SWU	SWE	SWO

ざ	じ	ず	ぜ	ぞ
ZA	ZI JI	ZU	ZE	ZO
じゃ	じぃ	じゅ	じぇ	じょ
JYA ZYA JA	JYI ZYI	JYU ZYU JU	JYE ZYE JE	JYO ZYO JO

た行

た	ち	つ	て	と
TA	TI CHI	TU TSU	TE	TO
		っ		
		LTU XTU LTSU		

だ	ぢ	づ	で	ど
DA	DI	DU	DE	DO

ちゃ	ちぃ	ちゅ	ちぇ	ちょ
TYA CYA CHA	TYI CYI	TYU CYU CHU	TYE CYE CHE	TYO CYO CHO
つぁ	つぃ		つぇ	つぉ
TSA	TSI		TSE	TSO
てゃ	てぃ	てゅ	てぇ	てょ
THA	THI	THU	THE	THO
とぁ	とぃ	とぅ	とぇ	とぉ
TWA	TWI	TWU	TWE	TWO

ぢゃ	ぢぃ	ぢゅ	ぢぇ	ぢょ
DYA	DYI	DYU	DYE	DYO
でゃ	でぃ	でゅ	でぇ	でょ
DHA	DHI	DHU	DHE	DHO
どぁ	どぃ	どぅ	どぇ	どぉ
DWA	DWI	DWU	DWE	DWO

な行

な	に	ぬ	ね	の
NA	NI	NU	NE	NO

にゃ	にぃ	にゅ	にぇ	にょ
NYA	NYI	NYU	NYE	NYO

は行

は	ひ	ふ	へ	ほ
HA	HI	HU FU	HE	HO
ひゃ	ひぃ	ひゅ	ひぇ	ひょ
HYA	HYI	HYU	HYE	HYO
ふぁ	ふぃ	ふぅ	ふぇ	ふぉ
FWA FA	FWI FI FYI	FWU	FWE FE FYE	FWO FO
ふゃ		ふゅ		ふょ
FYA		FYU		FYO

ば	び	ぶ	べ	ぼ
BA	BI	BU	BE	BO
ぱ	ぴ	ぷ	ぺ	ぽ
PA	PI	PU	PE	PO
びゃ	びぃ	びゅ	びぇ	びょ
BYA	BYI	BYU	BYE	BYO
ぴゃ	ぴぃ	ぴゅ	ぴぇ	ぴょ
PYA	PYI	PYU	PYE	PYO
ヴぁ	ヴぃ	ヴ	ヴぇ	ヴぉ
VA	VI VYI	VU	VE VYE	VO
ヴゃ	ヴぃ	ヴゅ	ヴぇ	ヴょ
VYA		VYU		VYO

ま行

ま	み	む	め	も
MA	MI	MU	ME	MO

みゃ	みぃ	みゅ	みぇ	みょ
MYA	MYI	MYU	MYE	MYO

や行

や		ゆ		よ
YA		YU		YO

ゃ		ゅ		ょ
LYA XYA		LYU XYU		LYO XYO

ら行

ら	り	る	れ	ろ
RA	RI	RU	RE	RO

りゃ	りぃ	りゅ	りぇ	りょ
RYA	RYI	RYU	RYE	RYO

わ行

わ	ゐ		ゑ	を
WA	WI		WE	WO

ん
N NN XN N'

- 「ん」は、母音（A、I、U、E、O）の前と、単語の最後ではNNと入力します。（TANI→たに、TANNI→たんい、HONN→ほん）
- 「っ」は、N以外の子音を連続しても入力できます。（ITTA→いった）
- 「ヴ」のひらがなはありません。

索 引

英数字

あ行

か行

さ行

注意事項

- 本書に掲載されている情報は、2025年2月28日現在のものです。本書の発行後にOutlookの機能や操作方法、画面が変更された場合は、本書の手順どおりに操作できなくなる可能性があります。
- 本書に掲載されている画面や手順は一例であり、すべての環境で同様に動作することを保証するものではありません。読者がお使いのパソコン環境、周辺機器、スマートフォンなどによって、紙面とは異なる画面、異なる手順となる場合があります。
- 読者固有の環境についてのお問い合わせ、本書の発行後に変更されたアプリ、インターネットのサービス等についてのお問い合わせにはお答えできない場合があります。あらかじめご了承ください。
- 本書に掲載されている手順以外についてのご質問は受け付けておりません。
- 本書の内容に関するお問い合わせに際して、編集部への電話によるお問い合わせはご遠慮ください。

本書サポートページ https://isbn2.sbcr.jp/30171/

著者紹介

橋本 和則（はしもと かずのり）

80冊以上のIT著書を執筆。代表作は『安心して働くためのパソコン仕事術』『Windows 11完全ガイド』『時短×脱ムダ 最強の仕事術』（SBクリエイティブ）、『パソコン仕事 最強の習慣112』『小さな会社のLAN構築・運用ガイド』（翔泳社）など。IT初心者からプロフェッショナルまで幅広い層に支持される。Microsoft MVP（Windows and Devices for IT）を18年連続で受賞。Surface MVPでもあり、その功績はIT業界で高く評価されている。
「Win11.jp」や「Surface.jp」を含む7つのWebサイトを運営し、日本のPCユーザーのITスキル向上に貢献。
オンライン講義や講演も好評で、「Windows AI＋Copilot講義」は総合視聴ランキング1位を獲得している。

カバーデザイン　西垂水 敦（krran）
編集・制作　BUCH^{+}

Outlook《アウトルック》 2024 やさしい教科書《きょうかしょ》
[Office 2024 ／ Microsoft 365対応《たいおう》]

2025年4月5日　初版第1刷発行

著　者　橋本《はしもと》 和則《かずのり》
発行者　出井貴完
発行所　SBクリエイティブ株式会社
〒105-0001　東京都港区虎ノ門2-2-1
https://www.sbcr.jp/
印　刷　株式会社シナノ

落丁本、乱丁本は小社営業部にてお取り替えいたします。
定価はカバーに記載されております。
Printed in Japan　ISBN978-4-8156-3017-1